Wolfgang Beitz

30.6.1935 – 23.11.1998

Professor Dr.-Ing. E.h. Dr.-Ing.

Wolfgang Beitz

zum Gedenken

Sein Wirken und Schaffen

Springer

Herausgegeben von

em. Prof. Dr. h.c. Dr.-Ing. E.h.
Dr.-Ing. Gerhard Pahl
Maschinenelemente und Konstruktionslehre
Technische Universität Darmstadt
Magdalenenstraße 4
64289 Darmstadt

Der Herausgeber dankt dem Springer-Verlag sehr herzlich für die Drucklegung des Gedenkbandes und für die hervorragende Unterstützung bei der Planung und Vorbereitung durch insbesondere Herrn Dr. H. von Riedesel und Frau M. Ozimkowski.

ISBN 978-3-662-40682-3 ISBN 978-3-662-41164-3 (eBook)
DOI10.1007/978-3-662-41164-3
Softcover reprint of the hardcover 1st edition 1998

Inhaltsverzeichnis

Trauerreden

4. Dezember 1998
Berlin
Waldfriedhof Dahlem

Ansprache des Präsidenten der Technischen Universität Berlin

Prof. Dr. rer. pol. Hans-Jürgen Ewers

Sehr verehrte, liebe Frau Beitz,
liebe Familie Beitz,
sehr geehrte Trauergemeinde,

wir haben uns hier versammelt, um Wolfgang Beitz die letzte Ehre zu erweisen. Er war einer der wirklich bedeutenden Professoren in der Nachkriegsgeschichte der Technischen Universität Berlin. Sein zu früher Tod trifft nicht nur seine Familie hart. Auch die TU hätte Wolfgang Beitz als mehrfachen und derzeitigen Dekan des Fachbereiches 11 – Maschinenbau und Konstruktionstechnik – sowie als einen der verläßlichen und sturmerprobten Felsen in der Brandung der Hochschulpolitik gerade in den kritischen nächsten beiden Jahren des Übergangs auf eine neue Universitätsstruktur gerne in ihren Reihen gewußt. Es ist kaum einen Monat her, daß Beitz, von seiner Krankheit deutlich gezeichnet, seinen letzten und denkwürdigen Debattenbeitrag im Akademischen Senat lieferte.

Verlassen wir einen Augenblick die Mikroperspektive der unmittelbaren Vergangenheit und blicken wir auf die Spanne des so herausragend erfolgreichen Wirkens von Wolfgang Beitz. Geboren 1935 in Berlin studierte er von 1953–1958 Maschinenbau an der TU Berlin, promovierte dort 4 Jahre später mit einer ausgezeichneten Dissertation über drehnachgiebige Kupplungen und fing als Entwicklungsingenieur bei der AEG an. In den gut sechs Jahren seiner Tätigkeit für dieses Unternehmen erlebte er einen nahezu kometenhaften Aufstieg, der ihn im Alter von 33 Jahren auf den Stuhl des hauptamtlichen Stellvertreters des Entwicklungsleiters für den gesamten Bereich der AEG-Großmaschinen brachte. Gleichzeitig hatte er ein reiches Spektrum an Fachveröffentlichungen verfaßt, so daß der Ruf auf das Ordinariat für Maschinenkonstruktion und Konstruktionstechnik und des Institutsleiters für diesen Bereich der TU Berlin fast eine Selbstverständlichkeit, aber auch eine gewisse Sensation angesichts des jugendlichen Alters des Ordinarius war.

Einen weiteren Ruf an die Universität Stuttgart lehnte er 1972 ab. Zusätzlich zu seiner Professur übernahm er von 1987–1989 das Amt des Staatssekretärs beim Senator für Wissenschaft und Forschung. Seit 1993 gehört er als Gründungsmitglied der Berlin-Brandenburgischen Akademie der Wissenschaften an. Über 180 Veröffentlichungen in technisch-wissenschaftlichen Fachzeitschriften,

Buchveröffentlichungen auf Weltniveau, von denen hier noch die Rede sein wird, und zahlreiche Herausgeberschaften legen Zeugnis von seiner außerordentlichen wissenschaftlichen Produktivität ab. Hohe und höchste Auszeichnungen, wie das VDI-Ehrenzeichen, die DIN-Ehrennadel, die Ehrenprofessur der Zhejiang Universität in Hanghzou und der Doktor Ehrenhalber der TU Dresden, ebenso wie Mitgliedschaften und Ämter in wichtigen Fachvereinigungen und Verbänden unterstreichen die hohe Anerkennung, die Wolfgang Beitz sowohl in der Scientific Community als auch in der Praxis zuteil wurde. Eines dieser Ämter möchte ich aus gegebenem Anlaß besonders herausgreifen:

Wolfgang Beitz war langjähriger amtierender Vizepräsident der Wissenschaftlichen Gesellschaft für Maschinenelemente und Konstruktionsforschung, der WGMK. Die Kollegen der Gesellschaft trauern um ihn. Gemeinsam mit seiner Fakultät, mit seinen Fachfreunden und den Mitgliedern der Technischen Universität Berlin sollen die außergewöhnliche Persönlichkeit und die hervorragenden Verdienste von Wolfgang Beitz in einem Gedenkkolloquium gewürdigt werden.

Lassen Sie mich schließen mit einer Bemerkung zum Kollegen und Menschen Wolfgang Beitz, wie wir ihn erleben durften. Eitelkeit war ihm fremd, ihm der oft bis zur Selbstverleugnung für die Interessen des Maschinenbaus, vor allem aber für die wohlverstandenen Interessen der TUB eintrat, denn Konstruktions- und Produktionstechnik war für ihn immer das Herz der TUB, ohne daß er dabei die notwendige Basis der Naturwissenschaften und die ebenso unabdingbare Ergänzung durch die Kultur-, Sozial- und Planungswissenschaften vergaß.

Pflichtbewußtsein und Lebensfreude waren sein Markenzeichen. Solange ihn seine Füße trugen, war er bis in die letzten Tage seines Lebens in der Universität. Zähigkeit und Standvermögen hatte er schon vor seiner Krankheit in reichem Maße bewiesen. Ich schätze mich glücklich, daß er mich noch im September auf eine China-Reise begleitet hat, die ihn sicher viel Kraft kostete, aber auch für ihn zu einem Triumphzug wurde, den wir ihm nun leider nicht mehr bieten können. Last but by no means least ist seine freundliche Offenheit und die vorbehaltliche Anerkennung der Diskussionsrechte von jedermann, das Ernst-Nehmen des jeweiligen Gegenüber als eine seiner herausragenden Eigenschaften zu nennen, die ihn zum oft gesuchten Moderator und Schlichter machte.

Ich möchte schließen mit Wolfgang Beitz' eigenen Worten. Sie stammen aus einem Schreiben an den Präsidenten der TU Berlin, Dr. Wittkowsky, im November 1972. In diesem Schreiben teilt Wolfgang Beitz mit, daß er dem an ihn ergangenen Ruf an die Universität Stuttgart nicht folgt. Es heißt dort – und diese Zeilen sind kennzeichnend für Wolfgang Beitz:

„Der Entschluß ist mir angesichts der Ihnen bei unserem Gespräch am 24.10.72 dargelegten hochschulpolitischen Situation nicht leicht gefallen. Er ist aber letzten Endes aus einem Verantwortungsbewußtsein gegenüber der TU Berlin, unserem Fachbereich Konstruktion und Fertigung, meinem derzeitigen Institut bzw. der neuen wissenschaftlichen Einrichtung und vor allem meinen Mitarbeitern zustande gekommen. Ich bin der Meinung, daß der von mir vertretene

Hochschullehrertyp an der TU Berlin nicht noch stärker aussterben darf, wenn die derzeitige Universitätskrise in Lehre und Forschung eines Tages überwunden werden soll."

Dem ist aus heutiger Sicht nichts hinzuzufügen.

Ihnen, liebe Frau Beitz und Ihrer Familie möchte ich namens aller Mitglieder der TU Berlin die herzliche Anteilnahme an dem unschätzbaren Verlust übermitteln, den Sie durch den Tod von Wolfgang Beitz erlitten haben.

Ansprache des Mitinhabers und Aufsichtsratmitglieds des Springer-Verlages

Claus Michaletz

Liebe Familie Beitz, liebe Helga,
sehr verehrte mittrauernde Anwesende,

wir alle trauern mit den engsten Familienangehörigen, um einen hervorragenden Wissenschaftler, Lehrer, Kollegen, Autor, vor allem aber, um einen lieben Menschen, der vielen von uns ein Freund war, wir trauern um Wolfgang Beitz.

So gilt mein erster Gruß ihm, der nun ausgelitten und sein schweres, ihn zerstörendes Leiden hinter sich gebracht hat.

Unsere herzlichste Anteilnahme, unsere Mittrauer und unser tiefes Mitgefühl gilt seiner lieben Familie und vor allem seiner lieben Frau Helga.

Wolfgang Beitz war ein großartiger und hochgeschätzter Wissenschaftler und Lehrer und seine Verdienste um Lehre und Forschung wurden soeben gewürdigt.

Als *der* Fachmann für Konstruktion waren für ihn wissenschaftliche Erkenntnisse und Forschungsergebnisse erst dann auch konstruktiv abgeschlossen und wirklich fertig, wenn sie zu Papier gebracht waren, wenn es niedergeschrieben war, ja, erst dann, wenn es als fertiges Produkt, als Buch oder Zeitschrift auch veröffentlicht, also verlegt war, um es jedermann zugänglich zu machen, um es zu nutzen.

So war er als Konstrukteur schon von Natur aus ein geborener Autor, so wie wir Verleger sie uns eigentlich immer wünschen.

Wolfgang Beitz war dem Springer-Verlag, den er als seinen Verlag ansah, als seine Konstruktions-Werkstatt für die Vollendung seiner geistigen Produkte, seit vielen Jahren verbunden. Er sah den Verlag als seinen Partner, als den, der sein konstruiertes Werk zu Ende führte und verbreitete.

Und so verband uns -ihn und mich als sein Verleger- eine enge Partnerschaft, die zu einer tiefen Freundschaft gewachsen ist.

Seit Januar 1973 war Wolfgang Beitz Herausgeber der Zeitschrift *Konstruktion* (dieses Jahr also 25 Jahre) und der in chinesischer Sprache erscheinenden Schwesterzeitschrift.

Seit 1974 war er Mitautor an dem wichtigsten Lehrbuch zur Konstruktionslehre im Maschinenbau: Pahl/Beitz *Konstruktionslehre.*

1978 übernahm er die Herausgeberschaft des *Dubbel,* Taschenbuch für den Maschinenbau. So wurde die 14. bis 19. Auflage von ihm ganz wesentlich und federführend geprägt!

Er war der Initiator der chinesischen Ausgabe des *Dubbel* und des Lehrbuchs aufgrund seiner guten Beziehungen und des freundschaftlichen Verhältnisses zu zahlreichen chinesischen Ingenieurwissenschaftlern (u.a. zu Professor Zhang Wei von der Tsinghua University in Beijing.)

Wolfgang Beitz war Mitglied in den Beiräten der Zeitschriften Werkstatttechnik (*wt*), *Chinese Journal of Mechanical Engineering* und der in chinesischer Sprache erscheinenden *Industrial Engineering & Management.*

Er war unser wichtigster und zentraler Berater zu allen Themen des Maschinenbaus im Springer-Technikprogramm.

Wolfgang Beitz war kein Vielschreiber. Er konzentrierte sich auf wenige wesentliche Werke. Diese entwickelte er aber zu höchster Präzision, höchster Qualität, höchster Aktualität und hielt sie über Jahre auf diesem Niveau,

- so sein *Lehrbuch der Konstruktionslehre*,
- so seine Zeitschrift *Konstruktion*,
- so der *Dubbel*, das Taschenbuch für den Maschinenbau,

Springers erfolgreichstes Buch, das Wolfgang Beitz dazu gemacht hat.

Sein Arbeiten und Wirken gerade für dieses Werk betrachtete er als eine seiner wichtigsten Aufgaben, ja, fast als sein Lebenswerk. Unzählige Wochenenden und Nachtarbeit, insbesondere in der Endphase einer Neuauflage, wurden von ihm dafür geopfert.

So ist dieses Werk auch in viele Sprachen übersetzt worden, besonders die chinesische Übersetzung war sein großes Anliegen.

Noch etwa 12 Stunden vor seinem Tod, am Sonntag nachmittag, als ich ihn nochmals besuchte, hatte er zuvor die letzte halbe Stunde mit seinem engsten Mitarbeiter, Herrn Professor Grote am Dubbel und der bevorstehenden CD-ROM-Ausgabe gearbeitet.

Alle Mitarbeiter des Verlages, mit denen er zu tun hatte, die Planer und Hersteller und viele mehr, waren beeindruckt von der hochprofessionellen Arbeit und dem Engagement von Wolfgang Beitz – und so schätzten ihn alle sehr.

Wir alle im Verlag trauern um unseren großen Herausgeber, Autor, Berater und Freund, der viel zu früh von uns gegangen ist.

Die Lücke, die sein Tod gerissen hat, werden wir nicht schließen können.

Der Verlust seines Dabeiseins, seiner Mitwirkung, seiner Persönlichkeit trifft uns alle hart.

Wir verneigen uns im Schweigen und im Gedenken und in Hochachtung vor Wolfgang Beitz.

Wir empfinden Trost in unserem Schmerz durch das Wissen, daß er von seinem schweren, unheilbaren Leiden erlöst wurde.

Wir empfehlen ihn dem gnädigen Gott und wissen, daß er nun dort ist, wo wahrer und ewiger Frieden ist.

Unserem lieben Freund – ein letztes Lebewohl!

Ansprache von Prof. Josef Mohren
Lions International Club Berlin Halensee

Liebe Helga, liebe Konstanze und Alexandra,
verehrte Trauergemeinde,

wir – die Berliner Lions – und wir, die persönlichen Freunde von Wolfgang, stehen erschüttert hier an seiner Bahre. Tief bewegt nehmen wir Abschied von einem Menschen, dem wir Dank und Achtung schulden. Er ist von uns gegangen oder besser gesagt, er ist *vor* uns gegangen.

Mitte der 80er Jahre habe ich Wolfgang mit dem Lionsgedanken vertraut gemacht, und sofort fühlte er sich aufgerufen, in dieser weltweiten Vereinigung freier Menschen, die in freundschaftlicher Verbundenheit bereit sind, sich Problemen der Gesellschaft dieser Zeit zu stellen, mitzuwirken. Seine engagierte Art, sein herzliches Wesen und sein freundschaftlicher Umgang führten schon bald dazu, Präsident unseres Clubs zu werden. Hier hat er Zeichen und Maßstäbe gesetzt, die für uns heute Vorbild sind.

Wolfgangs Leben war in erster Linie sein Beruf, und Ihr, liebe Helga und Kinder ward – so wie er sagte –, die notwendige Infrastruktur. Das hat ihm sehr geholfen, und so konnte von 1987 bis 1989 das Amt des Staatssekretärs beim Senator für Wissenschaft und Forschung in Berlin zusätzlich zu seiner Professur ausüben – und dann – wie wir wissen – noch mit so großem Erfolg. In allen Situationen ist er sich immer treu geblieben und nie von seiner Linie abgewichen. Das machte ihn unabhängig und stark.

Ich, als einer seiner Freunde, bin ihm zu großem Dank verbunden. Wenn nötig, war er stets bereit, zu helfen, insbesondere bei sportlichen Aktivitäten. Er, der geborene Sportler, wollte immer aus mir einen Golfer machen. Während er in seiner nachsichtigen Art mir half, forderte er von sich große Erfolge ab. So war sein Wesen, und so schätzten wir ihn.Von Anfang an war Wolfgang seiner Zeit voraus. Mit 17 Jahren das Abitur zu machen, mit 34 Jahren ordentlicher Professor zu sein, das war für damalige Verhältnisse eine Meisterleistung – für heute ist es fast undenkbar.

Wolfgang verbrachte seine letzten Tage im Krankenhaus, wo er in liebevoller Art nicht nur durch die Familie, sondern auch durch ein verantwortungsvolles und einfühlsames Team betreut wurde. So konnte er die Schwere der Krankheit ertragen und sogar Hoffnungsschimmer in sich aufwecken lassen. Wolfgangs letzten Worte waren *alles paletti*. Und sein glückliches Lächeln drückte aus, daß er alles nach seinem Sinn abgeschlossen hat. Nun müssen wir feststellen, er hat uns verlassen, viel zu früh, aber doch mit einem erfüllten Leben.

Wir nehmen Abschied von Wolfgang in Trauer und in großer Dankbarkeit. Er wird uns allen sehr fehlen. Er selbst würde sagen, denkt an mich, aber trauert nicht um mich und hört, wie meine geliebten Dixilandweisen mich begleiten.

Ansprache der Pfarrerin Sylvia von Kekulé

1. Petr 4,10

Im Namen des Vaters und des Sohnes und des Heiligen Geistes. Amen.
Unsere Hilfe steht im Namen des Herrn, der Himmel und Erde gemacht hat, der da Treue hält ewig und nicht aufgibt das Werk seiner Hände.
Du bist gegangen.
Dein Lebenslicht ist erloschen.
Du bist nicht mehr.
Ich kann es noch gar nicht fassen.
Wir lebten gemeinsam.
Nun ist es einsam geworden.
Es gibt nur noch Nachworte und Nachgedanken.
Wie unerbittlich der Schlußpunkt beim Lebenslauf ist.
Wie kurz wird das Leben, wenn es mit wenigen Daten beschrieben wird.
Wer kann ermessen, was dein Leben gewesen ist?
All die vielen Augenblicke – in Worte kann ich das nicht fassen.
Das Wesentliche trage ich im Herzen. Meine Gedanken kreisen um das, was war.
Es wird nie mehr so sein. Ich weiß, was ich verloren habe.
Ich zünde eine Kerze an und denke an dich.
Du bist gegangen – ich bin mit meinen Gedanken allein zurückgeblieben.

Liebe Frau Beitz – für mich liebe Helga – liebe Familie und Sie, die Sie heute gekommen sind, um von Wolfgang Beitz Abschied zu nehmen und um die Trauer mitzutragen. Er starb mit 63 Jahren.

Angesichts des Todes verstummen wir. Was sollen wir sagen? Zu übermächtig scheint seine Tat, zu gewalttätig seine Macht zu sein. Wir werden mit einem Abschied konfrontiert, der unwiederbringlich, endgültig ist. Aber wir werden auch unserem Leben und Sterben gegenübergestellt. Angesichts des Sarges werden wir zurückgeworfen auf uns selbst. Wir nehmen sozusagen eine Auszeit, treten aus unserem Leben heraus und betrachten es: Vergangenes zieht in Gedanken vorbei; Stunden, gemeinsam oder allein, die gelungen sind oder leer blieben. Stunden, in denen wir uns so nahe waren, und solche, die Bitterkeit hinterließen.

Was sollen wir sagen? Lassen Sie uns einen Gottesdienst feiern, wie Wolfgang Beitz es gemocht hätte: mit dem Wort Gottes und mit Musik. Daß es nicht nur

Dixi geben wird, wird er uns sicherlich verzeihen. Daß wir seinem Wunsch entsprechen und zu seiner Beerdigung Dixi hören, wird ihn freuen.

Lassen Sie uns aber mit gemeinsamem Gesang beginnen, mit einem Lied zum Advent: „Es kommt ein Schiff geladen bis an sein höchsten Bord, trägt Gottes Sohn voll Gnaden, des Vaters ewigs Wort.“

Dient einander, ein jeder mit der Gabe, die er empfangen hat, als die guten Haushalter der mancherlei Gnade Gottes.

Liebe Trauergemeinde, das ist ein Bibelwort, das gerne gesagt wird, wenn ein Mensch seinen Dienst antritt. Als ethische Maxime wird es ihm mitgegeben: Diene du den anderen, diene dem Gemeinwohl mit der Gabe, die Gott dir mitgegeben hat.

Wir blicken auf ein Leben zurück. Ein Leben, daß für unsere Verhältnisse heute nicht lang war. 63, das ist doch kein Alter. Aber was war das für ein Leben? Wolfgang Beitz hat es gelebt mit jeder Faser seines Herzens, mit all seinen Sinnen. Er war wie eine Lunte, die von zwei Seiten brennt. Und diese beiden Seiten hatte er auch in seinem Wesen. Sekt oder Selter, Jeans oder Lackschuh. Er war ruhig, überlegt, souverän, wenn es darum ging, eine fachliche Diskussion zu leiten, einen Strauß zu fechten. Im Privaten nahm er sich dann eher die Freiheit. Da konnte er aufbrausen, von Diskussion keine Rede. Aber die Gewitterstürme zogen genauso schnell wieder ab, wie sie gekommen waren. Und wie konnte er lachen! Ja, mit der Gabe des herzlichen Gelächters und des Humors hatte Gott ihn reich beschenkt. Er nutzte sie, und sein Witz und die Tränen seines Lachens tränkten die Umwelt.

Und der Sportler kam immer wieder durch. Nicht nur das Sportliche an sich im Sinne von guter Kondition (Hockey- oder Golfschläger), sondern besonders die Geisteshaltung. Er war kameradschaftlich und so auch seinen Freunden ein guter Freund.

Ich könnte jetzt noch sehr lange weitererzählen, und am Ende hätte ich ihn doch nur ansatzweise beschrieben. Sie alle hier haben Ihre ganz eigenen Erinnerungen.

Da sind die Erinnerungen der Frau an den Ehemann. In Deiner Liebe hat er gewurzelt, Helga. All das Besondere, das Außergewöhnliche, das Dein Wolfgang geleistet hat, all die Leistungen, die er erbracht hat, die Kraft gabst Du ihm. Dadurch, daß Du da warst, daß Du für ihn da warst. Und wie Ihr gelebt habt, so durftet Ihr Abschied nehmen. Er wußte sich aufgehoben und geborgen bei Dir, bei der Familie.

Für Sie, Konstanze und Alexandra, geht mit dem Vater ein Stück Kindheit zu Ende. Er war immer da, er wußte von Ihnen, bevor Sie von sich selbst wußten. Er war da, auch wenn er nicht da war, auch wenn Sie sich gewünscht hätten, er wäre mehr da gewesen. Mit ihm mußten Sie Ihre Hoffnung verabschieden, ihn fragen zu können, bei ihm weinen zu können, den Vater in die Pflicht zu nehmen, wenn das Leben Entscheidungen forderte. Angefangen hatten solche Gespräche, wenn Sie zu ihm ins Institut gingen und bei ihm saßen. Dann ließ er alles stehen und liegen und hatte Zeit, hörte zu. Da leuchtete eine Zukunft auf, auf die Sie sich freuten.

Und für Sie lieber Herr Eberhard Beitz, geht mit dem Bruder der, mit dem Sie über Kindheit und Jugend erzählen konnten. Mit dem Sie über alte Geschichten lachen, mit dem Sie sich an Gerüche oder an den Geschmack besonderer Lieblingsspeisen erinnern konnten.

Und Sie, die Freunde und Kollegen, Sie alle, die Sie heute gekommen sind, Sie alle haben Ihre Erinnerungen. Wir stehen alle mit so sehr verschiedenen Gefühlen an diesem Sarg. Da ist neben der Trauer die Dankbarkeit. Dank für ein Leben, das wir – mehr oder weniger – begleiten durften. Ein Leben, in dem wir gaben und viel empfingen. Da sind die Fragen, die wir uns selbst stellen: „Habe ich ihm gesagt, was ich ihm habe sagen wollen? Habe ich ihm gezeigt, wie viel er mir bedeutete? Daß die Welt mit ihm leuchtend, hell und bunt war?" Da sind aber auch Zorn und Nichtverstehen. Und die Frage: „Warum er? Warum so früh?" Diese Fragen pflegen wir Gott zu stellen.

Wolfgang Beitz hat sie nicht gestellt. Das war auch erst einmal nicht nötig. Gott war in seinem Leben eine konstante Größe. Die Beziehung zwischen beiden war klar. Wolfgang hat gearbeitet und Gott hat auf ihn aufgepaßt. Wir werden das gleich singen. In der dritten Strophe des Liedes „So nimm denn meine Hände" heißt es: „Wenn ich auch gleich nichts fühle von deiner Macht, du führst mich doch zum Ziele, auch durch die Nacht." Zu Weihnachten hat sich Wolfgang dann bei ihm bedankt. Da wollte er ohne seinen Herrgott nicht sein. Da wollte er mit den anderen an der Krippe stehen und das Christuskind begrüßen.

Seinen nahenden Tod hat er in einem bemerkenswerten Akt des Ignorierens übersehen. Er kam mir an seinen letzten Tagen, als er erzählte, wie er die nächste Fakultätssitzung leiten würde, immer so vor, als ginge er mit dem Rücken auf den geöffneten Himmel zu, der hell leuchtete. Alles war für ihn gerichtet, aber Wolfgang Beitz hatte andere Pläne. Bis zum letzten Tag. Da spürte er wohl die Hand Gottes auf seiner Schulter. Und der Gefährte seiner Tage erschreckte ihn nicht. Er konnte ihn begrüßen wie einen lieben alten Freund.

Mit Gott an der Seite konnte er denn auch Abschied von Euch nehmen. Ruhig und gelöst, voller Freude und Dankbarkeit darüber, daß es Euch gab. Da strahlte er schon etwas von dem aus, was für uns göttliches Geheimnis ist und bleiben wird, bis unsere Stunde kommt. Mit anderen Worten: Gott hatte ihm schon das Festtagskleid angezogen.

Wolfgang Beitz hat dieses Leben, er hat Euch, seine Familie, Sie, seine Kollegen und Freunde, losgelassen. Er hat sein Leben verströmt, er hat die Gaben, die Gott ihm geschenkt hat, weitergegeben, hat andere lernen und wachsen lassen. Und so wollen wir ihn loslassen. Loslassen, weil wir ihn aufgehoben wissen bei Gott, eingehüllt in seine Liebe.

So nimm denn meine Hände und führe mich bis an mein selig Ende und ewiglich.

Nachrufe

Für die TU Berlin ein großer und spürbarer Verlust

Prof. Dr. Wolfgang Beitz verstorben

TU intern, Dezember 1998

Am 23. November ist Wolfgang Beitz, Dekan des Fachbereichs 11, Maschinenbau und Produktionstechnik der TU Berlin, nach langer schwerer Krankheit gestorben. Mit ihm, der für seine Leistungen national und international anerkannt war, verliert die TU einen ihrer profiliertesten Lehrer und Wissenschaftler. Sein Tod ist ein spürbarer Verlust.

Wolfgang Beitz war unter anderem durch seine Arbeiten zur Konstruktionsmethodik hochgeschätzt. Als Autor des Lehrbuches über „Konstruktionslehre" hat er gemeinsam mit Prof. Dr.-Ing. G. Pahl ein Standardwerk zu diesem Thema geschaffen, das in sechs Sprachen übersetzt wurde. Darüber hinaus war Wolfgang Beitz einer der ersten, der die umweltgerechte Konstruktion von Produkten initiierte – lange bevor dieses wichtige Gebiet in Forschungsprogrammen der DFG bearbeitet wurde. Der Rechnereinsatz in der Konstruktion war ein weiteres Spezialgebiet von Wolfgang Beitz. Unter seiner Leitung entstanden maßgebliche Berechnungs- und Gestaltungsprogramme für das Konstruieren von Maschinen am Computer. Seit Juli 1997 war Wolfgang Beitz Sprecher der von der DFG geförderten Forschungsgruppe „Seniorengerechte Technik im häuslichen Alltag" (Sentha) am Zentrum für Technik und Gesellschaft der TU Berlin. Sie soll Haushaltstechnik entwickeln, die zu mehr Sicherheit und Komfort im Alltag von Senioren beiträgt. Im Rahmen dieses Forschungsprogramms war Wolfgang Beitz im Mai dieses Jahres maßgeblich an der Organisation der Tagung „Technik, Freund des Alters – Vergangenheit und Zukunft später Freiheiten" an der Technischen Universität Berlin beteiligt. Seine außergewöhnlichen wissenschaftlichen Leistungen machten Prof. Beitz zu einem gefragten Ansprechpartner für alle wichtigen Fachgremien. Er war Mitglied im Kuratorium der DFG und Gründungsmitglied der Berlin-Brandenburgischen Akademie der Wissenschaften. Die Technische Universität Dresden hat Wolfgang Beitz 1995 mit dem Ehrendoktor ausgezeichnet. Die Universität Hangzhou in China verlieh ihm für seine jahrelange Kooperation die Ehrenprofessur. Von seinem Engagement zeugen auch das Ehrenzeichen des Vereins Deutscher Ingenieure und die Ehrennadel des DIN. Neben seiner Professorentätigkeit war Wolfgang Beitz auch in der Hochschul- und Wissenschaftspolitik tätig. Von 1987 bis 1989 war er Staatssekretär beim Senator für Wissenschaft und Forschung. Universitätsintern kümmerte er sich als Dekan um die Belange seines Fachbereichs und engagierte sich als Mitglied des Akademischen Senats. Wolfgang Beitz studierte von 1953 bis 1958 an der TU Berlin Maschinenbau. Danach war er bis 1962 wissenschaftlicher Assistent am Institut für Maschinenelemente. In diese Zeit fällt auch seine Promotion. Als Dr.-Ing. verließ der 1962 die Universität und wechselte zu AEG-Telefunken Berlin. Seit 1968 hielt Wolfgang Beitz Vorlesungen über Machinenelemente an der TU Berlin, und im Alter von 34 Jahren wurde er 1969 als ordentlicher Professor an das Institut für Maschinenkonstruktion berufen. mir

Für die TU Berlin ein großer und spürbarer Verlust

Prof. Dr. Wolfgang Beitz verstorben

TU Berlin, Pressestelle
Medieninformation Nr. 270 – 26. November 1998

Am 23. November ist Wolfgang Beitz, Dekan des *Fachbereichs 11, Maschinenbau und Produktionstechnik* der TU Berlin, nach langer schwerer Krankheit gestorben. Er gehörte seit Jahrzehnten zu den maßgeblichen Professoren der TU Berlin, die national und international anerkannt waren. Er engagierte sich sowohl hochschulpolitisch als auch wissenschaftlich für die Universität und identifizierte sich mit ihr. Mit Wolfgang Beitz verliert die TU einen ihrer profiliertesten Lehrer und Wissenschaftler. Sein Tod ist ein spürbarer Verlust.

Durch seine wissenschaftlichen Leistungen auf den verschiedensten Gebieten des Maschinenbaus und der Konstruktionstechnik war Wolfgang Beitz international anerkannt. Wichtig sind unter anderem seine Arbeiten zur Konstruktionsmethodik, die sich mit Grundlagen und praktischen Einsatzmöglichkeiten von Konstruktionsmethoden beschäftigen. Als Autor des Lehrbuches über „Konstruktionslehre" hat er gemeinsam mit Prof. Dr.-Ing. G. Pahl ein Standardwerk zu diesem Thema geschaffen, das in sechs Sprachen, zuletzt ins Chinesische, übersetzt wurde. Darüber hinaus war Wolfgang Beitz einer der ersten, der die umweltgerechte Konstruktion von Produkten initiierte – lange bevor dieses wichtige Gebiet in Forschungsprogrammen der *DFG* bearbeitet wurde.

Dementsprechend war er sowohl bei der *VDI*-Richtlinie „Methodik zum Entwickeln und Konstruieren technischer Systeme und Produkte" als auch bei der VDI-Richtlinie „Konstruieren recyclinggerechter technischer Produkte – Grundlagen und Gestaltungsregeln" (1991) federführend. In demselben Rahmen war er Mitglied der Jury des *Innovationspreises Berlin/Brandenburg* und des Sonderpreises Umwelttechnik. Der Rechnereinsatz in der Konstruktion war ein weiteres Spezialgebiet von Wolfgang Beitz. Unter seiner Leitung entstanden maßgebliche Berechnungs- und Gestaltungsprogramme für das Konstruieren von Maschinen am Computer. Seit Juli 1997 war Wolfgang Beitz Sprecher der von der DFG geförderten Forschungsgruppe „Seniorengerechte Technik im häuslichen Alltag" (Sentha) am *Zentrum für Technik und Gesellschaft* der TU Berlin. Die interdisziplinäre Forschungsgruppe, in der Wissenschaftler der TU Berlin, der *HdK* und der *TU Cottbus* zusammenarbeiten, wird von der DFG gefördert. Sie soll seniorengerechte Haushaltstechnik entwickeln, die zu mehr Sicherheit und Komfort im häuslichen Alltag von Senioren beiträgt. Im Rahmen dieses Forschungsprogramms war Wolfgang Beitz im Mai dieses Jahres maßgeblich an der Organisation der Tagung „Technik, Freund des Alters – Vergangenheit und Zukunft später Freiheiten" an der Technischen Universität Berlin beteiligt.

Seine außergewöhnlichen wissenschaftlichen Leistungen machten Prof. Beitz zu einem gefragten Ansprechpartner für alle wichtigen Fachgremien. Er war Mitglied im Kuratorium der DFG und Gründungsmitglied der *Berlin-Brandenburgischen Akademie der Wissenschaften*. Die *Technische Universität Dresden* hat Wolfgang Beitz 1995 mit dem Ehrendoktor ausgezeichnet. Die Universität Hangzhou in China verlieh ihm für seine jahrelange Kooperation die Ehrenprofessur. Von seinem Engagement zeugen auch das Ehrenzeichen des Vereins Deutscher Ingenieure und die Ehrennadel des *DIN*.

Neben seiner Professorentätigkeit war Wolfgang Beitz stets auch in der Hochschul- und Wissenschaftspolitik tätig. Von 1987 bis 1989 war er Staatssekretär beim Senator für Wissenschaft und Forschung, wo er sich für Fragen der Wissenschaft in der Stadt engagierte. Universitätsintern kümmerte er sich als Dekan um die Belange seines Fachbereichs und engagierte sich als Mitglied des Akademischen Senats.

Wolfgang Beitz wurde 1935 in Berlin geboren. Von 1953 bis 1958 studierte er an der TU Berlin Maschinenbau und war bis 1962 als wissenschaftlicher Assistent am Institut für Maschinenelemente tätig. In diese Zeit fällt auch seine Promotion, in der er sich mit „drehnachgiebigen Kupplungen" beschäftigte. Als Dr.-Ing. verließ der 1962 die Universität und wechselte zu AEG-Telefunken Berlin, wo er zunächst als Konstrukteur und später als stellvertretender Entwicklungschef für elektrische Großmaschinen arbeitet. Bis 1969 blieb Wolfgang Beitz in der Industrie tätig. Seit 1968 hielt Wolfgang Beitz Vorlesungen über Maschinenelemente an der TU Berlin, und im Alter von 34 Jahren wurde er 1969 als ordentlicher Professor an das *Institut für Maschinenkonstruktion* der TU Berlin berufen. Über 160 Aufsätze hat Wolfgang Beitz seit seiner Promotion 1961 veröffentlicht sowie mehr als 60 Promotionen zahlreicher Studenten als Doktorvater betreut, darunter Ingenieure aus Jugoslawien, der Türkei, Indonesien, Vietnam und China.

Prof. Wolfgang Beitz verstorben

TU INTERNATIONAL
Dezember 1998

Völlig unerwartet ist am 23.11.1998 Prof. Wolfgang Beitz verstorben. Seine außergewöhnlichen Kenntnisse auf dem gesamten Gebiet der Konstruktion machten Prof. Beitz zu einem gefragten Leiter bzw. Mitglied in wichtigen Fachgremien. Er war Mitglied des Senats und des Kuratoriums der Deutschen Forschungsgemeinschaft (DFG) sowie Gründungsmitglied der Berlin-Brandenburgischen Akademie der Wissenschaften, um nur zwei von zahlreichen Mitgliedschaften zu nennen.

Er war einer der ersten, der die umweltgerechte Konstruktion von Produkten initiierte. Ein weiteres Spezialgebiet von Prof. Beitz war der Rechnereinsatz in der Konstruktion. In den letzten Jahren entstanden unter seiner Leitung Berechnungs- und Gestaltungsprogramme für das Konstruieren von Maschinen am Computer. Er galt als ein Vorreiter des internationalen wissenschaftlichen Technologietransfers, was u.a. sein Einsatz für die Übersetzung von Fachbüchern in viele Sprachen widerspiegelt – darunter das von ihm mit herausgegebene Standardwerk „Dubbel".

Wolfgang Beitz wurde 1935 in Berlin geboren. 1969 wurde er als ordentlicher Professor an das Institut für Maschinenkonstruktion der TU Berlin berufen. Seine wissenschaftliche Leistung wurde durch zahlreiche Auszeichnungen gewürdigt.

Mit Prof. Beitz verliert die TU Berlin einen renommierten Forscher und engagierten Lehrer, der die berufliche Entwicklung von Generationen von Maschinenbaustudenten geprägt hat.

Professor Beitz gestorben

Informationen der studentischen StudienfachberaterInnen
und der VertreterInnen im Fachbereichsrat

Am 23. November ist *Professor Beitz, Dekan des Fachbereichs 11* und den meisten Studierenden aus Konstruktionslehre bekannt, nach schwerer Krankheit gestorben. Mit ihm verliert die TU nicht nur einen besonders angesehenen Wissenschaftler, der seinem Forschungsgebiet wichtige Impulse verlieh, sondern auch einen Hochschullehrer, dem die Lehre und der *Kontakt zu den Studierenden stets sehr wichtig* waren.

Als Dekan engagierte er sich – auch persönlich – besonders für die Erstsemester-Einführungswochen, die seit einigen Semestern von Professoren und Studierenden gemeinsam gestaltet werden. Er griff verschiedene *Studienreformansätze* auf und setzte sie am eigenen Institut konsequent um, so z.B. die projektorientierten Übungen in Konstruktionslehre IV. Auch darüber hinaus hatte er in der bundesweiten Debatte um die Reform des Ingenieurstudiums eine stets vernehmbare Stimme. Er konnte sich einerseits sehr darüber ärgern, wenn jemand in seiner Vorlesung quatschte, in der Zeitung blätterte oder ihn sonstwie störte. Andererseits kam es auch vor, daß er freudig aus einer Veranstaltung kam und sagte „Das hat mir richtig Spaß gemacht". Er betreute als Professor auch Übungen und Tutorien und *unterstützte zahlreiche studentische Initiativen* – ob es nun Firmenkontaktmessen oder Workshops zum Thema Technik und Ethik waren.

Prof. Beitz sah *Ingenieurarbeit als eine umfassende Tätigkeit.* Er war einer der ersten in seinem Fachgebiet, der die *umweltgerechte Konstruktion* von Produkten initiierte. Damit Technik möglichst allen Menschen zugutekommt, arbeitete er seit 1997 in der Forschungsgruppe „Seniorengerechte Technik im häuslichen Alltag" mit, deren Sprecher er war.

Vorlesungen, Studien- und Diplomarbeiten und Prüfungen – also das Alltagsgeschäft des Instituts – laufen derzeit weiter. Die formalen Zuständigkeiten wurden zum großen Teil auf Dr. Tegel übertragen. Es wird ein *Gedenk-Kolloquium* geplant, über dessen Termin das Institut informieren wird.

Prof. Dr.-Ing. E.h. Dr.-Ing. W. Beitz †

Konstruktion
Jan./Febr. 1999

Der fast ein Vierteljahrhundert als Herausgeber der Zeitschrift „Konstruktion" tätige Universitätsprofessor Dr.-Ing. E.h. Dr.-Ing. Wolfgang Beitz ist nicht mehr unter uns. Nach schwerer Krankheit starb er mit 63 Jahren am 23. November 1998. Bis zum letzten Tag seines so erfolgreichen Lebens hat er sich mit bemerkenswerter Energie noch Fragen der Veröffentlichung wissenschaftlicher Ergebnisse gewidmet. 1974 übernahm er die Herausgabe der Zeitschrift „Konstruktion" aus den Händen von Professor Martyrer, gab ihr neue Ideen und Impulse und achtete, modischen Vorschlägen widerstrebend, auf eine solide wissenschaftliche Ausrichtung, die zugleich dem Praktiker verständlich und hilfreich war. Unter seiner Leitung hat die Zeitschrift „Konstruktion" ihre angesehene Stellung ausgebaut und einen international anerkannten Ruf errungen.

Für die langjährige und erfolgreiche Herausgeberschaft hat die Fachwelt dem Verstorbenen aufrichtig zu danken. Für die Veröffentlichungen wissenschaftlicher Ergebnisse und praktischer Erfahrungen sowie als Organ der VDI-Gesellschaft „Entwicklung Konstruktion Vertrieb" wurde sie für viele Autoren der Konstruktionstechnik und angrenzender Gebiete ein begehrtes Mittel zur Verbreitung wichtiger Erkenntnisse und für die fachlich orientierte Leserschaft eine bedeutsame Quelle zur Unterstützung ihrer praktischen und wissenschaftlichen Arbeit.

Solides fachliches Herkommen, ein nicht nachlassendes Engagement und ein Gespür für Wesentliches in einer sich verändernden technischen Welt befähigten Professor Beitz, der nicht einfachen Aufgabe der Herausgeberschaft dieser Zeitschrift in hervorragender Weise gerecht zu werden. Nach dem Studium und nach der Promotion an der TU Berlin war er mehrere Jahre Konstrukteur, Konstruktionsleiter und stellvertretender Entwicklungsleiter für elektrische Großmaschinen bei AEG-Telefunken in Berlin. Aus dieser Entwicklungstätigkeit wurde er 1969 als ordentlicher Professor für Konstruktionstechnik an das Institut für Maschinenkonstruktion der TU Berlin berufen.

Die Mitwirkung von Professor Beitz als Fachgutachter und im Senat der Deutschen Forschungsgemeinschaft, in den Fachgremien des DIN sowie seine Beteiligung an Sonderforschungsbereichen und Forschergruppen verschafften ihm neben der unmittelbar fachlichen Einwirkung einen hervorragenden Überblick zum Stand der Technik und ihrer künftigen Entwicklung.

Als eine ganz persönliche Leistung von Professor Beitz ist die in mehrfacher Auflage erschienene, neubearbeitete Herausgabe des „Dubbel – Taschenbuch für den Maschinenbau" gemeinsam mit Prof. K.-H. Küttner und später mit Prof. Dr.-Ing. K.-H. Grote zu würdigen. Der maschinenbaulichen Fachwelt ist damit ein sich ständig aktualisierendes Arbeitsbuch an die Hand gegeben worden. Auch das gemeinsam mit Gerhard Pahl erarbeitete Buch „Konstruktionslehre" erwies sich als Standardwerk und wurde inzwischen in sieben Sprachen übersetzt. Als Professor Beitz für zwei Jahre die Position eines Staatssekretärs beim Senator für Wissenschaft und Forschung Berlin übernommen hatte, sind – typisch für ihn – die genannten Aktivitäten nicht unterbrochen, sondern unter seiner strategischen Leitung mit Hilfe seiner Mitarbeiter an der Technischen Universität und beim Verlag kontinuierlich weitergeführt worden.

Immer hat sich Professor Beitz Aufgaben und Pflichten der Gemeinschaft gestellt. So als Dekan der Fakultät des Maschinenbaus, als Mitglied im Senat der Technischen Universität Berlin, als Vizepräsident der Wissenschaftlichen Gesellschaft für Maschinenelemente und Konstruktionsforschung (WGMK), bei der Richtlinienarbeit und in Fachbeiräten des VDI sowie in Präsidien wissenschaftlicher Gesellschaften und Einrichtungen. Sein besonderes Interesse galt den wissenschaftlichen Beziehungen zu Technischen Universitäten der Volksrepublik China und der dortigen Einrichtung wissenschaftlicher Publikationen im Zusammenhang mit der Zeitschrift „Konstruktion". Nach der Öffnung der Mauer war es ihm ein Herzensanliegen, rasch die Integration mit den näheren Fachkollegen der ehemaligen DDR zu bewirken. Die Berlin-Brandenburgische Akademie der Wissenschaften berief ihn als Gründungsmitglied in ihre Technikwissenschaftliche Klasse. Wenn es um Fragen der Trendentwicklungen und Zukunftssicherung ging, war Professor Beitz Initiator und Ratgeber bei staatlichen und industriellen Einrichtungen. Die Gründung des „Berliner Kreises" ist nur ein Beispiel. Zahlreiche Ehrungen, so unter anderem das Ehrenzeichen des VDI und die Ehrendoktorwürde der TU Dresden, bezeugen die ihm entgegengebrachte und uneingeschränkte Anerkennung.

Wir haben mit Wolfgang Beitz einen Wissenschaftler und Fachkollegen verloren, der sich hoher menschlicher Achtung erfreute. Kennzeichnend war sein hervorragender fachlicher Überblick bei sehr vertieften Kenntnissen. Er zeichnete sich in allen seinen Vorhaben durch eine anpackende Aktivität bei gleichzeitig hoher Verläßlichkeit und Sorgfalt aus. In häufig schwierigen Entscheidungssituationen bewies er immer eine tragfähige Kompromißbereitschaft, ohne die von ihm für richtig gehaltenen Prinzipien aufzugeben. Seine Aussagen waren klar und wegweisend. Mußte er nein sagen, so war die Absage stets mit hilfreichen Hinweisen begleitet. Wolfgang Beitz bewies eine einzigartige Lebensleistung, die nicht so bald zu ersetzen sein wird. Ihm gilt unser fortdauerndes und ehrendes Gedenken. Wir sind dankbar, daß wir ihn hatten.

Gerhard Pahl

Nachruf aus dem Institut für Maschinenkonstruktion der TU Berlin

Konstruktion
Jan./Febr. 1999

Mit dem Tode von Professor Beitz verläßt uns ein herausragender Forscher und Lehrer, der wie kaum ein anderer in den letzten drei Jahrzehnten die Entwicklung der Konstruktionstechnik und der Konstruktionsmethodik in Deutschland wie auch international geprägt hat.

Professor Beitz begann sein Wirken als Hochschulprofessor an der TU Berlin im Jahre 1969. Am Institut für Maschinenkonstruktion, Fachgebiet Konstruktionstechnik, baute er über die Jahre vier Forschungsschwerpunkte auf und aus.

Kernthema für ihn war die von Pahl und ihm verfolgte Konstruktionsmethodik. Hier war es ihm zum einen stets ein Anliegen, die Methoden zu verbessern, zum anderen, in der Erprobung der Methodik im industriellen Einsatz wichtige Rückschlüsse zur Gewährleistung der Praxisrelevanz seiner Arbeiten ziehen zu können. Zuletzt war die Integration US-amerikanischer Vorgehensweisen im Bereich der systematischen Produktentwicklung wichtiger Teil seines Schaffens.

Er untersuchte mit als einer der ersten in Deutschland die Möglichkeiten einer Rechnerunterstützung des Entwicklungs- und Konstruktionsprozesses. Anfang der 90er Jahre zeigte er aufgrund seiner umfangreichen Arbeiten im Sonderforschungsbereich 203 „Rechnerunterstütze Konstruktionsmodelle im Maschinenwesen" schließlich erstmalig das Beispiel einer durchgängigen Rechnerunterstützung des methodischen Konstruktionsprozesses.

Das Thema „Recycling" nahm Professor Beitz als Pionier auf, lange bevor die Bedeutung dieser Phase des Produktlebenszyklus bereits in der Produktentwicklung deutlich wurde. Auch hier gelang es ihm, neben der Konsensfindung im Rahmen der VDI-Richtlinie 2243 „Konstruieren recyclinggerechter technischer Produkte", seine Forschungsarbeiten in vielfältigen Industrieprojekten zu überprüfen und abzusichern.

In Ergänzung des analytischen Themenkomplexes war während seines Wirkens am Institut der Bereich der experimentellen Untersuchungen an Schrauben, Kunststoffzahnrädern und Welle-Nabe-Verbindungen sowie der demontagefreundlichen Verbindungen ein Anliegen, das er kontinuierlich stark vorantrieb.

Wegen der derart breit ausgerichteten Forschung unter seiner Führung gelang es Professor Beitz, innerhalb eines einzigen Fachgebiets Synergieeffekte zu schaffen und zu erschließen, die zum einen der Forschung, zum anderen aber auch in ausgezeichneter Art und Weise seinen wissenschaftlichen Mitarbeitern zugute kamen.

Die Lehre war für ihn kein zweitrangiges Thema. Mit großem Engagement führte er Generationen von Studenten in der Konstruktionslehre durch das Grundstudium, vermittelte ihnen im Hauptstudium das Methodische Konstruieren und ermöglichte ihnen seit über 20 Jahren, im Team konkrete Industrieaufgaben in einem methodischen Konstruktionsablauf zu bearbeiten. Hier zeigen sich zwei Vorreiterrollen, die er seit langem auch in der Lehre wahrnahm: Gruppenarbeit und Industrienähe, die beide enorm zur Motivation der Studenten und der Attraktion des Fachgebiets Konstruktionsmethodik beitrugen. Von seinen Studenten wurde er als ein Lehrer geschätzt, dem man mit Hochachtung begegnete. Gründe dafür waren seine Fähigkeit, Fachliches nicht nur als trockene Pflicht zu vermitteln, sein immer klares Urteilsvermögen und seine Art, geradlinig seine festen Auffassungen, die von Kenntnissen und Lebenserfahrungen geprägt waren, gegenüber Gremien und Studenten zu vertreten.

Über sein Fachgebiet hinaus war er für das Institut für Maschinenkonstruktion mehrfach als Geschäftsführender Direktor tätig, war mehrfach Dekan im Fachbereich Maschinenbau und Produktionstechnik und Mitglied im Akademischen Senat der TU Berlin. Von 1987 bis 1989 war er Staatssekretär beim Senator für Wissenschaft und Forschung in Berlin.

Im Rahmen seiner Tätigkeit als Hochschullehrer promovierte er 76 Doktoranden. Er war stets um seine wissenschaftlichen Mitarbeiter besorgt: Fachlich ein Vordenker und Wegbereiter, förderte er sie auch im persönlichen Bereich. Er hinterläßt eine Lücke, die in Zukunft kaum zu schließen sein wird.

Oliver Tegel

Wegbereiter, Mentor und Freund der Jugend

Mit dem Tod von Prof. Wolfgang Beitz verlor der VDI eine hochangesehene Persönlichkeit

VDI-Nachrichten
4. Dezember 1998

Die technischen Wissenschaften haben einen bedeutenden Repräsentanten verloren. Im Alter von nur 63 Jahren verstarb am 23. November 1998 nach schwerer Krankheit Prof. Dr.-Ing. E.h. Dr.-Ing. Wolfgang Beitz, Leiter des Instituts für Maschinenkonstruktion – Konstruktionstechnik der TU Berlin.

Hier hatte der gebürtige Berliner Maschinenbau studiert, nach vierjähriger Assistentenzeit 1961 promoviert und folgte nach sechsjähriger Industrietätigkeit als Konstrukteur, Konstruktionsleiter und stellvertretender Entwicklungschef für elektrische Großmaschinen wieder dem Ruf „seiner" TU Berlin zum ordentlichen Professor und Institutsleiter. Der hochgeachtete Wissenschaftler gehörte zu den Professoren, die maßgeblich zum Ansehen der TU Berlin beitrugen. Seine Forschungsergebnisse in den Bereichen Konstruktionsmethodik, Rechnerunterstützung der Entwicklung, Recycling u.a.m. verschafften ihm international Anerkennung.

Er war Autor von über 180 Veröffentlichungen in technisch-wissenschaftlichen Fachzeitschriften und verfaßte mit Professor Gerhard Pahl aus Darmstadt das bedeutendste Werk zur Konstruktionsmethodik im deutschsprachigen Raum: die „Konstruktionslehre". Seit 1974 war der Herausgeber der Zeitschrift „Konstruktion" und seit 1981 Erstherausgeber des Dubbel-Taschenbuches für den Maschinenbau. 1987 bis 1989 war er – zusätzlich zur Professur – Staatssekretär beim Berliner Senator für Wissenschaft und Forschung und gehörte 1993 zu den Gründungsmitgliedern der Berlin-Brandenburgischen Akademie der Wissenschaften.

Ehrenamtlich engagierte sich Beitz in technisch-wissenschaftlichen Verbänden und Fördergemeinschaften und für die Integration der ostdeutschen Konstruktionswissenschaftler. Er war Inhaber der DIN-Ehrennadel, Ehrenprofessor der Zhejiang-Universität in Hangzhou/China und Ehrendoktor der TU Dresden.

Auch der VDI verlor mit Wolfgang Beitz einen langjährigen und hochengagierten Freund und aktiven Mitstreiter für die gemeinsamen Ziele. Schon 1969 wurde er Mitarbeiter im VDI-Ausschuß „Konstruktionsmethodik", beteiligte sich an der Richtlinienarbeit, gehörte seit 1970 dem Beirat der damaligen VDI-Fachgruppe „Konstruktion" an und übernahm 1977 den Vorsitz der VDI-Gesellschaft Konstruktion und Entwicklung, den er bis 1981 innehatte. Er initiierte die „Fritz-Kesselring-Ehrenmedaille des VDI", die 1979 erstmals von dieser Gesellschaft verliehen wurde, und unterstützte bis zu seinem Tode aktiv und äußerst engagiert die heutige VDI-Gesellschaft Entwicklung Konstruktion Vertrieb (EKV) durch maßgebliche Mitarbeit in Richtliniengremien und bei Tagungen.

Noch im Juni 1998 leitete er in Berlin den „Deutschen Konstrukteurtag". Mit der Ernennung zu ihrem bislang einzigen Ehrenvorsitzenden würdigte die EKV die großen Verdienste seiner menschlich und fachlich herausragenden Persönlichkeit. Sein besonderes Engagement galt dem Bezirksverein Berlin-Brandenburg, in dem er 1993 den Vorsitz des „Kuratoriums" übernahm, das dem Vorstand des Bezirksvereins seither als förderndes und beratendes Gremium zur Seite steht und dem er bis zu seinem Tode angehörte. Auch die jungen VDI-Ingenieure und -Studenten in Berlin verloren mit ihm einen hochgeachteten Mentor und Freund. Der Verein Deutscher Ingenieure wird Wolfgang Beitz, seit 1992 Inhaber des Ehrenzeichens des VDI, sehr vermissen und seiner stets in Dankbarkeit und Hochachtung gedenken. lx

Zum Tode von Professor Dr.-Ing. Wolfgang Beitz

Berlin-Brandenburger Bezirksverein des VDI
in *Technik & Gesellschaft* 1/1999

Unser Magazin TECHNIK & GESELLSCHAFT erscheint im Rhythmus von zwei Monaten, so daß es nie tagesaktuell sein kann. Viele Nachrichten, heute neu und wichtig, sind schon morgen vergessen, erst recht dann, wenn Sie das neue Heft in den Händen halten. Darum müssen wir so manches Mal auf Wichtiges und Interessantes verzichten. In diesem Fall tun wir dies nicht.

Am 4. Dezember 1998 haben wir tief betroffen Abschied genommen von Prof. Dr.-Ing. Dr.-Ing. E.h. Wolfgang Beitz, der am 23. November 1998 im Alter von 63 Jahren nach schwerer Krankheit verstorben ist. Professor Beitz war dem VDI und unserem Bezirksverein im besonderen verbunden. Den Studenten und Jungingenieuren war er Mentor und Freund. Stets hatte er für sie ein offenes Ohr.

So außergewöhnlich wie sein Leben gestaltete sich auch die Beerdigung zu einem unvergessen bleibenden Ereignis, ausgelöst durch die Intensität der gesprochenen Worte mit Ausdruck wahrer Anteilnahme und Trauer. Etwa 500 Persönlichkeiten waren gekommen, um Wolfgang Beitz die letzte Ehre zu erweisen. Nicht alle fanden Platz in der Kapelle des Waldfriedhofs in Berlin-Dahlem, sie nahmen draußen bei Kälte und leichtem Schneefall Abschied.

Gemeinsam mit der Familie gedachten die Versammelten ihres hochgeachteten Kollegen, Institutsleiter, Doktorvater und Freund.

In Würdigung der herausragenden wissenschaftlichen Verdienste des Verstorbenen sprachen Prof. Ewers für die Technische Universität und Herr Michaletz für den Springer-Verlag. Herr Mohren vom Lions International Club Berlin-Halensee gedachte des engagierten Lions-Bruders und guten Freundes. Die persönliche Anteilnahme und Trauer um Wolfgang Beitz, die mit spürbarer Wärme gerichteten Worte der Pfarrerin Frau von Kekulé an die Familie und Trauergemeinde berührten die Anwesenden tief. Dixiklänge von „Papa" Henschel, die den Verstorbenen im Leben so begeistert hatten, erklangen und verstärkten die Ergriffenheit. Ein Satz war es, der für mich seltsam tröstlich war: „Er ist nicht von uns gegangen, er ist nur vor uns gegangen." Wir trauern um Professor Wolfgang Beitz, wir werden ihn sehr vermissen und mit Hochachtung an ihn denken.

Irene Schmidt

Die Berlin-Brandenburgische Akademie der Wissenschaften trauert um ihr ordentliches Mitglied Prof. Dr.-Ing. E.h. Dr.-Ing. Wolfgang Beitz

Wolfgang Beitz, am 30. Juni 1935 in Berlin geboren, studierte an der Technischen Universität Berlin Maschinenbau, war Assistent am Institut für Maschinenelemente der TU, danach Konstrukteur, Konstruktionsleiter und schließlich stellvertretender Entwicklungschef für Elektrische Großmaschinen bei der AEG-Telefunken. 1969 folgte er zunächst einem Ruf als ordentlicher Professor und Institutsleiter an die TU Berlin und 1972 an die Universität Stuttgart. Von 1987 bis 1989 war er Staatssekretär beim Senator für Wissenschaft und Forschung des Landes Berlin und nahm diese politische Funktion zusätzlich zu seiner Professur wahr. Wegweisende Leistungen in der Forschung auf den Gebieten Konstruktionsmethodik, Rechnerunterstützte Entwicklung, Recycling und in experimentell orientierten Bereichen, über 180 Veröffentlichungen in technisch-wissenschaftlichen Fachzeitschriften und mehr als 13 Mio DM eingeworbene Drittmittel legen Zeugnis ab von seinem engagierten Wirken. Seine Mitgliedschaft in zahlreichen wissenschaftlichen und technischen Verbänden und Organisationen, in Kuratorien, Beiräten und Fachkommissionen, im Akademischen Senat, in Berufungsausschüssen, seine Gutachtertätigkeit bei der DFG sowie sein Wirken als Herausgeber belegen, daß sein Wort in der Fachwelt Gewicht hatte und sein Rat gefragt war. Wolfgang Beitz gehörte zu den Gründungsmitgliedern der 1992 neukonstituierten Berlin-Brandenburgischen Akademie der Wissenschaften. Er verstand auch diese Mitgliedschaft in erster Linie als Arbeitsauftrag. Er initiierte zusammen mit anderen Mitgliedern eine der ersten interdisziplinären Arbeitsgruppen der Akademie, die ihre Arbeit inzwischen mit Erfolg beenden konnte, er war aktiv in den Akademiegremien und -kommissionen. Die Akademie wird seine sachliche, konstruktive und kritische Art vermissen, mit der er den Meinungsbildungs- und Selbstfindungsprozeß dieser jungen Einrichtung befördert und zur Konzentration auf das Wesentliche gedrungen hat. Er hat damit ein bedeutendes Stück dazu beigetragen, die Trennung zwischen ‚Ost und West' zu überwinden.

Wolfgang Beitz zum Gedenken

Zeitschrift für wirtschaftlichen Fabrikbetrieb ZWF
Jahrgang 94 (1999) 1–2

Am 23. November 1998 ist nach schwerer, mit großer Geduld ertragener Krankheit Professor Wolfgang Beitz in Berlin verstorben. Hier geboren, aufgewachsen, studiert und gearbeitet, hat ihn seine Heimatstadt geprägt. Zehlendorf war sein Zuhause. Dem Leben zugewandt, immer kontaktfreudig und von leistungswilliger Sportlichkeit bestimmt, entwickelte sich um ihn und seine Familie eine Quelle frohsinniger Lebendigkeit, die von bewährter Freundschaft getragen wurde.

Die Entscheidung zum Ingenieurstudium kam aus dem Herzen, wohl aber auch aus dem Verstand. Beides hat sein Handeln zeitlebens bestimmt. Nach einem zügig und erfolgreich durchgeführten Studium des Maschinenbaus an der Technischen Universität Berlin folgte eine ihn entscheidend prägende Tätigkeit als Assistent bei Professor Cornelius am Lehrstuhl für Maschinenelemente der Fakultät für Maschinenwesen an der TU Berlin. Hier erfuhr er seine wissenschaftliche Ausbildung als konstruktiver Maschinenbauingenieur, die er 1961 mit der Promotion zum Dr.-Ing. abschloß. In dieser Phase seiner beruflichen Entwicklung formte er seine Neigungen und Fähigkeiten zur ingenieurwissenschaftlichen Arbeit, besonders auf dem Gebiet der methodischen Konstruktionslehre.

Es folgte eine sechsjährige Industrietätigkeit im Bereich des Elektromaschinenbaus der AEG. Hier hat Wolfgang Beitz umfangreiche und richtungsgebende Erfahrungen als Konstrukteur sammeln können, die sein späteres Wirken als Hochschullehrer vielfältig motiviert und geleitet haben. Ihm wurde nach kurzer Zeit die Verantwortung zur Weiterentwicklung des Produktprogramms übertragen. Dabei waren neue Organisationsformen des Konstruierens einzuführen, die sich auf methodisches Vorgehen bei der Produktentwicklung und Konstruktion stützten. Systemtechnisch angelegte Innovationsprozesse bestimmten seine Leitideen in der Praxis.

Im Jahre 1969 wurde Wolfgang Beitz auf das traditionsreiche Ordinariat für Maschinenelemente der TU Berlin als Nachfolger von Professor Cornelius berufen. Von Anfang an war sein Wirken am Lehrstuhl und Institut, aber auch in der Fakultät von hohem persönlichen Engagement gekennzeichnet. Zunächst galt es, das Fachgebiet zu erneuern. Wolfgang Beitz erkannte als einer ihrer ersten Pioniere die nachhaltige Bedeutung der Konstruktionsmethodik im Sinne einer Reform der Konstruktionstechnik, die inzwischen durch die revolutionäre Entwicklung der Informationstechnik vor weitgreifende Veränderungen und neue

Entfaltungsmöglichkeiten gestellt wurde. Wolfgang Beitz sah sehr früh die Notwendigkeit einer Integration der Rechnerunterstützung in den Konstruktionsprozeß. Dabei war es ihm sehr wichtig, eine fortschrittliche Ausbildung mit konstruktionspraktischer Denkweise zu verbinden.

Seine Berufung im Jahre 1969 fiel in die Phase einer einseitig ausgerichteten Hochschulreform, die in der TU Berlin zur allgemeinen Auflösung der Fakultät für Maschinenwesen führte. Diese bis heute nicht überwundene Fehlentwicklung hat Wolfgang Beitz mit Geduld und Zielstrebigkeit als langjähriger Dekan des Fachbereichs Maschinenbau und Produktionstechnik zu korrigieren versucht, indem er sich mit beharrlicher Aktivität der Universitätsreform widmete.

Die Lehre im Grundstudium war sein besonderes Anliegen. Der Fortschritt der elektronischen Datenverarbeitung hat zu einem Phasensprung in der Entwicklung des Maschinenbaus geführt, dessen Konsequenz Wolfgang Beitz schon sehr früh für die Konstruktionslehre erkannte. Als Methodiker geprägt, war es ihm wichtig, systematisches Konstruieren mit der CAD-Technik zu verbinden und in dieser Kombination eine synthetische Konstruktionslehre zu vermitteln. Zusammen mit anderen formierte er Initiativen zur Entwicklung einer methodisch orientierten Konstruktionsschule, die große Anerkennung in Fachkreisen, aber auch international gefunden hat. Die als „Berliner Kreis" unter Leitung von Wolfgang Beitz zusammengeschlossene Hochschulgruppe wird mit ihren hoffnungsvollen Ansätzen das begonnene Werk fortsetzen.

Auch in der Deutschen Forschungsgemeinschaft hatte Wolfgang Beitz als Mitgestalter und Initiator neuer Forschungsgebiet ein hohes Ansehen. Nicht nur als aktiver Antragsteller und Forscher, sondern auch als Gutachter und Mitglied des Senats wurden durch ihn wichtige Fachgebiete der Technikwissenschaft maßgeblich geprägt. Das umfangreiche Forschungsprogramm an seinem Institut, die Leitwirkung in Schwerpunktprogrammen, aber besonders auch die tragende Kooperation in Sonderforschungsbereichen bildeten die Grundlage seiner zahlreichen Forschungsaktivitäten, die in idealer Weise durch konkrete Industrieprojekte ergänzt wurden.

Als nach der Wiedervereinigung die traditionsreiche Berlin-Brandenburgische Akademie der Wissenschaften neu gegründet wurde, leistete Wolfgang Beitz bei der Formierung der Klasse Technikwissenschaften eine dankbar entgegengenommene Aufbauarbeit. Er konnte die Erfahrung mit der schon vorher gegründeten Berliner Wissenschaftlichen Gesellschaft als langjähriges Beirats- und Vorstandsmitglied einbringen. Als Mitgründer des Konvents für Technikwissenschaften hat er zukunftsweisende Arbeitsformen der Akademiearbeit mitgestaltet.

Wolfgang Beitz war aber nicht nur im Bereich seines wissenschaftlichen Wirkens, sondern auch in der praxisorientierten Gemeinschaftsarbeit verschiedener Organisationen und Verbände mit nachhaltigem Erfolg engagiert. Viele Normen und Richtlinien, Leitkonzepte und Denkweisen gehen auf seine Initiative zurück. Er zeichnete sich immer wieder als Steuermann aus, der auch komplexe Werke zum Ziele führen konnte. Dabei zeigte er Bereitschaft zur Übernahme von

Verantwortung: als mehrfacher Dekan des Fachbereichs, als Vorsitzender der Berliner Wissenschaftlichen Gesellschaft, als Vorsitzender der Gutachterkommission des Kuratoriums im VDI-Bezirksverein Berlin-Brandenburg und anderer VDI-Gremien sowie schließlich auch als Staatssekretär beim Senator für Wissenschaft und Forschung in Berlin.

Die ihm erwiesenen Ehrungen sind in ihrer Breite und Bedeutung ein Spiegel seines Erfolges. Die Technische Universität Dresden verlieh im die Ehrendoktorwürde für seine wissenschaftlichen Leistungen auf dem Gebiet der Konstruktionsforschung, aber auch für seine Mitwirkung bei der Neugestaltung der Maschinenbaufakultäten in den neuen Bundesländern. Das Ehrenzeichen des VDI, die Ehrennadel des DIN und die Ernennung zum Ehrenvorsitzenden der VDI-Gesellschaft Entwicklung, Konstruktion und Vertrieb sind ein Ausdruck der hohen Anerkennung für seine wissenschaftliche Leistung, aber auch für seine engagierte Gemeinschaftsarbeit. Die Ehrenprofessur der Zhejiang-Universität in Hangzhou/China ist nicht nur als Würdigung seiner langjährigen erfolgreichen Lehrtätigkeit als Konstruktionswissenschaftler zu verstehen, sondern auch ein Zeichen der Dankbarkeit für sein Bemühen um verstärkte internationale Zusammenarbeit.

Als Autor und Herausgeber hat sich Wolfgang Beitz besonders hervorgetan. Seine „Konstruktionslehre" gilt als Standardwerk für fortschrittliche Produktentwicklung. Mit großer Sorgfalt und Kompetenz gestaltete er seine Zeitschrift „Konstruktion" und die Herausgabe des *Dubbel*, Taschenbuches für den Maschinenbau. Er war im Springer-Verlag ein hochgeschätzter Berater.

Wolfgang Beitz ist zu früh gegangen. Viele seiner Pläne sind unvollendet geblieben. Was jedoch in der Nachwelt weiterwirkt, ist ein großes Ingenieurwerk, das in prägender Orientierung die Maschinenkonstruktion in drei Jahrzehnten maßgeblich beeinflußt hat.

Es bleibt sein naturwissenschaftliches Erbe, es bleibt die Erinnerung an seine ausstrahlende Persönlichkeit als Ingenieur, es bleibt aber auch die Dankbarkeit einer Generation von Schülern, die durch sein Vorbild und Können geprägt wurden.

Seine unermüdliche Sorge galt bis zuletzt der Technischen Universität Berlin. Aus ihr erwachsen, war es sein redliches Bemühen, sie zukunftsorientiert zu gestalten. Seine Kollegen, Freunde und Schüler empfinden tiefen Dank und großen Respekt vor seinem Lebenswerk.

Von Schmerz und Trauer erfüllt, haben wir von Wolfgang Beitz Abschied genommen.

Günter Spur

Zum Tod von LF Prof. Dr. Wolfgang Beitz

Nach schwerer Krankheit ist Wolfgang Beitz am 23. November 1998 im Alter von 63 Jahren von uns gegangen. Er hat sich für die Lionsbewegung mit seiner ganzen Persönlichkeit eingesetzt. 1993/94 übernahm er das Präsidentenamt des LC Berlin-Halensee und setzte neue Zeichen und Maßstäbe. Die Lücke, die Wolfgang Beitz hinterläßt, wird nicht mehr zu schließen sein.

Sein unermüdlicher Einsatz als Hochschullehrer, Wissenschaftler und Forscher an der Technischen Universität Berlin sowie seine intensiven Kontakte zur Industrie und zu anderen Hochschulen eröffneten ihm ein breites Tätigkeitsfeld. National und international war seine hohe fachliche und persönliche Kompetenz gefragt. Dies befähigte ihn auch, von 1987 bis 1989 das Amt des Staatssekretärs beim Senator für Wissenschaft und Forschung in Berlin zusätzlich zu übernehmen und mit großem Erfolg auszuüben.

Wolfgang Beitz ist sich in allen Situationen treu geblieben und nie von seiner Linie abgewichen. Das machte ihn stark und unabhängig. Seine schwere Krankheit trug er mit einer inneren Ruhe und Ausgeglichenheit, die uns tief beeindruckt hat. Wolfgang Beitz lebt in unseren Gedanken und als Vorbild weiter unter uns. Seiner Familie gilt unsere aufrichtige Anteilnahme.

Ein engagierter Lions und ein guter Freund hat uns verlassen. Wir vermissen einen großartigen Menschen, einen klugen Ratgeber und verlieren eine herausragende Persönlichkeit. Für uns bleibt er ein Vorbild.

Lions Club Berlin-Halensee

Biographie und Bibliographie Wolfgang Beitz

Wolfgang Beitz – Biographie

30.06.1935	geboren in Berlin
1953–1958	Studium an der Technischen Universität Berlin, Fachgebiet Maschinenbau
1958–1962	Wissenschaftlicher Assistent am Institut für Maschinenelemente, TU Berlin
1961	Promotion zum Dr.-Ing. über drehnachgiebige Kupplungen
1962–1968	AEG-Telefunken Berlin: Konstrukteur, Konstruktionsleiter und stellvertretender Entwicklungschef für Elektrische Großmaschinen
13.01.1969	o. Prof. und Institutsleiter an der TU Berlin, Institut für Maschinenkonstruktion (Konstruktionstechnik)
1972	Ruf an die Universität Stuttgart. Verbleib an der TU Berlin
1975–1978	Mitglied des Senats der Deutschen Forschungsgemeinschaft DFG
1987–1989	Staatssekretär beim Senator für Wissenschaft und Forschung Berlin (zusätzlich zur Professur)
1993	Gründungsmitglied der Berlin-Brandenburgischen Akademie der Wissenschaften

Mitgliedschaften (Auswahl):

- Mehrfacher Dekan des Fachbereichs Maschinenbau der TU Berlin,
- Mitglied des Akademischen Senats,
- Berliner Wissenschaftliche Gesellschaft (Vorstand)
- Wissenschaftliche Gesellschaft für Maschinenelemente und Konstruktionsforschung (Vizepräsident),
- Vorsitzender des Berliner Kreises,
- Ständiger Programmausschuß der ICED-Konferenzen (International Conference on Engineering Design),
- Kuratorium der Bundesanstalt für Materialforschung und -prüfung Berlin,
- Mitglied im Kuratorium des Fraunhofer-Institutes für Produktionsanlagen und Konstruktionstechnik Berlin,
- Beirat des Wissenschaftszentrums Berlin für Sozialforschung

- Beirat und Obmann mehrerer Arbeitsausschüsse der VDI-Gesellschaft Entwicklung Konstruktion Vertrieb,
- Vorsitzender des Kuratoriums des VDI-Bezirksvereins Berlin-Brandenburg,
- Gründungsmitglied der Berlin-Brandenburgischen Akademie der Wissenschaften,
- Fachgutachter und stellvertr. Fachausschußvorsitzender Maschinenbau bei der DFG,
- Mitglied der Profilkommission an der Otto-von-Guericke-Universität Magdeburg des Landes Sachsen-Anhalt.

Ehrungen:

- VDI-Ehrenzeichen
- DIN-Ehrennadel
- Ehrenprofessur an der Zhejiang University Hangzhou
- Dr.-Ing. E.h. durch die TU Dresden

Hauptarbeits- und Forschungsgebiete:

- Allgemeine Konstruktionsmethodik,
- Produktplanung,
- Recyclinggerechtes Konstruieren
- Arbeitstechnik und Beanspruchungen beim Konstruieren,
- Rechnereinsatz in der Konstruktion (CAD),
- Konstruktionsleitsysteme,
- Simultaneous Engineering,
- Berechnungs- und Gestaltungsprogramme,
- Wissensbasierte Systeme für Maschinenelemente und Gestaltungsfragen,
- Entwicklung und Untersuchung von Maschinenkomponenten:
  - Schnellverbindungstechnik,
  - Schraubenverbindungen,
  - Welle-Nabe-Verbindungen,
  - Kunststoffzahnräder,
  - Neue Werkstoffe im Maschinenbau.

Lehraufgaben:

Vorlesung zu den Grundlagen der Maschinenkonstruktion
Vorlesung und Übungen zur Konstruktionslehre II, III und IV Vorlesung und Übungen zur Maschinen- und Apparatekonstruktion II
Vorlesung und Projektübungen zur Marktgerechten Produktentwicklung
Vorlesung und Übungen zum Methodischen Konstruieren

Wolfgang Beitz – Bibliographie

Veröffentlichungen

Herausgeberschaften:

Zeitschrift Konstruktion, Berlin: Springer-Verlag (ab 26. Jg. 1974);
DUBBEL-Taschenbuch für den Maschinenbau,
Springer-Verlag (ab 14. Aufl. 1981);
Schriftenreihe Konstruktionstechnik,
TU Berlin (ab 1980, 25 Hefte);
Schriftenreihe Konstruktionstechnik,
Publikationsreihe der TU Berlin (ab 1980, 45 Hefte).

Bücher:

Pahl, G.; Beitz, W.: *Konstruktionslehre - Handbuch für Studium und Praxis.* Berlin: Springer-Verlag, 1. Aufl. 1976, 2. Aufl. 1986, 3. Aufl. 1993, 4. Aufl. 1997 (in 7 weiteren Sprachen erschienen, darunter 2. Aufl.: Engineering Design – A Systematic Approach, London: Springer 1996).

Beitz, W.: *Entwicklung und Konstruktion.* In: Hütte - Die Grundlagen der Ingenieurwissenschaften. 29. Aufl., Berlin: Springer-Verlag 1989, 30. Aufl. 1996.

Beitz, W.: *Konstruktion.* In: DABEI-Handbuch für Erfinder und Unternehmer, Düsseldorf: VDI-Verlag 1978.

Beitz, W.: *Recyclinggerechtes Gestalten.* In: Recycling-Handbuch. Düsseldorf: VDI-Verlag 1996

Zeitschriften:

[1] Beitz, W.: Meßtechnische Hilfsmittel des Konstrukteurs, gezeigt an Beispielen aus dem Elektrogroßmaschinenbau. Antriebstechnik 7 (1968), H. 10, S. 358–362.

[2] Beitz, W.: Moderne Konstruktionstechnik im Elektrogroßmaschinenbau. Konstruktion 21 (1969), H. 12, S. 461–468.

[3] Beitz, W./Staudinger, H.: Guß im Elektromaschinenbau.
Konstruktion 21 (1969), H. 4, S. 125–130.

[4] Beitz, W./Staudinger, H.: Guß im Elektromaschinenbau.
ZVG-Nachrichten 13 (1969), H. 2, S. 1–8.

[5] Beitz, W.: Systemtechnik in der Konstruktion.
DIN-Mitteilungen 49 (1970), H. 8, S. 259–302.

[6] Beitz, W./Beckstroem, J./Farnbacher, L.: Einfluß der Mikrostruktur auf die Dauerfestigkeit geschweißter Konstruktionen.
Konstruktion 23 (1971), H. 2, S. 49–56.

[7] Beitz, W.: Möglichkeiten methodischer Lösungsfindung bei der Konstruktion.
Konstruktion 23 (1971), H. 5, S. 161–167.

[8] Beitz, W.: Normung und Systemtechnik – Grundlage für ganzheitliche Betrachtungsweise in Konstruktion und Fertigung.
DIN-Mitteilungen 50 (1971), H. 9, S. 378–384.

[9] Beitz, W.: Systemtechnik im Ingenieurbereich.
VDI-Bericht 174, Düsseldorf: VDI-Verlag 1971.

[10] Beitz, W.: Konstruktionslogik in der Konzeptphase, Grundlage für einen verstärkten EDV-Einsatz.
wt-Z ind. Fert. 61 (1971), H. 9, S. 555–560.

[11] Beitz, W./Siedke, E.: Untersuchungen von Zahnrädern aus Polyamid 12.
Kunststoffe 62 (1972), H. 6, S. 390–393.

[12] Beitz, W.: Übersicht über Konstruktionsmethoden.
Konstruktion 24 (1972), H. 2, S. 68–72.

[13] Beitz, W.: Übersicht über Konstruktionsmethoden (Fortsetzung).
Konstruktion 24 (1972), H. 3, S. 109–114.

[14] Beitz, W.: Methoden zur Lösungsfindung für technische Funktionen.
Konstruktion 24 (1972). H. 9, S. 371–376.

[15] Beitz, W.: Methoden zur Lösungsfindung für technische Funktionen (Fortsetzung).
Konstruktion 24 (1972), H. 10, S. 409–417.

[16] Beitz, W.: Bewertungsmethoden als Entscheidungshilfe zur Auswahl von Lösungsvarianten.
Konstruktion 24 (1972), H. 12, S. 493–498.

[17] Beitz, W.: Systemtechnik in der Konstruktion.
Arbeitsgemeinschaft für Rationalisierung des Landes Nordrhein-Westfalen, Heft 136.

[18] Beitz, W.: Bewertungsmethoden als Entscheidungshilfe zur Auswahl von Lösungsvarianten (Fortsetzung).
Konstruktion 25 (1973). H. 1, S. 29–32.

[19] Beitz, W.: Methodisches Konzipieren technischer Systeme, gezeigt am Beispiel einer Kartoffel-Vollerntemaschine.
Konstruktion 25 (1973), H. 2, S. 65–71.

[20] Beitz, W./Siedke, E.: Schmierung von Kunststoffzahnrädern.
VDI-Bericht 196, Düsseldorf: VDI-Verlag 1973, S. 31–36.

[21] Beitz, W./Keusch, W.: Die Durchführung von Gleitlager-Variantenkonstruktionen mit Hilfe elektronischer Datenverarbeitungsanlagen. VDI-Bericht 196, Düsseldorf: VDI-Verlag 1973, S. 13–16.

[22] Beitz, W.: Systematische Lösungsversuche unter Anwendung der Datenverarbeitung. VDI-Bericht 191, Düsseldorf: VDI-Verlag 1973, S. 75–87.

[23] Beitz, W./Krumhauer, P./Grabowski, H./Heuwing, F.W.: Stand der Entwicklungstendenzen der Terminplanung in Konstruktionsbereichen des Maschinenbaus. Ind.-Anz. 95 (1973). H. 23, S. 440–443.

[24] Beitz, W./Siedke, E.: Einsatz von Kunststoffzahnrädern im Maschinenbau. VDI-Bericht 195, Düsseldorf: VDI-Verlag 1973, S. 245–252.

[25] Beitz, W.: Die normgerechte Konstruktion. Konstruktion 25 (1973), Heft 8, S. 319–327.

[26] Beitz, W.: Fertigungs- und montagegerecht. Konstruktion 25 (1973), H. 12, S. 489–497.

[27] Beitz, W./Schnelle, E.: Schnittstelle Informationssystem/Konstrukteur. CAD-Mitteilungen 1/1973 der Gesellschaft für Kernforschung, Karlsruhe.

[28] Beitz, W./Schnelle, E.: Rechnerunterstützte Informationsbereitstellung für den Konstrukteur. Konstruktion 26 (1974), H. 2, S. 46–52.

[29] Pahl, G./Beitz, W.: Baureihenentwicklung . Konstruktion 26 (1974), H. 2, S. 71–79.

[30] Beitz, W./Pahl, G.: Baukastenkonstruktionen. Konstruktion 26 (1974), H. 4, S. 153–160.

[31] Beitz, W.: Übersicht über Möglichkeiten der Rechnerunterstützung beim Konstruieren. Konstruktion 26 (1974), H. 5, S. 193–199.

[32] Beitz, W.: Warum Konstruktionsforschung? VDI-Bericht 219, Düsseldorf: VDI-Verlag 1974, S. 5–10.

[33] Beitz, W.: Konstruieren im bildschirmunterstützten Dialog mit dem Rechner. VDI-Bericht 219, Düsseldorf: VDI-Verlag 1974.

[34] Beitz, W.: Aufgaben der Normung beim methodischen und rechnerunterstützten Konstruieren. Heft 168 der Arbeitsgemeinschaft für Rationalisierung des Landes Nordrhein-Westfalen 1974.

[35] Beitz, W./Haug, J.: Rechnerunterstützte Berechnung und Auswahl von Wellen-Naben-Verbindungen. Konstruktion 26 (1974), H. 10, S. 407–411.

[36] Beitz, W./Neuendorf, K.: Kräfte und Verformungen an exzentrisch belasteten Schraubenverbindungen. VDI-Berichte Nr. 220 (1974), S. 69–78.

[37] Beitz, W.: Konstruktion als Wissenschaft – Forschung hilft Praxis. Konstruktion 28 (1974), H. 8, S. 316–318.

[38] Beitz, W./Eversheim, W./Pahl, G. u.a.: Rechnerunterstütztes Entwickeln und Konstruieren im Maschinenbau.
Forschungsheft Nr. 28 des Forschungskuratorium Maschinenbau (1974).

[39] Beitz, W.: Institut für Maschinenkonstruktion/Konstruktionstechnik.
Konstruktion 27 (1975), H. 3, S. 111–116.

[40] Beitz, W./Haug, J.: Auswahl und Berechnung von Welle-Nabe-Verbindungen.
CAD-Berichte KFK - CAD 18 der Gesellschaft für Kernforschung, Karlsruhe 1976.

[41] Beitz, W./Buschhaus, D.: Rechnerunterstützte Auswahl von Wellenkupplungen.
CAD-Berichte KFK - CAD 17 der Gesellschaft für Kernforschung, Karlsruhe 1976.

[42] Beitz, W.: Methodisches Finden von Lösungen.
VDI-Berichte Nr. 229 (1976), S. 45–54.

[43] Beitz, W.: Produktinnovation – Herausforderung und Aufgabe.
Konstruktion 28 (1976), H. 1, S. 1–4.

[44] Beitz, W.: Methodische Lösungsversuche, Seminarbeitrag des Design-Seminars „Gestaltfindung als interdisziplinärer Prozeß".
Internationales Design Zentrum Berlin 1977.

[45] Beitz, W./Grünanger, G.: Rechnerunterstütztes Entwerfen als Vorphase zur automatisierten Zeichnungserstellung mit dem Programmsystem REKO.
Seminararbeit beim 2. Produktionstechnischen Kolloquium des IWF der TU Berlin 1977.

[46] Beitz, W.: Kennzeichnende Merkmale für wiederkehrende Baugruppen.
DIN-Mitteilungen 56 (1977), H. 7; S. 351–359.

[47] Beitz, W.: Verwenden und Gestalten von Kunststoffenteilen - Leitlinie im Rahmen des methodischen Konstruierens.
Konstruktion 29 (1977), H. 10, S. 381–387.

[48] Beitz, W.: Berechnung von Wellen-Naben-Paßfederverbindungen.
Antriebstechnik 16 (1977), H. 10.

[49] Beitz, W./Buschhaus, D.: Rechnerunterstützte Auswahl und Nachrechnung schaltbarer Kupplungen.
VDI-Berichte Nr. 299, Düsseldorf: VDI-Verlag 1977,S.105–114.

[50] Beitz, W./Praß, P.: CAD im Bereich Konstruktionstechnik des Instituts für Maschinenkonstruktion.
Zeitschrift der TU Berlin 9 (1977), H. 2/3.

[51] Beitz, W./Galwelat, M.: Auslegung von Schraubenverbindungen.
CAD-Berichte KFK – CAD 48 des Kernforschungszentrums Karlsruhe 1978.

[52] Beitz, W./Hesser, W.: Beziehungsfeld Konstruktion-Normung.
DIN-Mitteilungen 57 (1978), H. 2, S. 71–74.

[53] Beitz, W./Hesser, W.: Normeninformationen für den Konstrukteur.
Herausgeber DIN Berlin, Köln: Beuth-Verlag 1978.

[54] Beitz, W.: Produktinnovation in Konstruktion und Entwicklung. VDI-Berichte Nr. 319, Düsseldorf: VDI-Verlag 1978, S. 55–61.

[55] Beitz, W.: Rechnerunterstützte Auswahl und Auslegung handelsüblicher Maschinenelemente.
ZWF 73 (1978), H. 10.

[56] Beitz, W./Haibach, E.: Einbeziehung von Kriterien und Verfahren der Betriebsfestigkeit in den Konstruktionsprozeß.
Deutscher Verband für Materialprüfung, Berlin (1978), S. 19–36.

[57] Beitz, W./Hesser, W.: Nutzung von Normen und Regelwerken beim Konstruieren. VDI-Berichte Nr. 311, Düsseldorf: VDI-Verlag 1978, S 97–106.

[58] Beitz, W./Kochem, W.: Rechnerunterstützte Auswahl und Auslegung von Getrieben. CAD-Bericht KFK – CAD des Kernforschungszentrums Karlsruhe, 1979.

[59] Beitz, W./Krauser, D.: Rechnerunterstütztes Konstruieren – Programmsystem-REKO 1. CAD-Berichte KFK – CAD des Kernforschungszentrums Karlsruhe, 1979.

[60] Beitz, W.: Flexibles Vorgehen in der Konstruktion bei unterschiedlichen Aufgaben und Randbedingungen. VDI-Berichte 347, VDI-Verlag, Düsseldorf 1979, S 13–22.

[61] Beitz, W.: Anforderungen der Konstruktionspraxis an die CAD-Technologie.
ZWF 74 (1979), H. 9.

[62] Beitz, W.: Was kommt auf die Normung beim rechnerunterstützten Konstruieren zu?
DIN-Mitteilungen 58 (1979), H. 10.

[63] Beitz, W.: Technische Normung, ihre Methoden und Wirkungen als Gegenstand von Forschung und Lehre.
AGR-Heft Nr. 210, Düsseldorf 1980.

[64] Beitz, W./Gertig, I.: Langzeitverhalten linienhafter, partiell plastisch verformter Kraftformschlußverbindungen aus Thermoplasten unter statischer und schwingender Belastung. VDI-Berichte 360, Düsseldorf: VDI-Verlag 1980, S.77–83.

[65] Beitz, W.: Technische Normung, ihre Methoden und Wirkungen als Gegenstand von Forschung und Lehre – Erwartungen und Zielsetzungen aus der Sicht der Konstruktionswissenschaft.
DIN-Mitteilungen (1980).

[66] Zasada, H.U./Beitz, W.: Tragfähigkeit geschweißter Kunststoffverbindungen. Konstruktion 32 (1980), H. 7, S. 217–226.

[67] Kokenbrink, D./ Beitz, W.: Tragfähigkeit reib- und abbrennstumpfgeschweißter Bauteile bei dynamischer Belastung.
Konstruktion 32 (1980), H. 6, S. 227–230.

[68] Galvelat, M./Beitz, W.: Das Verhalten rotationssymmetrischer Mehrschraubenverbindungen unter Biegemomentbelastung.
Konstruktion 32 (1980), H. 7, S. 257–263.

[69] Beitz, W.: Methodisches Vorgehen beim Konstruieren – Grundlagen und Praxisbeispiel.
Schweizer Maschinenmarkt Nr. 8 (1981), S. 54–55.

[70] Beitz, W.: Konstruktionsmethodik in der BRD – Situationsbericht aus der Bundesrepublik Deutschland.
Schweizer Maschinenmarkt Nr.21 (1981), S. 47–50.

[71] Galvelat, M./Beitz, W.: Gestaltungsrichtlinien für unterschiedliche Schraubenverbindungen.
Konstruktion 33 (1981), H. 6, S. 213–218.

[72] Beitz, W./Meyer, H.: Untersuchungen zur recyclingfreundlichen Gestaltung von Haushaltsgroßgeräten, Teil 1.
Konstruktion 33 (1981), H. 7, S. 257–262.

[73] Beitz, W./Meyer, H.: Untersuchungen zur recyclingfreundlichen Gestaltung von Haushaltsgroßgeräten, Teil 2.
Konstruktion 33 (1981), H. 8, S. 305–315.

[74] Beitz, W./Pahl, G.: Systematic design theory – method and experiences.
Institution of Mechanical Engineers Conference Publications 6 (1981), S. 89–92.

[75] Beitz, W.: Was ist unter „normungsfähig" zu verstehen? Ein Standpunkt aus der Sicht der Konstruktionstechnik.
DIN-Mitteilungen 61 (1982), Nr. 9, S. 518–522.

[76] Beitz, W.: Rechnerunterstützte Auslegung und Auswahl von allgemein anwendbaren Konstruktionselementen bei Kreiselpumpen.
Forschungsheft Nr. 100 des Forschungskuratoriums Maschinenbau e. V. (1982).

[77] Beitz, W./Grote, K.-H.: Calculation of Bolted Connections.
The Japan Research Institute for Screw Threads and Fasteners, Vol. 13, No. 9 (1982).

[78] Meyer, H./Beitz, W.: Konstruktionshilfen zur recyclingorientierten Produktgestaltung.
VDI-Z 124 (1982), H. 7, S. 255–267.

[79] Gertig, I.; Beitz, W.: Tragfähigkeit linienhafter Kraftformschlußverbindungen aus Thermoplasten.
Konstruktion 34 (1982), H. 9, S. 345–352.

[80] Beitz, W./Galle, G.: Tragfähigkeit von Querpreßverbänden bei statischer und dynamischer Belastung.
Konstruktion 34 (1982), H. 11, S. 429–435.

[81] Beitz, W./Klasmeier, U.: Kostenfrüherkennung bei komplexen Schweißgruppen.
VDI-Berichte Nr. 457 (1982) S.115–127.

[82] Beitz, W.: Demontagefreundliche Schnappverbindungen.
VDI-Berichte Nr. 493 (1983), S. 113–123.

[83] Beitz, W.: Generelle Gestaltungsempfehlungen für Schraubenverbindungen.
VDI-Berichte Nr. 478 (1983), S.15–25.

[84] Beitz, W.: Generelle Gestaltungsempfehlungen für Schraubenverbindungen.
VDI-Z 125 (1983), Nr. 6, März (II), S. 179–185.

[85] Beitz, W.: Konstrukteure denken um – CAD-Anlagen verändern die Arbeitstechniken im Konstruktionsbüro.
Im Blickpunkt, 37 (1983) Nr. 46.

[86] Beitz, W.: Entwicklungszwänge für den Konstruktionsprozeß. ZwF 78.

[87] Beitz, W.: Neue Arbeitstechniken beim Konstruieren.
VDI-Berichte Nr. 492 (1983), S. 49–57.

[88] Beitz, W.: Methodische Entwicklung von Sachmerkmal-Systemen für Konstruktionsteile und erweiterte Anforderungen. DIN-Mitteilungen + elektronorm 62 (1983), Nr. 11, S. 639–644.

[89] Beitz, W.: Altteileverwendung im Automobilbau.
Verkehrsunfall und Fahrzeugtechnik, Oktober 1983, H. 10.

[90] Beitz, W.: CAD: Computer Aided Design – Neue Arbeitstechniken beim Konstruieren technischer Produkte.
Umschau 83, H. 20, S 600–606.

[91] Beitz, W./Ehrlenspiel, K.: Modellvorstellung für Entwicklung und Konstruktion – Erkenntnisse und Empfehlungen für die Praxis.
VDI-Z Bd. 126 (1984) Nr. 7.

[92] Beitz, W.: Kreativität des Konstrukteurs.
Konstruktion 37 (1985), H. 10, S. 381–386.

[93] Beitz, W./Feng, P.-E.: Allgemein anwendbare Optimierungsmethodik, gezeigt an Arbeitseinrichtungen von Hydraulikbaggern.
Konstruktion 37 (1985), H. 12, S. 461–468.

[94] Beitz, W.: Beachtung der Montage beim methodischen Entwickeln und Konstruieren.
VDI-Berichte Nr. 592 (1986), S. 71–82.

[95] Beitz, W.: Normung und Innovation – ein Spannungsfeld?
DIN-Mitteilungen 65 (1986), Nr. 2, S. 86–89.

[96] Beitz, W.: Durchgängige, flexible Rechnerunterstützung für den Konstruktionsprozeß. VDI-Berichte Nr. 610.1 (1986), S. 1–21.

[97] Beitz, W./Siedke, E.: Substitution konventioneller Werkstoffe bei Maschinenelementen.
VDI-Berichte 600.1 (1986), S. 403–419.

[98] Romanos, G./Beitz, W./Becker, S./Hantsche, H.: Verhalten von Welle-Nabe-Querpreßverbindungen mit reibungsverbessernder Beschichtung bei Umlaufbiegung.
Konstruktion 38 (1986), H. 9, S. 333–339.

[99] Beitz, W./Pfeiffer, B.: Einfluß von Sicherungsringverbindungen auf die Dauerfestigkeit dynamisch belasteter Wellen.
Konstruktion 39 (1987), H. 1, S. 7–13.

[100] Beitz, W.: Management system for continuous and flexible CAD.
Konstruktion 39 (1987), H. 7, S. 251–254.

[101] Beitz, W.: General Approach of Systematic Design-Application of VDI-Guideline 2221.

[102] Beitz, W.: Design for Ease of Assembly. Proceedings of the 1987 International Conference on Engineering Design. WDK 13, ICED 87, Boston, Vol. One.

[103] Beitz, W./Martini, J.: Reibungs- und Verschleißverhalten von spritzgegossenen Kunststoffzahnrädern bei unterschiedlichen Betriebsbedingungen. VDI-Berichte Nr. 600.3, 1987, S. 299–334.

[104] Beitz, W./Pourshirazi, M.: Wiederverwertung nicht sortenreiner Thermoplaste.
Recycling von Kunststoffen 1/ Karl J. Thomé-Kozmienzky; Helmut Käufer (Hrsg.). Berlin EF-Verlag für Energie- und Umwelttechnik, 1987.

[105] Beitz, W./Bruchhold, I./Hähn, I.: Recyclingfördernde Verbindungstechnik.
Recycling von Kunststoffen 1/ Karl J. Thomé-Kozmienzky; Helmut Käufer (Hrsg.). Berlin EF-Verlag für Energie- und Umwelttechnik, 1987.

[106] Beitz, W.: Innovative Produktpolitik – Strategien zur Planung und Entwicklung marktfähiger Produkte.
Konstruktion 40 (1988), H. 6, S. 227–232.

[107] Beitz, W./Feldhusen, J.: Allgemeine Konstruktionstätigkeiten und ihre Änderungen durch CAD.
Rechnerunterstütztes Konstruieren, Hrsg. Frieling und Klein. Huber Verlag, 1988.

[108] Beitz, W./Feldhusen, J.: Management system as program concept for continuous CAD-process.
Mechanism and Machine Theory. Pergamon Press, Oxford, 1988.

[109] Beitz, W.: Teaching Systematic Design-Procedures and Experiences.
Int. J. Appl. Engng Ed. Vol. 4, No. 3, pp. 217-220, 1988.

[110] Beitz, W.: Planbare Produktinnovationen durch Methodik und Rechnereinsatz – Innovationsmethodik.
VDI-Berichte Nr. 724, Düsseldorf 1989, S. 159–177.

[111] Beitz, W.: Konstruktionsmethodik für die Praxis.
Konstruktion 41 (1989) 403–405.

[112] Beitz, W.: Strategies for planning and developing innovative market orientated products.
Proceedings ICED '89, Harrogate 1989, S. 211–227.

[113] Beitz, W.: Die zentrale Bedeutung der Schraube in der Verbindungstechnik.
VDI-Berichte Nr. 766, Düsseldorf 1989, S. 1–15.

[114] Beitz, W.: Konstruktionsleitsystem als Integrationshilfe.
VDI-Berichte Nr. 812, Düsseldorf 1990, S. 181–201.

[115] Beitz, W.: Konstruieren – Kreative Tätigkeit mit Intuition, Methodik, Grundlagenwissen, Rechnereinsatz und Erfahrung.
Festschrift G. Pahl, Darmstadt 1990, S. 187–194.

[116] Beitz, W.: Produktentwicklung mit modernen Methoden und Arbeitsmitteln. Informatik-Fachberichte Nr. 259, Berlin: Springer-Verlag 1990, S. 405–430.

[117] Beitz, W.: Abfallvermeidung beginnt bei der Produktplanung. Vermeidung und Verwertung von Abfällen, Bd. 2.
Berlin: EF-Verlag für Energie und Umwelttechnik 1990, S. 119–130.

[118] Beitz, W.: Methodisch-strategische Grundlagen zur Produktgestaltung unter besonderer Beachtung einer Ressourcenschonung.
Betriebliches Umweltmanagement, Herford: Maximilian-Verlag 1990, S. 22–42.

[119] Beitz, W.: Ressourcen- und umweltbewußte Produktgestaltung – Herausforderung an Konstrukteure.
Schweizer Maschinenmarkt 90, H. 24, 1990, S. 46–49.

[120] Beitz, W.: Möglichkeiten zur material- und energiesparenden Konstruktion. Konstruktion 42, H. 12, 1990, S. 378–384.

[121] Beitz, W.: Designing for ease of recycling.
Proceedings ICED '90, Dubrovnik 1990, S. 1551–1560.

[122] Beitz, W.: The adoption of systematic methods in German Industry. Proceedings of the 1st International IFS Conference Integrated Design Management, London 1990, S. 60–70.

[123] Beitz, W.: A Curriculum Model for Engineering Education with Mechanical and Information Focus. Teaching Engineering Design – Procedures and Experiences at the Technical University Berlin. The Application of Personal Computers in Problem-Orientated Mechanical Design Training. Proceedings of International Symposium on Higher Engineering Education.
Beijing: International Academic Publishers 1990, S. 230-250.

[124] Beitz, W.: Leistungsfähige Produktentwicklung durch rechnerunterstützte Konstruktionsmethodik.
Tagungsband 7. Konstrukteurtagung, Kammer der Technik, Dresden 1990, S. 7–27.

[125] Beitz, W.: Leistungsfähige Konstruktionstechnik durch Methodik und Rechnereinsatz.
Tagungsband: Die Zukunft des Konstruierens mit Kunststoffen, Würzburg: Süddeutsches Kunststoff-Zentrum 1990, S. 7–33.

[126] Beitz, W./Badura, B./Luczak, H./Langner, T./Müller, T./Pfaff H./ Springer, J.: Auswirkungen der CAD-Technik auf den Konstrukteur, Ergebnisse einer interdisziplinären Forschergruppe.
VDI-Berichte Nr. 861.1, Düsseldorf 1990, S. 19–41.

[127] Beitz, W./Langner, T./Luczak, H./Müller, T./Springer, J.: Evaluation of a Compact CAD Course in Laboratory Experiments.
International Journal of Human-Computer Interaction, Vol. 2, Nr. 2, 1990, S. 111–135.

[128] Beitz, W./Springer, J./Müller, T./Langner, T./Luczak, H.: Stress and Strain caused by CAD-work – Results of a Laboratory Study.

Work with display Units 89, Elsevier Science Publishers B. V. (North-Holland), 1990, S. 231–238.

[129] Bauert, F./Beitz, W./Weise, E./Salem, N.: Modeling Methods for a Flexible Computer-Aided Embodiment Design System. Research in Engineering Design (1990) 2, 15–34, Springer-Verlag, New-York.

[130] Beitz, W.: Qualitätsorientierte Produktgestaltung. Konstruktion 43 (1991), S. 177–184.

[131] Beitz, W./v. Esebeck G.: Keramikgerechte Verbindungstechnik mit Hilfe von Klebstoff-Formelementen. VDI-Berichte Nr. 883, 1991, S. 137–156.

[132] Beitz, W./Feldhusen, J.: Management Systems and Programm Concepts for an Integrated CAD Process. Research in Engineering Design (1991) 3: 61–74, Springer-Verlag: New York.

[133] Beitz, W./Wende A.: Konzept für ein recyclingorientiertes Produktmodell. VDI-Berichte Nr. 906, Düsseldorf 1991, S. 307–321.

[134] Schmidt-Kretschner, M./Beitz, W.: Demontagefreundliche Verbindungstechnik – ein Beitrag zum Produktrecycling. VDI-Berichte Nr. 906, Düsseldorf 1991, S. 153–169.

[135] Beitz, W.: Technik zum Schutz der Umwelt aus der Sicht der Ingenieure. VDI-Berichte Nr. 945, Düsseldorf 1992, S. 25–37.

[136] Schütze, B./Ratfisch, U./Beitz, W.: Die „Kontaktmethode“ – eine Methode zur Vereinfachung rechnerunterstützter Gestaltvariationen durch technisches Anordnen. Konstruktion 44 (1992), H. 2, S. 43–50.

[137] Beitz, W./Kurella, U./Schmidt-Kretschmer, M.: Grundlagen der montage- und demontagegerechten Konstruktion. VDI-Berichte Nr. 999, Düsseldorf: VDI-Verlag 1992, S. 131–155.

[138] Beitz, W.: Berücksichtigung menschbezogener Anforderungen durch methodisches Konstruieren in der Produktentwicklung. Zeitschrift für Arbeitswissenschaft 46 (1992/3), S. 165–168.

[139] Beitz, W.; Kuttig, D.: Rechnerunterstützung bei Konzipieren. VDI-Berichte Nr. 953, Düsseldorf: VDI-Verlag1992, S. 1–24.

[140] Kuttig, D.; Beitz, W.: A Model for Describing Functional Modeling in The Computer-Aided Design Process. EDC-Workshop, 17.–19.6.92, Cambridge, UK

[141] Beitz, W.; Birkhofer, H.; Pahl, G.: Konstruktionsmethodik in der Praxis. Konstruktion 44 (1992), H. 12, S. 391–397.

[142] Müller, J.; Praß, P.; Beitz, W.: Modelle beim Konstruieren. Konstruktion 44 (1992), S. 319–324.

[143] Feng, P.-e.; Ni, Q.-d.; Beitz, W.: Flexible Optimierung bei komplexen Produktentwicklungen. Konstruktion 44 (1992), S. 423–430.

[144] Beitz, W.: Designing for Ease of Recycling. Journal of Engineering Design, Vol. 4, No. 1, 1993.

[145] Beitz, W.; Dorn, L.; von Esebeck, G.; Kisling, M.: Bauteiluntersuchungen an keramikgerechten Welle-Nabe-Verbindungen. VDI-Berichte Nr. 1036, VDI-Verlag Düsseldorf: 1993, S. 151–166.

[146] Beitz, W.: Recyclinggerechtes Konstruieren. DVM-Tag 1993 „Elektroschrott '93", 12.–14.5. in Berlin.

[147] Beitz, W.: Ein ökologisch und ökonomisch leistungsfähiges Recycling beginnt bei der Produktgestaltung. VDI-Nachrichten Magazin. Sonderheft „Ingenieurdialog", 1993.

[148] Beitz, W.: Recyclinggerechtes Konstruieren. In: TU-International Nr. 20/21 (1993), S. 14–17.

[149] Krause, F.-L.; Beitz, W.: Produktentwicklung mit Simultaneous Engineering. In: FACTS-Supplement zu den Fachzeitschriften Konstruktion und Wt (1993), S. 4–11.

[150] Meyer-Eschenbach, A.; Beitz, W.: Dauerschwingfestigkeit von Wellen mit Sicherungsringverbindungen für Werkstoff-, Nachbehandlungs- und Fertigungsvarianten. Konstruktion 45 (1993), S. 263–268.

[151] Beitz, W.; Meyer-Eschenbach, A.: Dauerschwingfestigkeit von Wellen mit Sicherungsringverbindungen. antriebstechnik 32 (1993), Nr. 12, S. 58–61.

[152] Beitz, W.; Grieger, S.: Günstige Recyclingeigenschaften erhöhen die Produktqualität. Konstruktion 45 (1993), S. 415–422.

[153] Beitz, W.: Qualitätssicherung durch Konstruktionsmethodik. VDI-Berichte Nr. 1106, 1994, S. 1–8.

[154] Beitz, W.; Reinholz, R.: Tragfähigkeit von P3G-Welle-Nabe-Verbindungen. Konstruktion 46 (1994), S. 215–220.

[155] Beitz, W.: Design Science – The Need for a Scientific Basis for Engineering Design Methodology. Journal of Engineering Design (1994), Vol. 5, No. 2, S. 129–133.

[156] Beitz, W.; Lam, A.; Ratfisch U.; Tegel, O.: Eine Systemumgebung zur Unterstützung von Simultaneous Engineering. VDI-Berichte Nr. 1148, 1994, S. 439–455.

[157] Beitz, W.: Simultaneous Engineering – eine Antwort auf die Herausforderungen Qualität, Kosten und Zeit. Zeitschrift für Betriebswirtschaft, ZfB-Ergänzungsheft 3 (1995).

[158] Beitz, W.; Grote, K.-H.: Design for material saving. Materials & Design (1994) Vol. 15, N° 4.

[159] Beitz, W.: Umweltschutz beginnt beim Konstrukteur. Mobil (1995) Heft 1, S. 46–47.

[160] Zhao, B.j.; Beitz, W.: Das Prinzip der Kraftleitung: Direkt, kurz und gleichmäßig. Konstruktion 47 (1995), S. 15–20.

[161] Beitz, W.: Wie muß man gute Entwickler und Konstrukteure ausbilden? VDI Berichte Nr. 1169, S. 71–82. VDI-Verlag 1995.

[162] Beitz, W.: Forschung für die Praxis – Aktionsprogramm des Berliner Kreises. VDI-Berichte 1212, S. 17-25, VDI-Verlag 1995.

[163] Kampf, M.; Beitz, W.: Dauerhaltbarkeitsuntersuchungen an Schrauben verschiedener Gestaltvarianten bei kombinierter Zug- und Biegebelastung. Konstruktion 47 (1995), S. 263–267.

[164] Heym, B.; Beitz, W.: Zur Belastbarkeit von Stirnzahnrädern aus dem Hochtemperatur-Thermoplast PEEK. Konstruktion 47 (1995), S. 351–357.

[165] Beitz, W.: Design for Ease of Recycling. In: Life-Cycle Modelling for Innovative Products and Processes. Proceeding of the IFIP WG5 3. internation conference on life-cycle modelling for innovative products and processes, Berlin Nov./Dez. 1995, S. 489–500.

[166] Reihholz, R.; Beitz, W.: Verhalten von Polygon-Welle-Nabe-Verbindungen bei Dauerschwingbeanspruchung. DVM-Bericht 121 „Maschinenelemente und Lebensdauer" 1995.

[167] Longmuß, J.; Salein, M.; Beitz, W.; Mertens, H.: Projektorientierte Gruppenarbeit in der Konstruktionsausbildung – ein erfolgreicher Ansatz. Konstruktion 47 (1995), S. 409–415. Springer-Verlag 1995.

[168] Beitz, W.: Customer Integration im Entwicklungs- und Konstruktionsprozeß. Konstruktion 48 (1996), S. 31–34. Springer-Verlag 1996.

[169] Bender, B.; Tegel, O.; Beitz, W.: Teamarbeit in der Produktentwicklung Konstruktion 48 (1996), S. 73–76. Springer-Verlag 1996.

[170] Beitz, W.; Helbig, D.: Zukunftsorientiertes Bildungssystem für Produktentwickler - Ergebnisse einer BMBF-Untersuchung. VDI-Berichte Nr. 1270, S. 223-229, VDI-Verlag 1996.

[171] Ahrens, G.; Beitz, W.; Düsselmann, S.; Kammerer, U.; Stark, M.: Eine Methode der Einführung von Simultaneous Engineering in der Konstruktion. VDI-Berichte Nr. 1289, S. 53-67, VDI-Verlag 1996.

[172] Helbig, D.; Salein, M.; Beitz, W.: Design Methodology and Project-Orientation in Education. Proceedings of PDiEE'96 Product Development in Engineering Education. 45-60. Halmstad/Schweden 1996.

[173] Beitz, W.; Luczak, H.; Müller, Th.; Springer, J.; Langner Th.; Rückert, C.: Ergonomische und konstruktionsmethodische Gestaltung rechnerunterstützter Konstruktionstätigkeit. In: Mackensen, R. (Hrsg.): Konstruktionshandeln. Nichttechnische Determinanten des Konstruierens bei zunehmendem CAD-Einsatz. München: Carl Hanser-Verlag 1997.

[174] Beitz, W.: Produktentwicklung und Konstruktion im Ingenieurstudium. VDI-Berichte, S.195–205. VDI-Verlag 1997.

[175] Beitz, W.; Hacker, W; Timpe, K.-P. (Hrsg.): Design Methodology: Learn Ability and Effectiveness. Forschungsberichte Band 41, Mai 1997. Technische Universität Dresden.

[176] Beitz, W.; Helbig, D.: Neue Wege zur Produktentwicklung – Berufsfähigkeit und Weiterbildung. Schriftenreihe Konstruktionstechnik (Hrsg. W. Beitz), H. 37, TU Berlin, 1997.

[177] Ahrens, G./Beitz, W.: A Method for the Introduction of Simultaneous Engineering in a Product Development Process. ICED 97, Tampere, Finnland. Proceedings, Vol. 3, S. 773–778.

[178] Beitz, W.: 1.2 Bedeutung umweltgerechter Produktion. In: Interdisziplinäre Arbeitsgruppe Optionen zukünftiger industrieller Produktionssysteme; Spur, G. (Hrsg.) S. 51–75, Akademie Verlag, 1997.
[179] Winterfeld, J.; Beitz, W.: P4C-Welle-Nabe-Verbindungen – Der Einfluß der Reibkorrosion auf das Tragfähigkeitsverhalten, VDI Berichte 1384, S. 121–139. Düsseldorf: VDI-Verlag, 1998.
[180] Beitz, W.: Konstruktionswissenschaft/Konstruktionstechnik (Vortrag in der Sitzung der Technikwissenschaftlichen Klasse am 26. März 1997), Sonderdruck aus: Berlin-Brandenburgische Akademie der Wissenschaften, Berichte und Abhandlungen, Band 5, S. 61–70, Akademie Verlag Berlin 1998.
[181] Bender, B.; Tegel, O.; Beitz, W.: Management of Cooperation in Product Development, CIRP Seminar STC Design, New Tools and Workflows for Product Development, S. 157-168, Production Technology Centre Berlin, 14.–15. May 1998, Fraunhofer IRB Verlag.
[182] Beitz, W., Brandt, R., Jungerberg, H.: Methodische Baureihenentwicklung am Beispiel einer neuen Waschgerätebaureihe der Bosch und Siemens Hausgeräte GmbH Berlin, VDI Berichte, Düsseldorf: VDI Verlag, 1998.
[183] Winterfeld, J.; Beitz, W.: Zum Einfluß der Reibkorrosion auf das Tragfähigkeitsverhalten von Polygon-Welle-Nabe-Verbindungen, Tribologie und Schmierungstechnik H.5 und 6/98, S. 35–41 und S. 12–18, Expert Verlag, Renningen.

Betreute abgeschlossene Doktorarbeiten (Erstberichter):

[1] Budich, W.: Ein Beitrag zur Untersuchung öl- und fettgeschmierter geradverzahnter Stirnräder aus Acetalcopolymerisat. (1968).
[2] Weber, H.: Statische und dynamische Untersuchungen an exzentrisch belasteten Schraubenverbindungen. (1969).
[3] Jäger, T.: Untersuchung der Formzahlen und Verdrillung bei längsgenuteten Wellen unter reiner Torsion. (1969).
[4] Paysan, B.: Untersuchungen des Einflusses einiger Kerbformen auf die Tragfähigkeit von Wellen bei umlaufender Biegung und überlagerter statischer Torsion. (1970).
[5] Seefluth, R.: Dauerfestigkeitsuntersuchungen an Wellen-Naben-Verbindungen. (1970).
[6] Kowalske, D.: Ein Beitrag zur Berechnung exzentrisch belasteter Flanschverbindungen. (1972).
[7] Keusch, W.: Entwicklung einer Gleitlagerreihe im Baukastenprinzip. (1972).
[8] Schnelle, E.: Rechnerunterstütztes Konstruieren im Dialog. Ein Beitrag zur Entwicklung eines Programmsystems für den Einsatz der Gestaltungsphase. (1972).
[9] Agatonovic, P.: Verhalten von Schraubenverbindungen bei zusammengesetzter Betriebsbeanspruchung. (1973).

[10] Nolte, F.: Dauerfestigkeitsuntersuchungen an Stahlwellen bei umlaufender Biege- und überlagerter statischer Verdrehbeanspruchung. (1974).

[11] Vorath, B.-J.: Dauerfestigkeitsuntersuchungen an thermoplastischen Kunststoffen bei umlaufender Biegebeanspruchung. (1974).

[12] Krumhauer, P.: Rechnerunterstützung für die Konzeptphase der Konstruktion. Ein Beitrag zur Entwicklung eines Programmsystems für die Lösung konstruktiver Teilaufgaben. (1974).

[13] Militzer, O.M.: Rechenmodell für die Auslegung von Wellen-Naben-Paßfederverbindungen. Theoretische und experimentelle Untersuchungen der Lastlängsverteilung. (1975).

[14] Neuendorf, K.: Ein Balkenmodell für die Berechnung des elastischen Verhaltens hochbeanspruchter Schraubenverbindungen. Aufbau eines EDV-Programms und Überprüfung von Scheibenmodellen. (1975).

[15] Buschhaus, D.: Rechnerunterstützte Auswahl von schaltbaren Wellenkupplungen. Ein Beitrag zur Entwicklung von Programmsystemen für die Auswahl von Zukaufteilen. (1976).

[16] Siedke, E.: Tragfähigkeitsuntersuchungen an ungeschmierten Zahnrädern aus thermoplastischen Kunststoffen. (1976).

[17] Grünanger, G.: Möglichkeiten des bildschirmunterstützten Entwerfens im Maschinenbau. (1978).

[18] Kochem, W.: Rechnerunterstützung beim Konstruieren mit Zukaufteilen. (1978).

[19] Kokenbrink, D.: Tragfähigkeit reib- und abbrennstumpfgeschweißter Rotationsteile bei dynamischen Belastungen. (1979).

[20] Zasada, H.-U.: Dynamisches Tragfähigkeitsverhalten von stoffschlüssigen Verbindungen auf Thermoplasten bei kritischen Fertigungsbedingungen. (1979).

[21] Schmidt, H.-G.: Heuristische Methoden als Hilfen zur Entscheidungsfindung. Schriftenreihe Konstruktionstechnik 1. (1979).

[22] Galwelat, M.: Rechnerunterstützte Gestaltung von Schraubenverbindungen. Schriftenreihe Konstruktionstechnik 2. (1979).

[23] Hesser, W.: Untersuchungen zum Beziehungsfeld Konstruktion-Normung. (1980).

[24] Gertig, I.: Tragfähigkeit von Gestaltungsvarianten linienhafter Kraftformschlußverbindungen aus Thermoplasten. Schriftenreihe Konstruktionstechnik 3. (1981).

[25] Galle, G.: Tragfähigkeit von Querpressverbänden bei statischer und dynamischer Belastung. Schriftenreihe Konstruktionstechnik 4. (1981).

[26] Mardaneh, H.: Dauerfestigkeitsuntersuchungen an biegebeanspruchten Schrauben. (1982).

[27] Juckenack, D.: Untersuchung der Lastaufteilung an Welle-Nabe-Verbindungen durch Verformungsanalysen mittels holografischer Interferometrie. Schriftenreihe Konstruktionstechnik 5. (1982).

[28] Meyer, H.: Recyclingorientierte Produktgestaltung. (1982).

[29] Rybak, H.: Beitrag zur Entwicklung von CAD-Basissystemen. (1984).

[30] Grote, K.-H.: Untersuchungen zum Tragverhalten von Mehrschraubenverbindungen. Schriftenreihe Konstruktionstechnik 6. (1984).

[31] Becker, F.: Untersuchungen zum Langzeitverhalten der Thermoplaste POM und PA 66 unter ruhender und schwingender Zugbelastung. (1984).

[32] Pfeiffer, B.: Wellennut/Sicherungsringverbindungen – Einfluß von Sicherungsringverbindungen auf die Dauerfestigkeit dynamisch belasteter Wellen. FVA. (1985).

[33] Krauser, D.: Methodik zur Merkmalbeschreibung technischer Gegenstände. (1984).

[34] Klasmeier, U.: Kurzkalkulationsverfahren zur Kostenermittlung beim methodischer Konstruieren. Schriftenreihe Konstruktionstechnik 7. (1985).

[35] Feng, P.: Optimierungsmethodik für Arbeitseinrichtungen von Hydraulikbaggern. Schriftenreihe Konstruktionstechnik 8. (1986).

[36] Brunthaler, S.: Methodische Entwicklung technischer Systeme mit Software- und Hardwarekomponenten für integrierte Meßdatenverarbeitung. Schriftenreihe Konstruktionstechnik 9. (1986).

[37] Hove, U.: Zum Verhalten biege- und torsionsbelasteter Profilwellenverbindung. Schriftenreihe Konstruktionstechnik 10. (1986).

[38] Martini, J.: Untersuchung der Lebensdauer und Verlustleistung spritzgegossener Polyacetal-Zahräder. Schriftenreihe Konstruktionstechnik 11. (1987).

[39] Pourshirazi, M.: Recycling und Werkstoffsubstitution bei technischen Produkten als Beitrag zur Ressourcenschonung. Schriftenreihe Konstruktions-technik 12. (1987).

[40] Susanto, A.: Methodik zur Entwicklung von Normen. (1987). DIN.

[41] Hähn, G.: Untersuchungen zur werkstoffgerechten Verbindungstechnik für keramische Bauteile.Schriftenreihe Konstruktionstechnik 14. (1988).

[42] Bruchhold, I.: Untersuchung der Tragfähigkeit und des Füge- und Trennverhaltens von lösbaren Verbindungen. Schriftenreihe Konstruktionstechnik 15. (1988.)

[43] Sarlan, H.: Probleme und Lösungsansätze beim Einsatz relationaler Datenbanksysteme für das rechnerunterstützte Konstruieren. (1989).

[44] Feldhusen, J.: Systemkonzept für die durchgängige und flexible Rechnerunterstützung des Konstruktionsprozesses. Schriftenreihe Konstruktionstechnik 16. (1989).

[45] Schmidtke, D.: Integration von Mikrorechnern in den Konstruktionsprozeß. (1989).

[46] Stürmer, U.: Informationsmodell zum Abbilden funktionaler und wirkstruktureller Zusammenhänge im Maschinenbau. Schriftenreihe Konstruktionstechnik 17. (1990).

[47] Klamka, H.: Einfluß von Fertigungs- und Nachbehandlungsvarianten auf die dauerfestigkeitsbestimmenden Parameter bei Wellen mit axialkraftbelasteten Sicherungsringnuten. (1990).

[48] Guo, H.: Einsatz von Optimierungsstrategien beim Gestalten von Maschinenelementen am Beispiel von Schraubenverbindungen. (1990).

[49] Schacht, M.: Methodische Neugestaltung von Normen als Grundlage für eine Integration in den rechnerunterstützten Konstruktionsprozeß. DIN. (1991).

[50] Bauert, F.: Methodische Produktmodellierung für den rechnerunterstützten Entwurf. Schriftenreihe Konstruktionstechnik 18. (1991).

[51] Romanos, G.: Untersuchungen zum Reibschluß- und Tragfähigkeitsverhalten umlaufbiegebelasteter Querpreßverbände. Schriftenreihe Konstruktionstechnik 19. (1991).

[52] Langner, T.: Analyse von Einflußfaktoren beim rechnerunterstützten Konstruieren. Schriftenreihe Konstruktionstechnik 20. (1991).

[53] Schwenke, H.: Konstruktionswissen in CAD-Anwenderprozeduren. Schriftenreihe Konstruktionstechnik 21. (1991).

[54] Bruck, P. A.: Dauerschwingfestigkeit von Schrauben bei kombinierter Zug- und Biegebelastung. Schriftenreihe Konstruktionstechnk 22. (1991).

[55] Weltz, R.: Ein wissensbasiertes Programmsystem zur Unterstützung bei der Berechnung der Schwingfestigkeit gekerbter Wellen. FVA. (1991).

[56] Groeger, B.: Die Einbeziehung der Wissensverarbeitung in den rechnerunterstützten Konstruktionsprozeß. Schriftenreihe Konstruktionstechnik 23. (1992).

[57] Baumgart, J.: Untersuchung zur Optimierung von Kunststoff/Stahl-Zahnradpaarungen. Schriftenreihe Konstruktionstechnik 24. (1992).

[58] Kuttig, D.: Rechnerunterstützte Funktions- und Wirkstrukturverarbeitung beim Konzipieren. Schriftenreihe Konstruktionstechnik 25. (1993).

[59] Schmidt-Kretschmer, M.: Untersuchungen an recyclingunterstützenden Bauteilverbindungen. Schriftenreihe Konstruktionstechnik 26. (1994)

[60] Klein, St.: Rechnerunterstützte Auslegung von Welle-Nabe-Verbindungen. Schriftenreihe Konstruktionstechnik 27. (1994)

[61] Hanau, A.: Zum Kraftleitungsverhalten zentrisch verspannter Schraubenverbindungen. Schriftenreihe Konstruktionstechnik 28. (1994)

[62] Reinholz, R.: Tragfähigkeit von P3G-Welle-Nabe-Verbindungen bei Dauerschwingbeanspruchung. Schriftenreihe Konstruktionstechnik 29. (1994)

[63] Wende, A.: Integration der recyclingorientierten Produktgestaltung in den methodischen Konstruktionsprozeß. Diss. TU Berlin 1994.

[64] Helbig, D.: Entwicklung produkt- und unternehmensorientierter Konstruktionssysteme. Schriftenreihe Konstruktionstechnik 30 (1994).

[65] v. Esebeck, G.: Tragfähigkeit von stoffschlüssig hergestellten Formschlußverbindungen für keramische Bauteile". Schriftenreihe Konstruktionstechnik 31 (1994).

[66] Kurella, U.: Voraussetzungen für die rechnerunterstützte Anwendung von Richtlinien zur montagegerechten Gestaltung. Schrifteinreihe Konstruktionstechnik 32 (1995).

[67] Suhr, M.: Wissensbasierte Unterstützung recyclingorientierter Produktgestaltung. Schriftenreihe Konstruktionstechnik 33 (1996).

[68] Meyer-Eschenbach, M.: Untersuchungen zur Gestaltung und Berechnung von hochbeanspruchten Wellen mit axialbelasteten Kerben. Schriftenreihe Konstruktionstechnik 34 (1996).

[69] Tegel, O.: Methodische Unterstützung beim Aufbau von Produktentwicklungsprozessen. Schriftenreihe Konstruktionstechnik 35 (1996).

[70] Tiegom, J. D.: Entwicklung eines wissensbasierten Systems über mechanische Werkstoff- und Bauteilprüftechnik. Schriftenreihe Konstruktionstechnik 36 (1996).

[71] Grieger, S.: Strategien zur Entwicklung recyclingfähiger Produkte, beispielhaft gezeigt an Elektrowerkzeugen. Diss. TU Berlin 1996

[72] Heym, B.: Tragfähigkeitsoptimierung trockenlaufender Kunststoff-Stahl-Zahnradpaarungen durch Einsatz von Verbundwerkstoffen und geometrischer Zahnkorrektur. Schriftenreihe Konstruktionstechnik 38 (1997).

[73] Kampf, M.: Dauerhaltbarkeit von Schrauben unter kombinierter Zug- und Biegebelastung. Schriftenreihe Konstruktionstechnik 39 (1997).

[74] Rückert, C.: Untersuchungen zur Konstruktionsmethodik – Ausbildung und Anwendung. Fortschritt-Berichte VDI, Reihe 1, Nr. 293. Düsseldorf: Verlag, 1997.

[75] Zhao: Erzeugen und Ertragen mechanischer Spannungen und Verformungen – Ein Beitrag zum methodischen Konstruieren. Schriftenreihe Konstruktionstechnik 43 (1997).

Gedenkkolloquium

9. Juli 1999 an der
Technischen Universität Berlin

Gedenkworte und Würdigungen

Begrüßung und Einleitung des Gedenkkolloquiums durch den Präsidenten der Technischen Universität Berlin

H.-J. Ewers

Sehr verehrte Frau Beitz,
liebe Familie Beitz,
verehrte Gäste,
liebe Kolleginnen und Kollegen,
meine Damen und Herren,

wir haben uns hier zum Gedenken an unseren hervorragenden Kollegen, Wolfgang Beitz, versammelt. Die Lücke, die er an unserer Universität hinterlassen hat, ist für uns alle immer noch schmerzlich spürbar. Seiner Person ist deshalb das heutige wissenschaftliche Kolloquium gewidmet, das ihn nicht nur als bedeutenden Wissenschaftler und beliebten Hochschullehrer, sondern auch als kompetenten, äußerst engagierten Wissenschaftsorganisator und Politiker in Erinnerung rufen wird.

Ich darf Sie alle im Namen der Technischen Universität Berlin zu diesem Gedenkkolloquium begrüßen und Ihnen dafür danken, dass Sie gekommen sind. Mein besonderer Dank gilt den Initiatoren dieser Veranstaltung, die es übernommen haben, dem Bedürfnis nach Gedenken angesichts dieses viel zu frühen Todes Ausdruck zu geben.

Wolfgang Beitz lebt in unserer Erinnerung weiter: Als Mensch einer zupackenden, schnörkellosen, aber nie lauten Art, der sich „mit Haut und Haaren" für seine Projekte einsetzte, ohne Eitelkeiten, ohne Profilierungsstreben. So ist er uns mit seiner außergewöhnlichen Persönlichkeit ein leuchtendes Vorbild. Dass zu den Dingen, für die er sich zeitlebens engagierte, auch die Technische Universität Berlin gehörte, erfüllt uns mit Stolz und Dankbarkeit.

Wolfgang Beitz fühlte sich dieser Universität in einer Weise verbunden wie man sie gerade bei bedeutenden Wissenschaftlern heute nur selten antrifft. Für unsere Universität war es ein Glücksfall, dass Wolfgang Beitz 1972 einen Ruf an die Universität Stuttgart ablehnte und sich zum Bleiben entschied. Als Begründung für seinen Schritt äußerte er sich damals so: „Der Entschluss ist mir (...) nicht leicht gefallen. Er ist aber letzten Endes aus einem Verantwortungsbewusstsein gegenüber der TU Berlin, unserem Fachbereich Konstruktion und Fertigung, meinem derzeitigen Institut bzw. der neuen wissenschaftlichen Einrichtung und vor allem meinen Mitarbeitern zustande gekommen. Ich bin der Meinung, dass der von mir vertretene Hochschullehrertyp an der TU Berlin nicht noch stärker aussterben darf, wenn die derzeitige Universitätskrise in Lehre und Forschung überwunden werden soll."

Das verbreitete Vorurteil, schöpferische und entsprechend beanspruchte Wissenschaftler könnten kaum Zeit für Aufgaben in der akademischen Selbstverwaltung aufbringen, wurde durch seine Person deutlich widerlegt: Er war mehrfach Dekan des Fachbereichs Maschinenbau, Mitglied des Akademischen Senates und Mitglied zahlreicher Berufungsausschüsse.

Gleichzeitig machten ihn seine freundliche Offenheit und der Respekt, den er jedem Gesprächspartner zu zollen bereit war, zu einem gesuchten Problemlöser, Vermittler und Schlichter an unserer Hochschule.

Sein Engagement galt natürlich in erster Linie der Entwicklung des wissenschaftlichen Bereiches, in dem er „zu Hause" war und für den er sich mit Leidenschaft einsetzte: der Maschinenbau und die Konstruktionstechnik. Er wusste die Interessen dieses Bereiches stets im Hinblick auf die gesamtuniversitären Aufgaben und Interessen zu reflektieren und, wo notwendig, auch zu relativieren. Wolfgang Beitz dachte – auch was die strukturellen Probleme der Universität angeht – konzeptionell, langfristig und uneigennützig.

Ich darf in diesem Zusammenhang an sein hartnäckiges Bemühen erinnern, Grundlagen- und Anwendungsfächer des Maschinenbaus, die an dieser Universität im Zuge der hochschulpolitischen Entwicklung auf verschiedene Fachbereiche verteilt worden sind, wieder in einer gemeinsamen Fakultät zusammenzuführen. Er verfolgte dieses Ziel 1996 als Vorsitzender einer vom damaligen Präsidenten, Kollegen Schumann, eingesetzten Kommission zur Zukunft des Maschinenbaus an der Technischen Universität Berlin. Dieses Ziel blieb seine Antriebsfeder, als er sich in einer weiteren Kommission zur Zukunft der Werkstoffwissenschaft engagierte. Von Unverständnis und vielfältigem Widerstand hat er sich dabei nicht entmutigen lassen.

Im Rahmen der großen Diskussion um die Strukturreform dieser Universität 1998 wurde er als Dekan nie müde, immer neue Vorschläge zur Realisierung dieser Reform zu entwickeln. Dabei zeigte er sich stets flexibel, niemals eifernd, aber von seiner Sache zutiefst überzeugt und dies auf bewegende Weise vermittelnd.

Diese leidenschaftliche Sachlichkeit bestimmte auch seine Tätigkeit als Staatssekretär der Senatsverwaltung für Wissenschaft und Forschung in der Zeit von 1987 bis 1989. Dass er in dieser Zeit seine Hochschullehrertätigkeit weiterführte, war für Wolfgang Beitz eine Selbstverständlichkeit. Es ist eigentlich überflüssig zu sagen, dass er kein Politiker im parteipolitisch-orientierten Sinne war. Er war vielmehr Sachwalter der Wissenschaft und erarbeitete als Staatssekretär eine neue, solide Grundlage für den realistischen Dialog zwischen Politik, Hochschulen und wissenschaftlichen Einrichtungen des Landes.

Meine Damen und Herren, ich möchte den im Programm vorgesehenen Würdigungen dieses reichen Lebens durch die engeren Kollegen, Mitarbeiter und Weggefährten nicht vorgreifen. Ich möchte hier nur noch einmal an die letzten Monate und Wochen seines Lebens erinnern: Wolfgang Beitz war in dieser Zeit

– von seiner Krankheit bereits gezeichnet – immer wieder an der Universität. Er erschien im Akademischen Senat, um als Dekan eine Sache seines Fachbereiches zu vertreten, er arbeitete in seinem Fachbereich, „seine Dinge ordnend" – wie man so leichthin sagt. Seine Tapferkeit und seine außerordentliche Charakterstärke besonders in dieser Zeit hat mich tief und bleibend beeindruckt.

Wolfgang Beitz bleibt unser Vorbild. Wir werden ihn nicht vergessen.

Prof. Dr. rer. pol. Hans-Jürgen Ewers
Präsident der Technischen Universität Berlin

Wolfgang Beitz – Lehrer, Forscher und Kollege

H. Mertens

Wolfgang Beitz als Lehrer, Forscher und Kollegen zu würdigen, heißt, seiner als engagierten Lehrer, als wegweisenden Forscher und als gemeinschaftstiftenden und gemeinschaftformenden Kollegen zu gedenken.

Ziel der Lehre von Wolfgang Beitz war es, Studierende vom ersten Tag ihres Studiums an, praxisorientiert mit einer kontinuierlichen Betonung der ingenieurwissenschaftlichen Grundlagen auszubilden. Dies begann bereits bei den Erstsemester-Einführungsveranstaltungen, setzte sich fort in den Vorlesungen zur Konstruktionslehre im Grundstudium und in seinem Lieblingsfach Methodisches Konstruieren im Hauptstudium. In den Übungen suchte er das Interesse der Studierenden für die konstruktive Arbeit durch zusammenhängende Aufgabenkomplexe zu wecken, in den letzten Jahren förderte er projektorientierte Konstruktionsübungen bereits im Grundstudium und konsequent industriegestützte Aufgabenstellung in den Übungen zum Methodischen Konstruieren im Hauptstudium. Der Kontakt zu den Studierenden war ihm stets wichtig und er konnte sich bis zuletzt über den Wissensdurst und die Kreativität vieler engagierter Studierenden richtig freuen. Er unterstützte zahlreiche studentische Initiativen – ob es nun Firmenkontaktmessen oder Workshops zum Thema Technik und Ethik waren. Für viele Studierende wurde er zum wichtigen Ratgeber und zum Wegweiser in ihre berufliche Zukunft. Viele begeisterte er für seine Forschung.

Als Forscher hat sich Wolfgang Beitz voll der Weiterentwicklung der Konstruktionslehre gewidmet. In seinem Forschen blieb er nie einseitig – Spezialwissen und ganzheitliches Denken, die Sammlung von Erfahrungswissen und die Förderung von Kreativität kennzeichnen die Weite seiner Forschungsarbeit. In 75 Dissertationen und über 180 wissenschaftlichen Veröffentlichungen wurden die Forschungsbeiträge zusammengetragen. Seine Forschung als junger Hochschullehrer beginnt mit typischen Fragestellungen zu Maschinenelementen, manche dieser Fragestellungen haben bis heute an Aktualität kaum eingebüßt. So gehören Forschungsarbeiten zu Schraubenverbindungen, Welle-Nabe-Verbindungen sowie Kunststoffzahnrädern nach wie vor zu den Forschungsgegenständen des Instituts. Früh mischen sich ganzheitlichere Fragestellungen aus der Konstruktionsmethodik hinzu, beginnend bei Baukastenprinzipien, über heuristische Methoden zur Entscheidungsfindung bis hin zur methodischen Produktmodellierung. In den Forschungsarbeiten nimmt das rechnerunterstützte

Konstruieren stetig an Umfang zu, wobei sich vermehrt Integrationsaspekte zwischen Fachwissen und ganzheitlichem Denken ergeben – einerseits den integrierten Konstruktionsarbeitsplatz mit Konstruktionsleitsystemen, andererseits umweltgerechte und recyclingfähige Produkte im Visier. Schließlich runden selbstkritische Arbeiten zur Anwendung des Methodischen Konstruierens in Forschung und Praxis den Themenkreis ab.

Wolfgang Beitz war kein einsamer Forscher – er brauchte und suchte die Zusammenarbeit der Kollegen. Gestützt auf gute Mitarbeiterinnen und Mitarbeiter, die er forderte, aber auch förderte, widmete er einen nicht unerheblichen Teil seiner Zeit der Zusammenarbeit mit Kollegen im Institut, im Fachbereich, in der Universität und darüber hinaus. Er war meist Geschäftsführender Direktor unseres Instituts für Maschinenkonstruktion, überproportional häufig Dekan unseres Fachbereichs und wirkte in verschiedensten Gremien und Ausschüssen der Universität mit. Hierbei versuchte er die Rahmenbedingungen für gute Lehre und Forschung mitzugestalten. Er gewann in diesen Funktionen das Vertrauen seiner Kollegen, seine manchmal auch sehr selbständigen Entscheidungen waren getragen von einem großen Verantwortungsbewußtstein, aber auch von Entschlossenheit und Mut. Er suchte, wenn immer möglich, den Kompromiß. In seiner Forschung selbst war er unkonventionell, er pflegte Kooperationen auf den verschiedensten Fachgebieten bis hin zu gemeinsamen Arbeiten mit Psychologen. Durch seinen unermüdlichen Einsatz für die Forschung, seine intensiven Kontakte zur Industrie und zu anderen Hochschulen öffnete er nicht nur für seine engsten Mitarbeiter, sondern auch für viele Kollegen einen Tätigkeitsraum, der weit über die Technische Universität hinausreichte. Als Mitherausgeber des *Dubbel* und der Zeitschrift *Konstruktion* hat er viele Fachkollegen als Autoren gewonnen und in herausragender Weise zur Kommunikation und zur Verbreitung von Fachwissen beigetragen.

Lassen Sie mich zum Schluß noch eine, vielleicht vielen nicht bekannte Seite von Wolfgang Beitz ansprechen, die in all der Geschäftigkeit und Betriebsamkeit nur selten zum Vorschein kam. Aber bei unseren festlichen Fachbereichstreffen einmal im Jahr, wenn die Fachbereichsband zur Unterhaltung einige Musikstücke anbot und Wolfgang Beitz sich an sein Schlagzeug setzte, sich in die Musik einhörte und kreativ und frei – fast entrückt – mitspielte, dann kam ein Kollege zum Vorschein, der uns nachdenklich stimmte, ein Mensch, den wir nur zum Teil kannten, ein Mensch, den man gerne zum Freund hat.

Er hat in seinem letzten halben Jahr seine Arbeit geordnet – vieles an Mitarbeiter und Kollegen delegiert, so daß wir bei seinem Tode nicht abgrundtief stürzten. Trotzdem merken wir noch heute, daß er uns fehlt. – Wir werden Wolfgang Beitz nie vergessen.

Prof. Dr.-Ing. Heinz Mertens
Technische Universität Berlin

Wolfgang Beitz – Wissenschaftler in der WGMK und DFG

G. Lechner

Wie kann man dem Wissenschaftler, dem Menschen Wolfgang Beitz, wie kann man dieser Persönlichkeit gerecht werden?

Wir alle, seine Freunde und Kollegen fragten sich dies nach seinem allzu frühen Tod. Der Gedanke, zu diesem Gedenkkolloquim für unseren Professor Wolfgang Beitz reifte.

Seine Aktivitäten waren weit gespannt und umfassend: Wissenschaftler in der WGMK und der DFG, Institutsleiter, Initiator des Berliner Kreises, Staatssekretär, Wirken im VDI und als wissenschaftlicher Publizist. Wir wollen heute seiner und seinen vielfältigen Aktivitäten gedenken.

Da ist zunächst der Wissenschaftler in der WGMK und in der DFG. Keine Grundlagenforschung in Deutschland ohne Deutsche Forschungsgemeinschaft. Keine DFG ohne Persönlichkeiten wie Wolfgang Beitz! Kein wissenschaftlich orientiertes Konstruieren ohne die Wissenschaftliche Gesellschaft für Maschinenelemente und Konstruktionsforschung. Keine WGMK ohne die Initiativen von Wolfgang Beitz. Kein praxisnahes, modernes und methodisches Konstruieren in vielen Ländern dieser Welt ohne eine Beteiligung und ohne Initiativen von Wolfgang Beitz. In der Deutschen Forschungsgemeinschaft bündeln sich vier wissenschaftliche Fachkulturen: die Geisteswissenschaften, die Naturwissenschaften, die Biowissenschaften und – oft nicht voll akzeptiert, weil zu jung und weil einer zu großen Praxisnähe verdächtigt – die Ingenieurwissenschaften. Kann man die Konstruktion als Wissenschaft anerkennen? Erfordert das Konstruieren ein wissenschaftliches Vorgehen? Wolfgang Beitz war davon überzeugt, und er kämpfte für diese Überzeugung.

Um sein Anliegen durchzusetzen, kreierte Wolfgang Beitz mit Kollegen den Schwerpunkt „Konstruktionsforschung". Dieser Schwerpunkt lief von 1969 bis 1977 und wurde mit 13,2 Mio DM gefördert. Diese ungewöhnlich lange Förderungsperiode erreichte Wolfgang Beitz 1974 durch das Kolloquium „Konstruktion als Wissenschaft". Vierhundert Teilnehmer kamen. Die Zweifler der anderen Fachkulturen wurden überzeugt. Es war ein Durchbruch! Heute sind DFG-Forschungsprojekte aus der Konstruktionswissenschaft eine Selbstverständlichkeit. Wolfgang Beitz nutzte auch als Antragsteller die Chancen, die die DFG aktiven Wissenschaftlern bietet. 69 Anträge im Normalverfahren und Beteiligungen an Sonderforschungsbereichen legen ein beredtes Zeugnis ab. Bei diesen Forschungsaktivitäten war Beitz nie ein wissenschaftlicher Alleingänger.

Immer band er Kollegen aus der Produktionstechnik, der Informatik, ja sogar der Arbeitswissenschaft und der angewandten Psychologie in seine DFG-Schwerpunkte oder Paketanträge ein.

Zwei weitere Schwerpunktsprogramme sahen ihn als Initiator. 1982 wurde von ihm ein neuer Schwerpunkt aus der Taufe gehoben: „Ressourcengerechte Gestaltung von Bauteilen des Maschinenbaus". 9,2 Mio DM Fördermittel flossen auf die Habenseite der Konstruktionsforschung. Seit 1994 läuft der dritte Schwerpunkt, den er initiiert und bis zu seiner Erkrankung geleitet hat: „Innovative rechnerunterstützte Konstruktionsprozesse".

Von 1974 bis 1979 diente Wolfgang Beitz der DFG als Senator. Bis in die letzten Monate stand er neben seinen anderen vielfältigen Aufgaben und Pflichten der DFG immer als Fachgutachter und Fachausschußvorsitzender zur Verfügung. Er hat damit dazu beigetragen, den international einmaligen Ruf der DFG-Begutachtungen zu etablieren.

In der DFG war sein Weg- und Kampfgefährte für die Konstruktion Prof. Dohmen. Er schrieb mir: „Ich habe Prof. Beitz als menschlich und fachlich herausragende Persönlichkeit kennengelernt. Es war ein Glück für mich und meine Arbeit bei der DFG, daß ich mit ihm ein Stück gemeinsamen Weges gehen durfte."

Ich wiederhole mich! Keine DFG ohne Persönlichkeiten wie Wolfgang Beitz.

Sein Wirken als wissenschaftlich orientierter Konstrukteur, als Prediger des wissenschaftlichen, aber gleichzeitig praxisnahen Konstruierens hatte einen zweiten Kristallisationspunkt. Es war dies die Wissenschaftliche Gesellschaft für Maschinenelemente und Konstruktionsforschung, die WGMK. Sie entstand in den 50er Jahren, als Freundeskreis der Professoren für Maschinenelemente und Konstruktion, an den damals acht Technischen Hochschulen der Bundesrepublik. Der Vorgänger von Herrn Beitz, Prof. Cornelius, gehörte zu den Gründungsvätern. Wolfgang Beitz wurde als jugendlich mit 33 Jahren zum Professor Berufener 1970 das zwölfte Mitglied der WGMK. Heute zählen wir 55 Mitglieder.

Alle die, die Wolfgang Beitz kennen, wissen, daß er auch in diesem Gremium stets initiativ und aktiv war. Bis zuletzt war er die Triebkraft für Konstruktions- und Maschinenelemente-Forschung. Die Wurzeln der drei konstruktionsorientierten DFG-Schwerpunkte finden sich in der WGMK. Die Probleme wurden dort angedacht und die Kernziele formuliert. Er sorgte für Kooperationen und für Abstimmung der Forschungsschwerpunkte unter uns Kollegen.

1985 richtete er als Präsident der WGMK unsere Jahrestagung in Berlin aus. Wie konnte es anders sein, ein konstruktives Thema war unser Generalthema: „Konstruktionsentwürfe und Studienarbeiten im Haupstudium ohne und mit CAD". Damit bekundete Beitz schon sehr früh die Notwendigkeit des Rechnerunterstützten Konstuierens. Seit 1996 bis zuletzt war er Vizepräsident der WGMK.

Er hat uns in der WGMK nie belehrt, aber er hat uns immer viel gegeben; immer, auch bei Nachsitzungen, haben wir das optimistische, zupackende, freundliche, nach vorn blickende und humorvolle Wesen von Wolfgang Beitz kennen gelernt und genossen. Alle Kollegen und besonders auch ich haben einen freundschaftlichen Ratgeber verloren, der jederzeit ansprechbar war, und der aufgrund seiner weitgespannten Erfahrungen immer einen guten Rat wußte.

Wolfgang Beitz ist unersetzlich! Sein Leben war und bleibt für uns Richtschnur.

Wolfgang Beitz bleibt unser Vorbild!

Prof. Dr.-Ing. Gisbert Lechner
Vizepräsident der Wissenschaftlichen Gesellschaft für Maschinenelemente und Konstruktionsforschung (WGMK)

Der Berliner Kreis und Wolfgang Beitz

H. Grabowski

Am 11. Juni 1993 trafen sich im Dienstzimmer von Herrn Professor Beitz in Berlin eine Reihe von Professoren, die in Deutschland auf den Gebieten der Konstruktionsmethodik und des Rechnerunterstützten Konstruierens (CAD) lehrend und forschend tätig sind. Grund des Treffens war es, eine Initiative zur Stärkung der Funktionsbereiche Entwicklung und Konstruktion in Industrieunternehmen zu eröffnen, um in der damaligen schlechten wirtschaftlichen Situation die Wettbewerbsfähigkeit von Unternehmen auf den Märkten nicht allein über die Kostenreduktion zu verbessern, sondern über die Fähigkeiten zur Entwicklung innovativer Produkte. Die Anwesenden stimmten darin überein, daß die Initiative über ein Forschungsprogramm hinausgehen müßte, und von der Industrie mitgetragen werden sollte. Als Stoßrichtung wurde vorgegeben: Konzentration auf die frühen Phasen der Produktentwicklung, schließen der Lücke zwischen den potentiellen Möglichkeiten der Informationstechnologie und den in der Industrie benutzten Methoden, die Weiterentwicklung von Führung und Verhalten der in der Produktentwicklung tätigen Personen und Unterstützung des mehr mittelständisch geprägten Maschinenbaus. Diese Initiative und die daran beteiligten Personen sollte den Namen tragen „Berliner Kreis für industrielle Produktentwicklung", kurz: *Berliner Kreis*. Es wurde vereinbart, daß der Berliner Kreis grundsätzlich offen ist für weitere Mitglieder.

Zur Vorbereitung einer ersten Besprechung mit der Industrie wurde ein Positionspapier erstellt. Es enthielt die weit in die Zukunft reichende Vision einer „Kreativen Nation, die die deutsche Industrie mit ihren Menschen in die Lage versetzen sollte, der weltweiten Konkurrenz auf wichtigen Gebieten immer einen Schritt voraus zu sein. Am 14. Januar 1994 fand das erste Industriesymposium auf Einladung von Herrn Prof. Dr.-Ing. E.h. Gerhard Neipp, stellvertretender Vorstandsvorsitzender der Firma Krupp-Hösch AG in der Villa Hügel in Essen statt. Eine größere Zahl von Vorstandsmitgliedern und Geschäftsführern namhafter deutscher Firmen und die Mitglieder des Berliner Kreises nahmen an diesem Symposium teil. Wolfgang Beitz schlug als Sprecher des Berliner Kreises konkrete Maßnahmen vor, u.a. branchenorientierte, regelmäßige Diskussionsrunden zwischen Wissenschaft, Industrie und Politik, eine stärkere universitätsübergreifende Zusammenarbeit auf wichtigen Forschungsgebieten mit Bildung von federführenden regionalen und/oder inhaltlichen Forschungszentren und Verstärkung einer praxisnahen Methodenausbildung zur Integration von Marketing,

Produktplanung und den frühen Phasen der Produktentwicklung. Die vom Berliner Kreis vorgetragenen Vorschläge stießen auf große Resonanz bei den Vertretern der Industrie. Der Berliner Kreis wurde ermuntert einen Katalog von konkreten Aufgabenstellungen zu erarbeiten, die dann mit Unterstützung der Industrie in Förderprogrammen oder bilateral zwischen Hochschulen und Industrie in Angriff genommen werden könnten. Es entstanden eine Denkschrift und ein Maßnahmenkatalog. Die Industriesymposien finden seither in regelmäßigen Zeitabständen statt.

Am 31. August 1994 wurde an der Technischen Universität in Hamburg-Harburg die Gründung des gemeinnützigen Vereins „BERLINER KREIS – Wissenschaftliches Forum für Produktentwicklung" beschlossen und Wolfgang Beitz einstimmig zum Vorsitzenden gewählt. Die Aktivitäten wurden erheblich ausgeweitet. Nachfolgend sollen nur einige näher beschrieben werden.

Wegen der großen Nachfrage aus der Industrie nach der Denkschrift wurde der Berliner Kreis vom Projektträger des BMFT ermuntert eine Studie über „Produktentwicklung als Schlüsselfunktion zur Standortsicherung" anzufertigen. Von den vier Arbeitskreisen übernahm Herr Professor Beitz den Arbeitskreis zum Thema Berufsfähigkeit und Weiterbildung. Die Ergebnisse dieser Studie führten zu einer Buchveröffentlichung mit dem Titel „Neue Wege der Produktentwicklung", an der Wolfgang Beitz maßgebend beteiligt war.

Die Aktivitäten der Berliner Kreis Mitglieder sollten auf Anregung der Industrie einem breiteren Publikum zugänglich gemacht werden. Es entstand daraufhin die Idee der Schaffung eines sog. „Berliner Kreis Kompetenz Netzwerkes" (BKKN). Zielsetzung war es, der Industrie den direkten Zugang zu Informationen (Veröffentlichungen, Dissertationen, Hilfe bei besonderen Problemstellungen) mittels neuester Technologie, dem Internet, zu ermöglichen. Kurzfassungen von Veröffentlichungen werden tagesaktuell im Internet bereitgestellt und die Konsultation der Verfasser ist möglich. Als Herausgeber der Zeitschrift Konstruktion richtete Wolfgang Beitz ab Oktober 1995 in dieser Zeitschrift eine alle drei Monate erscheinende Seite unter dem Titel „BK-Nachrichten" ein.

Ein besonderes Anliegen von ihm war es, die Kooperation und Zusammenarbeit mit anderen Gesellschaften, wie z.B. der WGP oder der WGMK zu pflegen. Zu Industrieverbänden, wie z.B. dem VDMA und politischen Parteien hielt er regelmäßig Kontakt, um für die Arbeiten des Berliner Kreises zu werben.

Bereits gezeichnet von der schweren Krankheit hat er im November 1998 nicht mehr für den Vorsitz des Berliner Kreises kandidiert. Von Beginn an hat er jedoch mit seiner großen Erfahrung und richtungsweisenden Ideen den Berliner Kreis geprägt. Es war bis zuletzt rastlos und engagiert die Ziele, die er mit formuliert hat zu erreichen. Die Mitglieder des Berliner Kreises werden ihn sehr vermissen.

Prof. Dr.-Ing Dr. h.c. H. Grabowski
Vorsitzender des Berliner Kreises

Wolfgang Beitz – Gründungsmitglied der Berlin-Brandenburgischen Akademie der Wissenschaften

G. Spur

Wenn wir auf die technikwissenschaftliche Lebensleistung von Wolfgang Beitz zurückschauen, dann verdient sein Engagement für eine vielfältige Gemeinschaftsarbeit eine besondere Würdigung.

Seine Berufung im Jahre 1969 fiel in die Phase einer einseitig ausgerichteten Hochschulreform, die besonders in Berlin zu extremen Auswüchsen führte. Die nach Zerschlagung der Fakultäten eingeleitete Aufgliederung in 22 Fachbereiche bewirkte nicht nur eine Isolierung der Wissenschaftsgebiete, sondern auch eine Entfremdung der Wissenschaftler untereinander. Als der Druck sich auch politisch radikalisierte, entstand 1973 im Kreis der Professoren eine Initiative zur Gründung der „Berliner Wissenschaftlichen Gesellschaft". Ihre Zielsetzungen waren die Förderung der interdisziplinären Zusammenarbeit und die Erhaltung der Freiheit von Lehre und Forschung an den Universitäten. Lag zwar der Kern dieser Gründungsaktivitäten mehr in der Freien Universität Berlin, so war doch sehr schnell auch an der Technischen Universität Berlin eine starke Motivation zu erkennen, über außeruniversitäre Gemeinschaften die wissenschaftliche Arbeit zu sichern und zu fördern.

Wolfgang Beitz war einer der ersten Ingenieurprofessoren, der sich hier engagierte. Er wurde im Jahre 1975 als Mitglied aufgenommen, 1988 in den Beirat und 1990 in den Vorstand der Berliner Wissenschaftlichen Gesellschaft gewählt. Von 1990 bis 1992 war er ihr Vorsitzender.

Aus den anfänglichen hochschulpolitischen Bedrängnissen inzwischen entlastet, konnte die Gesellschaft Ende der achtziger Jahre ihre Innovationsfähigkeit beweisen und für die Berliner Wissenschaftslandschaft einen moralischen Beitrag zur Begründung eines neuen Selbstverständnisses einleiten. Dazu gehörte auch die begleitende Unterstützung bei der Gründung einer Akademie der Wissenschaften zu Berlin, deren Realisierung zunächst zügig verlief, dann aber einem wechselnden politischen Umfeld ausgesetzt war.

Ohne hier auf die im damaligen West-Berlin von 1987 bis 1990 bestehende und bis in das Jahr 1993 abgewickelte „Akademie der Wissenschaften zu Berlin" näher einzugehen, führte nach der Wende eine gemeinsame Initiative der Länder Berlin und Brandenburg zur Gründung der „Berlin-Brandenburgischen Akademie der Wissenschaften", die sich in die Tradition der nunmehr fast 300 Jahre bestehenden „Preußischen Akademie der Wissenschaften" einordnete.

Die erste Plenarsitzung der Akademie fand am 27. März 1993 statt. Die 48 Gründungsmitglieder stammten aus 12 Bundesländern. Sie bildeten die folgenden fünf Klassen:

- Geisteswissenschaftliche Klasse,
- Sozialwissenschaftliche Klasse,
- Mathematisch-naturwissenschaftliche Klasse,
- Biowissenschaftlich-medizinische Klasse sowie
- Technikwissenschaftliche Klasse.

Wolfgang Beitz gehörte zu den Gründungsmitgliedern in der Technikwissenschaftlichen Klasse. Er wurde in der Aufbauphase in die Raum- und Baukommission gewählt, die zunächst die örtliche Unterbringung und eine bauliche Sanierung des Akademiegebäudes zu besorgen hatte.

In der Technikwissenschaftlichen Klasse vertrat Wolfgang Beitz das Fachgebiet Maschinenkonstruktion. Bei der Formierung der Zielsetzungen und Planung des weiteren Ausbaus leistete er eine dankbar entgegengenommene Aufbauarbeit. Er konnte Erfahrungen aus der Berliner Wissenschaftlichen Gesellschaft einbringen sowie als Dekan des Fachbereichs Maschinenbau und Produktionstechnik der Technischen Universität Berlin und als früherer Staatssekretär beim Senator für Wissenschaft und Forschung wichtige Brückenfunktionen ausfüllen.

Ein die Berlin-Brandenburgische Akademie der Wissenschaften prägendes Merkmal ist die Bildung von Arbeitsgruppen. Schon im Januar 1994 wurde auf Antrag der Technikwissenschaftlichen Klasse das interdisziplinäre Arbeitsvorhaben „Optionen zukünftiger industrieller Produktionssysteme“ genehmigt.

Gegenstand dieses Projektes war es, sich abzeichnende, aber auch alternativ mögliche Entwicklungspfade industrieller Wirtschaftssysteme insbesondere unter dem Einfluß der Zukunftstechnologien und im Hinblick auf Chancen künftiger Beschäftigungen im industriellen Sektor darzustellen.

Das Projekt befaßte sich insbesondere mit Fragen der globalisierten Produktionswirtschaft. Strukturen zur Sicherung der Wettbewerbsfähigkeit wurden in Szenarien ebenso aufgezeigt, wie Forderungen nach einer sozial-, umwelt- und humanverträglichen Industrieproduktion der Zukunft.

Das Arbeitsgruppenprojekt konzentrierte sich in der ersten Phase auf ausgewählte Schwerpunkte, die durch Querschnittsthemen ergänzt wurden. Wolfgang Beitz war die Arbeitsmarktentwicklung ein besonderes Anliegen. Auch richtete sich seine Aufmerksamkeit auf die Problematik der Akzeptanz neuer Technologien in unserer Industriegesellschaft.

Im Projekt wurden in branchenbezogener Abgrenzung die Bereiche Fahrzeugbau, Maschinenbau und Elektrotechnik untersucht. In technologischer Hinsicht befaßten sich die eingesetzten Untergruppen mit Produktionstechnik, Umwelttechnik, Mikroelektronik und Energietechnik.

Wolfgang Beitz leitete das Teilprojekt Umwelttechnik, das sich insbesondere mit Fragen der Stoffverwertung befaßte. Durch seine Arbeitsgruppe wurde auf der Grundlage empirischer Untersuchungen in repräsentativen Betrieben der

Stand der Entwicklung in der Wiederaufbereitung ermittelt. Dabei verdeutlichten sich die Separierungsprobleme der verschiedenen Werkstoffarten. Weiterhin zeigte es sich, daß Recyclingprozesse durch hohe Investitions- und Demontagekosten erheblich belastet werden. Sortenreinheit und kontinuierlicher Mengenstrom erwiesen sich als wesentliche Voraussetzung zur Wirtschaftlichkeit. In dieser Hinsicht konnte das Teilprojekt an einen Sonderforschungsbereich der Technischen Universität Berlin anknüpfen, in dem Wolfgang Beitz die Teilprojekte „Auswahl, Gestaltung und Anordnung von Verbindungen“ sowie „Gestaltungsregeln für Baustruktur, Fügeteile und Demontagehilfen“ leitete.

Baustruktur, Demontierbarkeit und Werkstoffstruktur werden konstruktiv beeinflußt. Es erscheint deshalb wichtig, die industrielle Praxis stärker für umweltgerechte Produktgestaltung zu sensibilisieren. Recyclingbeauftragte und Arbeitsgruppen zur Wissensvermittlung wurden empfohlen, ein Mittel zur umfangreichen Arbeitsmarktbelebung konnte jedoch nicht erkannt werden.

Bis zu seiner schweren Erkrankung nahm Wolfgang Beitz mit großem Interesse an der Akademiearbeit teil. Er vertrat in der Technikwissenschaftlichen Klasse eine Konstruktionslehre, die sich aus dem engen Bereich der Maschinenelemente zu einer methodisch bestimmten allgemeinen Konstruktionswissenschaft weiterentwickelt hatte. Sein besonderer Arbeitsschwerpunkt lag in der methodischen Entwicklung der Konstruktionstechnik.

In seinem Vortrag vor der Technikwissenschaftlichen Klasse am 26. März 1997 ortete Wolfgang Beitz seinen eigenen in fast dreißig Jahren erarbeiteten Beitrag zur Konstruktionsforschung. Neben der Fortsetzung der am Institut traditionell beheimateten Forschung über Verbindungstechnik und Kunststoffzahnräder war die Konstruktionssystematik ein besonderer Schwerpunkt. Hierzu gehörten generelle und spezielle Gestaltungsmethoden genauso wie Fragen der Wirksamkeit und Erlernbarkeit der Konstruktionsmethodik überhaupt. Die Möglichkeiten zur Entwicklung der Rechnerunterstützung des Entwicklungs- und Konstruktionsprozesses haben seine Arbeit stets begleitet, insbesondere unter dem Gesichtspunkt der Kopplung mit Gestaltungsprogrammen und dem Aufbau von rechnerintegrierten Entwicklungsleitsystemen.

Das Fachgebiet Konstruktionstechnik ist durch die Erkenntnisse der Informations- und Kommunikationstechnik, der Arbeitswissenschaft und der Denk-, Arbeits- und Organisationspsychologie mit entsprechender Interdisziplinarität wissenschaftlich anspruchsvoll weiterentwickelt worden und für die industrielle Anwendung von höchster Bedeutung. Wolfgang Beitz empfand es deshalb als „eine Herausforderung, auf diesem Gebiet zu lehren und zu forschen“.

Die in den letzten Jahren seines Wirkens als Konstruktionsforscher angenommene Arbeitsrichtung des recyclinggerechten Konstruierens konnte er im Abschlußbericht des Akademieprojektes über „Optionen zukünftiger industrieller Produktionssysteme“ systematisieren und szenarienmäßig aufbereiten. Als Fazit des durch Wolfgang Beitz betreuten Teilprojektes wurde von ihm folgendes formuliert: „Für die verstärkte Einführung einer umweltgerechten Produktion im Rahmen einer integrierten Umwelttechnik gibt es keine Alternative. Trotz einer dadurch möglichen Reduzierung der additiven und nachsorgenden Umwelttechnik werden die positiven Auswirkungen überwiegen, insbesondere auf die Wettbewerbsfähigkeit am Weltmarkt. Schwerpunkte, auch im beschäftigungspolitischen Sinne, werden in einer Weiterentwicklung und Optimierung einer Kreislaufwirtschaft für Produkte und Materialien gesehen. Da diese nur begrenzt automatisierbar ist, wird sie vielfältige Beschäftigungspositionen bieten. Trotz des langfristigen Ziels einer leistungsfähigen vorsorgenden Umwelttechnik wird der Markt für additive und vorsorgende Umwelttechnik in absehbarer Zeit noch groß bleiben. Die führende internationale Position Deutschlands in diesem Bereich ist deshalb durch innovative Verbesserungen und durch weitere Forschung zu festigen und auszubauen."

Die Technikwissenschaftliche Klasse der Berlin-Brandenburgischen Akademie der Wissenschaften hat mit Beginn ihrer Arbeit erste Schritte eingeleitet, sich in den internationalen Kooperationsverbund der technikwissenschaftlichen Akademien einzubinden. Durch Gründung einer Arbeitsgemeinschaft mit der Nordrhein-Westfälischen Akademie der Wissenschaften wurde es möglich, einen Konvent für Technikwissenschaften einzurichten, um Deutschland im Rahmen des europäischen Zusammenschlusses nationaler Technik-Akademien Euro-CASE sowie international vertreten zu können. Wolfgang Beitz war ein aktiver Förderer dieser Bestrebungen und Gründungsmitglied des inzwischen auf etwa 60 Mitglieder angewachsenen Konvents.

Die durch seine fast 25jährige Mitgestaltung der Berliner Wissenschaftlichen Gesellschaft, in letzter Zeit als Vorstands- und Beiratsmitglied, eingebrachten Erfahrungen und Einsichten waren für die Formung der Berlin-Brandenburgischen Akademie der Wissenschaften, insbesondere bezogen auf die Technikwissenschaftliche Klasse, von prägender Bedeutung. Um so schmerzlicher erfahren wir den Verlust, als Wolfgang Beitz nur fünf Jahre vergönnt waren, Akademiearbeit zu leisten. Insbesondere vermissen wir sein Mitwirken in der weiteren Aufbauphase des Konvents der Technikwissenschaften bei der Gestaltung zukunftsweisender Arbeitsformen der Gemeinschaftsarbeit.

Wolfgang Beitz ist zu früh gegangen. Viele seiner Pläne sind unvollendet geblieben. Was jedoch in der Nachwelt weiterwirkt, ist ein großes Ingenieurwerk, das in prägender Orientierung die Maschinenkonstruktion in drei Jahrzehnten maßgeblich beeinflußt hat.

Es bleibt sein wissenschaftliches Erbe, es bleibt die Erinnerung an seine ausstrahlende Persönlichkeit als Ingenieur, es bleibt aber auch die Dankbarkeit einer Generation von Schülern, die durch sein Vorbild und Können geprägt wurden.

Seine unermüdliche Sorge galt bis zuletzt der Technischen Universität Berlin. Aus ihr entwachsen, war es sein redliches Bemühen, sie zukunftsorientiert zu gestalten, sie aber auch in das Gesamtbild der Berliner Wissenschaftslandschaft gebührend einzubinden. Das Kollegium der Berlin-Brandenburgischen Akademie der Wissenschaften sowie der Konvent für Technikwissenschaften empfinden tiefen Dank und großen Respekt vor seinem Lebenswerk.

Von Schmerz und Trauer erfüllt, haben die Mitglieder der Akademie von Wolfgang Beitz Abschied genommen.

Prof. em. Dr. h.c. mult. Dr.-Ing. E.h. Dr.-Ing. Günter Spur
Vorsitzender des Konvents der Technikwissenschaften und Mitglied der Berlin-Brandenburgischen Akademie der Wissenschaften

Wolfgang Beitz – Vorbild im VDI

H. Christ

Wolfgang Beitz trat im Jahr 1959 nach Abschluß seines Maschinenbaustudiums an der TU-Berlin in den VDI als normales Mitglied ein. Während seiner Assistententätigkeit am Institut für Maschinenelemente der Technischen Universität Berlin unter Prof. Dr.-Ing. E. A. Cornelius und seinen praktischen Berufserfahrungen als Konstrukteur und Konstruktionsleiter im Großmaschinenbau von AEG-Telefunken in Berlin trat er innerhalb des VDI zunächst noch nicht aktiv in Erscheinung. Erst mit seiner Berufung zum ordentlichen Professor auf den Lehrstuhl für Maschinenelemente und Leiter des Instituts für Maschinenkonstruktion der TU-Berlin im Jahr 1969 wirkte er auch als ehrenamtlicher Mitarbeiter erstmals aktiv im VDI mit. Er suchte gezielt die Mitwirkung im VDI-Ausschuß „Konstruktionsmethodik", der zu diesem Zeitpunkt noch von Herrn Dr. Kesselring geleitet wurde. Bereits ein Jahr später (1970) wurde er Mitglied des Fachbeirates Konstruktion, dem er bis Ende 1992 – mit Ausnahme der Wahlperiode von 1987 bis 1989 – angehörte.

Seine aktive ehrenamtliche Mitwirkung führte ihn bereits im Jahr 1974 zur Leitung der Tagung „Konstruktion als Wissenschaft – Forschung hilft Praxis" und im Jahr 1977 zur ersten unter seiner Leitung entstandenen Richtlinie VDI 2222, Blatt 1, „Konzipieren technischer Produkte". Von diesem Zeitpunkt an bis zu seinem Tode trat Herr Professor Beitz kontinuierlich im Zusammenhang mit Tagungen und VDI-Richtlinien der VDI-Gesellschaft Entwicklung Konstruktion Vertrieb in Erscheinung, so daß sein Name untrennbar mit den erfolgreichen Produkten dieser VDI-Gesellschaft verbunden ist. Aus diesem Grund ist es auch nicht verwunderlich, daß er ebenfalls dem Gesamtbeirat dieser Gesellschaft von 1974 bis 1992 angehörte und in den Jahren 1977 bis 1981 den Vorsitz der Gesellschaft innehatte.

Wie dieser kurze Überblick verdeutlicht, ist die Entwicklung der VDI-Gesellschaft Entwicklung Konstruktion Vertrieb zur erfolgreichsten und größten VDI-Gesellschaft mit über 20.000 Mitgliedern, ca. 160 gültigen VDI-Richtlinien im Markt und durchschnittlich 15 Tagungen mit 3000 Tagungsteilnehmern pro Jahr untrennbar mit dem Namen Wolfgang Beitz verbunden. Er hat diese Entwicklung über 29 Jahre lang aktiv und an verantwortlicher Stelle dieser Gesellschaft maßgeblich herbeigeführt.

VDI-Richtlinien

Unter seiner Mitwirkung und Leitung sind zahlreiche VDI-Richtlinien für Konstrukteure erschienen. Beispielhaft sei auf zwei Richtlinien verwiesen, die eng mit seinem Lebenswerk verbunden sind und heute Handlungsgrundlagen für alle Konstrukteure bilden.

Die Richtlinie *VDI 2221 „Methodik zum Entwickeln und Konstruieren technischer Systeme und Produkte“* erschien erstmals als Entwurf im August 1985. Danach wurde sie im November 1986 als gültige Richtlinie herausgegeben. Eine zweite Überarbeitung, deren Version bis heute noch gültig ist, erfolgte im Jahr 1993.

Die wettbewerbsfähige Herstellung technischer Produkte wird entscheidend von der Leistungsfähigkeit des Entwicklungs- und Konstruktionsprozesses beeinflußt. Dieser Prozeß ist geprägt durch eine große Vielfalt zu lösender Aufgaben, unternehmensspezifischer Bedingungen sowie marktseitiger und arbeitstechnischer Entwicklungstrends. Eine allgemein anwendbare Methode zum Entwickeln und Konstruieren technischer Systeme und Produkte muß diese Vielfalt berücksichtigen, um den Bedürfnissen der Praxis gerecht zu werden. Die Richtlinie VDI 2221 behandelt derartig allgemeingültige und branchenunabhängige Grundlagen methodischen Entwickelns und Konstruierens und definiert diejenigen Arbeitsschritte und Ergebnisse, die die Leitlinie für ein Vorgehen in der Praxis sind. Mit dieser Richtlinie besteht die Möglichkeit, vorhandene Entwicklungs- und Konstruktionsabläufe zu optimieren und die Möglichkeiten der Datenverarbeitung optimal einzusetzen. Die Vielfalt von Methoden zur Durchführung einzelner Entwicklungs- und Konstruktionsschritte wurde so zusammengestellt und geordnet, daß der Konstrukteur deren typische Anwendungsgebiete erkennen kann. Mit dieser Richtlinie wurde somit eine praxisnahe Handlungsanleitung zur allgemeingültigen Entwicklungs- und Konstruktionsmethodik erstellt, die eine große Verbreitung und Anwendung in der Praxis erreicht hat.

Die Richtlinie VDI 2243 „Konstruieren recyclinggerechter technischer Produkte“ wurde bereits 1984 erstmals herausgegeben, bevor also die öffentlichkeitswirksame Diskussion zu dieser Thematik überhaupt begonnen hatte. Die heute noch gültige Version dieser Richtlinie aus dem Jahr 1993 dient den Konstrukteuren als Handlungsgrundlage zur recyclinggerechten Produktgestaltung. Diese Richtlinie betrachtete von Anfang an das Recycling ganzheitlich, also bei der Produktion, während des Produktgebrauchs und nach dem Produktgebrauch, was zum damaligen Zeitpunkt noch völlig ungewöhnlich war.

Beide beispielhaft o.a. Richtlinien sind für alle Konstrukteure wegweisende Richtlinien, die untrennbar mit dem Namen Wolfgang Beitz verbunden sind.

Die Richtlinienarbeit von Herrn Professor Beitz im VDI muß auch in Zusammenhang mit seinen anderen ehrenamtlichen Tätigkeiten, insbesondere in der Wissenschaftlichen Gesellschaft für Maschinenelemente und Konstruktionsforschung (WGMK), in der Deutschen Forschungsgemeinschaft (DFG) und als Initiator und Vorsitzender des „Berliner Kreises“ gesehen werden. Seine Aktivitäten in diesen Institutionen hat er so aufeinander abgestimmt, daß sie sich hervorragend ergänzten und insgesamt zu allgemeingültigen Handlungsgrundlagen für alle Konstrukteure führten.

VDI-Tagungen

In seiner 29-jährigen ehrenamtlichen Tätigkeit im VDI hat Herr Professor Beitz an zahlreichen Tagungen mitgewirkt und viele dieser Tagungen selbst geleitet. Es ist fast unmöglich, alle dieser Tagungen aufzuführen oder gar zu beschreiben. Deshalb sind nachfolgend nur ausgewählte Tagungen aufgeführt, die er maßgeblich mitgestaltet oder geleitet hat:

- Die Wellenkupplung als Systemelement (1977)
- Konstruktionspraxis im Umbruch – Erfolge mit Methodik (1979)
- Mikroelektronik im Maschinenbau – Chancen, Nutzen, Innovationen (1979)
- Systemoptimierte Verbindungen (1980)
- Produktentwicklung für den Menschen – anspruchsvolle Konstruktionsaufgaben (1981)
- Datenverarbeitung in der Konstruktion (1981)
- Schraubenverbindungen heute (1983)
- Spektrum der Verbindungstechnik (1983)
- Montagegerechtes Konstruieren (1986)
- Wellenkupplungen in Antriebssystemen (1987)
- Schraubenverbindungen beanspruchungsgerecht konstruiert und montiert (1989)
- Rechnerunterstützte Produktentwicklung (1990)
- Die Konstruktion als entscheidender Wettbewerbsfaktor (1990)
- Recycling – Herausforderung für den Konstrukteur (1991)
- Erfolgreiche Produktentwicklung – Methoden in Theorie und Praxis (1992)
- Montage- und demontagegerechte Produktgestaltung (1992)
- Konstruieren mit Keramik (1993)
- Zeit- und Kostenmanagement in der Konstruktion (1993)
- Recyclinggerechte Produktentwicklung – Strategien, Innovationen, Konstruktionspraxis (1993)
- Konstrukteure gestalten Kosten (1993)
- Wettbewerbsvorteile durch integrierte Produktentwicklung (1994)
- Effizienter entwickeln und konstruieren (1995)
- Erfolg mit Produktinnovationen (1995)
- Unternehmenserfolg durch Restrukturierung von Entwicklungs- und Konstruktionsprozessen (1997)
- Welle-Nabe-Verbindungen – Systemkomponenten im Wandel (1998)
- Schraubenverbindungen – Berechnung, Gestaltung, Anwendung (1998)
- Effektive Entwicklung und Auftragsabwicklung variantenreicher Produkte (1998)
- 3. Deutscher Konstrukteurtag (1998)

Diese beispielhafte Aufstellung verdeutlicht seine Kompetenz und sein unendliches Engagement für einen verantwortlichen Wissenstransfer zu den Konstrukteuren und Ingenieuren in der Praxis. Uns allen in Erinnerung ist noch seine letzte Tagung im Juni 1998, als er den 3. Deutschen Konstrukteurtag – obwohl schon von seiner schweren Krankheit gezeichnet – wieder einmal mit Bravour vorbereitete und leitete.

Weitere VDI-Aktivitäten

Auf Initiative von Herrn Professor Beitz wurden
- erstmals Empfehlungen zur Ausbildung von Konstruktions- und Entwicklungsingenieuren erarbeitet;
- Informations- und Diskussionsveranstaltungen mit Konstruktionsleitern unter dem Titel „Engpaß Konstrukteure" durchgeführt;
- die Zeitschrift „Konstruktion" Organ der damaligen VDI-Gesellschaft Konstruktion und Entwicklung, der heutigen VDI-Gesellschaft Entwicklung Konstruktion Vertrieb, die er seit 1964 herausgegeben hat;
- die Fritz-Kesselring-Ehrenmedaille des VDI eingeführt, um besondere Verdienste im Bereich der Konstruktion zu würdigen.

Auch den regionalen VDI-Bezirksverein Berlin/Brandenburg unterstützte er während seines langjährgien VDI-Engagements. 1993 übernahm er sogar den Vorsitz des Kuratoriums dieses Bezirksvereins, dem er ebenfalls bis zu seinem Tode angehörte.

Auch die jungen VDI-Ingenieure und VDI-Studenten in Berlin verloren mit ihm einen hochgeachteten Mentor und Freund. Er stellte dem Arbeitskreis der Studenten und Jungingenieure Räumlichkeiten an seinem Lehrstuhl zur Verfügung und unterstützte sie bei ihren Aktivitäten tatkräftig.

Wolfgang Beitz – Würdigung seiner Verdienste um den VDI

Der VDI würdigte sein vorbildliches ehrenamtliches Engagement mit der Verleihung des Ehrenzeichens des VDI im Jahr 1992. Seine herausragenden Verdienste um die Entwicklung der VDI-Gesellschaft Entwicklung Konstruktion Vertrieb wurden mit der Ernennung zu ihrem bislang einzigen Ehrenvorsitzenden ebenfalls gewürdigt.

Der VDI hat mit Wolfgang Beitz eine herausragende und allgemein anerkannte Persönlichkeit verloren, die 30 Jahre lang mit vorbildlichem persönlichem Engagement für die Konstrukteure im Verein Deutscher Ingenieure tätig gewesen ist. Die VDI-Gesellschaft Entwicklung Konstruktion Vertrieb hat mit Wolfgang Beitz ihr Gründungsmitglied, ihren Ehrenvorsitzenden und ihr personifiziertes Leitbild verloren.

In seiner unermüdlichen, verantwortlichen und fürsorglichen Art hat er noch bis zu seinem Tode für seine wesentlichen Aktivitäten in unserer Gesellschaft

Nachfolger verpflichtet. Obwohl wir alle glaubten, daß er aufgrund seiner enormen Willensstärke in der Lage sei, seine schwere Krankheit zu überwinden, ahnte er schon damals, daß dies leider nicht der Fall sein würde.

Alle, die mit Wolfgang Beitz im VDI zusammenarbeiten durften, werden sich stets an ihn erinnern. An seinen Sachverstand, seine Führungsfähigkeit, seine Beharrlichkeit und seine Zielstrebigkeit, mit denen er für die Konstruktionsmethodik und alle Konstrukteure sowie unsere VDI-Gesellschaft Entwicklung Konstruktion Vertrieb über Jahrzehnte richtungsweisend tätig war, an seine Aufgeschlossenheit, seine Menschlichkeit, seine Lebensfreude und seine Fähigkeit, andere Menschen zu begeistern und zu motivieren. Alle diese Eigenschaften waren stets Grundlagen seiner Handlungen. Wir werden uns stets dankbar und mit großer Hochachtung an Wolfgang Beitz erinnern.

Prof. Dr.-Ing. Hubertus Christ
Präsident des Vereins Deutscher Ingenieure

Unser Ehrendoktor

J. Klose

Die bisherigen Ausführungen haben eindrucksvoll das Wirken unseres verehrten Kollegen Wolfgang Beitz dargestellt, vorgetragen von Herren, die langjährig mit ihm zusammenarbeiten konnten. Das war mir bis zur Wende leider nicht vergönnt. Aber vielleicht ist es gerade deshalb interessant und wichtig, aufzuzeigen, wie auch wir im Osten Deutschlands miterleben konnten, welche wissenschaftliche Ausstrahlung Herr Beitz über die innerdeutsche Grenze hatte. Dabei bitte ich zu tolerieren, wenn meine Ausführungen sehr stark aus persönlicher Sicht geprägt sind.

Mit dem heutigen Gedenkkolloquium ehren wir Dresdener einen Fachkollegen, mit dem wir uns durch die Verleihung der Ehrendoktorwürde eng verbunden fühlen.

Diese Verbindung hat eine lange Tradition. Erste Kontakte bestehen seit 1960. Zu einem Treffen der Herren Prof. Cornelius und Prof. Fronius in Dresden durfte Herr Beitz seinen Chef begleiten. Mich hatte Fronius beauftragt, die Gäste vom Hotel abzuholen und durch die Stadt zur Uni zu lotsen.

Durch die unglückselige Situation nach dem Mauerbau im Jahre 1961 wurden die direkten Kontakte logischerweise unterbrochen. Trotz des „Eisernen Vorhanges" wurden aber die Arbeiten von Beitz auch bei uns beachtet. Als ich 1969 meine Tätigkeit als Chefkonstrukteur im Kupplungswerk Dresden aufnahm, war ich nicht wenig erstaunt, als man mir im Versuchsfeld eine Reihe von Versuchsständen vorführte, mit dem Bemerken: „Das sind die Beitz-Prüfstände". Beitz hatte als wissenschaftlicher Assistent an der TU Berlin Untersuchungen an dynamisch beanspruchten drehelastischen Kupplungen durchgeführt. Dazu entwickelte er ein Prüfstandsprinzip, das sich durch seine einfache Bauweise auszeichnet und allgemeine Verbreitung fand.

Mit meiner Berufung an die TU Dresden nahm ich 1971 die Arbeiten zur Konstruktionsmethodik auf. Bei den Literaturrecherchen war sehr schnell erkennbar, daß Beitz im Kreis der westlichen Fachkollegen eine zentrierende Rolle spielte. Beeindruckend war für uns die Konsensbildung zwischen unterschiedlichen Auffassungen zur Konstruktionsmethodik und das Zusammenfassen in Form der VDI-Richtlinien der 22er Reihe. Als Sprecher des Lenkungsausschusses zur Koordinierung dieser Arbeiten, als Obmann eines Fachausschusses sowie als Vorsitzender der VDI-Gesellschaft EKV hat Prof. Beitz sehr engagiert auf das Zustandekommen dieser Richtlinien Einfluß genommen.

Wir Fachkollegen aus den neuen Bundesländern sind Kollegen Beitz besonders dankbar für sein nach der Wende sehr intensives Bemühen um unsere Integration in bestehende Gremien. Damit hat er beigetragen, die Einheit Deutschlands in die Realität umzusetzen.

Seinem Einfluß ist es zu danken, daß 1990 die Tagung „Konstruktionstechnik“ in Dresden ein Forum zur persönlichen Kontaktnahme der Fachkollegen aus Ost und West geworden war.

Bei meinem ersten Besuch an der TU Berlin am 31.05.1990 waren Probleme und Möglichkeiten der Aufnahme von Kollegen aus Ostdeutschland in die wissenschaftliche Gesellschaft für Maschinenelemente und Konstruktionstechnik ein zentrales Thema. Heute können wir konstatieren, daß dieser Prozeß vollzogen ist.

Unsere Technische Universität Dresden wurde von Herrn Beitz stets als ein wichtiger Partner angesehen. Dadurch wurden Herr Linke und ich sehr früh in die WGMK mit einbezogen. Auf Vorschlag des Herrn Beitz wurde Dresden als Tagungsort für die WGMK-Tagung 1997 ausgewählt und Herr Linke mit der Präsidentschaft betraut.

Der Empfehlung des Herrn Beitz ist es auch zu danken, daß ich bei der Gründung des wissenschaftlichen Forums für Produktentwicklung (Berliner Kreis) mitwirken konnte.

Die Vielfalt dieser Verbindungen und die hohe Wertschätzung für Herrn Kollegen Beitz führten dazu, daß die Fakultät Maschinenwesen der TU Dresden den Beschluß faßte, Wolfgang Beitz mit dem Verleihen des Ehrendoktors zu würdigen. Im Rahmen der feierlichen Veranstaltung an der TU Berlin zum 60. Geburtstag des Herrn Beitz konnte unser Dekan diesen Beschluß öffentlich bekannt geben.

Mit Herrn Prof. Wolfgang Beitz ehrt unsere Fakultät einen herausragenden Vertreter des Fachgebietes Konstruktionstechnik, der in den alten Bundesländern profilierend auf das Fachgebiet eingewirkt hat. Sie verbindet durch diese Ehrung einen bedeutungsvollen Wissenschaftler mit unserer Universität und trägt weiterhin dazu bei, die Beziehungen zur Technischen Universität Berlin noch enger zu gestalten.

Mit der Persönlichkeit Prof. Beitz wurde ein Mensch geehrt, der kollegial, aufgeschlossen, stets hilfsbereit, tatkräftig, weitblickend und konsequent, sich engagiert für die Weiterentwicklung der Wissenschaft, aber auch der zwischenmenschlichen Beziehungen im Kreis der Fachkollegen eingesetzt hat und stets als Vorbild dienen kann.

Nach dem Verleihen des Ehrendoktors haben sich die Verbindungen Berlin-Dresden noch weiter verstärkt. Es entstanden persönliche Kontakte, gemeinsame Projekte und die Mitwirkung in Gremien der TU Dresden.

So unterstützte Herr Beitz die Bemühungen der TU Dresden, ein universitäres Fernstudium aufzubauen, durch sein aktives Mitwirken im projektbegleitenden Ausschuß. Weiterhin hat er als Mitglied im Berufungsausschuß für die Nachfolge auf meine C4-Professur „Konstruktionstechnik/CAD“ bis zu seinem Ableben aktiv mitgewirkt.

Mit unserem Ehrendoktor Wolfgang Beitz hat unsere Fakultät einen wertvollen Partner verloren, der stets uneigennützig mit Rat und Tat zur Seite stand. Wir werden seiner stets in Ehren gedenken.

Prof. Dr.-Ing. habil. Johannes Klose
Technische Universität Dresden

Wolfgang Beitz und die Konstruktionslehre

G. Pahl

Das nachhaltige und vielfältige Wirken von Wolfgang Beitz ist durch die vorangegangenen Gedenkworte aus unterschiedlichen Sichten beschrieben und gewürdigt worden. Das Kernstück seiner einzigartigen Lebensleistung ist aber sein Engagement und die Weiterentwicklung einer Konstruktionslehre, um derentwillen er Hochschullehrer wurde. Seine anderen Aktivitäten dienten in erster Linie zur Absicherung, Verbreitung und Fortentwicklung der Lehre des Konstruierens. Als sein langjähriger Kollege und Mitautor des Buches Pahl/Beitz: „Konstruktionslehre" möchte ich versuchen, seinen Anteil an der Entwicklung und Vertretung einer erfolgreichen Konstruktionslehre zu erhellen. Diese Würdigung verbinde ich mit einem herzlichen und aufrichtigen Dank für eine fast dreißigjährige fruchtbare Zusammenarbeit und für eine vertrauensvolle Freundschaft. Sie hat dazu beigetragen, daß auch mir Erfolg und Zufriedenheit vergönnt war. Ich hatte immer gehofft, daß ihm das gleiche in einer längeren Emeritierungszeit beschieden sein dürfte. Das Schicksal hat es anders bestimmt, was mich außerordentlich betroffen und traurig gemacht hat.

Die Liebe zum Entwickeln und Konstruieren lag einmal in seinem Naturell, wurde aber auch durch seine Industrietätigkeit im elektrischen Großmaschinenbau gefördert. Nach seinem Studium des Maschinenbaues an der damaligen Technischen Hochschule zu Berlin promovierte er zügig in nur drei Jahren und kam so als 27jähriger zu AEG-Telefunken, um dort als Konstrukteur und bald als Konstruktionsleiter im elektrotechnischen Großmaschinenbau tätig zu werden. Auf Grund seiner ausgezeichneten Fachkenntnisse, seiner Fähigkeit, Wesentliches sofort zu erkennen und den Mut zu haben, neue Lösungswege zu gehen und auch Entscheidungen zu fällen, wurde er noch innerhalb seiner 6jährigen Industrietätigkeit stellvertretender Entwicklungschef. Aus dieser Tätigkeit wurde er im Herbst 1968 zum Nachfolger von Professor Cornelius für das Forschungs- und Lehrgebiet Maschinenelemente und Konstruktionstechnik an die damalige Technische Hochschule zu Berlin berufen. Er nahm diesen Ruf gern an und mit dem Jahre 1969 begann sein Leben als Lehrer und Forscher.

Von der Systemtechnik zur Konstruktionsmethodik

Schon auf Grund seiner Industrieerfahrung war ihm klar, daß nicht nur die Lehre und Forschung auf dem Gebiet der Maschinenelemente, die er bei seinem Vorgänger und Doktorvater Professor Cornelius kennengelernt hatte, aufzugreifen und weiterzubetreiben war, sondern daß auch eine allgemein gültige und praxisorientierte Konstruktionslehre für die höheren Semestern neu aufgebaut werden mußte. Waren wir alle doch in jenen Jahren, von der Industrie kommend, der festen Meinung, daß Konstruieren auch wissenschaftlich fundiert gelehrt werden könne und der Student dieses Metier außer in den Übungen für Maschinenelemente dann nicht nur intuitiv am Beispiel von Anwendungsfächern bei Studien- und Diplomarbeiten lernen sollte. Eine systematische und allgemeingültige Anleitung zum Entwickeln und Konstruieren war insbesondere wegen der Diskussion „Engpaß Konstruktion" in den Jahren 1965–1967 dringend nötig geworden.

Verfolgt man seine ersten Veröffentlichungen, so wird deutlich, daß er der Systemtechnik und Nutzwertanalyse verbunden war, ohne sich ihnen blind anzuvertrauen. In einem frühen Aufsatz [BEI 70], deren Teile auch 1970/71 als Vortrag im Rahmen einer Berliner VDI-Vortragsreihe „Lösungsfindung in der Konstruktion" dienten, verweist er neben der Systemtechnik auf die noch unveröffentlichten, ersten Arbeiten des VDI-Ausschusses „Konstruktionsmethodik" sowie die vorgeschlagenen Methoden von Hansen [HAN 66], Rodenacker [ROD 70] und Pahl [PAH 70]. Während er die Vorschläge von Pahl hinsichtlich einer gründlichen Aufgabenklärung vor Beginn der Lösungssuche auch formal übernahm, setze er sich vergleichend mit dem Vorgehen von Hansen (vom Herkommen feinwerktechnisch orientiert) und Rodenacker (vom Herkommen physikalisch-verfahrenstechnisch orientiert) kritisch auseinander. Hier überrascht in nachheriger Betrachtung, mit welcher Klarheit er beider Vorgehen beschrieb und einordnete. Dabei kam er aber auch zu einem kritischen, vergleichenden Urteil und merkte am Schluß des Aufsatzes an (Zitat): „Bei komplexen Konstruktionssystemen im Maschinenbau, bei denen neben der Funktion die mechanischen Beanspruchungen und die Fertigungsmöglichkeiten eine große Rolle spielen, wo oft Erfahrungen klare Erkenntnisse über das physikalische Geschehen ersetzen müssen, erscheint es oft schwierig, so abstrakt vorzugehen. Hier entspricht es dem Vorgehen der Konstruktionspraxis und den bei Brainstorming beobachteten Denkprozessen und Ideenassoziationen, sofort in Lösungsprinzipien zu denken, die nicht voneinander getrennt, gleichermaßen die physikalischen Vorgänge und eine gewisse konstruktive Verwirklichung beinhalten. Aus der Sicht der Maschinenkonstruktion wird deshalb ein solches Arbeiten mit Lösungsprinzipien vorgeschlagen."

Mit diesen aus meiner Kenntnis ersten Ausführungen von Wolfgang Beitz zu der sich entwickelnden Konstruktionsmethodik wurde seine Haltung und Auffassung, die sich sein ganzes Leben hindurch ziehen sollte, sehr deutlich, nämlich eine praxisorientierte, d.h. praktikable Konstruktionsmethode zu vermitteln. Dabei sollten Definitionen und Fachausdrücke auch den Praktikern verständlich bleiben, und das Vorgehen muß ihrer Handlungs- und Denkweise entsprechen. Eine überzogene theoretische Formulierung und eine nur formal ablaufende Lösungssuche waren ihm zuwider. Damit ist seine Auffassung zu Konstruktionsmethoden eher Redtenbacher und seinem sehr früheren Vorgänger an dieser

Hochschule Riedler zuzuordnen als die der theoretisch orientierten Persönlichkeiten, wie Grashof und Reuleaux, vgl. [KÖN 99]. Ich habe diesen Vergleich herangezogen, weil ich Wolfgang Beitz insbesondere im Hinblick auf diese Technische Universität in der Reihe dieser Persönlichkeiten ganz unangefochten sehe.

Mit den zitierten Ausführungen wurde aber auch seine sachlich begründete Kritikfähigkeit offenbar, die es ihm gestattete, in angemessener Form seine Meinung zu vertreten, ohne den anderen zu diffamieren oder zu kränken. Im Gegenteil, ich habe immer wieder feststellen können, daß er bei gewonnener eigener Meinung auch anderes gelten ließ, ohne seine prinzipielle Haltung aufzugeben. Wenn er nein sagen mußte, war die Absage immer mit hilfreichen Hinweisen begleitet. Schließlich konnte aus den zitierten Ausführungen weiter erkannt werden, wie schnell und gründlich sich der gerade berufene Hochschullehrer in aktuelle Vorgänge und Veröffentlichungen einarbeiten und daraus für ihn maßgebende Schlüsse ziehen konnte.

Von unschätzbarem Wert war die damals unter Kesselring begonnene und 1971/72 intensivierte Gemeinschaftsarbeit von Hochschullehrern und Industrievertretern an der VDI Richtlinie 2222 „Konstruktionsmethodik", die 1973 zum Entwurf unter dem Titel „Konzipieren technischer Produkte" führte. In diesem Kreis wirkte Wolfgang Beitz als junger Hochschullehrer wie es seine Art war, von vornherein aktiv mit. Bei dieser Arbeit lernten wir uns beide näher kennen und gegenseitig schätzen. Angesichts vielfacher Übereinstimmungen lud ich daher im März 1971 Wolfgang Beitz mit seinen Assistenten zu einem Kolloquium beider Lehrstühle über Konstruktionsmethodik ein. Wir hatten einen sehr anregenden Meinungsaustausch, der im Fraunhofer Institut für Betriebsfestigkeit begann und schließlich im Kloster Eberbach bei einer Weinprobe guten Rheingauer Weines endete. In der Darmstädter Lehrstuhlschronik vermerkten meine Mitarbeiter: „In Berlin wird auch modern konstruiert" (Bild 1).

Unsere eigentliche engere Zusammenarbeit begann mit der Aufsatzreihe „Für die Konstruktionspraxis" in der Zeitschrift Konstruktion von 1972 bis 1974. Wie kam es dazu?

Es liegt im Ablauf der nun gemeinsam betriebenen Aktivitäten, daß der Name Pahl öfter auftritt, wofür ich im heutigen Zusammenhang der Würdigung von Wolfgang Beitz um Verständnis bitte, aber auch die Vorgänge zu seinen Ehren erhellen möchte:

1967 war ich in den Beirat der Zeitschrift berufen worden. Einige Gespräche mit dem damaligen Herausgeber, Professor Martyrer in Hannover, zielten darauf hin, in der Zeitschrift neben Konstruktionsergebnissen und theoretischen Abhandlungen über eine längere Zeit Hinweise zum praktischen Konstruieren zu geben, etwa in der Weise, wie ich sie 1963 in der Zeitschrift unter dem Titel „Konstruktionstechnik im thermischen Maschinenbau" veröffentlicht hatte [PAH 63]. Professor Martyrer dachte an einen Zeitraum von 2 bis 3 Jahren. Angesichts meiner Dekanatszeit in den schwierigen 68er Jahren verblieb diese Absicht und wurde erst 1970 wieder aufgenommen. Mir war dann klar, daß eine solche Absicht durch nur einen Autor nicht zu verwirklichen war, und ich bot Wolfgang Beitz ei-

Bild 1. Erste Abstimmung anläßlich des Kolloquiums über Konstruktionsmethodik am 22. und 23. März 1971 in Darmstadt

ne engere Mitarbeit an, zumal ich wußte, daß die Absicht bestand, ihm eines Tages die Herausgeberschaft dieser Zeitung anzutragen. So kam es dann auch, und ich erinnere mich sehr deutlich, wie wir Mitte 1971 im Flughafen Tempelhof mit unseren Frauen bei einer Tasse Kaffee saßen und diese Zusammenarbeit definitiv beschlossen haben. Ich hatte Vertrauen in eine gute Zusammenarbeit, die sich im Laufe der Jahre dank seiner integeren Haltung mehr als bestätigte.

In diese Aufsatzreihe brachte zunächst jeder von uns beiden das Thema ein, was ihm aus eigener Anschauung wichtig erschien und vielfach auch unseren bisherigen Erfahrungen entsprach. Inhalt und Form wurden abgesprochen, damit die Reihe eine ansprechende und einheitliche Form erhielt. Auch nahmen wir interessante und ergänzende Beiträge anderer Autoren zu einzelnen Themenkomplexen auf, um auch andere Meinungen zu Wort kommen zu lassen, z. B. Rodenacker und Roth, oder aber auch deren Arbeiten in eine allgemein anwendbare Konstruktionslehre einzubinden. Aus den damaligen Aufsätzen sind die anfänglichen, jeweiligen Schwerpunkte von Wolfgang Beitz und mir zu einer Konstruktionslehre sehr gut zu erkennen. Von Seiten Wolfgang Beitz waren es im wesentlichen die diskursive Lösungssuche, die Nutzwertanalyse, die Baukastentechnik, das fertigungs- und montagegerechte Konstruieren und die sich abzeichnende Rechnertechnik in der Konstruktion.

Das Buch „Konstruktionslehre"

Das Echo auf die genannte Aufsatzreihe war recht positiv, so daß wir uns entschlossen, das vorhandene Material unter Einschluß der inzwischen im Entwurf verabschiedeten VDI-Richtlinie 2222: „Konzipieren technischer Produkte" [VDI 73] zu einem Lehrbuch aufzuarbeiten. Die Jahre 1975/76 wurden hierzu genutzt und mit dem Beginn von 1977 lag das Buch Pahl/Beitz: „Konstruktionslehre" im Springer-Verlag vor [PAB 77]. Es sollte sich mit der Zeit als sehr erfolgreich herausstellen. Bis 1997 sind insgesamt 4 Auflagen und weitere Übersetzungen in sieben Sprachen (englisch, polnisch, finnisch, ungarisch, chinesisch, japanisch, koreanisch) erschienen. Die englischsprachige Ausgabe [PAB 84] erfuhr eine 2. Auflage 1996 [PAB 96], beide unter der bewährten Herausgeberschaft und Übersetzung von Ken Wallace, Cambridge, UK.

Insbesondere jüngere Wissenschaftler haben mich des öfteren gefragt, wie es denn zu solch einer erfolgreichen Zusammenarbeit gekommen ist. Wie es dazu kam, habe ich im ehrenden Gedenken von Wolfgang Beitz dargelegt. Der Erfolg aber gründete auf einer Reihe von Umständen und Voraussetzungen, für die die Persönlichkeit von Wolfgang Beitz von ausschlaggebender Bedeutung war. Lassen Sie mich dies heute besonders betonen:

Daß wir beide gebürtige Berliner und hier unsere Schulausbildung nach guten alten preußischen Prinzipien erfuhren, hat uns sicherlich geprägt. Förderlich war weiterhin unser fachliches Herkommen aus dem einerseits elektrischen und andererseits thermischen Großmaschinenbau, was einmal zu einer wertvollen Ergänzung zum anderen aber auch zu einem Gegengewicht der sonst mehr aus der Feinwerktechnik oder Verfahrenstechnik stammenden Methodikern führte. Im Gegensatz zu anderen Branchen nahmen wir ohne Vorserien oder Labormodelle unsere Produkte immer unter den Augen des Kunden erstmals in Betrieb, was stets eine sehr sorgfältige Vorausschau oder Hochrechnung erforderte. Jeder Auftrag war auch meist eine Weiterentwicklung mit mäßig gehaltenen Risikoschritten. Unsere Denkweise war daher theoretisch-konstruktiv orientiert, gepaart mit einer zwangsläufig folgenden, direkten Umsetzung in die Praxis.

Entscheidender als das Genannte war aber die Art und Weise unserer Zusammenarbeit bei der Buchabfassung (Bild 2). Dank der Prinzipientreue und dem persönlichen, unmittelbaren Arbeitseinsatz von Wolfgang Beitz wurde eisern durchgehalten:

- Alle Buchabschnitte wurden jeweils von einem Autor gemäß seiner Interessen schriftlich entworfen und dann kritisch gegengelesen. Bei abweichenden Meinungen und nach persönlicher Diskussion schrieb der Gegenlesende gege-

Bild 2. Arbeitstreffen der beiden Autoren Wolfgang Beitz und Gerhard Pahl in Bad Gastein im April 1984 anläßlich der Überarbeitung zur 2. Auflage des Buches „Konstruktionslehre"

benfalls den entsprechenden Teil aus seiner Sicht neu. Dieses Spiel ging so lange, bis wir eine überzeugende, einvernehmliche Fassung erreicht hatten. Bei dieser gegenseitigen Kritik wurde offen gesprochen und dank der von Ressentiments freien Einstellung von Wolfgang Beitz auch nie übel genommen. Gleichzeitig entstand ein Buchtext, bei dem die Autorenherkunft nicht mehr erkennbar war.

- Alle Texte stammten grundsätzlich aus der Feder der Autoren. Mitarbeiter haben uns durch informatorische Zuarbeit sehr geholfen, sie verfaßten aber keine Buchtexte.
- Verabredete Themen und Termine wurden gegenseitig streng eingehalten.
- Wir wollten keine Beitz'sche oder Pahl'sche Schule, sondern eine Aufarbeitung bekannten und selbst gewonnenen Wissens zu einer praktikablen Anwendung von Konstruktionsmethoden in einer leicht faßbaren Konstruktionslehre. Wir waren daher frei, auch abweichende Auffassungen anderer Autoren zweckdienlich einarbeiten zu können. Ziel war immer die Unterstützung der Konstruktionspraxis.

Wolfgang Beitz bereicherte die weiteren Buchauflagen neben den schon erwähnten jeweils eigenen Interessensfeldern vor allem durch seine Beiträge zum Normenwesen, zur recyclinggerechten Gestaltung vgl. [GRI], zur Qualitätssicherung und zum Rechnereinsatz in der Konstruktion. Das in der 3. Auflage neu eingeführte Kapitel 9 über bewährte Lösungskomponenten geht ganz auf seine Initiative zurück. Hier stellte er konsequent den Zusammenhang von Funktion - Wirkprinzip - Gestaltung - Bauformen und Anwendung dar. Nach seiner Emeritierung sollte dieses Kapitel einmal als Grundlage zu einem von ihm beabsichtigten Buch über die Didaktik der Maschinenelemente dienen.

Wenn ich nun meinen Bericht über die Entstehung dieses erfolgreichen Buches abschließe, ist es mir ein herzliches Bedürfnis, Wolfgang Beitz für die praktizierte Kollegenschaft, aus der sich eine gute persönliche Freundschaft entwickelte, auch öffentlich ehrlich zu danken. Seine Aufrichtigkeit, Verläßlichkeit, Sorgfalt und Kompromißfähigkeit haben das allseits bekannte Zusammenwirken ermöglicht und trotz vieler Arbeit so erträglich und angenehm gemacht.

Leider ist im heutigen Zusammenhang der Raum nicht gegeben, um auch von lustigen und privaten Begebenheiten und anregenden Reisen zu sprechen. Wenigstens sollte erwähnt werden, daß wir auf Grund des allmählich gewachsenen Bekanntheitsgrades gemeinsame Vorträge bzw. Seminare in verschiedenen Ländern absolvierten. So in Finnland Ende Februar und Anfang März 1978, wo uns u.a. in Oulu am Polarkreis Professor Konttinen erwartete. Auf Anraten unserer Frauen kleideten wir uns polarmäßig mit pelzgefütterten Mänteln und Mützen ein. Als wir dort von Helsinki kommend landeten, herrschte aber warmes Tauwetter und wir mußten über Pfützen springen. Auch wurde es abends dort sehr wodkafeucht. Dafür kamen wir in die Zeitung gemeinsam mit Professor Konttinen, der auch unser Buch ins finnische übersetzte (Bild 3). In Dänemark, bei Danfoss 1980, brachten wir gemeinsam mit Prof. Kramer, Wuppertal und Braunschweig, auf Initiative von Wolfgang Beitz die Produktplanung als integraler und zu verantwortender Bestandteil in die Konstruktionsmethodik ein und zogen damit den Rahmen für die Produktentwicklung durch die konstruktive Seite bewußt weiter. Durch Einladung von Professor Seering beim MIT in Boston, USA, veranstalteten wir 1988 unter Mitwirkung von Ken Wallace und Dr.-Ing. K.-H. Grote, heute Professor in Magdeburg, einen Sommerkurs mit über 40 hochkarätigen Teilnehmern aus der Industrie und Universitäten über die systematische Entwicklung von Produkten und konnten uns über das positive Echo dieses Seminars freuen (Bild 4). Daß wir in einer der Nächte wegen eines Brandes

Bild 3. Wolfgang Beitz im Gespräch mit Professor U. Kottinen, Anfang März 1978 in Oulu, Finnland (Bild aus der örtlichen Tageszeitung)

Bild 4. Wolfgang Beitz während der Vorlesung beim Sommerkurs des MIT, Boston/Cambridge über systematische Entwicklung von Produkten im Juli 1988

das Hotelhochhaus praktisch im Schlafanzug verlassen mußten, sei nur am Rande vermerkt.

1982 vertrat mich Wolfgang Beitz bereitwillig, unterstützt durch meinem Akad. Direktor Dr.-Ing. Weimann, an der Tongji-Universität und setzte nahtlos meine begonnenen Vorlesungen über Konstruktionsmethodik fort. Solche gegenseitigen Vertretungen haben wir dank des unkomplizierten Verhaltens von Wolfgang Beitz öfter praktiziert. Das geschah insbesondere während seiner Staatssekretärzeit, wo er trotz hoher Belastung in allen Angelegenheiten der Lehre und Forschung, typisch für ihn, die strategische Führung behielt.

Später folgten dann eigenständige China-Aktivitäten vornehmlich in Beijing und Hangzhou, wo er die Ehrenprofessur der Zhejiang-Universität erhielt. Hier schuf er die Voraussetzungen für die chinesische Ausgabe der Zeitschrift Konstruktion und stellte die Übersetzung unseres Buches ins chinesische auf tragfähige Grundlagen. Sein Schüler Feng Pei-en ist heute Professor und Vizepräsident an der Zhejing-Universität und führender Konstruktionsmethodiker in China.

Die praktische Umsetzung der Konstruktionsmethodik

Die praktische Umsetzung der im Buch veröffentlichten Konstruktionslehre verfolgte Wolfgang Beitz auf mehreren Wegen. Zunächst in den Vorlesungen selbst, die er gut vorbereitet, grundsätzlich stets selbst hielt. Schon in die Maschinenelemente ließ er konstruktionsmethodische Begriffe und Teilmethoden einfließen und in den Übungen des vierten Semesters führte er mittels geeigneter Projekte methodisch geleitete Teamarbeit ein. Die weiterführende Vorlesung vermittelte dann geschlossen das Methodenwerkzeug, wobei sich die damit zusammenhängenden Studien- und Diplomarbeiten vornehmlich mit Problemen und Projekten aus oder mit der Industrie beschäftigten. Auch die umfangreichen und hochwertigen Prüfeinrichtungen zur Untersuchung von Welle-Nabe-Verbindungen und Schraubenuntersuchungen profitierten von der methodisch angelegten Lösungssuche und Verwirklichung, worüber wir noch hören werden [WIN 99].

Des weiteren führte er Industrieseminare vornehmlich an Wochenenden durch, an denen er weitgehend allein durch seinen persönlichen Einsatz die Teilnehmer von der Nützlichkeit und Praktikabilität seiner Konstruktionslehre zu überzeugen versuchte. Aus diesen Seminaren entstanden weitere Kontakte und neue Projekte. Vor allem dienten sie ihm als Rückmeldung aus der Industrie und zur Schärfung seiner praxisorientierten Sensibilität.

Die Beschäftigung mit der Rechnertechnik war bei Wolfgang Beitz nicht Selbstzweck sondern das erklärte Ziel der Unterstützung für den tätigen Konstrukteur und zur Verbesserung des ablaufenden Konstruktionsprozesses. Hier versuchte er sehr konsequent unter Nutzung vorhandener Rechnersysteme das methodische Vorgehen und den Einsatz von Teilmethoden im Sinne eines Konstruktionsleitfadens wirksam zu fördern. Auch hierzu werden wir später noch Näheres erfahren [TEG 99].

Für die Aufgeschlossenheit und Sensibilität von Wolfgang Beitz für aktuelle Fragen im Bereich des betroffenen Menschen sprechen einige seiner Forschungsprojekte, die teilweise im Rahmen von Sonderforschungsbereichen der DFG, also auch in Zusammenarbeit mit Berliner Kollegen, durchgeführt wurden, nämlich die körperliche und mentale Belastung des Konstrukteurs beim Einsatz von 2D-und 3D-CAD-Systemen, der denkpsychologische Zusammenhang zwischen Bild und Begriff in Zusammenarbeit mit Professor Hacker in Dresden sowie das Forschungsprojekt „Seniorengerechte Gestaltung von Produkten".

Zur praktischen Umsetzung der Konstruktionsmethodik zählen auch die Initiativen von Wolfgang Beitz bei der DFG, das Thema forschungsmäßig fortzuführen und in der Anwendung effektiver zu machen. Beispielsweise möchte ich die Schwerpunktprogramme der DFG „Konstruktionsforschung" (1970 bis 1978), „Ressourcengerechte Gestaltung von Bauteilen des Maschinenbaues" (1982 bis 1988) und „Innovative rechnerunterstützte Konstruktionsprozesse" seit 1995 anführen, bei denen er Initiator und Koordinator war.

Schließlich sorgte er durch stete und aktive Präsenz mittels Vorträgen und als Sektionsleiter bei den internationalen Konferenzen der ICED für die Vermittlung seiner Forschungsergebnisse und für eine praxisorientierte Anwendung der Konstruktionsmethoden. Er war immer ein gesuchter Gesprächspartner, was zu Einladungen nach Indonesien, Israel, Japan, Norwegen und USA führte.

Die Dachrichtlinie VDI 2221

Mit zunehmend konstruktionsmethodischer Erfahrung war ein wichtiges Anliegen von Wolfgang Beitz, das bisher Erarbeitete als eine allgemeingültige Entwicklungslehre für die Entstehung von technischen Produkten und für den Konstruktionsprozeß selbst deutlich zu machen. So ist sein nachhaltiges Engagement für die VDI-Dachrichtlinie 2221 zu verstehen. Unter seiner Leitung wurde Anfang der 80er Jahre dargelegt, daß die entstandene Konstruktionsmethodik unter entsprechender Anpassung und Angleichung von Begriffen nicht nur für den Maschinenbau, sondern auch für die Verfahrenstechnik, Feinwerktechnik und Software-Entwicklung gültig ist. So brachte er unter anderem in die 3. Auflage des Buches „Konstruktionslehre" ein überzeugendes Beispiel für das Konzipieren eines Programms zur Schraubenberechnung nach konstruktionsmethodischen Grundsätzen ein. Auf diese übergeordnete Sicht im Sinne einer Entwicklungslehre hat er dann immer wieder mit nicht nachlassender Deutlichkeit hingewiesen und dafür gekämpft, daß sich die Kollegen von gewohnten Sichten trennen oder mindestens das Vorgestellte hinsichtlich allgemein anwendbarer Grundlagen anerkennen sollten. Aus der 1985 abgeschlossenen Dachrichtlinie [VDI 86] sind dann auf seine Initiative hin die neue VDI-Richtlinie VDI 2222: „Methodisches Entwickeln von Lösungsprinzipien" unter Professor Roth und die VDI-Richtlinie VDI 2223: „Methodisches Entwerfen technischer Produkte" unter Professor Birkhofer entstanden. Dieses gesamte Richtlinienwerk verdanken wir der nachhaltigen Führung von Wolfgang Beitz. Die Übersetzung der VDI-Richtlinie 2221 in die englische Sprache durch Ken Wallace erzielte dann eine auch internationale Verbreitung und Anerkennung.

Herausgeber der Zeitschrift „Konstruktion"

Das Wirken von Wolfgang Beitz auf konstruktionstechnischem Gebiet zu würdigen, ist ohne die Beachtung seiner Herausgeberschaft der Zeitschrift „Konstruktion" nicht denkbar. 1974 übernahm er aus den Händen von Professor Martyrer diese interessante und wichtige Aufgabe, die er 25 Jahre bis zu seinem Tode in voller Aktivität erfüllte. Modischen Vorschlägen widerstrebend achtete er auf eine solide wissenschaftliche Ausrichtung, die aber zugleich dem Praktiker verständlich und hilfreich war. Die Mitwirkung von Professor Beitz als Fachgutachter und im Senat der Deutschen Forschungsgemeinschaft, in den Fachgremien des DIN sowie seine Beteiligung an Sonderforschungsbereichen und Forschergruppen verschafften ihm neben der unmittelbar fachlichen Einwirkung einen hervorragenden Überblick zum Stand der Technik und ihrer künftigen Entwicklung. Er scheute sich nicht, Firmen aufzusuchen, um für die Verbreitung der Zeitschrift und für die notwendigen Anzeigen zu werben. Er initiierte unter Federführung von Professor Feng, Hangzhou, eine chinesische Ausgabe dieser Fachzeitschrift. Darüber hinaus beteiligte er sich maßgebend an der Entstehung des Journals „Research in Engineering Design", Springer-Verlag London, für jeweils ausgesuchte, international bedeutsame Fachaufsätze.

Für die langjährige und erfolgreiche Herausgeberschaft der Zeitschrift Konstruktion hat die Fachwelt dem Verstorbenen aufrichtig zu danken. Für die Veröffentlichungen wissenschaftlicher Ergebnisse und praktischer Erfahrungen sowie als Organ der VDI-Gesellschaft „Entwicklung Konstruktion Vertrieb" wurde sie für viele Autoren der Konstruktionstechnik und angrenzender Gebiete ein begehrtes Mittel zur Verbreitung wichtiger Erkenntnisse und für die fachlich orientierte Leserschaft eine bedeutsame Quelle zur Unterstützung ihrer praktischen und wissenschaftlichen Arbeit.

Die ebenfalls besonders herauszuhebende Herausgeberschaft des *Dubbels* wird an anderer Stelle noch eingehend gewürdig vgl. [RIE 99 und GRO 99]. Sie ist in ihrem ebenfalls erfolgreichen Verlauf auf die nicht nachlassende Aktivität auf dem Gebiet der Konstruktionstechnik und der starken Persönlichkeit von Wolfgang Beitz zurückzuführen.

Betrachtet man die einzigartige Lebensleistung von Wolfgang Beitz, so gründet sie auf einem hervorragenden Fachwissen in der Breite als auch in der Tiefe bei von ihm selbst verfolgten Forschungsfeldern. Seine rasche Auffassungsgabe gepaart mit einem Blick für das Wesentliche und der Wille zur Realisierung wichtig erkannter Projekte und Absichten sowie ein rücksichtsloser Fleiß machten ihn in der Lehre und Forschung so erfolgreich. Hohe Achtung bei Kollegen und in der Fachwelt verschaffte er sich durch absolute persönliche Integrität, Offenheit und Fairneß. Die Konstruktionswissenschaft hat durch seinen frühen Tod einen großen Verlust erlitten. Wir müssen aber auch dankbar sein, daß wir Wolfgang Beitz hatten.

Schrifttum

[BEI 70] Beitz, W.: Möglichkeiten methodischer Lösungsfindung bei der Konstruktion. Vortrag gehalten in der VDI-Vortragsreihe „Lösungsfindung in der Konstruktion" WS 70/71. Veröffentlicht in Konstruktion 23 (1971), 161–167.

[GRI 99] Grieger, S.: Recyglinggerechte Gestaltung. Vgl. Berichtsband zum Gedenkkolloquium.

[GRO 99] Grote, K.-H.: Wolfgang Beitz – Wegbereiter des Dubbel ins nächste Jahrtausend. Vgl. Berichtsband zum Gedenkkolloquium.

[HAN 66] Hansen, F.: Konstruktionssystematik, 2. Aufl. Berlin: VEB-Verlag Technik 1966.

[KÖN 99] König, W.: Künstler und Strichezieher – Konstruktions- und Technikkulturen im deutschen, britischen, amerikanischen und französischen Maschinenbau zwischen 1850 und 1930.

[PAB 77] Pahl, G. und Beitz, W.: Konstruktionslehre – Handbuch für Studium und Praxis. Berlin: Springer-Verlag 1977.

[PAB 84] Pahl, G. und Beitz, W.: Engineering Design. Edited and translated by Ken Wallace. The Design Council, London und Berlin: Springer-Verlag 1984.

[PAB 86] Pahl, G. und Beitz, W.: Konstruktionslehre – Handbuch für Studium und Praxis. 2. Aufl. Berlin: Springer-Verlag 1986.

[PAB 93] Pahl, G. und Beitz, W.: Konstruktionslehre – Methoden und Anwendung. 3. Aufl. Berlin: Springer-Verlag 1993.

[PAB 96] Pahl, G. und Beitz, W.: Engineering Design. – A systematic Approch. Edited by Ken Wallace, translated by Ken Wallace, Lucienne Blessing and Frank Bauert. London: Springer-Verlag 1996

[PAB 97] Pahl, G. und Beitz, W.: Konstruktionslehre - Methoden und Anwendung. 4.Aufl. Berlin: Springer-Verlag 1997.
[PAH 63] Pahl, G,: Konstruktionstechnik im thermischen Maschinenbau. Konstruktion 15 (1963) 91–98.
[PAH 70] Pahl, G,: Wege zur Lösungsfindung. Zürich: Verlag Industrielle Organisation 39 (1970) Heft 4.
[RIE 99] Riedesel, H.: Wolfgang Beitz - Sein Wirken als Herausgeber des Dubbel. Vgl. Berichtsband zum Gedenkkolloquium.
[ROD 70] Rodenacker, W.: Methodisches Konstruieren. Berlin: Springer-Verlag 1970.
[TEG 99] Tegel, O: Rechnerunterstützung in der Konstruktion. Vgl. Berichtsband zum Gedenkkolloquium.
[WIN 99] Winterfeld, J.: Die haltbare Welle-Nabe-Verbindung. Vgl. Berichtsband zum Gedenkkolloquium.
[VDI 73] Richtlinie VDI 2222 (Entwurf): Konzipieren technischer Produkte. Düsseldorf: VDI-Verlag 1973.
[VDI 86] Richtlinie VDI 2221: Methodik zum Entwickeln und Konstruieren technischer Systeme und Produkte. Düsseldorf: VDI-Verlag 1986.

Prof. Dr. h.c. Dr.-Ing. E.h. Dr.-Ing. G. Pahl
Technische Universität Darmstadt

Wolfgang Beitz – sein Wirken als Herausgeber des DUBBEL

H. von Riedesel

„An editor ... whose business it is to separate the wheat from the chaff, and to see that the wheat is printed“
Elbert Hubbard (1859–1915)

Wissenschafts- und Technikgeschichte ist stets auch Geschichte der wissenschaftlichen und technischen Literatur, ihrer Herstellung, Verbreitung und Rezeption. Die wesentliche Funktion von Büchern und Zeitschriften bei der Entwicklung von Wissenschaft und Technik ist unbestritten. Wissenschaftlich-technische Literatur besitzt eine Schlüsselrolle in der Promotion technischen Fortschritts. Dies geschieht auf verschiedensten Ebenen mit unterschiedlichen Ausformungen:

Lehrbücher bilden das Kernstück für die Ausbildung junger Ingenieurstudenten. Sie liefern das Basiswissen, aus dem heraus neue Erkenntnisse, Innovationen und Entwicklungen erwachsen.

Fachbücher liefern den Experten in spezialisierten Teilgebieten ihres Faches vertiefendes Wissen auf aktuellem Stand.

Artikel in *Fachzeitschriften* berichten von der vordersten Forschungs- und Entwicklungsfront und versorgen somit den „praktizierenden“ Ingenieur in Industrie und Forschung mit neuesten Problemlösungsansätzen und -ideen.

Einen ganz zentralen Platz in dem Ensemble fachlicher Publikationen nehmen *Handbücher* ein und zwar sowohl für den Ingenieur wie auch den Studenten. Diese Nachschlagewerke liefern fundierte und umfassende Information in einer Symbiose von Lehr- und Fachbuch.

Eines dieser Handbücher im Bereich des Maschinenbaus – im deutschsprachigen Raum in der Tat das weitverbreitetste und unstrittig an erster Stelle stehende – ist der *DUBBEL Taschenbuch für den Maschinenbau.*

Dieses Werk und das so essentielle Wirken von Professor Wolfgang Beitz ist das Thema dieses Vortrags. Ich weiß, ginge es nach ihm und hätte ich ihn befragen können, hätte er mir deutlich zu erkennen gegeben, dass ich mich auf den *DUBBEL* beschränken und ihn aus dem Spiel lassen solle. So will ich nun aber das eine tun und das andere nicht lassen. Ich freue mich sehr, dass ich diesen Vortrag gemeinsam mit Herrn Grote bestreiten darf, der die Herausgabe des *DUB-*

BEL im Geiste von Wolfgang Beitz fortführen wird. Er hat sich mit großem Engagement bereits um die elektronische Version des DUBBEL auf Herausgeberseite gekümmert, worüber er im Anschluß referieren wird.

Lassen Sie mich nun also zunächst etwas über den *DUBBEL* berichten, die Bibel für jeden Maschinenbauer, und dabei auf das Wirken von Wolfgang Beitz als Herausgeber eingehen, ihn, den wir alle sehr vermissen.

Das Werk hat eine sehr lange Tradition und man kann es fast schon legendär nennen. Es erschien 1914 erstmalig unter der Herausgeberschaft von Heinrich Dubbel, Professor an der Berliner Beuth-Schule, der namhaftesten deutschen Ingenieurschule jener Zeit.

Entstanden war die Idee für das Werk aus einer Diskussion von Dubbel mit Julius Springer zwei Jahre zuvor, genauer gesagt am 29.5.1912. Die erste Ausgabe erschien zu einem für eine rasche Verbreitung des Buches sehr ungünstigen Zeitpunkt: der Erste Weltkrieg hatte begonnen und die meisten Studenten und Professoren waren als Soldaten und Offiziere fern der Hörsäle. Dennoch entwickelte sich der *DUBBEL* rasch zu dem wichtigsten Buch des Maschinenbaus, und Neuauflagen folgten zwischen den Kriegen in rascher Folge, die neunte im Jahre 1943.

Zu diesem Zeitpunkt waren durch Anordnung der Nationalsozialisten die Inhaber des Verlages Ferdinand und Julius Springer aufgrund ihrer jüdischen bzw. halbjüdischen Abkunft zum Ausscheiden aus der aktiven Verlegertätigkeit gezwungen worden. Sie konnten die Verlagsgeschäfte 1945 wieder aufnehmen, nachdem Tönjes Lange, ein guter Freund der Familie, den Verlag treuhänderisch durch die schwierigen Zeiten des Dritten Reiches gesteuert und nach Kriegsende das Eigentum wieder an die Familie Springer zurückgegeben hatte. Viel war nicht verblieben: das Verlagshaus in der Linkstraße 23/24 nahe dem Potsdamer Platz weitgehend zerstört, fast alle Originalvorlagen vernichtet.

Aber die Autoren waren da und die Herausgeber, die dem Springer-Verlag die Treue gehalten hatten, und nunmehr gemeinsam den Wiederaufbau der Fachliteratur aus dem Springer-Verlag ermöglichten.

Einer dieser Autoren war Carl Jaspers, dessen Neuauflage der Schrift „Die Idee der Universität" das erste Buch war, das nach Kriegsende wieder mit dem Springer-Logo erschien. Er war es auch, der der Familie Springer die Anregung gab, einen zweiten Verlagsstandort neben Berlin in Heidelberg einzurichten.

Zurück zum *DUBBEL*: Heinrich Dubbel, der alle ersten neun Auflagen herausgeberisch betreut hatte, verstarb 1947 vierundsiebzigjährig. Bis zu diesem Zeitpunkt waren bereits 185.000 Exemplare des *DUBBEL* verkauft worden. Der Verlag konnte nach dem Krieg *Professor Friedrich Sass*, Ordinarius für Dieselmaschinen an der TU Berlin und Baudirektor Charles Bouché, Direktor der Beuth-Schule, als neue Herausgeber gewinnen. In den siebziger Jahren kam zusätzlich *Professor Martyrer* von der TU Hannover als Mitherausgeber hinzu.

Als im Februar 1978 Professor Bouché als letzter der genannten Herausgeber verstarb und der Verlag für die anstehende vierzehnte Auflage die Herausgeberschaft neu besetzen musste, besann man sich auf *Professor Wolfgang Beitz*, der als einer der jüngsten Ordinarien in Deutschland auf dem TU-Lehrstuhl für Konstruktion in Berlin die Verlagsplaner bereits auf sich aufmerksam gemacht hatte. Beitz war bereits einige Jahre zuvor als wissenschaftlicher Herausgeber der Fachzeitschrift *Konstruktion* gewonnen worden und erklärte sich nun auch bereit, gemeinsam mit *Professor Karl-Heinz Küttner* von der Technischen Fachhochschule Berlin den *DUBBEL* herausgeberisch zu betreuen. Wie sich im Verlaufe der folgenden Jahre und Jahrzehnte zeigte, war dies für den Verlag und den DUBBEL eine ausgesprochen glückliche Entscheidung. Wolfgang Beitz hat die Herausgeberschaft sowohl der Zeitschrift *Konstruktion* wie auch des Handbuches mit großer Leidenschaft und hoher fachlicher Kompetenz wahrgenommen, wie es wohl kaum ein anderer hätte tun können.

Wer je ein Handbuch mit mehr als fünfzig Autoren herausgeberisch betreut hat, weiß ob der oft undankbaren Aufgabe der „Führung" dieser Autoren (– jeder schreibt anders, hat andere Vorstellung von der Aufgabe, ist anders –), kennt das Drängen des Verlages durch Planer und Herstellung, leidet unter dem Bewußtsein, die eigene Familie und Freunde zu vernachlässigen, und muß gleichzeitig die vielfältigen anderen Anforderungen des Berufsleben unterbringen. Ein guter Herausgeber sein, heißt eine Mischung sein aus absolutistischem Herrscher, Seelsorger, Dompteur, Kartentrickkünstler und Time-System-Planer. Besonders schwierig gestaltet sich herausgeberische Arbeit, wenn sich unter den Autoren schriftstellerisch Unerfahrene befinden. Da sich heute im Auditorium eine große Zahl von Autoren des aktuellen *DUBBEL* befinden, auf die das Gesagte selbstverständlich nicht zutrifft, zitiere ich aus historischen Quellen, dem Schriftwechsel zwischen Julius Springer und Heinrich Dubbel: „Nach Rücksprache mit einigen Ihrer Herren Mitarbeiter habe ich den Eindruck gewonnen, daß diesen die Vorgänge bei der Drucklegung eines Werkes mehr oder weniger unbekannt sind. Schwierig wird es auch dort, wo mangelnde Gewandheit im Ausdruck sichtbar ist."

Der Herausgeber muß nicht nur Termine im Auge behalten, sondern auch damit rechnen, daß manchem Autor der Mut schwindet. Auch hier wieder Zitat aus Originalbriefwechsel eines Autors zu Zeiten Heinrich Dubbels: „Es ist meine erste literarische Arbeit, die sich schließlich als viel größer herausstellt, als dies mir erst erschien ... Ich kann Ihnen nur versichern, daß es nicht Faulheit war, was meine Spannkraft lähmte, sondern immer und immer wieder einsetzende Verzagtheit."

Albert Einstein hat einmal die Spezies Autor scherzhaft definiert als Kreuzung zwischen einer Mimose mit einem Stachelschwein. Als Verlagsmitarbeiter kann ich dies natürlich nicht bestätigen.

Die Aufgabe eines Herausgebers als Dirigent des Autorenorchesters hat Wolfgang Beitz in der ihm eigenen Weise unvergleichlich ausgefüllt.

Für die Mitarbeiter des Verlages war er auf der anderen Seite ein Partner, mit dem man sehr gerne zusammengearbeitet hat, konnte man in seinem Handeln und Tun stets sehr klar erkennen, daß es ihm um die Sache ging, darum, das beste Ergebnis zu erzielen. Andererseits konnte jeder fühlen, daß es eine starke menschliche Komponente gab. Wenn ich mit der Herstellung in Berlin telefonierte und der leider ebenfalls so früh verstorbene Buchherstellungsleiter

Bild 1. Übergabe des ersten Exemplars der neunzehnten Auflage des DUBBEL an Professor Beitz, 1997

Hubert Jakobi sagte: „Heute kommt Beitz!" dann hieß das ebenso „Wir wissen, wie genau er ist und sind in respektvoller Erwartung!" Es bedeutete aber auch: „Da kommt einer unser bestgeachteten Herausgeber, beeindruckend durch seine fachliche Kompetenz, aber auch durch seine menschliche Wärme."

Bis zu seinem viel zu frühen Tode im vergangenen Jahr hat Wolfgang Beitz federführend insgesamt sechs Auflagen betreut und nach dem Tode von Professor Küttner gemeinsam mit *Professor Karl-Heinrich Grote* die Herausgabe einer zwanzigsten Auflage begonnen. Gleichzeitig hat er die Vorarbeiten zu einer elektronischen Ausgabe des *DUBBEL* mit großem Interesse verfolgt, diese Aufgabe aber ganz in die Hände seines Schülers Karl-Heinrich Grote gelegt. Herr Grote wird nun im folgenden Beitrag über diese zukunftsorientierte Entwicklung des *DUBBEL* berichten.

Ich schliesse mit einem Bild. Es zeigt die Übergabe des ersten Exemplares der neunzehnten Auflage des *DUBBEL* an Professor Beitz auf der Buchmesse in Frankfurt im Oktober 1997 durch Herrn Claus Michaletz, dem damaligen Sprecher der Geschäftsleitung des Springer-Verlages, mit dem ihn nicht nur die Freude am Golf und Tennis verband, sondern der ihm auch ein Freund war. Wir im Verlag, die wir so viele Jahre mit Wolfgang Beitz zusammenarbeiten durften, sind für diese Zeit sehr dankbar. Wir werden den *DUBBEL*, der auch zu seinem Werk geworden ist, in seinem Sinne in das nächste Jahrtausend führen.

Dr. Hubertus von Riedesel
Springer Verlag

Wolfgang Beitz – Wegbereiter des DUBBEL ins nächste Jahrtausend

K.-H. Grote

Das Taschenbuch für den Maschinenbau ist nicht nur von der Auflage, den verkauften Exemplaren, das wichtigste Nachschlagewerk des Maschinenbaus. Der *DUBBEL* ist „Institution" – nur wenige wirkliche, glückliche Ingenieure werden ein Arbeitsleben beenden ohne nicht mindestens einige Ausgaben erworben zu haben, zur Unterstützung bei der täglichen, interessanten und dem Wohle der Menschheit dienenden Arbeit. Ich habe mir selbst die 13. Auflage des damals noch zweibändigen *DUBBEL* gleich im 2. Semester des Maschinenbau-Studiums an der TU Berlin und Teilnahme an der Vorlesung „Maschinenelemente 1", gehalten von Professor Beitz, für damals schmerzliche ca. 80 DM gekauft.

Der *DUBBEL* gehört zu den „lebenswichtigen Nahrungsprodukten", besonders für den zukünftigen Ingenieur – wird also, wie das Mensaessen vom Studentenwerk, vom Springer-Verlag so erwerbsgerecht vertrieben – herzlichen Dank dafür dem Springer-Verlag im Namen aller Studenten. Diese Tatsache ist aber auch ganz erheblich dem Senior-Herausgeber Wolfgang Beitz zu verdanken, der immer wieder neue Wege fand – und auch den Weg des *DUBBEL* ins nächste Jahrtausend bereitete.

Dies ist natürlich die Buchversion – die 20. Auflage für das Jahr 2000 – mit vielen neuen jungen Autoren die eine Kontinuität zusammen mit den Erfahrungsträgern sichern. Die langjährige Zusammenarbeit mit Wolfgang Beitz, an sich ununterbrochen seit dem Beginn meiner Assistentenzeit vor 20 Jahren im Jahre 1979, erleichterte meinen Einstieg als Mitherausgeber des *DUBBEL* ab der 19. Auflage im Jahre 1995. Es mußte einfach nicht viel erläutert oder Überzeugungsarbeit geleistet werden. Ich wußte nach ein paar Worten, was der Senior Chef mit dem *DUBBEL* vor hatte: Eine Multimedia Version des *DUBBEL* sollte jetzt aufgrund der erreichten Hard- und Softwareoptionen realisiert werden. Wolfgang Beitz hatte diese Produktentwicklung mit den Methoden der Konstruktionssystematik schon 1989 geprüft – und verworfen: Die Auswahlliste für alle Konzeptvarianten zeigte: „Kein Vorteil für den Nutzer gegenüber der Buchversion", z.B. dauerte das „Blättern" im Rechner viel zu lange, Datenschnittstellen waren nicht verfügbar, die Bildqualität konnte mit dem Druck nicht mithalten. Zwischenzeitlich wurden die Rechner viel schneller, Software effizienter und vielseitiger. Nachdem ich mit Frau Griepke und Herrn Dr. Riedesel vom Springer – Verlag sowie Herrn Dr. Tegel, damals noch bei der Fa. Volkswagen tätig, ein erstes Gespräch mit Softwareanbietern und Kooperationspartnern schon im November 1996 geführt hatte, wurden die Ergebnisse Ende Februar 1996 dem Senior-Herausgeber, Herrn Professor Beitz, im Sitzungssaal des Springer-Verlages in Berlin präsentiert. Entscheidung von Professor Beitz: Gut, weitermachen, bitte von dem Kooperationspartner, der Softwarefirma Waterloo Maple (Kanada), ein „Testkapitel" realisieren lassen, dies zu einem Forschungsschwerpunkt des Instituts für Maschinenkonstruktion - Konstruktionstechnik, den Schraubenverbindungen.

Da die Verbindungstechnik, speziell die Schraubenverbindungen, als wichtiges experimentelles und theoretisches Forschungsgebiet des Instituts von Professor Beitz, am heutigen Tag nicht durch einen speziellen Vortrag hervorgehoben wird, möchte ich dies mit der Präsentation des *„DUBBEL interaktiv - Das elektronische Taschenbuch für den Maschinenbau"* tun. Dies nicht nur, weil ich selbst auf dem Gebiet der Schraubenverbindungen 1984 hier promoviert habe. Zuvor einige wichtige Daten zur Schraubenforschung unter der Leitung von Professor Beitz:

Seit 1969 wurden dazu 12 Forschungsvorhaben, auch alle von der DFG gefördert, durchgeführt und mit Dissertationen abgeschlossen. Zwei weitere DFG - Vorhaben werden zur Zeit bearbeitet. Die Ausgaben der Richtlinie VDI-2230, „Berechnung und Gestaltung von Schraubenverbindungen" beruht in ganz wesentlichen Teilen auf den Forschungsergebnissen, die am Institut für Maschinenkonstruktion/Konstruktionstechnik erarbeitet wurden. Die Berechnungsschritte der VDI-2230 werden im *DUBBEL*, Kapitel G, fachkundig und verständlich - eben *DUBBEL* spezifisch - von Herrn Professor Mertens, Fach- und Fachbereichskollege von Professor Beitz dargestellt. Bevor ich ein Schraubenberechnungsbeispiel vorstelle, einige Worte zur elektronischen Version des *DUBBEL*:

Der DUBBEL-interaktiv

Diese CD-ROM ermöglicht durch folgende Zusatzfunktionen ein noch effektiveres Arbeiten mit dem Lehr- und Nachschlagewerk.

Stichwortsuche

DUBBEL interaktiv bietet die Möglichkeit, nach Stichworten kapitelweise oder im gesamten Dokument zu suchen. Der Suchprozeß wird durch boolsche Verknüpfungen unterstützt (1) und mit der Angabe der Anzahl an Übereinstimmungen pro Kapitel (2) und deren Markierung in der Dokumentenansicht (3) beendet. Ein Wechsel zwischen den Übereinstimmungen ist möglich.

Sind die Kapitelinhalte bekannt, kann die Suche über das interaktive Inhaltsverzeichnis durchgeführt werden. Die Gliederung in der Dokumentenansicht entspricht der gedruckten *DUBBEL*-Version.

Abbildungen und Tabellen sowie Literaturangaben sind durch entsprechende Links sofort aufrufbar. Zoomfunktionen gewährleisten die individuelle (Größen-) Anpassung.

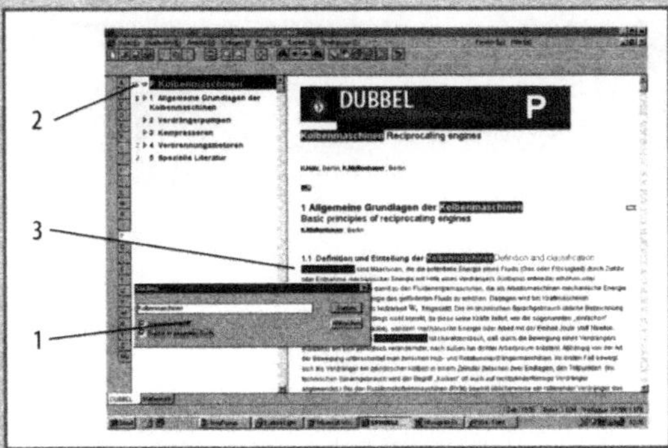

Bild 1. Suchmenü mit Suchergebnis

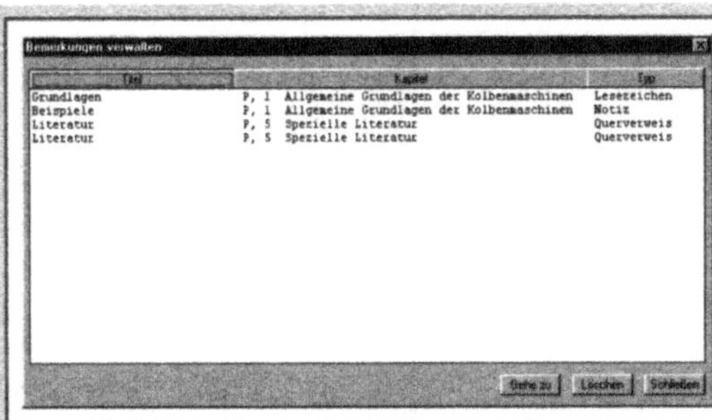

Bild 2. Annotationsmanager

Annotationsmöglichkeiten

DUBBEL interaktiv ermöglicht das Setzen von Lesezeichen und Querverweisen sowie das Anbringen von Notizen an Textstellen. Ein Annotationsmanager verwaltet die Eintragungen und ermöglicht den Zugriff auf die entsprechenden Textstellen.

Interaktive Gleichungen

DUBBEL interaktiv enthält mehr als 1.600 interaktive Gleichungen. Nach deren Aktivierung bietet eine mathematische Arbeitsumgebung zahlreiche Möglichkeiten der Datenverarbeitung. Diese wird durch Bereitstellung zahlreicher mathematischer Ausdrücke und Symbole unterstützt. Die Parameter können direkt oder durch Auswahl eingegeben oder aus Graphen und Tabellen bestimmt werden. Weiterhin sind mathematische Zusammenhänge und Ergebnisse grafisch darstell- und druckbar.

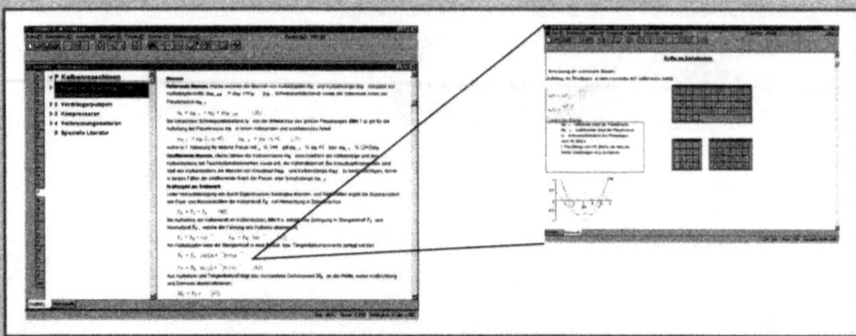

Bild 3 und 4. Interaktive Gleichungen und mathematische Arbeitsumgebung

	A	B	C
1	Wanddicke(mm)	δ	$\dot{Q} = 30.3750 \frac{1}{\delta}$
2	1	$\frac{1}{1000}$	$\dot{Q} = 30375.0000$
3	2	$\frac{1}{500}$	$\dot{Q} = 15187.5000$
4	3	$\frac{3}{1000}$	$\dot{Q} = 10125.0000$
5	4	$\frac{1}{250}$	$\dot{Q} = 7593.7500$
6	5	$\frac{1}{200}$	$\dot{Q} = 6075.0000$
7	6	$\frac{3}{500}$	$\dot{Q} = 5062.5000$

Bild 5. Beispiel Tabellenkalkulation

Mehr als 5.000 Variablen werden per Mausklick erläutert.

Zur Dokumentation der Lösungsschritte können übliche Textformatierungen, wie z.B. Schriftart, -größe, -schnitt, Zeilenabstand und Textausrichtung definiert werden.

Tabellenkalkulation

Als Bestandteil der mathematischen Arbeitsumgebung stellt die Tabellenkalkulation ein wichtiges Werkzeug zur rechentechnischen Verarbeitung von Informationen dar. In die Zellen der Tabellen können Begriffe, Zahlenwerte oder Formeln eingetragen werden. Abhängigkeiten zwischen den Zellen sind definierbar.

Interaktive Tabellen in der Dokumentenansicht bieten die Möglichkeit, bestehende Tabellen zu nutzen und zu spezifizieren.

Interpolationsmöglichkeiten

Die speziell gekennzeichneten Abbildungen ermöglichen das Abgreifen von Funktionswerten von vorgegebenen Kurven. Die so bestimmten Wertepaare können in der mathematischen Arbeitsumgebung des *DUBBEL interaktiv* oder in anderen Anwendungsprogrammen genutzt werden.

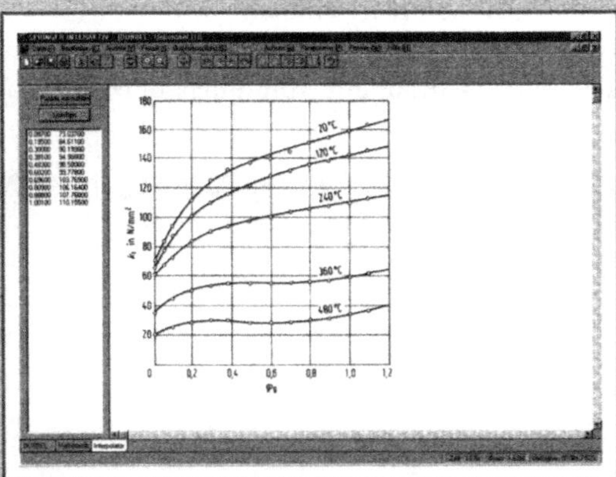

Bild 6. Interpolator

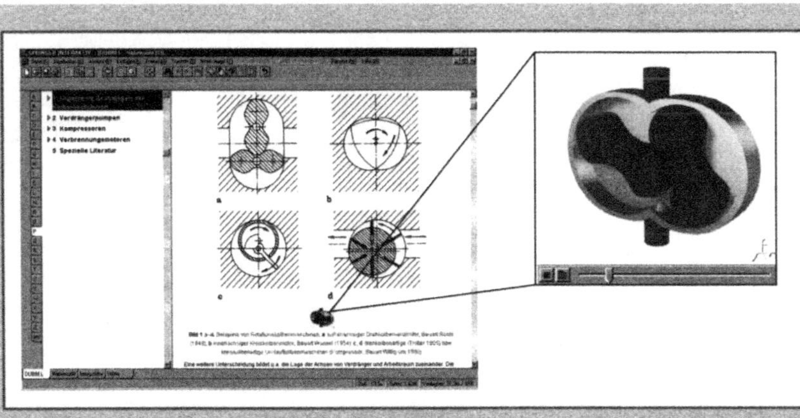

Bild 7 und 8. Technische Abbildungen und Videoanimation

Technische Abbildungen / Videoanimation

Alle technische Zeichnungen sind mit hoher Auflösung gespeichert und druckbar. Einige technischen Vorgänge können als Videoanimationen betrachtet werden.

Diese Features des *DUBBEL interaktiv* konnten Herrn Professor Beitz noch am 31.Oktober 1998 in der TU-Berlin in einem gemeinsamen Meeting mit Herrn Dr. Riedesel, zwei Industrievertretern vom Institut für Auto und Verkehr, Berlin (IAV) vorgeführt werden. Trotz großer Anstrengungen für den geschwächten Körper erfreute den „Herrscher, Seelsorger, Dompteur, Kartentrickkünstler und Time-System-Planer" (siehe Ausführungen von Dr. Riedesel) sein neuestes Werk. Diese für mich vorletzte persönliche Begegnung mit meinem Doktorvater und Chef, nun Mitherausgeber und Kollege, gab mir und uns allen Beteiligten am *DUBBEL interaktiv* sein Einverständnis, die nächsten, abschließenden Schritte zur Realisation der *DUBBEL*-CD zu unternehmen.

Nun zu einem interaktiven Berechnungsbeispiel: Berechnung der Nachgiebigkeit d und der Federsteifigkeit c einer Schraubenverbindung mit *DUBBEL interaktiv:*

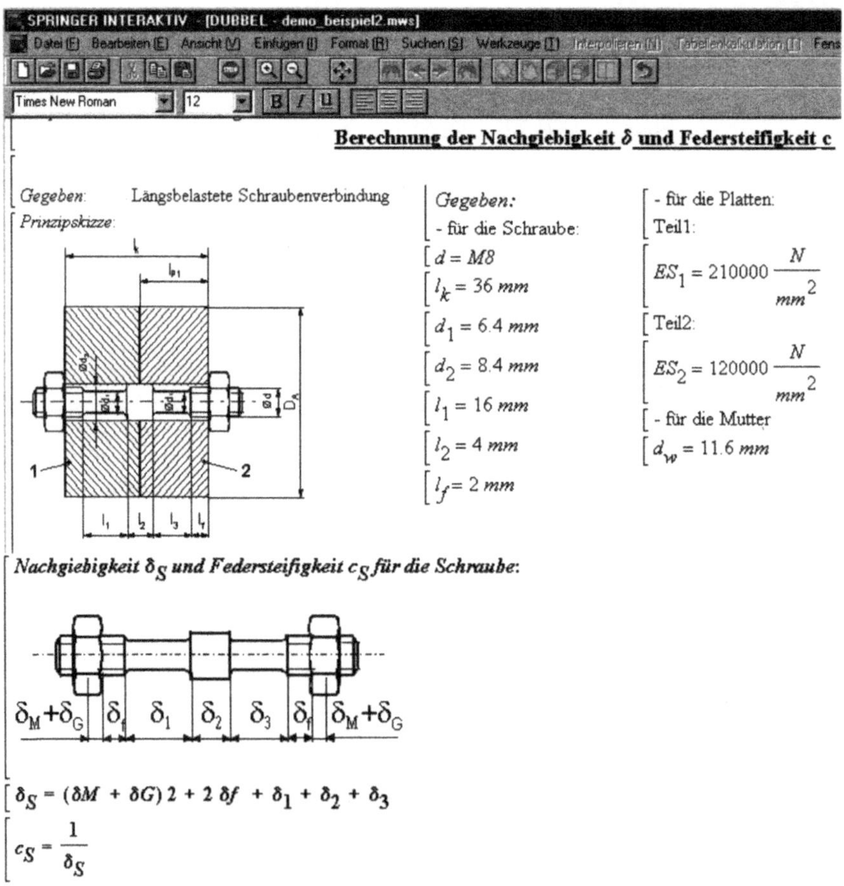

$$\delta M = .4\,\frac{d}{ES\,AN}$$

$$\delta M = .4\,\frac{d}{\frac{ES\,1\,\pi\,d^2}{4}}$$

$$\delta M = 1.6\,\frac{1}{d\,ES\,\pi}$$

$$\delta M = 1.6\,\frac{1}{8\;210000\;\pi}$$

$$\boldsymbol{\delta M = .30331\;10^{-6}\,\frac{mm}{N}}$$

$$\delta G = .5\,\frac{d}{ES\,A3}$$

$$\delta G = .5\,\frac{8}{210000\;32.84}$$

$$\boldsymbol{\delta G = .58001\;10^{-6}\,\frac{mm}{N}}$$

$$\delta f = \frac{lf}{ES\,A3}$$

$$\delta f = \frac{2}{210000\;32.84}$$

$$\boldsymbol{\delta f = .29001\;10^{-6}\,\frac{mm}{N}}$$

$$\delta i = \frac{li}{ES\,Ai}$$

$$\delta_1 = \frac{12}{\frac{210000\;1\,\pi\,d^2}{4}}$$

$$\boldsymbol{\delta_1 = .17772\;10^{-5}\,\frac{mm}{N}}$$

$$\delta i = \frac{li}{ES\,Ai}$$

$$\delta_2 = \frac{4}{\frac{210000\;1\,\pi\,8.4^2}{4}}$$

$$\boldsymbol{\delta_2 = .34388\;10^{-6}\,\frac{mm}{N}}$$

$$\delta_3 = \frac{16}{\frac{210000\;1\,\pi\,6.4^2}{4}}$$

$$\boldsymbol{\delta_3 = .23696\;10^{-5}\,\frac{mm}{N}}$$

$$\delta_S = (.30331\;10^{-6} + .58001\;10^{-6})\,2 + 2\;.29001\;10^{-6} + .17772\;10^{-5} + .34388\;10^{-6} + .23696\;10^{-5}$$

$$\boldsymbol{\delta_S = .68373\;10^{-5}\,\frac{mm}{N}}$$

$$c_S = \frac{1}{\delta_S}$$

$$c_S = \frac{1}{.68373\;10^{-5}}$$

$$\boldsymbol{c_S = 146260.\,\frac{N}{mm}}$$

Nachgiebigkeit δ_P und Federsteifigkeit c_P für die Platten:

$$\delta P = \frac{lK}{Aers\ EP}$$

$$c_P = \frac{1}{\delta_P}$$

$$\delta P = \frac{1}{Aers}\left(\frac{l_{P1}}{E_{P1}} + \frac{l_{P2}}{E_{P2}}\right)$$

$$\delta P = \frac{\frac{16}{210000} + \frac{20}{120000}}{Aers}$$

$$\delta P = .00024286\,\frac{1}{Aers}$$

Fallunterscheidung für unterschiedliche DA:

Fall A: DA = 50 mm -> Aers mit **Formel c**

$$Aers = \frac{1}{4}\pi\,(dw^2 - dh^2) + \frac{1}{8}\pi\,dw\,lK\left(\left(\left(\frac{lK\,dw}{(lK + dw)^2}\right)^{\left(\frac{1}{3}\right)} + 1\right)^2 - 1\right)$$

$$Aers = \frac{1}{4}\pi\,(11.6^2 - 8.4^2) + \frac{1}{8}\pi\,11.6\,36\left(\left(\left(\frac{36\,11.6}{(36 + 11.6)^2}\right)^{\left(\frac{1}{3}\right)} + 1\right)^2 - 1\right)$$

$$\mathbf{Aers = 289.88\ mm^2}$$

$$\delta P = \frac{17}{70000}\,\frac{1}{289.88}$$

$$\boldsymbol{\delta P = .83778\ 10^{-6}\ \frac{mm}{N}}$$

$$c_P = \frac{1}{\delta_P}$$

$$c_P = \frac{1}{.83778\ 10^{-6}}$$

$$\boldsymbol{c_P = .11936\ 10^{7}\ \frac{N}{mm}}$$

Fall B: DA = 26 mm -> Aers mit **Formel b**

$$Aers = \frac{1}{4}\pi\,(dw^2 - dh^2) + \frac{1}{8}\pi\,dw\,(DA - dw)\left(\left(\left(\frac{lK\,dw}{DA^2}\right)^{\left(\frac{1}{3}\right)} + 1\right)^2 - 1\right)$$

$$Aers = \frac{1}{4}\pi\,(11.6^2 - 8.4^2) + \frac{1}{8}\pi\,11.6\,(26 - 11.6)\left(\left(\left(\frac{36\,11.6}{26^2}\right)^{\left(\frac{1}{3}\right)} + 1\right)^2 - 1\right)$$

$$\mathbf{Aers = 209.47\ mm^2}$$

$$\delta P = \frac{17}{70000}\,\frac{1}{209.47}$$

$$\boldsymbol{\delta P = .11594\ 10^{-5}\ \frac{mm}{N}}$$

$$c_P = \frac{1}{\delta_P}$$

$$c_P = \frac{1}{.11594\ 10^{-5}}$$

$$\boldsymbol{c_P = 862530.\ \frac{N}{mm}}$$

\------------------------

Auswertung:

Aufgrund der geringeren Nachgiebigkeit im Fall A ist dieser für den Sicherheitsnachweis zu wählen

Nachgiebigkeiten bzw. Federsteifigkeiten sind von grundlegender Bedeutung für:

- die Schraubendimensionierung von hochfesten Verbindungen,
- die Erstellung von Sicherheitsnachweisen,
- die Bestimmung der notwendigen Anziehdrehmomente sowie
- die grafische Darstellung im Verspannungsschaubild.

Die effektive Nutzung der Software verlangt sicher eine, wenn auch kurze Einarbeitung und das tatsächliche Studieren der Bedienungsanleitung. Ich bin sehr zufrieden mit dieser interaktiven Berechnungsmethode und die positive Resonanz bei der Vorstellung des Arbeitsergebnisses, z.B. auf der Hannover-Messe-Industrie im April des Jahres läßt auf weite Akzeptanz der neuen *DUBBEL* Ergänzung schließen.

Die elektronische Nutzung der *DUBBEL* – Informationen, Gleichungen und Zeichnungen mit dem leistungsfähigen Rechner ermöglicht ganz nebenbei auch das Abrufen und Einspeisen der Ergebnisse aus dem und in das Intra- und Internet und damit die weltweite (und darüber hinaus gehende?) Kommunikation von Ingenieuren in Berechnung und Gestaltung im noch wichtiger werdenden Multimedia-Bereich des nächsten Jahrtausends.

Dank gebührt dem Wegbereiter der Verwirklichung dieser Vision:
Professor Dr.-Ing. Dr.-Ing. E.h. Wolfgang Beitz.

Prof. Dr.-Ing. Karl-Heinrich Grote
Otto-von Guericke Universität, Magdeburg

Die haltbare Welle-Nabe-Verbindung

J. Winterfeld

1
Einleitung

Untersuchungen an Maschinenelementen gehörten von Beginn seiner Hochschullehrtätigkeit an zu den bevorzugten Forschungsschwerpunkten von Professor Beitz und seinen Mitarbeitern. Diese vorwiegend experimentelle Forschung dient der Ermittlung der relevanten Einflüsse auf die Tragfähigkeit der Maschinenelemente, zur Bestimmung der Festigkeitskennwerte und zur Aufstellung von Gestaltungshinweisen für den Konstrukteur in der Praxis. Zentrales Ziel dieser Untersuchungen ist es, Berechnungsmodelle für die Auslegung und Berechnung der jeweiligen Maschinenelemente zu finden bzw. diese zu verbessern, um damit unter den jeweiligen Einsatz- und Randbedingungen „ausreichend haltbare Verbindungen" auslegen zu können. Der Praxisbezug dieser Arbeiten spiegelt sich u.a. durch die Übernahme vieler Forschungsergebnisse in verschiedenen Normen wider. Im folgenden werden einige Forschungsergebnisse, die am Institut für Maschinenkonstruktion der TU Berlin, Fachgebiet Konstruktionstechnik erarbeitet wurden, am Beispiel der Welle-Nabe-Verbindungen dargestellt.

2
Untersuchungen an Welle-Nabe-Verbindungen

Ein wichtiger Forschungsschwerpunkt am Fachgebiet von Professor Beitz waren die „Untersuchungen an Maschinenelementen", die sowohl theoretische als auch experimentelle Grundlagenuntersuchungen beinhalteten. Als Teilgebiete wurden Schraubenverbindungen, Wellen/Welle-Nabe-Verbindungen und andere Verbindungselemente sowie Kunststoffzahnräder untersucht (siehe Bild 1). In diesen Teilgebieten entwickelten sich aufgrund der kontinuierlichen Forschungstätigkeit über fast drei Jahrzehnte wichtige Erfahrungen, die zu Synergien untereinander führten und neue Impulse für die Praxis lieferten.

Synergien ergaben sich beispielsweise durch die Integration von Erfahrungen in der experimentellen Forschung und der Produktentwicklungsmethodik im Bereich der Prüfmaschinenentwicklung. Nur mit neuartigen Prüftechniken können die anstehenden Anforderungen an die heutige experimentelle Forschung erfüllt werden.

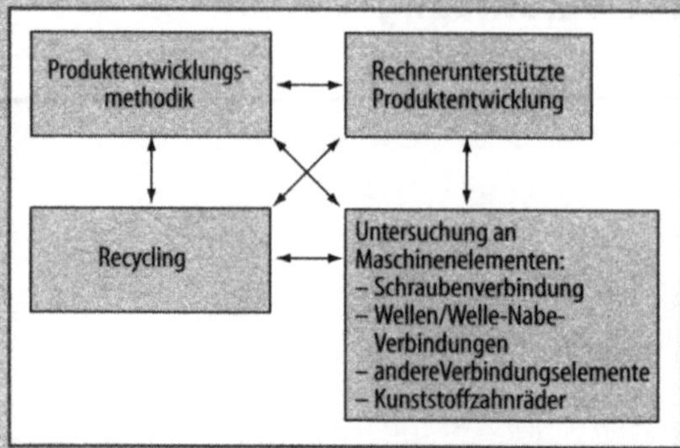

Bild 1. Forschungsschwerpunkte am Institut für Maschinenkonstruktion – Fachgebiet Konstruktionstechnik

Als ein Musterbeispiel für eine methodische Prüfmaschinenentwicklung gilt die Umlaufbiegeprüfmaschine, die im Rahmen eines Forschungsprojektes über Wellen mit einem Durchmesser von 80 mm entwickelt wurde [1]. Die klassischen Umlaufbiegeprüfmaschinen waren dadurch gekennzeichnet, daß sie grundsätzlich rotierende Bauteile als Prüfkörper nutzten. Im einfachsten Fall wurden die Prüfwellen direkt angetrieben und die Umlaufbiegebelastung über einen definierten Winkelversatz der Prüfwellenlagerung aufgebracht. Dieses Prüfmaschinenprinzip hat einige Nachteile. Es entstehen extreme Lagerbeanspruchungen, weshalb dieses Prinzip nur für sehr kleine Probendurchmesser geeignet ist. Der Energieeintrag ist durchaus hoch, die Prüffrequenz durch den Motorantrieb begrenzt. Durch die Rotation der Probe werden die Meßaufnahme und die Kalibrierung der Prüfmaschine erschwert. Eine Überlagerung der Umlaufbiegung mit einer weiteren Lastart ist mit vertretbarem Aufwand kaum noch zu realisieren [2]. Auch die Umlaufbiegeprüfmaschinen mit stillstehender Probe und rotierenden Unwuchtkörpern weisen erhebliche Nachteile auf.

Durch methodische Vorgehensweise wurde ein neuartiges Prüfmaschinenkonzept erarbeitet, bei dem die Umlaufbiegung durch einen elektromagnetischen Antrieb ohne rotierende Bauteile erreicht wird. Dabei wird das Prinzip der Resonanzverstärkung genutzt. Das gesamte System ist als Zweimassenschwinger beschreibbar, wobei die Welle bzw. Welle-Nabe-Verbindung als elastische Feder und die Taumelscheiben jeweils als Massen dienen (s. Bild 2, 3). Hieraus ergeben sich diverse Vorteile, u.a. kann die Prüffrequenz deutlich gesteigert werden, Lagerungslebensdauern werden durch die stillstehende Probe irrelevant, dies gilt auch für manche meßtechnischen Probleme. Der Energieeintrag ist äußerst gering, da ausschließlich die Hysteresearbeit des Prüfkörpers in der Resonanz gedeckt werden muß.

Dieses Prinzip hat sich bewährt, so daß aus dem Prototyp für Wellen mit einem Durchmesser von 80 mm auch Prüfmaschinen mit einem Durchmesser von 30 mm

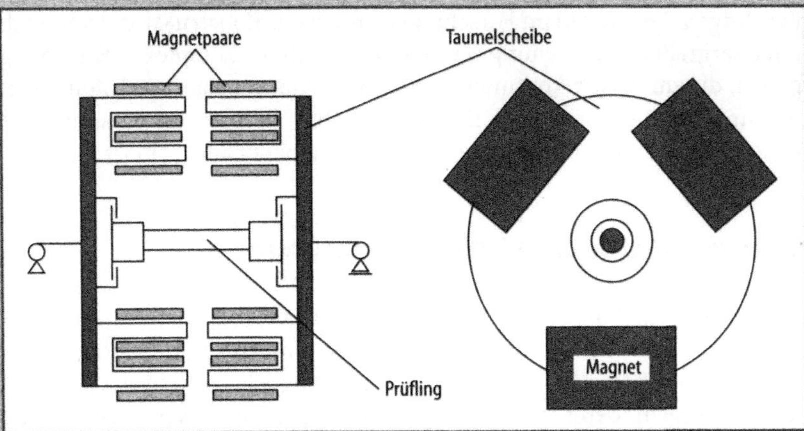

Bild 2. Prinzip der Umlaufbiegeprüfmaschine [3]

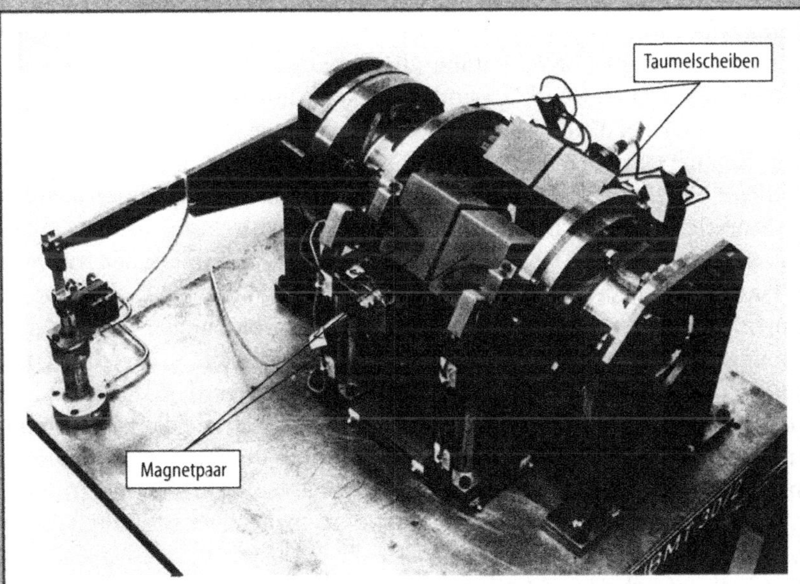

Bild 3. Umlaufbiegeprüfmaschine mit überlagerter statischer Torsion [3]

entwickelt wurden. Bild 3 zeigt eine dieser Prüfmaschinen, bei der zusätzlich zum Umlaufbiegemoment eine statische Torsionslast überlagert werden kann [3].

Die Synergieeffekte ließen sich auch für Schnittmengen mit den anderen Forschungsbereichen darstellen. Die Grundlagenuntersuchungen an Maschinenelementen und insbesondere die experimentelle Forschung stellten und stellen einen wichtigen Bestandteil im Forschungsbereich der Konstruktionstechnik dar. Durch übergreifende Forschung werden in Zukunft die komplexen Forschungsaufgaben, die durch die kontinuierliche Entwicklung neuer Werkstoffe, Fertigungs- und Meßverfahren neue Impulse erhalten, zu lösen sein. Dadurch werden diesen Konstruktionselementen neue Einsatzbereiche erschlossen.

3 Forschungsergebnisse zu Welle-Nabe-Verbindungen

Die Forschung an Welle-Nabe-Verbindungen war in den 60er und 70er Jahren dadurch gekennzeichnet, Einflußgrößen und Kennwerte über die Tragfähigkeit von Welle-Nabe-Verbindungen unter Dauerschwingbelastung zu erarbeiten und dem Konstrukteur Berechnungs- und Auslegungsmodelle sowie Gestaltungshinweise bereitzustellen.

Die erste experimentelle Forschungsarbeit über Welle-Nabe-Verbindungen unter der Betreuung von Professor Beitz fertigte Seefluth an [4]. Er stellte Ergebnisse über Dauerfestigkeitskennwerte von Welle-Nabe-Verbindungen zusammen. Diese wurden durch eigene experimentelle Untersuchungen an verschiedenen kraft-, form- und stoffschlüssigen Welle-Nabe-Verbindungen erarbeitet und durch umfangreiche Literaturstudien ergänzt. Die Arbeit bot dem Konstrukteur einen guten Überblick und erleichterte ihm die Auswahl und Berechnung verschiedener Welle-Nabe-Verbindungen unter Dauerschwingbeanspruchung. Ergänzt wurden diese Informationen durch Gestaltungshinweise.

Militzer erstellte auf der Grundlage von experimentellen Untersuchungen und theoretischen Betrachtungen ein Rechenmodell für die Auslegung von Paßfederverbindungen [5]. Dabei galt sein besonderes Augenmerk der Lastverteilung längs der Paßfeder infolge eines Torsionsmomentes. Sowohl anhand von experimentellen Untersuchungen an Stahlpaßfederverbindungen als auch durch spannungsoptische Versuche wurden Spannungsanalysen durchgeführt, deren Resultate in einem Berechnungsmodell berücksichtigt wurden. Der Einfluß verschiedener geometrischer Größen wurde aufgezeigt. Für die damals noch nicht sehr verbreitete Rechnerunterstützung wurde das Rechenmodell programmtechnisch umgesetzt. Die Ergebnisse dieser Arbeit haben die Norm zur Berechnung und Auslegung von Paßfederverbindungen maßgeblich beeinflußt und bilden heute noch die Grundlage für die aktuelle DIN 6892 [6].

Das Ziel der Arbeit von Galle war die Untersuchung der Tragfähigkeit von Querpreßverbänden unter Axial- und Torsionsbelastung [7]. Die Leistungsübertragung dieser Welle-Nabe-Verbindung ist ein komplexes Zusammenspiel verschiedener Faktoren. So wurden die Parameter Werkstoff, Oberflächenhärte, Geometrie, Belastungsart, elastisch plastische Fügung, Fügelänge, Haftbeiwert und kegelige Fügefläche hinsichtlich ihres Einflusses auf die Tragfähigkeit untersucht. Die Ergebnisse der statischen und der Dauerschwingversuche haben den Kenntnisstand über diese Verbindungsart immens erhöht, so daß auf dieser

Grundlage sowohl kostengünstigere als auch sichere Querpreßverbindungen ausgelegt werden konnten. Die neuen Kenntnisse fanden in der Praxis Anwendung. So stellte diese Arbeit eine wichtige Wissensbasis für den über lange Jahre geltenden Standard DIN 7190 „Preßverbände – Berechnungsgrundlagen und Gestaltungsregeln" [8] dar.

Unmittelbar formschlüssige Welle-Nabe-Verbindungen waren die Untersuchungsgegenstände der Forschungsarbeit von Juckenack [9]. Mittels der holografischen Interferometrie wurden an Keil-, Kerbzahn-, Polygon- und Zahnwellenverbindungen Verformungsanalysen unter Torsionsbelastung durchgeführt. Für verschiedene Varianten konnten die Lastaufteilungen ermittelt und Maßnahmen zur Tragfähigkeitssteigerung der Verbindung vorgeschlagen werden. Einen weiteren Schwerpunkt der Untersuchungen stellte die Bestimmung der Querschnittsverwölbungen der Profile unter Torsionsbelastung dar. Die Ergebnisse führten zur Gestaltungsoptimierung der Verbindungen.

Hove baute seine Arbeit auf diesen Ergebnissen auf. Zusätzlich zur Torsionsbelastung wurden Biegelastanteile bei Profilverbindungen berücksichtigt [10]. Durch diese Lastkombination ergeben sich völlig veränderte Beanspruchungs- und Verschleißverhältnisse. Mittels der holografischen Interferometrie und spannungsoptischer Einfrierversuche wurden Relativwegmessungen zwischen Welle und Nabe unter kombinierter Belastung durchgeführt und die Reibarbeit bestimmt. Das Verschleißverhalten und somit die Funktionsfähigkeit von Profilwellenverbindungen wird über die Reibarbeit entscheidend beeinflußt. Aus diesen Versuchsergebnissen ergaben sich wichtige Gestaltungshinweise, die den damaligen Kenntnisstand teilweise deutlich erweiterten.

Die umlaufende Biegebelastung von Querpreßverbänden stellte ein besonderes Problem dar, welches Romanos in seiner Arbeit untersuchte [11]. Die unsymmetrischen Belastungsverhältnisse unter Biegung waren in der Norm [6] nicht berücksichtigt. Die Berechnung der Sicherheit gegen das Herauswandern der Welle aus der Nabe war auf der Grundlage der Norm nicht möglich. Durch Zeit- und Dauerschwingversuche wurden die für die Leistungsübertragung und das Verschleißverhalten entscheidenden Kennwerte Haftbeiwert und axialer Schlupf an der Nabenkante bei unterschiedlichen Versuchsparametern ermittelt. Dadurch ließen sich sichere und wirtschaftlichere Querpreßverbände unter Umlaufbiegung auslegen. Diese Arbeit stellt einen wichtigen Beitrag zum Thema Reibschluß dar.

Die Tragfähigkeit von P3G-Welle-Nabe-Verbindungen unter Dauerschwingbeanspruchung war das Forschungsthema der Arbeit von Reinholz [3]. Dieses Profil besitzt durch die CNC-Fertigungsmöglichkeiten und aufgrund seiner ausgezeichneten Eigenschaften viele Anwendungsmöglichkeiten. Es existierten jedoch weder experimentelle Ergebnisse, noch gab die DIN 32711 [12] Information über eine sichere Auslegung dieser Polygonverbindung unter Dauerschwingbeanspruchung. Die Ergebnisse dieser vielfältigen experimentellen Untersuchungen waren bemerkenswert, da der Ausfall dieser Verbindung stets auf Reibkorrosion zurückzuführen war und somit auch keine klassische Dauerfestigkeit wie bei geometrisch bedingten Kerben existierte. Die durch Reibkorrosion verursachten Tragfähigkeitsminderungen erreichten extreme Werte. So lagen bei einzelnen Versuchsparametern die ertragbaren Spannungen bei nur einem Sechstel gegenüber den reinen Werkstoffkennwerten. Diese Arbeit lieferte wichtige Ergebnisse für den Konstrukteur hinsichtlich der Gestaltung der P3G-Welle-Nabe-Verbindungen und zeigte die Wissenslücken im Bereich der Auslegung von Maschinenelementen gegen Reibdauerbruch auf.

4 Reibkorrosion an P4C-Welle-Nabe-Verbindungen

Am Beispiel des aktuellen Forschungsprojektes „Reibkorrosionsuntersuchungen an P4C-Welle-Nabe-Verbindungen" wird die Problemtiefe solcher Forschungsprojekte dargestellt.

Reinholz hatte mit seinen Untersuchungen die Problematik der Reibkorrosion und die damit verbundene Schadensursache am Beispiel der P3G-Welle-Nabe-Verbindungen aufgezeigt. Daß sich dieser Schädigungsmechanismus nicht ausschließlich auf diese spezielle formschlüssige Profilverbindung beschränkt, zeigen beispielsweise auch die Untersuchungen an Paßfederverbindungen von Renneisen [13] sowie die aktuelle Norm DIN 6892 [6]. Sie weisen auf eine deutliche Tragfähigkeitsminderung aufgrund der Reibbeanspruchung hin. Für die untersuchten Paßfederverbindungen wurden Kerbwirkungszahlen infolge des komplexen Beanspruchungszustandes von $\beta_{cb} = 3$ bis 4 ermittelt [6], womit sie im Bereich der an P3G-Welle-Nabe-Verbindungen ermittelten extremen Tragfähigkeitsminderungen unter Reibdauerbeanspruchung liegen [3].

Vor diesem Hintergrund ist das Forschungsprojekt über Reibkorrosionsuntersuchungen an P4C-Welle-Nabe-Verbindungen, die in der DIN 32712 [14] genormt sind, von Professor Beitz initiiert worden. Das Ziel dieses Projektes ist es einerseits, ähnlich wie beim P3G-Profil, dem Konstrukteur Kennwerte von P4C-Welle-Nabe-Verbindungen bereitzustellen und andererseits die Einflüsse und Verschleißmechanismen dieser Verbindung unter Reibbeanspruchung darzustellen und Gestaltungshinweise für die Praxis abzuleiten. Um dieser komplexen Aufgabenstellung gerecht zu werden, sind drei Institute an der Thematik beteiligt.

Unter der Leitung von Professor Kollmann wurden an der TH Darmstadt bereits mittels FEM-Analysen Spannungen und Verschiebungen in P4C-Welle-Nabe-Verbindungen berechnet [15]. Unter der Leitung von Professor Beitz wurden die experimentellen Untersuchungen an P4C-Welle-Nabe-Verbindungen durchgeführt [16], während durch die Arbeitsgruppe von Professor Mertens an der TU Berlin die rechnerische Lebensdauervorhersage für reibkorrosiongefährdete Maschinenelemente bearbeitet wurde [17].

Die P4C-Welle-Nabe-Verbindung hat einige günstige Eigenschaften, die sie als alternative Verbindung für andere formschlüssige Welle-Nabe-Verbindungen erscheinen läßt. So ist eine axiale Verschiebbarkeit von der Welle zur Nabe unter Drehmomentenbelastung möglich. Die abgerundete konvexe Profilform des

Bild 4. Unter schwellender Torsion infolge der Reibeansprüche gebrochene P4C-Welle

P4C-Profils ruft keine Spannungsspitzen hervor, wie beispielsweise die Keil-Welle. Die Polygonprofile lassen aufgrund ihres stetigen Konturverlaufes auf hohe Tragfähigkeiten gegenüber anderen formschlüssigen Welle-Nabe-Verbindungen schließen [18].

Die experimentellen Untersuchungen dienen der Ermittlung des Einflusses der folgenden Parameter auf die Tragfähigkeit der P4C-Welle-Nabe-Verbindung:

- Belastungsart: schwellende Torsion und kombinierte Umlaufbiegung mit statischer Torsion,
- Profileinfluß: P3G- und P4C-Profil,
- Werkstoff: 42CrMoS4V und 2C45N,
- Passung: Spielpassung und Übergangspassung mit Festsitz,
- Statische Vorspannung,
- Tribologie: entfettet, ölgeschmiert und beschichtet.

Um die Einflüsse darzustellen, sind Dauerschwingversuche mit einer Grenzlastspielzahl von 20 Millionen, einzelne auch darüber durchgeführt worden. Diese Grenze liegt oberhalb der sonst üblichen Dauerfestigkeitsgrenzen von $5*10^6$ bzw. 10^7 Schwingspielen. Es zeigte sich jedoch, daß auch deutlich oberhalb der 20 Millionen Schwingspiele einzelne Verbindungen durch Bruch ausfielen. Eine Dauerfestigkeit unter Reibbeanspruchung wie bei geometrisch bedingten Kerben kann also nicht angenommen werden, weshalb die Angabe von Kerbwirkungszahlen für Dauerfestigkeitsberechnungen unter Reibdauerbeanspruchung eine nicht vorhandene Sicherheit suggeriert.

Im Dauerschwingversuch versagten die P4C-WNV aufgrund von Wellenbrüchen der P4C-Welle. Die Brüche wurden unabhängig von den Versuchsparametern durch verschiedene Verschleißformen initiiert. Dabei zeigten sich für die Belastungsarten schwellende Torsion und kombinierte Umlaufbiegung mit statischer Torsion typische Verschleiß- und Bruchbilder.

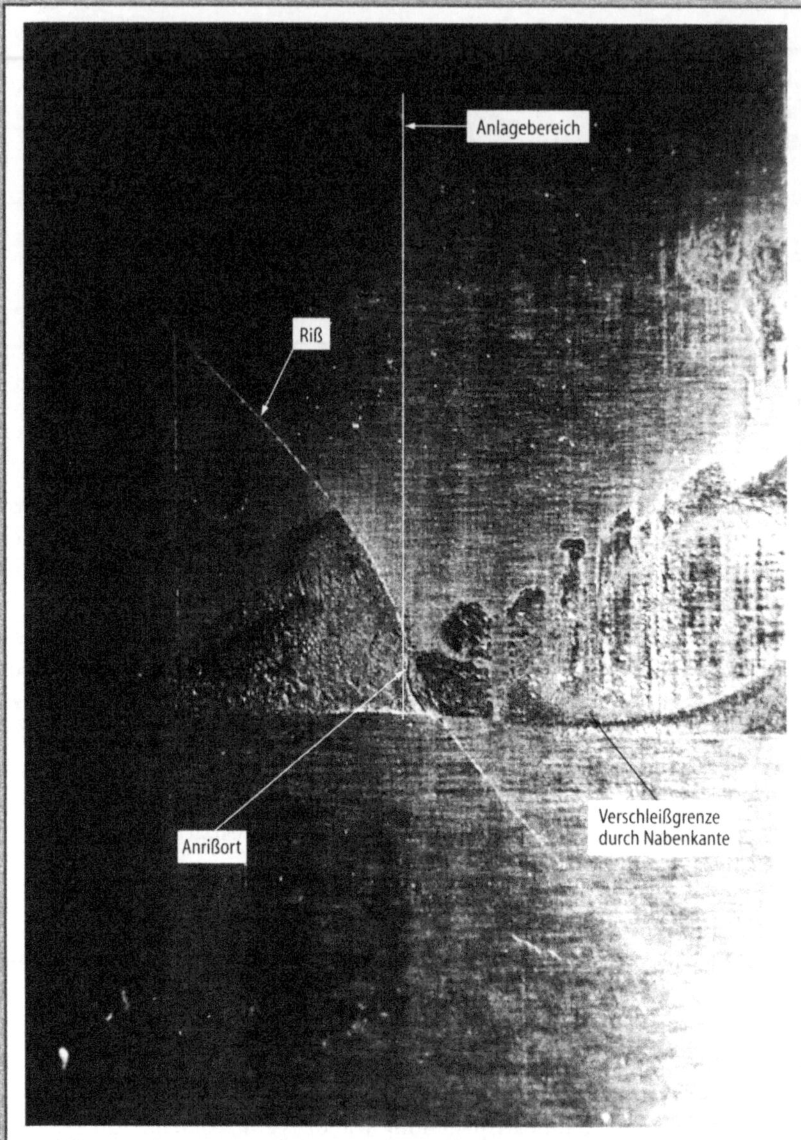

Bild 5. Anrißbereich und Verschleißzone einer unter schwellender Torsion gebrochenen P4C-Welle [16]

Bei schwellender Torsion begann der Bruch wenige Zehntel Millimeter hinter der Nabenkante in der Fügezone. Der Riß verlief im Anrißbereich auf wenigen Millimetern in Achsrichtung und wechselte dann erst auf die typischen 45° eines Torsionsbruches (s. Bild 5). Dieses Phänomen des Anrisses war auf den Einfluß der komplexen Reibbeanspruchung zurückzuführen. So spielten die infolge der Beanspruchung auftretenden Zugspannungen eine entscheidende Rolle für die Rißentstehung und -aufweitung. Ein semi-empirisches Kriterium wurde von Ruiz und Chen auf Basis eines Spannungsmodells zur Ermittlung des Anrißorts in Kontaktkörpern präsentiert. Dieses Kriterium besagt, daß im Falle zweier sich berührender Körper unter dynamischer Belastung das Produkt aus dem Schlupfweg δ, der Reibschubspannung τ und der tangentialen Zugspannung σ_T in Schlupfrichtung für den Anriß verantwortlich ist. Es wird deshalb der Parameter FFDP (Fatigue-Fretting Damage Parameter) folgendermaßen dargestellt [19]:

$$\text{FFDP} = \sigma_T \tau \delta \tag{1}$$

Die numerisch berechneten FFDP-Maxima stimmten mit den experimentell ermittelten Anrißorten in der Welle der P4C-Verbindungen sehr gut überein [15], [16]. In Bild 6 sind der Verlauf der Normal- und Vergleichsspannungen sowie das Produkt FFDP im Anlagebereich aufgetragen. Es wird deutlich, daß der Anriß am linken Rand des Anlagebereiches entsteht. Dort hat das Produkt FFDP sein Maximum. Der Ort der maximalen Normal- und Vergleichsspannungen ist für den Anriß völlig unkritisch, da es sich um Druckspannungen handelt. Hierdurch wird die unzureichende Auslegung über die Vergleichsspannung bei Reibbeanspruchung der Polygon-Verbindungen deutlich.

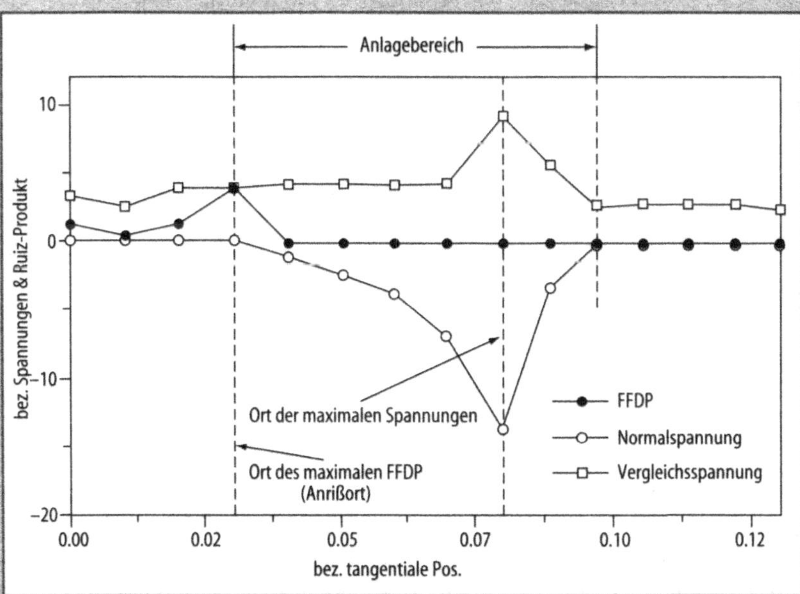

Bild 6. Verläufe der Normal- und Vergleichsspannung gemäß der GEH und des FFDP infolge schwellender Torsion [15]

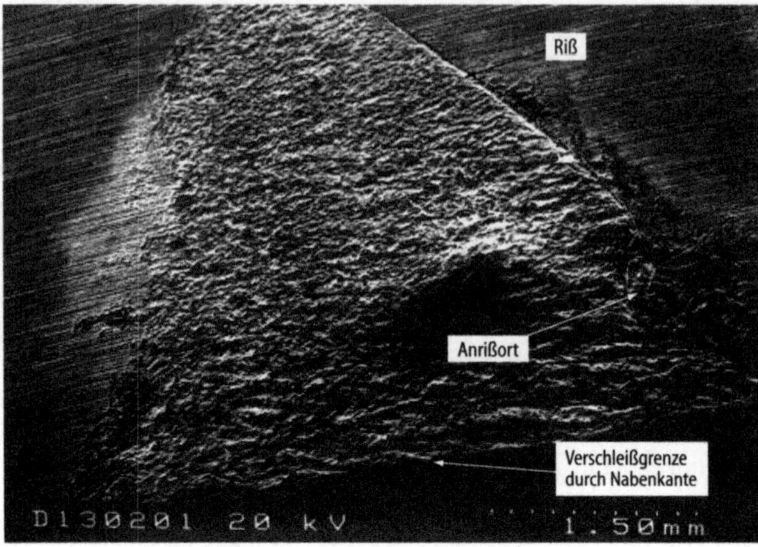

Bild 7. REM-Aufnahme einer unter schwellender Torsion belasteten P4C-Welle [16]

Der FFDP stellt jedoch nur ein Ortskriterium dar. Rißkritische Werte sind aufgrund der Komplexität der Verschleißmechanismen bis heute noch nicht bestimmt worden. Explizite Ergebnisse von experimentellen Parameteruntersuchungen sind in [16], [20], [21] dargestellt, aus denen wichtige Gestaltungshinweise von P4C-Welle-Nabe-Verbindungen abgeleitet worden sind. In der Zukunft bedarf es weiterer Untersuchungen, um aus einzelnen Parameter- und Verschleißstudien ein Berechnungs- und Auslegungsmodell für Maschinenelemente unter Reibdauerbeanspruchung zu entwickeln.

5
Zusammenfassung

Experimentelle Untersuchungen stellen einen wichtigen Bestandteil zur Forschung über Maschinenelemente dar. Unter der Leitung von Professor Beitz wurden in fast drei Jahrzehnten entscheidende Ergebnisse für die Forschung und Praxis für Schraubenverbindungen, Wellen/Welle-Nabe-Verbindungen und andere Verbindungselemente sowie Kunststoffzahnräder erarbeitet. Im dem vorliegendem Beitrag werden die Forschungsleistungen am Beispiel der Welle-Nabe-Verbindung dargestellt. Die Forschungsprojekte zielten dabei stets darauf ab, neue Impulse für die Forschung und Praxis zu geben. Der Nutzen für die Praxis spiegelt sich u.a. in den Normen wider, die durch viele dieser Untersuchungsergebnisse maßgeblich beeinflußt worden sind.

Am Beispiel der aktuellen Forschung an P4C-Welle-Nabe-Verbindungen unter Reibdauerbeanspruchung wurde die Problemtiefe derartiger Untersuchungen an Maschinenelementen dargestellt. So existiert bis heute noch kein allgemeingültiges Modell zur Berechnung und Auslegung von Maschinenelementen gegen Reibdauerbruch.

Professor Beitz schaffte es immer wieder, solche tiefgreifenden und komplexen Probleme zu erkennen und zu formulieren, um diese mit seinen Mitarbeitern sowie anderen Forschungsinstitutionen erfolgreich zu bearbeiten. Die experimentelle Forschung lieferte dabei Basisdaten für die rechnerische Modellbildung und deren Validierung. Auch in Zukunft werden die zunehmenden Simulationsmöglichkeiten am Rechner das Experiment nur ergänzen, jedoch nicht völlig ersetzen können.

6 Literatur

[1] Pfeiffer, B.: Einfluß von Sicherungsringnuten auf die Dauerfestigkeit dynamisch belasteter Wellen. Dissertation TU Berlin 1984

[2] Klamka, H.; Weltz, R.: Ein neues Prüfmaschinenkonzept von Wellen und Welle-Nabe-Verbindungen. Konstruktion 41 (1989), S. 131–135 Berlin: Springer Verlag

[3] Reinholz, R.: Tragfähigkeit von P3G-Welle-Nabe-Verbindungen bei Dauerschwingbeanspruchung. Dissertation TU Berlin 1994, gleichzeitig Schriftenreihe Konstruktionstechnik (Herausg.: W. Beitz), Heft 29, 1994

[4] Seefluth, R.: Dauerfestigkeitsuntersuchungen an Wellen-Naben-Verbindungen. Dissertation TU Berlin 1970

[5] Militzer, O.M.: Rechenmodel für die Auslegung von Wellen-Naben-Paßfederverbindungen. Theoretische und experimentelle Untersuchungen der Lastlängsverteilung. Dissertation TU Berlin 1975

[6] DIN 6892: Mitnehmerverbindungen ohne Anzug – Paßfedern – Berechnung und Gestaltung. Berlin: Beuth Verlag, November 1998

[7] Galle, G.: Tragfähigkeit von Querpreßverbänden bei statischer und dynamischer Belastung. Dissertation TU Berlin 1981, gleichzeitig Schriftenreihe Konstruktionstechnik (Herausg.: W. Beitz), Heft 4, 1981

[8] DIN 7190: Preßverbände – Berechnungsgrundlagen und Gestaltungsregeln. Berlin: Beuth Verlag, Juli 1988, zurückgezogen 1998

[9] Juckenack, D.: Untersuchung der Lastaufteilung an Welle-Nabe-Verbindungen durch Verformungsanalysen mittels holografischer Interferometrie. Dissertation TU Berlin 1982, gleichzeitig Schriftenreihe Konstruktionstechnik (Herausg.: W. Beitz), Heft 5, 1982

[10] Hove, U.: Zum Verhalten biege- und torsionsbelasteter Profilwellenverbindungen. Dissertation TU Berlin 1986, gleichzeitig Schriftenreihe Konstruktionstechnik (Herausg.: W. Beitz), Heft 10, 1986

[11] Romanos, G.: Untersuchungen zum Reibschluß- und Tragfähigkeitsverhalten umlaufbiegebelasteter Querpreßverbände. Dissertation TU Berlin 1991, gleichzeitig Schriftenreihe Konstruktionstechnik, (Herausg.: W. Beitz), Heft 19, 1991
[12] DIN 32711: Antriebselemente; Polygonprofile P3G. Berlin: Beuth Verlag, März 1979.
[13] Renneisen, A.: Untersuchung zur Beanspruchung von Paßfederverbindungen bei umlaufender Biegebelastung. Dissertation TH Darmstadt 1991
[14] DIN 32712: Antriebselemente; Polygonprofile P4C. Berlin: Beuth Verlag, März 1979.
[15] Ziaei, M.: Untersuchungen der Spannungen und Verschiebungen in P4C-Polygon-Welle-Nabe-Verbindungen mittels der Methode der Finiten Elemente. Dissertation TH Darmstadt 1997.
[16] Winterfeld, J.; Beitz, W.: P4C-Welle-Nabe-Verbindungen – Der Einfluß der Reibkorrosion auf das Tragfähigkeitsverhalten. VDI Berichte 1384, S. 121–139. Düsseldorf: VDI 1998
[17] Mertens, H.; Paysan, G.: Zur rechnerischen Lebensdauervorhersage für reibkorrosionsgefährdete Maschinenelemente – Ein Statusbericht zu Praxis und Forschung. VDI Berichte 1384, S. 159-174. Düsseldorf: VDI 1998
[18] Göttlicher, C.: Entwicklung einer verbesserten Festigkeitsberechnung für P3G-Polygon-Welle-Nabe-Verbindungen bei Torsions- und kombinierter Biege- und Torsionsbelastung. Dissertation TH Darmstadt 1994
[19] Ruiz, C.; Chen, K.C.: Life assessment of dovetail joints between blades and discs in aero-engines. In Proc. Conf. „Fatigue of engineering materials and structures", London, Institute of Mechanical Engineers 1986, p. 187-194.
[20] Winterfeld, J.; Beitz, W.: Zum Einfluß der Reibkorrosion auf das Tragfähigkeitsverhalten von Polygon-Welle-Nabe-Verbindungen. Tribologie & Schmierungstechnik 45 (1998), Nr. 6, S. 12–18. Renningen: Expert Verlag
[21] Winterfeld, J.; Ziaei, M.; Frank, A.; Pflanzl, M.; Beitz, W.; Leidich, E.: P4C-Polygon-Welle-Nabe-Verbindungen. antriebstechnik, Mai 1999. Mainz: Vereinigte Fachverlage

Dipl.-Ing. Johannes Winterfeld
Institut für Maschinenkonstruktion, Technische Universität Berlin

Recyclinggerechte Produktgestaltung

S. Grieger

1 Einleitung

Das Thema Recycling hat seit Anfang der 80er Jahre in Deutschland zunehmend an Bedeutung gewonnen. Wesentliche Treiber hierfür sind die begrenzten Ressourcen, ein stetig wachsendes Abfallaufkommen und die damit einhergehenden, negativen volkswirtschaftlichen Auswirkungen durch die Deponierung von Stoffen. Schon sehr früh erkannte Professor Beitz, daß ein hochwertiges Recycling nicht nur mit einer Weiterentwicklung der Recyclingverfahrenstechnik erreichbar ist, sondern in erster Linie durch eine gezielte Optimierung der Produkte im Konstruktionsprozeß beeinflußt wird. Der von ihm geprägte Begriff „Recyclinggerechte Produktgestaltung" als Bestandteil des produktintegrierten Umweltschutzes und sein stetiges Wirken in Forschungsprojekten, Gremien und Verbänden machten ihn auf diesem Gebiet zu einer führenden Persönlichkeit.

Dieser Beitrag soll rückblickend sein Wirken in diesem speziellen Fachgebiet aufzeigen sowie an wichtige Ergebnisse und Erfolge erinnern.

2 Forschungsaktivitäten

Die Forschungsaktivitäten von Professor Beitz auf dem Gebiet der recyclinggerechten Produktgestaltung begannen schon Ende der 70er Jahre mit ersten Überlegungen zum Recycling von Haushaltsgroßgeräten [BeM-81], [MeB-82]. Hier wurden die Grundlagen eines stoffstrombasierten Recycling-Modellsystems erarbeitet. Dieses unterscheidet drei wesentliche Recyclingkreislaufarten: Produktionsrücklaufrecycling, Recycling während des Produktgebrauchs (Produktrecycling) und Altstoffrecycling (Materialrecycling). Erstmals wurden von ihm die Fachtermini zum Recycling genau definiert, wie sie auch heute noch verwendet werden und in der derzeit aktuellen VDI Richtlinie 2243 „Konstruieren recyclinggerechter technischer Produkte" [VDI 2243] enthalten sind. Danach wird Recycling als „die erneute Verwendung oder Verwertung von Produkten oder Teilen von Produkten in Kreisläufen" bezeichnet.

Gemeinsam mit seinem wissenschaftlichen Mitarbeiter Meyer wurden Verwertungsverfahren systematisiert, gegenübergestellt und unter dem Aspekt beurteilt, wie deren Effizienz durch gezielte Produktgestaltung beeinflußt werden kann. Daraus entstanden erste Gestaltungshinweise wie Werkstoff-Verträglichkeitstabellen, Altstoffgruppentabellen und Hinweise zur Materialwahl für den Konstrukteur. Der Schwerpunkt lag dabei auf der Zielsetzung, ein Produkt so zu entwickeln, daß die Werkstoffe beim Recycling gut trennbar sind und hohe Recyclingquoten erzielt werden können. Die Ergebnisse dieser Untersuchungen gingen in die Dissertation von Meyer 1983 [Mey-83] ein.

In Fortführung daran wurden mit seinem wissenschaftlichen Mitarbeiter Pourshirazi weitere Handlungsanweisungen für den Konstrukteur erarbeitet, dabei wurden insbesondere das Recycling von Kunststoffen betrachtet und Verträglichkeitstabellen für diese Werkstoffe erstellt. Darüber hinaus wurde ein erstes Klassifizierungssystem für Produkte entwickelt, welches Baustruktur, Werkstoffe und deren Zusammenhänge berücksichtigt. Mit Hilfe eines entwickelten Nummernschemas erfolgt eine Produktbeschreibung, die später bei der Demontage die Identifikation von Bauteilen und Stoffen sowie deren Zuordnung zu definierten Altstoffgruppen unterstützt. Aus diesen Arbeiten entstand die Dissertation von Pourshirazi von 1987 [Pou-87].

Durch sein Renommee auf dem Forschungsgebiet der recyclinggerechten Konstruktion und Dank seiner guten Industriekontakte konnte dieses Wissen in einem Industrieprojekt weiter vertieft werden. Vor dem Hintergrund der damals angekündigten (und bislang noch immer nicht verabschiedeten) Elektronikschrottverordnung wurde 1991 von mehreren namhaften Herstellern das gemeinsam mit dem Autor bearbeitete, zweijährige Projekt „Entsorgungsfreundliche Elektrowerkzeuge" gestartet. Im Vordergrund standen die Demontage- und Recyclingmöglichkeiten dieser Geräte. Durch Musterzerlegungen wurden Elektrowerkzeuge (Bohrmaschine, Winkelschleifer usw.) auf deren Demontage-, Service- und Recyclingfähigkeit analysiert und in Form von wissenschaftlich begleiteten Fallstudien dokumentiert. Aus diesen Analysen sowie durch Berücksichtigung von Produktion, Reparatur und Konstruktionsprinzipien wurden konkrete Gestaltungshinweise für künftige Entwicklungen aufgezeigt. Die Ergebnisse dieses Projekts sollten den beteiligten Firmen helfen, die recyclinggerechte Produktgestaltung intern weiter umzusetzen [BeG-93].

Professor Beitz gelang es, seine Forschungsaktivitäten auf den Gebieten recyclinggerechte Produktgestaltung und Konstruktionsmethodik zusammenzuführen und die wissenschaftlichen Grundlagen für die methodische Integration von Recyclingaspekten in den Konstruktionsprozeß zu schaffen [BeW-91], [PaB-93]. Auf der Grundlage des allgemeinen Entwicklungs- und Konstruktionsprozesses nach der von ihm sehr stark beeinflußten VDI Richtlinie 2221 [VDI 2221] definierte er gemeinsam mit seinem wissenschaftlichen Mitarbeiter Wende verschiedene recyclingbezogene Aufgaben (Bild 1).

Unter Leitung von Professor Beitz wurden von Wende verschiedene Unterstützungswerkzeuge für den Konstrukteur entwickelt. Besonders zu nennen sind hier Ansätze zur Recyclingplanung sowie zur Produktfolgenabschätzung für die Nachgebrauchsphase, die als lauffähige Softwaremodule vorgestellt wurden. Das

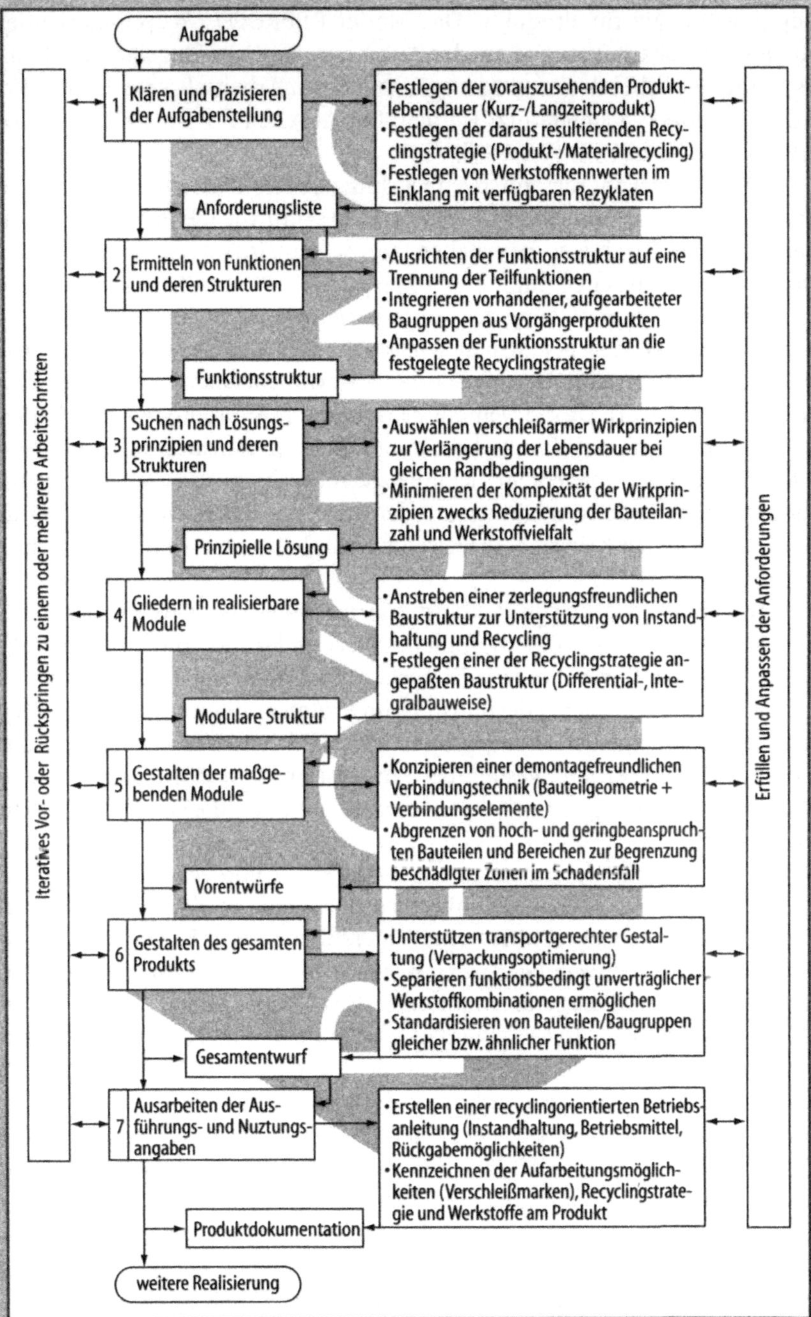

Bild 1. Integration der recyclingorientierten Produktgestaltung in den in [VDI 2221] beschriebenen Konstruktionsprozeß nach [WEN-94]

Modul REPLAN (*Re*cycling*plan*ung) unterstützt die Ermittlung einer optimalen Recyclingstrategie für Produkte. Das Modul REPROFO (*Re*cyclingorientierte *Pro*dukt*fo*lgenabschätzung) dient der Bewertung der Recyclingeigenschaften eines Produkts, wobei Bewertungsvorgänge in allen Arbeitsabschnitten des Konstruktionsprozesses unterstützt werden. Die Arbeiten flossen 1994 in die Dissertation von Wende ein [Wen-94].

Zur Strukturierung des für die recyclinggerechte Konstruktion erforderlichen Wissens sowie um einen Überblick über sämtliche die Produktgestaltung beeinflussende Parameter zu erhalten, wurde gemeinsam mit seinem wissenschaftlichen Mitarbeiter Suhr ein Konzept für ein wissensbasiertes System geschaffen. Zur Unterstützung des Konstrukteurs wurden eine Reihe von recyclingrelevanten Wissensbausteinen wie Methoden, Gestaltungsregeln, Verbindungen, Werkstoffe, Anforderungen oder Bewertungsverfahren definiert, strukturiert und realisiert. Da die Demontierbarkeit von Altprodukten entscheidend von den Verbindungsstrukturen bestimmt wird, lag der Schwerpunkt bei diesen Aktivitäten auf der Konzeptentwicklung zur Auswahl mechanischer Bauteilverbindungen. Verbindungen können auf der Basis verschiedener technischer und recyclingrelevanter Kriterien ausgewählt und gleichzeitig festigkeitsorientiert ausgelegt werden.

Die Ergebnisse wurden als *Wi*ssensbasiertes System zur *Re*yclingorientierten *Pro*duktgestaltung (WIREPRO) implementiert und prototypisch realisiert. WIREPRO war auch Gegenstand der Dissertation von Suhr im Jahre 1995 [Suh-96].

1994 begann unter der Federführung von Professor Beitz das von der DFG geförderte, zweijährige Forschungsprojekt „Auswahl- und Bewertungsmodell zur umweltgerechten Produktgestaltung". In diesem Forschungsprojekt sollten theoretische Grundlagen erarbeitet und darüber hinaus die Validierung anhand konkreter Produkte (Elektrowerkzeuge) erfolgen. Dabei wurde das Bewertungsmodell zur Produktfolgenabschätzung aufgegriffen und weiterentwickelt. Entsprechend dem wachsenden Konkretisierungsgrad im Konstruktionsprozeß wird in allen Arbeitsabschnitten eine Unterstützung und Bewertung bereitgestellt. Um den Zeitaufwand gering zu halten wird der Bewertungsprozeß durch eine zielgerichtete Kriterienauswahl unterstützt. Dabei erfolgt die Auswahl der Bewertungskriterien auf der Grundlage eines gewählten, recyclingsorientierten Entwicklungsziels: der Recyclingstrategie des Produktes und dessen Baugruppen. Das daraus entstandene, prototypische Softwaretool PROFET (*Pro*dukt*f*olgenabschätzung für *E*lek*t*rowerkzeuge) liefert aus dieser Bewertung eine detaillierte Schwachstellenanalyse und führt den Anwender zielgerichtet durch Gestaltungshinweise zur Optimierung des Produktes (Bild 2).

Die Projekte „Entsorgungsfreundliche Elektrowerkzeuge" und „Auswahl- und Bewertungsmodell zur umweltgerechten Produktgestaltung" bildeten die Basis für die Dissertation des Autors von 1996 [Gri-96].

Seit 1995 war Professor Beitz stellvertretender Leiter des von der DFG geförderten Sonderforschungsbereiches 281 „Demontagefabriken zur Rückgewinnung von Ressourcen in Material- und Produktkreisläufen" sowie Projektleiter

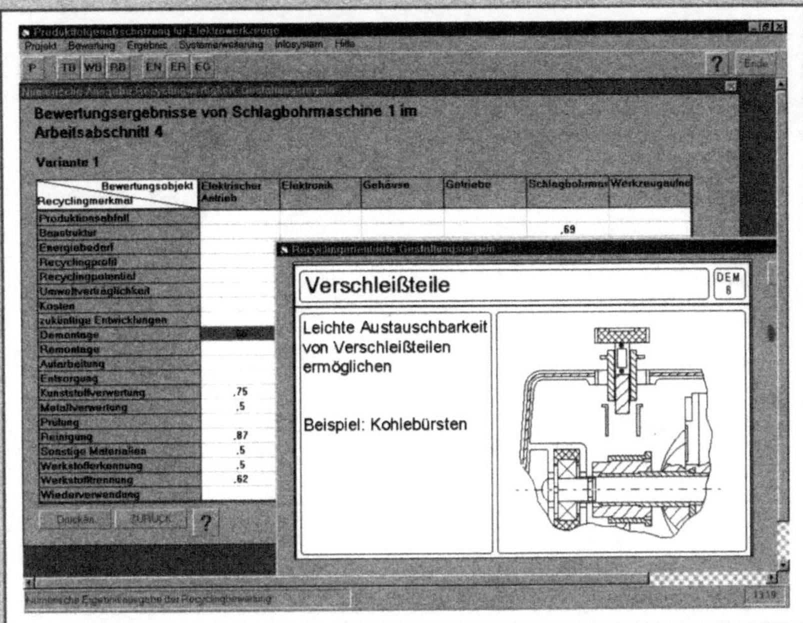

Bild 2. System PROFET; Ergebnisse der Recyclingbewertung mit Anzeige von Gestaltungsregeln (Bildschirmkopie) [Gri-96]

des Teilprojektes „Demontagegerechte Gestaltung". Zentrale Aufgabe dieses Teilprojekts ist die Verbesserung der Demontagefähigkeit von Produkten durch demontageorientierte Gestaltung [GBJ-96].

Auf der einen Seite werden konstruktionsmethodische Untersuchungen insbesondere durch Einbindung der Konzeptphase in die Entwicklung demontagegerechter Produkte sowie die Weiterentwicklung produktspezifischer Regelkataloge durchgeführt. Auf der anderen Seite wird das vorhandene und neu zu erarbeitende demontage- und recyclingorientierte Konstruktionswissen in rechnerunterstützte Informationssysteme eingebracht und so dem Konstrukteur zugänglich gemacht. Professor Beitz forcierte die Kontinuität der Forschungsarbeiten, indem am Institut erzielte Forschungsergebnisse, insbesondere Rechnertools zur Entwicklung demontage- und recyclingorientierter Produkte (z.B. WIREPRO, PROFET) in diesem Teilprojekt des SFB berücksichtigt und fortentwickelt werden.

3
VDI Richtlinienarbeit

Um die recyclinggerechte Produktgestaltung einem breiten Anwenderkreis in der Industrie näher zu bringen war Professor Beitz die treibende Kraft der VDI Richtlinie 2243 „Konstruieren recyclinggerechter technischer Produkte". Von Be-

Gestaltungsrichtlinien	nicht demontagegerecht	demontagegerecht
demontagegerechte Fügestellen		
– Verwenden leicht demontierbarer oder zerstörbarer Verbindungs- u. Sicherungselemente, auch nach längerer Nutzungsdauer		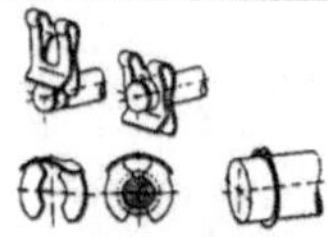
– Verringern der Verbindungselemente	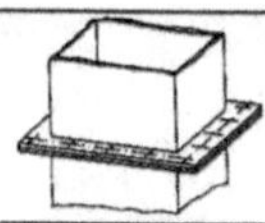	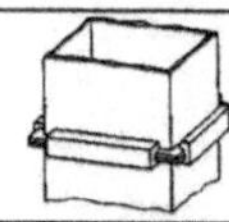
– Verwenden gleicher Verbindungselemente	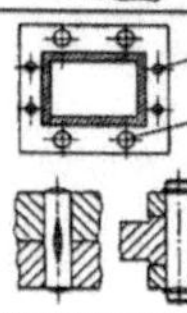	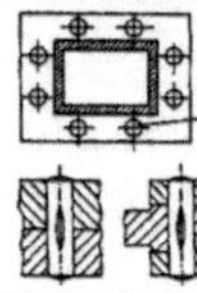
– Gewährleisten guter Zugänglichkeit für Demontagewerkzeuge	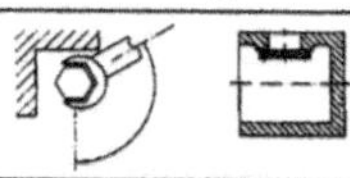	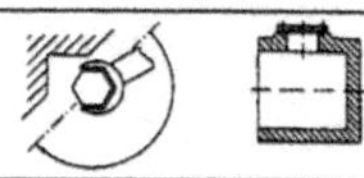
– Bevorzugen einfacher Standardwerkzeuge	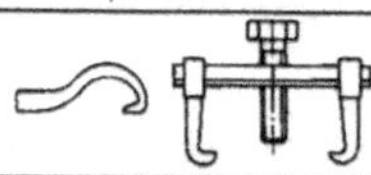	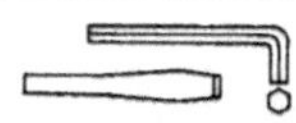
– Vermeiden langer Demontagewege	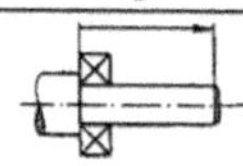	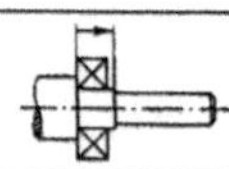
– Anstreben beschädigungsfreier Demontage	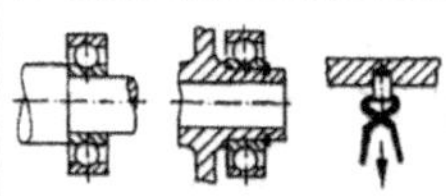	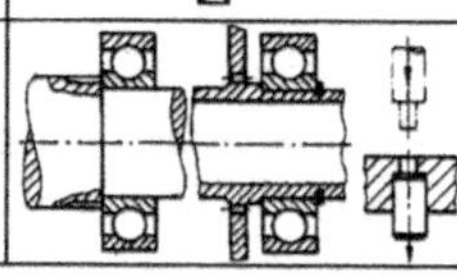
speziell für mechanisierte Demontage		
– Anstreben gleicher Montage- und Demontageoperationen und -werkzeuge	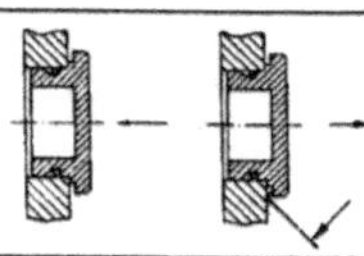	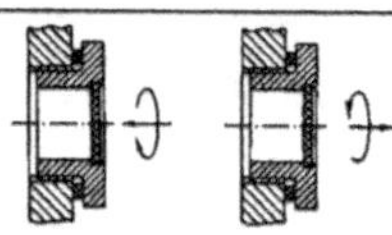
– Anstreben einheitlicher Demontageeinrichtungen	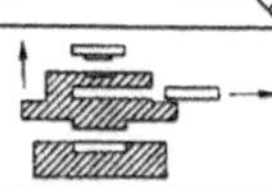	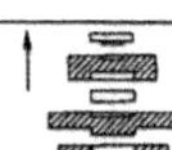
– Zeitliches Zusammenfassen von Demontageoperationen	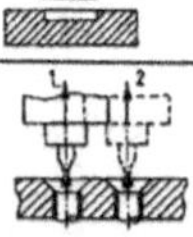	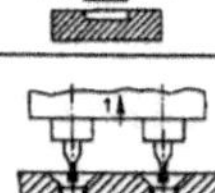

Bild 3. Gestaltungsrichtlinien für demontagegerechte Fügestellen nach [VDI 2243]

ginn an war er Obmann des Richtlinienausschusses „Recyclinggerechte Produktgestaltung", aus dem bereits 1984 der erste Entwurf hervorging.

Dieser erste „Gründruck" war nach seinen Worten ein Ladenhüter, da das Thema Recycling in der Konstruktion zu dieser Zeit so gut wie keine Resonanz in der Praxis zeigte. Zum Ende der 80er Jahre kam das Recycling von technischen Produkten stärker in den Mittelpunkt des Interesses, da die Ankündigung gesetzlicher Regelungen wie z.B. Rücknahmeverpflichtungen der Hersteller für Altprodukte in der Industrie große Aufmerksamkeit erregte. Der erste Entwurf wurde daher noch einmal aufgegriffen und teilweise überarbeitet. Dies bezog sich im wesentlichen auf Erweiterungen der Ausführungen zum Produktrecycling und zum Recycling von Kunststoffen. Aus diesem Richtlinienentwurf entstand 2 Jahre später der „Weißdruck" [VDI 2243].

Die VDI Richtlinie 2243 beschreibt zunächst die grundlegenden Zusammenhänge beim Recycling von technischen Produkten einschließlich der notwendigen Definitionen. Getrennt nach den Recyclingkreislaufarten Produktionsrücklaufrecycling, Produkt- und Materialrecycling werden die jeweiligen Recyclingverfahren beschrieben und detaillierte Regeln für den Konstrukteur formuliert. Bild 3 zeigt dazu beispielhaft einige Gestaltungsrichtlinien für demontagegerechte Fügestellen auf.

4
Schlußbemerkungen

Professor Beitz war auf dem Gebiet der recyclinggerechten Produktgestaltung ein bemerkenswerter Vordenker und Erfahrungsträger. Er zeigte ein Gespür für künftige Entwicklungen, denn er begann in einem Fachgebiet zu forschen, dessen Tragweite damals nur wenige erkannten. Mit seinem Wirken leistete er einen wesentlichen Beitrag dafür, daß die recyclinggerechte Konstruktion Eingang in Wissenschaft und Praxis gefunden hat. Er integrierte die recyclinggerechte Produktgestaltung in seine Vorlesung „Methodisches Konstruieren" und machte so den Studenten klar, daß die Verantwortung des Konstrukteurs nicht mit der Herstellung und Nutzung von Produkten endet.

Führt man sich heute seine frühen, grundlegenden Erkenntnisse zur recyclinggerechten Produktgestaltung vor Augen so stellt man fest, daß sie heute noch Gültigkeit besitzen. Damals standen Aspekte wie knappe Ressourcen, Abfallaufkommen, Umweltsituation usw. noch nicht derart im Vordergrund wie heute, so daß die ersten Forschungsergebnisse nur geringen Einzug in die Praxis gefunden haben. Die heutige Umweltsituation zeigt jedoch, daß Professor Beitz von Beginn an den richtigen Weg beschritt, mit präventiven Maßnahmen in der Konstruktion die Recyclingfähigkeit technischer Produkte zu verbessern.

Inzwischen sind Umdenkprozesse bei den Herstellern zu verzeichnen und es werden Experten auf diesem Gebiet benötigt. Die Firma GEP Gesellschaft für Entwicklungsberatung und Produktrecycling mbH berät Unternehmen in umweltgerechter Produktgestaltung mit Schulungen und direkter Entwicklungsberatung in den Konstruktionsabteilungen. Die von Professor Beitz geprägten Ansätze zur recyclinggerechten Konstruktion bilden wichtige Grundlagen dieser Beratungsmaßnahmen.

5 Literatur

[BeG-93] Beitz, W.; Grieger, S.: Günstige Recyclingeigenschaften erhöhen die Produktqualität. Konstruktion 45 (1993), 415-422.

[BeM-81] Beitz, W./Meyer, H.: Untersuchungen zur recyclingfreundlichen Gestaltung von Haushaltsgroßgeräten, Konstruktion 33 (1981),Teil 1, H. 7, S. 257-262, Teil 2, H. 8, S. 305-315.

[BeW-91] Beitz, W./Wende A.: Konzept für ein recyclingorientiertes Produktmodell. VDI-Berichte Nr. 906, Düsseldorf: VDI-Verlag 1991, S. 307-321.

[GBJ-96] Grieger, S.; Brandt, R.; Jentschura L.: Ausgewählte Methoden und Hilfsmittel für die recyclinggerechte Produktgestaltung. Konstruktion 48 (1996), S. 421-431.

[MeB-82] Meyer, H./Beitz, W.: Konstruktionshilfen zur recyclingorientierten Produktgestaltung. VDI-Z 124 (1982), H. 7, S. 255-267.

[Mey-83] Meyer, H.: Recyclingorientierte Produktgestaltung. VDI-Fortschrittsberichte Reihe 1, Nr. 98. Düsseldorf: VDI-Verlag 1983.

[PaB-93] Pahl, G., Beitz, W.: Konstruktionslehre. 3. Auflage. Berlin: Springer 1993.

[Pou-87] Pourshirazi, M.: Recycling und Werkstoffsubstitution bei technischen Produkten als Beitrag zur Ressourcenschonung. Schriftenreihe Konstruktionstechnik (Hrsg. W. Beitz) Nr.12, TU Berlin 1987.

[Suh-96] Suhr, M.: Wissensbasierte Unterstützung recyclingorientierter Produktgestaltung. Schriftenreihe Konstruktionstechnik (Hrsg. W. Beitz) Nr. 33, TU Berlin 1996.

[VDI 2221] VDI Richtlinie 2221: Methodik zum Entwickeln und Konstruieren technischer Systeme und Produkte. Düsseldorf: VDI-Verlag 1993.

[VDI 2243] VDI Richtlinie 2243: Konstruieren recyclinggerechter technischer Produkte – Grundlagen und Gestaltungsregeln. Düsseldorf: VDI-Verlag 1993.

[Wen-94] Wende, A.: Integration der recyclingorientierten Produktgestaltung in den methodischen Konstruktionsprozeß. VDI-Fortschrittsberichte Reihe 1, Nr. 239. Düsseldorf: VDI-Verlag 1994.

Dr.-Ing. Sven Grieger*)
Gesellschaft für Entwicklungsberatung & Produktrecycling mbH, Wilhelmshaven

*) Der Autor war von 1991 bis 1996 wissenschaftlicher Mitarbeiter am Institut von Professor Beitz. Seit 1996 ist er bei der Firma GEP Gesellschaft für Entwicklungsberatung & Produktre-cycling mbH in Wilhelmshaven tätig.

Rechnerunterstützung in der Konstruktion

O. Tegel

Die Integration von CAD-Systemen in den Konstruktionsprozeß erfordert in besonderem Maße einen methodischen Arbeitsablauf, die Verwendung einheitlicher und anwendungsfreundlicher Begriffe, die effiziente Konstruktionsdatenspeicherung und -bereitstellung sowie eine Geometrieeingabe, -verarbeitung und -ausgabe, die gleichermaßen den Anforderungen beim Berechnen, Gestalten und Darstellen in den einzelnen Konkretisierungsstufen des Konstruktionsprozesses Rechnung trägt.
Wolfgang Beitz, 1986

Einleitung

Durchgängige Rechnerunterstützung in der Konstruktion und Rechnerunterstützung in den frühen Phasen des Entwicklungs- und Konstruktionsprozesses sind Themengebiete, die heute so aktuell wie vor 15 Jahren sind. Grundlegende Konzepte und eine exemplarische Realisierung eines Systems zur durchgängigen und flexiblen Rechnerunterstützung des methodischen Konstruktionsprozesses wurden am Institut für Maschinenkonstruktion – Konstruktionstechnik der TU Berlin unter Leitung von Professor Wolfgang Beitz erarbeitet, auf denen auch neuere Arbeiten aufbauen. In diesem Aufsatz wird ein geschichtlicher Abriß über die Anfänge dieser Arbeiten bis hin zum heutigen Stand der Forschung am Institut gegeben.

In die Forschungsaktivitäten am Institut gliedern sich die Arbeiten zur Rechnerunterstützung in der Konstruktion wie in Bild 1 dargestellt ein und ergänzen sich inhaltlich mit den anderen Forschungsschwerpunkten, so daß gegenseitige Synergieeffekte erschlossen werden können.

Vor dem Beginn der Arbeiten zur durchgängigen und flexiblen Rechnerunterstützung der Konstruktion fand die Rechnertechnik in der Konstruktion vor allem im Bereich der Geometriemodellierung und der Ableitung von Steuerungsdaten für fertigungstechnische Einrichtungen Einsatz. Insellösungen, optimiert für einzelne Teilprozeßschritte, ermöglichten bereits damals die hochef-

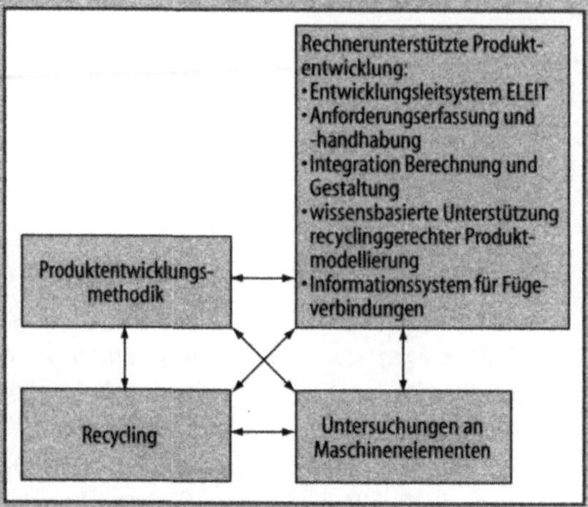

Bild 1. Forschungsschwerpunkte des Instituts von Professor Beitz

fiziente Abwicklung bestimmter Aufgaben. Im Sinne einer Gesamtprozeßbetrachtung trugen diese Teiloptima jedoch wenig zur Optimierung des gesamten Entwicklungsprozesses bei. Anforderungen an die Rechnerunterstützung wurden oft aus einem einzigen funktionalen Bereich formuliert, ohne daß eine übergreifende Sicht der verschiedenen Datenerzeuger und -kunden realisiert werden konnte. Trotz der Erkenntnis der Bedeutung der frühen Phasen der Produktentwicklung war eine Rechnerunterstützung in diesem Bereich nicht als integrativer Bestandteil und Grundlage eines Entwicklungsprozesses konzipiert. Vor diesem Hintergrund nahm Professor Beitz die Arbeiten zur Rechnerunterstützung in der Konstruktion auf.

Unter seiner Leitung erarbeitete zunächst SCHNELLE einen Beitrag zum rechnerunterstützten Konstruieren während der Gestaltungsphase [1], gefolgt von KRUMHAUER, der entsprechende Arbeiten zur Konzeptphase durchführte [2]. Mehrere Doktoranden von Professor Beitz arbeiteten in der folgenden Zeit zum einen an Berechnungssystemen – insbesondere zur Schraubenberechnung – und deren Integration in den Entwicklungsprozeß, s.a. [3,4], wie auch an den grundsätzlichen Möglichkeiten einer Rechnerunterstützung des methodischen Konstruktionsprozesses, s.a. [5,6]. Diese Forschungsergebnisse bildeten, verbunden mit den Fortschritten in der Weiterentwicklung und Anwendung der Konstruktionsmethodik, die Grundlage für die im folgenden näher beschriebenen Arbeiten am Konstruktionsanalyse- und -leitsystem.

Konstruktionsanalyse- und -leitsystem

Basierend auf der in [7,8,9] beschriebenen Vorgehensweise zum methodischen Konstruieren wurde der Gedanke einer durchgängigen und flexiblen Rechnerunterstützung des Konstruktionsprozesses im Rahmen des Sonderforschungsbereichs 203 ‚Rechnerunterstützte Konstruktionsmodelle im Maschinenwesen' [10] entwickelt.

Der Gesamtansatz zum Konstruktionsanalyse- und -leitsystem KALEIT wurde von BEITZ in [11,12] beschrieben. Das grundlegende Programmkonzept als Managementsystem zur schrittweisen Unterstützung und Führung des Konstrukteurs durch den methodischen Konstruktionsprozeß wurde von BEITZ und FELDHUSEN erläutert [13,14]. Dem steuernden System, das Kommunikations- und Steuerprozeßdaten, Operationsprinzipien, produktdarstellende Modelle und produktdefinierende Daten verwaltete, kam in dem Systemkonzept eine Rückgratfunktion zu, die gleichzeitig der Dokumentation des Prozesses diente. Die unterschiedlichen Partialmodelle, die während des rechnerunterstützten Konstruktionsprozesses erarbeitet und genutzt werden, wurden ebenfalls hier beschrieben.

Die Bedeutung des Konzepts von KALEIT für eine Integration der unterschiedlichen Funktionen und Arbeitsphasen während des Konstruktionsprozesses wurde von BEITZ diskutiert [15]. Auf die Randbedingungen für den Einsatz in unterschiedlichen Branchen wurde von FELDHUSEN eingegangen [16].

Die Konzepte von KALEIT wurden unter Nutzung von graPHIGS, der Datenbank ORACLE und FORTRAN für die Programmodule zur Unterstützung der Aufgabendefinitions- und Konzeptphase sowie CATIA für die Entwurfs- und Ausarbeitungsphase exemplarisch realisiert. In CATIA wurde IUA als Menüsprache verwendet; die weiteren Funktionalitäten wurden mittels CATGEO-Routinen und FORTRAN- sowie PROLOG-Programmen implementiert.

Wie bereits in der Einleitung erwähnt, sind die frühen Phasen des Konstruktionsprozesses von grundlegender Bedeutung für den Erfolg der Produktentwicklung. Qualitätsmerkmale wie auch der größte Anteil der Kosten werden bereits frühzeitig festgelegt. Insofern wurde eine Fokussierung auf die Rechnerunterstützung in diesem Bereich im Rahmen von KALEIT vorgenommen.

GROEGER implementierte ein Modul zur Erstellung der Anforderungsliste [17]. Hierbei nutzte er Checklisten und Strukturattribute, die in [7] als Gedankenstütze zur Anforderungssammlung vorgeschlagen werden. Anhand von Strukturbäumen wurden spezifische Anforderungsgrößen zur Selektion durch den Anwender angeboten, und entsprechend der selektierten Anforderungsgröße – beispielsweise Axialkraft – wurde eine Liste möglicher Einheiten zur Auswahl angeboten. Ein zusätzlicher Freiformtext zur Erläuterung der Anforderung konnte hinzugefügt werden. Die strukturierte Art der Erfassung sowie die Nutzung vorgegebener Anforderungsgrößen ermöglichten eine vereinfachte Suche nach existierenden Anforderungen beispielsweise zur Nutzung in anderen Konstruktionsprozessen bzw. zur Auswahl existierender Konstruktionslösungen. Bild 2 zeigt eine Benutzungsoberfläche des KALEIT-Moduls zur Anforderungsliste.

Funktionsmodellierung war ein wesentlicher Schwerpunkt innerhalb KALEIT, der durch theoretische Arbeiten von KUTTIG zur Bedeutung der Funkti-

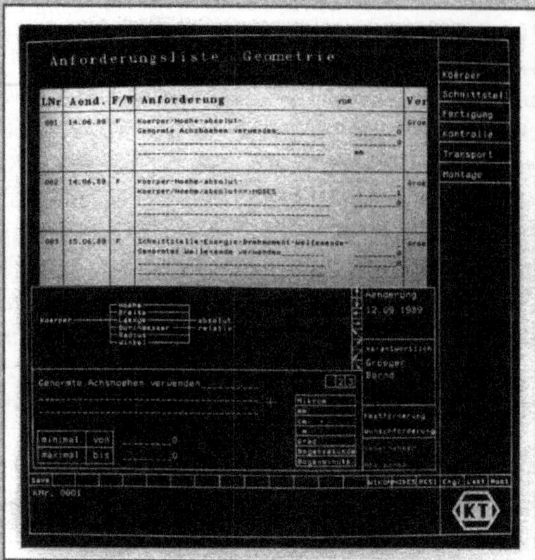

Bild 2. Anforderungsliste in KALEIT

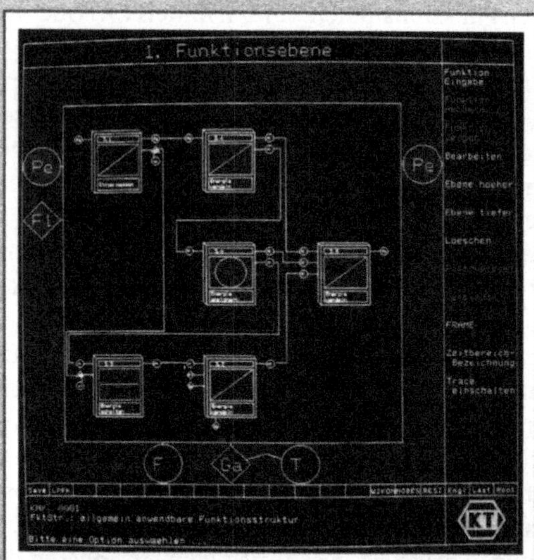

Bild 3. Funktionsstruktur in KALEIT

onsstruktur als Steuerungselement für den gesamten Konstruktionsprozeß untermauert wurde [18]. Basierend auf den in [7] beschriebenen allgemeinen Funktionen und Flußgrößen wurde die Erstellung hierarchisch geordneter Funktionsstrukturen ermöglicht. Unterschiedliche Operationsmodi konnten simuliert werden, und schließlich war eine Verknüpfung mit den definierten Anforderungen möglich [19,20,21]. Bild 3 zeigt eine modellierte Funktionsstruktur in KALEIT.

STÜRMER erarbeitete ein Konzept für ein Informationsmodell für die Konzeptphase und realisierte es exemplarisch im Bereich der Prinzipdarstellung von Konstruktionen [22].

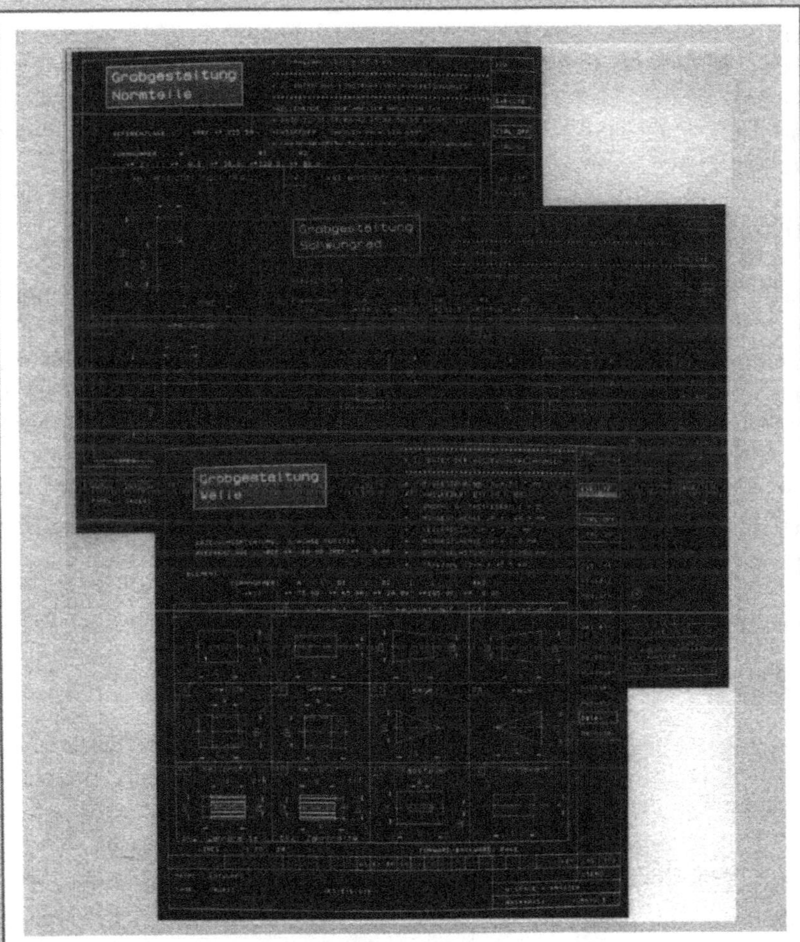

Bild 4. Unterschiedliche Features für die Entwurfphase in KALEIT

Während für die Implementierung der KALEIT-Module für die Aufgabendefinitions- und Konzeptphase kein kommerzielles CAD-System verwendet wurde, wurden für die Entwurfs- und Ausarbeitungsphase CATIA und dessen Programmierschnittstelle verwendet. So wurden Unterstützungsmodule für die einzelnen Schritte der Entwurfs- und Ausarbeitungsphase realisiert, wobei, wie für die Module der Definitions- und Konzeptphase bezug genommen wurde auf ein Notstromaggregat als Konstruktionsbeispiel. Für die Grobauslegung und anschließende Berechnung wurden von BAUERT Features definiert, so beispielsweise für die Schwungradgestaltung (s.a. [23,24,25], Bild 4).

Ein detaillierter Ansatz für die Integration von Norm- und Standardteilen wurde von SCHWENKE entwickelt und anhand von Schraubenverbindungen und Wälzlagerungen in KALEIT integriert [26,27]. In einem geführten Auswahldialog wurden dem Konstrukteur unterschiedliche Schraubentypen, Gegengewindeformen, Unterlegscheiben und Senkungen in Abhängigkeit seiner bisher getätigten Auswahl präsentiert und nach einer automatischen Analyse des 3D-CAD-Modells in CATIA die Schraubenverbindung, auch als Muster, generiert sowie eine Stückliste erstellt. Eine Kopplung mit dem Schraubenberechnungsprogramm BOLT ermöglichte die Nachrechnung der Verbindung.

Wissensverarbeitung

Da die Produktentwicklung ein wissensintensiver Prozeß ist, wurde Anfang der 90er Jahre mit ersten Erfahrungen von bereits existierenden Expertensystemen aus anderen Wissensdomänen von GROEGER das wissensbasierte Konstruktionssystem WIKON entwickelt, das als Expertensystemshell konzipiert war [17]. KLEIN implementierte in WIKON das domänenspezifische Wissen zur Auswahl und Auslegung von Welle-Nabe-Verbindungen [28,29], wobei insbesondere die Kopplung konventioneller Berechnungsprogramme mit dem wissensbasierten System zu diesem Zeitpunkt ein neuer Ansatz war; beide zusammen realisierten eine einfache Schnittstelle zu CATIA [30].

In einem weiteren Ansatz implementierte SCHACHT ein wissensbasiertes System zum Zugriff auf Normen unter Nutzung der Expertensystemshell ESE [31].

Validierung und weitere Arbeiten

Zu Beginn der 90er Jahre waren alle Module von KALEIT und WIKON in einem Reifestand realisiert, der es ermöglichte, in Anwenderversuchen Vorzüge und Schwachstellen der erarbeiteten Konzepte herauszuarbeiten, um eine Grundlage für weitere Forschungsarbeiten zu ermitteln. Hierzu bearbeiteten sowohl erfahrene Konstrukteure als auch Studierende des Maschinenbaus Konstruktionsaufgaben unter Nutzung der beiden Systeme, wobei deren Belastungen und Beanspruchungen während des Konstruktionsprozesses ermittelt wurden, um kritische Phasen und kritische Funktionalitäten der benutzten Systeme identifizieren zu können [32,33,34,35,36]. Hierbei wurden bei der Benutzung des wissensbasierten Systems die Grenzen eines durchgängig rechnerbasierten Ansatzes erkannt. Insbesondere die Erkenntnis, daß das in KALEIT vorgesehene, erzwungen schrittweise Vorgehen durch den Konstrukteur diesem nicht genügend Freiraum bei der Abarbeitung seiner Aufgaben ließ, führte zu Überlegungen, unter Nutzung mittlerweile verfügbarer Software sowie neuerer informationstechnischer Konzepte ein flexibleres, offeneres System zu konzipieren.

Im Rahmen eines Verbundprojektes wurde zunächst die Eignung breitbandbasierter Kommunikationsnetze für die Unterstützung von Simultaneous Engineering Prozessen untersucht und neben arbeitsmethodischen Grundlagen informationstechnische Ansätze zur Unterstützung verteilter Produktentwicklung erarbeitet [37,38].

Unter Nutzung der Ergebnisse dieses Projektes sowie von Vor- und flankierenden Arbeiten zur Prozeßgestaltung [39], zur Konstruktionsmethodikausbildung [40], zur Bedeutung von Anforderungen im Konstruktionsprozeß [41,42], zur Realisierung wissensbasierter Systeme [43] und zur Integration von Teamarbeit in der Produktentwicklung [44] wurden die Arbeiten an einem Nachfolgesystem ELEIT *(Entwicklungsleitsystem)* in einem Verbundprojekt begonnen. Mit Hilfe von ELEIT sollen, aufbauend auf einem mehrstufigen Konzept der Abstraktion und Dekomposition, sämtliche im Produktentwicklungsprozeß anfallenden Informationen verwaltet sowie dem Konstrukteur phasen- und kontextbezogene Hilfsmittel zur Verfügung gestellt werden. Eine erste prototypische Implementierung, Bild 5, wurde im Rahmen einer Industrieuntersuchung validiert. Die Attraktivität des Ansatzes wurde auf breiter Basis bestätigt.

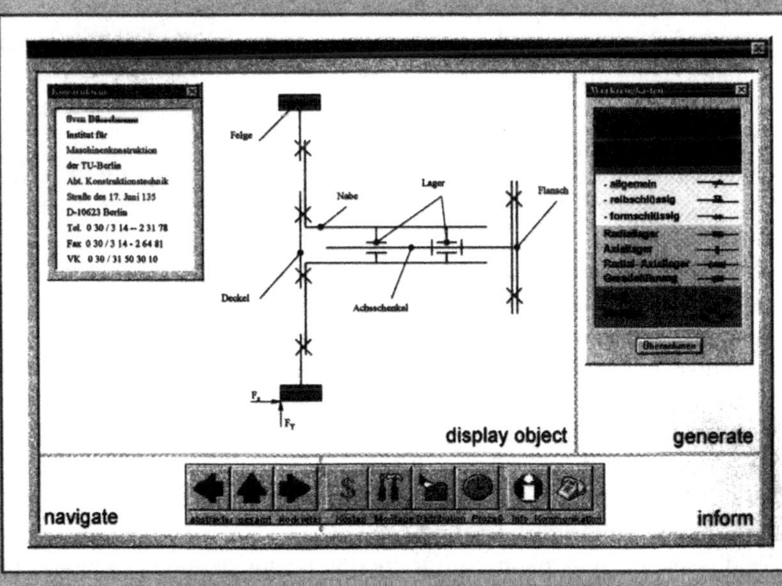

Bild 5. Benutzungsoberfläche ELEIT

Die weiteren Arbeiten an ELEIT werden aus einer Konkretisierung von Konzept und Realisierung bestehen und gleichzeitig am Institut als eine Klammerfunktion für die weiteren Forschungsthemen zur rechnerunterstützten Konstruktion, insbesondere die Wissensbereitstellung für demontagegerechte Produktentwicklung und die Integration von Berechnung und Gestaltung, dienen.

Literatur

[1] Schnelle, E.: Rechnerunterstütztes Konstruieren im Dialog. Ein Beitrag zur Entwicklung eines Programmsystems für den Einsatz in der Gestaltungsphase. Diss. TU Berlin, 1972.

[2] Krumhauer, P.: Rechnerunterstützung für die Konzeptphase der Konstruktion. Ein Beitrag zur Entwicklung eines Programmsystems für die Lösung konstruktiver Teilaufgaben. Diss. TU Berlin, 1974.

[3] Buschhaus, D.: Rechnerunterstützte Auswahl von schaltbaren Wellenkupplungen. Ein Beitrag zur Entwicklung von Programmsystemen für die Auswahl von Zukaufteilen. Diss. TU Berlin, 1976.

[4] Galwelat, M.: Rechnerunterstützte Gestaltung von Schraubenverbindungen. Schriftenreihe Konstruktionstechnik Bd. 2, Diss. TU Berlin, 1979.

[5] Grünanger, G.: Möglichkeiten des bildschirmunterstützten Entwerfens im Maschinenbau. Diss. TU Berlin, 1978.

[6] Rybak, H.: Beitrag zur Entwicklung von CAD-Basissystemen. Diss. TU Berlin, 1984.

[7] Pahl, G.; Beitz, W.: Konstruktionslehre. Berlin: Springer-Verlag, 1997.

[8] Pahl, G.; Beitz, W.: Engineering Design. New York: Springer, 1996.

[9] VDI-Richtlinie 2221 Methodik zum Entwickeln und Konstruieren technischer Systeme und Produkte. VDI; 1993.

[10] Beitz, W.: Sonderforschungsbereich 203, Abschlußbericht. TU Berlin, 1992.

[11] Beitz, W.: Durchgängige, flexible Rechnerunterstützung für den Konstruktionsprozeß, VDI-Berichte 610.1, VDI-Verlag, Düsseldorf, 1986, S. 1–22.

[12] Beitz, W.: Management System for Continuous and Flexible CAD, Konstruktion 39 (1987), H.7, S. 251–254.

[13] Beitz, W., Feldhusen, J.: Management System as Program Concept for Continuous CAD-process, Mechanism and Machine Theory, Pergamon Press, Oxford, 1988.

[14] Beitz, W., Feldhusen, J.: Management Systems and Program Concepts for an Integrated CAD Process, Research in Engineering Design 3 (1991), S. 61–74.

[15] Beitz, W.: Konstruktionsleitsystem als Integrationshilfe, VDI-Berichte 812, VDI-Verlag, Düsseldorf, 1990, pp. 181–201.

[16] Feldhusen, J.: Systemkonzept für die durchgängige und flexible Rechnerunterstützung des Konstruktionsprozesses, Schriftenreihe Konstruktionstechnik Bd. 16, Diss. TU Berlin, 1989.

[17] Groeger, B.: Die Einbeziehung der Wissensverarbeitung in den rechnerunterstützten Konstruktionsprozeß, Schriftenreihe Konstruktionstechnik Bd. 23, Diss. TU Berlin, 1992.
[18] Kuttig, D.: Rechnerunterstützte Funktions- und Wirkstrukturverarbeitung beim Konzipieren, Schriftenreihe Konstruktionstechnik Bd. 25, Diss. TU Berlin, 1993.
[19] Kuttig, D., Beitz, W.: A Model for Describing Functional Modeling in the Computer-Aided Design Process, EDC-Workshop June 1992, Cambridge, UK, 1992.
[20] Kuttig, D.: Die Funktionsstruktur als integraler Bestandteil des rechnerunterstützten Konstruktionsprozesses, Konstruktion 44 (1992), S. 183–192.
[21] Kuttig, D.: Potential and Limits of Functional Modelling in the CAD Process, Research in Engineering Design 5 (1993), S. 40–48.
[22] Stürmer, U., 1990, Informationsmodell zum Abbilden funktionaler und wirkstruktureller Zusammenhänge im Maschinenbau, Schriftenreihe Konstruktionstechni Bd. 17, Diss. TU Berlin, Germany, 1990.
[23] Bauert, F.: Composition of Product Modelling Systems Based on Commercial Software and Their Influence on Industrial Companies, Design Methods and Education, Proceedings, ICED '89, S 211–227.
[24] Bauert, F.: Methodische Produktmodellierung für den rechnerunterstützten Entwurf, Schriftenreihe Konstruktionstechnik Bd. 18, Diss. TU Berlin, 1991.
[25] Bauert, F., Beitz, W., Weise, E., Salem, N.: Modeling Methods for a Flexible Computer-Aided Embodiment Design System, Research in Engineering Design 2 (1990), S 15–34.
[26] Schwenke, H., Konstruktionswissen in CAD-Anwenderprozeduren, Schriftenreihe Konstruktionstechnik Bd. 21, Diss. TU Berlin, 1991.
[27] Schwenke, H., Tegel, O., Wissensverarbeitung in CAD-Anwenderprozeduren, Konstruktion 44 (1992), S. 71–76.
[28] Klein, St., An Example of Knowledge-Based Decision Making when Selecting Standard Components: Shaft-Hub-Connections, Proceedings, ASME DTM Conference 1992, pp. 149–156.
[29] Klein, St., Rechnerunterstützte Auslegung von Welle-Nabe-Verbindungen, Schriftenreihe Konstruktionstechnik Bd. 27, Diss. TU Berlin, 1994.
[30] Groeger, B., Klein, St., Unterstützung der Produktoptimierung durch Kopplung von CAD- und wissensbasierten Systemen, VDI-Berichte 993.3, VDI-Verlag, Düsseldorf, 1992, S. 129–142.
[31] Schacht, M.: Methodische Neugestaltung von Normen als Grundlage für eine Integration in den rechnerunterstützten Konstruktionsprozeß, DIN Normungskunde Bd. 28, Beuth Verlag, Berlin, 1991.
[32] Langner, T.: Analyse von Einflußfaktoren beim rechnerunterstützten Konstruieren, Schriftenreihe Konstruktionstechnik Bd. 20, Diss. TU Berlin, 1991.
[33] Beitz, W., Langner, T., Luczak, H., Müller, T., Springer, J.: Evaluation of a Compact CAD Course in Laboratory Experiments, International Journal of Human-Computer Interaction 1990, Vol. 2, S. 111–135.

[34] Beitz, W., Springer, J., Müller, T., Langner, T., Luczak, H.: Stress and Strain caused by CAD-work – Results of a Laboratory Study, Work with Display Units 89, Elsevier Science Publishers B.V. (North-Holland), 1990, S. 231–238.
[35] Klein, St., Rückert, C., Groeger, B.: Erfahrungen aus der Anwendung eines wissensbasierten Systems zur Konstruktionsunterstützung – Ergebnisse eines Laborversuchs, VDI-Berichte 1079, VDI-Verlag, Düsseldorf, 1993.
[36] Rückert, C., Klein, St.: Empirical Study of the Use of a Knowledge-based System for Selecting Standard Engineering Components, Proceedings, Int. Conf. on Human-Computer Interaction 1994, Vol. II, St. Petersburg, Russia.
[37] Lam, A., Rückert, C., Tegel, O.: Integrating the Results of a Laboratory Study into the Development of a System for the Support of Simultaneous Engineering, Proceedings, ASME Design Theory and Methodology Conference 1994, S. 169–178.
[38] Beitz, W., Lam, A., Ratfisch, U., Tegel, O.: Eine Systemumgebung zur Unterstützung von Simultaneous Engineering, VDI-Berichte 1148, VDI-Verlag, Düsseldorf, 1994, S. 439–455.
[39] Tegel, O.: Methodische Unterstützung beim Aufbau von Produktentwicklungsprozessen, Schriftenreihe Konstruktionstechnik Bd. 35, Diss. TU Berlin, 1996.
[40] Rückert, C., Untersuchungen zur Konstruktionsmethodik-Ausbildung und Anwendung, Fortschritt-Berichte VDI, Reihe 1, Nr. 293, VDI-Verlag, Düsseldorf, 1997.
[41] Ahrens, G., Tegel, O.: The Significance of Specifications in the Product Development Processes, Proceedings, ASME Engineering Database Symposium 1995, S. 1097–1105.
[42] Ahrens, G., Tegel, O.: Conceptual Modelling and its Influence on the Product Development Process, Proceedings, ASME ESDA 1996, Vol. 8, S. 75–83.
[43] Suhr, M.: 1996, Wissensbasierte Unterstützung recyclingorientierter Produktgestaltung, Schriftenreihe Konstruktionstechnik Bd. 33, Diss. TU Berlin, 1996.
[44] Beitz, W., Bender, B., Tegel, O.: Management of Cooperation in Product Development, Proceedings, CIRP Seminar STC Design 1998, New Tools and Workflows for Product Development, pp. 157–168.

Dr.-Ing. O. Tegel
Institut für Maschinenkonstruktion, Technische Universität Berlin

Wolfgang Beitz im Bilde

Argumentativ und überzeugend

Argumentativ und überzeugend

Ehrenpromotion der Technischen Universität Dresden, 1995

China, September 1998
gemeinsam mit seiner Frau zu Besuch bei Prof. Feng, Hangzhou

Der aktive Sportler

Der aktive Sportler

Der aktive Sportler

Gewidmete Fachbeiträge

Anläßlich des Gedenkkolloquiums von den Fachkollegen schriftlich gewidmete Beiträge zur Würdigung und zu Ehren von Wolfgang Beitz

Inhaltsverzeichnis

Neue Ansätze in der Maschinenkonstruktionslehre

A. Albers, H.Birkhofer, S.Matthiesen

Die Maschinenelemente selbst und das industrielle Umfeld, in denen sie entwickelt, produziert und angewandt werden, haben sich in den letzten Jahren drastisch gewandelt. Zum einen steigt die Vielzahl der Maschinenelemente durch neue Werkstoffe und neue Fertigungstechnologien stark an, zum anderen entstehen durch das veränderte industrielle Umfeld mit dem Trend zum Einsatz vorgefertigter Teilsysteme neue Prozesse in der Konstruktion. Im Zuge der Outsourcing-Strategien von Unternehmen werden Maschinenelemente zu einem großen Anteil als Zulieferkomponenten von hochspezialisierten Zulieferern bezogen und in die eigene Entwicklung neuer Produkte integriert. Neben dem Gestalten *von* Maschinenelementen in der Zulieferindustrie hat dadurch das Gestalten *mit* Maschinenelementen bei den Anwendern eine vergleichbare Bedeutung erlangt [5].

Ergänzend zum Fachwissen über Bauteile und ihre Eigenschaften, müssen Ingenieure damit in hohem Maße Systeme mit ihren eigenständigen Anforderungen kennen und hinsichtlich ihrer Anwendung beurteilen können.

Zusätzlich zu technischen Dimensionierungs- und Gestaltungskriterien haben unter den heutigen globalen Wettbewerbsbedingungen wirtschaftliche Kriterien eine entscheidende Bedeutung erlangt. Ökologische Kriterien werden zunehmend wichtiger. Die Managementstrukturen in der Industrie verändern sich vollständig. Simultaneous-Engineering mit parallel ablaufenden Entwicklungsprozessen für Produkt und Prozeß in interdisziplinären Teams, erfordert neben Fachwissen zusätzliche Qualifikationen des Entwicklungsingenieurs, wie Teamfähigkeit und interdisziplinäre Kommunikationskompetenz. Künftige Produktentwickler müssen darauf in angemessener Weise reagieren und eine ganzheitliche Beurteilung von Lösungsvarianten anstreben.

Die universitäre Ausbildung darf sich also nicht nur auf die Vermittlung von Fachkompetenz beschränken, sondern muß vielmehr auf die weiteren Anforderungen aus der industriellen Arbeitswelt des Ingenieurs eingehen.

Neben einer klaren Methodenkompetenz zur Beherrschung des Entwicklungsprozesses zählen Sozialkompetenz und Elaborationskompetenz mit den entsprechenden Softskills zu den Kernkompetenzen der Produktentwickler (Abb. 1) und müssen in der universitären Lehre vermittelt werden.

Um den Bedarf an gut ausgebildeten Maschinenbauingenieuren sicherzustellen und die Aktualität der Lehre auf dem Gebiet der Maschinenelemente zu ge-

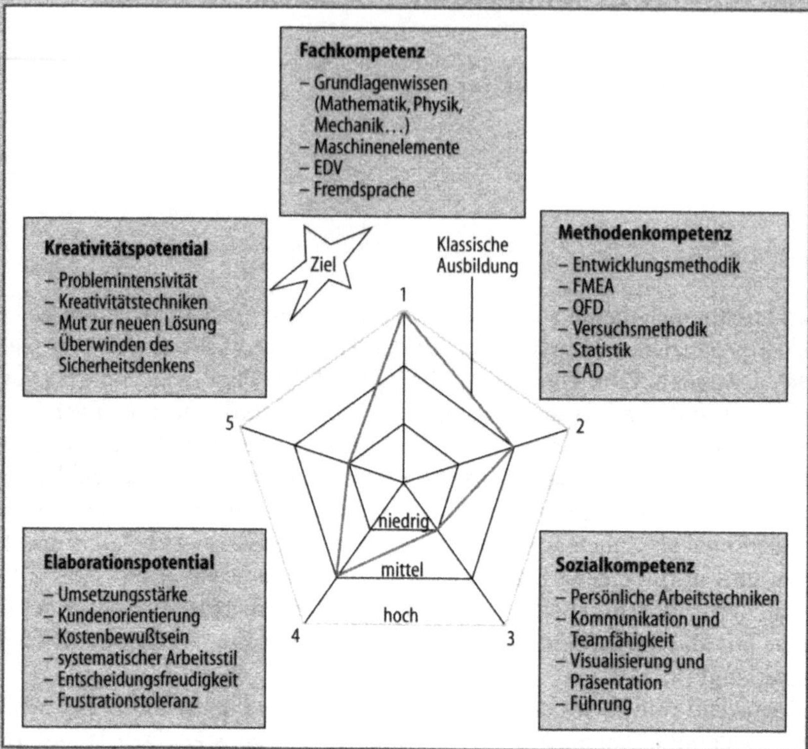

Bild 1. Das veränderte Kompetenzprofil des Ingenieurs [1]

währleisten, ist es somit erforderlich, sie über ihre bewährten Inhalte hinaus weiter zu entwickeln und insbesondere den nachfolgenden Anforderungen Rechnung zu tragen.

Die Lehre auf dem Gebiet der Maschinenkonstruktion stellt einen zentralen Schwerpunkt in der Grundausbildung von Maschinenbauingenieuren dar. Es steht außer Frage, daß sie nicht allein alle Elemente des Kompetenzprofils eines Ingenieurs vermitteln kann. Dennoch integriert die Maschinenkonstruktionslehre das Fach- und Methodenwissen der theoretischen und angewandten Grundlagenfächer bei der Dimensionierung und Gestaltung von Bauteilen und Komponenten nach vorgegebenen Anforderungen in ein ganzheitliches, ingenieurmäßiges Denken und Handeln. Sie hat damit die Chance einen entscheidenden Beitrag zur Vermittlung von Fach-, Methodenkompetenz und Sozialkompetenz zu leisten und zusätzlich erste Ansätze zur Bildung von Kreativitäts- und Elaborationspotential zu liefern.

Der Arbeitskreis Lehre Maschinenelemente (akme)

Um sich diesen Forderungen zu stellen und in Vorträgen, Diskussionen und Workshops über eine Weiterentwicklung der Lehre auf dem Gebiet der Maschinenelemente zu diskutieren, hat sich, auf Anregung von Herrn Prof. Dr.-Ing. A. Albers und Herrn Prof. Dr.-Ing. H. Birkhofer, eine Gruppe von 20 Hochschullehrern aus den Bereichen Maschinenelemente, Konstruktionsmethodik und Informationstechnologie im Jahre 1997 zum *Arbeitskreis Lehre Maschinenelemente (akme)* unter dem Dach der WGMK zusammengefunden. Seither wird kontinuierlich an den Zielen einer Neuorientierung und Weiterentwicklung der Maschinenkonstruktionslehre gearbeitet.

Im Arbeitskeis wurden 16 Thesen zur Weiterentwicklung der Maschinenelementelehre formuliert, die folgende Bereiche abdecken:
- Aufgaben und Lernziele
- Einordnung der Maschinenelementelehre im Maschinenbau
- Inhalte der Maschinenelementelehre
- zu vermittelnde Fähigkeiten und Fertigkeiten
- Didaktik

Ziel des Arbeitskreises ist die Entwicklung eines Baukastens für Lehr- und Lernmodelle, der den oben genannten Thesen gerecht wird. Aus diesem Baukasten sollen Lehr- und Lernkonzepte zusammengestellt werden können. Dabei muß die individuelle Ausrichtung der Lehre an den verschiedenen Universitäten beibehalten bleiben.

Komponenten und Umsetzungsvorschläge zu den drei grundlegenden Lehr- und Lernmodellen – konventionelles, systembetontes und projektbetontes Lehr- und Lernmodell – sind im Rahmen der Tätigkeit des Arbeitskreises bereits entstanden. Einige Universitäten konnten die Vorschläge bereits umsetzen und damit wertvolle Erfahrungen in den Arbeitskreis einbringen ([2], [3], [4]).

Das Karlsruher Lehrmodell

Bereits im Jahre 1995 mit der Berufung von Prof. Albers an den Lehrstuhl für Maschinenkonstruktionslehre an der Universität Karlsruhe wurden auf der Grundlage des im Abb. 1 dargestellten Kompetenzprofils neue Ansätze für die Lehre definiert. Zusammen mit den Erfahrungen und Thesen aus dem akme wurden diese Ansätze in einem neuen Lehr- und Lernmodell umgesetzt. Seit April '99 wird dieses Modell eingeführt.

Das Karlsruher Modell zur Vermittlung der Maschinenkonstruktionslehre gliedert sich in drei Veranstaltungsmodule: Vorlesung, Übung, und Workshop. Diese basieren jeweils auf unterschiedlichen Lehr- und Lerninhalten.

Die *Vorlesung*, grundsätzlich als übergeordneter Baustein des Lehrmodells verstanden, liefert die theoretischen Grundlagen für die beiden anderen Veranstaltungsmodule und erläutert an Beispielen aus der industriellen Entwick-

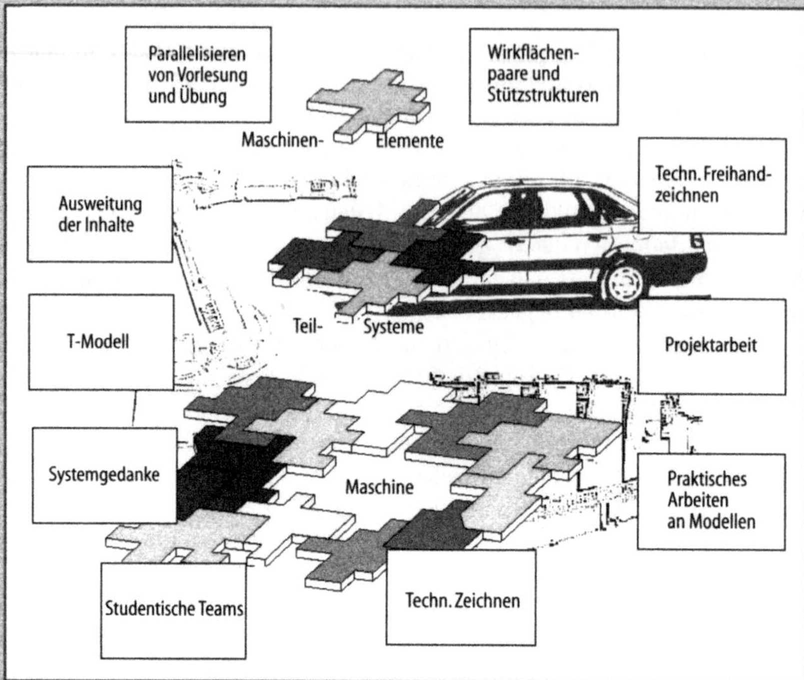

Bild 2. Grundsätzliche Ideen des Karlsruher Lehrmodells

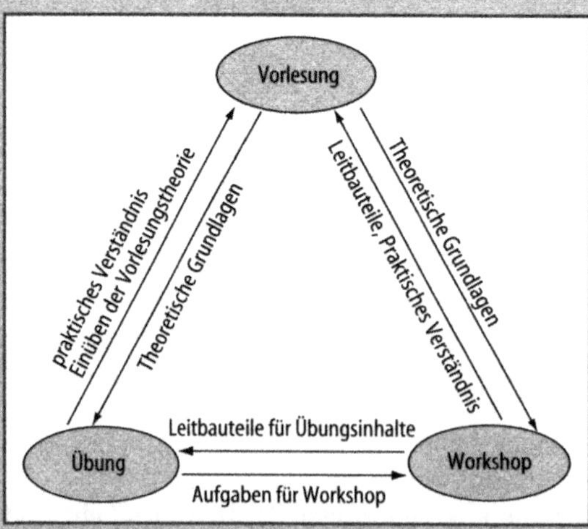

Bild 3. Verknüpfungen des neuen Vorlesungskonzeptes

lungspraxis die Prozesse der Produktentwicklung. Wichtig sind hier zwei Leitbeispiele – ein PKW-Antriebsstrang und ein Extruder – die durch die gesamte Vorlesung die Besprechung der einzelnen Maschinenelemente begleiten.

Die *Übung* vertieft das theoretische Wissen um gleichzeitig die praktische Anwendung des Vorlesungsstoffes in konkreten Übungsaufgaben zu vermitteln. An die dritte Komponente, den Workshop werden aus der Saalübung Aufgaben weitergegeben.

Im *Workshop* werden in studentischen Teams konkrete Aufgaben bearbeitet. Zu Beginn der Veranstaltung werden den Studenten Maschinenelemente vor allem praktisch begreifbar gemacht. Dadurch liefert der Workshop der Vorlesung und der Übung Leitbauteile und Leitsysteme, die den Studierenden in Funktion und Gestalt vollkommen bekannt sind.

Vorlesung

Bisherige Vorlesungskonzepte bestanden meist in einer Aneinanderreihung verschiedener Maschinenelemente. Bei jedem Maschinenelement wurde explizit auf eine Beschreibung des Maschinenelementes, auf seine Funktion, seine Gestaltung und seine Auslegung eingegangen. Dabei wurde versucht alle Maschinenelemente vollständig zu bearbeiten.

Durch die Vielzahl neuer Maschinenlemente ist eine vollständige Behandlung aller existierenden Maschinenelemente, bei gleichbleibender Vorlesungskapazität, nicht mehr möglich und auch nicht mehr sinnvoll. Das neue Karlsruher Vorlesungskonzept basiert auf einem völlig anderen Ansatz um den Studenten trotz stetig steigender Zahl von Maschinenelementen eine ganzheitliche und vollständige Maschinenelementelehre zu vermitteln:

Die Maschinenelemente werden von Anfang an auf einer höheren Abstraktionsebene aus konstruktionsmethodischer Sicht betrachtet. Sehr viele Maschi-

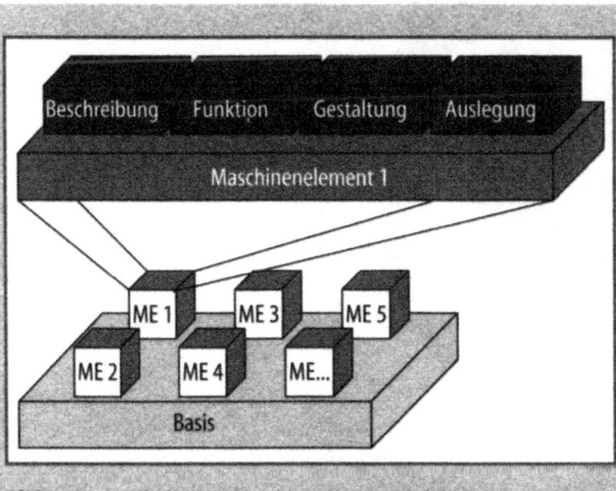

Bild 4. Struktur bisheriger Maschinenelementausbildung

nenelemente können bereits als System aus mehreren Komponenten aufgefaßt werden. Jedes Element eines Systems erfüllt dabei seine Funktion durch einen oder mehrere Kontakte zu einer anderen Systemkomponente. Die eigentliche Funktion und damit die gewünschte Wirkung wird also erst durch den Kontakt einer Fläche mit einer anderen Fläche realisiert. Diese Flächen werden somit zu Wirkflächen.

Jede Wirkfläche steht also zu irgendeinem Zeitpunkt mit einer anderen Wirkfläche in Kontakt um die Funktion des Maschinenelementes zu erfüllen. Die beiden Wirkflächen bilden ein *Wirkfächenpaar.* Beanspruchung, Auslegung und Gestaltung dieser Wirkflächen sind allein von der Funktion des Maschinenelementes, den Einsatzrandbedingungen und der mit dieser Wirkfläche in Kontakt kommenden anderen Wirkfläche abhängig. Wirkflächenpaare völlig unterschiedlicher Maschinenelemente werden häufig ähnlich ausgelegt, und gestaltet, da immer wieder gleiche Elementarfunktionen durch Wirkflächenpaare realisiert werden, wie zum Beispiel der geschmierte Kontakt unter Hertzscher Pressung.

Die weitere Struktur des Maschinenelementes erfüllt lediglich die Funktion, die Wirkfläche in ihrer definierten Lage zu halten. Sie wird folgend als *Stützstruktur* bezeichnet und muß nach ihrer Funktionserfüllung gestaltet und ausgelegt werden. Ähnlich der Wirkfläche ist also die Gestaltung und Auslegung der Stützstruktur allein von der Funktion und den Umgebungsbedingungen abhängig.

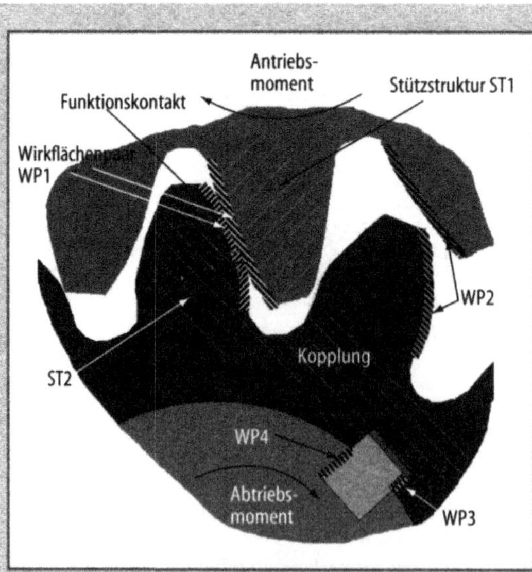

Bild 5. Theorie der Wirkflächenpaare und Stützstrukturen

Im *neuen Vorlesungsansatz* wird dem Studenten zu Beginn der Maschinenkonstruktionslehre die Theorie der *Wirkflächenpaare* und *Stützstrukturen* vermittelt. Maschinenelemente werden also am Anfang der Veranstaltung auf eine hohe Abstraktionsebene gestellt. Gleichzeitig wird hierdurch die für den Maschinenbauingenieur so wichtige Fähigkeiten zur Abstraktion gelehrt und vertieft. Später wird die Theorie an ausgewählten Maschinenelementen exemplarisch und ausführlich belegt. Der Student lernt die abstrakte Theorie aus der Vorlesung auf ein konkretes Beispiel herunterzubrechen und anzuwenden. Die Maschinenelemente werden dabei zunächst *immer* aus der Sicht und dem Zusammenhang der Leitsysteme heraus betrachtet und damit sowohl in ihren Elementeigenschaften als auch in den Wechselwirkungen mit dem Gesamtsystem besprochen. Als Beispiel sei hier die Tellerfeder als Element der Anfahrkupplung genannt. Durch parallele Diskussion von Gestaltung-, Fertigungs-, Kosten- und Dimensionierungsgesichtspunkten wird eine ganzheitliche Sicht an Praxisbeispielen vermittelt. Der Schwerpunkt der Vorlesung unterscheidet sich damit stark vom Stoff klassischer Maschinenelementelehrbücher, die für das weitere Lernen von Faktenwissen im Selbststudium zur Verfügung stehen. Bei der Behandlung weiterer wichtiger Maschinenelemente kann sich der Dozent auf die exemplarisch erläuterten Maschinenelemente berufen und braucht diese Elemente nur kurz ansprechen, da der Student bereits gelernt hat, Wissen höheren Abstraktionsgrades auf konkrete Problemstellungen zu transformieren. Bei-

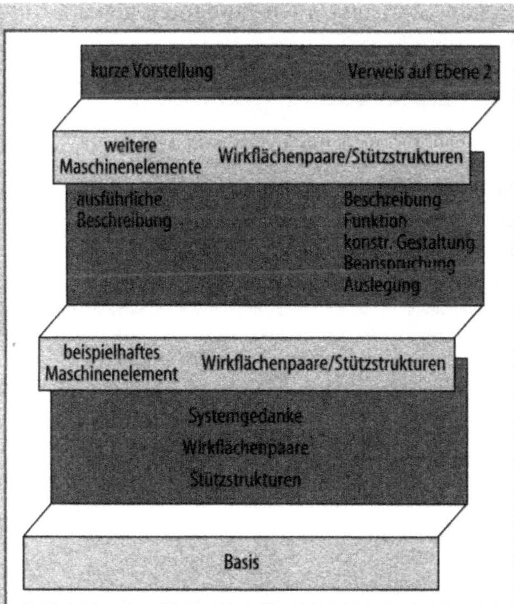

Bild 6. Das Ebenenmodell der neuen Maschinenkonstruktionsausbildung

spielsweise tritt zwischen der Systemkomponente Wälzkörper und der Systemkomponente Lageraußenring also im Wirkflächenpaar Wälzkörperoberfläche/ Lagerlaufbahn *Hertzsche Pressung* auf. Im Wirkflächenpaar zweier miteinander kämmender Zahnräder, der Paarung zweier Zahnflanken, tritt ebenfalls *Hertzsche Pressung* auf. Folglich werden Zahnflanken und Wälzkörperoberflächen, auf einer gehobenen Abstraktionsstufe, auch ähnlich ausgelegt und gestaltet.

Die Vorlesung hat nicht den Anspruch alle Maschinenelemente vollständig zu behandeln, sondern vermittelt vielmehr die Fähigkeit unbekannte Maschinenelemente und komplexe Maschinensysteme durch den Fokus auf Wirkflächenpaare und Stützstrukturen im Maschinensystem zu verstehen, zu analysieren und neue Elemente in bekanntes Grundlagenwissen einzuordnen. Damit wird die Fähigkeit zu selbständiger Synthese gefördert.

Rund 15% des Vorlesungsinhaltes behandelt nichtmechanische mechatronische Elemente und Systeme um so die Erweiterung der modernen Maschinenkonstruktion klar zu machen. Beispielsystem ist hier wieder der automatisierte Antriebsstrang.

Die Vorlesung wird vollständig unter Nutzung digitaler Präsentationstechnik durchgeführt. Damit wird es möglich auch digitale Videosequenzen in die Vorlesung einzubinden und unter extremer Zeitersparnis Wissen zu vermitteln.

Übung

Unter Übung wird nach dem neuen Lehrmodell generell eine Veranstaltung verstanden in der ein übungsleitender Assistent allen Studenten gleichzeitig im

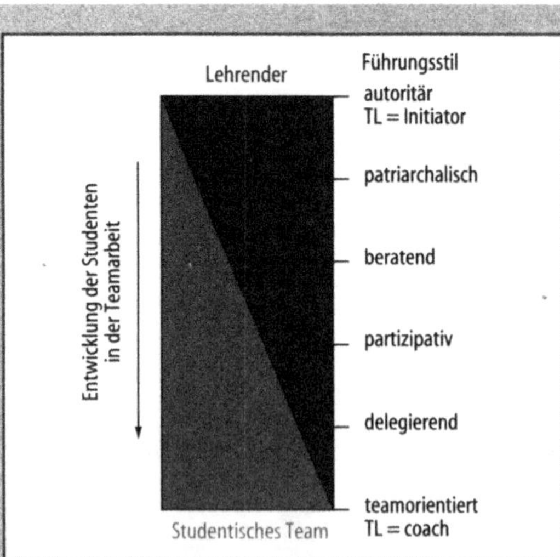

Bild 7. Führungsstile im Teammanagement in der Anwendung auf die Ausbildung

Frontalunterricht Wissen vermittelt. Der „Führungsstil" des Lehrenden aus Sicht des Teammanagements ist dem der Vorlesung ähnlich dozentenorientiert und wenig interaktiv. Vereinfacht kann dieser Führungsstil auch als „autoritär und patriarchalisch" bezeichnet werden (Abb. 7). In der Übung sind Fragen und Anregungen von Seiten der Studenten zwar erwünscht, trotzdem kann aufgrund der großen Studentenzahlen (ca. 275 Studenten im Sommersemester '99) nur beschränkt darauf eingegangen werden.

In der Übung wird die Vorlesungstheorie aufgegriffen und vertieft. In Übungsaufgaben, die sich zum Großteil auf die Leitbauteile und Leitsysteme der Vorlesung und des Workshops beziehen, lernt der Student theoretisches Wissen auf konkrete Probleme anzuwenden und das verinnerlichte Wissen umzusetzen und zu transformieren.

Workshop

Im Workshop sollen unter anderem die für den Ingenieur so wichtigen, oben bereits erwähnten, Softskills vermittelt werden. Es wird von Anfang an konsequent Teamarbeit verlangt. Konstruktion findet im Team unter selbständiger Aufgabenverteilung statt. Erfahrungen der einzelnen Teammitglieder müssen unter den anderen Teammitgliedern ausgetauscht werden. Die für die Studenten aus der Schule oft völlig ungewohnte Teamarbeit muß natürlich erst unter Anleitung geübt werden. Dazu stehen sechs Assistenten neben 18 studentischen Hilfswissenschaftlern während den wöchentlich stattfindenden Workshops bereit. Zu Beginn des Workshops greifen die Betreuer noch autoritär in die Teamarbeit der Studenten ein. Im zweiten und dritten Semester ziehen sich die Betreuer immer weiter aus der Problemlösung zurück und greifen nur noch beratend, partizipativ, bzw. delegierend in die Prozesse ein. Betreuung wird in den späteren Seme-

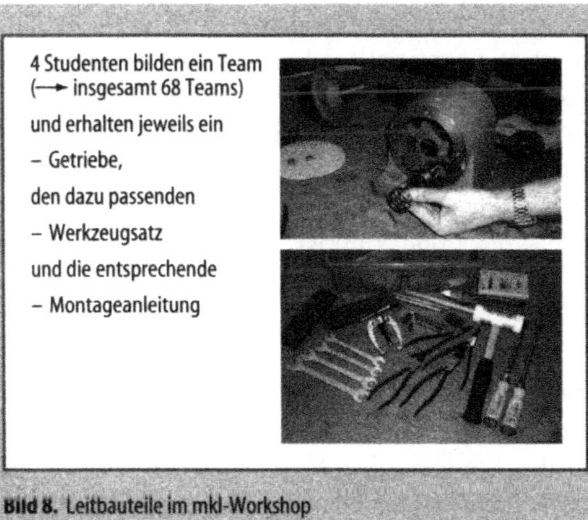

Bild 8. Leitbauteile im mkl-Workshop

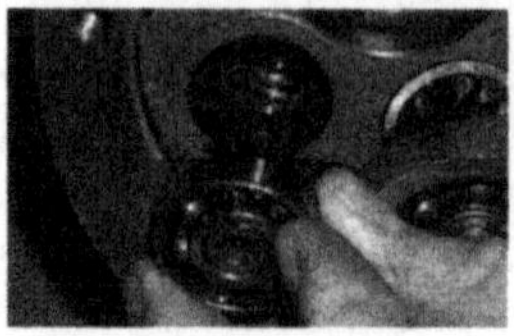

3. Workshop
- Demontage der Welle 2
- Analyse der Lagerung von Welle 2 (Lagerart, Lagerfixierung, Kraftleitung)
- Vermessen der Welle 2
- Erstellen einer techn. Zeichnung
- Kontrolle der Zeichnung durch Nachvollziehen eines Prüfvorganges
- Vergleich von 3D-Freihandskizze, Produktmodell und techn. Zeichnung
- Berechnung der Passung zwischen Lagerinnenring und Welle 2 (Umfanglast/Punktlast)

Bild 9. Beispiel für Workshopinhalte

stern also nur noch als Coaching verstanden. Dadurch wird eine ständig wachsende Selbständigkeit von Seiten der Studenten gefordert.

In den ersten zwei Semestern werden die Studenten mit einem einfachen Leitsystem und den Leitbauteilen konfrontiert. Sie haben die Möglichkeit Getriebemotoren in 18 von Assistenten und Hilfswissenschaftlern begleiteten und 9 freien Workshops zu zerlegen und die verschiedenen Systemkomponenten zu analysieren.

Im ersten Semester werden im Workshop unter anderem Themen wie Technisches Freihandzeichnen, Analyse von Bauteilen in Gestalt und Funktion, Oberflächenanalysen und Messung unter Beachtung verschiedener Herstellprozesse, Passungsanalyse und erste Syntheseüberlegungen behandelt.

Im zweiten und dritten Semester werden vor allem Maschinensysteme mit steigendem Komplexitätsgrad konstruiert und entworfen. Auch diese Arbeiten finden in studentischen Teams statt. Schnittstellen bei der Konstruktion legen die Teams selbst fest. Einzelkonstruktionen werden von den Studenten abgestimmt, zusammengeführt und dann von den Betreuern als Ganzes bewertet. Abschlußaufgabe ist eine Konstruktion aus dem industriellen Umfeld mit offener Problemstellung, deren Lösung auch den Betreuern, die nur noch delegierend in den Problemlösungsprozeß eingreifen, unbekannt ist.

Das Darmstädter Lehrmodell

Traditionell hat die Maschinenelemente-Ausbildung an der TU-Darmstadt (TUD) einen hohen Stellenwert. Zum Wintersemester 1998/99 wurde auf der Basis der Thesen und der Modelle des Arbeitskreises Maschinenelemente ein neues Lehr- und Lernmodell an der Technischen Universität Darmstadt zur Vermittlung der Maschinenelemente entwickelt.

Das Konzept des Lehrmodells

Die Vermittlung des Systemgedankens

Ein besonderes Anliegen war dabei die Vermittlung des Systemgedankens und die angemessene Berücksichtigung mechatronischer Maschinenelemente (Abb.10).

Entgegen der üblichen Vorgehensweise soll die neue Ausbildung bei einem Überblick über technische Systeme beginnen und deren Komponenten in einem Systemzusammenhang darstellen. Erst wenn die Studierenden technische Systeme kennengelernt haben und die Vielfalt mechatronischer Komponenten ein- und zuordnen können (Top-Down-Ansatz) soll dann die vertiefte Behandlung der mechanischen Maschinenelemente vom Bauteil ausgehend bis zu den mechanischen Systemkomponenten (Bottom-Up-Ansatz) erfolgen. Diese Mischung

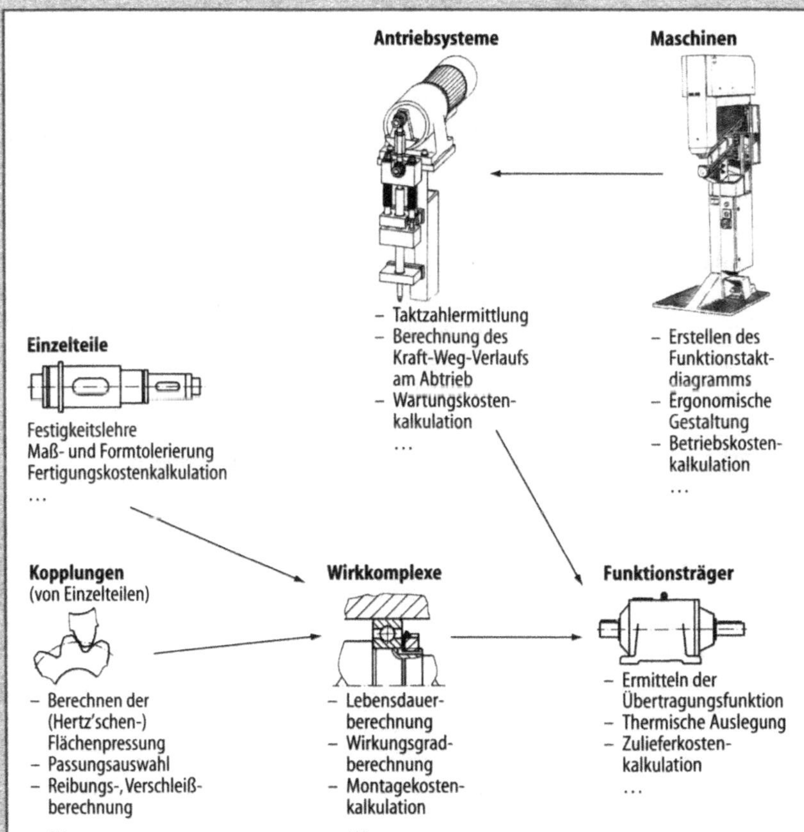

Bild 10. Problemorientierter Ansatz – Maschinenelemente und zugeordnete Methoden

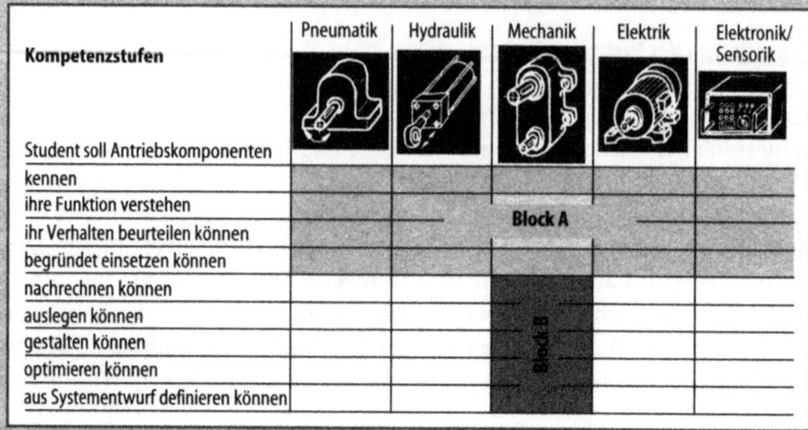

Bild 11. T-Modell der Lehrinhalte und Lernziele

aus Top-Down- und Bottom-Up-Ansatz soll einerseits die Voraussetzungen für das Auslegen und Gestalten mechanischer Maschinenelemente -z.B. Lastannahmen- nachvollziehbar machen. Andererseits soll damit das Verständnis bei den Studierenden geweckt werden, daß die Beherrschung der Auslegung und Gestaltung mechanischer Maschinenelemente eine Kernkompetenz eines jeden Maschinenbauingenieurs ist, die auch bei vielen nichtmechanischen Komponenten wie Elektromotoren, Hydraulikzylindern oder Pneumatikventilen unverzichtbar ist. Dieses Lehrkonzept wird auch dadurch erleichtert, daß sich viele Methoden zum Auslegen und Gestalten an Maschinenelementen bestimmter Komplexitätsstufen festmachen lassen (Abb.11).

Die Integration nichtmechanischer (mechatronischer) Maschinenelemente

Wie sind aber nun bei gleichem Stundenumfang die zusätzlichen Inhalte sinnvoll und verständnisfördernd unterzubringen? In der ganzen Breite und Tiefe können mechatronische Maschinenelemente keinesfalls vermittelt werden. Deswegen wurde an der TUD ein sogenanntes T-Modell der Lehrinhalte und Lernziele erarbeitet (Abb.12).

Ein erster Block A der gesamten Maschinenelemente-Ausbildung soll mechatronische Elemente in voller Breite, allerdings nur in reduzierter Tiefe vermitteln. Daran soll sich dann der Block B anschließen, in dem die Studierenden an mechanischen Maschinenlementen ihre Kompetenzen vergleichbar zur bisherigen Veranstaltung vertiefen können.

Der Systementwurf in Projektarbeit

Neben dem Systembezug und der angemessenen Berücksichtigung nichtmechanischer Maschinenelemente bereits im Grundstudium ist an der TUD ein drittes, didaktisches Element aufgegriffen worden, das im ersten Lichtenthaler Workshop diskutiert wurde. Dort zeigte sich, daß durchaus unterschiedliche Lehr- und Lernmodelle je nach konkreter Situation an den einzelnen Hochschulen sinnvoll sein können. Besonders faszinierende Perspektiven gerade für eine Maschinenelemente-Ausbildung bietet die Projektarbeit, in der die Studierenden in Teams eine komplexere Aufgabenstellung ganzheitlich bearbeiten. Sie sollen dabei das bisher erworbene Fach- und Methodenwissen einbringen, die Wechselwirkungen zwischen Gestaltung und Berechnung, zwischen Detail und Ganzem kennenlernen und erstmals im Grundstudium die Synthese eines komplexeren, technischen Systems durchführen.

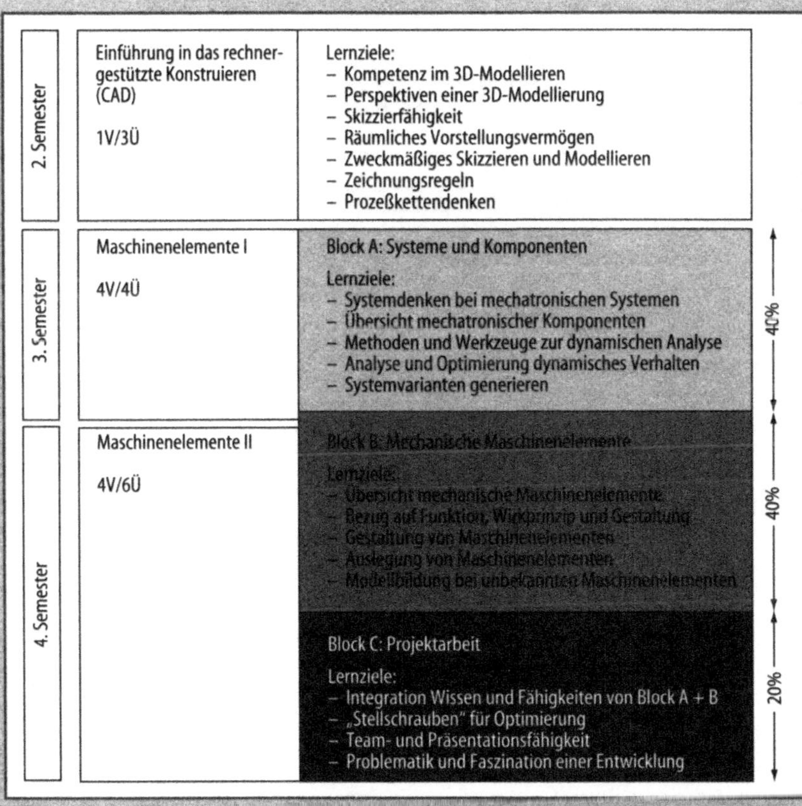

Bild 12. Grobgliederung der neuen Maschinenelemente-Ausbildung

Diese Lernziele werden von den Verantwortlichen für so wesentlich erachtet, daß der dritte Block der neuen Veranstaltung komplett für die Projektarbeit zur Verfügung stehen soll. Nach einer einführenden Vorlesung zur Planung, Durchführung und Steuerung einer Projektarbeit sollen die Studierenden ein mechatronisches System entwickeln, es hinsichtlich Dynamik und Festigkeit auslegen, technisch und wirtschaftlich optimal gestalten und zumindest wesentliche Komponenten davon in 3D-CAD modellieren. Die Projektarbeit wird begleitet von Zwischen- und Endpräsentationen, beide Professoren und alle wissenschaftlichen Mitarbeiter und Tutoren betreuen sie. Innerhalb des Blocks C sollen keine Vorlesungen stattfinden, die Vorlesungszeit wird für die Betreuung der Projektgruppen genutzt.

Durchführung

Abbildung 12 zeigt den Ablauf der neuen Maschinenelemente-Veranstaltung, wie sie seit dem WS 98/99 an der TUD durchgeführt wird. Block A mit 40% des gesamten Stundenumfangs wurde Mitte Januar abgeschlossen. Zur Zeit (April 99)

Tabelle 1. Gliederung der Vorlesungen und Übungen zu Block A

Wintersemester 98/99			
DSt.	**Vorlesung**	**Übung**	**Mod**
Block A: Mechatronische Systeme und Komponenten			
1.	**1. Einführung in die neue ME-Lehre**	**Block I**	
2.	**2. Technische Systeme im Maschinenbau**	Organisation	
3.	Beispiele, Systembeschreibung, Leitbeispiel	Blockschaltbilder	
4.	**3. Grundlagen für Technische Systeme**		
5.	Funktion und Verhalten	Differentialgleichungen	
6.	Mechatronische Modelle	Numerisches Integrieren	
7.	Dynamik mechatronischer Systeme, Regelkreis	Einstieg in Matrixx	
8.	Simulation, Werkzeuge		
9.	Grundlagen der Festigkeitslehre	**Block II**	
10.	**4. Prozesse und Prozeßkomponenten (Abtrieb)**	Modelle von	
11.	**5. Energiespeicher**		
12.	**6. Aktoren** Grundlagen, Beispiele	– mechanischen Komponenten	
13.	6.1 Elektromagnetische Aktoren	– Aktoren und Sensoren	
14.	6.2 Elektrodynamische Aktoren	mathematische Herleitung und	
15.	6.3 Pneumatische u. hydraulische Aktoren	Umsetzung am Rechner Simulation	
16.	6.4 Mechanische Aktoren (Getriebe)	Parametervariation	
17.	6.5 Stellglieder (Schalt-, Trennkupplungen)		
18.	**7. Sensoren Grundlagen** Beispiele		
19.	Sensoren für Kraft- und Bewegungsgrößen	**Block III**	
20.	Sensoren für andere Größen		
21.	**8. Regler und Steuerungen** Grundlagen, Beispiele	Mechatronisches	
22.	Analoge, digitale Regler, A/D- und. D/A-Wandler	Gesamtsystem analysieren	

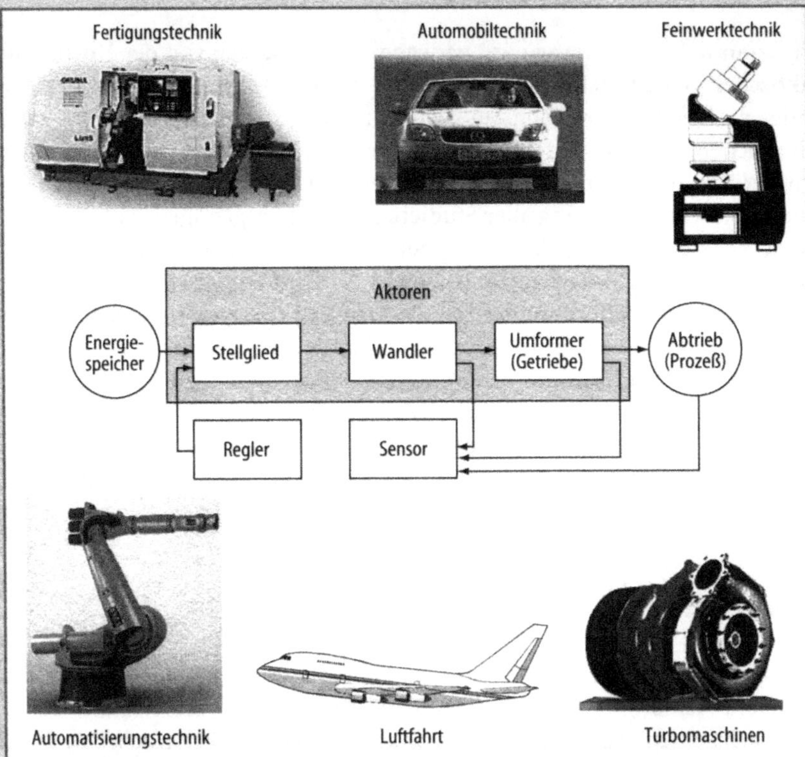

Bild 13. Technische Systeme und Komponenten

wird Block B mit ebenfalls 40% Zeitanteil durchgeführt während der Block C mit 20% Zeitanteil Anfang Juni 99 beginnt und derzeit noch in Vorbereitung ist.

Während der Block B auf den bisherigen, allerdings wesentlich konzentrierter gefaßten Inhalten beruht wurde der Block A völlig neu konzipiert (Tabelle 1).

Von den zur Verfügung stehenden 22 Doppelstunden wurden 3 für einen Überblick, 6 für die Vermittlung der notwendigen Grundlagen (z.B. Dynamik, Regelungstechnik, Simulation) genutzt und in den restlichen 13 Doppelstunden die einzelnen Systemkomponenten behandelt. Jedes System und jede Komponente wurden dabei immer wieder in einen Systemzusammenhang gestellt, wie er in Abb.13 4 dargestellt ist.

In den Übungen zu Block A erwarben die Studierenden zuerst die Kompetenz, mit MatrixX einfache Simulationen durchzuführen und erweiterten dann schrittweise ihre Fähigkeiten von der dynamischen Analyse bekannter Systeme auf deren Optimierung. Leitbeispiel war dabei eine elektromechanische Kompensationswaage, die sowohl als Produkt als auch als vereinfachtes Funktionsmuster für den Vergleich Simulation - Experiment zur Verfügung gestellt wurde.

Erste Ergebnisse und Erkenntnisse

Die gesamte Veranstaltung wird pädagogisch/didaktisch von der Hochschuldidaktischen Arbeitsstelle (HdA) der TUD betreut. Im Rahmen der Betreuung findet nach jeder Vorlesung, an der beide Hochschullehrer und die wissenschaftlichen Mitarbeiter teilnehmen sofort eine „Manöverkritik" statt. Zusätzlich werden Studenten regelmäßig interviewt, am Ende eines jeden Blocks findet eine detaillierte Befragung aller Studierenden mit Fragebögen statt.

Die neue Konzeption der Maschinenelemente-Veranstaltung findet bei den Studierenden durchweg positive Resonanz. Sie wird als notwendig und hilfreich für das gesamte Studium und als sinnvoll für den späteren Ingenieurberuf eingeschätzt. Trotz des einhellig als hoch eingeschätzten Schwierigkeitsgrades und des mit dieser, wie wohl mit jeder anderen Maschinenelemente-Veranstaltung verbundenen, großen Zeitbedarfs werden unvermeidbare Mängel dieses ersten Durchlaufs von den Studierenden erstaunlich „kulant" behandelt. Hervorzuheben ist auch als erstes Zwischenergebnis, daß die neue Veranstaltung insbesondere bei den leistungsstärkeren Studierenden und denjenigen mit abgeschlossener Lehre besonders positiv abschneidet.

Zusammenfassung

Im Arbeitskreis Maschinenelemente der WGMK wurden wichtige Thesen für die Weiterentwicklung der Maschinenkonstruktionslehre erarbeitet und die notwendigen Schritte zur Anpassung der Maschinenkonstruktionslehre an die heutigen wissenschaftlichen und industriellen Erfordernisse formuliert.

Die Thesen bilden eine gemeinsame Basis auf der Lehr- und Lernmodelle aufgebaut werden können. Diese müssen die individuellen Situationen der jeweiligen Universitäten und die Erfahrungen sowie Forschungsschwerpunkte des verantwortlichen Hochschullehrers berücksichtigen. An den Universitäten Darmstadt (TUD) und Karlsruhe (TH) werden die neuen Lehr- und Lernmodelle bereits umgesetzt. Die Universität des Saarlandes [6] wird im Wintersemester 99 damit beginnen. Positive Stellungnahmen zu den neuen Lehrkonzepten sowohl aus Studenten- als auch aus Industriekreisen bestätigen die neuen Ansätze und bestärken uns, den eingeschlagenen Weg zur Weiterentwicklung der Maschinenkonstruktionslehre konsequent und zielorientiert auf Grundlage der Thesen der WGMK weiterzugehen. Wir sind der festen Überzeugung, daß das Engagement in der Lehre ganz im Sinne unseres verehrten, so früh verstorbenen Kollegen Beitz ist.

Literatur

[1] Albers, A.: Wohin steuert die Maschinenkonstruktionslehre?, Jahrestagung der WGMK 1996. Universität Karlsruhe (TH) 1996.

[2] Albers, A.; Birkhofer, H.: Die Zukunft der Maschinenelementlehre; Tagungsunterlagen zum Workshop Heiligenberg; 23.04 u. 24.04.97;Universität Karlsruhe u. Universität Darmstadt; 1997.

[3] Albers, A.; Birkhofer, H.: Neue Lehre; Tagungsunterlagen zum 1. Workshop Lichtental; 09.02 u. 10.02.98; Universität Karlsruhe u. Universität Darmstadt; 1998.

[4] Albers, A.; Birkhofer, H.: Neue Lehre; Tagungsunterlagen zum 2. Workshop Lichtental; 24.02 u. 25.02.99; Universität Karlsruhe u. Universität Darmstadt; 1999.

[5] Albers, A.: Simultaneous Engineering an einem Beispiel aus der Kraftfahrzeugzulieferindustrie; EK-VIP Führungskräftetreffen des VDI am 18. Juni 1993 in München, Tagungsband, VDI Verlag.

[6] Weber,C.: Activities in a New Way of Teaching Machine Elements in Germany. International Design Conference - Design '98, Dubrovnik, May 19–22, 1998

o. Prof. Dr.-Ing. A. Albers,
Dipl.-Ing. S. Matthiesen
Universität Karlsruhe
Institut für Maschinenkonstruktionslehre und Kraftfahrzeugbau
Prof. Dr.-Ing. H. Birkhofer
Technische Universität Darmstadt
Maschinenelemente und Konstruktionslehre

Anpassung an die neuen Forderungen: Lärmarme Getriebe

F. C. Babalik

Inhalt Eine konstruktive Lösung muß von Zeit zu Zeit an neue Forderungen angepasst werden. Neben der Abgasschadenreduzierung und recyclinggerechtem Bau, ein lärmarmes Auto zu konstruieren ist das Ziel mehrerer Arbeiten. Das Getriebegeräusch wird von mehreren Parametern beeinflusst. Die Zahnräder selbst zählen dazu. Durch die geeignete Wahl der Zahnradgrössen bei der Berechnung und besondere Massnahmen bei der Herstellung ist es möglich den Lärmpegel zu reduzieren.

Modification of the gear design parameters to reduce gear box noise level

Abstract Requirements from automobiles have been continuously changing. Hence, people expect that new generation automobiles should satisfy some requirements. As regulations applied on the limits of the exhaust gas emissions, or recyclable construction, the reduction of the vehicles noise level is the one of the major factors among the new requirements. It is known that gearbox is one of the noise source in automobiles. In this study, the factors, related with gear construction, affecting the noise are determined, an example is presented to show how gear construction and production can be done for silent gear.

1 Einleitung

Eine konstruktive Lösung braucht von Zeit zu Zeit Änderungen bzw. Verbesserungen, auch wenn sie uns gut, sogar vollkommen erscheint. Neue Bedürfnisse, Änderung der wirtschaftlichen Gegebenheiten, Entwicklung der technologischen Möglichkeiten u.ä. zwingen den Konstrukteur neu zu denken und bis dahin so erfolgreiche bzw. befriedigende Konstruktionen an die neuen Randbedingungen anzupassen. Diese Tätigkeit ist die Konstruktionsart, welche die Konstrukteure in ihrem Berufsleben sehr oft praktizieren müssen und sie wird „Anpassungskonstruktion" genannt.

Die Anpassungskonstruktion ist nach Pahl und Beitz [1] Anpassen eines bekannten Systems an die veränderliche Aufgabenstellung zur Überwindung offenbar gewordener Grenzen, ohne das Lösungsprinzip zu ändern; dabei kann die Neukonstruktion einzelner Baugruppen oder -teile nötig sein. Die besten Beispiele zur Anpassungskonstruktion kann man aus dem Bereich der Automobilindustrie geben. Es kann sogar gesagt werden, dass die hundertjährige Geschichte des Automobils überhaupt ein Spiegelbild der technischen Entwicklung und ihrer parallel laufenden konstruktiven Anpassung ist.

Das Automobil ist trotz Computerisierung des beruflichen und privaten Lebens, noch immer liebstes Kind vieler Menschen. Es ist ein sehr weit entwickeltes technisches Erzeugnis und es wird sehr eifrig noch an vielen Detailproblemen gearbeitet, um den Kunden ein sparsames, komfortables, sicheres und umweltgerechtes Automobil präsentieren zu können. Dieses Bestreben zwingt den Konstrukteur zu neuen Anpassungskonstruktionen.

„Umweltgerecht Konstruieren" ist nicht nur ein Schlagwort sondern von Gesetzgebern vieler Länder bis hin zum umweltbewussten Mitmenschen ein von jedem ernstgenommenes Verlangen. Neben Abgasschadenminimierung und Recyclinggerechter Konstruktion ist das Bauen eines lärmarmen Autos das Problem, welches die Entwicklungsingenieure am meisten beschäftigt.

Die überspitzte Definition, das Automobil sei eine Anhäufung von Schwingungs- und Geräuschproblemen mit etwas Blech drum herum, zeigt wie wichtig Lärmprobleme im Auto sind. Die Gesetzgeber vieler Länder legen immer schärfer werdende Vorschriften für die von Fahrzeugen nach aussen abgestrahlte Geräusche fest, um die Anwohner und Fussgänger vor Lärm zu schützen.

Die Fahrzeuggeräusche kann man beim fahrenden Auto in fünf Hauptgruppen aufteilen. Diese sind:

- Geräusche des Antriebsaggregates
- Geräusche des Abgassystems
- Geräusche des Ansaugsystems
- Rollgeräusch
- Windgeräusch.

Die beiden letzten Geräusche treten beim stehenden Auto mit laufendem Motor nicht auf. Der Motor mit seinen Hilfsorganen bildet die Hauptgeräuschquelle. Aus diesem Bereich entstehen Verbrennung-, Kurbelmechanismen-, Kühler- und Lüfter-, sowie Getriebegeräusche. Ein Auto hat mehrere Tausend Bauteile, über Hunderte davon sind akustisch relevant. Eine dynamische Untersuchung der akustischen Probleme am Auto ist ausserordentlich schwierig und zum Teil unüberschaubar, da die an der Geräuschentstehung verantwortlichen Bauteile sich wechselseitig beeinflussen. Während man einerseits theoretische Untersuchungen vornimmt, versucht man anderseits an wichtig erscheinenden Teilen konstruktive Änderungen vorzunehmen und dann messtechnisch den akustischen Erfolg oder Misserfolg feststellt.

In Zusammenarbeit mit einem europäischen Automobilhersteller in der Türkei wurden Arbeiten durchgeführt, die das Ziel haben ein lärmärmeres Getriebe zu konstruieren.

Das heutige PKW-Getriebe hat verglichen mit den anderen Lärmquellen einen niedrigen Schallpegel, trotzdem werden noch weitere Arbeiten durchgeführt um lärmärmere Getriebe bauen zu können. Das Getriebegeräusch wird von fünf Hauptparameter direkt beeinflusst. Diese sind:

a. Betriebsbedingungen (d.h. Leistung, Drehzahl)
b. Zahnräder
c. Lager
d. Getriebekasten
e. Isolation

Was wir als Lärm wahrnehmen, ist kein Geräusch aus einer Quelle, sondern die Summierung aller Geräusche. Daher ist es sehr schwierig, manchmal sogar unmöglich, die „genaue" Quelle festzustellen. Oft steht man sogenannten Geistergeräuschen gegenüber, deren Quelle man nicht eindeutig definieren kann. Es wird vermutet, dass die Geistergeräusche durch das Zusammenfallen der harmonischen Schwingungen von einzelnen Bauelemeneten des Getriebes zustande kommt [2].

2
Klären der Aufgabenstellung

Ob es sich um Neu-, Anpassungs-, oder Variantenkonstruktion handelt, ist der erste Konstruktionsschritt „Klären der Aufgabenstellung". Als erstes geht man einen der bewährten Wege durch: Zusammentragen der bekannten Effekte, die zu der gewünschten Lösung beitragen können. Durch die Literaturrecherche, eigene Untersuchungen und von der Firma übernommene Erfahrungen wurde folgendes festgestellt:

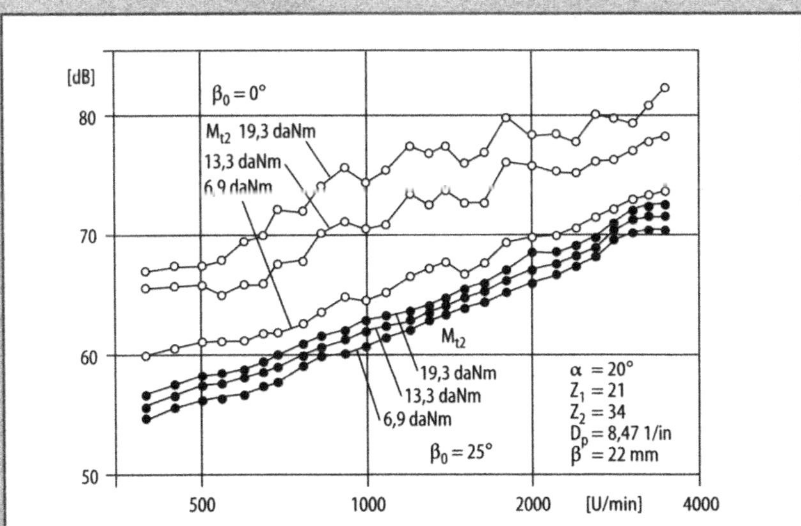

Bild 1. Einfluß des Drehmoments und der Drehzahl auf Lärm

- Abhängig von der Drehzahl ist die Umfangsgeschwindigkeit Verursacher des Lärms. Hohe Geschwindigkeit begünstigt die Verschleissrate und sie erzeugt einen höheren Lärmpegel; daher muss bei höher werdender Umfangsgeschwindigkeit eine bessere Verzahnungsqualität gewählt werden.
- Höhere Momente bedeuten höhere Lagerbelastung und grössere Biegung, die wiederum hohen Lärm verursachen, Bild 1.
- Die Eigenfrequenzen des Gehäuses können sich mit der Frequenz des einen oder der anderen Frequenz der anderen Bauelementen überdecken, so dass ein Resonanzfall vorliegt. Die geometrische Form des Gehäuses kann durch die Finite Elemente Methode sehr gut untersucht und optimiert werden. Durch diese Methode lassen sich die Stellen mit der maximalen Gestaltsenergiedichte feststellen. Diese Stellen werden dann mit noch mehr Werkstoff verstärkt. Die allgemeine Regel hierzu ist, dass man an Lagerstellen verstärkte Wanddicke vorsieht um die Deformationen zu verhindern und von großflächigen Wänden absieht, gerippte Flächen bevorzugt; weil die flachen Wände die Schwingung begünstigt.
- Der Werkstoff und die Wanddicke des Gehäuses. Hier hat der Konstrukteur zwischen zwei gegensätzlichen Anforderung zu unterscheiden. Grauguss ist wegen der hohen Schalldämpfungeigenschaft günstig, während Aluminiumlegierungen durch einfaches Giessen, leichteres Gewicht, bessere Bearbeitung im Automobilbau immer mehr bevorzugt wird.
- Lager sind möglichst starr zu konstruieren. Die Biegedeformation erhöht die tatsächlichen Zahnkräfte und den Lärmpegel.
- Kegellager sind leiser als Kugellager.

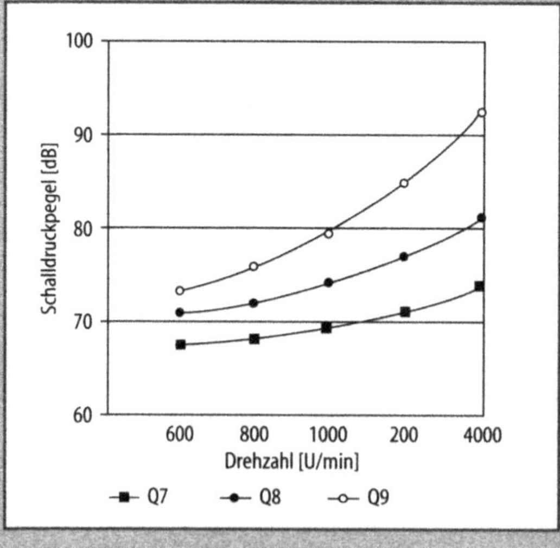

Bild 2. Zahnqualität und Lärm

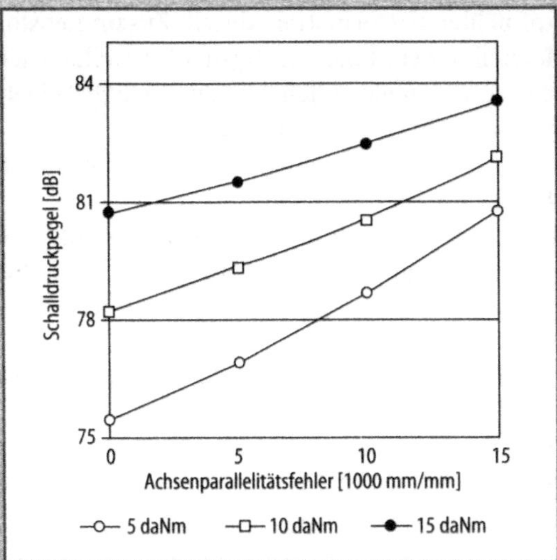

Bild 3. Achsenparallelitätsfehler und Lärm in Abhängigkeit vom Drehmoment

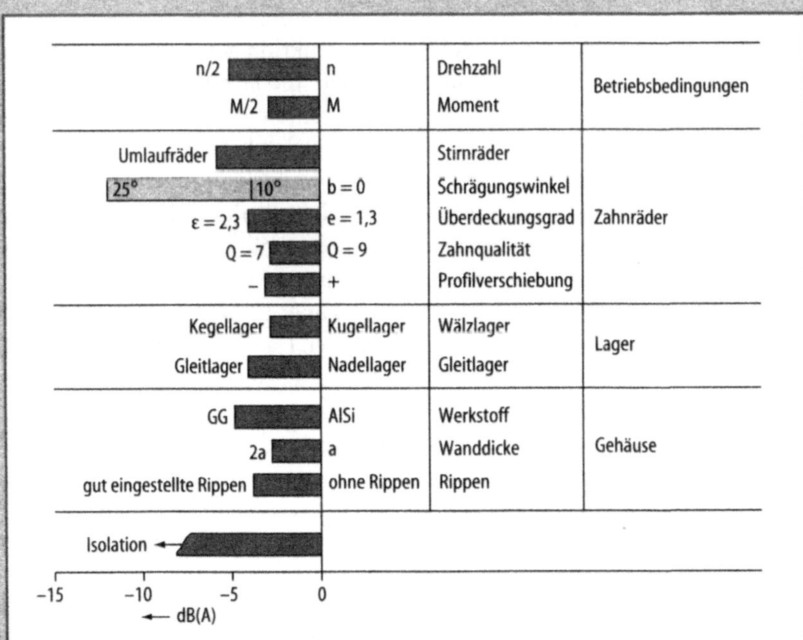

Bild 4. Lärmreduzierungsfaktoren und deren Einfluß auf Lärm bei PKW-Getriebe

- Herstellungsfehler verursachen erhebliche Lärmerhöhung. Schrägungswinkelfehler, Teilungsfehler, Profilfehler, Deformation durch Zusammenstoss zweier Zahnräder bei der Herstellung sind die wichtigsten Herstellungsfehler. Die Summe dieser Fehler bestimmen eigentlich die Zahnqualität. Wie der Schallpegel sich mit der Zahnqualität ändert zeigt Bild 2.
- Achsenparallelität bedingt eine fehlerfreie Montage der Getriebelemente. Sonst wächst der Lärmpegel ebenfalls, Bild 3.
- Schliesslich sind die Zahnräder die zur Lärmminderung bzw. -erhöhung sehr stark beitragende Getriebelemente. Es gibt mehrere Parameter, die dazu beitragen und schon bei der Zahnradkonzipierung festgelegt werden müssen.

Es ist schwierig die oben kurz geschilderten Punkte zu gleicher Zeit zu untersuchen. Es ist sinnvoller und übersichtlicher wichtig erscheinende Punkte einzeln zu untersuchen und dann die besseren Ergebnisse miteinander zu kombinieren. In Bild 4 sind die oben aufgezählten Faktoren und deren Einflüsse auf dem Lärmpegel zu sehen.

3 Aufgabe und Suchen der Lösungswege

Die vorliegende Arbeit konzentriert sich nur auf die Zahnräder selbst. Damit ist es eine Teilaufgabe und die Aufgabenstellung wie folgt festgelegt: Ohne die wesentlichen Anforderungen und in der Erstkonstruktion gegebenen Hauptwerte, wie Übersetzung und Achsenabstand, zu ändern, sind lärmärmere Zahnradpaare zu konstruieren. Um die Lösungswege zu suchen, stellt man wieder die Kenntnisse zusammen, die den Lärm und Zahnrad zugleich betreffen:

- *Getriebeart:* Im Automobilbau werden bekanntlich Stirnradgetriebe oder Planetgetriebe verwendet. Obwohl Planetgetriebe mit ihrem kleinen Raumbedarf, grossen Übersetzungsverhältnis und hohen Wirkungsgrad viele Vorzüge haben,werden sie wegen der vergleichsmässig teueren Herstellung und relativ schwierigen Probleme bei der Lagerung, Kühlung und Schmierung noch nicht in allen PKW-Getrieben verwendet. Da die Firma aus wirtschaftlichen und service-technischen Gründen diese Lösung ausschloss, wurde bei der Arbeit das Planetgetriebe nicht in Betracht gezogen.
- *Übersetzungsgrad:* Je höher der Überdeckungsgrad, so ausgeglichener ist die dynamische Kraftverteilung. Das Ziel ein lärmarmes Zahnradpaar zu konstruieren ist stark verbunden bzw. fast gleichzusetzen mit dem Ziel den Überdeckungsgrad so hoch wie möglich zu machen. Den grossen Stirnüberdeckungsgrad bekommt man, indem man die Zähnezahl möglichst gross wählt. Die Zähnezahl ist nach oben durch das von der Festigkeit bestimmte Modul begrenzt. Ausserdem soll bei der Zähnezahlbestimmung darauf geachtet werden, dass die Zähnezahl der beiden Räder keinen gemeinsamen Teiler haben, damit die gleichen Zähne möglichst selten aufeinander treffen.

- *Sprungüberdeckung:* Der Sprungüberdeckungsgrad hängt von der Radbreite b und Schrägungswinkel β ab. Eine Breitenvergrösserung bringt die Gefahr, dass bei der hohen Deformation der Wellen die Last auf eine Seite gelagert wird. Dies kann an den Seiten zu Zahnbrüchen führen. Für PKW-Getriebe, wo begrenzter Raum zur Verfügung steht, sind folgende Verhältnisse zu achten: $b/d_0 = 0{,}25 - 0{,}8$; $b/m_n = 6 - 12$
- Der *Eingriffswinkel* α ändert den Überdeckungsgrad wenig. Bei kleinen Winkeln wird die radiale Komponente der Zahnkraft kleiner, was zu einem leisen Zahnradpaar verhilft. Auf der anderen Seite ist nicht zu vergessen, daß die Grenzzähnezahl sich umgekehrt verhält zu sin a.
- *Schrägungswinkel:* Die wichtigste Überlegenheit der Schrägverzahnung gegenüber der Geradeverzahnung ist der leise Lauf. Von einem bestimmten Schrägungswinkel, etwa 25°, ab, erhöht sich das Geräusch, wenn die Räder nicht fein genug bearbeitet sind. Der Gleitverschleiss in schrägverzahnten Rädern vergrössert sich gegenüber den geradverzahnten Rädern mit wachsendem Schrägungswinkel; daher muss bei PKW-Zahnrädern auf die Flankenbearbeitung besonders gut geachtet werden. Wenn man hohe axiale Kräfte in Kauf nimmt, kann man die Breite b so klein wie möglich wählen und dabei Schrägungswinkel bis auf 45° erhöhen, was zu einem noch leiseren Räderpaar führen kann [4].
- *Profilverschiebung* wird nicht nur vorgenommen, um den Festigkeits- oder geometrischen Problemen Herr zu werden, sondern auch zur Überdeckungsgraderhöhung. Es gibt verschiedene bekannte Methoden, die zeigen wie die gesamte Profilverschiebung zwischen zwei Rädern zu teilen ist. Nach Möglichkeit ist die Profilverschiebungssumme negativ zu wählen.

Um eine Lärmreduzierung zu erreichen, gibt es ausser den oben aufgezählten und mehr oder weniger Zahnradgeometrie betreffenden Parameter, bei der Herstellung der Zahnräder zu berücksichtigende Besonderheiten. Die hier in Frage kommende Zahnradfertigung ist eine spanende Fertigung, die nur unter bestimmten Toleranzen möglich ist. Bei der anschliessenden Wärmebehandlung müssen ebenfalls die Toleranzen berücksichtigt werden. Schliesslich werden die Toleranzen des Getriebekastens und die Deformationen bei der Montage und Betrieb in Betracht gezogen. All diese Toleranzabweichungen und Deformationen vorher richtig abzuschätzen und richtige Vorkehrungen zu treffen bedarf gewisser Erfahrung. Dem fast einstimmigen Ergebniss vieler Arbeiten [u.a. 2, 5, 6] zur Folge, ist hierzu die Zahngeometrie in zwei Richtungen zu modifizieren: Erstens entlang der schrägen Zahnbreite, zweitens entlang des Zahnprofils.

Die Modifikation entlang der schrägen Zahnbreite ist eine leichte Beule des Zahnes in der Mitte. Diese Verdickung kann an einem oder beiden Räder vorgenommen werden und ermöglicht eine bessere Verteilung der Hertzschen Pressung, [7]. Bei der möglichen Wellenbiegung bzw. Montagefehlern führt diese „Verdickung" ebenfalls zum besseren, zentrischen Berührungsflächen. Bis zu einen bestimmten Wert zeigt die Verdickung diesen Effekt, darüber hinaus steigt die Hertzsche Pressung wieder an. Als ein guter Wert der Verdickungshöhe wird c=0,0003 b empfohlen, [7].

Die Modifikation entlang des Zahnprofils bedeutet Flankenrücknahme am Kopf und an den Enden der Verzahnung. Während zwei Zähne sich im Eingriff befinden, kommt es zu Formänderungen. Beim Beginn des Eingreifens kommt es zu Stössen, die mit der Belastung und mit dem Teilungsfehler wachsen; am Ende des Eingriffs verkleinern sich die Berührungsflächen. Um den gewünschten Effekt zu erzielen wird am Kopf und am Zahnfussnähe eine Rücknahme vorgenommen.

Scharfe Ecken bringen Gefahren mit sich, besonders bei der Wärmebehandlung. Ihre Geometrie kann sich während der Wärmebehandlung stärker ändern als die der restlichen Teile des Zahnes. An den Ecken ist die Dicke der gehärteten

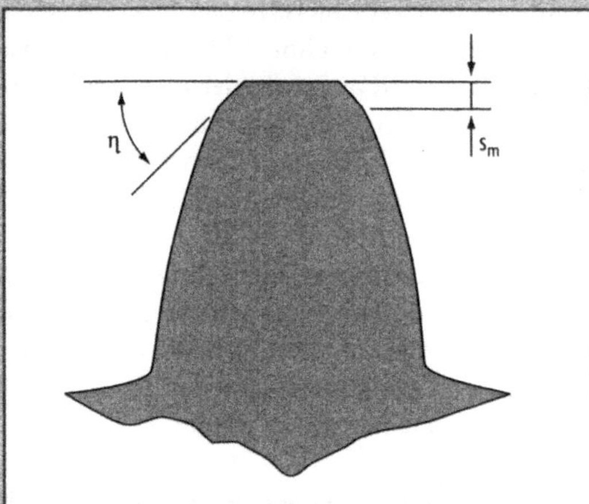

Bild 5. Vermeidung scharfer Ecken

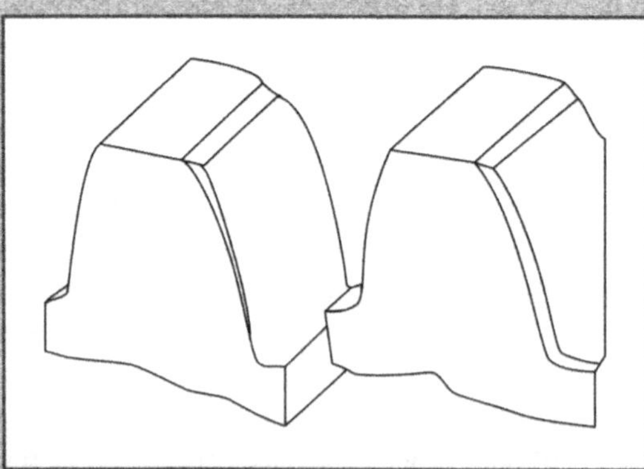

Bild 6. Richtig geschnittene Fasen

Schicht grösser, so dass sie brüchiger werden und im Betrieb hohen Lärm verursachen. Noch vor der Montage, während des Transports im Betrieb, deformieren sich die scharfen Ecken stark, wenn sie irgendwelche Stöße aufzunehmen haben. Um solche Gefahren zu beseitigen werden durch geeignete Fasenschneidung die scharfen Ecken vermieden. Die Werte müssen im Bereich s_m=(0,1–0,15)m_n liegen, Bild 5. Die geschnittenen Fasern müssen entweder entlang der gesamten Länge gleich breit sein oder von null an beginnen, Bild 6. Sonst hat man mit Kerbeffekten zu tun.

4 Lösungsvorschlag

Nach Analyse aller Parameter, die bei der Herstellung lärmarmer Zahnräder eine Rolle spielen, wurde ein Rechenprogramm aufgestellt, dessen Flussdiagramm in Bild 7 zu sehen ist. Damit ist es möglich die Variationen durchzuführen und die Ergebnisse zu sehen bzw. zu analysieren. Das Programm kann nach Eingeben der vorher bestimmten Grössen wie Achsenabstand oder Übersetzungsverhältnis alle anderen Daten innerhalb der in den vorhergehenden Teilen erläuteten Grenzen so berechnen, dass der Gesamtüberdeckungsgrad den maximalen Wert hat. Da die Lager im Getriebe beibehalten wurde, wurde Schrägungswinkel nicht geändert, damit Lagerkräfte sich nicht vergrössern. Der Eingriffswinkel α ist in der neuen Konstruktion mit 14,5° wie bei der alten Konstruktion gelassen worden.

Die Überdeckungsgrade des alten und neuen Getriebes sind zum Vergleich unten angegeben:

		1.	2.	3.	4.	5.	Gänge
Alt	ε_α	1,16	1,32	1,25	1,26	1,31	
	ε_β	0,92	0,91	1,05	1,12	1,01	
	ε_{ges}	2,08	2,23	2,30	2,38	2,32	
Neu	ε_α	1,32	1,36	1,60	1,61	1,62	
	ε_β	1,25	1,24	1,48	1,44	1,46	
	ε_{ges}	2,57	2,60	3,08	3,05	3,08	

Das Rechenprogramm ermöglicht das Zahnprofil zu sehen, (In Bild 8 kleines Rad des dritten Ganges wiedergegeben.) in dem man zuerst dem Profil passenden Werkzeug als Zahnstange konstruiert und wie bei der Zahnherstellung ihn rollen läßt. Somit kann man sehen, wo das aktive Flankenprofil beginnt. In den neuen Zahnräder wurde die Zahnhöhe im Rahmen der Grenzwerte erhöht. Durch Änderung der Zähnezahlen wurde das Zusammentreffen des selben Paares (z.B. im 3. Gang) von 56 auf 1085 Umdrehungen verschoben. Die Breitenerhöhung in der Mitte, die „Verdickung" war in der alten Konstruktion nur in einem Zahn und 0,004 mm stark, während sie in der neuen Konstruktion in den beiden Rädern jeweils 0,003 mm betrug.

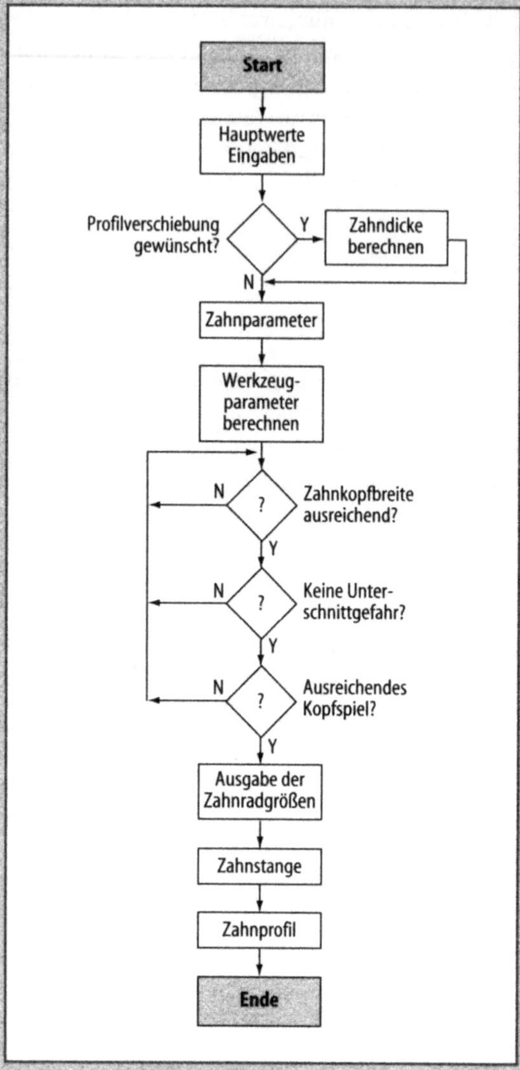

Bild 7. Flußdiagramm

Die ersten Untersuchungen haben gezeigt, dass das Getriebe mit neuen Zahnrädern, dessen Werte für den 3. Gang in Tafel 1 wiedergegeben sind, mit ~74 dB(A) bei 3000 U/min gegenüber der alten Rädern je nach Gang 2–3 dB(A) leiser geworden ist, was man als das Gelingen des neuen Konstruktion bezeichnen kann.

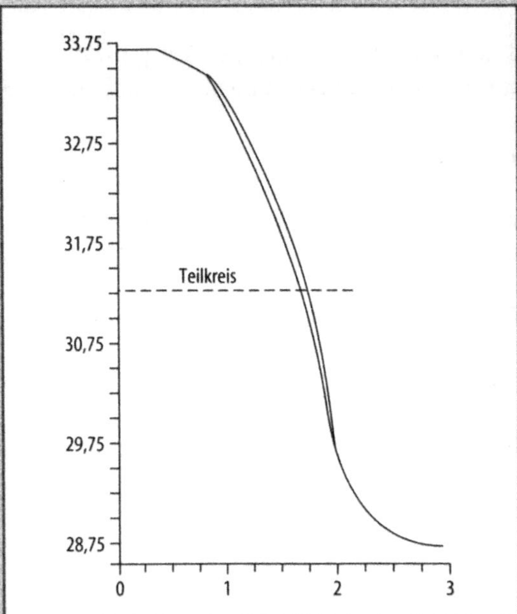

Bild 8. Neues Zahnprofil

Tabelle 1. Neue und alte Werte für Getriebe

		Alte Konstruktion	Neue Konstruktion
Z_1/Z_2	–	21/24 = 0,875	21/24 = 0,875
m_n	mm	2,5	1,75
m_c	mm	2,9166	2,0337
m_{kl}	mm	69,3	68,3
m_{k2}	mm	77,9	76,3
m_{01}	mm	61,2483	63,0442
m_{02}	mm	66,998	71,1789
a	mm	68,000	68,000
x_1 x_2	–	0,5764 0,53856	0,33138 0,229
α	°	14,5	14,5
β	°	31	30,6264
ε_α	–	1,248	1,599
ε_β	–	1,049	1,483
ε	–	2,2968	3,0819

Literatur

1. Pahl, G.; Beitz, W.: Konstruktionslehre, Berlin, Springer Verlag 1977
2. Arzano, P.: Progettazione di ruote dentate nel campo automobilistico II, Fiat Auto S.P.A., Torino 1986
3. SAE AE-15: Gear Design, Warrendale USA, 1990
4. Route, W.,D.: Gear Design for Noise Reduction, SAE Paper 208, Nov. 1960
5. Niemann, G.: Maschinenelemente Bd. II, Berlin, Springer Verlag 1965
6. Beuler, E.: Influences on the noise of transmissions, Volkswagenwerk AG, SAE Paper 680051
7. Arzano, P.: Progettazione di ruote dentate nel campo automobilistico I, Fiat Auto S.P.A., Torino 1985

Prof. Dr.-Ing Fatih C. Babalik
Leiter des Fachgebiets Maschinenelemente und Konstruktionslehre an der Uludag Universität Bursa/Türkei

Verfahrenstechnische Maschinen – Chancen der gleichzeitigen Prozeß- und Maschinenentwicklung

P. Dietz, U. Neumann

Inhalt: Zur Entwicklung von konstruktiven Komponenten und Anlagen für die Verfahrenstechnik mit ihren komplexen Aufgabenstellungen wird am Beispiel der verfahrenstechnischen Maschinen eine systematisch-methodische Vorgehensweise vorgestellt, die eine fachübergreifende Entwicklungsarbeit unterstützt. Einige Beispiele zeigen die mit dieser Methodik erreichten Erfolge und machen unter anderem deutlich, daß die Innovationspotentiale auch zu neuen Forderungen sowohl auf der Prozeß- als auch auf der Maschinenseite führen.

Machines for process engineering – chance for simultaneous development of process and machine

Abstract: The methodical design of components and plants in process engineering in connection with an optimization of the process is explained by some examples from a research project in the field of process machines. Simultaneous development together with the use of typical methodical elements from mechanical engineering lead to innovative solutions and requirements in the areas of processes as in machines.

1
Entwicklungsprozesse in Maschinenbau und Verfahrenstechnik

Alle verfahrenstechnischen Prozesse sind an die Nutzung von Maschinen, Geräten und Apparate gebunden, die aus Bereichen des Maschinenbaus bezogen oder speziell für das jeweilige Verfahren entwickelt werden. Hierauf beruht der Grundgedanke eines Sonderforschungsbereichs, der seit mehr als 12 Jahren an der Technischen Universität Clausthal durchgeführt wird und der neben einer objektorientierten Entwicklung von Prozessen und Maschinen auch der Frage nachgeht, ob und wie neue, fachübergreifende Methoden zu einer gezielteren und gleichzeitigen Entwicklung von Prozeß und Anlage führen [1, 2, 3]. Im folgenden werden aus dieser Forschungarbeit einige systematische Ableitungen gemacht und dann anhand von Beispielen berichtet, ob mit einem solchen systematischen Vorgehen Erfolg im Sinne einer Verbesserung von Prozeß und Anlage möglich ist.

Das Ziel ist klar: Das in einigen Disziplinen bereits durchgeführte Prinzip einer parallelen Entwicklung von Produkten und Prozessen, das auch unter dem Stichwort „Concurrent Engineering“ gehandelt wird, soll auf die Verfahrenstechnik

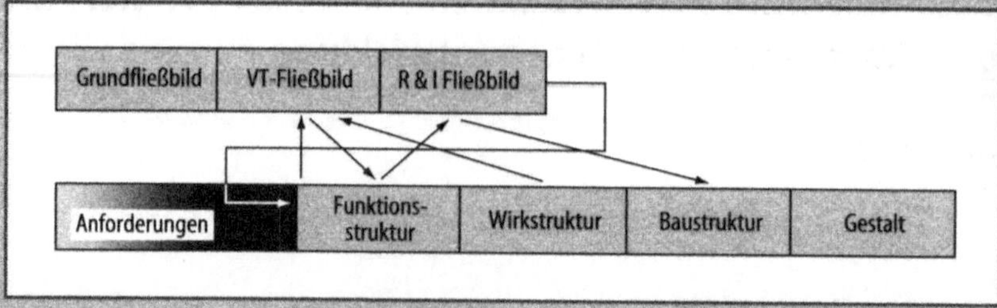

Bild 1. Traditionelle Entwicklung eines verfahrenstechnischen Prozesses und seiner Anlagen [2]

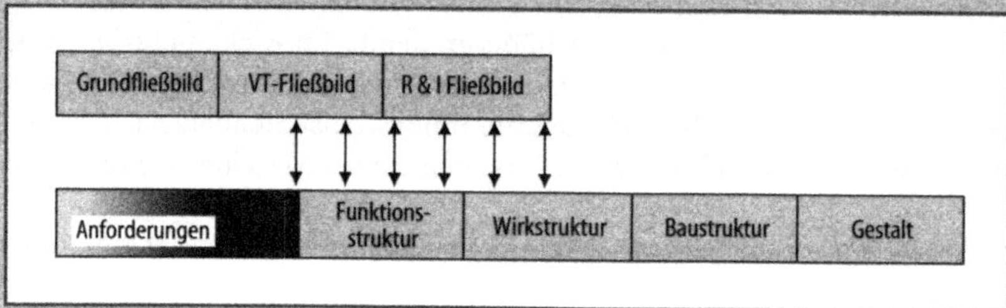

Bild 2. Integrierte Entwicklung von Prozeß und Anlage [2]

übertragen werden [1, 2]. Bild 1 zeigt am traditionellen Ablauf einer verfahrenstechnischen Entwicklung, wie aus dem verfahrenstechnischen Grundfließbild ein detailliertes Fließbild und dann ein Installationsfließbild entsteht, aus dem die Konstruktionselemente der Anlage ausgesucht werden – der Entwickler oder Lieferant der Elemente weiß bis zur Veröffentlichung des Installationsschemas von dem Prozeß überhaupt nichts. Eine maschinenbauliche wie verfahrenstechnische Weiterentwicklung im Wechselspiel von Prozeß und Verfahrenselementen ist so nicht möglich, da nur bekannte Standardelemente in die Überlegungen einbezogen werden können. Dabei läßt sich gerade an der verfahrenstechnischen Entwicklung sehr deutlich zeigen, daß ein Concurrent Engineering erhebliche Entwicklungspotentiale enthält (Bild 2), zumal Neuerungen bekanntlich in hohem Maße gekennzeichnet sind durch Entwicklungen aus anderen Fachgebieten.

Es gibt sogar Methoden der Verfahrenstechnik, die eine solche fachbereichsübergreifende Neuerung verhindern, beispielsweise DIN 30600 (siehe [4]) zur Bildung von Baukastenstrukturen in verfahrenstechnischen Anlagen. In DIN 30600 ist die apparative Umsetzung einer Vielzahl existierender Unit Operations in Form schematisierter Bildzeichen zusammengefaßt, dadurch wird die Umsetzung abstrakter Prozeßschritte in Apparate- und Maschinenkonzepte durch das Angebot vorkonfektionierter Lösungselemente (z.B. Pumpen, Rührkessel, Brecher, etc.) vereinfacht. Im Zuge der Entwicklung einer verfahrenstechnischen

Anlage oder Maschine ausgehend vom Grundfließbild bis hin zum R&I-Fließbild werden die Unit Operations durch die ihnen entsprechenden Bildzeichen ersetzt, so daß die anlagentechnische Realisierung eines neuen Prozesses nur zu einer Kombination bekannter und verfügbarer Apparate und Maschinen führt.

2
Vorgehensweise zum Entwickeln verfahrenstechnischer Maschinen

Das Bestreben, den Entwicklungsprozeß als allgemeines Vorgehensmodell zu behandeln und ihn mit Hilfe systemtheoretischer Betrachtungen zu optimieren, ist nicht neu. In den bekannten konstruktionssystematischen Vorgehensweisen wie z.B. der Richtlinie VDI 2221 [1, 5], der Richtlinie VDI 2222 [6], aber auch in der von Blaß in [4] beschriebenen Vorgehensweise zur Entwicklung verfahrenstechnischer Prozesse wiederholt sich der Arbeitsschritt des Umsetzens von abstrakten Modulen der Aufgabenstellung hin zu Apparate- und Maschinenkonzepten, die, bezogen auf die Verfahrenstechnik, zu einer kompletten verfahrenstechnischen Anlage oder Maschine kombiniert werden. Trotz der Darstellung in einer Richtlinie, die den Eindruck eines gemeinsamen systematischen Vorgehens vermittelt, werden die Unterschiede aber bei genauer Betrachtung der einzelnen Entwicklungsschritte und ihrer Ergebnisse deutlich:

Während der erste Schritt, die Formulierung der Anforderungsliste, Grundlage jeder Entwicklungarbeit ist und von für die Entwicklung von Produkten wie von Prozessen gleichartigen Methoden unterstützt wird [6, 7], wird im nächsten Schritt der maschinenbaulichen Entwicklung gemäß [1, 5] nach Funktionen und ihrer Realisierung mit Hilfe naturwissenschaftlicher Erkenntnisse gesucht, während nach [4] in der verfahrenstechnischen Entwicklung ein erstes Grund-

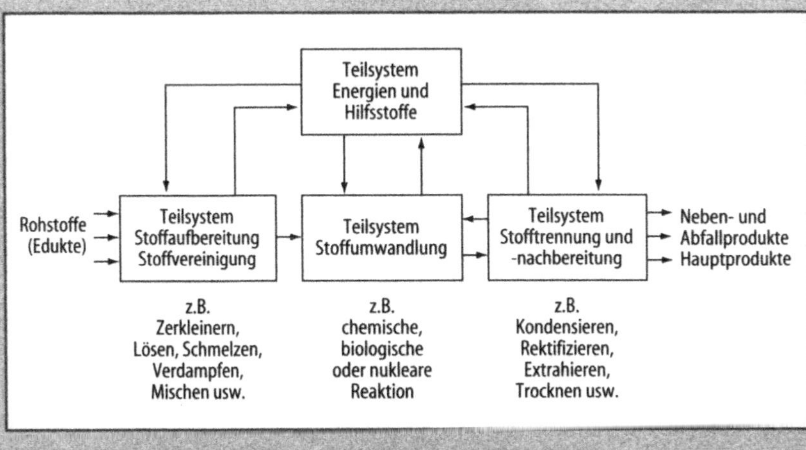

Bild 3. Die drei Hauptschritte eines verfahrenstechnischen Prozesses [3]

fließbild erarbeitet wird, welches eine abstrakte Lösung zu der gestellten Aufgabe in Form einer Kombination unterschiedlicher, aber bereits festliegender Unit Operations ergibt, die nach vorgegebenen Regeln dargestellt werden [8]. Als Grundlage hierzu dient die Vorstellung, daß der verfahrenstechnische Prozeß (Prozeß der Stoffumwandlung) immer in die drei Hauptabschnitte nach Bild 3 zerlegt werden kann. Damit kann die in den Sequenzen „Funktionsanalyse" und „Suche nach Lösungsprinzipien" der maschinenbaulichen Entwicklung be-

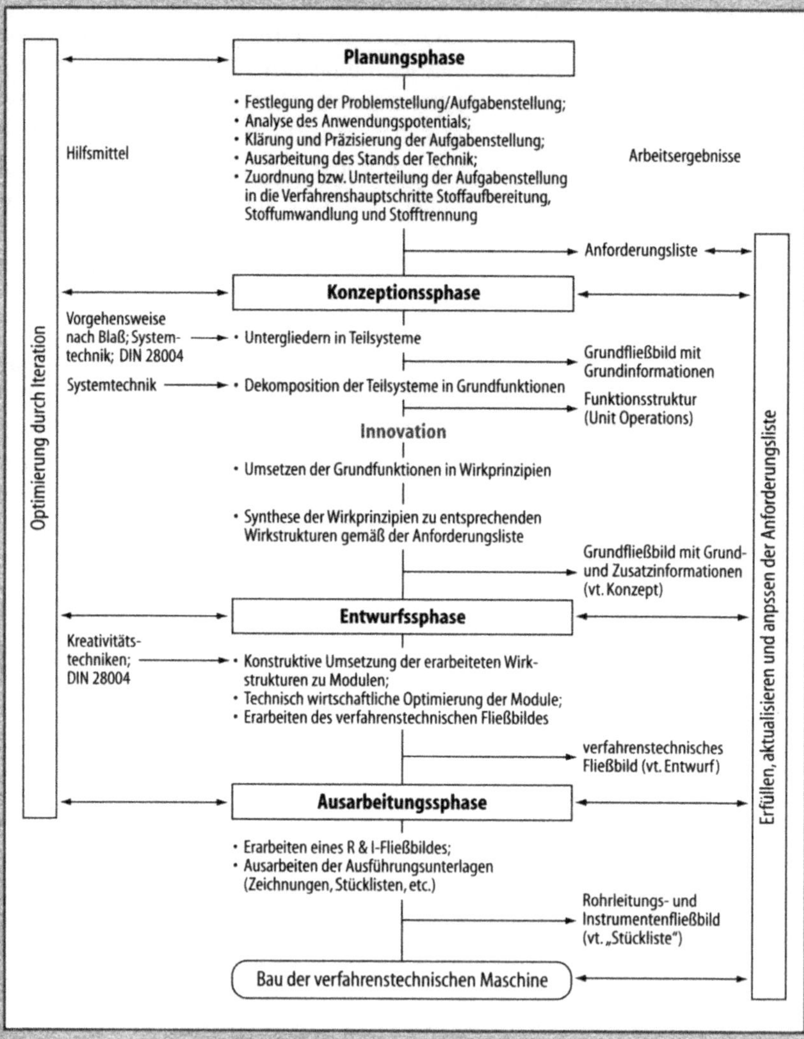

Bild 4. Vorgehensweise zur Entwicklung und Konstruktion verfahrenstechnischer Maschinen nach VDI 2221 und VDI 2222 unter zuhilfenahme der Systemtechnik und der Vorgehensweisen nach Blaß und DIN 28004 (nach [8])

schriebene Suche nach neuen Lösungen nicht mit der Erstellung der Fließbilder aus einem Katalog „aller für das Verfahren erforderlicher Apparate und Maschinen und die Hauptfließlinien“ [8] verglichen werden. Auch bei einem weiteren Vergleich der beiden Vorgehensweisen lassen sich formale und konzeptionelle Brüche nachweisen, die über neue Vorgehensweisen nachdenken lassen, mit denen in einer integrierten Entwicklung von Anlage und Prozeß die „offene“ und auf die Schaffung neuer Lösungen abgestimmte Methodik der Produktentwicklung für die Gestaltung und Optimierung des Prozesses ebenfalls genutzt werden.

Als Unterstützung zur Konkretisierung dieser Vorgehensweise bietet sich die VDI Richtlinie 2222 [6] an, die im folgenden um Elemente der verfahrenstechnischen Vorgehensweisen angereichert wird. Der in Bild 4 dargestellte Vorgehensplan ist in drei Spalten unterteilt. Die linke Spalte beinhaltet die einbezogenen Hilfsmittel wie z.B. DIN 28004 oder Kreativitätstechniken, in der rechten Spalte sind die zu erreichenden Arbeitsergebnisse zusammengefaßt. Die mittlere Spalte basiert entsprechend der Richtlinie VDI 2222 auf einer Unterteilung in vier Phasen: der Planungsphase, der Konzeptionsphase, der Entwurfsphase und der Ausarbeitungsphase. Die am Rand gezeichneten Vorgehensweisen deuten darauf hin, daß entsprechend [1, 7] ein ständiger Abgleich mit der Anforderungsliste erfolgen muß und daß die interaktive Optimierung von Prozeß und Maschine eine „Schleifenbildung“ nach VDI 2221 erfordert.

Planungsphase

Nach der Festlegung der Aufgabenstellung ist ihre Klärung und Präzisierung erforderlich, um zur Realisierung eines technischen Produktes eine einheitliche „Sprache“ auch fachübergreifend zu finden [7]. Dies ist die Grundvoraussetzung für eine korrekte Lösung der Aufgabenstellung, da weder der Fordernde und das die Aufgabenstellung bearbeitende Projektteam eine physikalische Einheit darstellen noch das aus Vertretern der Verfahrenstechnik, des Maschinenbaus, der Regelungstechnik usw. zusammengesetzte Team zur Problemlösung über die gleiche Ausbildung, den gleichen Erfahrungshintergrund und damit über die gleiche Sprachregelung verfügen.

Mit den aus der Aufgabenklärung gewonnenen Informationen (Patentrecherche, Konkurrenzanalyse, Marktanalyse usw.) wird eine Detaillierung, d.h. eine Unterteilung bzw. Zuordnung der Aufgabenstellung durchgeführt, wobei die in Bild 3 dargestellten Hauptschritte einen Einstieg bieten können. Es muß aber die Einschränkung gelten, daß ein detaillierter Verfahrensschritt oder eine verfahrenstechnische Maschine nicht zwingend alle drei Hauptschritte eines Prozesses beinhalten muß. Das Arbeitsergebnis „Anforderungsliste“ der Planungsphase wird entwicklungsbegleitend bis zum Bau der verfahrenstechnischen Maschine permanent erweitert, aktualisiert, angepaßt und erfüllt.

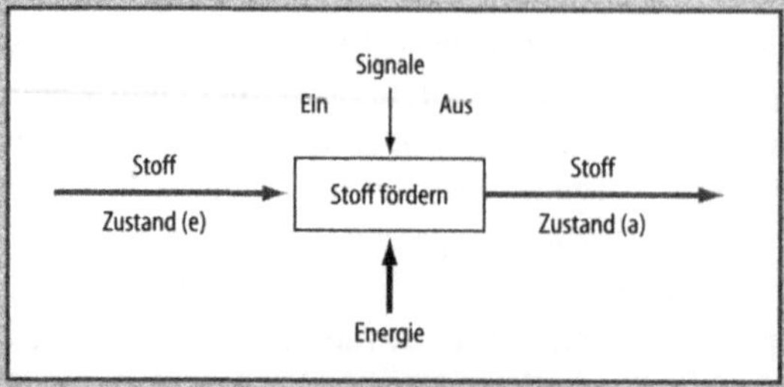

Bild 5. Black Box Darstellung einer Pumpe nach [5]

Konzeptionsphase

Die Konzeptionsphase beginnt mit dem „Untergliedern in Teilsysteme" unter Einbeziehung der Hilfestellungen, die die Systemtechnik, die DIN 28004, die Richtlinie VDI 2222 und auch die Vorgehensweise nach Blaß [4] bieten. Im Sinne der Systemtechnik wird in diesem Arbeitsschritt das komplexe System der Aufgabenstellung zu Teilsystemen geringerer Komplexität zerlegt [5]. Jede Funktion läßt sich dabei in Form einer Black-Box darstellen [1, 6], Bild 7 ist eine solche Darstellung für die Funktion „Stoff fördern" mit den in- und outputs „Energie, Stoff, Signal". Wesentlich gegenüber der Fließbilddarstellung ist, daß diese Funktion noch keine konstruktive Entsprechung hat und daher noch offen ist für neue Lösungsprinzipien, Kombinationen von Prinzipien oder sogar die Infragestellung dieser Funktion überhaupt. Gegenüber der üblichen Maschinenentwicklung bildet bei der Entwicklung einer verfahrenstechnischen Maschine meist der Stoffstrom die Hauptfunktion, während der Signal- und Energiefluß eine untergeordnete Bedeutung besitzen.

Die Darstellung eines Teilsystem durch eine Funktionelle Struktur und die in [6] beschriebene Dekomposition in weitere Grundfunktionen ähnelt der Darstellung in Form des Grundfließbildes, im Gegensatz hierzu stellen die Funktionen aber keine Unit Operations mit einer Entsprechung durch Anlagenkomponenten dar, sondern erlauben eine Rückführung auf naturwissenschaftliche Grundoperationen, die z.T. noch keiner technischen Lösung zugeführt wurden. Dies ermöglicht die Findung innovativer Problemlösungen, welche auf den im Rahmen der Maschinen- und/oder Anlagenentwicklung umzusetzenden verfahrenstechnischen Prozeß optimal abgestimmt sind, wie an dem nachfolgenden Beispiel verdeutlicht werden soll.

Für den Prozeß der Hydrochlorierung von Ferrosilizium zu Trichlorsilan soll eine maschinelle Umsetzung gefunden werden. Diese muß eine Mahlzone beinhalten, in der das Ferrosilizium zum Erhalten reaktiver Oberflächen aufgemahlen wird und einen beheizten Reaktor, in dem die Umsetzung des Ferrosiliziums zu Trichlorsilan unter Zuführung von gasförmigen HCl erfolgt.

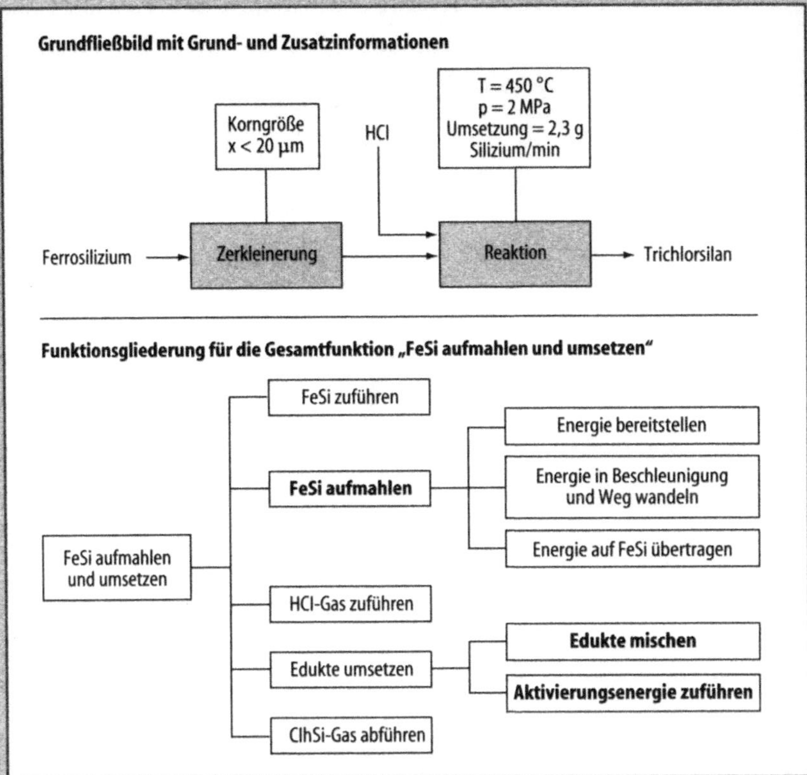

Bild 6. Aufbereitung des Problems in der Funktionsanalyse am Beispiel der Hydrochlorierung von Ferrosilizium zu Trichlorsilan [10]

Die Aufbereitung des Problems in einem verfahrenstechnischen Fließbild (Bild 6 oben) gemäß der Vorgehensweise nach DIN 28004 und des Bildzeichenkatalogs DIN 30600 führt zu einer Vorfixierung auf die Hintereinanderschaltung einer für die Anforderungen geeigneten Mühle und eines entsprechenden Reaktors. Das Aufstellen einer Funktionsstruktur (Bild 6 unten) der Gesamtfunktion „FeSi aufmahlen und umsetzen" macht deutlich, daß die Teilfunktionen „FeSi aufmahlen", „Edukte mischen" und „Aktivierungsenergie zuführen" nach ihrer Umsetzung mit Hilfe der in [6] angebotenen Lösungsmethoden für die jeweiligen Wirkprinzipien zu einer gemeinsamen Wirkstruktur einer Reaktionsmühle mit integrierten Funktionen des Mahlens und der chemischen Umsetzung in einem Reaktionsraum [12] zusammengeführt werden können, die Verfahrensweise dieser Mühle kann wiederum als Fließbild dargestellt werden.

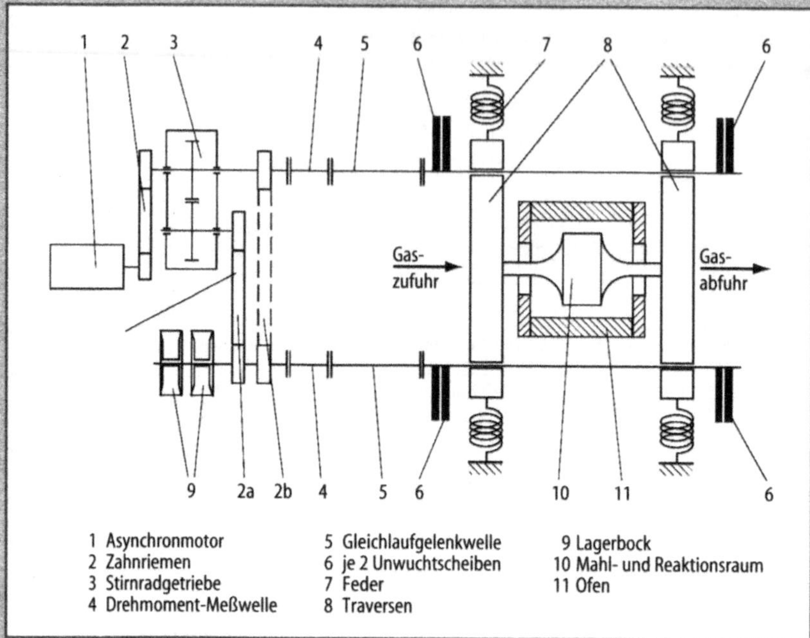

Bild 7. Prinzipskizze der Reaktionsmühle [11]

Entwurfsphase

Innerhalb der im Maschinenbau durch die Dimensionierung der Kraftflüsse, die Auswahl der Werkstoffe und die Festlegung der Wirkbewegungen gekennzeichneten Entwurfsphase wird die Dimensionierung der Stoff- und Energieflüsse und damit die Festlegung der einzelnen Module der Anlage oder verfahrenstechnischen Maschine vorgenommen. Wie im vorhergehenden Schritt liegt die Chance der Innovation in der Abkehr von vorfabrizierten Lösungen, im Falle der Entwicklung verfahrenstechnischer Maschinen wird hier wohl der intensivste Kontakt zwischen Verfahrenstechnikern und Maschinenbauern innerhalb des Projektteams herrschen.

Durch die technisch wirtschaftliche Optimierung der konstruktiven Umsetzung der erarbeiteten Wirkstrukturen im Sinne der Arbeitsinhalte der ersten Unterpunkte der Entwurfsphase (Bild 3) existieren die für das Erarbeiten des verfahrenstechnischen Fließbildes notwendigen Informationen:

- Alle für das Verfahren erforderlichen Apparate und Maschinen und die Hauptfließlinien (Hauptrohrleitungen, Haupttransportwege)
- Benennung und Durchflüsse bzw. Mengen der Ein- und Ausgangsstoffe
- Benennung von Energie und Energieträgern
- Charakteristische Betriebsbedingungen

Über diese Informationen hinaus existieren bei einer interaktiven Arbeit Darstellungen und Dimensionierungsgrundlagen zu neuen Konstruktionen, wie dies in Bild 7 am Beispiel der oben behandelten Reaktionsmühle gezeigt ist.

Ausarbeitungsphase

Mit der Ausarbeitung des verfahrenstechnischen Fließbildes im Rahmen der Entwurfsphase wird eine alle apparatebaulichen und maschinenbaulichen Komponenten umfassende Darstellung der zu entwickelnden verfahrenstechnischen Maschine realisiert. Dieses Arbeitsergebnis bildet nach nochmaliger Bewertung und Anpassung anhand der aktualisierten Anforderungsliste die Grundlage für die Ausführung der Maschine und Anlage. Im Fall der verfahrenstechnischen Maschine ist dies im wesentlichen die maschinenbaulich-fertigungstechnische Entwicklung der einzelnen Komponenten.

3 Anwendung der Methodik bei der Entwicklung verfahrenstechnischer Maschinen

Neben der Erarbeitung einer interdisziplinären Methodik zur Produktentwicklung auf dem Gebiet der verfahrenstechnischen Maschinen wurden im Rahmen eines Sonderforschungsbereichs in einer Anzahl von Projekten prozeß- und maschinenorientierte Untersuchungen durchgeführt, die sich auf die Realisierung, Verbesserung oder Erweiterung verfahrenstechnischer Prozesse durch Anwendung von Maschinen beziehen. Anhand einiger Beispiele aus diesen Prozessen soll eine kritische Betrachtung zur Anwendung der oben dargestellten Entwicklungsmethodik durchgeführt werden.

3.1 Beispiel 1: Entwicklung eines Hochgeschwindigkeits-Windsichters

Bei diesem Beispiel wird die Konzeptions- und die Dimensionierungsphase besonders betrachtet. Die verfahrenstechnische Aufgabe ist die Entwicklung eines Klassierprozesses für Partikel mit einer Trenngrenze von 1 mm. Die Funktionsstruktur des Sichtvorgangs wird aus den Hauptschritten des Prozesses (Bild 3) detailliert aufbereitet und als Flußbild für den Stoff- und Energiefluß im Klassierungsprozeß in Bild 8 dargestellt. Der Unterschied dieser funktionsbezogenen Struktur zum Grundfließbild ist offensichtlich, im vorliegenden Fall führte diese auf die physikalische Grundfunktion „Partikel in unterschiedliche Richtungen beschleunigen" mit der Aufgabe der Suche nach entsprechenden Kräften. Ein Funktionskatalog physikalischer Effekte zur Erzeugung von Kräften und seine Auswertung bezüglich ihrer Anwendung zur Beschleunigung von Partikeln führt zu dem in Bild 9 dargestellten Zusammenhang der Kraftgrößen in Abhängigkeit von den Partikelgrößen – sich überschneidende Linien deuten auf Kraft-

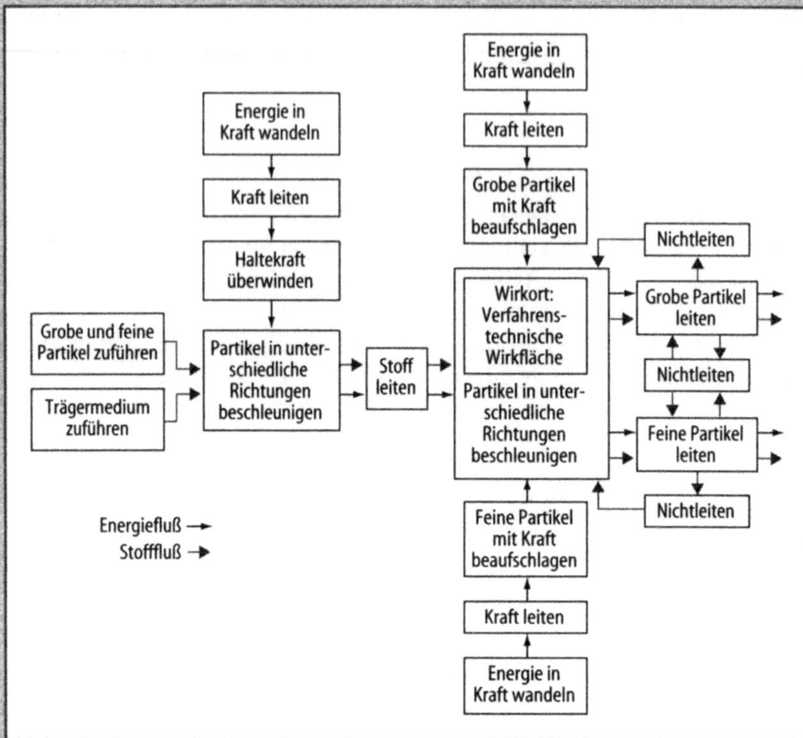

Bild 8. Darstellung des Stoff- und Energieflusses im Klassierprozeß [12]

kombinationen hin, die für eine Klassierung genutzt werden können. Beispielsweise bildet im Korndurchmesserbereich 1 bis 10 mm die Kombination der (volumenabhängigen) Zentrifugalkraft (3) mit der (flächenabhängigen) laminaren Strömungskraft (6) einen Klassiereffekt. Die Graphen für die Lorenzkraft (7) und die Zentrifugalkraft (3) schneiden sich im Bereich kleiner 0,01 mm - beispielsweise ausgenützt bei der Messung von Molekularmassen, der Schnittpunkt von Auftriebskraft (2) und Strömungskraft (6) wird bei größeren Partikeldurchmessern in der Flotation genutzt. Das Diagramm enthält auch Kraftkombinationen, die bis heute nicht zur Klassierung genutzt werden, obwohl sie geeignet erscheinen.

Auch in der Entwurfsphase gelang die Gestaltung möglicher neuer Prinzipien für die Erzeugung von Wirkflächen und Wirkbewegungen nur durch eine Rückführung auf Grundfunktionen, wie sie in Bild 10 am Beispiel der Kräftekombination (3)-(6) gemäß Bild 9 dargestellt ist. Die Ausführung der darin mit „P" bezeichneten Funktionen mit Hilfe eines morphologischen Suchschemas führt zu einer vollständigen Übersicht aller Klassiermöglichkeiten nach diesem

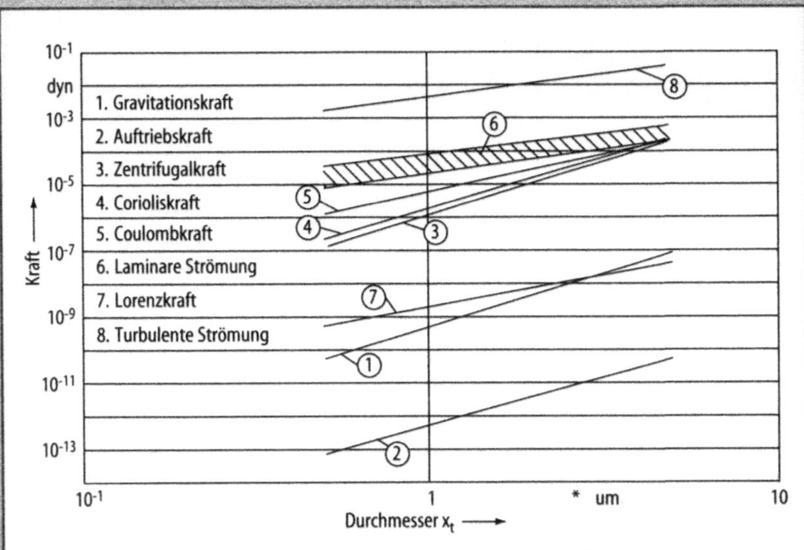

Bild 9. Darstellung der Kraft auf ein Einzelpartikel in Abhängigkeit vom Partikeldurchmesser für verschiedene Potentialkräfte aus dem Bewertungskatalog „Kraftwirkung auf Partikel" [12]

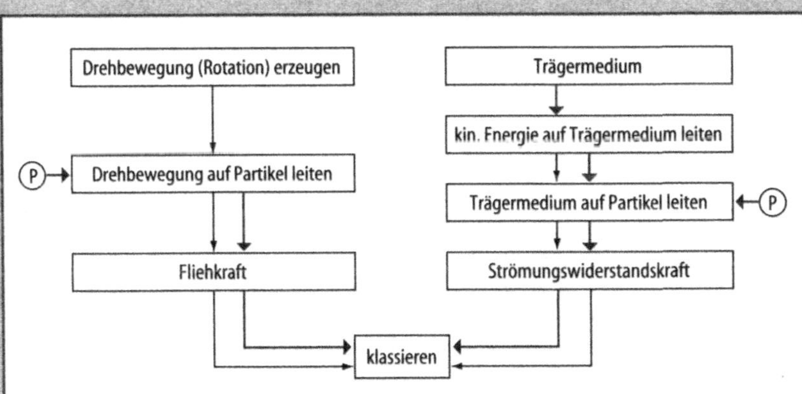

Bild 10. Spezielle Funktionstruktur für „Partikel durch Strömungswiderstandskraft und Fliehkraft klassieren [12]

Prinzip und enthält alle Wirkprinzipien bekannter Windsichter (Bild 11). Im vorliegenden Fall schloß sich eine systematische Auswahl der verschiedenen Lösungsprinzipien und eine Präzisierung der Anforderungsliste für das zu entwickelnde Maschinenelement, den Windsichterrotor, an. Die Ausführung des Rotors konnte dann mit Hilfe konstruktionsmethodischer Prinzipien vorge-

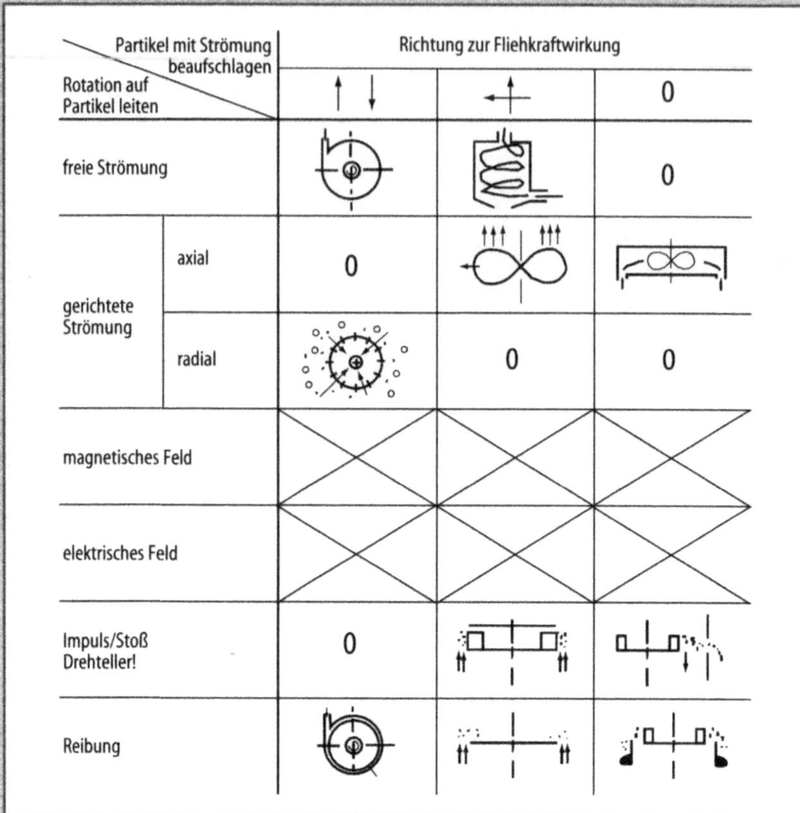

Bild 11. Morphologisches Schema zur Suche nach Lösungskombinationen für „Partikel mit Strömungsgeschwindigkeit beaufschlagen" und „Rotation auf Partikel leiten" [12]

nommen werden. Bild 12 zeigt den Rotor in Werkstoff-Verbundbauweise, der Umfangsgeschwindigkeiten über 250 m/s bewältigt.

Die Vorgehensweise macht deutlich, daß die im Bereich der Produktanwendung entwickelten Methoden ein Innovationspotential auch für die Entwicklung des Prozesses bilden. Man erkennt auch die notwendige Zusammenarbeit zwischen Maschinenbau und Verfahrenstechnik im Bereich der Aufgabendefinition, der Entwicklung der Funktionsstruktur und der (hier nicht dargestellten) Bewertung und Auswahl der Lösungen.

Bild 12. Hochgeschwindigkeits-Windsichterrotor

3.2
Beispiel 2: Entwicklung eines Reaktionsverdichters für das Recycling von Kunststoffen

Zu entwickeln war ein neuartiger verfahrenstechnischer Prozesses zum chemischen Recycling von Kunststoffen mit dem Ziel neuer Produktgase, -öle oder -wachse. Die Idee dieses Vorhabens beruht auf der Degradation von Polymeren in überkritischem Wasser, wobei eine thermische und reaktive Zerkleinerung und damit Reduzierung der Molmasse eintritt. Batchversuche in der chemischen Verfahrenstechnik mit Kunststoffgemischen ergaben eine Verflüssigung von bis zu 75% des Aufgabegutes, eine gute Abtrennung anorganischer Materialien und die Reaktionsbedingungen für einen zu entwickelnden kontinuierlichen Prozeß: 450 bis 500o C und 20 bis 40 MPa Druck. PVC-Anteile im Polymergemisch führen zur Bildung von gasförmigen Zwischenprodukten und Korrosionsangriff auf das Reaktormaterial [15].

Ergebnis der verfahrenstechnischen Überlegungen ist das Grundfließbild (Bild 13), das als Grundlage zur Klärung der Aufgabenstellung und zu einer ersten Funktionsbetrachtung führt. Ableitbar hieraus ist z.B., daß die Kunststoffe in einen Zustand versetzt werden müssen, in dem sie bei den o.a. Bedingungen gefördert werden können. Die Auswertung der Batchversuche führte zu einer detaillierteren Vorstellung des Prozesses als Grundfließbild für den eigentlichen Entwicklungsbereich der verfahrenstechnischen Maschine Bild 14 – hier erwies sich die Arbeit mit Fließbildern als vorteilhaft, weil der zu erarbeitende Prozeß

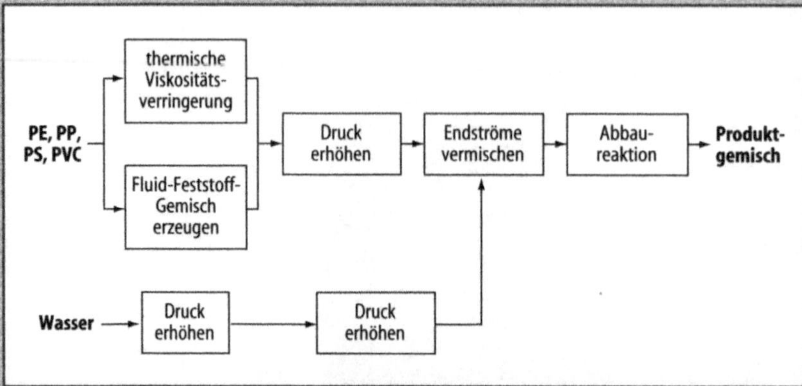

Bild 13. Grundfließbild mit Grundinformationen zum Prozeß „Polymerdegradation" [8]

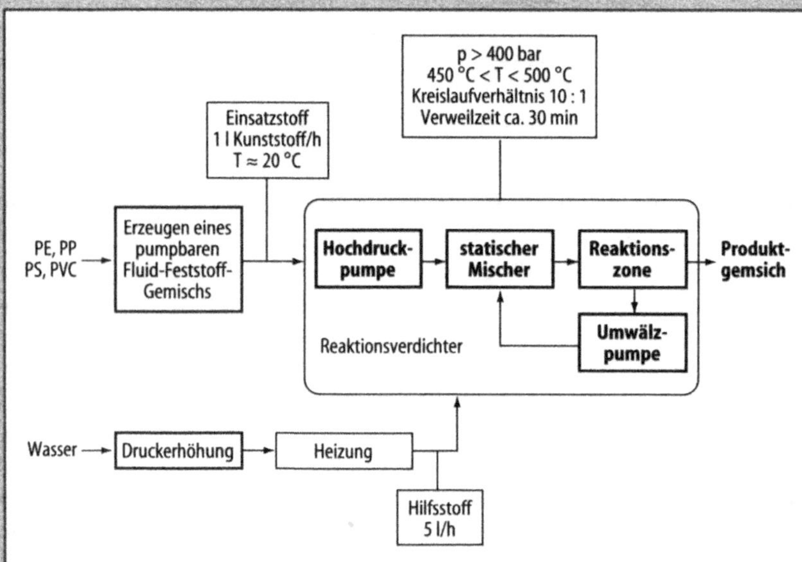

Bild 14. Grundfließbild mit Zusatzinformationen, Entwicklung aus Bild 13 zur Definition des Umfangs und der Anforderungen an einen Reaktionsverdichter [8]

ganz eindeutig von den Stoffströmen her definiert ist und der Bereich des Reaktors (Reaktionsverdichters) mit den integrierten Funktionen des Druck- und Temperaturaufbaus einschließlich der Kreislaufförderung aus dem Prozeß heraus definiert werden mußte.

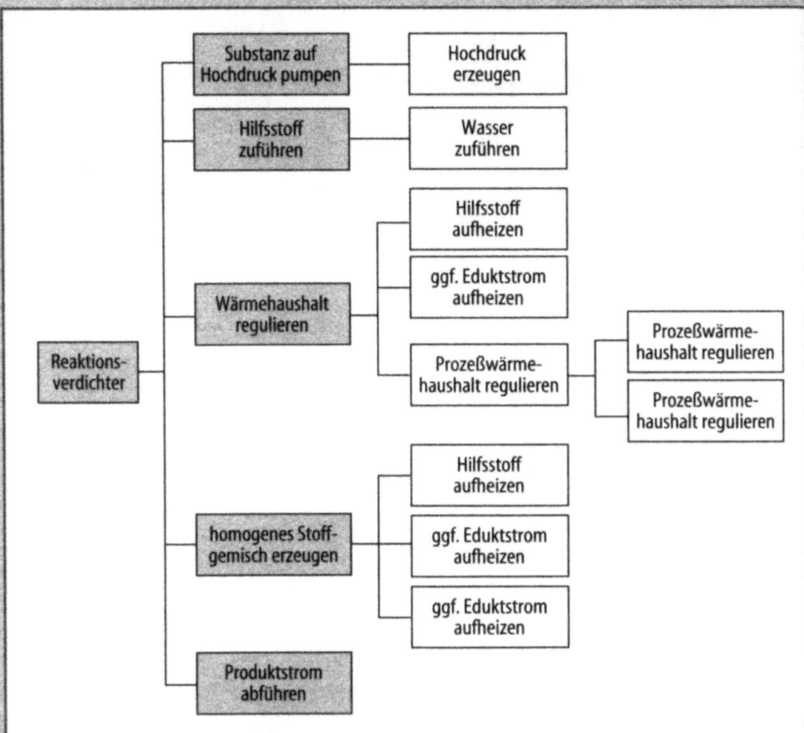

Bild 15. Funktionsstruktur des Reaktionsverdichters

Mit diesen Angaben kann eine Funktionsanalyse einsetzen, wie sie in Bild 15 dargestellt ist. Man beachte, daß das Fließbild Bild 14 Festlegungen von Unit Operations enthält, die in der Funktionsstruktur wieder verlassen werden, um den Weg zu Innovationen zu öffnen – dieser Schritt war von nicht unerheblichen Diskussionen im Entwicklungsteam begleitet. Man erkennt so ganz deutlich, daß die funktionsbezogene Betrachtung die Chance einer weit über die bekannten Elemente, z.B. Pumpen, Ventile usw. gehenden Innovation erlaubt und daß sie vor allem die Chance einer Lösung mit der Erfüllung mehrerer Funktionen in einem Funktionsraum gibt. Die weitere Vorgehensweise führte zu dem in Bild 16 gezeigten Reaktionsverdichter, der aus einer Schwingschieber-Kolbenpumpe besteht, die das erzeugte Fluid-Feststoff-Gemisch in die Reaktionszone fördert, ferner aus in den Eduktstrom integrierten statischen Mischern, aus der Reaktionszone und aus der Strömungsmaschine für die Erzeugung des inneren Kreislaufs. Konstruktiv können die Hochdruckpumpen zur Förderung des Gemisches und zur Erhaltung des Kreislaufs zusammengelegt werden. Im Kurbelgehäuse befindet sich der unterkritische Teil des Reaktionsraums, hier dient das Reaktionsgemisch gleichzei-

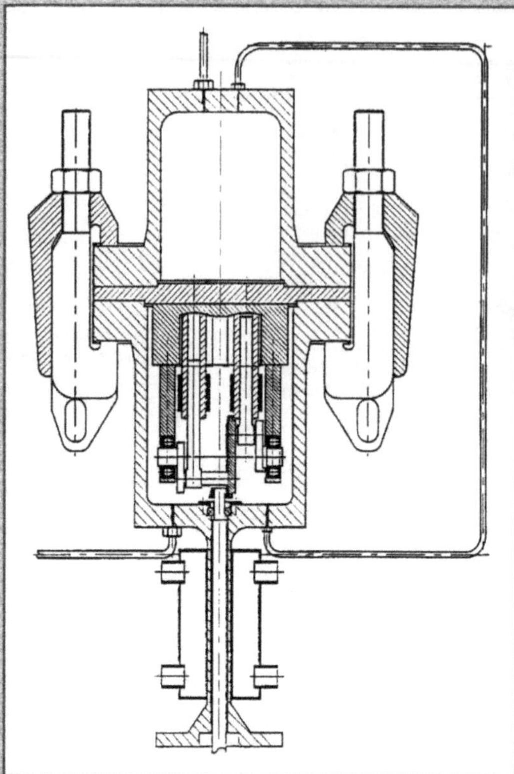

Bild 16. Konstruktionszeichnung der Reaktionszone [8]

tig als Schmiermittel und Sperrflüssigkeit, die einen Leckvolumenstrom durch die konstruktiven Spalte der Pumpe unterbindet. Die Druckdifferenz zwischen Kurbelgehäuse und Reaktionsraum wird über die Strömungsverluste im beheizten Bypass, in dem das Wasser seine überkritische Prozeßtemperatur erreicht, eingestellt. Das Prozeßwasser wird über eine separate Kolbenpumpe in das Kurbelgehäuse eingebracht.

3.3 Beispiel 3: Entwicklung einer Reaktionsmühle

In diesem Beispiel werden die Angaben vervollständigt, die bereits im methodischen Teil des Berichtes angeführt wurde. Aus dem Gedanken der Vereinigung der Prozeßschritte Zerkleinerung und chemische Reaktion bei der Herstellung von Chlorsilanen aus Ferrosilicium und Chlorwasserstoff entstand auf dem gleichen Weg der Anwendung konstruktionsmethodischer Vorgehensweisen (Bild 6) eine Prototypmühle (Bild 7), die eine verfahrenstechnische Optimierung des gleichzeitigen Mahl- und Reaktionsprozesses ermöglichte. Dabei erwies sich, daß der Mahlprozeß zweckmäßigerweise so zu gestalten ist, daß möglichst kein permanenter Freiraum in Strömungsrichtung entsteht und gleichzeitig eine gute Durchmischung von Feststoff und Reaktionsgas anzustreben ist. Dies führte aus den Versuchsergebnissen heraus zu neuen Anforderungen an die Maschine: Beschleunigungen über 45 g und Amplituden über 5 mm führen zu deutlicher Verbesserung von Mahl- und Reaktionsergebnissen, verlangen aber nach einer Umkonstruktion der Mühle nach den Prinzipien von Leichtbau und extrem hohen Dauerfestigkeitswerten.

4. Zusammenfassung

Zur Entwicklung von konstruktiven Komponenten und Anlagen für die Verfahrenstechnik mit ihren komplexen Aufgabenstellungen wird am Beispiel der verfahrenstechnischen Maschinen eine systematisch-methodische Vorgehensweise vorgestellt, die eine fachübergreifende Entwicklungsarbeit unterstützt.

Dabei wurde anhand der in der Richtlinie VDI 2221 beschriebenen Methodik zum Entwickeln und Konstruieren Technischer Systeme, der in Richtlinie VDI 2222 beschriebenen Konstruktionsmethodik, von Beispielen zu konstruktionssystematischen Vorgehensweisen in der Verfahrenstechnik, des Einsatzes der Systemtechnik als Problemlösungsmethodik in der Verfahrenstechnik und der DIN 28004 gezeigt, daß alle diese Vorgehensweisen interessante und innovative Elemente enthalten, daß sie aber durch ihre branchenspezifische Ausrichtung und die Belegung durch einseitige Beispiele eine Bearbeitung übergreifender Aufgaben nur schlecht unterstützen. Aus der Kombination der Vorgehensweisen wurde eine Empfehlung gegeben, die bei grundsätzlicher Führung der verfahrenstechnischen Entwicklung durch Fließbilder die Einbeziehung von Methoden innovativer Lösungsfindung aus dem Maschinenbau nutzt, um sowohl die Prozeß- wie die Maschinenentwicklung flexibler zu gestalten.

Einige Beispiele zeigen die mit dieser Methodik erreichten Erfolge im Rahmen eines Sonderforschungsbereichs und machen unter anderem deutlich, daß die deutlichen Innovationspotentiale auch zu neuen Forderungen sowohl auf der Prozeß- als auch auf der Maschinenseite führen.

Literatur

[1] Pahl, G. und Beitz, W.: Konstruktionslehre, Methoden und Anwendung. 4. Auflage. Springer Verlag. Berlin 1997

[2] Dietz, P.: Konstruktionssystematische Überlegungen und beanspruchungsgerechtes Gestalten von Maschinen in der Verfahrenstechnik. Konstruktion 45 (1993), Nr. 1, S. 17–24. Springer

[3] Dietz, P.: Der SFB 180: Konstruktion verfahrenstechnischer Maschinen – eine Übersicht. Berichte und Ergebnisse aus dem Sonderforschungsbereich 180. Kolloquium am 15./16. Februar 1996. Clausthal

[4] Blaß, E.: Entwicklung verfahrenstechnischer Prozesse. Otto Salle Verlag, Frankfurt am Main, 1989

[5] Richtlinie VDI 2221: Methodik zum Entwickeln und Konstruieren technischer Systeme und Produkte. VDI Gesellschaft Entwicklung Konstruktion Vertrieb, Ausschuß Methodisches Konstruieren. VDI Handbuch Konstruktion 1983

[6] Richtlinie VDI 2222: Konstruktionsmethodik; Konzipieren technischer Produkte. VDI Gesellschaft Konstruktion und Entwicklung, Ausschuß Konstruktionsmethodik. VDI Handbuch Konstruktion 1977

[7] Kruse, P.: Anforderungen in der interdisziplinären Systementwicklung: Erfassung, Aufbereitung, Bereitstellung. Dissertation; TU Clausthal 1995

[8] DIN 28004: Fließbilder verfahrenstechnischer Anlagen, Fließbilderarten, Informationsgehalt. Deutsche Normen 1977

[9] Neumann, U.: Konstruktionsmethodische Vorgehensweise zur Entwicklung verfahrenstechnischer Maschinen und Anlagen am Beispiel eines „Reaktionsverdichters" für das Recycling von Kunststoffen durch den Einsatz von überkritischem Wasser. Diss. TU Clausthal 1996

[10] Hartmann, D.: Modell zur qualitätsgerechten Konstruktion. Diss. TU Clausthal 1995

[11] Schönert, K.; Hoffmann, U.; Dietz, P.: Entwicklung und Erprobung einer Reaktionsmühle für nichtkatalytische Gas-Feststoffumsetzungen während der Mahlung („Reaktionsmühle"). Sonderforschungsbereich 180, Arbeitsbericht 1991-1992-1993. Clausthal 1993

[12] Dietz, P.; Bock, U. : Bestimmung des Leistungseintrags in einer Schwingmühle. IMW-Institutsmitteilung Nr. 17 (1992). Clausthal-Zellerfeld

[13] Ebert, J.: Ein Beitrag zur systematischen Konstruktion verfahrenstechnischer Maschinen, dargestellt an der Konzeption und Gestaltung einer Feinstklassiermaschine. Diss. TU Clausthal 1989

[14] Rübbelke, L.: Konstruktive Lösungen und Auslegungsmethoden für Hochgeschwindigkeitsabweiseradsichter aus Leichtbauwerkstoffen in der Verfahrenstechnik. Diss. TU Clausthal 1994

[15] Hoffmann,U. und Gronwald, P.: Chemischer, thermischer und mechanischer Abbau von Polymeren in einem Hochdruckverdichter mit simultaner Reaktion für das Recycling von Kunststoffen (Reaktionsverdichter). Abschlußbericht zum Teilprojekt 12 des Sondeforschungsbereichs 180. Clausthal 1998

Prof. Dr.-Ing. Peter Dietz
Leiter des Instituts für Maschinenwesen der Technischen Universität Clausthal und Sprecher des Sonderforschungsbereichs 180: Konstruktion verfahrenstechnischer Maschinen bei besonderen mechanischen, thermischen oder chemischen Belastungen.

Dr.-Ing. Uwe Neumann
war zur Zeit der Bearbeitung des Forschungsvorhabens Mitarbeiter an diesem Institut.

Die beschriebenen Forschungsarbeiten wurden dankenswerterweise von der Deutschen Forschungsgemeinschaft innerhalb des o.a. Sonderforschungsbereichs gefördert. Der Aufsatz gibt die Inhalte eines Vortrags zum 19. Konstruktionssymposium „Anlagenentwicklung – Trends in der Gestaltung von Systemkomponenten zur Prozeßoptimierung“ der DECHEMA am 4. und 5. Februar 1999 wieder.

Das Denken beim Konstruieren

D. Dörner

In diesem Artikel stelle ich die Hypothese auf, daß die Vielfalt der Denkprozesse beim Konstruieren sich aus der Kombination von Varianten eines einzigen elementaren Prozesses, nämlich des ARASKAM-Prozesses ergibt. ARASKAM ist ein Akronym für „allgemeine, rekursive analytisch-synthetische Konzeptamplifikation". Was dieser Name bedeutet, wird im nächsten Abschnitt klar werden. – Wenn ich sage, daß die ARASKAM Prozedur „basal" ist, so meine ich damit nicht, daß dieser Prozeß nicht auf elementarere Prozesse zurückgeführt werden kann. Das ist möglich und wir werden über diese mehr elementaren Prozesse auch reden. Ich meine aber, daß die Varianten des ARASKAM-Prozesses eine Grundeinheit von Konstruktionsprozessen darstellt.

Die ARASKAM-Prozedur ist die psychologische Untersetzung der drei Arbeitsschritte „Wirkprinzip suchen", „Lösungskonzept erstellen" und „Entwurf gestalten", die Pahl & Beitz (1997, S. 70ff) dem Konstruktionsprozeß zugrunde legen. Zugleich aber ist sie eine allgemeine Form des Denkens für die Lösung aller Arten von Kompositionsproblemen, z.B. auch für die Bildung von Theorien (s. Dörner 1999, S. 712ff).

Die ARASKAM-Prozedur

Ich werde nun zunächst die ARASKAM-Prozedur beschreiben. Man sieht diese Prozedur in Abbildung 1 als Flußdiagramm. Sie ist eine Abfolge von einzelnen Schritten der Informationsverarbeitung zur Lösung eines *Kompositionsproblems.* Ein Kompositionsproblem ist ein Problem, bei dem verschiedene Bestandteile so zusammengefügt werden müssen, daß sie eine bestimmte Funktion erfüllen. Natürlich ist das Konstruieren von Maschinen ein Kompositionsproblem; es gibt aber noch andere Probleme dieser Gattung. Z.B. ist das Programmieren ebenfalls ein Kompositionsproblem. Verschiedene Elemente (Maschinenteile, Befehle einer Programmiersprache) müssen so zusammengefügt werden, daß das Endprodukt eine bestimmte Funktion erfüllt.

Wir wählen ein einfaches Beispiel, um die Prozedur zu exemplifizieren. Es soll eine Wandhalterung für ein optisches Gerät konstruiert werden (s. Dylla, 1991, Fricke 1993, Günther 1998). Die ARASKAM-Prozedur beginnt mit der Frage „Was ist (eine Wandhalterung)?" Diese Frage „Was ist...?" kann zwei verschiedene Antworten erzeugen: Entweder es fallen einem Beispiele für Wandhalterungen

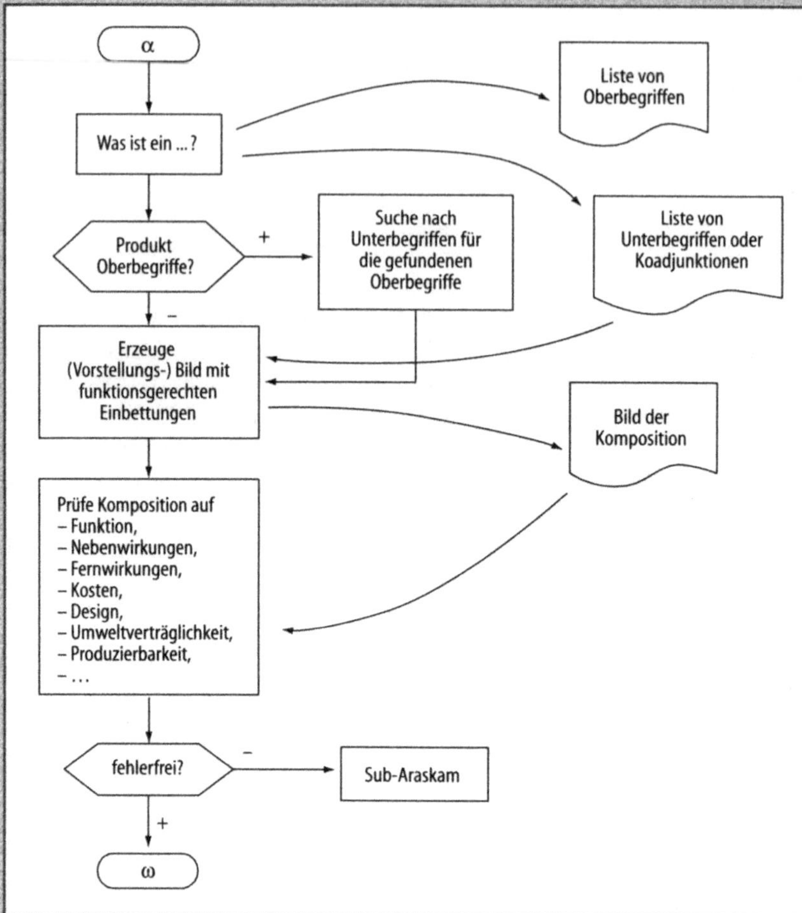

Bild 1. Der ARASKAM-Prozeß als Flußdiagramm

ein, z. B. „Nagel", „Schraube", „Haken" oder es kommt einem ein Oberbegriff in den Sinn. Die Angabe von Beispielen, also Unterbegriffen, ist wohl dann die Antwort auf eine „Was-Frage", wenn man Kenntnisse über den jeweiligen Bereich hat. Liegen solche Kenntnisse nicht vor, so wird als Antwort auf eine „Was-Frage" wohl ein Oberbegriff angegeben werden. „Eine Wandhalterung ist eine *Fixierung* (eines Gegenstandes an einer Wand)". Von einem solchen Oberbegriff kann man wieder zu Unterbegriffen übergehen. Welche Fixierungen gibt es? Nun, z.B. Schweißnähte, Schwellen, Aufhängevorrichtungen, Klettverschlüsse, Riegel, Klebstoff, ...

Die „Was-Frage" bringt also eine ganze Menge an Informationen über die Art und Weise, wie eine bestimmte Funktion der zu konstruierenden Maschinerie, nämlich die Befestigung an der Wand „im Prinzip" erfolgen kann. Diese Einfälle werden im wesentlichen aufgrund der Verfügung über die entsprechenden Begriffe, aufgrund des Fachwissens, kommen. Die Antwort auf die Frage nach den Fixierungen ergibt sich aus einer Bewegung in der Oberbegriffs- bzw. Unterbegriffshierarchie, die mit dem Begriff „Halterung" verbunden ist. Die Beantwortung der „Was-Frage" ist also ein hauptsächlich sprachlich ablaufender Denkprozeß.

Wie geht es weiter? Nun, es soll ja nicht irgend etwas an der Wand gehalten werden, sondern ein optisches Gerät. Die Antwort auf die Frage nach der Halterung löst im Prinzip das Problem, wie zwei Komponenten der Problemsituation, nämlich Wand und optisches Gerät, miteinander verbunden werden können. Nunmehr kommt es im zweiten Schritt des Prozesses darauf an, eine Vorstellung davon zu entwickeln, wie diese Verbindung konkret werden kann. Um dieses Problem zu lösen, muß man den Bereich der Begriffe, den sprachlichen Bereich verlassen und zum Bereich der Bilder übergehen. – Entweder vor seinem „inneren Auge" oder aber als Skizze muß man ein Bild davon entwickeln, wie die Wandhalterung eines optischen Gerätes aussehen kann. Man muß ein konkretes Bild davon entwickeln, wie die Verknüpfung von Wand und optischem Gerät mithilfe eines Nagels, Mauerhakens, eines Klettverschlusses, Riegels, einer Deckenaufhängung, einer Schwelle denn bewerkstelligt werden kann.

Hierbei spielt natürlich auch die jeweilige Erfahrung des Konstrukteurs eine Rolle. Er kennt ja bestimmte Formen von Wandhalterungen und wird wahrscheinlich irgend eine aufgrund seiner Erfahrung favorisieren. Die Menge an Möglichkeiten ist hier sehr groß; wir wollen das gar nicht in allen Einzelheiten schildern. – Nun hat man also drei Komponenten, Wand, optisches Gerät und Haltevorrichtung in eine bestimmte Beziehung gebracht; man hat eine Komposition erschaffen. Was folgt dann? Nun, vielleicht das Urteil „Alles bestens! So kann man das machen!" Oder aber (meistens) „Nein, so geht das nicht, das bricht auf die Dauer!" – „Das biegt sich auf die Dauer durch!" – „Das kostet zu viel!" – „Nein, das kollidiert mit einer anderen Funktion!"

Es folgen also eine Reihe von Prüfprozessen, die sich auf die Funktion selbst beziehen, auf Fern- und Nebenwirkungen der gewählten Gestaltung, auf die Herstellungsbedingungen und die Kosten, beim „designbewußten" Konstruieren, auch Prüfprozesse hinsichtlich des Aussehens.

Aus dem negativen Ausgang solcher Prüfprozesse ergeben sich neue Anforderungen, also Subprobleme, für die dann – eingeschachtelt in den ersten – weitere ARASKAM-Prozesse folgen müssen. Wie gestaltet man die Halteplatte für das optische Gerät im einzelnen? Welche Schrauben soll man wählen?

Gewöhnlich muß eine Maschine nicht nur eine Funktion erfüllen, sondern mehrere. Das optische Gerät soll nicht nur einfach so an der Wand gehalten werden, vielmehr soll es nach der Seite, nach vorn und in der Höhe verstellbar sein. Diese Verstellungen sollen sehr genau erfolgen können. Das gesamte Problem zerfällt also in verschiedene Teilprobleme. Neben der Funktion der Befestigung müssen nun noch Möglichkeiten für die Verstellung in den drei Raumdimensionen gefunden werden. Für alle diese Funktionen müssen nun ihrerseits ARASKAM-Prozesse ablaufen. Wir wollen diese hier nicht im einzelnen schildern; sie haben dieselbe Struktur wie soeben dargestellt.

Die ARASKAM-Prozedur verbindet Informationsverarbeitungsprozesse, die an die Sprache gebunden sind, mit solchen, die eher bildhafter Natur sind. Die Konstruktion von Bildern ist der synthetische Aspekt der Prozedur; das Finden von Unterbegriffen für vorgegebene Begriffe der analytische. Und natürlich sind die abschließenden Prüfprozesse auf Neben- und Fernwirkungen, auf Kosten und Fertigungsmöglichkeiten, auf das Aussehen wiederum analytische Prozesse. Allerdings können auch diese wiederum Vorstellungsprozesse beinhalten. So ist die Ermittlung von Neben- und Fernwirkungen wohl oft verbunden mit kinematischen Vorstellungen, mit Vorstellungen über das, was geschieht, wenn man das Gerät in dieser oder jener Weise bewegt und was sich verändert, wenn man das über längere Zeit tut. Bewegungsvorstellungen enthüllen auch Kollisionsmöglichkeiten zwischen verschiedenen Funktionen. Wenn man z.B. das optische Gerät nach den Seiten hin verstellt, verlagert sich der Schwerpunkt und das könnte Folgen haben für eine inadäquat gewählte Aufhängevorrichtung, da nun natürlich die Kräfte bei der Aufhängevorrichtung anders wirken.

Insgesamt führt die ARASKAM-Prozedur zu weiteren Prozessen der gleichen Art, die zu einer fortschreitenden Verfeinerung und Erweiterung des „Begriffs" von der Wandhalterung führen.

Die Formen des ARASKAM-Prozesses

Der ARASKAM-Prozess, so wie er gerade dargestellt wurde, kann sehr viele verschiedene Formen annehmen. Allein die einleitende „Was ist...-Frage?" kann in vielerlei Weise je nach dem Wissen des Konstrukteurs beantwortet werden. Die Frage, „Was ist eine Wandhalterung?" bzw. „Wie kann man etwas an einer Wand so fixieren, daß es nicht herunterrutscht?" wird der Laie natürlich mit den Standard-Antworten „Nagel!", „Schraube und Dübel!" beantworten. Dem Ingenieur wird dabei erheblich mehr einfallen; er hat ein größeres Wissen über Halterungen, Verriegelungen, Verbindungen, usw.. Das ist natürlich von Vorteil. Auf der anderen Seite aber bringt das Vorhandensein von vielfältigen Erfahrungen auch die Gefahr des „Methodismus" mit sich. „Das haben wir schon immer und erfolgreich so gemacht!" (Traditionalismus und Methodismus sind der Preis, den man für erfolgreiches Handeln zahlen muß; damit brütet der Erfolg in der Gegenwart oftmals den zukünftigen Mißerfolg aus, wenn sich Handelnde von einer früher bewährten Methode unter neuen Umständen erst allzu spät losreißen können.) — Der Laie mit seinen Standardvorstellungen von der Art und Weise, wie man etwas an der Wand befestigt, also mit den Vorstellungen „Nagel" bzw. „Schraube" hat eine größere Chance etwas wirklich Neuartiges zu erzeugen (aber auch natürlich die größere Chance, überhaupt nichts zustande zu bringen).

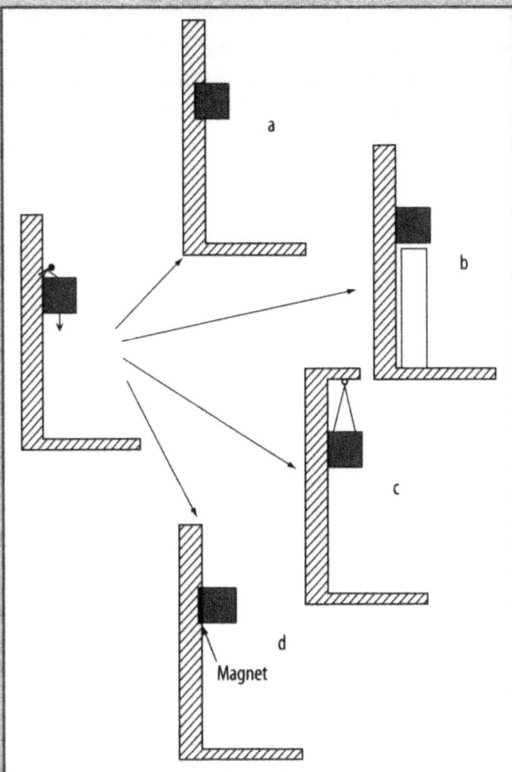

Bild 2. Verschiedene Formen von Wandhalterungen

Die Entwicklung von Lösungsansätzen ist nicht auf die erste Frage nach dem „Was ist...?" bzw. „Wie geht das ?" beschränkt. Vielmehr kann die zweite Phase, die Phase des „Bildermachens", der Ausgangspunkt von neuen Lösungseinfällen sein. Abbildung 2 zeigt, was ich meine. Eine Wandhalterung ist eine Vorrichtung, um das Herabgleiten eines Gegenstandes an einer Wand zu verhindern. Das wird einem klar, sobald man sich die Komposition von Wand und optischem Gerät bildlich vorstellt. Dies Hindern des Herabgleitens kann auch ganz anders geschehen, nicht nur durch den Nagel, wie in Abbildung 2 links gezeigt, sondern auch z.B. durch eine Nische in der Wand (a), durch eine Konsole (b), durch eine Deckenhalterung (c) oder durch einen starken Magneten in der Wand (d). Die Analyse eines Bildes führt also unter Umständen noch zu neuen Lösungseinfällen.

Die Prüfprozesse nach der Konstruktion eines ersten Bildes des Sachverhaltes können mehr oder minder elaboriert ausfallen. Wenn man den Draht in der Visierkimme eines Kompaß mit einer Schraube fixiert, so läßt sich der Deckel des Kompaß nicht mehr ganz schließen, da nun der Schraubenkopf gegen den Deckel stößt. (Ich bin im Besitz eines solchen Kompaß mit einem entsprechenden Konstruktionsfehler.) Damit liegt der Deckel nicht mehr plan auf der Kompaßscheibe; wird nun Druck auf den Kompaß ausgeübt (z.B. im Inneren eines Rucksacks), kann sich die Lasche des Deckels durchbiegen, das kann zu einem punktförmigen Druck auf das Glas des Kompasses führen und dieses brechen lassen. – Hier fehlte die Analyse auf die *Nebenwirkungen* einer bestimmten Gestaltung eines Teiles. Die verschiedenen Funktionen wurden unabhängig voneinander konzipiert.

Im Hinblick auf die verschiedenen Funktionen, die eine Maschine erfüllen muß, stellt sich die Frage nach der Sequenzierung der verschiedenen ARASKAM-Prozesse. Soll man verschiedenen Funktionen jeweils bis zum Ende durchkonzipieren, also die nach den Prüfprozessen einer ARASKAM-Prozedur jeweils anfallenden Teilproblemen lösen, bis man also z.B. mit dem Problem der Befestigung an der Wand bis zum Ende gekommen ist oder soll man bei der Grobgestaltung zunächst einmal inne halten, um dann an die anderen Funktionen zu denken? Pahl & Beitz (1997, S. 72) empfehlen beim Konstruktionsprozeß stufenweise „ablauforientiert“ vorzugehen, wenn man Neuland betritt und wenn die einzelnen Teilfunktionen in hohem Maße vernetzt sind. Das hat seinen Sinn. Die „bereichsorientierte“ Strategie, bei der man die Teilprobleme jeweils zu Ende bringt, ehe man das nächste aufgreift, ist ihrer Natur nach anfällig für Nebenwirkungen. Sie ist „isolationistisch“; es besteht die große Gefahr, daß die einzelnen Teilfunktionen nicht im Zusammenhang der gesamten Maschine betrachtet werden. Die Gefahr eines solchen isolationalistischen Vorgehens ist natürlich dann besonders hoch, wenn die Konstruktionsarbeit für die einzelnen Funktionen einer Maschine von verschiedenen Konstrukteuren oder sogar von verschiedenen Konstrukteurteams übernommen werden. Hier kann es durchaus vorkommen, daß, nachdem ein Konstrukteur mit der Aufgabe der Konstruktion einer Haltervorrichtung für drei parallel arbeitende Pressanlagen beauftragt wurde, ein anderer mit der Konstruktion der Pressen für die Herstellung von Pappe, die Pressen schließlich nicht in die Halterung passen, da diese zu klein ausgefallen ist. Und dies stellt man erst fest, nachdem sowohl die teuere Haltevorrichtung als auch die Pressen bereits gebaut worden sind. (Ich berichte hier unter Verwischung der Spuren, also unter Änderung aller spezifischen Angaben, ein tatsächliches Ereignis.) Auf alle Fälle erfordert das bereichsspezifische Konstruieren ein hohes Ausmaß an Kommunikation zwischen den verschiedenen Teams oder aber ein hohes Ausmaß an Kommunikation eines Konstrukteurs mit sich selbst. Er muß ständig rekapitulieren, in welcher Weise er andere Funktionen der jeweiligen Maschine bereits gestaltet hat, um Kollisionen der verschiedenen Funktionen zu vermeiden.

Günther (1998) berichtet, daß bei erfahrenen Ingenieuren bereichs-orientiertes Konstruieren durchaus erfolgreich sein kann, wohingegen unerfahrene Ingenieure sehr oft in die „Nebenwirkungs-Kollisions-Falle“ tappen.

Es ist klar, daß die ARASKAM-Prozedur je nach den Merkmalen des Kontrukteurs (oder der Konstrukteurgruppe), je nach Zeitdruck (und dem dadurch bedingten Auslassen von Prüfprozessen), je nach Vorstellungsfähigkeit, Skizzierbegabung bzw. der Verfügbarkeit eines CAD-Gerätes, je nach Stimmung und emotionaler Lage des Konstrukteurs sehr verschieden ausfallen kann. So ist eine bereichsorientierte Strategie „psychohygienisch“ attraktiv. Man ist mit einer Aufgabe jeweils, „fertig“ ehe man die neue beginnt. Eine ablauforientierte Strategie dagegen verlangt, den Überblick zu behalten und mit einer Fülle von unerledigten Aufgaben zugleich den Konstruktionsprozeß durchzuführen.

Schlußbemerkungen

Die ARASKAM-Prozedur ist einfach. Die Idee, daß sich jeder komplexe Konstruktionsprozeß als Iteration und Rekursion von ARASKAM-Prozessen darstellen läßt, ist attraktiv. Man hat mit der ARASKAM-Prozedur eine analytische Grundeinheit, deren persons- bzw. situationsspezifische Variation man untersuchen kann. Zugleich macht die Prozedur deutlich, wie die verschiedenen Denkprozesse beim Konstruieren ineinandergreifen. Der erste Schritt, also die Suche nach den Wirkprinzipien, ist wesentlich ein Operieren mit begrifflichem Wissen. Beim zweiten Schritt aber, also bei der Erstellung eines Lösungskonzeptes, spielen bildhafte Vorstellungen eine große Rolle. Hier geht es wesentlich darum, ein Modell, ein Abbild des zu erstellenden Systems zu entwerfen. Der dritte Schritt, also die Gestaltung des Entwurfs, ist der Ort der logischen Analyse. Was folgt, wenn man das Gebilde so baut, wie im zweiten Schritt entworfen? Aus solchen Folgerungen ergeben sich dann Subprobleme, die nachfolgend gelöst werden müssen.

Das individuelle, mehr oder minder effektive Denken beim Konstruieren, unterscheidet sich einmal in der Form, wie die drei genannten Schritte ablaufen. Personen, die es schwer haben, sich etwas bildhaft vorzustellen, werden Schwierigkeiten mit dem zweiten Schritt haben. – Zum anderen unterscheidet sich das Denken im Hinblick auf die Sequenzierung der verschiedenen ARASKAM-Prozeduren. Die beiden Pole der verschiedenen Sequenzierungsformen sind dabei das „bereichsorientierte“ und das „ablauforientierte“ Vorgehen. Das bereichsorientierte Vorgehen, also das Vorgehen nach dem Prinzip „eins nach dem anderen“ hat „psychohygienische“ Vorteile. Dahingegen vermindert das ablauforientierte Vorgehen die Gefahr von unerwünschten Funktionskollisionen.

Literatur

Dörner, D. (1999): Bauplan für eine Seele. Reinbek: Rowohlt

Dylla, N. (1991): Denk- und Handlungsabläufe beim Konstruieren. München: Hansa

Fricke, G. (1993): Konstruieren als flexibler Problemlöseprozeß. Empirische Untersuchung über erfolgreiche Strategien und methodische Vorgehensweise beim Konstruieren. Düsseldorf: VDI-Verlag

Günther, J. (1998): Individuelle Einflüsse auf den Konstruktionsprozeß – Eine empirische Untersuchung unter besonderer Berücksichtigung von Konstrukteuren aus der Praxis. Aachen: Shaker
Pahl, G. & Beitz, W. (1997): Konstruktionslehre. Berlin: Springer

Prof. Dr. Dietrich Dörner
Lehrstuhl Psychologie II, Otto-Friedrich – Universität, Bamberg

Komplexe Bedingungen beim Entwickeln und Konstruieren erfordern eine Anpassung des Vorgehens

K. Ehrlenspiel

1 Zweck des Aufsatzes

Es soll die bekannte Frage, wie Konstruieren modelliert werden muß, im Lichte neuerer Erkenntnisse wieder aufgeworfen werden. Geschieht Konstruieren mehr prozedural, also „ablauf-logisch", oder mehr adaptiv, d.h. angepaßt, situationsbezogen? Dies soll an Hand der Richtlinie VDI 2221: „Methodik zum Entwickeln und Konstruieren technischer Systeme und Produkte" [1] überlegt werden, da sich in ihr der Stand der wissenschaftlichen Lehrmeinung am ehesten konzentriert. Sie ist die zentrale Richtlinie für den Einsatz der Konstruktionsmethodik in Praxis, Lehre und Forschung. Sie ist unter der zweimaligen Obmannschaft von Professor W. Beitz entstanden (1993 Erstfassung; 1996 Überarbeitung), als eine gemeinsame Auffassung der verschiedenen „Schulen" in der BRD über das zweckmäßige Vorgehen beim Konstruieren.

Bei der Erstfassung hatte man noch die Vision vom idealen Ablaufplan, der alle Situationen des Entwickelns abdeckt und mit seinen sieben sequentiell aufeinanderfolgenden Arbeitsabschnitten universal anwendbar ist (Bild 1). Es hatte sich nämlich in den Anfangszeiten der Konstruktionsmethodik auf Grund der Faszination der Physik und Chemie eine *prozedurale*[1] *Modellvorstellung* gebildet. Bis zu einem gewissen Grade ist die Richtlinie davon beeinflußt. In den Beispielen der Richtlinie (Bild 4.1 und 4.2) sind noch sehr viel mehr sequentiell angeordnete Arbeitschritte angegeben, die zunächst allgemein verpflichtend aussehen. Auch heute gibt es immer wieder die Vision von der Axiomatisierung der Konstruktionsmethodik, die eine Voraussetzung für eine „Konstruktions-Informatik" wäre. Bei der Überarbeitung der Richtlinie nach sechs Jahren war man allerdings schon vorsichtiger, im wesentlichen veranlaßt durch die Forschungsergebnisse des „Bamberger Kreises" [2], der mit der Arbeit Dylla [3] startete. Man erkannte, daß für eine realistische Modellierung *mehr Flexibilität* im Ablauf vorzusehen ist [4]. Die Einfügung der beiden von oben nach unten durchgehenden

[1] Eine Prozedur ist z.B. in der Informatik ein „programmiersprachliches Konzept". Hier wird der Begriff weniger algorithmisch, sondern im Sinne eines bei Prozeßbeginn vorschreibbaren Verfahrens aufgefaßt.

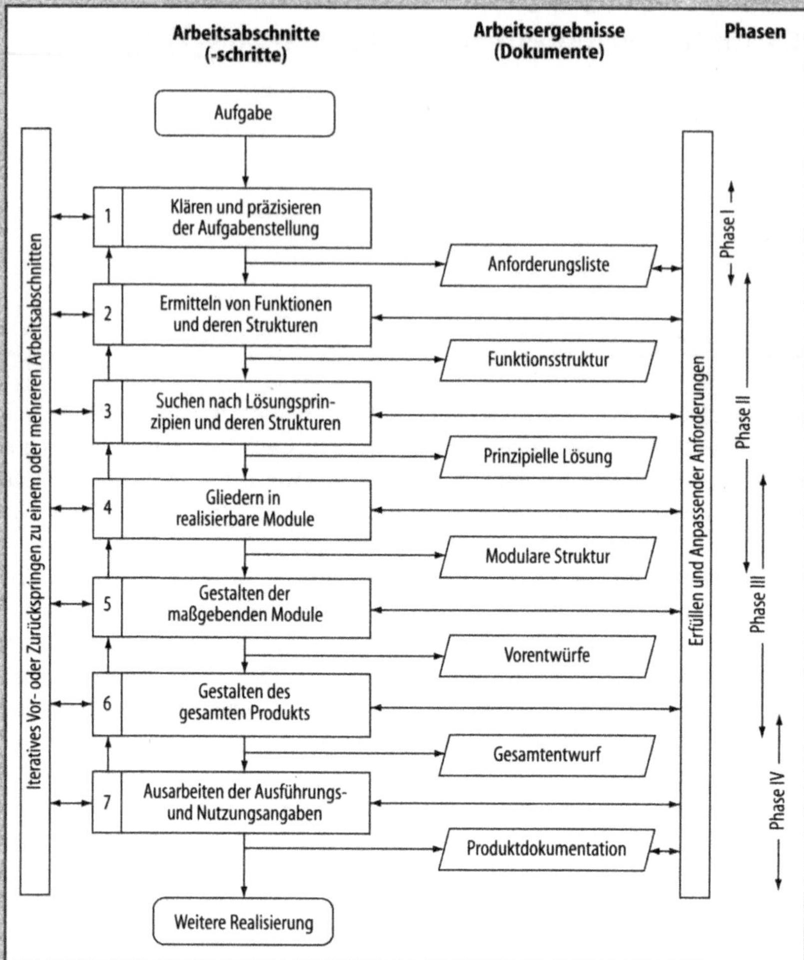

Bild 1. Generelles Vorgehen beim Entwickeln und Konstruieren VDI 2221 [1; Bild 3.3]

„Informationsbrücken" (in Bild 1 die Balken rechts und links), für das iterative Vor- und Zurückspringen und für das Anpassen der Anforderungen, war das sichtbare Zeichen dafür.

Zweck dieses Aufsatzes ist, die Diskussion darüber anzustoßen, ob man auf Grund heutiger Erkenntnisse nicht noch weiter gehen muß bezüglich der Flexibilisierung. Es wird aus mehreren Gründen (Forschungsergebnisse und Beobachtungen in der Praxis) vorgeschlagen, das damalige, tendenziell prozedurale Modell in ein *adaptives Modell* einzubinden. Darunter soll die Anpassung der Strategien, Methoden und Maßnahmen an die jeweilige, sich im Allgemeinen immer wieder verändernde Problemstellung und Situation verstanden werden.

Natürlich kann in vielen Fällen das bisherige Vorgehen mit seinen sieben Arbeitsabschnitten das am Besten geeignete sein. Das ist aber nicht immer zwingend. Dies soll nachfolgend gezeigt werden. Die VDI 2221 gibt am Schluß eine umfangreiche Methodenmatrix an, aus der man für die sieben Arbeitsabschnitte [1, Bild 3.3] geeignete Methoden auswählen kann. Das ist bereits ein adaptiver Ansatz, der aber z.T. im Widerspruch zu Bild 3.3 der Richtlinie steht, da insbesondere die Integrierten Methoden ihre eigenen Arbeitsabschnitte haben.

Es ist überhaupt die Frage, ob lineare *Ablaufpläne* trotz der Verzweigungspfeile die adäquate Darstellungsform sind für das vernetzte und wechselhafte Denken und Arbeiten beim Konstruieren, das dabei trotzdem immer die Richtung „vom Vorläufigen zum Endgültigen" verfolgt. Entsprechend den komplexen Verhältnissen wurde von Frankenberger in Bild 5 eine ganz andere Darstellung gewählt. Wie kann diese mit dem Inhalt bisheriger Ablaufpläne für die Lehre verknüpft werden?

Das Thema der VDI 2221 ist anspruchsvoll, denn sie muß den komplexen Bedingungen aller wichtigsten in der Praxis vorkommenden Konstruktionsfälle genügen. Die Richtlinie ist ja als „Dachrichtlinie" für weitere Richtlinien zu den einzelnen Phasen I bis IV (rechts in Bild 1) gedacht. – Es wird hier aber nicht das standardisierungsfähige und programmierbare Konstruieren von Variantenprodukten gemeint, sondern das bis zu einem gewissen Grade innovative.

2
Das prozedurale und das adaptive Modell

Unter *prozedural* soll hier ein streng nach Konstruktionsphasen[2] ablauforientiertes Vorgehen verstanden werden, das zudem auch einzelnen, weiter unterteilten Arbeitsschritten entsprechen sollte [1, Bild 4.1; 4.2]. Bisher entspricht die VDI 2221 auch dem „generierenden" Vorgehen. *Generierend* heißt: Mehrere Lösungsvarianten erzeugen, evtl. kombinieren und dann erst auswählen. Im Gegensatz dazu heißt *korrigierend:* Einen als zweckmäßig erachteten Lösungseinfall (oder eine Lösungsvorgabe) verwenden und, falls notwendig, nach einer Analyse korrigieren und anpassen. Bedeutsam ist dabei, daß sich bei tiefgehender Analyse die notwendige Korrektur fast von selbst ergibt. Das ist die hauptsächliche Arbeitsart der Praxis und dementsprechend auch methodisch nicht trainierter Personen. Sie scheint schnell und aufwandsarm zu gehen, führt aber nicht immer zu optimalen Lösungen. Sie ist verwandt mit dem operativen Vorgehen in Bild 7.

Zur Veranschaulichung sind in Bild 2 die bearbeiteten Phasen zweier Konstrukteure über der Konstruktionszeit dargestellt. Dies sind Beispiele aus der Untersuchung von Günther [5] an methodisch trainierten Hochschulingenieuren

---

2 Besser wäre: „Konkretisierungsebene", da unter dem Begriff Phase ein zeitlicher Ablauf verstanden wird (Anregung: Prof. Lindemann)

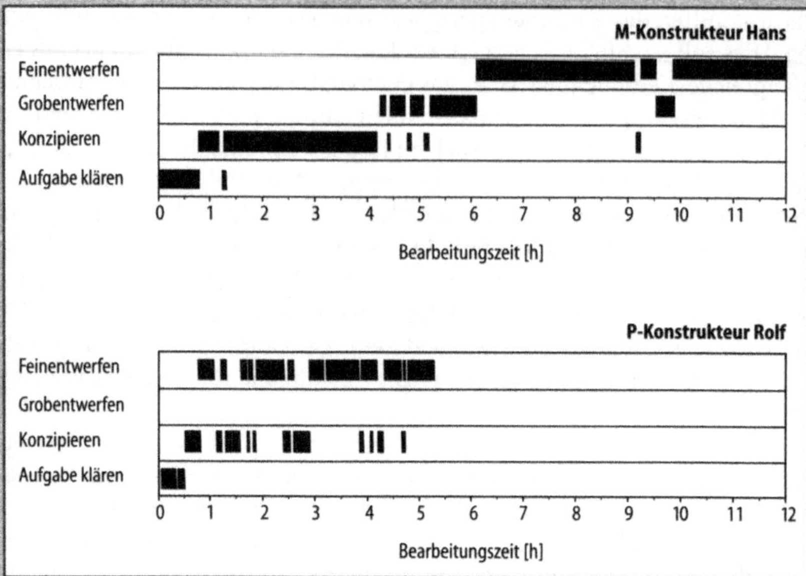

Bild 2. Konstruktionsphasen des M-Konstrukteurs Hans (oben) und des P-Konstrukteurs Rolf (unten) [5]

mit einiger Praxiserfahrung (M-Konstrukteure) und reinen Praktikern, die nie in einer Hochschule waren und dementsprechend auch keine Konstruktionsmethodik-Ausbildung erfahren haben (P-Konstrukteure). Oben im Bild sieht man das Vorgehen des M-Konstrukteurs Hans bei der Konstruktion einer verstellbaren Vorrichtung zur Justierung eines optischen Geräts: Er durchläuft die Phasen „Aufgabe klären", „Konzipieren", „Grob- und Feinentwerfen" fast ideal mit wenig Rücksprüngen (Ausarbeiten war hier nicht verlangt). Er arbeitet ablauforientiert, prozedural, im Prinzip nach der VDI-Richtlinie 2221. Die fünf Teilfunktionen des Geräts werden in der jeweiligen Phase alle generierend bearbeitet, gegenseitig abgestimmt, gesamthaft realisiert. Im Gegensatz dazu arbeitet der P-Konstrukteur Rolf teilproblem-orientiert, d.h. er greift sich eine der fünf Teilfunktionen nach der anderen heraus und konkretisiert sie jeweils sofort. Er fängt mit der für ihn wichtigsten – der Lagerung der Verstelleinrichtung – an, konkretisiert sie im Feinentwurf und paßt die anderen vier in korrigierendem Arbeiten nach einer jeweils kurzen Konzeptüberlegung daran an. Er arbeitet zwar wohl unbewußt – was seinen Prozeß angeht – aber trotzdem *adaptiv*, denn er paßt sein Vorgehen an seine Erfahrung bei diesem für ihn eher einfachen Problem an [6]. Zudem läßt er die sonst bei M-Konstrukteuren beobachtete Phase Grobentwerfen aus, da sie für ihn nicht nötig ist. Trotzdem erreicht er mit 98% fast die Lösungsgüte von Hans, aber in 45% der Zeit, obwohl keine Zeitvorgabe gemacht wurde: 5,36 Std. statt fast 12 Std., wie man aus Bild 2 erkennt. Als Praktiker hat er offenbar den Zeitdruck der Praxis verinnerlicht. Möglicherweise geht er auch deshalb teilproblem-orientiert vor, da er nach der sofortigen Konkretisierung die gefundene Lösung besser beurteilen kann und er ahnt, daß er den weiteren Prozeß „ergebnisorientiert" gestalten muß (Abschnitt 3.3). Man sieht: Die Methoden sind der jeweiligen Erfahrung des Konstrukteurs und der jeweiligen Komplexität des Problems anzupassen, d.h. es muß adaptiv vorgegangen werden. Man kann dies als eine *„erfahrungsabhängige Adaption"* bezeichnen. Wenn das Konstruktionsproblem komplexer wird, als es bei dieser noch überschaubaren Vorrichtung gegeben ist, könnte jedoch diese teilproblem-orientierte Vorgehensweise von Rolf nachteilig werden.

Im prozeduralen Ablauf der VDI 2221 ist auch der Arbeitsabschnitt 2: „Ermitteln von Funktionen und deren Strukturen" enthalten, woraus man entnimmt, daß die Richtlinie schwerpunktmäßig eine auf die *Funktionserfüllung hin orientierte Methode* insbesondere für die Neukonstruktion darstellt. Das war ja auch immer ein wesentliches Anliegen der Konstruktionsmethodik. Es ist klar, daß ein Produkt funktionieren muß. Dafür wird es ja gebaut. Aber es gibt neben dieser Produkteigenschaft noch andere Eigenschaften, wie Zuverlässigkeit, Ergonomie, Design, Kosten, die bei einer Produktüberarbeitung zur „Hauptforderung" werden können, wobei die Funktion selbstverständlich garantiert bleiben muß. Da Funktionsträger außer ihrer Funktion jeweils mehrere andere Eigenschaften aufweisen, muß man „eigenschaftsoptimierend" korrektiv vorgehen (*„eigenschaftsoptimierende Adaption"*). Die dafür notwendige Vorgehensweise wird unten am Beispiel der Kosten (Bild 6) gezeigt.

Schließlich gibt es auch Produkte, wie manche Maschinenelemente (z.B. Gleichlaufkupplungen), bei denen sich in vier Dissertationen ergab, daß die Ermittlung von Funktionsstrukturen praktisch keinen Lösungsfortschritt bringt. Hierbei lag die Hauptforderung in der Kinematik und dementsprechend in der Wirkstruktur der prinizipiellen Lösung. Ein Vernachlässigen des Arbeitsabschnitts 2 war sinnvoll: Es genügte eine kleine Liste der Teilfunktionen. Ein derartiges adaptives Vorgehen sollte in der Richtlinie nicht nur mit der Informationsbrücke in Bild 1 links angesprochen werden, sondern es sollte dafür auch Beispiele geben.

Unter *adaptivem Vorgehen* wird verstanden, daß das durch Strategien, Methoden und Maßnahmen bestimmte Vorgehen an das jeweils anstehende Problem und die sich im Lauf des Konstruierens ergebende Situation angepaßt wird. Die Anpassung kann z.B., wie Bild 3 zeigt, an die Bedingungen des Produkts, des einzelnen Konstrukteurs, der Gruppe, des Unternehmens und der äußeren Umgebung erfolgen. Damit ist die bewußte Auswahl von Strategien und Methoden nicht mehr so einfach wie nach einem vorgegebenen, normativen Ablaufplan, aber komplexe Bedingungen erfordern eben ein flexibles Vorgehen.

Maßnahmen-, Methodeneinsatz, je nach...

1 ...Art der festzulegenden Produktmerkmale

- ○ Anforderungen; Hauptforderung (z.B. Funktion; Kosten; Qualität; Design...)
- ● Prinzipielle Lösung und phys. Bereiche
- ● Gestalt (qualitativ und quantitativ)
- ● Oberfläche
- ● Stoffe (Werk- und Betriebsstoffe...)
- ○ meist indirekt: Funktion; Fertigung; Kosten; Sicherheit; Ergonomie; Design...

2 ...Charakteristik des Produkts

- ● Produktart; Produktfunktion, -gebrauch
- ● Komplexität; Teilezahl
- ○ Variantenzahl, Änderungshäufigkeit[1]
- ○ Einzelkunden-angepaßt; Standard produkt; Baukastensystem
- ● Stückzahl
- ● Neuheit[1] d.h. Konstruktionsart (Neu-; Anpassungs-; Varianten-Konstruktion);
- ○ Konstruktions-, Fertigungstiefe

3 ...Charakteristik des Individuums

- ● Erfahrung (Fakten-, Methodenwis-sen..)[1,2]
- ● (heuristische) Kompetenz[1,2]
- ● Qualitätsanspruch1, Selbsteinschätzung
- ● subjektiver Zeitdruck[1,2]
- ● (theoretische) Ausbildung[1]
- ● Aufgeschlossenheit[1]
- ○ Motivation[1,2] ....

4 ...Charakteristik der Gruppe

- ○ Gruppenklima[1]
- ● Gruppenorganisation[1]
- ● Qualität der Führung[1]
- ○ Kommunikation[1]

5 ...Charakteristik des Unter-nehmens

- ● Unternehmensgröße
- ● Organisation, Arbeitsteilung[1]
- ● Qualität der Führung[1]
- ○ Ressourcen bzw. Restriktionen[1] (Finanzen; Personal; Arbeitsmittel; Hilfsmittel; CAD; Software; Versuch...)
- ○ Koordination von Aufgaben[1]
- ● räumliche Nähe der Personen[1]
- ○ objektiver Zeitdruck[1]
- ○ Produktionsmittel (Anlagen; Know-How..)
- ○ Informationsverfügbarkeit[1] (Sach-; Methodeninformation)
- ○ Marktposition; Vertriebsart

6 ...Charakteristik der äußeren Bedingungen; ..des Marktes

- ○ Konkurrenzsituation
- ○ Patentsituation
- ● Reife des Marktes
- ○ Zeitpunkt und Art der Markteinführung; Lieferzeit
- ● gesellschaftliche Akzeptanz
- ● Vorschriften aus Gesetzen, Normen

○ So sind Einflüsse markiert, die sich zeitlich rasch ändern können (Dynamik); selbstverständlich sind diese je nach Unternehmen und Situation unterschiedlich. Gekennzeichnet sind ferner aus-gewählte Einflüsse auf „kritische Situationen" nach Frankenberger[1] [8], bzw. Günther[2] [5].
Grau hinterlegt sind die „menschenbezogenen" Einflüsse.

Bild 3. Problem- und ergebnisrelevante Einflüsse auf den Konstruktionsprozeß

3 Komplexe Bedingungen beim Entwickeln und Konstruieren

Die Komplexität der Prozeßbedingungen wurde schon angesprochen. In Bild 3 sind zusammenfassend problemträchtige Einflüsse in sechs Gruppen aufgelistet. Der Umfang dieses Aufsatzes verbietet es, im Detail darauf einzugehen. Hingewiesen sei aber noch auf folgende Merkmale der Komplexität [7, S.59]:

Neben der *Vernetzung* vieler Einflüsse aus Bild 3, spielt in der Praxis vor allem deren *Dynamik*, d.h. die zeitliche, oft rasche Veränderung der Einflüsse eine große Rolle: der Zeitdruck wird plötzlich größer; ein wichtiger Zulieferant hat Konkurs gemacht; die ursprünglich projektierte Stückzahl ist plötzlich viel kleiner. Da mit den Methoden auch Zeitaufwand verbunden ist, müssen dann u.U. andere, schneller wirksame gewählt werden. Mitten im Prozeß ändern sich also die Strategien und Methoden.

Ebenso ist die *Intransparenz*, vor allem wegen des Zeitdrucks der Praxis ein frustrierendes Faktum. Man sieht nicht genau durch, kann sich in der Kürze der Zeit nicht die nötigen Informationen beschaffen, muß aber doch entscheiden. Detaillierte Bewertungsmethoden, die man vielleicht zuvor anwenden wollte, sind dann plötzlich sinnlos: Man muß grob nach den wesentlichen Kriterien abschätzen und entscheidet im Ungewissen.

Eigens hingewiesen werden soll auf die *menschenbezogenen Einflüsse*, die durch die Untersuchungen von Günther [5] und besonders von Frankenberger [8] in ihrer Bedeutung für das Konstruktionsergebnis nun klar herausgearbeitet vorliegen. Technische Probleme, wie z.B. mit dem Pendolino oder der A-Klasse entstehen im Allgemeinen nicht durch technische Einflüsse, wie z.B. der Unvollkommenheit von Simulationen der Mehrkörper-Dynamik, sondern z.B. durch Fehler in der Führung, in der Kommunikation, durch Selbstüberschätzung. Sie sind in Bild 3 grau unterlegt. Einige von ihnen sollen nachfolgend an einem Beispiel aus der Arbeit Frankenberger besprochen werden.

3.1 Zum Konstruktionsprozeß in der Gruppe

Frankenberger [8] hat direkt in der Praxis, insbesondere bei zwei Firmen, während mehrerer Wochen das durch Gruppenarbeit geprägte Konstruieren protokolliert. Die beobachteten Personen waren zum mindesten von ihrer Arbeitsweise her ähnlich, wie die P-Konstrukteure in der Untersuchung von Günther: Sie setzten kaum Konstruktionsmethoden ein. Konstruiert wurde eine Weinpresse bzw. eine Presse für Spanplatten. Frankenberger konzentrierte sich auf „kritische Situationen", in denen wesentliche Entscheidungen für den Ablauf des Prozesses und die Festlegung von Produktmerkmalen fielen.

Die wichtigen Einflußgrößen d.h. „kritischen Situationen" bezüglich der Qualität und den Kosten des Produkts, sowie bezüglich der Entwicklungszeit wurden in vernetzten Informationsfluß-Bildern miteinander verknüpft (Bild 4). Sie

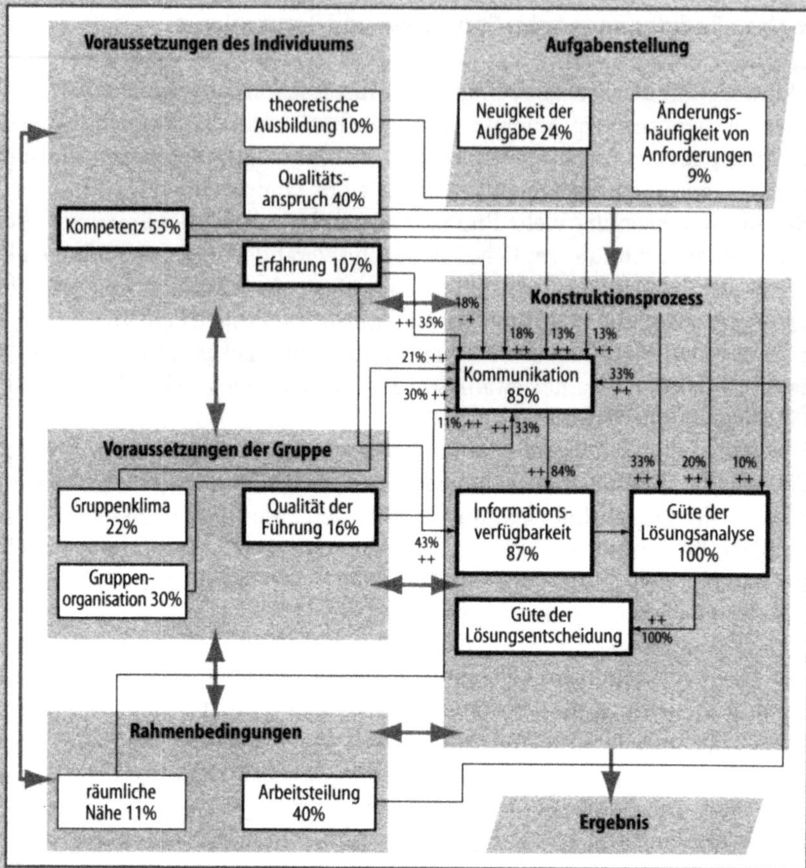

Bild 4. Mechanismen, die zu guten Lösungsentscheidungen führen [8; Bild 5.17] (Zu den >100% -Angaben siehe [8, S.111])

lassen sich aufteilen in die Einflüsse des Individuums (11 Stück), der Gruppe (5) und der (Unternehmens-) Rahmenbedingungen (5): Im Bild links sind einige aufgeführt. Sie wirken sich auf den Konstruktionsprozeß aus: Rechts im Bild. Unten rechts im Bild münden diese in das Ergebnis: Qualität, Kosten und Zeit. Dick umrahmt sind die wichtigen.

Von insgesamt 34 in [8; Bild 5.1] genannten Einflußgrößen wurden 18 in Bild 3 aufgeführt und gekennzeichnet. Es wurde schon angesprochen, daß dies fast durchweg menschliche und organisatorische Einflußgrößen sind. Die technischen sind fast als „Selbstverständlichkeiten" z.B. in der Erfahrung oder der Kompetenz enthalten. Das ist typisch: Die Probleme der Praxis liegen eben meist nicht in der Technik, sondern im menschlich-organisatorischen Bereich, wofür Ingenieure fast durchweg mangelhaft ausgebildet werden.

Wesentliche Einflußgrößen auf ein erfolgreiches Konstruktionsergebnis sind: Beim Individuum, wie bereits erwähnt, die Erfahrung, die (heuristische) Kompetenz (Fähigkeit im Umgang mit neuen Problemen) und der Qualitätsanspruch. In der Gruppe sind dies: Die Qualität der Führung, die Gruppenorganisation und das Gruppenklima. Bei den Rahmenbedingungen des Unternehmens: Die Arbeitsteilung und die zugehörige Koordination von Aufgaben. Im Konstruktionsprozeß selbst: Die Informationsverfügbarkeit und ganz wichtig, die Kommunikation. Je nach der Qualität dieser Einflußgrößen ergibt sich eine gute oder schlechte Lösungsanalyse und dementsprechend Lösungsentscheidung (Bild 4). Sehr erfolgsentscheidend war, so wurde oft beobachtet, ob ein erfahrener, kompetenter Mitarbeiter da war, der sich die Zeit nahm, wichtige Fragen von weniger erfahrenen Konstrukteuren zu beantworten. Die menschliche Kommunikation spielte eine weit größere Rolle als etwa die Suche in DV-Datenbeständen, solange es nicht um nur routinemäßige Datensuche ging. Je nach dem Wissenszuwachs, der sich so während des Konstruktionsprozesses einstellt, können andere Strategien und Methoden notwendig werden: *„Kommunikationsabhängige Adaption"*. Um ein Beispiel zu geben: In der Kommunikation mit einem Mitarbeiter der Service-Abteilung wird klar, daß das bisherige Konzept der Ölversorgung einer zu konstruierenden Maschine zu schadensanfällig ist. Es muß also eine neue, verbesserte Ausführung konstruiert werden.

3.2 Realisierung von Nicht-Funktions-Forderungen

Es ist bekannt, daß die meisten Konstruktionsaufgaben von Vorläufer-Produkten ausgehen. Echte Neukonstruktionen von Produkten, die nicht in zumindest ähnlicher Form im eigenen Haus oder bei der Konkurrenz existieren, sind sehr selten. Oft genug sind es dann, wie oben bei 2 angedeutet, nicht die Funktionseigenschaften, die Anlaß zur Überarbeitung geben, sondern andere: z.B. Kostenverringerung, Design-Überarbeitung, Zuverlässigkeitssteigerung (Design to X; [9; S.280])

Am Beispiel der Herstellkostenverringerung wird mit Bild 6 gezeigt, wie man praxiserprobt vorgehen kann [10; S.67]. Zugrunde liegt der universell einsetzbare Vorgehenszyklus entsprechend Bild 5 (auch systemtechnischer Problemlösungszyklus oder Allgemeiner Lösungsprozeß [11]) mit den drei iterativen Schritten: Aufgabe klären, Lösungen suchen, Lösung auswählen. Selbst dieser einfache und kurze Ablaufplan mit markanten Rückpfeilen entspricht, wie man auch durch Selbstbeobachtung leicht feststellen kann, nur unzureichend unserem natürlichen Denken: Aufgabenbeschreibung, Lösungs-„einfall" und Lösungsbewertung geschieht fast als Einheit, in kürzester Zeit, entsprechend dem denkpsychologischen TOTE – Schema (*T*est-*O*perate-*T*est-*E*xit) [9; S.78]. Dies ist noch eine Anmerkung zu der eingangs gestellten Frage sequentieller Ablaufpläne mit Iterationen.

Am Anfang, bei der Aufgabenklärung für die Herstellkostensenkung (Bild 6), kommt es ganz entscheidend darauf an, *die* Baugruppen oder Teile zu identifi-

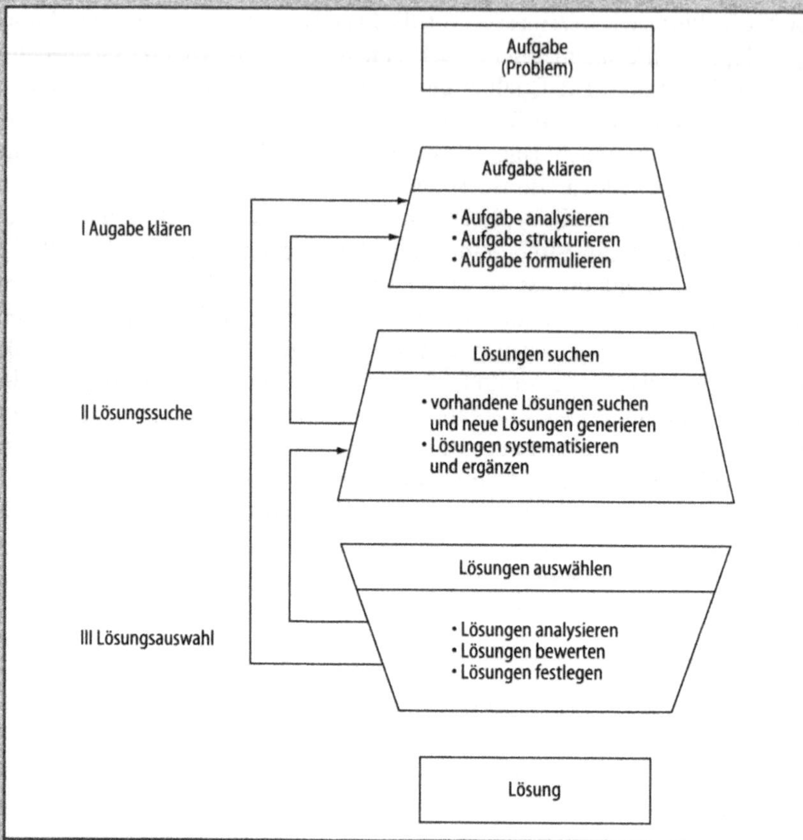

Bild 5. Vorgehenszyklus als allgemeine Problemlösungsmethode [10,S.43]

zieren, welche die höchsten Kosten verursachen und die zum Beispiel in der Fertigung, Montage oder im Werkstoffbezug liegenden Gründe dafür aufzudecken. Man muß sich die Kostenstruktur im Sinn einer ABC-Analyse erarbeiten. Je sorgfältiger man das tut und dabei gleichzeitig die jeweiligen Lösungspotentiale beachtet (Bild 8 !), um so erfolgreicher wird man mit dem nachfolgenden Kostensenken. Das weitere Vorgehen ergibt sich erst danach „adaptiv" im Schritt II „Lösungen suchen": Soll man das Konzept des Produkts beibehalten und mit wenig Risiko die Fertigung, das Material, die Gestaltung ändern, oder muß man doch ein neues Konzept (prinzipielle Lösung) suchen? Ersteres, wenn es ausreicht, die Herstellkosten zwischen 10 und 30% abzusenken, letzteres, wenn die Kostensenkung höher sein soll. Das sind grobe Erfahrungswerte, aber damit arbeitet die Praxis im Interesse der Aufwands- und Risikoeinschränkung [10; S.93].

I **Aufgabe und Vorgehen klären**

I.0 **Vorgehen** planen, **Team** bilden, **Verantwortliche** benennen
I.1 **Gesamtzielkosten** festlegen: Gewinnziel, Wirtschaftlichkeitsziel aus dem Markt (Lebenslauf-, Selbst-, Herstellkosten). **Was wünscht der Kunde?**
I.2 **Analyse** ähnlicher Maschinen: **Kostenstruktur** nach Lebenslaufkosten und/oder Herstellkosten bezogen auf Funktionen, auf Bauteile (z.B. nach Material-, Fertigungskosten aus Einzelzeiten und Rüstzeiten), nach Fertigungsverfahren, Fremd-, Eigenfertigung durchführen. Überprufung der Normung (allgemein/werkintern):
I.3 **Schwerpunkte** zum Kostensenken suchen. Was kann geändert werden, was nicht? **Kostensenkungespotentiale** ermittelt.
I.4 **Gesamtkostenziel** auf Funktionen, Baugruppen, -teile, Fertigungsgänge aufteilen. Aufgabenstellung im einzeln festlegen **(Teilzielkosten)**.

II **Lösungen suchen**

II.1 **Funktion:** Weniger oder mehr Funktionen? Funktionsvereinigung?
II.2 **Prinzip:** Anderes Prinzip (Konzept)? Baugrößenverringerung?
II.3 Gestaltung: Weniger Teile (Integralbauweise)? Werkinterne **Normung:** Gleichteile, Wiederholteile, Teilefamilien, Baureihe, Baukasten?
II.4 **Material:** Weniger Material? Weniger Abfall? Kostengünstigeres Material? Norm-, Serienmaterial, Kaufteile?
II.5 **Fertigung:** Andere, weniger Fertigungsgänge? Andere Vorrichtungen, Betriebsmittel? Weniger Genauigkeit? Montagevarianten? Eigen- oder Fremdfertigung?

III **Lösungen auswählen**

III.1 Analyse und Bewertung der Alternativen: **Kostenschätzung, Kalkulation**.
III.2 Auswahl einer Lösung und adschließende Ausarbeitung der Produktdokumentation.

Bild 6. Vorgehenszyklus zur Kostensenkung von Produkten [10; S.67]

Man erkennt, daß entgegen den Arbeitsabschnitten 2 und 3 der VDI 2221 das neue Konzept mit den Funktionsuntersuchungen eben meist gerade nicht am Anfang steht, sondern „adaptiv“ erst dann, wenn man vorher mit geringerem Konstruktionsaufwand und Funktionsrisiko keinen Erfolg gehabt hat. Wer will schon für eine eingeführte und erprobte Maschine ein neues Konzept riskieren, wenn nicht ganz erhebliche Vorteile wahrscheinlich sind? Dann aber ist bei komplexen Problemen die Suche nach einem neuen Konzept mit konstruktionsmethodischem Vorgehen entsprechend VDI 2221 dringend anzuraten. Nach Praxiserfahrungen spart man damit erheblich an späterem Änderungsaufwand! – Bei anderen Zieleigenschaften, als wie hier Kosten, ist das Vorgehen analog zu dem Beschriebenen (Design to X). Diese Art zu Konstruieren entspricht also z.T. dem erwähnten korrigierenden Konstruieren, z.T. dem generierenden. Man sieht: Es ist eine *„eigenschaftsoptimierende Adaption“* nötig.

3.3 Die mangelnde Planbarkeit innovativer Entwicklungen

Je innovativer ein Produkt ist, um so schlechter ist dies und der zugehörige Prozeß planbar. Das liegt auf der Hand, denn Planung basiert auf der Erfahrung mit ähnlichen Projekten (W. Frühwald, der bisherige DFG-Präsident, formulierte anläßlich eines Vortrages am 25.2.99 sogar: „Kreativität ist nicht planbar“). Das Innovative ist das Überraschende, nicht das Geplante.

Unerwartetes ergibt sich beim Entwickeln und Konstruieren auch dann oft genug, wenn sich nach einem Versuch oder einer Simulation die wirklichen Eigenschaften des vorher Konstruierten zeigen. In Bild 7 [12, S.103] sind drei Ebenen gezeigt. Die oberste Ebene ist die Ebene des strategischen Vorgehens und entspricht z.B. den Arbeitsabschnitten der VDI 2221. Von dort aus muß man z.B. mit dem Schritt „Lösungssuche“ herunter auf die operative Ebene, man muß also von dort dann z.B. mit dem Schritt Variieren und Konkretisieren beurteilbare Lösungen erzeugen.

Auf der untersten, der Ergebnisebene befinden sich die konkreten konstruktiven Ergebnisse (z.B. Berechnungsergebnisse; Fertigungszeichnungen). Je nach Ergebnis z.B. einer Berechnung und dem Soll-Ist-Vergleich muß man dann für eine Gestaltkorrektur und eine weitere Lösungsanalyse (z.B. Iteration der Berechnung) wieder hinauf in die Ebene des operativen Vorgehens. So geht es im Regelkreis hin und her mit „top-down“ und „bottom up“. Oft genug muß man dann aber noch weiter hinauf wieder in die Ebene des strategischen Vorgehens und muß vielleicht eine ganz andere Richtung einschlagen. Das bedeutet beispielsweise, daß man sich ein neues Konzept überlegen muß oder die Montageeigenschaften völlig anders gestalten muß. Bild 8 zeigt dies mit dem hintersten Pfeil und der Anmerkung „Ergebnisabhängige Änderung der Strategischen Planung". In der neuen Richtlinie VDI 2223 [15; S.23] wird dies ebenfalls betont.

Man muß sich also wegen unerwarteter Ergebnisse „adaptiv“ verhalten! Die Wahl von Strategien und Methoden ist in vielen Fällen ergebnisabhängig! (*„ergebnisabhängige Adaption“*). Um im Beispiel der Kosten von oben zu bleiben: Man muß nun doch bei einem entsprechenden Produkt z.B. das Konzept der Steuerung von mechanisch nach elektronisch ändern, da die Kostensenkung am Gehäuse der Maschine allein nicht ausgereicht hat, um die Gesamt-Zielkosten zu erfüllen. – Man geht so sehr häufig zwischen der unteren Ergebnisebene und der operativen Ebene korrigierend vor, sowie ab und zu strategisch, planerisch zwischen den zwei oberen Ebenen. – Eine Strategie kann dann z.B. wegen der notwendigen hohen Ergebnisqualität durchaus die sein, *generierend* vorzugehen, d.h. im Sinn der Konstruktionsmethodik mehrere brauchbare Lösungen zu erzeugen, aus denen qualifiziert ausgewählt wird. Dabei kommt man im Gegensatz zum korrigierenden Konstruieren oft auf ganz neue Lösungsansätze.

Die angesprochenen Ebenen können teilweise auch der Führungsstruktur eines Unternehmens entsprechen: Die strategische Ebene kann eher der Führungsebene, die operative mehr der Sachbearbeiterebene zugeordnet sein.

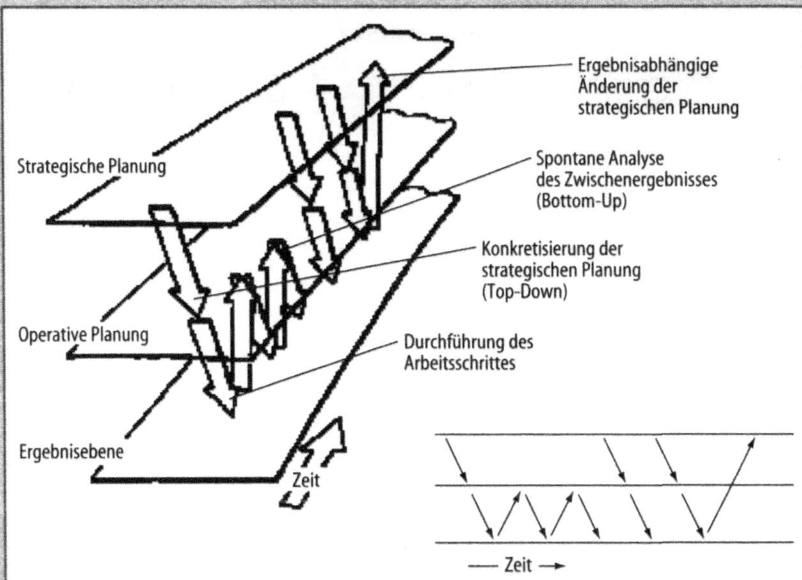

Bild 7. 3-Ebenen-Modell: Wechsel zwischen dem strategischen und operationalen Vorgehen [12; Bild 6.6]. In ähnlicher Form auch in [15] enthalten.

4 Wahl der Strategie und der Methode

Es sollte aus dem Bisherigen klar geworden sein, daß man wegen der vielen vernetzten Einflüsse nach Bild 3, ferner wegen deren Dynamik und Intransparenz, sowie wegen der sich nach Berechnung, Simulation und Versuchen oft unerwartet neu darstellenden Eigenschaften (Bild 7), die jeweils zweckmäßigen Strategien und Methoden immer wieder neu bestimmen muß.

Dies gilt insbesondere am Anfang einer Entwicklung, aber auch immer wieder zwischendurch, z.B. anläßlich sogenannter „Revisionen" oder „Freigabebesprechungen" oder eben ergebnisabhängig, wie oben dargestellt [9, S.272; 278]. Nicht mehr nötig ist die Suche nach Strategien und Methoden, wenn es sich um Routine-Konstruktionen, z.B. im Sinne der Varianten-Konstruktion handelt, deren Ablauf so bekannt ist, daß man sie sogar rechnergestützt automatisieren kann [13].

In Bild 8 sind die Fragen beispielhaft dargestellt, die bei einer sogenannten „kreativen Klärung" [9; S.328] oder bei einem „Startgespräch" im interdisziplinären Team am Anfang einer Entwicklung - aber auch zwischendurch - eine Rolle spielen können.

Zu beachten und zu analysieren sind die evtl. Schwachstellen am Vorläufer-Produkt, die Konkurrenz-Situation (Benchmarking?), naheliegende oder bei der

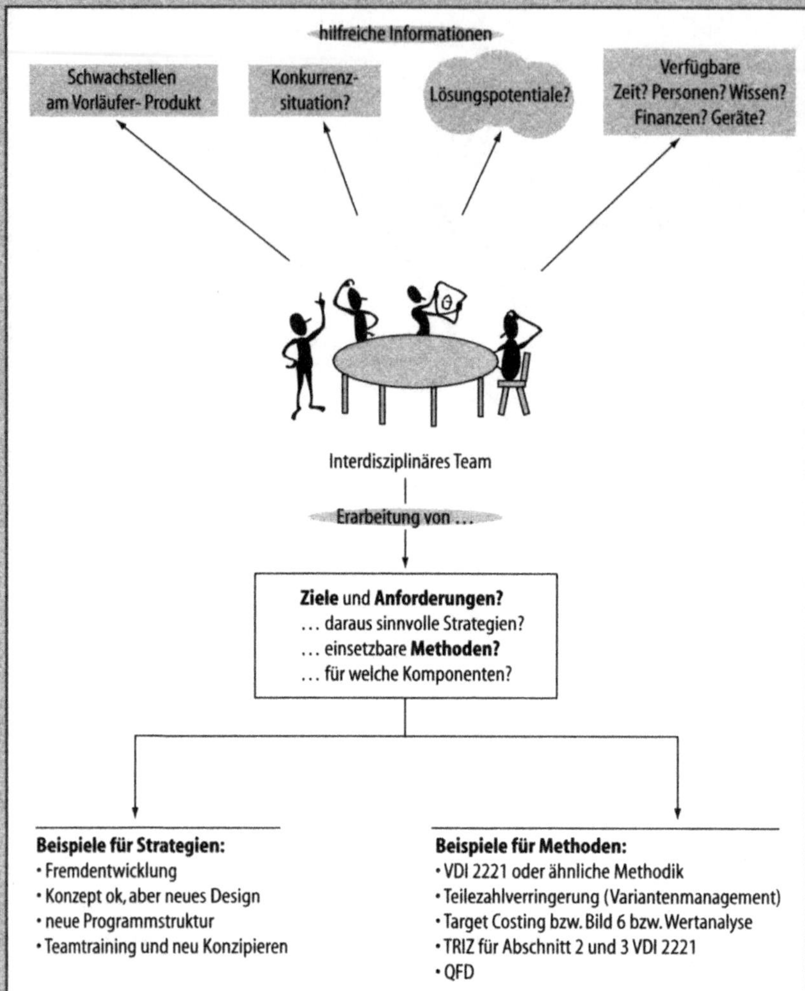

Bild 8. Arbeit und Ergebnis eines Teams bei einer „kreativen Klärung" bzw. einem Startgespräch (TRIZ siehe [14]; QFD = Quality Function Deployment)

Besprechung erkannte Lösungspotentiale sowie die verfügbare Zeit, das verfügbare Personal, das verfügbare Wissen, die Finanzen und die verfügbaren Geräte (z.B. Computer, Versuchs- und Fertigungseinrichtungen). Aus diesen „hilfreichen Informationen" entwickelt das Team mit dem generellen Ziel „Verbesserung des Kunden- und des Eigennutzens" wesentliche Ziele und Anforderungen für den Prozeß, das Produkt und die dafür geeigneten Strategien und Methoden.

Im Bild sind hierzu einige Beispiele angegeben. Es soll nicht verwundern, daß dabei auch ungewöhnliche Methoden, wie TRIZ und QFD genannt sind. Eine allgemein nutzbare Richtlinie muß auch dafür offen sein, denn die Methodenwahl richtet sich ja auch danach, welche Methoden jeweils in den Unternehmen eingeführt sind und von den Mitarbeitern beherrscht werden. Selbst wenn manche der neuen „modischen" Methoden in den Altbewährten wurzeln und über neue Begriffe „verkauft" werden, so gewichten und differenzieren sie oft manches anders als früher. Ein Beispiel ist die Entwicklung von „Target Costing" aus der Wertanalyse.

5 Zusammenfassung

Es wird auf Grund von Forschungsergebnissen und Beobachtungen aus der Praxis wieder die alte Fragestellung aufgegriffen, ob bei der Wahl von Strategien und Methoden für den Entwicklungs- und Konstruktionsprozeß mehr ein prozedurales oder mehr ein adaptives Modell maßgebend sein kann.

Eine Prozedur über den ganzen Prozeß, also ein schon zu Beginn streng vorschreibbares Vorgehen, ist nur bei bereits weitgehend bekannten Produkten und Konstruktionsprozessen möglich, also z.B. bei der Variantenkonstruktion. Dementsprechend werden dafür ja auch immer wieder Rechenprogramme erstellt, d.h. der Prozess wird (teil-) automatisiert [13].

Bei allen anderen, wenigstens bis zu einem gewissen Grade innovativen Produkten und damit Prozessen ist aber aus folgenden Gründen eine adaptive Strategie- und Methodenwahl nötig:

- erfahrungsabhängige Adaption (Individuum; Gruppe; Unternehmen: Abschnitt 2.1 und 3.1).
- eigenschaftoptimierende Adaption (Abschnitt 3.2)
- Adaption wegen dynamischen (zeitlich variablen) Einflüssen (Abschnitt 3)
- Adaption wegen intransparenten Einflüssen (Abschnitt 3)
- kommunikationsabhängige Adaption (Abschnitt 3.1)
- ergebnisabhängige Adaption (Abschnitt 3.3)

Diese sechs Gründe für die adaptive Modellierung des Entwicklungs- und Konstruktionsprozesses sind z.T. von einander abhängig und sie sind auch nicht überdeckungsfrei.

Zwischen den adaptiv, d.h. situationsabhängig gewählten Methoden kommen allerdings immer wieder kürzere Prozeduren (z.B. Bewertungs- und Rechenverfahren) vor, die meist sequentiell erledigt werden können.

Nachdem man früher vor allem technische Einflüsse als maßgebend für den Prozeß angesehen hatte, ist nun die überragende Bedeutung der menschbezogenen Einflüsse (Individuum, Gruppe, Unternehmen) erkannt worden. Sie bestimmen zum großen Teil den Prozeß, damit dessen Ergebnis und damit das gebaute Produkt mit seinem Erfolg am Markt. Diesen Erkenntnissen paßt sich derzeit die Konstruktionsmethodik an. Deren zentrale Richtlinie VDI 2221 erhielt in der zweiten

Fassung ein flexibleres Vorgehen, das aber bei einer Überarbeitung weiter betont werden sollte. Die Industrie sollte die menschbezogenen Einflüsse viel stärker beachten, um die vielen Fehler in diesem Bereich zu verringern. Hier sind, auch bei angeblich „fortschrittlichen" Unternehmen, noch enorme Potentiale vorhanden!

6 Literatur

[1] VDI-Richtlinie 2221: Methodik zum Entwickeln und Konstruieren technischer Systeme und Produkte. Düsseldorf, VDI-Verlag: 1993
[2] Pahl, G.: Denk- und Handlungsweisen beim Konstruieren. Erkenntnisse aus einer interdisziplinären Forschung. Konstruktion 51 (1999) Heft 6, S. 11–17
[3] Dylla, N.: Denk- und Handlungsabläufe beim Konstruieren. Diss. TU München 1990
[4] Fricke, G.: Konstruieren als flexibler Problemlösungsprozeß – Empirische Untersuchungen über erfolgreiche Strategien und methodische Vorgehensweisen beim Konstruieren. Diss.TH Darmstadt 1993.; Düsseldorf, VDI-Verlag: 1993; VDI-Fortschritts-berichte, Reihe 1, Nr. 227
[5] Günther, J.: Individuelle Einflüsse auf den Konstruktionsprozeß. Diss. TU München1998; Aachen, Shaker-Verlag: 1998
[6] Ehrlenspiel, K.: Praktiker minimieren ihren Konstuktionsaufwand mit unbewußt erlernten Methoden. In: Franke, H.-J.; Mette, M.(Hrsg.): Konstruktionsmethodik – Quo vadis? Aachen, Maastricht: Shaker Verlag 1999
[7] Dörner, D.: Die Logik des Mißlingens. Reinbeck, Rowohlt 1989
[8] Frankenberger, E.: Arbeitsteilige Produktentwicklung. Diss. TH Darmstadt 1997; Düsseldorf, VDI-Verlag: 1997; VDI-Fortschrittsberichte, Reihe 1, Nr. 291;
[9] Ehrlenspiel, K.: Integrierte Produktentwicklung. München, Hanser: 1995
[10] Ehrlenspiel, K; Kiewert, A.; Lindemann, U.: Kostengünstig Entwickeln und Konstruieren. Springer, Berlin usw.: 1998
[11] Pahl, G.; Beitz, W.: Konstruktionslehre. Berlin, u.a. Springer 1997
[12] Giapoulis, A.: Modelle für effektive Konstruktionsprozesse. Diss. TU München 1997; Aachen, Shaker-Verlag:1998
[13] Merat, P.: Rechnergestützte Auftragsabwicklung an einem Praxisbeispiel. Diss. TU München 1996; Aachen, Shaker-Verlag 1996
[14] Lindemann, U.; Amft, M.; Aßmann, G.; Wulf, J.; Birkhofer, H.; Wallmeier, S.: Rechnerunterstützung für frühe Phasen der Entwicklung. F&M 106 (1998), Heft 3, S.123–127
[15] VDI-Richtlinie 2223 Methodisches Entwerfen technischer Produkte. Düsseldorf, VDI-Verlag 1999

Prof.em.Dr.-Ing. Klaus Ehrlenspiel
Technische Universität München; Lehrstuhl für Konstruktion; 85748 Garching; Deutschland; Tel 0049-(0)89 289-15151; Fax. 0049-(0)89 289-15144; e-mail: ehrlenspiel@km.mw.tu-muenchen.de

Von der Papierzeichnung zum Produktmodell

D. G. Feldmann, V. Junge, B. Pott

Kürzer werdende Produktlebenszyklen, zunehmende Funktionsanforderungen, die in der Regel zu zunehmender Komplexität des Produkts führen, und zunehmende Anforderungen an die Qualität des Produkts und des Prozesses zu seiner Herstellung stellen für die Produktentwicklung eine Herausforderung dar, zu deren Bewältigung der Einsatz von DV-Werkzeugen einen wesentlichen Beitrag leistet. Ein in besonderem Maße hiervon betroffenes Gebiet ist die Wissensspeicherung und -bereitstellung.

Ein wichtiger Bereich der Produktentwicklung ist die Konstruktion. Das Wissen über eine Konstruktion war früher zu einem wesentlichen Teil in Form von technischen Zeichnungen auf Papier oder Mikrofilm dokumentiert. Seit der Einführung von CAD-Systemen erfolgt die Speicherung dieses Wissens dagegen mehr und mehr digital. Historisch gesehen waren dabei zunächst 2D-CAD-Zeichnungen am bedeutendsten, während heute die Entwicklung eindeutig in Richtung von 3D-CAD-Modellen bzw. 3D-Produktmodellen geht. Diese Entwicklung von der 2D-Zeichnung über zunächst fast ausschließlich auf die Geometrie beschränkte 3D-Modelle zu 3D-Produktmodellen ist mit einer Zunahme des Informationsgehalts der rechnerinternen Modelle verbunden.

Überführung von Papierzeichnungen in 2D-CAD-Zeichnungen

Obwohl die Vorteile von umfassenden 3D-Produkmodellen, wie z.B. die Möglichkeit, Berechnungen unmittelbar auf Basis des 3D-Produktmodells durchzuführen, unbestritten sind, liegen auch heute noch viele Konstruktionen als Papierzeichnungen vor. Ein erster Schritt, um die in diesen Zeichnungen enthaltenen Informationen für eine Rechnerverarbeitung nutzbar zu machen, ist die Überführung von Papierzeichnungen in 2D-CAD-Daten. Die am Markt hierfür verfügbaren Werkzeuge sind auf das Scannen und Vektorisieren beschränkt und führen zu Daten, die nicht den gleichen Gehalt wie die vom Menschen interpretierte Papierzeichnung oder eine im CAD-System erstellte Zeichnung haben. Zum einen entstehen durch das Scannen und Vektorisieren Verzerrungen, so daß die erzeugte Geometrie im Gegensatz zur CAD-Geometrie nicht maßstäblich ist, zum anderen gehen Informationen schicht verloren. So wird in der Regel die Bedeutung einer Linie (Konturlinie, Bemaßungslinie, Schraffurlinie) nicht erkannt, so daß z.B. ein strukturierter Aufbau einer Zeichnung getrennt nach Layern für Kontur, Schraffur, Bemaßung etc. nicht möglich ist.

Eine Lösung, wie diesen Mängeln begegnet werden kann, wurde am Arbeitsbereich der Autoren entwickelt (s. Bild 1); bei dem Programmsystem *MERLIN* wird über das Scannen und Vektorisieren hinaus eine Klassifikation der Zeichnungselemente nach ihrer Bedeutung als Kontur, Schraffur, Bemaßung und Text durchgeführt und es erfolgt eine exakt maßstäbliche Ausrichtung der Zeichnung. Bei der Ausrichtung wird nicht nur die bei der Klassifikation erkannte Bemaßung ausgewertet, sondern es werden auch Vorschriften wie Rechtwinkligkeit, Parallelität oder Symmetrie berücksichtigt, die in der papiernen Zeichnung nicht explizit angegeben sind und beim Lesen der Zeichnung „hineininterpretiert" werden müssen. Dabei werden auch Zeichnungen mit mehreren Ansichten korrekt verarbeitet, d.h. Ansichten werden automatisch als solche erkannt und die zu der jeweiligen Ansicht gehörende Blickrichtung wird ermittelt, um so Bemaßungen, die auf mehrere Ansichten verteilt sind, zuordnen und auswerten zu können. Die bei der Ausrichtung durchgeführte Bemaßungsauswertung ist außer zur Erfassung von Papierzeichnungen auch zur Überprüfung der Bemaßung von CAD-Zeichnungen sinnvoll, um Bemaßungsfehler wie fehlende Bemaßungen, Überbemaßung oder widersprüchliche Bemaßungen automatisch erkennen zu können.

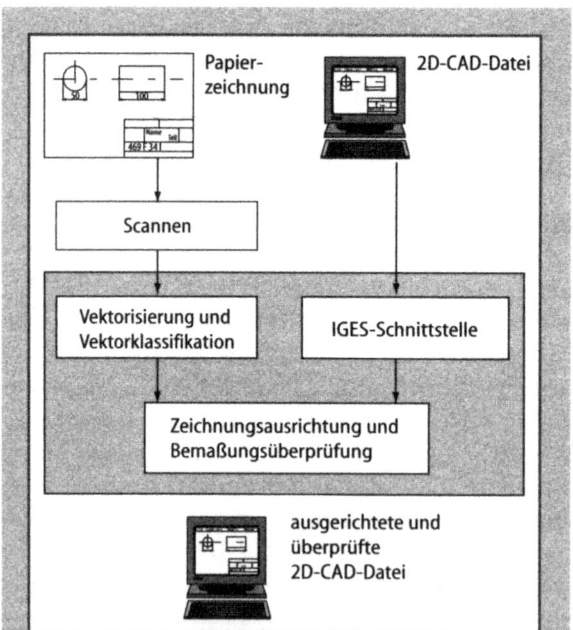

Bild 1. System zur Erfassung von Papierzeichnungen für CAD und zur Bemaßungsanalyse von Papier- oder CAD-Zeichnungen

Für die Ausrichtung wird zunächst ein sogenannter Zeichnungsgraph aufgebaut, der die Zeichnungselemente und deren Ausrichtungsvorschriften umfaßt, die als Verbindungen zwischen den Zeichnungselementen eingetragen werden. Die Knoten des Zeichnungsgraphen, d.h. die Zeichnungselemente bzw. deren End- und Mittelpunkte, sind zunächst als unausgerichtet gekennzeichnet. Von einem Startknoten aus wird versucht, durch schrittweise Auswertung der Ausrichtungsvorschriften weitere Knoten auszurichten, d.h. anhand der Ausrichtungsvorschriften mit bereits ausgerichtetem Ausgangsknoten die Lage der noch unausgerichteten Knoten zu berechnen. Da sich nicht jede Ausrichtungsvorschrift unabhängig von anderen auswerten läßt, sondern manchmal nur eine Kombination von mehreren Ausrichtungsvorschriften gelöst werden kann, wurde ein Verfahren entwickelt, um eine beliebig große Gruppe von Ausrichtungsvorschriften über eine sogenannte Untergraphenausrichtung gemeinsam auszuwerten.

Bei einer vollständig bemaßten Zeichnung lassen sich auf diese Weise sämtliche Knoten ausrichten. Falls die untersuchte Zeichnung Bemaßungsfehler aufweist, werden diese bei der Ausrichtung zwangsläufig erkannt. Eine Unterbemaßung z.B. wird daran erkannt, daß ein Knoten nicht vollständig ausgerichtet werden kann. In diesem Fall wird der Knoten durch ein Fehlerattribut markiert, daß Aufschluß darüber gibt, welcher Freiheitsgrad des Knotens (x- oder y-Koordinate) nicht festgelegt ist. Von dem Knoten aus wird eine Untergraphenausrichtung vorgenommen, d.h. eine Ausrichtung von Knoten, die durch die vorliegende Bemaßung relativ zum unterbemaßten Knoten eindeutig festgelegt sind, deren absolute Lage jedoch aufgrund der Unterbemaßung unterbestimmt ist. Die nur relativ zum unterbemaßten Knoten ausrichtbaren Knoten werden besonders gekennzeichnet. Durch die Unterscheidung solcher lediglich indirekt unterbemaßter Knoten gegenüber den tatsächlich unterbemaßten Knoten ist es möglich, nicht nur pauschal eine Zeichnung als unterbemaßt zu erkennen, sondern es kann darüber hinaus die genaue Anzahl der fehlenden Bemaßungen angegeben werden. Der Benutzer kann aus den Angaben des Systems unmittelbar ableiten, an welcher Stelle Bemaßungen ergänzt werden können, um eine vollständige Bemaßung zu erzielen. Generell wurde Wert auf eine möglichst genaue Charakterisierung der erkannten Fehler gelegt; bei einer Überbemaßung z.B. wird das überzählige Maß direkt markiert.

Bild 2 zeigt ein Beispiel für die Anzeige der bei einer Anwendung ermittelten Bemaßungsfehler mit Hife der für das System entwickelten grafischen Benutzeroberfläche. In dem dargestellten Bildausschnitt sind zwei Knoten unterbemaßt. Diese Knoten sowie die mit diesen Knoten verbundenen Linien sind durch Rotfärbung als fehlerhaft zu erkennen (im Bild ist der fehlerhafte Bereich zusätzlich eingekreist, da die Einfärbung nicht zu erkennen ist). Zusätzlich kann zu jedem Element eine genauere Erklärung des Fehlers angezeigt werden. Darüber hinaus wird, wie in dem Textfenster im Hintergrund dargestellt, bei der Ausrichtung eine Zusammenfassung der erkannten Fehler ausgegeben. Hier ist z.B. zu sehen, daß neben der in dem dargestellten Zeichnungsausschnitt zu erken-

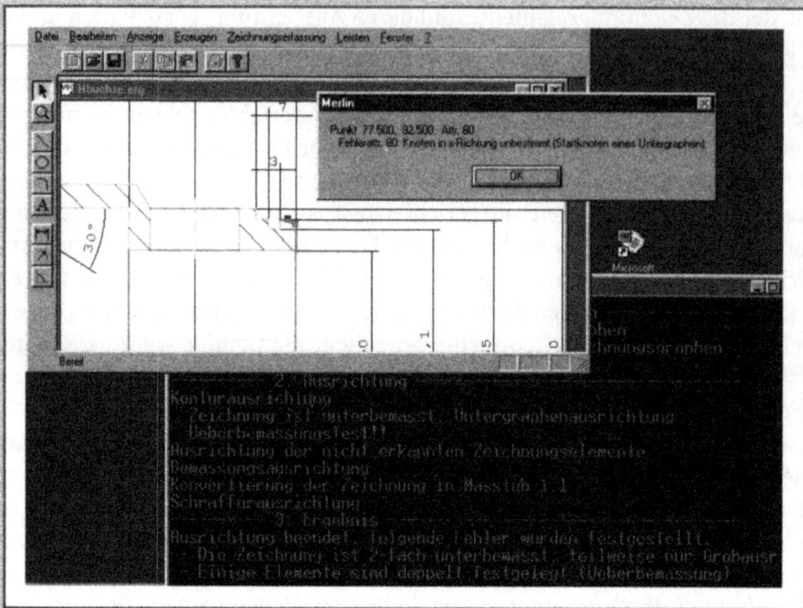

Bild 2. Darstellung von Bemaßungsfehlern

nenden Unterbemaßung an einer anderen Stelle in der Zeichnung eine Überbemaßung vorliegt, die über die grafische Benutzeroberfläche ebenfalls sehr einfach lokalisiert werden kann.

Inhaltliche Interpretation von 2D-CAD-Zeichnungen

Durch die Überführung der Papierzeichnung in 2D-CAD-Daten stehen die von 2D-CAD-Systemen explizit gespeicherten Informationen, wie z.B. die Nenngeometrie innerhalb einer Ansicht, unmittelbar für die rechnergestützte Verarbeitung zur Verfügung. Aus einer technischen Zeichnung lassen sich jedoch weitere, in den 2D-CAD-Daten in diesem Verarbeitungsstadium nicht explizit enthaltene Informationen entnehmen. Um diese „impliziten" Informationen zugänglich zu machen, ist die Anwendung von Expertenwissen, wie es etwa einem menschlichen Betrachter einer Zeichnung zur Verfügung steht, erforderlich. So ist der Fachmann in der Lage, aus ebenen Ansichten (und Schnitten) einen dreidimensionalen Gegenstand zu rekonstruieren, weil er über das erforderliche Wissen über die Darstellung von technischen Gegenständen in orthogonalen Projektionen verfügt. Ein weiteres Beispiel ist das Erkennen von technischen Elementen wie z.B. Gewinden in technischen Zeichnungen. Gewinde werden bei der oben beschriebenen Überführung der Papierzeichnung in 2D-CAD-Daten nicht als solche erkannt, sondern sind in den 2D-CAD-Daten lediglich über die einzelnen, das Gewinde in der technischen Zeichnung darstellenden Linien repräsentiert.

Um implizite Informationen für eine Rechnerverarbeitung nutzbar zu machen, wird in dem Forschungsprojekt *InterFea* ein Verfahren zur inhaltlichen Interpretation von CAD-Zeichnungen entwickelt. Ziel ist es, Geometrien wie Gewinde, Zylinder, Wellen, Zahnräder etc., aber auch Symbole z.B. für Oberflächenangaben automatisch zu erkennen.

Für die Beschreibung der zu erkennenden Objekte, im folgenden als „Features" bezeichnet, wurde eine spezielle Feature-Beschreibungssprache entwickelt. Einfache Features (sogenannte Primitiv-Features) werden direkt durch Angabe der in der Zeichnung zu erwartenden Zeichnungselemente beschrieben. Ein Zylinder (s. Bild 3, oberes Beispiel) wird z.B. durch 4 Linien, die zusammen ein Rechteck bilden, sowie eine Strichpunktlinie als Symmetrielinie beschrieben. Primitiv-Features bilden die Basis zur Beschreibung des zweiten Feature-Typs, der sogenannten Objekt-Features. Dies sind komplexere Geometrien mit einer variablen Anzahl von Elementen, die über eine Kombination von Primitiv-Features beschrieben werden. Wie die Primitiv-Features zueinander liegen müssen und welche Kombinationen erlaubt sind, wird über Schlüsselwörter wie *„coaxial"*, *„many elements"* etc. spezifiziert. Bild 3 zeigt als Beispiel für ein Objekt-Feature die Beschreibung einer Welle, die aus einer variablen Anzahl von (im wesentlichen) Zylinderabschnitten besteht, die alle koaxial zueinander liegen müssen.

Der Algorithmus zur Feature-Erkennung vergleicht die auf diese Weise definierten Features mit den in der untersuchten Zeichnung vorhandenen Zeichnungselementen. Ergebnis dieses Vergleichs ist ein Ähnlichkeitswert; es muß also keine exakte Übereinstimmung zwischen idealem Muster und tatsächlich in der Zeichnung vorhandener Geometrie vorliegen, sondern *„kleine"* Abweichun-

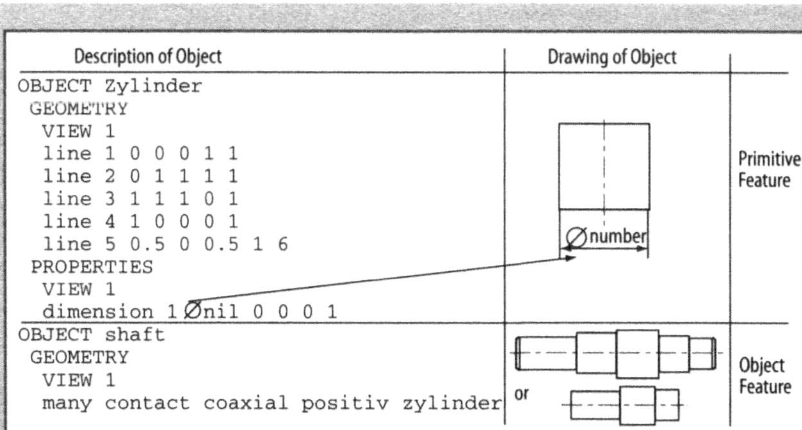

Bild 3. Beschreibung von Objekten mit Hilfe der Feature-Beschreibungssprache

gen, wie z.B. das Vorhandensein einer Bohrung innerhalb eines Zylinderabschnitts, sind zulässig. Um solche unscharfen Vergleiche („*kleine*“ Abweichungen) und auch die oben erwähnten unscharfen Beschreibungen (Angaben wie „*many elements*“ etc.) handhaben zu können, wird bei der Ähnlichkeitsbewertung mit den Methoden der Fuzzy-Logik gearbeitet.

Durch die Feature-Erkennung kann zum einen die Archivierung und Bereitstellung von Zeichnungen nach inhaltlichen Kriterien unterstützt werden, zum anderen wird durch die beschriebene Interpretation die Basis für eine Überführung von 2D-Geometrien in 3D-Daten geschaffen. Eine solche Überführung wurde exemplarisch für hydraulische Steuerblöcke realisiert; dabei werden in den (2D-)Zeichungen Elemente wie Bohrungen, Gewinde, Einbauräume für Ventile und Anflanschbilder (Lochbilder) erkannt und in 3D-Elemente eines Steuerblocks umgesetzt.

3D-Produktmodelle

3D-CAD-Systeme, wie sie heute in der Maschinenbauindustrie eingesetzt werden, basieren in der Regel auf Modellierern, die die Erzeugung räumlicher geometrischer Objekte und die Abspeicherung und Manipulation der die Objekte definierenden Daten erlauben. Das einzige nichtgeometrische Attribut, das typischerweise an einem Körper bzw. an dessen Flächen angebracht werden kann, ist die Materialinformation (⇒ Volumenmodellierer). Es müssen aber neben der Geometrie viele weitere „Eigenschaften“ eines technischen Gegenstands bekannt sein, wenn man Anordnungsuntersuchungen (Entwurf), Festigkeitsuntersuchungen, Zusammenbausimulationen und Funktionsanalysen durchführen und NC-Programme erstellen will; die diese Eigenschaften beschreibenden Daten müssen zusätzlich zu den Geometriedaten in Beziehung gebracht werden, damit die Realität im Rechner korrekt abgebildet wird. Die hierzu erforderliche Erweiterung des 3D-Geometriemodells zum Produktmodell wird in einem Forschungsprojekt durchgeführt, dessen Oberziel die Entwicklung eines Entwurfssystems („*HydroDesigner*“) für hydraulische Steuerblöcke ist, das Gestaltung und Berechnung integriert.

Beim Entwerfen solcher Steuerblöcke mit heute üblichen 3D-CAD-Systemen gestaltet der Entwickler den Block, die Einbauräume der Ventile und deren Verbindungsbohrungen durch das Plazieren und Manipulieren von Basis-Geometrien wie Quader, Zylinder und Kegel. Diese Geometrien haben keine funktionale Bedeutung, so daß der Entwickler selbst sicherstellen muß, daß durch seine Gestaltung die hydraulische Funktion, d. h. die Verbindung der Einzelventile an den „richtigen“ Anschlüssen, ebenso erfüllt wird wie mechanische und fertigungstechnische Anforderungen. Zur Erzielung einer anforderungsgerechten und optimalen Konstruktion notwendige Berechnungen, z. B. von Druckverlusten und von Materialanstrengungen, müssen „extern“ vorgenommen werden, da für die Berechnung notwendige Daten innerhalb des CAD-Programms nicht zur Verfügung gestellt werden können. Auch sind Standardfunktionen des 3D-

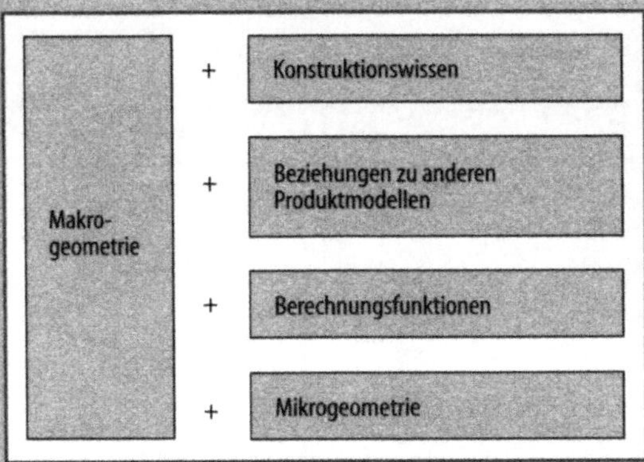

Bild 4. Produktmodell für hydrostatische Systeme

CAD-Programms bei der Steuerblockkonstruktion teilweise nicht anwendbar: So zeigt z. B. die Standard-Kollisionsprüfung jede Durchdringung (Kollision) an, auch die beabsichtigte von Bohrungen, die für die Verbindung zwischen Ventilen erforderlich ist; es obliegt dann dem Entwickler zu entscheiden, ob die vom System gemeldete Kollision zulässig oder fehlerhaft ist. Dies erfordert bei der Vielzahl der in einem Steuerblock typischerweise vorliegenden Kollisionen ein ausgeprägtes räumliches Vorstellungsvermögen und birgt die Gefahr von Fehlentscheidungen in sich.

Um den Konstrukteur besser zu unterstützen und seine Effizienz zu steigern, wurden am Arbeitsbereich Konstruktionstechnik 1 im Rahmen eines DFG-Forschungsprojekts Produktmodelle für hydrostatische Komponenten erstellt, die über die Geometrie hinaus alle Informationen enthalten, die für die Konstruktion hydraulischer Steuerblöcke erforderlich sind (Bild 4).

Durch die Geometriedaten des CAD-Systems wird die *Makrogeometrie* des Produkts beschrieben. Darüber hinaus werden mit der Makrogeometrie Materialdaten gespeichert. Das *Konstruktionswissen* beinhaltet zum einen Bedingungen, die für die Erfüllung der Funktion eingehalten werden müssen, zum anderen Gestaltungswissen, das typische und günstige Anordnungen von Bauteilen beschreibt. Abhängigkeiten zu anderen Komponenten des Steuerblocks werden in den *Beziehungen zu anderen Produktmodellen* beschrieben. Für *Berechnungsfunktionen* werden im Produktmodell Daten und Algorithmen abgelegt. Darüber hinaus werden Informationen über die *Mikrogeometrie* (Toleranzen, Oberflächen) benötigt, u. a. als Vorgabewerte für die Fertigung und die Fertigungskostenabschätzung.

Das Produktmodellkonzept wurde auf Basis des kommerziellen 3D-Modellierkerns ACIS von der Firma Spatial Technology, USA, mit Hilfe der objektorientierten Programmierung umgesetzt. Bild 5 zeigt als Beispiel das Produktmodell eines 2-Wege-Einbauventils mit allen ergänzten Informationen.

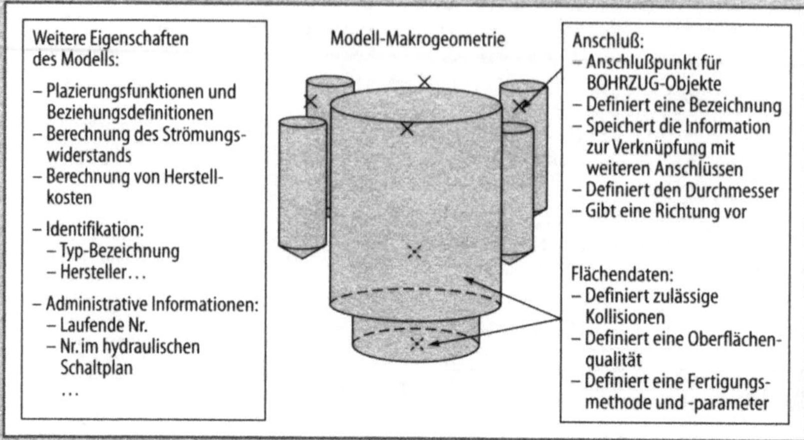

Bild 5. Produktmodell eines 2-Wege-Einbauventils

Aufbauend auf den Produktmodellen bietet das Entwurfssystem Funktionen, die den Anwender beim Gestalten eines hydraulischen Steuerblocks und der Durchführung von Analysen (Kollision, Wandstärken, Strömungswiderstand, Herstellbarkeit und -kosten) u. a. durch das implementierte Konstruktionswissen und durch Berechnungsroutinen wirkungsvoll unterstützen.

Fazit

Maschinenbauliche Neukonstruktionen werden heute in der Regel am CAD-Bildschirm erstellt, wobei zunehmend 3D-CAD-Systeme eingesetzt werden. Die dabei erzeugten Geometriemodelle müssen zu Produktmodellen erweitert werden, um dem Entwickler und Konstrukteur eine Funktionalität zur Verfügung zu stellen, die diese für ihre tägliche Entwicklungsarbeit benötigen. Am Beispiel des Programmsystems *HydroDesigner* zur Konstruktion hydraulischer Steuerblöcke wird aufgezeigt, in welche Richtung die Entwicklung gehen kann.

Der weit überwiegende Teil existierender Produkte ist zweidimensional dokumentiert, und ein großer Teil der Dokumentation liegt in Form von Papierzeichnungen (oder Mikrofilm) vor. Um die in solch „konventioneller" Datenspeicherung enthaltene Information in der CAD-Welt effektiv nutzen zu können, sind Werkzeuge zur Überführung von Zeichnungsinhalten in CAD-gerechte Zeichnungsdaten und zur Interpretation dieser Daten wünschenswert. Am Beispiel der Programmsysteme *MERLIN* und *InterFea* wird gezeigt, welche Möglichkeiten und Chancen die Weiterentwicklung von DV-Tools zur Unterstützung der Entwicklungs- und Konstrukteurstätigkeit bietet.

Aus Platzgründen konnten die Arbeitsbereichsprojekte Toleranzanalyse im CAD-System, Projektierungssystem für hydraulische Steuerungen, Qualitätskennzahlen für Entwicklung und Konstruktion im Flugzeugbau und Qualitätssteigerung in der Produktentwicklung durch frühzeitige Nutzung von Informationen zu vorhandenen Produkten hier nicht dargestellt werden, obwohl sie alle einen engen Bezug zum Thema haben.

Prof. Dr.-Ing. D. G. Feldmann
Technische Universität Hamburg, Arbeitsbereich Konstruktionstechnik I

Die Anwendung des Konstruktionsprozesses auf die multifunktionale, anisotrope Faserverbundkonstruktion

M. Flemming

Inhalt Für anisotrope Konstruktionen aus Faserverbundwerkstoffen hat der Konstruktionsprozeß, wie er im Buch von Pahl/Beitz [1] in ausgezeichneter Weise beschrieben ist, genauso seine Gültigkeit wie für Konstruktionen aus metallischen Werkstoffen. Auch in [2] ist der Konstruktionsprozeß mit zugehöriger Bewertung behandelt und an einem kleinen Beispiel durchgeführt. Die Vielzahl von integrierbaren Funktionen bei Faserverbundkonstruktionen macht jedoch die Bewertungsstrategien oft wesentlich umfangreicher und damit schwieriger. Auch die Anzahl der bei der Konstruktion zu vergleichenden und gegenseitig zu bewertenden Varianten wird größer. Zahlreiche diesbezügliche Diskussionen, wie der Konstruktionsprozess und in diesem die Bewertung stattzufinden hat, waren Anlaß, eine derartige Bewertung durchzuführen [3], die hier in Kurzform dargestellt und erläutert wird. Sie wurde in [3] in Zusammenarbeit mit den Autoren von [2] an einer innovativen Konstruktion erstellt, und zwar an einer in Wickelbauweise hergestellten Waggonkabine.

Verschiedene Bauweisen- und Fertigungsverfahren in Zusammenhang mit dem Konstruktionsprozeß

Die meisten existierenden Produkte sind in Metallbauweise entwickelt worden und werden mehr oder weniger automatisch gefertigt. Es ist häufig schwierig, sie noch weiter zu optimieren, da ein langer Entwicklungsweg hinter ihnen liegt.

Faserverbunde haben grosse Chancen, wegen ihrer guten spezifischen Eigenschaften, wie z.B. gewichtsspezifischen Festigkeiten und Steifigkeiten. Sie führen wegen ihrer geringeren Dichte zu geringeren Strukturgewichten. Leider ist häufig ihr Preis nicht konkurrenzfähig, wodurch sie sich auf dem Markt im allgemeinen Maschinenbau, z.B. in der Verkehrstechnik, bisher zu wenig durchsetzen können.

Der Konstrukteur muß, wie in der Metalltechnik, sämtliche Fertigungsverfahren prinzipiell verstehen und muß seine Konstruktion von vornherein darauf beziehen. Er muß sie darüberhinaus mit sämtlichen anderen Disziplinen, z.B. der Strukturberechnung und der Werkstofftechnik verknüpfen und das Produkt mit Hilfe des Konstruktionsprozesses einschliesslich modernster Bewertungsverfahren entwickeln.

Als ein mit Hilfe des Konstruktionsprozesses entwickeltes, herausragendes Beispiel sei die in Zusammenarbeit zwischen der Firma Schindler und dem Institut für Konstruktion und Bauweisen der ETH Zürich (IKB) entwickelte Waggonkabinenstruktur genannt (Bild 1) [3] [4]. Die gewickelte Struktur aus Glas- und Kohlefasern ist gegenüber einer Metallstruktur (Stahl oder Aluminium)

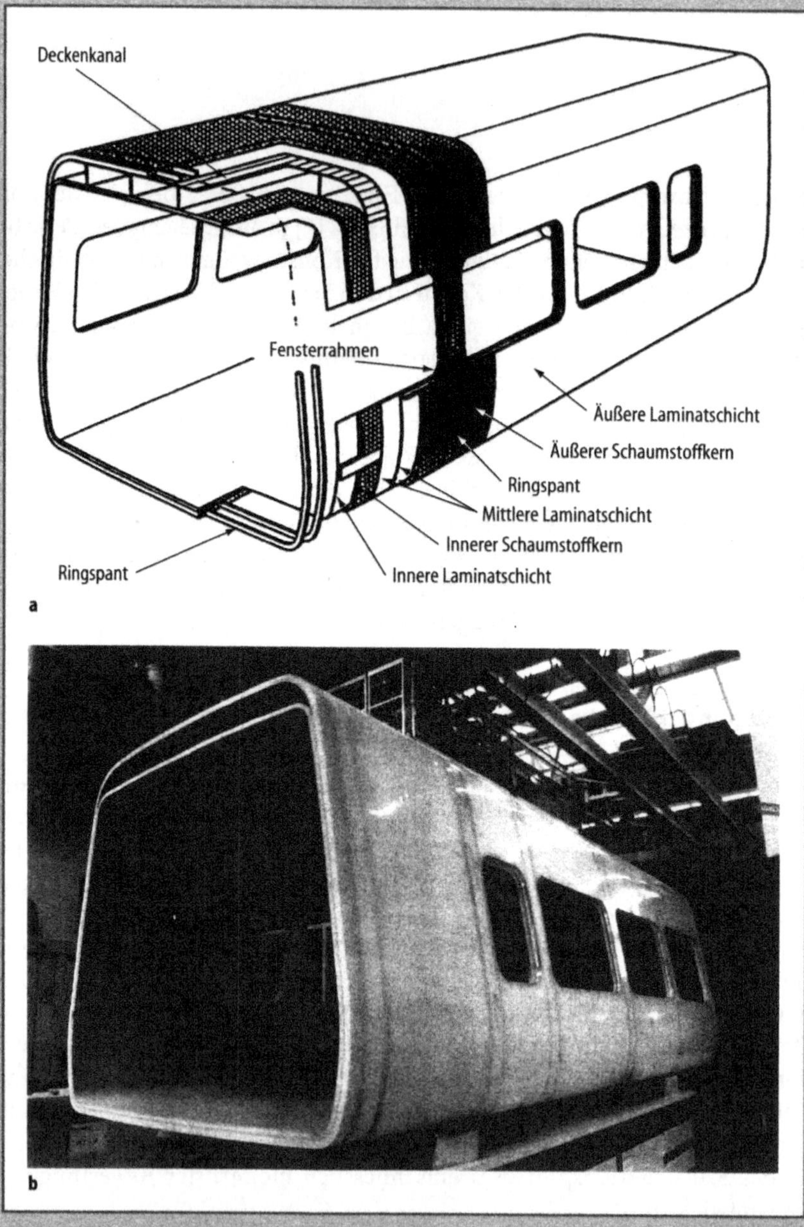

Bild 1. Gewickelte Waggonkabinenstruktur

leichter und bezüglich der Fertigung wesentlich wirtschaftlicher herzustellen. Damit ist eine innovative, ökonomische und ökologische Waggonstruktur entstanden. Die Erprobung von einer derart gefertigten Straßenbahn (Bild2) wurde in Zürich erfolgreich abgeschlossen. Die Erprobung eines Neigetechnikzuges in der Schweiz (Bild 3) findet z.Zt. statt.

Diese Waggons stellen eine gewickelte Integralbauweise (Bild 1) dar, weil am Bauteil sämtliche konstruktiven Funktionen beim Wickeln integriert werden, so z.B. Wärme- und Schallisolation, sämtliche Anschlüsse (Inserts), die Klima- und

Bild 2. Von Firma Schindler gefertigte Straßenbahn

Bild 3. Von Firma Schindler gefertigter Neigezug

Elektrokanäle und wenn gewünscht auch die Heizung. Die Fenster- und Türbereiche werden nachträglich ausgefräst.

Zielgerecht wurden hierbei sämtliche Anforderungen technischer und wirtschaftlicher Art erfüllt [3] und mit Hilfe von Teilen des Konstruktionsprozesses [1] [2] die Entwicklung durchgeführt. Die Konstruktion unterscheidet sich stark von jener mit anderen Fertigungsverfahren für metallische Werkstoffe, für die ebenfalls Konstruktionsentwürfe angefertigt wurden. Die gegenseitige Bewertung ergab ein eindeutiges Ergebnis.

Der Konstruktionsprozess, wie er ausführlich von Pahl/Beitz [1] und auch von Breiing/Flemming [2] beschrieben ist, hat auch für anisotrope Faserverbundkonstruktionen seine volle Gültigkeit. Er geht sehr stark auf Arbeiten von Kesselring [11] [12] und Zangemeister [13] zurück. Er soll daher hier nicht im Einzelnen nochmals erläutert werden. Da sich jedoch in Faserverbundkonstruktionen wesentlich mehr Funktionen integrieren lassen, die natürlich dann auch teilweise vom Kunden gefordert werden, wird die Anforderungsliste und die Zahl der Varianten und damit die Bewertung im Rahmen des Konstruktionsprozesses größer. So können bereits durch die Faserrichtungen, den Fasertyp und den Fasergehalt gezielte richtungsabhängige Festigkeiten, Steifigkeiten und Verformungen erreicht werden [5] [6]. Da es sich bei Faserverbundbauteilen um Schichtstrukturen handelt, können zusätzliche Effekte erreicht werden, indem man zwischen die Schichten oder in den die Fasern verbindenden Werkstoff (die sogenannte Matrix) zusätzliche Substanzen einbringt. So erreicht man z.B. die statische Entladung, die Absorption elektromagnetischer Wellen, das Durchströmen des Werkstoffes mit Flüssigkeiten (Hohlfasern), die Schallabsorption (Schaum) und vieles andere mehr. Darüberhinaus können durch aktive Werkstoffe Verformungen und Bewegungen z.B. mit elektrischen Feldern indiziert werden [14].

Anhand der Waggonkabine wird gezeigt, wie bei der Bewertung vorzugehen ist, wenn sehr viele Anforderungen zu erfüllen sind. Es ist natürlich prinzipiell denkbar und machbar, eine zusätzliche Bewertung spezieller Funktionsanforderungen durchzuführen.

Bezüglich der Faserverbundtechnik wurden bei der Kabinenkonstruktion für die Variante IV die Wickeltechnik und für die Variante V die Resin-Transfer-Molding-Technik verwendet.

Bei der Wickeltechnik wird eine Gewebeband oder ein aus unidirektionalen Fasern bestehender Roving durch ein mit Harz gefülltes Tränkbad gezogen und auf einen rotierenden Kern gewickelt. Durch das Verhältnis der Kerndrehgeschwindigkeit zur translativen Bewegung des Bandes entlang des Kernes kann die Faserrichtung festgelegt werden. Nach Aushärten des Harzes wird der Kern herausgezogen und dann die entstandene Struktur je nach Konstruktion weiter bearbeitet.

Für die RTM-Technologie (hier Variante V) ergeben sich in Zukunft große Möglichkeiten, da sie prinzipiell auf Bauteile beliebiger Gestalt angewendet werden kann. Diese Technik wird z.Zt. für die Serienfertigung von Faserverbundbauteilen aufbereitet.

Zwischen zwei mit hochentwickelter CAM-Technik (komplizierte Freiformflächen) gefräste Formhälften, die das Negativ des Bauteiles darstellen, wird das aus Gewebe und evtl Schaumstoff bestehende Preform gelegt (Schritt 1). Die zwei Formhälften werden automatisch geschlossen (Schritt 2). Danach wird Harz und Härter unter Druck injiziert (Schritt 3) und bei recht kurzer Aushärtezeit (Spezialharze) und vorgegebener Temperatur die chemische Vernetzung erstens des Harzes und zweitens des Harzes mit den Fasern durchgeführt (Schritt 4). Nach dem Entformen des fertigen Bauteils (Schritt 5) ist noch eine geringfügige Nachbearbeitung erforderlich. Die RTM-Technik ist also ein weiterentwickeltes Gußverfahren.

Die chemische Industrie macht grosse Anstrengungen, die Harze diesbezüglich zu optimieren, d.h. während der Injektion eine sehr geringe Viskosität und danach eine schnelle Aushärtung zu erreichen. Somit eignet es sich für kurze Taktzeiten und kostengünstige Herstellung komplizierter Bauteile und damit für Großserien. Zur optimalen Anwendung gehört auch die Möglichkeit der Simulation des Fließverhaltens am Bildschirm, um u.a. zielgerecht die Injektionseingänge und Entlüftungsventile an der Form festzulegen und diese Technik für hohe Fasergehalte (50–60%) und komplexe Geometrien anwendbar zu machen.

Der Wickelprozess ist speziell für die Waggonfertigung [3] und allgemein sehr ausführlich in [4] behandelt worden. Der RTM-Prozeß ist u.a. in [9] dargestellt. Sämtliche Fertigungsprozesse für Faserverbundkonstruktionen mit Duroplastmatrix sind ausführlich in [10] behandelt.

Zu Beginn des Konstruktionsprozesses [1] [2] müssen die ausführlichen Anforderungslisten erstellt werden (Bild 4) [3]. Sie werden meist in die technischen, die wirtschaftlichen und die geltungswertigen Anforderungen unterteilt. Die technischen Forderungen sollten weiter z.B. in Material und Bauweisen, Konstruktion und Fertigung, Betrieb und Komfort sowie Sicherheit untergliedert werden. Diese Hauptgruppen werden weiter konkret unterteilt. Ähnlich geht man bei den wirtschaftlichen und geltungswertigen Forderungen vor. Nach [2] gibt es im Gegensatz zu [1] keine Wünsche (also nur Anforderungen), um nachfolgende Unklarheiten zu vermeiden. Der Kunde und der Konstrukteur müssen sich am Anfang entscheiden, ob es sich um eine Anforderung handelt oder nicht. Die Anforderungen müssen gewissenhaft auf Machbarkeit, Verständlichkeit und gegenseitige Nichtwidersprechbarkeit überprüft werden. Nach diesen wichtigen Schritten muß entschieden werden, ob die einzelnen Forderungen Festforderungen oder tolerierbare Anforderungen darstellen. Erstere werden nicht bewertet, sie müssen zu 100% erfüllt werden, die anderen gehen in die Bewertung ein. Sie werden auch als quantitative und qualitative Aussagen gekennzeichnet (Bild 4). Für diese Unterteilung kann der Zeitpunkt des Entwicklungsstandes maßgebenden Einfluß haben. Manche qualitativen Werte ergeben erst bei fortgeschrittener Entwicklung quantitative Werte. Beispielhaft in dieser Beziehung sind Kriterien im Zusammenhang mit dem Weiterentwicklungspotential. Diese können zunächst qualitativ erfasst werden, können aber nach weiteren Ent-

Technische Anforderungen	**Typ**	**Art**	**O.-Nr.**
Material und Bauweisen			
Langzeitverhalten			1
• Korrosionssicherheit	T	qual.	1a
• Dauerfestigkeit	F	qual.>quant.	1b
• Alterungsbeständigkeit	F	qual.>quant.	1c
• Beständigkeit geg. Reinigungsmittel	F	quant.	1d
Impactverhalten			
• Bagatellunfälle (lok. Oberfl.beschäd.)	T	qual.	2a
• Steinschlag	T	qual.	2b
•			
Konstruktion und Fertigung			
Fähigkeit zur Funktionsintegration			5
• Befestigungen	T	qual.>quant.	5a
• Komponenten	T	qual.>quant.	5b
•			
Betrieb			
•			
Komfort			
•			
Sicherheit			
•			

Wirtschaftliche Anforderungen	**Typ**	**Art**	**O.-Nr.**
Herstellung			
Entwicklung			13
• Konstruktionsaufwand	T	quant.	13a
• Durchlaufzeit Konstruktion	T	quant.	13b
• Berechnungsaufwand (Mittel)	T	quant.	13c
• Durchlaufzeit Berechnung	T	quant.	13d
• Versuchsaufwand	T	quant.	13e
• Qualifikation Entwicklungsteam	T	qual.	13f
Logistik			14
• Materialbeschaffungsaufwand	T	quant.	14a
• Materialkosten	T	quant.	14b
•			
Produktion			
•			
Qualitätssicherung			
•			
Markteintritt			
•			

Bild 4. Beispielhafte Aufstellung und Einteilung der Produktanforderungen (auszugsweise)

Geltungsw. Anforderungen	Typ	Art	O.-Nr.
Entwicklungspotential			20
• Steigerung Prozessautomatisierung	T	qual.>quant.	20a
• Gewichtsreduktion	T	qual.>quant	20b
• Herstellkostenreduktion	T	qual.>quant	20c
• Reaktionszeitreduktion	T	qual.>quant.	20d
•			
Herstellernutzen			
•			
Ergonomie			
•			
Kundennutzen			
• Energiereduktion			

Bild 4. Beispielhafte Aufstellung und Einteilung der Produktanforderungen (auszugsweise) (Fortsetzung)

Anf.-Gruppe	Bew.-Kriterien	O.-Nr.	Bemerkung
Langzeitverhalten	Korrosions-verhalten	001	1a ohne 1b, 1c und 1d, da dies Fest-forderungen sind
Impactverhalten	Impactverhalten	002	enthält 2a, 2b und 2c, da diese als gleichwertig betrachtet werden
Thermisches Verhalten	Thermisches Verhalten	003	enthält 4a, 4b und 4c, da diese als gleichwertig betrachtet werden

Bild 5. Beispiel für die Zusammenfassung von Anforderungen zu Bewertungskriterien (auszugsweise)

wicklungsschritten eine quantitativ hohe Bedeutung erlangen. Kriterien dieses Typs werden mit „qual.>quant.“ gekennzeichnet.

Häufig können einige Forderungen wegen ihrer gegenseitigen Abhängigkeit für die Bewertung zu einem Kriterium zusammengefaßt werden, z.B. zum Langzeitverhalten die Korrosion, die Dauerfestigkeit, die Alterungsbeständigkeit und die Resistenz gegen Reinigungsmittel. Einen kleinen Auszug aus einer solchen umfangreichen Aufstellung enthält Bild 4 [7]. Die zu einem Kriterium zusammengefaßten Anforderungen erhalten eine Ordnungsnummer (Bild 5).

Diese Zusammenfassungen sind äußerst wichtig, da ansonsten die Gewichtungsmatrix häufig viel zu groß wird und die einzelne Gewichtung auf Schwierigkeiten stößt.

Der Bewertungsprozeß für die konstruierten Varianten

Die im Rahmen der in Gruppen zusammengefaßten Anforderungen entstandenen Bewertungskriterien (Bild 5) stellen die Grundlage für die Gewichtung dar.

O.-Nr.	Bew.-Kriterium	001	002	003	004	005	006	007	008	009	010	011	012	Wicht.
001	Korr. Sicherheit		0.6	0.7	0.4	0.4	0.5	0.5	0.3	0.3	0.3	0.6	0.4	5
002	Impactverhalten	0.4		0.6	0.3	0.3	0.4	0.4	0.2	0.2	0.2	0.5	0.3	3.8
003	Therm. Verhalten	0.3	0.4		0.25	0.25	0.3	0.3	0.15	0.15	0.15	0.4	0.25	2.9
004	Befestigungen	0.6	0.7	0.75		0.5	0.6	0.6	0.4	0.4	0.4	0.7	0.5	6.15
005	Komponenten	0.6	0.7	0.75	0.5		0.6	0.6	0.4	0.4	0.4	0.7	0.5	6.15
006	Oberflächen	0.5	0.6	0.7	0.4	0.4		0.5	0.3	0.3	0.3	0.6	0.4	5
007	Massenvert.	0.5	0.6	0.7	0.4	0.4	0.5		0.3	0.3	0.3	0.6	0.4	5
008	Gesamtgewicht	0.7	0.8	0.85	0.6	0.6	0.7	0.7		0.5	0.5	0.75	0.6	7.3
009	Krafteinl.stellen	0.7	0.8	0.85	0.6	0.6	0.7	0.7	0.5		0.5	0.75	0.6	7.3
010	Automat.-keit	0.7	0.8	0.85	0.6	0.6	0.7	0.7	0.5	0.5		0.75	0.6	7.3
011	techn.Komfort	0.4	0.5	0.6	0.3	0.3	0.4	0.4	0.25	0.25	0.25		0.3	3.95
012	Energieaufn.	0.6	0.7	0.75	0.5	0.5	0.6	0.6	0.4	0.4	0.4	0.7		6.15
	Kontr. Summe													66

Bild 6. Bewertungskriterien und Gewichtungsfaktoren

Bild 5 enthält nur beispielhaft einen kleinen Auszug aller Kriterien. Die Gesamtdarstellung ist in [3] enthalten.

Jedes dieser Kriterien wird in seiner Wichtigkeit gegenüber den anderen Kriterien gewichtet (Bild 6). Nachdem die erste Zeile dieser Matrix im Entwicklungsteam erstellt ist, ergeben sich alle anderen Zeilen automatisch nach einem mathematischen Gesetz. Diese mathematische Lösung wird in den Konstruktionsbüros häufig übersehen, wodurch sich widersprechende falsche Ergebnisse entstehen können, je nachdem, wie weit die gewählten Wichtigkeiten vom mathematischen Wert aus Zeile 1 abweichen. Dieser Vorgang wird meist getrennt für die technischen, die wirtschaftlichen und die geltungswertigen Kriterien durchgeführt. Die Summe aller Wertigkeiten in einer Zeile dieser Matrix ergibt die Wichtigkeit des Bewertungskriteriums. Aus dem Vergleich der Zeilen erkennt man die gegenseitige Bedeutung der Kriterien.

Bei einer Neuentwicklung werden immer verschiedene Konstruktionen gegenübergestellt. Für einen Waggon wären dies z.B. [3]:

Variante I Konventionelle Aluminium-Profilbauweise
Variante II Modulare Vollkunststoffbauweise
Variante III Mischbauweise Aluminium/Faserverbund
Variante IV Wickelbauweise
Variante V RTM-Bauweise

Wenn für eine Variante noch nicht genügend Erfahrungen vorliegen, also zunächst noch weiter geforscht werden muß, scheidet diese in der Bewertung zunächst aus (hier z.B. Variante V).

Um einen realisierbaren Bewertungsmaßstab zu erhalten, müssen getrennt für jede Variante Maßzahlen festgelegt werden, so z.B.

sehr gut = 4
gut = 3
mässig gut = 2
ausreichend = 1
unbrauchbar = 0

Diese geben Aufschluß darüber, wie gut ein gewisses Kriterium bei der bestimmten Variante erfüllt ist. Auch diese Festlegungen werden im Team getroffen.

Nun kann die Bewertung der Varianten durchgeführt werden, und zwar wieder getrennt für die technischen, die wirtschaftlichen und die geltungswertigen Kriterien. Hierbei werden die im vorigen Schritt erhaltenen Wichtungsfaktoren berücksichtigt. Bild 7 gibt einen Überblick zu diesem Bewertungsvorgang.

Durch Multiplizieren des Wichtungsfaktors mit der Maßzahl der Variante für ein bestimmtes Bewertungskriterium erhält man die Wertungszahl. Die Summe aller Wertungszahlen ist ein Maß für die Güte einer Variante bezüglich der gestellten Anforderungen. Die Summenwerte können noch auf die beste Variante normiert werden. Der Vergleich der Summenwerte liefert die Rangfolge bezüglich der Güte der konstruierten Varianten. Hiermit könnte die Bewertung beendet werden.

			Varianten							
			I		II		III		IV	
O.-Nr	Qualitative Bewertungskriter.	Wichtungsfaktor	Masszahl	Wert'gszahl	Masszahl	Wert'gszahl	Masszahl	Wert'gszahl	Masszahl	Wert'gszahl
001	Korr.Sicherheit	5	3	15	4	20	2	10	3	15
002	Impactverhalt.	3.8	2	7.6	3	11.4	3	11.4	3	11.4
003	Therm.Verhalt.	2.9	3	8.7	4	11.6	2	5.8	4	11.6
004	Befestigungen	6.15	1	6.15	2	12.3	2	12.3	2	12.3
005	Komponenten	6.15	1	6.15	2	12.3	2	12.3	3	18.45
006	Oberflächen	5	1	5	2	10	2	10	3	15
007	Massenvert.	5	3	15	3	15	3	15	3	15
008	Gesamtgewicht	7.3	2	14.6	2	14.6	2	14.6	2	14.6
009	Krafteinl'tstellen	7.3	2	14.6	3	21.9	3	21.9	3	21.9
010	Automatisierbark	7.3	1	7.3	2	14.6	2	14.6	4	29.2
011	techn. Komfort	3.95	3	11.85	3	11.85	3	11.85	3	11.85
012	Energ.aufn.verm.	6.15	2	12.3	3	18.45	2	12.3	3	18.45
Summe Teilwertigkeiten				124.25		174		152.05		194.75
normierte Wertigkeiten				0.638		0.8935		0.7807		1
Rangfolge				4		2		3		1

Bild 7. Bewertung technischer Kriterien verschiedener Varianten

Wünscht man jedoch eine Gesamtbewertung, also auch eine Beurteilung zwischen den technischen, wirtschaftlichen und geltungswertigen Ergebnissen, so muß zunächst wiederum eine Wichtungsmatrix (Bild 8) erstellt werden, in der die Gewichtungen zwischen den einzelnen Kriteriengruppen festgelegt werden. Diese erlaubt dann die Gesamtbewertung (Bild 9). In unserer Bewertung ist die Variante IV (gewickelter Waggon) eindeutig als beste Konstruktion herausgekommen. Ihr Gesamtergebnis liegt sehr weit über den Ergebnissen der anderen Varianten.

Es folgt nun eine Sensititvitätsanalyse, indem gewisse Werte in der Bewertung (bei denen man eine gewisse Unsicherheit hatte) geändert werden. Man erkennt hieraus, ob die beste Variante in ihrer Bewertung sich dadurch stark ändert. Kommen zwei Varianten mit ungefähr gleichem Ergebnis heraus, so wählt man wahrscheinlich diese mit dem geringeren Entwicklungsrisiko aus. Die Bewertung wird während der Entwicklung immer wieder durchgeführt, denn der Wissensstand und damit die Gültigkeit und Genauigkeit der Bewertungsaussagen verbessern sich laufend.

Auf die Sensitivitätsanalyse kann verzichtet werden, wenn ein Verfahren angewendet wird [8], das die Unschärfen bei der Bewertung, die im Team durch-

O.-Nr.	Kriteriengruppen	001	002	003	Wicht.
001	technische Kriterien		0.4	0.6	1
002	wirtschaftliche Kriterien	0.6		0.692	1,292
003	geltungswertige Kriterien	0.4	0.308		0.708
	Kontr. Summe				3

Bild 8. Wichtungen der Kriteriengruppen

		Varianten								
			I		II		III		IV	
O.-Nr.	Kriteriengruppen	Wichtungsfaktor	norm. Teilw'keit	Teilwert'gszahl	norm. Teilw'keit	Teilwert'gszahl	norm. Teilw'keit	Teilwert'gszahl	norm. Teilw'keit	Teilwert'gszahl
001	technische	1	0.638	0.683	0.894	0.8935	0.781	0.7807	1	1
002	wirtschaftliche	1.292	0.741	0.9574	0.642	0.82946	0.768	0.99226	1	1.292
003	geltungswertige	0.708	0.286	0.2025	0.571	0.40427	0.429	0.30373	1	0.708
Gesamtwertigkeit				1.7979		2.12723		2.07669		3
normiertes Gesamtergebnis				0.5993		0.70908		0.69212		1
Rangfolge				4		2		3		1

Bild 9. Gesamtbewertung

geführt wird, mit erfaßt. Dieser Vorgang gibt in seinem Ergebnis Auskunft über die Zuverlässigkeit der Ergebnisse, er ist jedoch in seiner Anwendung und Durchführung umfangreicher und komplizierter. Breiing und Knosala haben in ihrem Buch [8] diese Verfahren erläutert und erweitert sowie an Beispielen deren Anwendbarkeit demonstriert.

Der Konstrukteur muß sich daher von vornherein überlegen, welchen Weg der Bewertung er gehen will.

Schlußbemerkung

Die hier erwähnten Fertigungsverfahren stellen nur einen Teil aller Produktionsmöglichkeiten dar, allerdings für innovative Produkte einen sehr Wichtigen. Der Konstruktionsprozess ist eine sehr wichtige Methode zur Kreierung neuer Produkte. Er hat für Faserverbundkonstruktionen die gleiche Wichtigkeit und Gültigkeit wie für Metallkonstruktionen. Es muß aber festgehalten werden, daß Innovationen nicht durch Konstruktionsmethodiken entstehen, sondern zunächst durch neue Ideen mit – wie hier geschildert – neuen Werkstoffen, Bauweisen und Fertigungsverfahren und auch mit neuen Maschinenelementen. Diese fließen vom Konstrukteur gut kombiniert mit Hilfe des Konstruktionsprozesses in die Konstruktion ein und ergeben damit eine marktgerechte Innovation.

Literatur

[1] Pahl, G; Beitz, W.: Konstruktionslehre – Methoden und Anwendung, Auflage 3; Springer-Verlag, Heidelberg, 1996. ISBN 3-540-61659-4

[2] Breiing, A; Flemming, M.: Theorie und Methoden des Konstruierens; Springer-Verlag, Heidelberg, 1993. ISBN 3-540-56177-3

[3] Anderegg, K.: Passive Funktionsbauweisen im Schienenfahrzeugbau; Dissertation ETH-Zürich Nr. 11220, 1995

[4] Romagna, J.: Neue Strategien in der Faserwickeltechnik; Dissertation ETH-Zürich Nr. 12450, 1997

[5] Flemming, M; Ziegmann, G.; Roth, S.: Faserverbundbauweisen – Fasern und Matrices; Springer-Verlag, Heidelberg, 1995. ISBN 3-540-58645-8

[6] Flemming, M; Ziegmann, G.; Roth, S.: Faserverbundbauweisen – Halbzeuge und Bauweisen; Springer-Verlag, Heidelberg, 1996. ISBN 3-540-60616-5

[7] Flemming, M; Ziegmann, G.: Design and Manufacturing Concepts with Modern Anisotropic Materials; Sampe Europe, Basel, 1996

[8] Breiing, A.; Knosala, R.: Bewerten technischer Systeme – Theoretische und mathematische Grundlagen bewertungstechnischer Entscheidungshilfen; Springer-Verlag, Heidelberg, 1997. ISBN 3-540-61086-3

[9] Hintermann, M.: Erforschung eines neuen Injektionsprozesses für offene und geschlosse Faserverbundstrukturen; Dissertation ETH-Zürich Nr. 12522, 1998

[10] Flemming, M; Ziegmann, G.; Roth, S.: Faserverbundbauweisen – Fertigungsverfahren mit Duroplastmatrix; Springer-Verlag, Heidelberg, 1999. ISBN 3-540-61659-4
[11] Kesselring, F.: Die starke Konstruktion; Z.VDI, 1942
[12] Kesselring, F.: Bewertung von Konstruktionen; Deutscher Ingenieur-Verlag GmbH, Düsseldorf, 1951
[13] Zangemeister, C.: Nutzwertanalyse in der Systemtechnik; Wittemannsche Buchhandlung, München, 1970.
[14] Elspass, W.; Flemming, M.: Aktive Funktionsbauweisen – Eine Einführung in die Struktronik; Springer-Verlag, Heidelberg, 1998. ISBN 3-540-63743-5
[15] Beitz, W.; Grote, K.-H.: Dubbel-Taschenbuch für den Maschinenbau - 19. Auflage; Springr-Verlag, Heidelberg, 1997. ISBN 3-540-62467-8

Prof. Dr.-Ing. E.h. Dr.-Ing. M. Flemming
ETH Zürich

Konstruktive Ähnlichkeit – ein komplexer aber nützlicher Begriff

H.-J. Franke

1 Zusammenfassung und Einleitung

Konstruieren wissenschaftlich greifbar zu machen, stößt insofern immer auf grundlegende Schwierigkeiten, als man sich mit einer Extrapolation in eine neuartige i.a. komplexe technisch-ökonomische Realität auseinandersetzen muß.

Jede Modellierung des Konstruktionsprozesses muß daher neben der geometrischen, physikalischen und technologischen Realität Elemente enthalten, die etwas beschreiben, was gewollt bzw. gewünscht wird.

Solche Elemente sind z.B. Anforderungen und Funktionen.

Eine theoretisch faßbare Beschreibung muß auch diese Elemente in geeignet verallgemeinerter und vorzugsweise formalisierbarer Darstellung enthalten, wenn wissenschaftliche Methoden des Schlußfolgerns bzw. des Berechnens angewendet werden sollen. Der vorliegende Beitrag stellt hierzu einen Ansatz vor, der Erkenntnisse der allgemeine Ähnlichkeitstheorie auf das Konstruieren zuschneidet.

Viele wichtige konstruktive Standardaufgaben lassen sich durch ein verallgemeinertes Aufwand-zu-Nutzen-Verhältnis kennzeichnen, das bei geeigneter Formulierung die Form einer dimensionslosen Ähnlichkeitskenngröße, im folgenden „Aufgabenkennung" genannt, annimmt.

Für solche „Aufgabenkennungen" können katalogartig Lösungsprinzipe zugeordnet werden, die wiederum ähnlichkeitstheoretisch durch „charakteristische Funktionen" zu beschreiben sind.

Dadurch entstehen vergleichsweise allgemeingültige und dabei noch überschaubare Aussagen zu den verschiedenen Lösungsprinzipien innewohnenden konstruktiven Freiheitsgraden.

Darüberhinaus stecken in den charakteristischen Funktionen unmittelbare Potentiale zu einer quantitativen Beurteilung oder sogar Optimierung.

Die Herleitung solcher Ansätze und ihre Nutzung zur Speicherung von Konstruktionswissen, sowie zur Auswahl von Lösungen werden beschrieben und an einigen Beispielen demonstriert.

2 Aufwand mindern und Nutzen erhöhen als universelle Konstruktionsziele

Sucht man nach einem für alle technischen Produkte gültigen Optimierungsziel, so lassen sich zwei evidente Axiome formulieren:

1. *Der Nutzen eines technischen Produktes soll ein Maximum werden.*
2. *Der Aufwand für Erzeugung, Betrieb und Außerbetriebnahme eines technischen Produktes soll ein Minimum werden.*

Diese Aussagen sind relativ trivial und finden sich in irgendeiner Form in nahezu allen konstruktionsrelevanten Literaturstellen. Hier sei lediglich auf den Kesselringschen Vorschlag zur technisch-wirtschaftlichen Bewertung sowie auf die Aussagen zur Bewertung bei Pahl/Beitz und bei Roth verwiesen [1,2,3]. Bezieht man in den Nutzenbegriff, z.B. in Form des in der Wertanalyse verwendeten „Geltungsnutzens", auch ästhetische und/oder Image-relevante Zielvorstellungen mit ein, kann man sogar von einer nahezu vollständigen Beschreibung von Konstruktionszielen sprechen.

Selbst terminliche Zielsetzungen in engerem Sinne können berücksichtigt werden, wenn man den Aufwandsbegriff entsprechend definiert.

Einer unmittelbaren Nutzung dieser zwei trivialen Optimierungsziele stehen jedoch noch zwei offene Fragen als Hindernisse im Wege:

1. *Was ist exakt unter Aufwand und Nutzen zu verstehen?*
2. *Wie sind Aufwand und Nutzen gegeneinander zu gewichten, gibt es eine universell nutzbare Zielfunktion zur Verknüpfung der beiden Ziele?*

Ein drittes konstruktionsmethodisches Problem ist schließlich noch die Einordnung und Auswertung dieser Zielfunktion im Rahmen des methodischen Konstruierens.

Wegen der kombinatorischen Explosion der Lösungsmöglichkeiten wäre es besonders wünschenswert, bereits in den frühen Phasen der Konstruktion beim Finden von Prinzipien und Konzepten auf ein derartiges Werkzeug zurückgreifen zu können.

3 Definition von Aufwand und Nutzen

3.1 Was ist Aufwand

Geht man von der wörtlichen Bedeutung von „Aufwand" aus, kommt man zu einer einfachen Vorstellung für eine Definition des Aufwands:

Aufwand ist alles, was für das Produkt in seinen Lebensphasen aufgewendet werden muß.

Das Produkt verbraucht bzw. braucht in seinen Lebensphasen Ressourcen.

Es verbraucht (entwertet):
Material und Hilfsstoffe | in allen Lebensphasen
Energie |

Es braucht (benötigt), bzw. verbraucht die damit gekoppelten Kosten :
Entwicklungs-, Fertigungs-, Prüf-, Montage-, Wartungs- und Inbetriebnahme-Zeiten
Bedienung, Steuerung
Raum

Diese Ressourcen sind i.a. durch Kosten zu bewerten. In diesem Fall ergibt sich automatisch eine Gewichtung der Einzelaufwände über die Kosten. Allerdings ist dies, wie wir wissen auch nicht immer der Stein der Weisen, da jeder Kostenrechnung auch eine Philosophie mit bestimmten Prämissen zu Grunde liegt.

Daher und auch deshalb, weil für die frühen Phasen des Konstruierens eine Kostenbewertung kaum möglich ist, ist es vorteilhaft, auf die urprünglichen Ressourcen zurückzugreifen.

3.2 Operative Definition des Nutzens

Jedes Produkt hat einen Zweck. Es erfüllt eine oder mehrere (*gewollte!*) *Nutzfunktionen* im Sinne von gewünschten

Zustandsänderungen von Nutzobjekten, z.B. die Verformung eines Werkstücks in einer Umformpresse oder die Transformation eines CAD-Modells in ein Standardformat,

von

Zustandserhaltung von Nutzobjekten, z.B. Konstanthalten der Temperatur eines Lebensmittels durch einen Kühlschrank

oder von

(menschbezogenen) Geltungs- und Informationsfunktionen, z.B. Gestaltung eines Wohnraums mittels Kunstgegenständen, Bereitstellen von Nachrichten durch eine Zeitung.

Diese letztgenannte Abgrenzung wird nur deshalb getroffen, weil die grundsätzlich mögliche Beschreibung etwa des Selbstwertgefühls oder des Wissens einer Person als „Zustand“ unanschaulich empfunden wird. Logisch gibt es eigentlich keinen Unterschied!

Dieses Konzept wird in Tafel 1 durch einige Beispiele veranschaulicht. Die Beispiele sollen insbesondere zeigen, daß das Konzept für beliebige Produkte – und das ist der entscheidende Gesichtspunkt – insbesondere auch für *systemhafte Nutzobjekte* gilt.

Tabelle 1. Der Nutzen von Produkten als gewünschte Zustandsänderung von „Nutzobjekten"

Produkt	Nutzobjekt	Zustand (relevant. Merkmal)	Zustandsänderung/ -erhaltung, Geltungsfunktion
Zahnarztstuhl	Patient	Zahnschmerz	Behandlung
Ring	Person	Aussehen	Schmücken
Buch	Text	Informationsgehalt	Speicherung
Autowaschanlage	PKW	Verschmutzung	Säuberung
Milch-Zentrifuge	Milch	Fettgehalt	Trennen von Fett und Wasser
Durchlauferhitzer	Wasser	Temperatur	Temperaturerhöhung
Nußknacker	Nuß	Schale intakt	Brechen der Nußschale
Solver	DGL	Gleichungssystem	Lösungserzeugung
Getriebe	Mech. Energ.	Drehzahl/-moment	Drehmomenterhöhung

Neben den Nutzfunktionen generiert und/oder erleidet das Produkt nicht *gewollte Störfunktionen* infolge von Störeffekten oder von notwendigen Bedingungen für die Nutzeffekte.

Das *Nutzobjekt* ist das betrachtete Teilsystem, dessen Zustand geändert oder erhalten wird.

Mit den „Allgemeinen Funktionen" [5, 6] wird das Nutzobjekt als Umsatz von Information, Energie oder Stoff betrachtet.

Hieraus sind nur dann hilfreiche Folgerungen zu gewinnen, wenn der Zustandsbegriff konstruktiv geeignet und andererseits ohne Widersprüche zum physikalischen Zustandsbegriff (!) definiert wird.

3.3 Zustandsdefinition und ableitbare konstruktive Funktionen

Das ist möglich, wenn man unter Zustand eines Nutzobjektes folgendes versteht:

Definition:

Zustand ist die Gesamtheit aller Merkmale eines Nutzobjektes.

Zur begrifflichen Klärung sei hier deutlich festgestellt, daß der Funktionsbegriff hier und im folgenden immer in Einklang mit dem mathematischen Funktionsbegriff verstanden wird:

Eine Funktion ist eine Abbildung einer Menge (Definitionsbereich) in eine andere (Wertebereich) gemäß einer Abbildungsvorschrift.

Eine Nutzfunktion bildet gegebene Anfangs- und/oder Eingangszustände eines Nutzobjektes in gewünschte End- und/oder Ausgangszustände ab.

Die Nutzfunktion wird durch physikalische (bzw. chemische oder biologische) Effekte realisiert. Diese Effekte bewirken nahezu immer auch ungewollte Zustandsänderungen.

Sie haben störende Nebeneffekte neben dem gewünschten Nutzeffekt.

Beispielsweise ist die Verdichtung eines Gases naturgesetzlich immer mit einer Temperaturerhöhung oder aber einer zusätzlichen Kühlung gekoppelt.

Die bisherigen Erläuterungen zeigen folgendes:

Das dargestellte Nutzenkonzept *definiert* universell anwendbare *konstruktive Funktionen*

Vorteile dieser Funktionen:

1. Sie sind streng formalisierbar.
   (Hierüber wird später an anderer Stelle zu berichten sein.)
2. Sie lassen sich als Oberbegriff der diversen „Grundfunktionen“ und „Allgemeinen Funktionen“ der Konstruktionsmethodik verstehen, damit haben sie den gleichen Vollständigkeitsanspruch und erzeugen keine unnötigen Widersprüche zu vorhandenen Vorstellungen.
3. Sie sind verbal anschaulich darstellbar, vergl. Tafel 1.
   (Dies erleichtert ihre Anwendbarkeit in der Konstruktionspraxis.)
4. Sie sind i.a. unmittelbar physikalisch interpretierbar.
   (Anschluß an quantitative Methoden der Naturwissenschaften)
5. Sie sind geeignet, systemhafte Nutzobjekte darzustellen, vergl. Tafel 1, damit sind sie realitätsnäher als die „Allgemeine Funktionen“ mit ihren „Allgemeinen Größen“.

Zu 2.: Beispielsweise sind die „Speicherfunktionen“ Zustandserhaltungsfunktionen, die „Leiter-, Wandler- und Verknüpferfunktionen Zustandänderungsfunktionen.

Zu 3.: Mit der Zustandserhaltungsfunktion sind insbesondere auch die konstruktiv sehr wichtigen aber bisher nur sehr rudimentär oder sehr umständlich behandelbaren „statischen Funktionen“, z.B. „Beinhalten“, „Tragen“, „Positionieren“ u.s.w. leicht und vergleichsweise gut verständlich zu erfassen, ohne unanschauliche Abstraktionen vornehmen zu müssen, wie etwa „Tragen“ als „Energie speichern“ abzubilden.

Sieht man von den Geltungsfunktionen ab, erlaubt die obenstehende Definition durch ihren unmittelbaren Bezug zu physikalischen Zustandsgrößen sofort quantitative Betrachtungen. Der Grad, Güte und Intensität der Zustandsänderung, die Güte und Dauer der Zustandserhaltung können durch konkrete physikalische Größen beschrieben werden.

Das hier kurz skizzierte Konzept zeigt schematisch Bild 1:

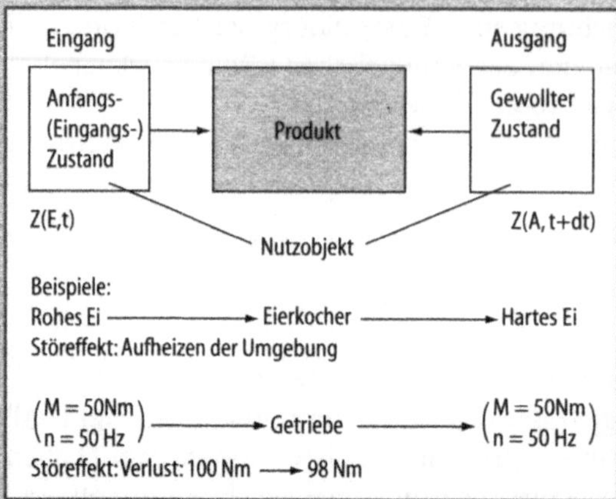

Bild 1. Nutzen eines Produktes als Erzeugen gewünschter Zustände von „Nutzobjekten" und Beispiele für gekoppelte Störeffekte

3.4
Gewichtung von Nutzenkomponenten

Wie für die Aufwandsseite ist auch für die Nutzenbetrachtung eine generelle Bewertung nach monetären Maßstäben möglich und damit auch eine relative Gewichtung.

Praktisch ergeben sich hier jedoch meist noch schwierigere Probleme als auf der Aufwandsseite.

Als Beispiele seien etwa die Zustanderhaltungsfunktion „Sicherheit" oder die Geltungsfunktion „ästhetische Anmutung" genannt. Selbst die scheinbar so einfache Bewertung von Energien ist bei genauer Betrachtung doch nicht ohne Probleme, wenn man etwa an die Exergiebetrachtung der Energiearten denkt. Weitere Beispiele für Probleme der quantitativen Bewertung liefern die ökologischen Zustandserhaltungsfunktionen.

4
Das Gewichtungsproblem bei der Prinzipfindung und Ansätze für ein universelles Vorgehen zum Etablieren von Wertfunktionen

Mit den oben erläuterten Ansätzen für Aufwand und Nutzen kann eine universelle Wertfunktion für die Beurteilung von Lösungen bzw. ihre Optimierung in der folgenden Form formuliert werden :

$$W = N/A \text{ (Wert = Nutzen/Aufwand)} \quad (1)$$

Wenn unterschiedliche prinzipielle Lösungen zu beurteilen sind, genügt es i.a. die relativ beste zu finden oder mathematisch formuliert die höchst bewertete.

Bei der Wahl geeigneter prinzipieller Lösungen genügt es, eine „richtige" Reihung der Lösungen zu erhalten.

Bei zusammengesetzten Wertfunktionen kann zwar auch die Reihung abhängig von gewählter Funktion und Gewichtung beeinflußt werden, dieser Fall ergibt sich jedoch nur bei schlecht ausgewogenen Lösungen [4]. Wenn nun nur solche Lösungen berücksichtigt werden, die für alle gewünschten Zielmerkmale eine Mindesterfüllung aufweisen, bleibt die Reihung gegenüber Gewichtung und Zielfunktion nahezu invariant.

Damit können andere Gesichtspunkte berücksichtigt werden, um praktisch geeignete Ansätze zu formulieren.

Da die Aufwandsparameter im wesentlichen nur aus Struktur und Aufbau der Lösungen herleitbar sind, sind konkrete Wertfunktionen nur auf der Basis bestimmter prinzipieller Lösungen zu erzeugen. Diese sind durch geometrische und physikalische Zusammenhänge gekennzeichnet.

Physikalische und geometrische Zusammenhänge lassen sich oft als Potenzansätze darstellen oder zumindest zu solchen Ansätzen vereinfachen. Daher wird man zu besonders einfachen Zusammenhängen kommen, wenn die Wertfunktion auch als Potenzansatz aufgestellt wird:

$\Leftarrow$ Wertfunktion $\Rightarrow$ $\Leftarrow$ Strukturfunktion $\Rightarrow$

Ni: Nutzenparameter Ai: Aufwandsparameter p_i : Parameter der Lösung

$$W = (N1^{\nu} * N_2^{o} * .. * N_m^{\mu}) / (A_1^{\alpha} * A_2^{\beta} * .. * A_p^{\gamma}) = p_1^{x} * p_2^{y} * \ldots * p_n^{z} \tag{2}$$

Die linke Seite beschreibt den Wert der Lösung im Sinne des Produktzwecks, wir können sie Wertfunktion nennen, die rechte Seite beschreibt i. a. Struktur, Anordnung und Werkstoffe der Lösung, wir wollen sie Strukturfunktion nennen.

Die Robustheit gegenüber Reihungsfehlern kann verbessert und die Zahl der insgesamt notwendigen Parameter kann verringert werden, wenn man das *Buckingham'sche π-Theorem* [7] berücksichtigt und versucht, zu einer *dimensionslosen Charakteristik* zu gelangen, d.h. daß die jeweiligen linken und rechten Seiten von Gleichung (2) sich aus dimensionslosen Größen zusammensetzen.

Dimensionslose Größen haben zudem den Vorteil, daß sie unabhängig vom Maßsystem sind und beispielsweise in Katalogen als *Kennzahlen* oder Kennzahlbereiche abgespeichert werden können.

Untersuchungen haben gezeigt, daß es für Auswertungen manchmal nützlich ist, die Wertfunktion dimensionsbehaftet zu verwenden. In diesem Fall ist es jedoch vorteilhaft, einen großen Anteil dimensionslos und einen kleinen überschaubaren Teil, vorzugsweise eine einzelne Größe, als dimensionsbehafteten Faktor zu belassen.

5
Demonstration des Konzeptes am Beispiel eines Druckbehälters

Nutzen: Druck p eines fluiden Mediums aufrechterhalten, Menge Q des Mediums speichern, Sicherheit Si gegen Bersten.
Aufwand: Materialkosten, Fertigungskosten, Platzbedarf

Lösungsprinzip: Zylindrischer Stahl-Behälter

Der Übersichtlichkeit dieses ersten Beispiels wegen, wird hier nur der zylindrische Schuß betrachtet

Nutzen: Q * p * Si (3)
Aufwand: Platzbedarf und Fertigungskosten werden vernachlässigt
Materialkosten: k_m* m

Bei konstanten relativen Materialkosten km [DM/kg] genügt für Vergleiche die

Wertfunktion: W = Q*p * Si/ m (4)

Im allgemeinen ist diese Wertfunktion nicht dimensionslos, häufig kann man sie jedoch dimensionslos machen, indem man Parameter des Gesamtproblems, die festgeschrieben sind (d.h. i.a. Festforderungen darstellen) bzw. die keine hohe Varianz oder doch wenigstens keine kontinuierliche Varianz haben, heranzieht, um die Wertfunktion dimensionslos zu machen.

Für den Fall, daß es eine sinnvolle dimensionslose Wertfunktion gibt, soll sie *Aufgabenkennung Ω* genannt werden.

Für diesen Zweck sind oft Stoffwerte geeignet, weil sie sich nicht beliebig kontinuierlich, sondern nur in eng begrenzter Zahl verändern lassen. Andere praktisch geeignete Möglichkeiten ergeben sich z.B. durch feste geforderte Abmessungen oder konstante Funktionswerte, z.B. eine feste Drehzahl oder auch durch Naturkonstanten wie die Erdbeschleunigung.

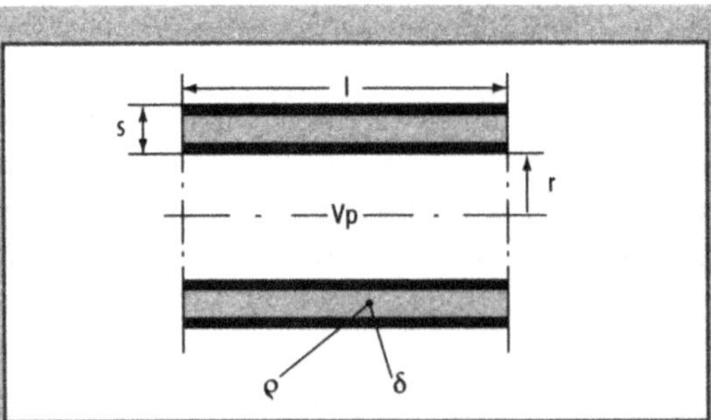

Bild 2. Zylindrischer Druckbehälter mit den maßgeblichen Parametern (stark vereinfacht)

Dimensionslose Aufgabenkennung: W = Q*p * Si / (m*s0.2/r) (4a)

Die einzelnen Parameter der Wertfunktion sind für die betrachtete prinzipielle Lösung durch die folgenden Gleichungen gekoppelt:

$$Q = \pi * r^{2} * l \tag{5}$$

$$m = 2 * \pi * (r + s) * s * \varrho \tag{6}$$

$$s = r / (\sigma_{0.2} / (p * Si) - 0.5) \Rightarrow \tag{7}$$

$$p \approx (s/r) * \sigma / Si \tag{7a}$$

Setzt man 5 bis 7a in 4a ein, erhält man die sehr einfache dimensionslose *Charakteristik.*

$$Q * p * Si / (m * \sigma_{0.2} / \varrho) = 1/(1 + s/r) \tag{8}$$

Die Charakteristik beschreibt Aufgabe *und* Lösung(-en). Dabei wird der Strukturteil der Charakteristik (rechte Seite der Charakteristik, die die Lösung (-en) beschreibt), nicht immer geschlossen als einfacher Ausdruck darstellbar sein, sondern katalogartig zugeordnet werden müssen. Eine geschlossene mathematische Darstellung kann man allerdings mit Vektoren und Matrizen erzwingen, um etwa rechnerunterstützte Anwendungen geeignet aufzubauen.

Um einen vollständigen Überblick zu allen konstruktiv möglichen Maßnahmen zur Erzielung eines hohen Wertes zu bekommen, wird wieder die ursprüngliche dimensionsbehaftete Wertfunktion betrachtet:

Wertfunktion: (gewollte Merkmale)		Charakteristische Funktion der Lösung: (konstruktiv mögliche Beeinflussung) Geometrie Werkstoff	
$Q * p * Si/m$	–	$1/(1+s/r) * (\sigma_{0.2}/\varrho)$	(8a)

Würde man unterschiedliche Deckel bzw. Böden des Behälters oder auch alternativ Kugelbehälter mit in die Betrachtung einbeziehen, würden zusätzliche Formparameter in der Charakteristischen Funktion auftauchen.

6 Konstruktive Freiheitsgrade

Das oben gezeigte Beispiel zeigt sehr deutlich, daß man mit den vorgeschlagenen Charakteristischen Funktionen einen sehr guten Überblick über die wirklichen Stellgrößen des Optimierungsproblems bekommt.

Für das Beispiel sieht man sofort, daß lediglich das Verhältnis Wandstärke zu Innenradius und die Wahl eines geeigneten hochfesten und dabei leichten Werkstoffs Einfluß auf den Wert der Lösung nimmt.

Wenn man davon ausgeht, daß in der Praxis immer ein bestimmter Behälterinhalt eines solchen Druckbehälters benötigt wird, gibt es tatsächlich nur noch zwei freie Parameter, um das Problem zu beeinflussen bzw. zu optimieren.

Wird zusätzlich ein exakter Druck gefordert, ist nur noch ein einziger Parameter frei wählbar.

Ein einfaches zweites Beispiel soll verdeutlichen, wie man mit den vorgeschlagenen Methoden zu einem guten Überblick über die wirklich verfügbaren konstruktiven Freiheitsgrade kommt.

Linearer Biegeträger für Einzellast
Nutzen: Last F bei fester Spannweite l tragen, Sicherheit $Si = \sigma_{zul} / \sigma$
Aufwand: Materialkosten, Fertigungskosten, Platzbedarf

Ebenso wie oben sollen Fertigungskosten und Platzbedarf außer Betracht bleiben, sowie Materialkosten wieder direkt durch die Trägermasse bewertet werden.

Prinzipielle Lösungen: Lineare Biegeträger mit verschiedenen Querschnitten und unter schiedlicher Stützung:
z.B.: Rechteckprofil voll/hohl, Kreisquerschnitt voll/hohl
z.B.: einseitig fest eingespannt, Last auf anderes Ende
beidseitig gelagert: fest eigespannt,
gelenkig gelagert | jeweils mittige Last

Wertfunktion: W = F*Si/m (mit F Last, Si Sicherheit und m Trägermasse).

Mit der Erdbeschleunigung g ergibt sich die dimensionslose *Aufgabenkennung:*

$\Omega = F*Si / (m*g)$

Mit einiger Rechnung kann man eine geschlossene *dimensionslose charakteristische Funktion der Lösungen* ableiten:

Werkstoffeinfluß (Festigkeit und Dichte)
Längenverhältnis (Profilhöhe zu Stützweite)
Stützungseinfluß (Lagerung)
Querschnittseinfluß (Profilart)

$\Omega = F*Si / (m*g) = \omega * \lambda * \psi * \alpha$

Dabei ergeben sich die einzelnen Faktoren lösungsabhängig zu:

$\omega = \sigma_{zul} / (\rho * g * l_{stütz})$

$\lambda = h_{Profil\,max} / l_{stütz}$

$\psi =$ 1 einseitige Einspannung
4 beidseitig gelenkige Lagerung
8 beidseitige feste Einspannung

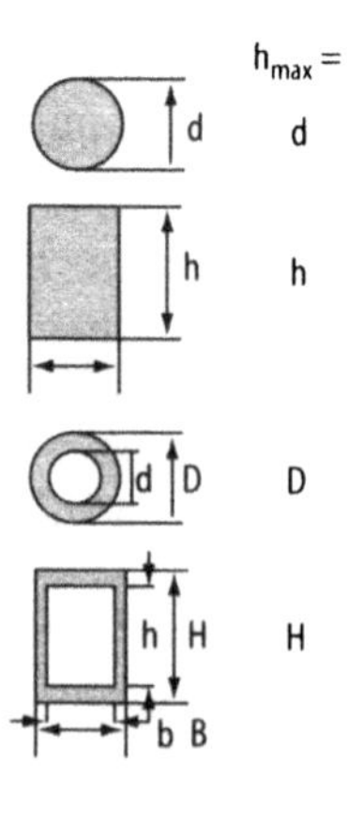

$\alpha = (1/6)^* \phi$	voller Rechteckquerschnitt mit $\phi = b/h$
$1/32$	voller Kreisquerschnitt
$(1/6)^* \phi ^*(1-\beta^*\eta^2) / (1-\beta^*\eta)$	Rechteck hohl mit $\beta = b/B$ und $\eta = h/H$, $\phi = B/H$

Man erkennt, daß bei Wahl eines vollen Kreisquerschnittes nur drei unabhängige konstruktive Freiheiten verfügbar sind, von denen wiederum 2 (ω und ψ) nur eingeschränkt gewählt werden können.

Bei Wahl eines hohlen Kastenquerschnittes können dagegen maximal 6 Freiheiten genutzt werden bei gleicher Einschränkung bezüglich ω und ψ.

Allerdings ist zu berücksichtigen, daß Sicherheit und Traglast in Zielkonkurrenz stehen, bei Realisierung der minimal erlaubten Sicherheit fällt jeweils ein weiterer Freiheitsgrad weg.

7
Ein komplexeres Beispiel : Hochdruckpumpe für große Fördermengen

Für komplexere Konstruktionsaufgaben bzw. Lösungsprinzipe werden i. a. keine geschlossenen Charakteristiken zu formulieren sein. Dennoch kann die vorgeschlagene Methodik auch in derartigen Fällen hilfreich sein, um einen guten Überblick zu optimalen Lösungen zu gewinnen.

Wenn große Fördermengen (z.B. $Q > 1000\ m^3/h$) Flüssigkeiten auf hohe Drücke (z.B. $p > 50$ bar => $P_{netto} > 1300$ kW) zu bringen sind, weiß der erfahrene Konstrukteur, daß die wirtschaftlichste Lösung hierfür mehrstufige Kreiselpumpen sind. Als wichtige Entscheidung zum Lösungsprinzip muß jedoch noch die Stufenzahl festgelegt werden.

Nutzen: Hydraulische Leistung P_{hydr}
Aufwand: Materialkosten gemessen durch die Masse m, Antriebsleistung P_{hydr}, Fertigungskosten und Platzbedarf

Wertfunktion bei Vernachlässigung von Fertigungskosten und Platzbedarf :

$$W = (P_{hydr}/P_{mech}) / m = \eta / m$$

Wegen der komplexen Zusammenhänge ist hier ein dimensionsloser Zusammenhang auf der Lösungsseite kaum zu erreichen, daher wird auch keine dimensionslose Aufgabenkennung ermittelt.

Der Wirkungsgrad läßt sich durch eine logarithmische empirische Regression abhängig von der spezifischen Drehzahl nq (kann als dimensionslose Ähnlichkeitkenngröße gedeutet werden![8]) und der Fördermenge Q bestimmt werden, die Geometrie abhängig vom Druck und einer Vielzahl strömungstechnischer Ähnlichkeitsbeziehungen.

Diese Beziehungen lassen sich zu einem parametrischen Modell der Hauptabmessungen verknüpfen, mit denen die wichtigsten strömungstechnischen Merkmale sowie sämtliche Bauteilmassen überschlägig zu bestimmen sind.

Man erkennt mit der computerunterstützten Untersuchung der oben definierten Wertfunktion, daß es je nach Förderhöhenbereich verschiedene optimale

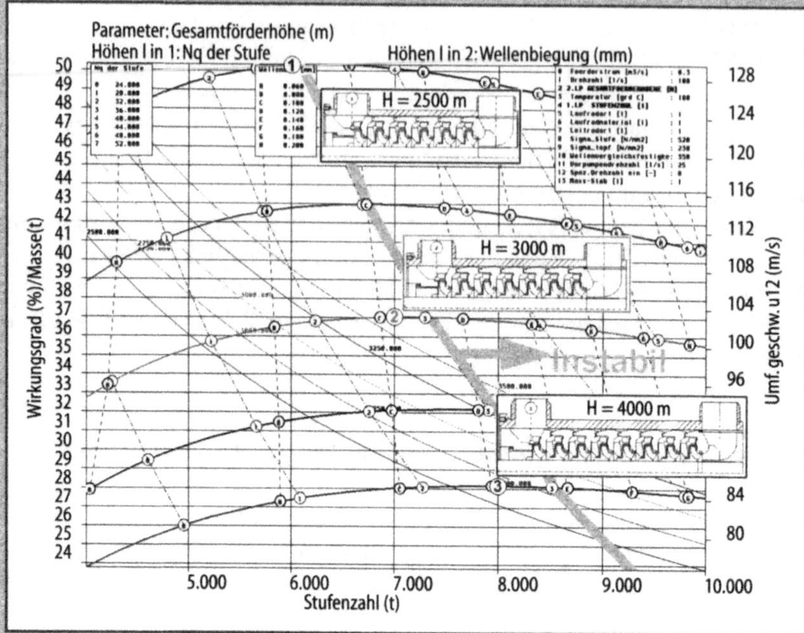

Bild 3. Die Wertfunktion zeigt unterschiedliche optimale Lösungsprinzipe für Hochdruckkreiselpumpen für verschiedene Förderdrücke auf

Stufenzahlen gibt, vergl. Bild 3. Die prinzipiellen Lösungen müssen darüberhinaus einige weitere Restriktionen einhalten, z.B. hinsichtlich stabiler hydraulischer Kennlinien, maximal zulässiger statischer Wellendurchbiegung und maximal zulässiger Umfangsgeschwindigkeiten.

Das Beispiel beweist, daß zumindest das Konzept der Wertfunktion auch für komplexe Lösungen anwendbar ist.

8 Schrifttum

[1] Kesselring,F.: Technische Kompositionslehre.Berlin: Springer, 1954.
[2] Pahl G., W. Beitz: Konstruktionslehre. Berlin, Heidelberg, New York, Springer, 1986
[3] Roth K.: Konstruieren mit Konstruktionskatalogen . Berlin, Springer 1982
[4] Baatz, U.: Bildschirmunterstütztes Konstruieren. VDI-Taschenbücher T 39. Düsseldorf: VDI-Verlag, 1973.
[5] Roth, K., Franke, H.J. und Simonek, R.: Algorithmisches Auswahlverfahren zur Konstruktion mit Katalogen. Z. Feinwerktechnik 75 (1971), H. 8, 5. 337–345.

[6] Roth, K., Franke, H.J. und Simonek, R.: Die Allgemeine Funktionsstruktur. Z. Konstruktion 24 (1972), H. 7, S. 277–282.
[7] Pawlowski, J.:Die Ähnlichkeitstheorie in der physikalischen Forschung. Berlin: Springer, 1971
[8] Pfleiderer C. und H.Petermann : Strömungsmaschinen, Berlin, Springer-Verlag, 1986

Prof. Dr.-Ing. Hans-Joachim Franke, Technische Universität Braunschweig, Institut für Konstruktionslehre, Maschinen- und Feinwerkelemente

Tribologische Eigenschaften der Gleitlagerbuchsen aus Polymerwerkstoffen in wässriger Umgebung

M. Gediktaş, V. Temiz

Inhalt Die Anwendung der Polymerwerkstoffe in der Industrie hat sich in letzter Zeit sehr verbreitet. In diesen Hinsicht ist es notwendig geworden, ihr Verhalten unter Betriebsbedingungen zu erforschen. In der vorliegenden Arbeit sind die tribologischen Eigenschaften von 10 verschiedenen Polymeren, die als Gleitlagerwerkstoffe benutzt werden können, in wässriger Umgebung experimentell untersucht worden. Die Versuche wurden mit einer Stift-Scheibe-Apparatur durchgeführt und der Reibungskoeffizient in Abhängigkeit von der Gleitgeschwindigkeit, der Pressung sowie von der Wassertemperatur untersucht worden.

Abstract The Investigation of the behaviour of polymeric materials under operating conditions becomes a necessity due to the increase in the use of these materials in industrial applications. In this study, the tribological behaviour of 10 different polymer bearing material both filled and unfilled has been experimentally investigated in aqueous environment. In the experiments, the variation of friction coefficient in polymer/steel contact has been determined with respect to sliding speed, surface pressure and water temperature. In this paper, the results of systematic experiments carried out in aqueous environment and a brief discussion are presented.

1 Einleitung

Die Polymerwerkstoffe werden im Maschinenbau am meistens als Gleitlagerbuchse angewendet. Die tribologischen Eigenschaften dieser Polymere wurden schon seit einer langen Zeit untersucht. Aber, wegen der Entwicklungen der neuen Polymeren, sowie der Anwendung der Zusatzstoffen und Verstärkungsfasern ist es unentbehrlich geworden neue systematische Versuche durchzuführen. In den vorhandenen Veröffentlichungen sind meistens die Ergebnisse der in trockenem Reibungszustand durchgeführten Versuche zu finden. Die Forschungen über das Verhalten dieser Werkstoffe in wässriger Umgebung sind sehr begrenzt.

MENS, J.W.M. und DE GEE, A.W.J. haben in ihrer experimentellen Arbeit das Reibungs-und Abnützungs-Verhalten von 18 verschiedenen Polymeren in Luft und Wasser untersucht [1]. Die Versuchsdauer beträgt unter der konstanten Pressung und Gleitgeschwindigkeit 20 Stunden. Die Ergebnisse sind in Form einer Tabelle angegeben. SHIRONG, G. benutzte als Versuchsmaterial Polyvinylchloride (PVC) und als Schmiersoff Wasser [2]. Er stellte für PVC das Verhalten des Reibungskoeffizienten in Abhängigkeit von Zeit, Gleitgeschwindigkeit und Anpressdruck fest. WATANABE, M. wiederum untersucht das Abnutzungsverhalten von Polytetrafluoroethylene im Wasser mit und ohne Zusatzstoffen [3]. Eine ähnliche Untersuchung wurde von MARCUS, K. und ALLEN, L. für UHMWPE durchgeführt [4]. TEMÍZ, V., UZUNER, F. und GEDÍKTAŞ, M. haben zwei Arbeiten, welche die Ergebnisse der in trockenem Zustand der an den Lagerbuchsen aus 12 verschiedenen Polymeren durchgeführten Versuche enthalten, veröffentlicht [5,6]. In einer anderen Arbeit von TEMÍZ, V. wurden auch wiederum dieselbe Werkstoffe als Lagerbuchse in trockenem Zustand untersucht [7]. In der Abschnitt der Auswertung der Ergebnisse werden auf diese Arbeiten zugewiesen.

2 Versuche

Zehn verschiedene Polymere mit und ohne Zusatzstoffe wurden unter wässrigen Bedingungen an einer Stift-Scheibe-Maschine untersucht. Das Prinzip der Anordnung ist in Bild 1 wiedergegeben. Die Normalkraft wird durch das entsprechende Gewicht erzeugt. Die aufkommende Reibungskraft ist mit Hilfe einer Kraftmessdose gemessen. Wie in Bild 1 zu sehen ist, taucht die Gegenscheibe ins Wasser. Die Wassertemperatur wurde kontrolliert und konstant gehalten. Die Stiftproben hatten einen Durchmesser von 10 mm, sowie eine Länge von 10 mm. Die Prüfflächen der Stifte wurden in Form eines Kreisbogens verarbeitet, damit sie auf die Scheibe aufsetzen könnten. Die Scheibe wurde aus gehärtetem Werkzeugstahl hergestellt. Die Oberflächenrauheit beträgt R_a= 0,2 mm. Die Stiftproben wurden aus Polytetrafluoräthylen (PTFE), Ultrahigh Molecular Weight Po-

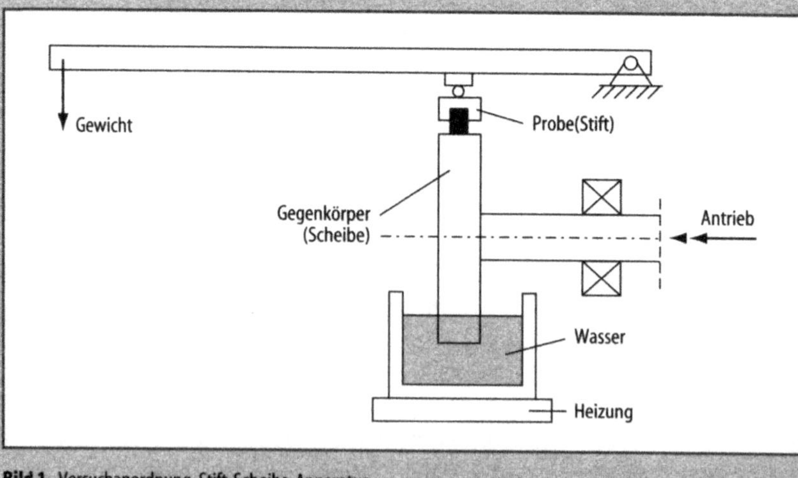

Bild 1. Versuchanordnung. Stift-Scheibe-Apparatus

lyethylene (UHMWPE), Polyoxymethylen (POM), Polyamide (PA 6), PTFE+15% Glasfaser, PTFE+25% Glasfaser, PTFE+25% Carbonfaser, PTFE+35% Carbonfaser, PTFE+40% Bronze und PTFE+60% Bronze angefertigt.

3 Versuchsergebnisse

Für die obengenannten Materialen wurden das Verhalten des Reibungskoeffizienten in Abhängigkeit von der Gleitgeschwindigkeit für 3 verschiedenen Anpressdrücken und Wassertemperaturen untersucht. Die Ergebnisse sind in Bild 2....11 wiedergegeben. Die Bilder 2,3,4 und 5 zeigen das Verhalten von Polymeren ohne Zusatzstoffe. Reines PTFE wird wegen seines niedrigen Abnutzungswiderstandes als Gleitlagerwerkstoffe nicht verwendet. Um die Wirkung der Zusatzstoffe festzustellen sind auch die Versuche PTFE mit und ohne Zusatzstoffe durchgeführt und die Ergebnisse in Bild 6...11 wiedergegeben.

Wie es aus den Bildern zu ersehen ist, ist der sehr niedrige Reibungskoeffizient von PTFE+35% Carbonfaser bemerkenswert. An den anderen Werkstoffen wurden diese niedrigen Werte nicht erreicht. Allgemein nimmt der Reibungskoeffizient bei niedriegen Wassertemperaturen ab, nur mit Ausnahme PTFE+60% Bronz und UHMWPE, Bild 3 und 11.

Der Reibungskoeffizient von PTFE in wässriger Umgebung ist in Bezug auf trockenen Zustand etwas grösser, Bild 2. Ausserdem wurden in Wasser sehr kleine PTFE-Teilchen festgestellt. UHMWPE zeigt sowohl in wässriger als auch in trockener Umgebung fast dieselben Reibungskoeffizient, Bild 3. PA 6 hat einen umgekehrten Verlauf. Der Reibungskoeffizient in wässriger Umgebung von PA 6 ist bei manchen Gleitgeschwindigkeiten etwas grösser als in Bezug auf trockenen Verlauf, Bild 4. POM zeigt einen ähnlichen Verlauf wie UHMWPE, Bild 5.

PTFE+15% Glasfaser zeigt denselben Verlauf in beiden Zuständen und die Grössenordnung ist fast gleich, Bild 6. Der Reibungskoeffizient von PTFE+ 25% Glasfaser ist sehr empfindlich gegen Wassertemperaturänderung, Bild 7. Der niedrigste Wert wurde im Bereich von 40°C, unabhängig von der Oberflächenpressung erreicht.

PTFE+Carbonfaser zeigt den niedrigsten Reibungskoeffizienten unter den geprüften Polymeren, Bild 8 und 9. Besonders zeigt PTFE+35% Carbonfaser einen Reibungskoeffizient von ≈0,02, der etwa dem Wert im flüssigen Reibungszustand entspricht. Die Ergebnisse mit PTFE+Bronz (40 und 60%) sind grösser als, die Werte der in trockenem Zustand durchgeführten Versuchen, Bild 10 und 11.

Der Reibungskoeffizient der geprüften Polymere, mit Ausnahme von PTFE und PTFE+Bronz, nimmt mit zunehmender Gleitgeschwindigkeit, wie erwartet, ab (Wasserfilm Bildung). Die Abnahme der Reibungskoeffizienten von PA 6 und PTFE+Carbonfaser und Glasfaser ist bemerkenswert. Die anderen Polymeren zeigen einen niedrigen Reibungsbeiwert im Bezug auf den trockenen Zustand, aber der Unterschied ist ziemlich klein. Die Oberflächenpressung hat keinen nennenswerten Einfluss auf den Reibungskoeffizienten.

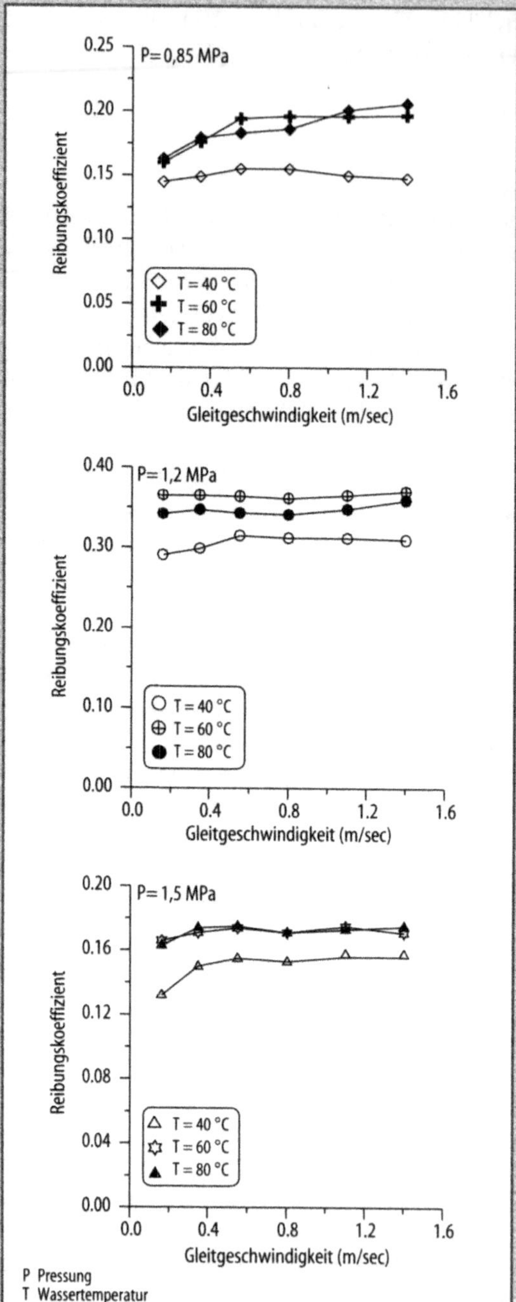

Bild 2. Reibungskoeffizient von PTFE in Abhängigkeit von Gleitgeschwindigkeit und Wassertemperatur in wässriger Umgebung

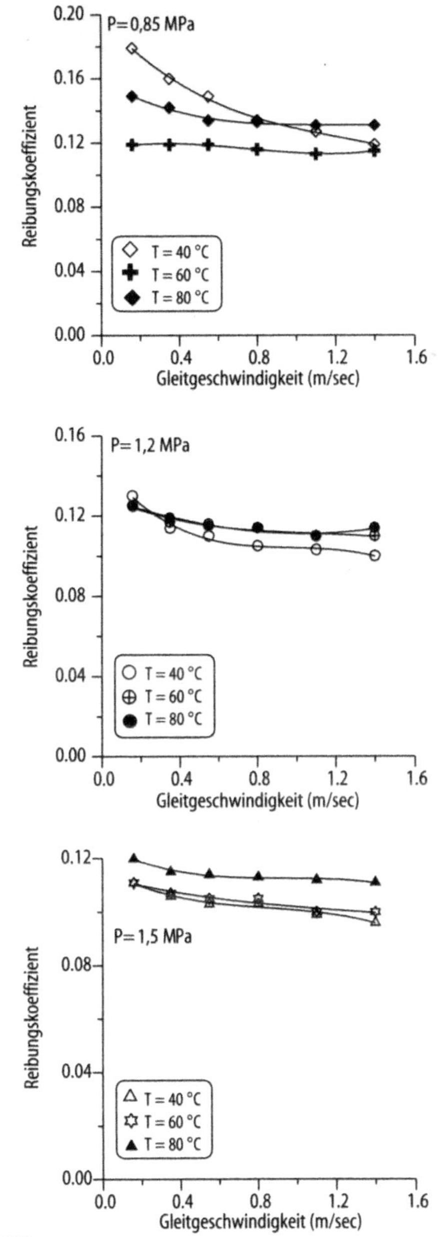

P Pressung
T Wassertemperatur

Bild 3. Reibungskoeffizient von UHMWPE in Abhängigkeit von Gleitgeschwindigkeit und Wassertemperatur in wässriger Umgebung

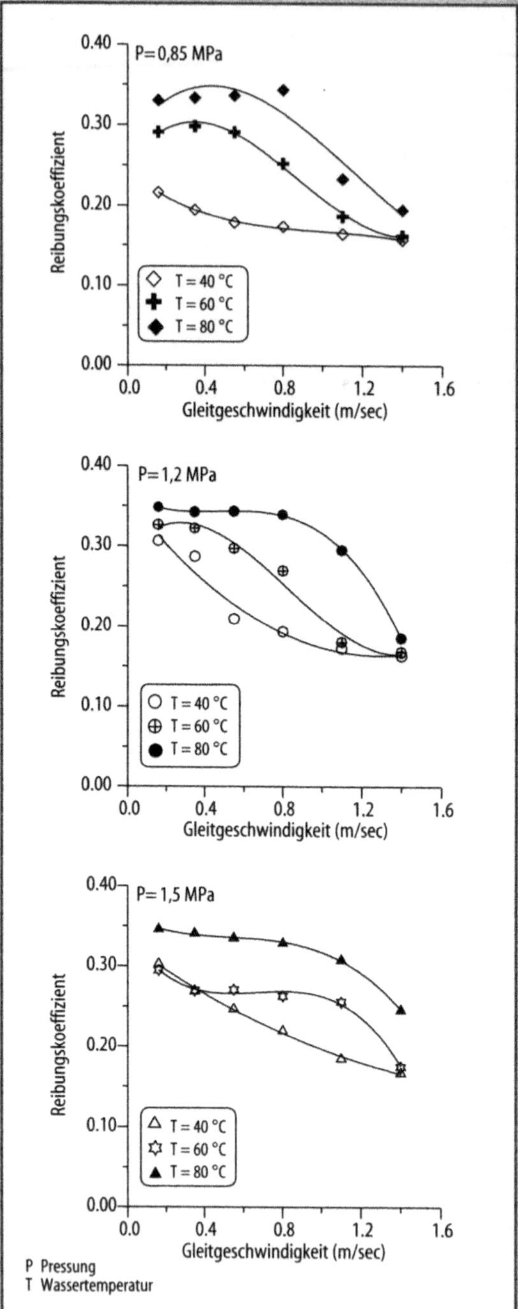

Bild 4. Reibungskoeffizient von PA 6 in Abhängigkeit von Gleitgeschwindigkeit und Wassertemperatur in wässriger Umgebung

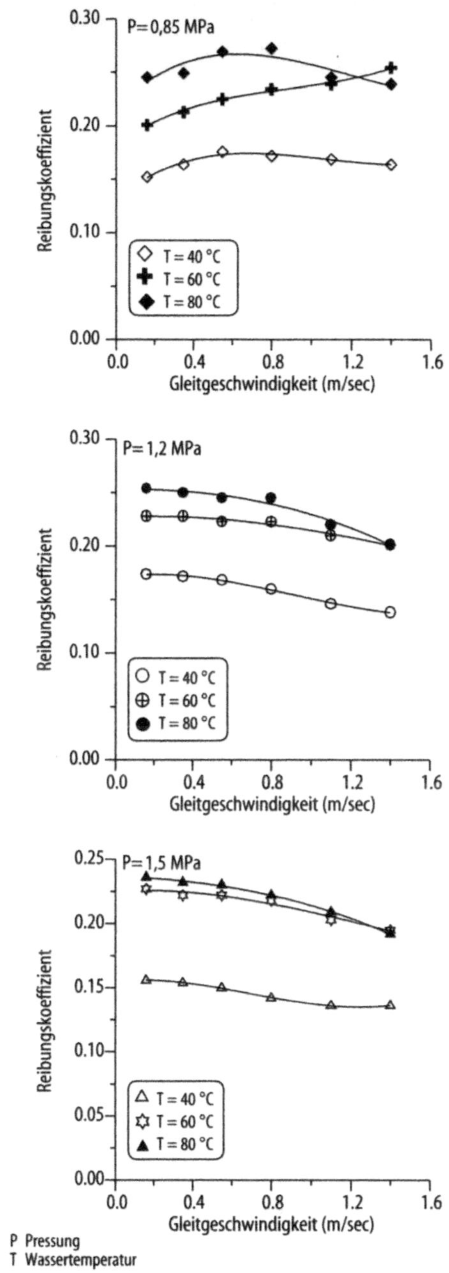

Bild 5. Reibungskoeffizient von POM in Abhängigkeit von Gleitgeschwindigkeit und Wassertemperatur in wässriger Umgebung

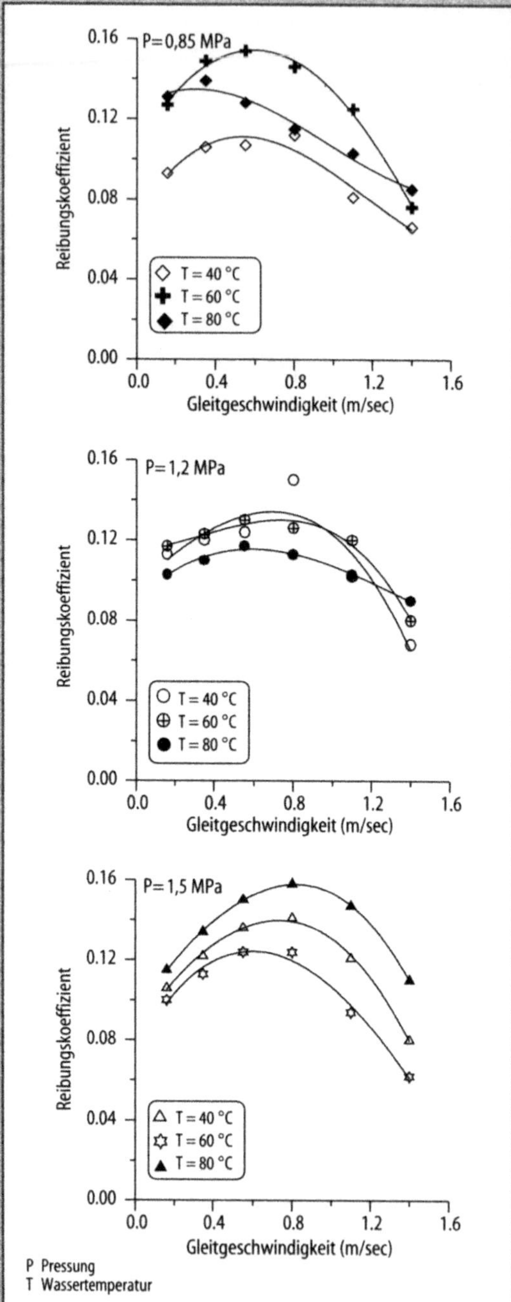

Bild 6. Reibungskoeffizient von PTFE + 15 % in Abhängigkeit von Gleitgeschwindigkeit und Wassertemperatur in wässriger Umgebung

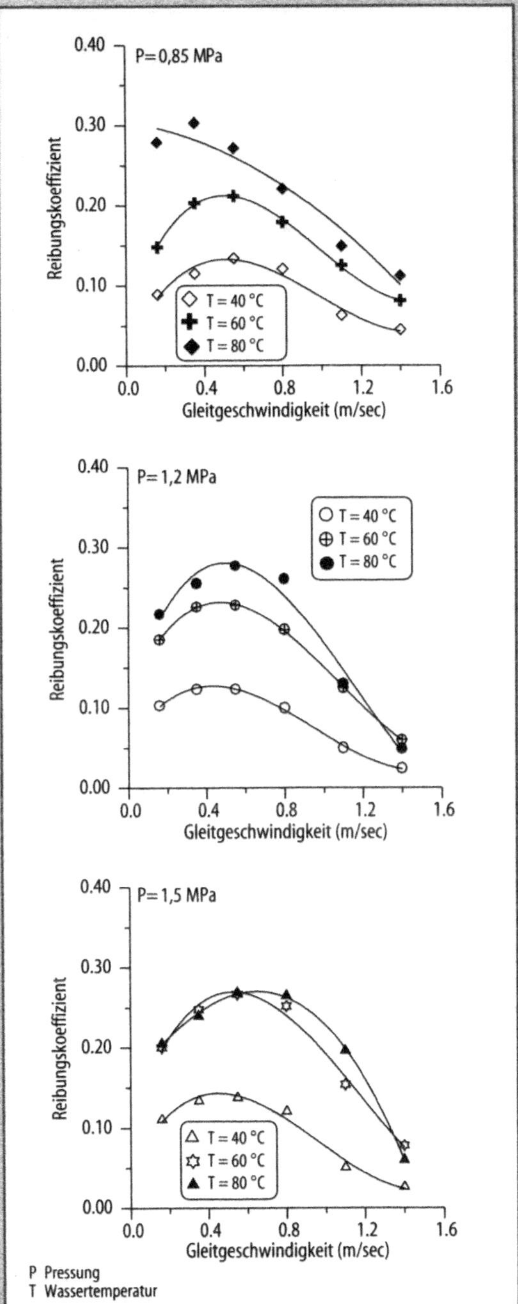

Bild 7. Reibungskoeffizient von PTFE +25 % Glasfaser in Abhängigkeit von Gleitgeschwindigkeit und Wassertemperatur in wässriger Umgebung

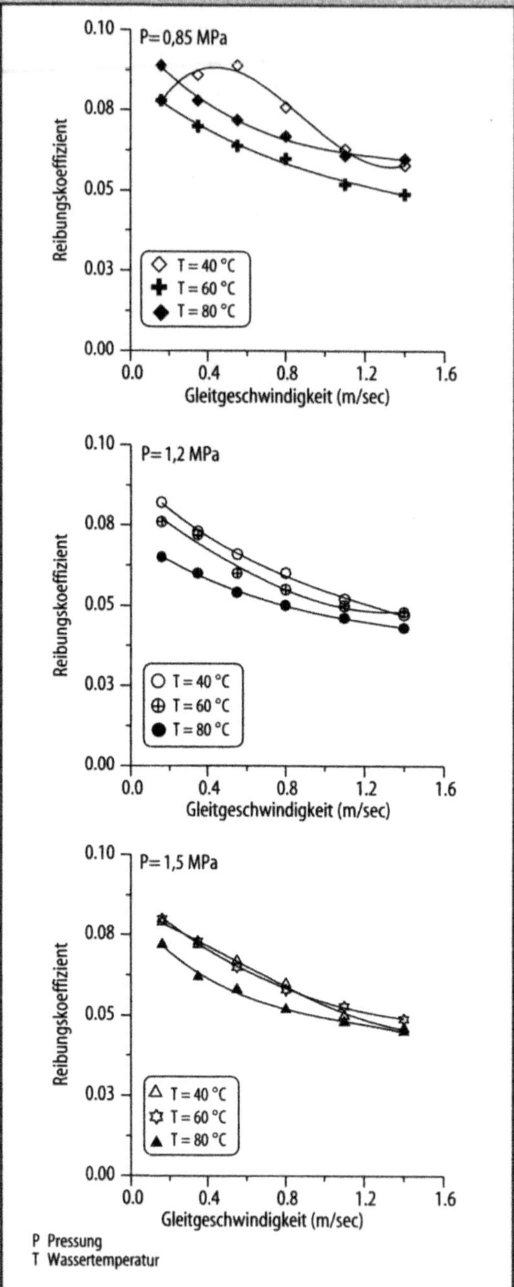

Bild 8. Reibungskoeffizient von PTFE + 25 % Carbonfaser in Abhängigkeit von Gleitgeschwindigkeit und Wassertemperatur in wässriger Umgebung

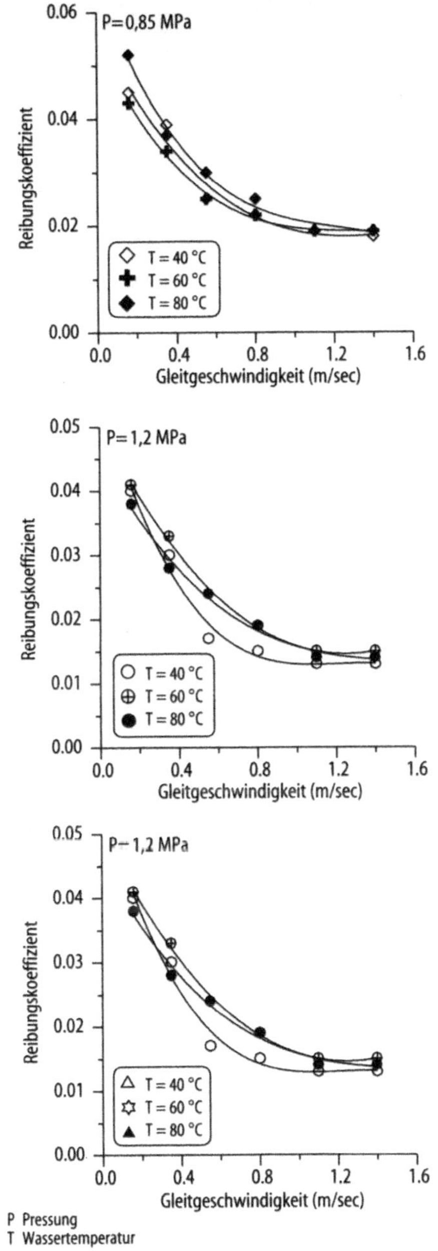

Bild 9. Reibungskoeffizient von PTFE + 35 % Carbonfaser in Abhängigkeit von Gleitgeschwindigkeit und Wassertemperatur in wässriger Umgebung

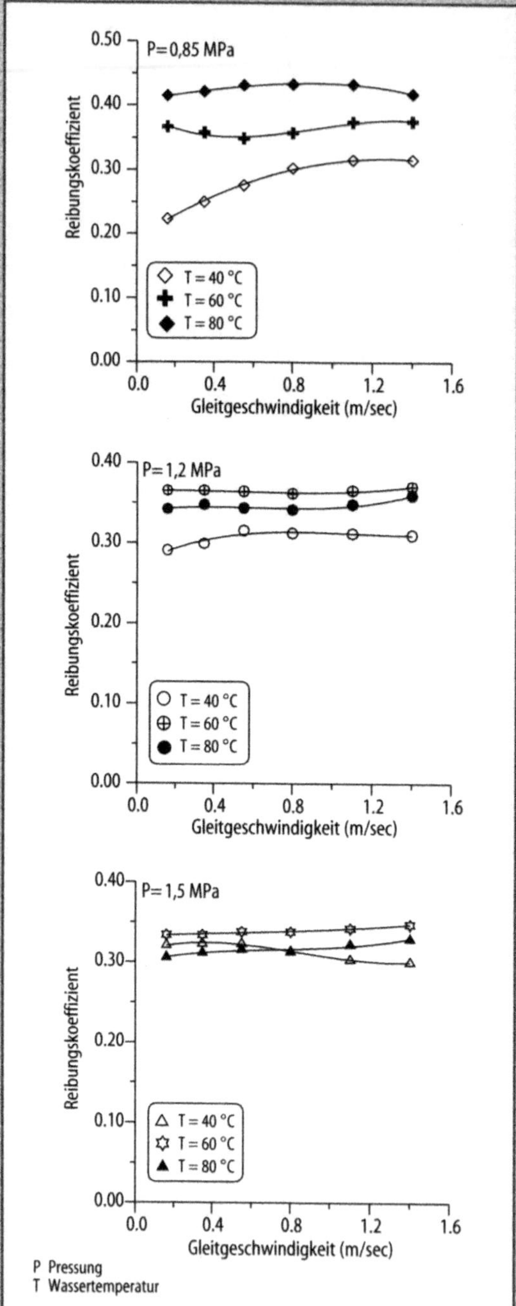

Bild 10. Reibungskoeffizient von PTFE + 40 % Bronze in Abhängigkeit von Gleitgeschwindigkeit und Wassertemperatur in wässriger Umgebung

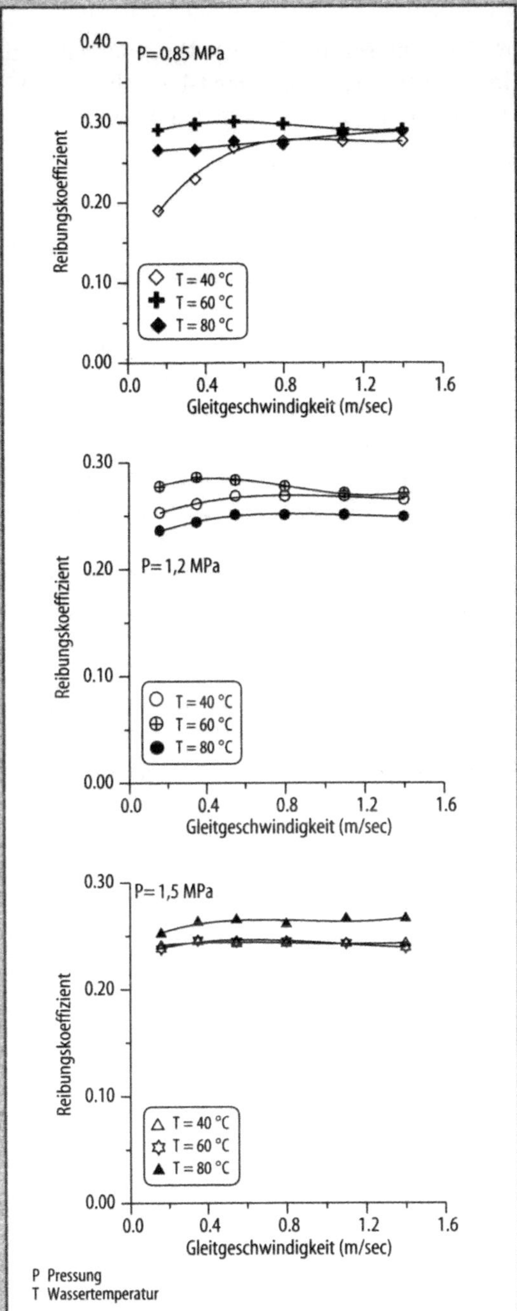

Bild 11. Reibungskoeffizient von PTFE + 60 % Bronze in Abhängigkeit von Gleitgeschwindigkeit und Wassertemperatur in wässriger Umgebung

Zusammenfassung

Im allgemeinen hat PTFE+35% Carbonfaser in wässriger Umgebung den niedrigsten Reibungskoeffizient im ganzen Geschwindigkeitsbereich. PTFE+25% Carbonfaser und PTFE+15% Glasfaser haben auch ähnlichen Werte.

Literatur

[1] MENS, J.W.M. and de GEE, A.W.J., „Friction and Wear Behaviour of 18 Polymers in Contact with Steel Environments of Air and Water" Wear, Vol. 149, pp 255–268, 1991.

[2] SHIRONG, G., „ The Friction Coefficients between The Steel Rope and Polymer Lining in Frictional Hoisting" Wear, Vol 152, pp 21–29, 1992.

[3] WATANABE, M., „Wear Mechanism of PTFE Composites in Aqueous Environments" Wear, Vol. 158, pp 79–86, 1992.

[4] MARCUS, K. and ALLEN, C., „Effect of Fillers on the Friction and Wear Behaviour of Ultrahigh Molecular Weight Polyethylene during Water-Lubricated Reciprocating Sliding Wear" Wear, Vol. 162–164, pp 1091–1102, 1993.

[5] UZUNER, F., TEMÍZ, V. ve GEDÍKTAŞ, M., „Determination of Friction and Wear Properties of Filled and Unfilled Polymer Materials in Polymer/Steel Contact", in Turkish, 6th International Machine Design and Production Conference, pp 285–294, METÜ, Turkey, 1994.

[6] TEMÍZ, V., UZUNER, F. and GEDÍKTAŞ, M., „The Effect of Fillers and Filling Ratio on the Friction and Wear Characteristics of Polytetra-fluoroethylene" 7th International Machine Design and Production Conference, pp 389–399, METU, Turkey, 1996.

[7] TEMÍZ, V., The Experimental Analysis of Friction and Wear of Dry Rubbing Polymer Journal Bearings, in Turkish, Dissertation, Istanbul Technical University, 1998

Prof. Dr.-Ing. M. Gediktaş,
Dipl.-Ing. V. Temiz
Technische Universität Istanbul, Lehrstuhl für Maschinenelemente

Einfluß der Dissipationsenergie auf das Betriebsverhalten aerodynamischer Gleitringdichtungen

J. Glienicke, R. Beneke, H. Schlums

Inhalt: Die Autoren informieren über neue Berechnungsgrundlagen für gasgeschmierte Gleitringdichtungen mit hohen p·u-Werten. Über eine Berücksichtigung der Dissipationsenergien, des Wärmehaushalts (einschließlich externer Wärmeströme und Kühlungen), der Temperaturverteilung in der Gesamtdichtung und der elastischen und thermischen Verformungen der Dichtringe lassen sich nun auch für sehr hohe p·u-Werte alle interessierenden Dichtungskennwerte sicher vorausberechnen. Die Zuverlässigkeit der Rechenergebnisse wird durch umfangreiche Vergleichsmessungen an drei Versuchsdichtungen nachgewiesen.

The Influence of Dissipated Energy on the Behaviour of Aerodynamic Mechanical Seals.
Abstract: The authors present new fundamentals for the calculation of gas lubricated face seals at high p·u-values. The calculation model has been extended by including the dissipation energy, the balance of heat flows (considering external heat flows and cooling), the temperature distribution of the whole seal and the elastic and thermal deformations of the seal rings, so that all important characteristic data can be predicted even at very high p·u-values. The reliability of the calculation results is verified by an extensive comparative testing of three different test seals.

1 Einleitung

Durch den Einsatz gasgeschmierter Gleitringdichtungen anstelle der bisher gebräuchlichen Labyrinthdichtungen lassen sich für viele thermische Turbomaschinen die Leckageverluste entscheidend vermindern und damit der Wirkungsgrad und Umweltschutz wesentlich verbessern [1 bis 4]. Gegenüber konventionellen Gleitringdichtungen können durch die aerodynamische Tragstruktur das Reibmoment und der Verschleiß in der Dichtung und damit die Betriebs- und Wartungskosten wesentlich reduziert sowie Lebensdauer und Betriebssicherheit entscheidend erhöht werden [5 bis 11]. Diese Tragstruktur, die einem schmalen gasgeschmierten Hybridlager [5, 6] entspricht, muß – um die erforderliche Regelkraft zu erreichen – auf der Hochdruckseite der Dichtringe angeordnet sein, Bild 1.

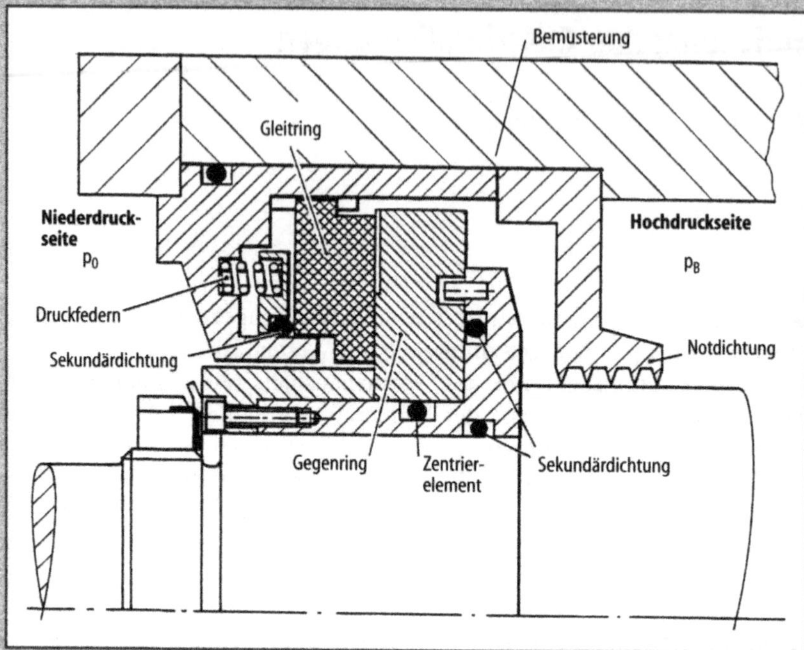

Bild 1. Aufbau einer gasgeschmierten Axialgleitringdichtung

Die für den realen Betrieb (Anfahren, Stöße, Schmutzpartikel) erforderliche Verschleißfestigkeit läßt sich durch die Wahl geeigneter Werkstoffpaarungen, z.B. Kohle oder Siliziumkarbid gegen Wolframkarbid, Siliziumkarbid oder Siliziumnitrid, und eine richtige Gestaltung der Dichtung (u.a. mit elastischer Anstellung des Gleitrings und elastischer Führung des Gegenrings) erreichen (Bild 1). Derartige Gasdichtungen sind in vielen Aggregaten der Prozeßtechnik (z.B. Turboverdichtern [2 bis 4, 11], Expansions- und Kühlturbinen, kleinen Dampf- und Gasturbinen [12]) bereits über lange Betriebszeiten erfolgreich im Einsatz.

Die bisher vorhandenen Auslegungs- und Berechnungsgrundlagen [1, 5 bis 8] reichen jedoch für viele interessante Anwendungsfälle mit besonders hoher Umfangsgeschwindigkeit (um > 100 m/s) oder erhöhter Betriebstemperatur (T > 200 °C) nicht aus. Außerdem entstehen, wie neuere Messungen [1, 6] zeigen, bei hohen p·u-Werten in der Dichtung relativ hohe Dissipationsenergien, die zu gefährlichen Temperaturerhöhungen führen können. Um auch das Betriebsverhalten derartiger Dichtungen zuverlässig vorausberechnen zu können, werden in dieser Arbeit die in [1, 5] entwickelten Berechnungsgrundlagen wesentlich erweitert, indem nun auch die im Dichtspalt und im Hochdruckraum entstehenden Dissipationsenergien, der Wärmehaushalt in der Gesamtdichtung (einschließlich externer Wärmeströme und Kühlungen), die Temperaturverteilung in der Gesamtdichtung und die elastischen und thermischen Verformungen der Dichtringe berücksichtigt werden. Die Zuverlässigkeit der Rechenergebnisse wird durch umfangreiche Vergleichsmessungen an drei verschiedenen Versuchsdichtungen überprüft.

2 Theoretische Grundlagen

Bei hohen Umfangsgeschwindigkeiten und hohen Drücken treten die Verlustleistungen im Dichtspalt und am rotierenden Gegenring, die Dichtringtemperaturen und die elastischen und thermischen Verformungen immer mehr in den Vordergrund [6]. Das bedeutet, daß nun zusätzlich zu den Gleichungen für den Druckaufbau im Schmier- bzw. Dichtspalt auch die Energiegleichung für den Dichtspalt und die Wärmeleitungsgleichungen für die beiden Dichtringe einschließlich der entsprechenden Stoffgesetze, Randbedingungen und äußeren Wärmeströme miteinbezogen und simultan die Verformungen der Dichtringe berechnet werden müssen.

2.1 Druckverteilung im Dichtspalt

Die Berechnung der Druckverteilung p(q,r,t) im (axialen) Dichtspalt geht von der verallgemeinerten Reynoldsschen Differentialgleichung für kompressible Medien bei vorgegebenen Druckrand- und Zusatzbedingungen aus. Unter der Annahme, daß für das Schmiermittel annähernd ideales Gasverhalten angenommen und „slip flow"-Effekte ausgeschlossen werden können, lautet diese Differentialgleichung [5]:

$$\frac{1}{r}\frac{\partial}{\partial\theta}\left(\frac{ph^3}{K_\theta\eta}\frac{\partial p}{\partial\theta}\right)+\frac{\partial}{\partial r}\left(\frac{rph^3}{K_R\eta}\frac{\partial p}{\partial r}\right)=6\omega r\frac{\partial(ph)}{\partial\theta}+12r\frac{\partial(ph)}{\partial t}, \quad (1)$$

mit η = dynamische Viskosität, K_θ, K_R = Turbulenzkorrekturfaktoren, ω = Winkelgeschwindigkeit des Gegenrings, $h(\theta, r, t)$ = Spalthöhenverlauf und $\partial h/\partial t$ = Verdrängungsgeschwindigkeit (t = Zeit). Zur Bestimmung der Turbulenzkorrekturfaktoren K_θ und K_R werden empirische Turbulenzansätze aus der Literatur [5] verwendet.

Für die Randbedingungen des Druckes gilt für die Anordnung des Bildes 1:

$$\text{am Außenrand } r_a\text{: } p_{ein} \leq p_B, \text{ am Innenrand } r_i\text{: } p_{aus} = p_0. \quad (2)$$

Darin ist $(p_B - p_{ein})$ der Eintrittsdruckverlust am Außendurchmesser. Der Druck p_{ein} läßt sich mit den folgenden Beziehungen (Annahmen: kompressibel, isentrop, Verlustfaktor CL) ermitteln [5]:

$$\frac{p_{ein}}{p_B}=\left(\frac{\kappa-1}{2}\cdot\frac{1}{a^2}\left(\frac{U_{ein}}{C_L}\right)^2+1\right)^{-\frac{\kappa}{\kappa+1}},$$
$$\text{mit } \kappa=\frac{c_p}{c_v}, a=\sqrt{\kappa\overline{R}T}, C_L=0.6. \tag{3}$$

Außerdem wird die Strömungsgeschwindigkeit im Spalt und am Austritt auf die Schallgeschwindigkeit a begrenzt.

Bei der numerischen Lösung der Reynoldsschen Differentialgleichung (1) werden die Spalthöhenfunktion $h(\theta,r,t)$ und die Drücke an den Rändern vorgegeben, und die Druckverteilung $p(\theta,r,t)$ wird berechnet [5]. Dabei werden zur Vereinfachung der statische und der zeitlich veränderliche Lösungsanteil i.a. getrennt ermittelt. Die Lösung der Reynoldsschen Differentialgleichung erfolgt mit Hilfe eines konservativen Differenzenverfahrens. Mit der so ermittelten Druckverteilung werden anschließend u.a. die Spaltöffnungskraft, die Leckage und die Reibleistung im Spalt berechnet.

2.2 Temperaturverteilung in der Dichtung

Zur Berechnung der Temperaturverteilung wird für den Dichtspalt die Energiegleichung (für eine stationäre, kompressible Strömung) mit den zugehörigen Rand- und Übergangsbedingungen sowie Stoffgesetzen simultan mit den Wärmeleitungsgleichungen für die Dichtringe und mit der Reynoldsgleichung gelöst. Dabei werden auch externe Wärmequellen und -senken berücksichtigt. Bild 2 zeigt das Modell für die Berechnung der Temperaturverteilung in der Dichtung.

Die wichtigsten Gleichungen lauten:

- Energiegleichung für den Dichtspalt:

$$\rho c_p\left(\frac{u}{r}\frac{\partial T}{\partial\theta}+w\frac{\partial T}{\partial r}\right)=\frac{u}{r}\frac{\partial p}{\partial\theta}+w\frac{\partial p}{\partial r}+\lambda_{eff}\frac{\partial^2 T}{\partial y^2}+\left(\tau_{yr}\frac{\partial w}{\partial y}+\tau_{y\theta}\frac{\partial u}{\partial y}\right), \tag{4}$$

Konvektion Kompression Leitung Dissipation

$$\text{mit } \lambda_{eff}=\lambda_0\left(1+Pr\frac{\eta_t}{\eta_0}\right);\ Pr=\frac{\eta_0 c_p}{\lambda_0} \tag{5}$$

- Viskositäts- und Gasgleichung: $\eta=\eta(T, p)$, $p=\rho\cdot\overline{R}\cdot T$ (6)

- Wärmeübergang vom Schmierfilm auf die Dichtringe:

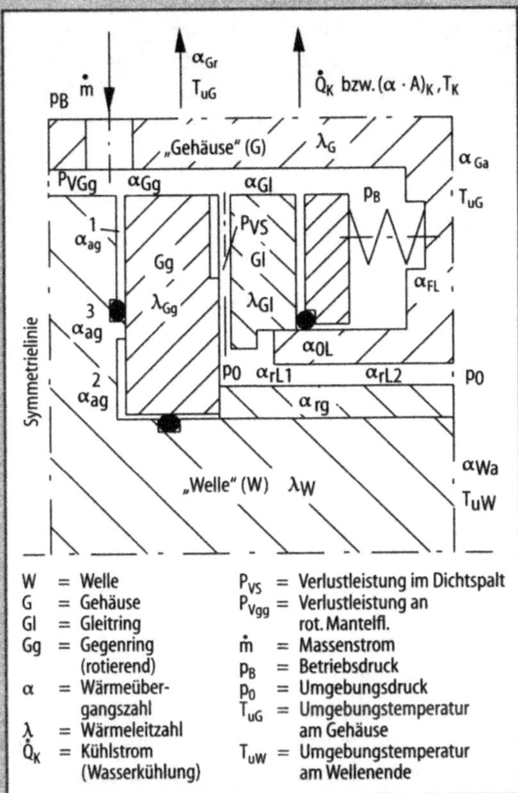

Bild 2. Modell für die Berechnung der Temperaturverteilung in einer symmetrischen Doppeldichtung

$$\lambda\left(\frac{\partial T}{\partial y}\right)_w = \alpha_{sy}\ (T_S - T_w) \tag{7}$$

- Wärmeleitungsgleichung für die Dichtringe:

$$\frac{1}{r^2}\frac{\partial}{\partial\theta}\left(\lambda\frac{\partial T}{\partial\theta}\right)+\frac{\partial}{\partial y}\left(\lambda\frac{\partial T}{\partial y}\right)+\frac{1}{r}\frac{\partial}{\partial r}\left(\lambda r\,\frac{\partial T}{\partial r}\right)=0 \tag{8}$$

- Temperatur-Randbedingungen und externe Wärmeströme (Quellen und Senken)
- empirische Gleichung (9) für die Mantelreibung am Gegenring (Rotor)
- Energiegleichung für den Hochdruckraum zwischen rotierendem Gegenring und Gehäuse.

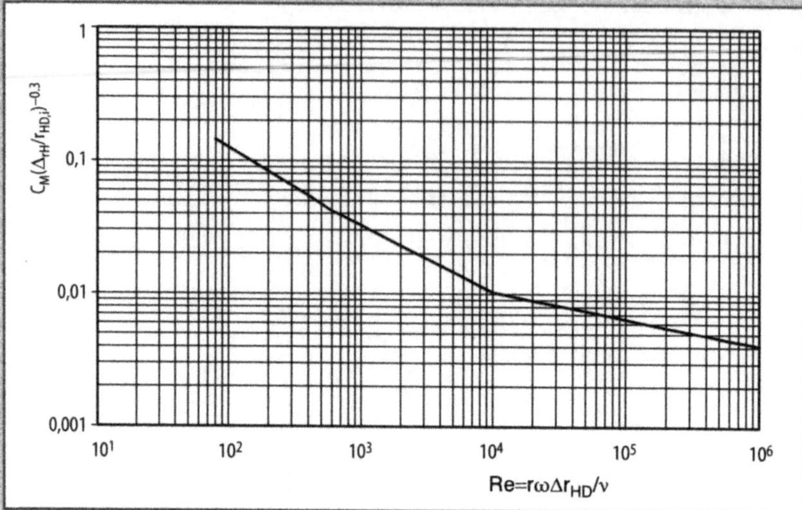

Bild 3. Einfluß der Reynoldszahl Re auf den Drehmomentbeiwert C_M

Bei der Berechnung der Temperaturverteilung im Dichtspalt mit Gleichung (4) wird vereinfachend angenommen, daß sich die Temperaturen über die Spalthöhe nur wenig ändern (kleine Spalthöhe, gute Wärmeleitung in den Dichtringen). Entsprechend werden bei der Berechnung der Temperaturverteilung im Hochdruckraum zwischen rotierendem Dichtring und Gehäuse in Gleichung (4) die Temperaturgradienten in Umfangsrichtung, der radiale konvektive Term und die Kompressionswärme vernachlässigt. Die in (4) enthaltene Dissipationsenergie läßt sich global aus der Verlustleistung PV der Scherströmung berechnen:

$$P_V = C_M \cdot \frac{\rho}{2} \pi \omega^3 r^4 l \,. \tag{9}$$

Der Drehmomentenbeiwert C_M hängt von der Reynoldszahl Re und damit vom Strömungszustand (rein laminar, laminar mit Zellularwirbeln, turbulent mit Zellularwirbeln oder vollturbulent), von der Rauhigkeit des Gehäuses bzw. der Welle und von der Reynoldszahl einer evtl. überlagerten Axialströmung ab, Bild 3.

2.3 Dichtringverformungen

Die druck- und temperaturbedingten Dichtringverformungen beeinflussen über einen veränderten radialen Spalthöhenverlauf im Dichtspalt die sich einstellende Druckverteilung im Dichtspalt, die mittlere Dichtspalthöhe und damit auch die Dichtungskennwerte.

Bei der Berechnung der Dichtringverformungen werden zunächst – nach der Eingabe der für das Dichtungsmodell relevanten Dichtungsgrößen – mit Hilfe des Dichtungsprogramms AGRD [5] die Druckverteilung im Dichtspalt und mit dem FE-Programm ANSYS die resultierenden druckbedingten Dichtringverformungen iterativ bestimmt sowie der Leckagestrom und die Verteilung der lokalen Reibleistung im Dichtspalt ermittelt. Nach der Ermittlung der Verlustleistung im Hochdruckraum können dann die radialen Temperaturverteilungen im Dichtspalt und im Hochdruckraum und mit den entsprechenden Wärmeübergangskoeffizienten die zugehörigen, im FE-Modell anzusetzenden thermischen Belastungen berechnet werden. Mit dem FE-Programm ANSYS läßt sich dann mit den gegebenen Randtemperaturen und Wärmeströmen (Gehäusekühlung und Wärmeableitung durch die Welle) die Temperaturverteilung für das Dichtungsmodell berechnen.

Die resultierenden thermischen Verformungen führen zusammen mit den druckbedingten Deformationen zu Knotenpunktsverschiebungen auf den Dichtflächen und damit zu entsprechenden Spalthöhendifferenzen im Dichtspalt. Für die Berechnungen der Druckverteilung auf den Dichtflächen und der Temperaturverteilung in der Dichtung sowie der zugehörigen Dichtringverformungen und der resultierenden Dichtungskennwerte ist das Programmsystem zur Lösung der zugehörigen Grundgleichungen (FD- bzw. FE-Verfahren) so oft zu durchlaufen, bis sich bei der Verformungsanalyse Konvergenz eingestellt hat.

3 Berechnete Dichtungskennlinien

Die drei theoretisch und experimentell untersuchten Dichtungen unterscheiden sich in der Bemusterung, dem Abstimmungsverhältnis, den Werkstoffen der Dichtringe, der Querschnittsform der Dichtringe und der Baugröße, Tabelle 1. Die Einsatzmöglichkeiten der Versuchsdichtungen A und B liegen im Hochgeschwindigkeitsbereich mit um bis 200 m/s bei einer Temperaturobergrenze von 200 °C und bei der Versuchsdichtung C im Hochtemperaturbereich bis 450 °C mit um bis zu 100 m/s. Die aerodynamische Tragstruktur ist bei allen Dichtungen in den hochfesten, relativ harten Gegenringen eingearbeitet.

3.1 Grundkennlinien für hohe Drücke

Bei hohen Betriebsdrücken müssen – neben dem Druckverlust am Spalteintritt, der Begrenzung der Strömungsgeschwindigkeit im Dichtspalt (auf Schallgeschwindigkeit) und dem Übergang der laminaren in eine turbulente Spaltströmung – vor allem auch die elastischen Dichtringverformungen mit berücksichtigt werden. Diese werden – wie im Abschnitt 2 dargestellt – durch eine gekoppelte Analyse der Druckverteilung und der entsprechenden elastischen Dichtringverformungen ermittelt.

Tabelle 1. Hauptabmessungen und Materialkennwerte der Gleit- und Gegenringe der untersuchten Dichtungen (Doppeldichtungen)

	Dichtung A	Dichtung B		Dichtung C
Bemusterung [1, 5, 6]	Spiralnut	Kreisringnut		T-Nut
mittlerer Durchmesser [mm]	130,0	102,9		140,5
eff. Außendurchmesser [mm]	146,8	118		154,6
eff. Innendurchmesser [mm]	113,1	87,8		126,4
Gleitringmaterial	Hartkohle (Sb imprägn.)	SiC		Hartkohle (Sb imprägn.)
E-Modul [GPa]	18	300–410		26,5
Wärmeausdehnung [10^{-6} 1/K]	4	4,3–4,		4
Wärmeleitfähigkeit [W/mK]	11,5	6100–140		11,5
Gegenringmaterial	Stahl / WC	SiN	Stahl / WC	WC 20
Dichte [g/cm³]	7,7	3,17	7,7	14,8–15
E-Modul [GPa]	216	320	206	600–640
Wärmeausdehnung [10^{-6} 1/K]	10,5	2,5	10	4,5–5,5
Wärmeleitfähigkeit [W/mK]	30	35	29	36–80
Sekundärdichtungen	O-Ring	O-Ring		Reingraphit

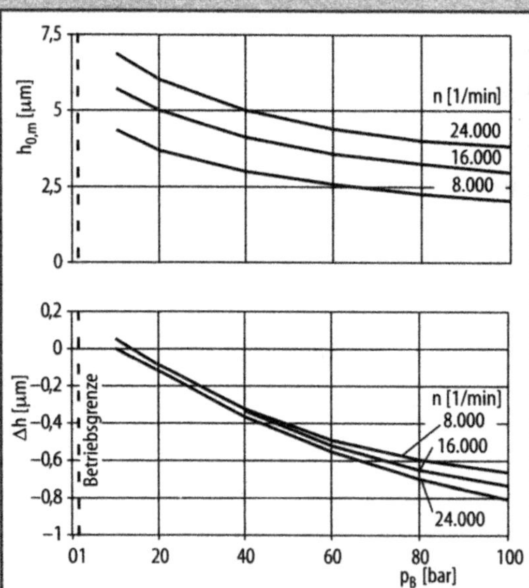

Bild 4. Einfluß des Betriebsdrucks p_B und der Drehzahl n auf die Dichtspalthöhe h_{0m} und die Stülpverformung Δh der Dichtung B

In den Bildern 4 und 5 sind die so berechneten statischen Kennlinien der Dichtung B dargestellt. Nach Bild 4 fällt die kleinste Spalthöhe $h_{0,m}$ (am mittleren Dichtflächenradius r_m) im stationären Betriebsbereich mit steigendem Betriebsdruck p_B merklich ab, während sie mit der Drehzahl n deutlich ansteigt.

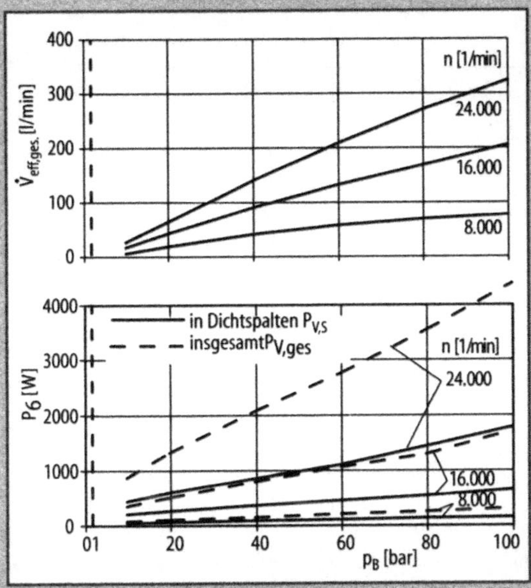

Bild 5. Einfluß des Betriebsdrucks p_B und der Drehzahl n auf den Leckagevolumenstrom $\dot{V}_{eff,ges}$ und die Verlustleistung $P_{V,ges}$ der Dichtung B

Die Spaltneigung Dh, die bei kleineren Drücken p_B infolge des Hebelarms der Federvorspannung noch positiv ist und (zusammen mit der eingearbeiteten Schräge) einen leicht konvergenten („V-")Spalt ergibt, fällt mit zunehmendem Druck deutlich ab, so daß sich hier bei hohen Drücken ein divergenter („A-") Spalt einstellt. Der Drehzahleinfluß ist dabei relativ schwach.

Der Leckagevolumenstrom $\dot{V}_{eff,ges}$ der Dichtung B (Bild 5) steigt annähernd linear mit dem Druck p_B und mit der Drehzahl n an. Bei der Diskussion der Verlustleistung ist bei hohen p·u-Werten auch die Reibleistung im HD-Raum zu berücksichtigen. Die berechnete Gesamtverlustleistung $P_{n,ges}$ der Dichtung B setzt sich hier aus jeweils etwa gleich großen Anteilen für die Reibleistung $P_{V,S}$ in den beiden Dichtspalten und für die Reibleistung $P_{V,R}$ im Hochdruckraum zusammen, $P_{V,ges} = P_{V,S} + P_{V,R}$. Die Verlustleistung $P_{V,ges}$ steigt annähernd linear mit dem Betriebsdruck pB und quadratisch mit der Drehzahl n an.

3.2 Temperaturverteilung

Mit der Berechnung der Temperaturverteilung in der Dichtung lassen sich vorgegebene Grenzbedingungen für die zulässige Betriebstemperatur überprüfen. Da sich die Temperaturverteilung in der Dichtung und die thermischen Verformungen der Dichtringe gegenseitig beeinflussen, ist auch hier eine iterative Be-

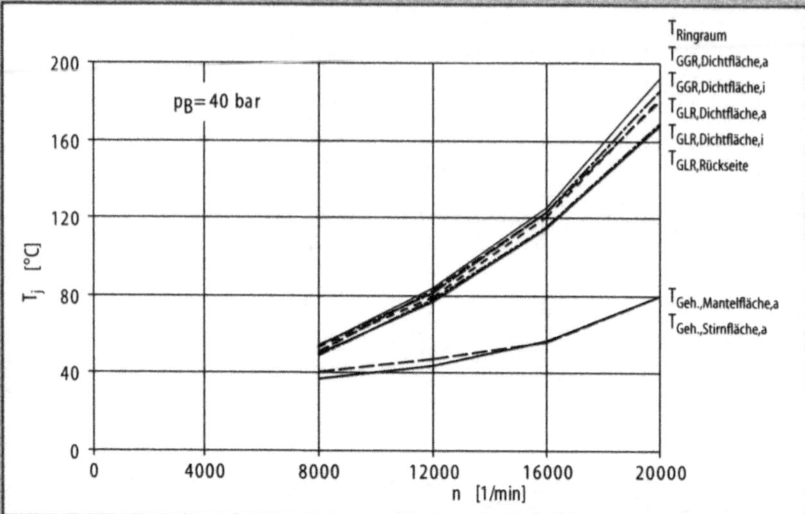

Bild 6. Einfluß der Drehzahl n auf die Temperaturen T_j in der Dichtung A bei einem Betriebsdruck $p_B = 40$ bar

rechnung erforderlich. Als Beispiel zeigt Bild 6 die mit dem im Bild 2 dargestellten Modell berechnete Temperaturverteilung in der Dichtung A. Dabei wurden die durch das Kühlwasser und die durch Wärmeleitung im Rotor abgeführten Wärmemengen aus entsprechenden Meßwerten bestimmt und als Eingabegrößen für die FE-Rechnung benutzt. Die Dichtringtemperaturen steigen im oberen Drehzahlbereich stark progressiv an. Dabei fällt vor allem die hohe Temperatur im HD-Ringraum auf.

3.3
Dichtringverformungen

In Bild 7a sind für die Dichtung A die für eine konstante Drehzahl $n = 16.000\ \text{min}^{-1}$ berechneten thermischen Dichtringverformungen $h_j(p_B)$ dargestellt. Danach bewirken die hier vorhandenen Temperaturverteilungen T(r,y) thermische Gleitringverformungen in Richtung eines konvergenten Spalts (V-Spalts) und Gegenringverformungen in Richtung eines (schwach) divergenten Spalts (A-Spalts).

Die Gesamtverformung der Dichtringe wird iterativ mit dem im Abschnitt 2 erläuterten allgemeinen Rechenverfahren, das auf einer Kopplung der Programme ANSYS und AGRD und der Einbeziehung zahlreicher Zusatzgleichungen basiert, berechnet. Im Bild 7b ist die durch druck- und temperaturbedingte Dichtringverformungen entstehende, resultierende Spalthöhenänderung Δh_{ges} (p_B) für die Dichtung A dargestellt; dabei ist die Drehzahl mit n = 16.000 min−1

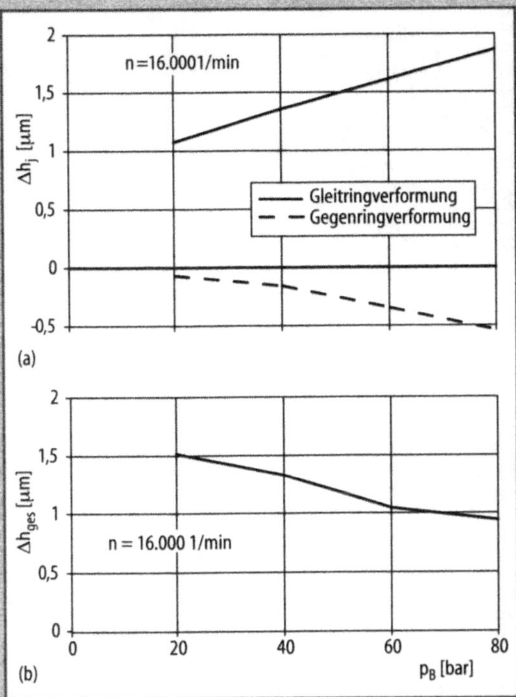

Bild 7. Berechnete Verformungen der Dichtung A bei $n = 16.000\ min^{-1}$: **a** rein thermische Dichtring-Stülpungen Δh_i; **b** druck- und temperaturbedingte Änderung Δh_{ges} des radialen Spaltverlaufs

konstant gehalten. Im vorliegenden Fall ist die Spalthöhenänderung Δh_{ges} im gesamten untersuchten Betriebsbereich positiv. Das bedeutet, daß sich hier in allen Fällen ein konvergenter V-Spalt ($\Delta h_{ges} \approx 1$ bis 1,5 μm) bildet.

4 Experimentelle Untersuchungen an Hochleistungs-Gasdichtungen

Zur Ermittlung der Auswirkungen von hohen p·u-Werten und zur Verifikation der Rechenmodelle und -ergebnisse wurden an drei verschiedenen Versuchsdichtungen umfangreiche Messungen in weiten Druck- und Drehzahlbereichen durchgeführt. Zur Vorbereitung dieser Versuche mußte zunächst der vorhandene Prüfstand [6] mit einem wesentlich stärkeren drehzahlregelbaren Antrieb (P_{max} = 54 kW, $n_{max} = 48.000\ min^{-1}$) versehen werden. Außerdem wurden ein HD-Kompressor (für $p_{B,max} = 200$ bar, $\dot{V} = 250$ l/min) und – um auch Zustandsgrößen in den rotierenden Bauteilen messen zu können – ein 16-Kanal-Hochgeschwindigkeits-Schleifringdrehübertrager (nmax = 50.000 min^{-1}) beschafft.

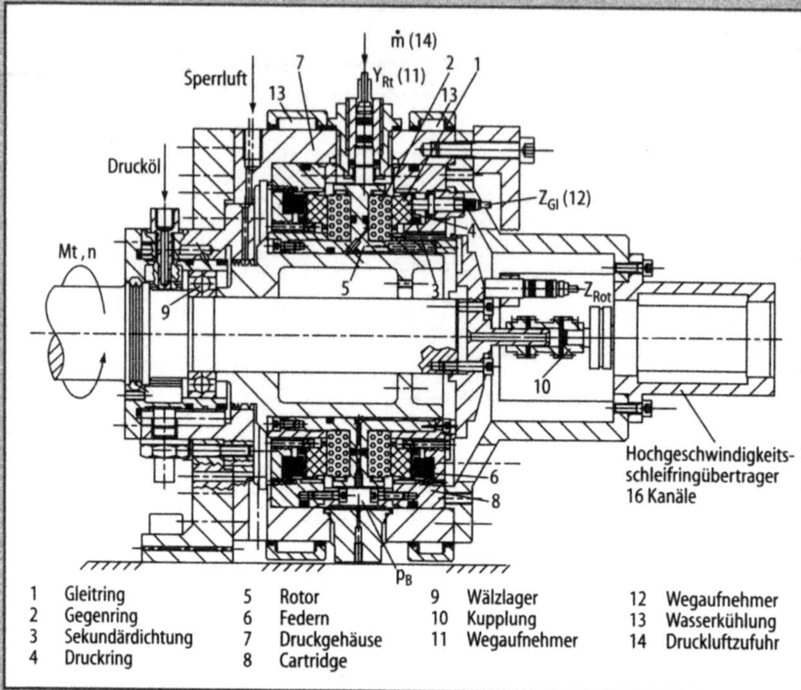

Bild 8. Einbau der Versuchsdichtung A in den Dichtungsprüfstand [6, 13]

Bild 8 zeigt den Einbau der Versuchsdichtung A in den Dichtungsprüfstand [6, 13]. Die Doppeldichtung ist in back to back-Anordnung in einem Cartridge zusammengefaßt. Dieses Cartridge wird in ein druckfestes Gehäuse montiert und mittels eines Wellenadapters an die fliegend gelagerte Prüfwelle angepaßt. Die Zentrierung auf dem Wellenadapter geschieht wie beim Gegenring durch Toleranzbänder. Um die Betriebsbedingungen der Dichtung A erweitern zu können, wird das Gehäuse von zwei ringförmigen Kühlwasserkanälen umfaßt, in denen Leitungswasser in unmittelbarem Kontakt mit dem Gehäuse fließt und dieses somit direkt kühlt. Die dadurch abgeführte Wärmeenergie kann aus dem Volumenstrom des Wassers und seiner Erwärmung nach Durchströmen des Kühlkanals errechnet werden. Die wichtigsten Daten der Versuchsdichtung A sind in der Tabelle 1 angegeben. In Bild 9 sind die experimentell ermittelten Kennlinien der Versuchsdichtung A dargestellt. Danach steigt der effektive Leckage-Volumenstrom mit der Drehzahl und mit dem Betriebsdruck annähernd linear an. Die Gesamtverlustleistung, die im wesentlichen in den beiden Dichtspalten und an der Mantelfläche des im Hochdruckraum rotierenden Dichtungsbereichs entsteht, steigt stark progressiv mit der Drehzahl und unterproportional mit dem Betriebsdruck an. Bei den Versuchen wurden für die Doppeldichtung A Verlustleistungen bis 8 kW gemessen. Die ebenfalls in Bild 9 dargestellte Maximaltemperatur T_{max} darf bei der Ver-

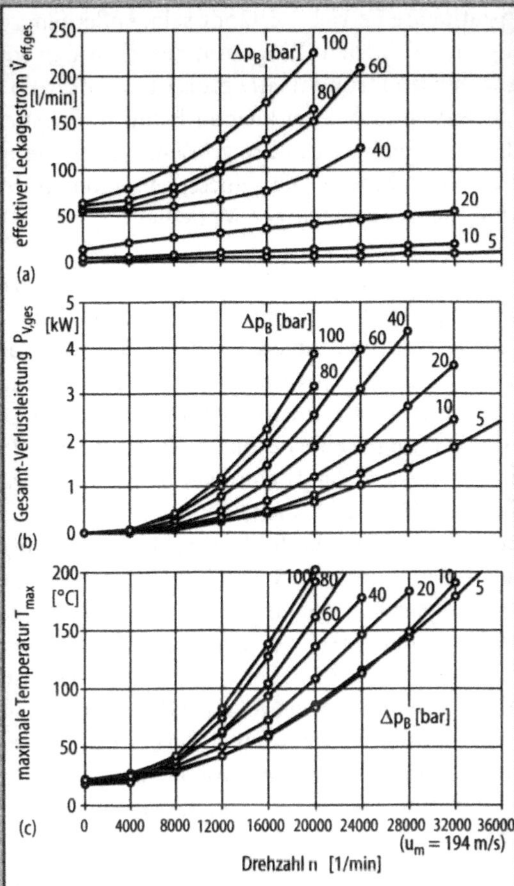

Bild 9. Experimentell ermittelte Kennlinien der Versuchsdichtung A: **a** effektiver Leckage-Volumenstrom $\dot{V}_{eff,ges}$; **b** Gesamtverlustleistung $P_{V,ges}$; **c** Maximaltemperatur T_{max}

suchsdichtung A wegen der Temperaturgrenze der O-Ringe (Sekundärdichtungen) den Grenzwert T_{lim} = 200 °C nicht überschreiten. Ein stationärer Betrieb war bei hohen p·u-Werten nur mit einer wirksamen Gehäusekühlung (Wasserkühlung) möglich. Wie aus Bild 9c ersichtlich, steigt die Maximaltemperatur – ähnlich wie die Verlustleistung – progressiv mit der Drehzahl n und unterproportional mit dem Betriebsdruck pB an und erreicht trotz starker Gehäusekühlung bei einer Gesamtverlustleistung von 5 bis 6 kW die Grenztemperatur von 200 °C. Eine Erweiterung des Betriebsbereichs ist hier nur über eine deutlich verbesserte Kühlung (größere ($\alpha \cdot A$) Werte, Kühlung mit Spülgas) möglich.

Wie die entsprechenden Meßergebnisse zeigen, streuen im Versuch und damit auch im praktischen Einsatz die Leckageströme relativ stark. Ursachen können z.B. eine Behinderung der Gleitringverschiebung durch den festgeklemmten Sekundärdichtring oder instationäre Betriebszustände sein. Außerdem zeigte sich, daß die Verlustleistung im Hochdruck-Ringraum zwischen den rotierenden Gegenringen und der Gehäusebohrung relativ groß ist und deshalb bei der Berechnung berücksichtigt werden muß. Bei kleinen Bemusterungstiefen können Rauhigkeiten und Toleranzen im Nutgrund zu größeren Abweichungen zwischen den Meß- und Rechenwerten führen. Die gemessenen und berechneten Maximaltemperaturen stimmen bei sorgfältiger Modellierung relativ gut überein, Bild 10.

Insgesamt gesehen läßt sich mit den erweiterten Berechnungsgrundlagen das Betriebsverhalten von Hochleistungs-Gasdichtungen nun befriedigend vorausberechnen. Dabei zeigte sich, daß die maximal zulässigen $p_B \cdot u^2$-Werte i.a. durch die mögliche Kühlleistung und die Grenztemperatur der Sekundärdichtungen ($T_{lim} \approx 200$ °C für Elastomer-O-Ringe) bestimmt werden. Deshalb kommt der Weiterentwicklung der Sekundärdichtungen eine besondere Bedeutung zu. Diese Aussage gilt besonders für den Einsatz der Dichtungen bei hohen Umgebungstemperaturen (z.B. in Gas- und Dampfturbinen).

Um in zukünftigen Berechnungen auch den Einfluß der Sekundärdichtungen quantitativ berücksichtigen zu können, wurde ein Sekundärdichtungsprüfstand ($p_{B,max} = 100$ bar, $T_{max} = 600$ °C) aufgebaut, mit dem sich die kinetischen Eigenschaften und das Verschleißverhalten der verschiedensten Sekundärdichtungsbauformen unmittelbar bestimmen lassen [13]. Bei den quasistatischen Messungen zur Simulation von thermischen Dehnungen wurden bei den Graphitringen für hohe Drücke ausgeprägte Stick-Slip-Effekte beobachtet. Bei den dynamischen Untersuchungen zeigte sich, daß die Graphit-Ringe und vor allem die PTFE-Ringe wesentlich steifer als die O-Ringe sind. Hierdurch kann die Beweglichkeit der Gleitringe erheblich beeinträchtigt werden.

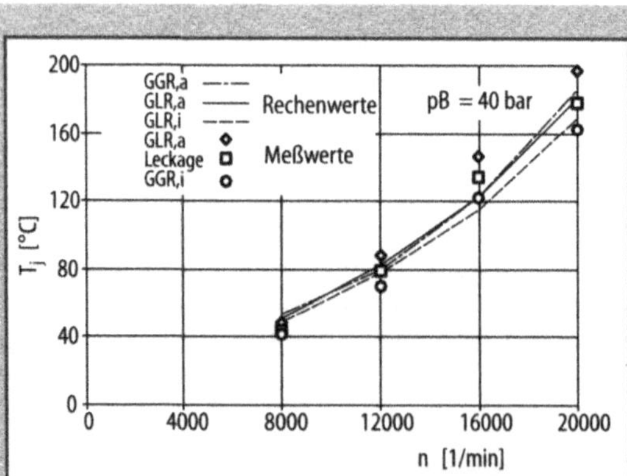

Bild 10. Vergleich der gemessenen und berechneten Temperaturverteilung in der Versuchsdichtung A mit wassergekühltem Gehäuse

5 Zusammenfassung

Um die Betriebskennwerte von trockenlaufenden, prozeßgasgeschmierten Axialgleitringdichtungen für noch höhere p·u-Werte und Betriebstemperaturen als heute gebräuchlich sicher vorausberechnen zu können, wurden die vorhandenen Berechnungsgrundlagen wesentlich erweitert. Durch Berücksichtigung der Dissipationsenergien, des Wärmehaushalts (einschließlich externer Wärmeströme und Kühlungen), der Temperaturverteilung in der Gesamtdichtung und der elastischen und thermischen Verformungen der Dichtringe lassen sich nun auch für sehr hohe p·u-Werte alle interessierenden Dichtungskennwerte sicher vorausberechnen. Die Zuverlässigkeit der Rechenergebnisse wurde durch umfangreiche Vergleichsmessungen an drei Versuchsdichtungen nachgewiesen.

Dabei zeigte sich, daß die statischen Dichtungskennlinien für alle drei Dichtungen trotz unterschiedlicher Zahlenwerte einen ähnlichen Verlauf haben, die gemessenen Leckageströme im Versuch und damit auch im praktischen Einsatz z.B. infolge von Störeinflüssen durch die Sekundärdichtung relativ stark streuen können und die durch die rotierenden Dichtringe im äußeren HD-Ringraum erzeugte Reibleistung nicht vernachlässigt werden darf. Die Versuche mit hohen p·u-Werten ergaben, daß die Einsatzgrenze der Dichtungen i.a. durch die aufbringbare Kühlleistung und die Temperaturgrenze der Sekundärdichtungen (200 °C bei Elastomer-O-Ringen) bestimmt wird. In Messungen an einer Hochtemperaturdichtung und an einem neuen Sekundärdichtungsprüfstand wurden neue Sekundärdichtungen aus Reingraphit erfolgreich bis 450 °C getestet und damit wesentliche Beiträge für eine Weiterentwicklung der Dichtungen zu höheren Temperaturen geleistet.

6 Literatur

[1] Glienicke, J.; Launert, A.; Schlums, H.: Gasgeschmierte Axialgleitringdichtungen für hohe p·v-Werte. Konstruktion 46 (1994), S. 17–23.

[2] Schöpplein, W.; Zeus, D.: Hochbelastete Gleitringdichtungen, öl- und gasgeschmiert, für Turboverdichter. VDI-Ber. 706, VDI-Verlag 1988, S. 129–153.

[3] Pennink, H.: The Gas Lubricated Spiral Grooved Face Seal in the Process Industry. Proc. 14th Turbomachinery Symp., Texas 1985, S. 59–64.

[4] Pugnet, J.M.; Bolusset, D.; Jehl, J.: The Application of Dry Seals and Active Magnetic Bearings to an Oil-Free Centrifugal Compressor. Proc. I Mech E 201 (1987), S. 35–42.

[5] Schlums, H.: Grundlagen für die Auslegung von aerodynamischen Axiallagern und Hochdruck-Gasdichtungen. Diss. TU Braunschweig 1997.

[6] Launert, A.: Betriebssicherheit aerodynamischer Axiallager und -gleitringdichtungen bei hohen p◊v-Werten. Diss. TU Braunschweig 1995.

[7] Sedy, J.: A New Self-Aligning Mechanism for the Spiral-Groove Gas Seal Stability. ASLE Lubr. Eng. 36 (1980), S. 592–598.
[8] Tournerie, B.; Frêne, J.: Computer Modelling of the Functioning Modes of Non-contacting Face-Seals. Trib. Int. 17 (1984), S. 269–276.
[9] Lebeck, A.O.: Principles and Design of Mechanical Face Seals. Verlag John Wiley & Sons, Inc., New York... 1991.
[10] Zeus, D.: Viscous Friction in Small Gaps – Calculations for Non-Contacting Liquid or Gas Lubricated End Face Seals. STLE Trib. Trans. 33 (1990), S. 454–462.
[11] Victor, K.H.: Keramische Gleitringdichtungen. Tribologie 2000, 8. Intern. Kolloquium. Technische Akademie Esslingen, Ostfildern 1992.
[12] Bond, T.E.; Pospisil, M.; Wilkinson, E.V.: Application of Ring Gas Seals in Special Purpose Steam Turbines. Proc. of the 26th Turbomachinery Symposium, Texas A & M University, College Station, Texas 1997.
[13] Beneke, R.; Osterhage, T.; Schlums, H.: Einfluß der Dissipationsenergie auf das Betriebsverhalten aerodynamischer Gleitringdichtungen bei hohen Umfangsgeschwindigkeiten und hohen Drücken. For.-Ber. Verbrennungskraftmaschinen H. 667, Frankfurt/M. 1998.

Prof. Dr.-Ing. J. Glienicke, Dipl.-Ing. R. Beneke, Dr.-Ing. H. Schlums,
TU Braunschweig, Institut für Maschinenelemente und Fördertechnik, Langer Kamp 19 b, 38106 Braunschweig.

Dieser Aufsatz enthält wesentliche Ergebnisse einer Forschungsaufgabe, die von der Forschungsvereinigung Verbrennungskraftmaschinen e.V. (FVV) gestellt und am Institut für Maschinenelemente und Fördertechnik der TU Braunschweig durchgeführt wurde. Die Untersuchungen wurden vom Bundesminister für Wirtschaft über die Arbeitsgemeinschaft industrieller Forschungsvereinigungen e.V. (AiF-Nr. 10603 N) finanziell gefördert. Die Forschungsvereinigung und die Autoren danken dem Minister für die wertvolle finanzielle Unterstützung. Dank gebührt auch dem projektbegleitenden Arbeitskreis, der unter der Leitung von Herrn Dr.-Ing. K. Urlichs (ABB-Turbinen, Nürnberg) stand.

Optimierung des Kaltstartverhaltens eines PKW-Dieselmotors mittels Simulationsrechnung

P. W. Gold, R. Schelenz, M. Leibbrandt

1 Einleitung

Die ständig steigenden Ansprüche an den Fahrkomfort bewirken eine stetig größer werdende Komplexität des Gesamtsystems „Fahrzeugantrieb" in modernen Personenkraftwagen. Neben der wachsenden Anzahl an Zusatzaggregaten wie zum Beispiel dem Klimaanlagenkompressor und dem Lenkhilfeaggregat kommen auch vermehrt Zweimassenschwungräder zur Schwingungsdämpfung im Betriebsbereich des Fahrzeugs zum Einsatz. Durch deren niedrige Eigenfrequenz kommt es beim Startvorgang zu Resonanzdurchfahrten, die problematisch sein können [5]. Diese Entwicklung erfordert eine geeignete Wahl der Systemgrenzen bei der Beurteilung und Optimierung von Eigenschaften einzelner Antriebskomponenten.

Von besonderem Interesse ist dabei das Kaltstartverhalten des Motors bei extremen Temperaturen. Ein Problembereich ist hier das Tieftemperaturverhalten des Teilsystems Batterie – Starter. Auch durch Änderung der mechanischen Parameter des Systems, wie zum Beispiel Erhöhung der Reibungsverluste, können Probleme entstehen, die im traditionellen Konstruktionsablauf erst spät festgestellt werden können.

Durch Abbildung des Antriebsstrangs als Simulationsmodell mit anschließender Ermittlung der Systemeigenschaften können Probleme entscheidend früher aufgedeckt und eine Lösung gefunden werden. Das von der Forschungsvereinigung Antriebstechnik (FVA), Frankfurt, geförderte Programmsystem DRESP [1] ist durch seine genaue Abbildung einer Vielzahl von Antriebsstrangkomponenten das geeignete Werkzeug zur Abbildung des Gesamtsystems Fahrzeugantrieb. Dabei stehen neben der Eigenwertanalyse Berechnungsmöglichkeiten insbesondere im Zeitbereich zur Verfügung.

Der folgende Aufsatz stellt eine Beurteilung und Optimierung des Kaltstartverhaltens eines modernen, direkt einspritzenden Dieselmotors vor. Neben der Abbildung des Verbrennungsprozesses mit Hilfe eines Ein-Zonen-Modells nach Vibe werden auch die Änderungen der elektrischen Eigenschaften des Starters sowie der Batterie berücksichtigt. Weiterhin wird gezeigt, daß alle Nebenaggregate wie Öl- und Wasserpumpe, Lenkhilfeaggregat und Klimaanlagenkompressor sowie die Lichtmaschine abgebildet werden müssen, um eine korrekte Systemanalyse durchführen zu können. Abtriebsseitig wird das System mit dem Zweimassenschwungrad bis zur motorseitigen Kupplungshälfte abgebildet.

2 Modellierung

Struktur des Antriebsstrangs

Die dynamischen Eigenschaften des Gesamtsystems werden im wesentlichen durch das Verhalten des mechanischen Antriebsstranges definiert. Der erste Schritt zur Modellbildung ist deshalb die Generierung eines Rechenmodells, das die Massenträgheitsmomente sowie die linearen Steifigkeiten und Dämpfungen des diskretisierten Antriebsstranges enthält. Nichtlineare Systemkomponenten wie Verbrennungsvorgänge und der Starterfreilauf werden zunächst durch linearisierte Ersatzkomponenten beschrieben. Bild 1 zeigt das diskretisierte Schwingungssystem des untersuchten Verbrennungsmotors beginnend mit den Schwingungsdämpfern bis zur antriebsseitigen Kupplungshälfte.

Die Generierung der linearen Steifigkeiten und Dämpfungen sowie der Massenträgheitsmomente erfolgt durch die Diskretisierung der Systemkomponenten in Massen und Federelemente [1,2].

Abbildung der nichtlinearen Antriebsstrangkomponenten

Der Verbrennungsprozeß

Zur Modellierung der schwingungstechnisch relevanten Vorgänge in Verbrennungsmotoren existieren verschiedene Ansätze. Am weitesten verbreitet ist die Abbildung der Erregung des Verbrennungsmotors mit Hilfe von Fourier-Reihen. Hierbei kann durch einfach zu bestimmende Parameter eine gute Darstellung der Schwingungsanregung in einem stationären Betriebspunkt erfolgen. An ihre Grenzen stößt diese Berechung jedoch bei instationären Vorgängen wie dem Anlaßvorgang, da hier eine Anpassung der Fourierkoeffizienten an die hochdynamisch wechselnden Betriebszustände notwendig ist. Hierfür stehen dem Konstrukteur jedoch selten die benötigten Daten zur Verfügung oder sind prinzipbedingt nicht zu beschaffen.

Aus diesem Grund werden in der Motorenentwicklung seit vielen Jahren rechnerische Analyseverfahren eingesetzt [3]. Dabei kommen je nach gestelltem Aufgabenbereich eine Vielzahl verschiedener Berechnungsverfahren zum Einsatz, deren gemeinsames Ziel die Bestimmung des Drucks im Brennraum ist.

In DRESP wurde das sogenannte Einzonenmodell nach Vibe implementiert, da es aufgrund seiner einfachen Parametrierung für die Drehschwingungsanalyse besonders geeignet ist (siehe Bild 2).

Es erhält seinen Namen aus der Voraussetzung, daß zu jedem Zeitpunkt eine vollständige und augenblickliche Durchmischung der Zylinderladung gegeben

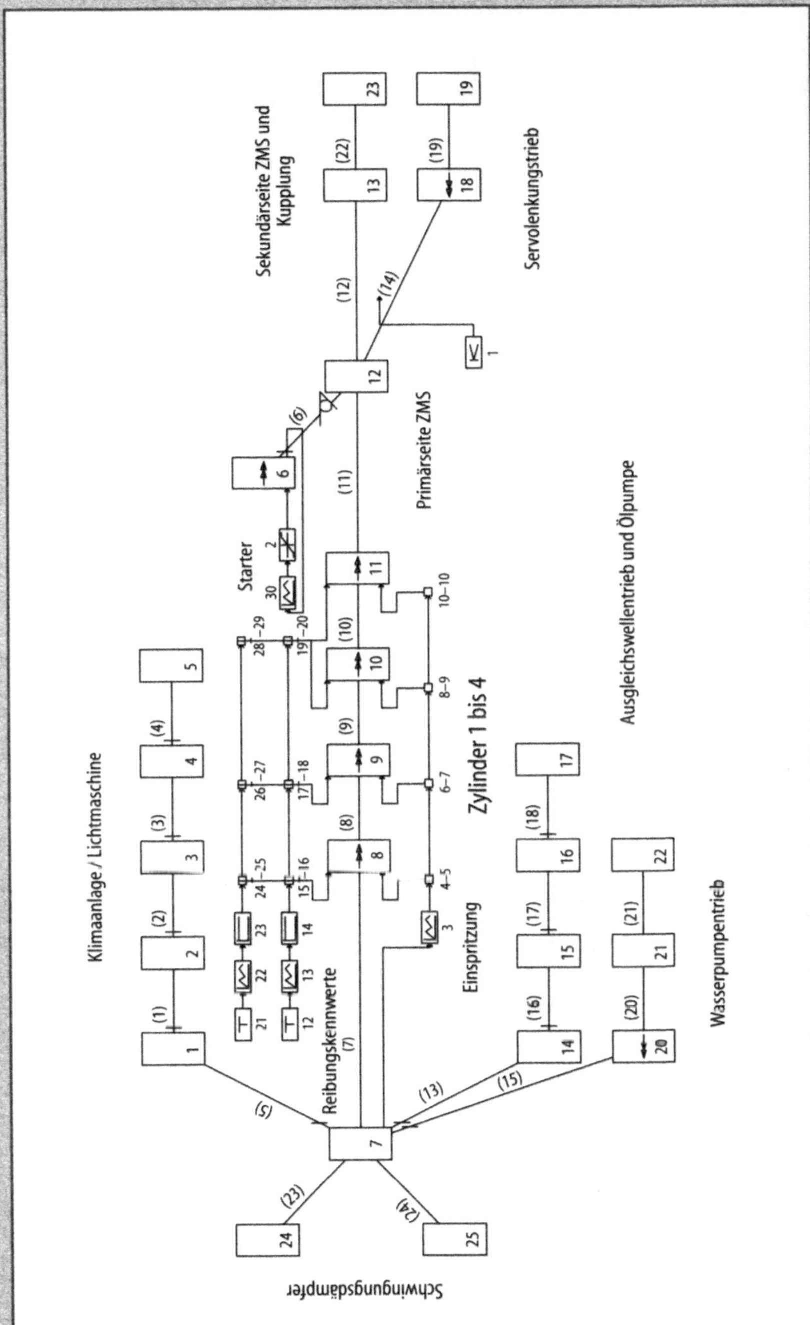

Bild 1. Struktur des Rechenmodells

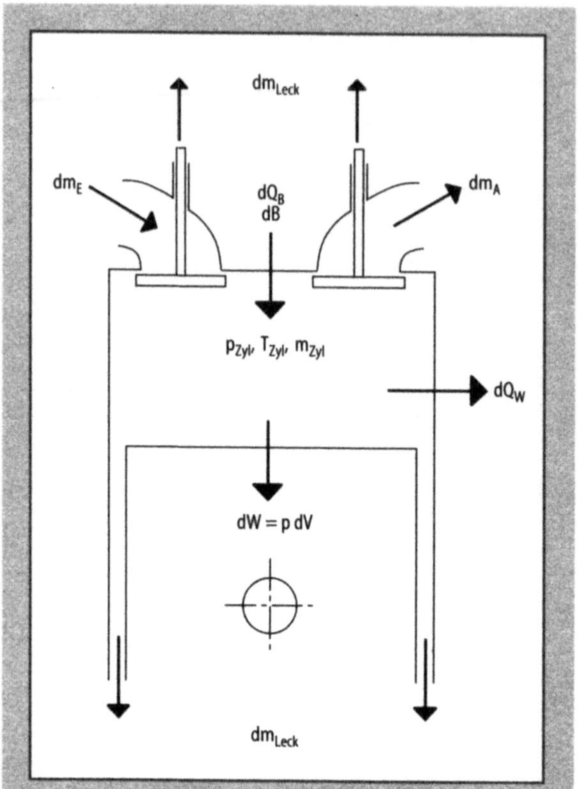

Bild 2. Einzonenmodell

ist. Dabei werden sowohl der Druck als auch die Temperatur als konstant über dem gesamten Brennraum angenommen. Unter Verwendung dieser Voraussetzungen und mit Hilfe reaktionskinetischer Untersuchungen entwickelte Vibe [4] eine Ersatzfunktion, die viele reale Brennverläufe und damit die Druckverläufe hinreichend genau abbilden kann. Diese Ersatzfunktion basiert auf der von Vibe definierten Durchbrennfunktion x_v:

$$x_v = 1 - e^{-\alpha \cdot y_v^{(m_v+1)}} = \frac{Q_b}{Q_{B0}}$$

mit: $y_v = \frac{\varphi - \varphi_{VB}}{\varphi_{BD}}$: relative Brenndauer,

φ_{VB}: Verbrennungsbeginn,
φ_{BD}: gesamte Brenndauer,
Q_b: bis zum Kurbelwellenwinkel umgesetzte Kraftstoffenergie,

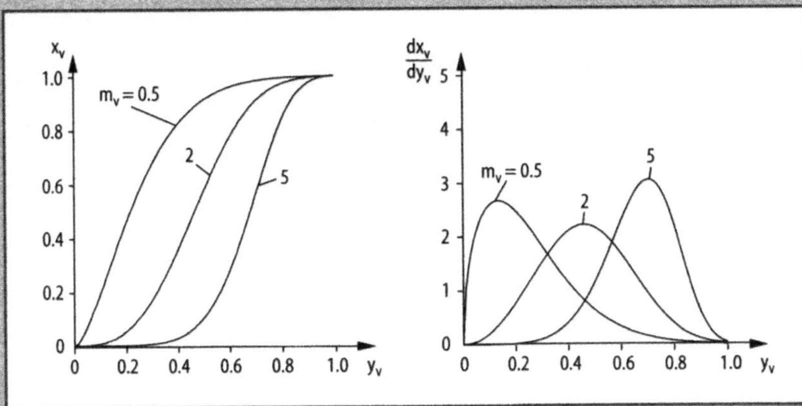

Bild 3. Durchbrennfunktion und dimenionsloser Brennverlauf nach Vibe [6]

Q_{B0}: Energiegehalt der im gesamten Arbeitsspiel eingespritzten Kraftstoffmenge,
m_v: Vibe-Formparameter,
α: ein den Umsetzungsgrad kennzeichnender Faktor.

Durch Ableiten der Durchbrennfunktion nach der relativen Brenndauer y_v erhält man den gesuchten Ersatzbrennverlauf $\dfrac{dx_v}{dy_v}$:

$$\frac{dx_v}{dy_v} = \alpha(m_v + 1) \cdot y_v^{m_v} \cdot e^{-\alpha y_v^{(m_v+1)}}$$

In diese Gleichung fließen neben dem Umsetzungsgrad nur noch der Vibe-Formparameter sowie der Verbrennungsbeginn und das Verbrennungsende ein. Bild 3 zeigt verschiedene Durchbrennfunktionen und dimensionslose Brennverläufe in Abhängigkeit vom Vibe-Formparameter m_v.

Mit Hilfe des Brennverlaufes sowie geometrischer Größen wie Hub, Bohrung, Verdichtungs- und Schubstangenverhältnis kann die Gaskrafterregung und die Massenkrafterregung des Motors und damit schließlich die resultierende Erregung berechnet werden (siehe Bild 4).

Zusatzaggregate

Die am Motor angebauten Zusatzaggregate werden alle mit ihrem Massenträgheitsmoment abgebildet. Die beim Startvorgang aktiven Aggregate Wasserpumpe und Servolenkung werden, da die Belastung hauptsächlich durch Strömungsvorgänge verursacht werden, als exponentielles Belastungsmoment

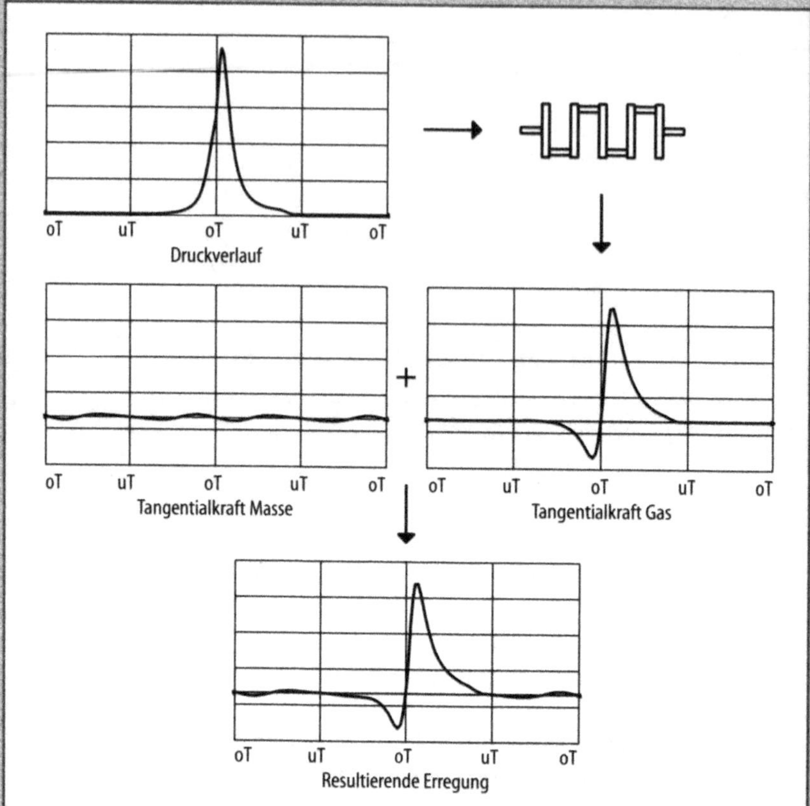

Bild 4. Erregungen der Verbrennungskraftmaschine

abgebildet. Bild 5 zeigt die Drehzahl-Drehmomentabhängigkeit der verwendeten Wasserpumpe.

Die Aggregate werden über verschiedene Kettentriebe vom Hauptzweig mitversorgt. Die Kettentriebe werden hier als Torsionssteifigkeit abgebildet, wobei die longitudinale Kettensteifigkeit über die Beziehung $c_T = c_l \cdot r^2$ auf eine Torsionssteifigkeit reduziert wird.

Dabei werden höherwertige Effekte wie Biegeschwingungen und Polygoneffekte beim Ein- und Auslauf der Kette nicht berücksichtigt. Da diese Effekte auf den Hochlauf des Motors keinen wesentlichen Einfluß haben, wird hier die einfachere Modellierung im Sinne der geringeren Rechenzeiten und einfacheren Auswertung der Ergebnisse eingesetzt.

Weil der Leertrum des Kettentriebs nur ein vergleichsweise geringes Moment überträgt, wird der Kettentrieb zur Modellierung an dieser Stelle aufgeschnitten. Auf diese Weise werden die Triebe als Lastverzweigung und nicht -vermaschung

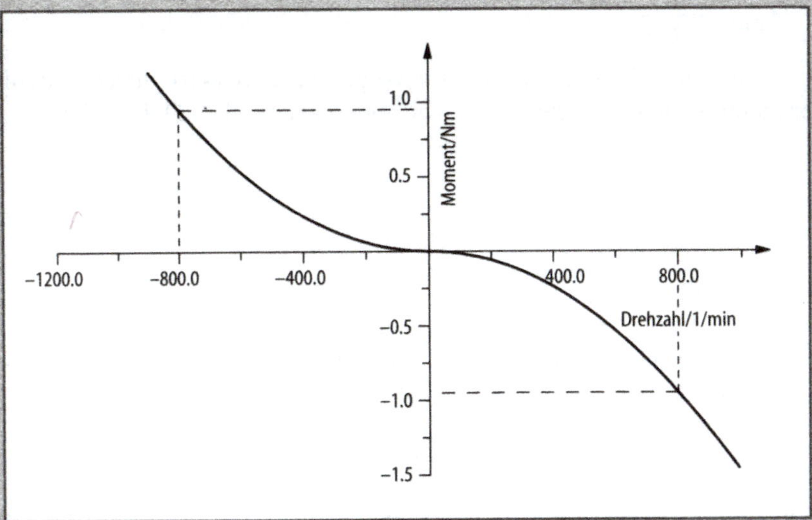

Bild 5. Drehzahl-Drehmomentkennfeld der Wasserpumpe

modelliert. Eine komplette Abbildung des vermaschten Systems wäre möglich gewesen, erscheint jedoch wegen der damit verbundenen Erhöhung der Rechenzeiten in diesem Fall als nicht sinnvoll.

Zweimassenschwungrad

Zur Verbesserung des dynamischen Verhaltens des Motors im Fahrbetrieb werden vermehrt Zweimassenschwungräder (ZMS) eingesetzt, die aufgrund der weichen Kopplung zwischen Primär- und Sekundärseite den restlichen Antriebsstrang vom Motor schwingungstechnisch entkoppeln. Wegen der daraus resultierenden niedrigen Eigenfrequenz, die deutlich unterhalb der Leerlaufdrehzahl des Motors liegt, können Probleme in der Startphase durch Resonanzdurchfahrten auftreten [5], da die dabei auftretenden Momentenüberhöhungen den schnellen Hochlauf des Motors verzögern beziehungsweise verhindern können.

Die im Zweimassenschwungrad vorhandene Dämpfung wird in dem vorliegenden Modell als Reibungsdämpfung mit konstantem Reibmoment abgebildet.

Elektrischer Starter

Ein weiteres Teilsystem, welches direkten Einfluß auf das Kaltstartverhalten des Motors hat, ist der Startermotor mit der dazugehörenden Energieversorgung. Bei dem eingesetzten Gleichstrommotor kann das abgegebene Moment näherungsweise als proportional zu dem im Starter fließenden Strom angesehen werden:

$$M_{\text{Starter}} = \frac{I_a}{2 \cdot \pi}$$

Der im Starter fließende Strom ist abhängig von den elektrischen Kenngrößen der Batterie und des Starters sowie von dem magnetischen Fluß im Starter:

$$I_a = \frac{\dfrac{V_{\text{eff}} - k \cdot \phi\omega}{2 \cdot \pi}}{R}$$

Hierbei ist

I_a: der Starterstrom

V_{eff}: die Leerlaufspannung der Batterie

$k \cdot \phi$: der magnetische Fluß im Starter

ω: die Winkelgeschwindigkeit des Rotors

R: der elektrische Widerstand des Gesamtsystems

Es ist zu beachten, daß der magnetische Fluß eine Funktion des elektrischen Stromes ist, wobei der funktionale Zusammenhang von der Temperatur des Starters abhängt. Bild 6 zeigt den Funktionsverlauf für eine Startertemperatur von −30 °C.

Bei der Betrachtung des Startverhaltens wird die temperaturabhängige Änderung des Innenwiderstandes der Batterie nicht betrachtet, da sich die daraus ergebende Momentenabsenkung als untergeordneter Effekt erwies.

Die Ankopplung des Starters an die Kurbelwelle wird über einen Freilauf abgebildet, der eine Momentenübertragung nur in Richtung Starter → Motor

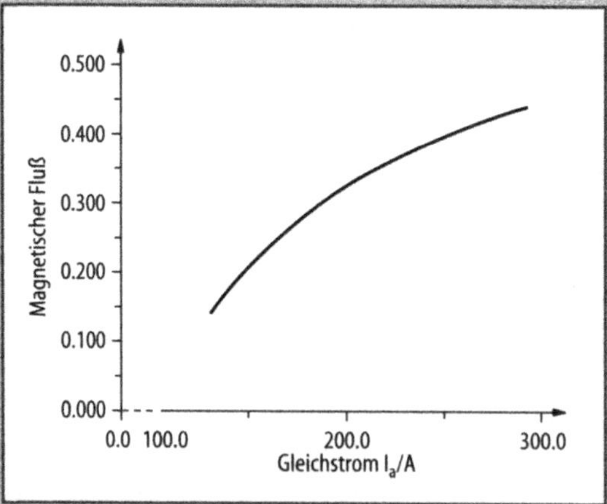

Bild 6. Magnetischer Fluß in Abhängigkeit von elektrischem Strom

zuläßt. Damit wird die im realen Motor vorhandene Fliehkraftkupplung ausreichend genau abgebildet.

Reibungsverluste

Die im Motor auftretenden Reibungsverluste werden zur leichteren Anpassung über eine Steuerstruktur aufgeprägt. Dabei werden die Verluste aufgeteilt in eine konstante Reibung und eine geschwindigkeitsabhängige Dämpfung. Da für die Modellierung nur Reibungsverluste bei einer Drehzahl vorliegen, wird in Absprache mit dem Hersteller der Anteil der Dämpfung auf 25 % festgesetzt. Eine spätere Erweiterung der Steuerstruktur um die erwärmungsbedingte Änderung der Reibungskoeffizienten ist auf diese Weise leicht möglich.

3 Berechnungsergebnisse

Eigenfrequenzanalyse

Eigenwerte beziehungsweise Eigenformen werden durch die Lösung der linearisierten Bewegungsgleichungen eines Schwingers ohne äußere Anregung berechnet. Mit den gewonnenen Informationen können die freien Schwingungen des Systems beschrieben werden. Die Berechnungsergebnisse sind somit Systemeigenschaften und hängen nur von den Massenträgheitsmomenten, Steifigkeiten und Dämpfungen des Systems ab.

Neben den Eigenfrequenzen liefert die Eigenwertbestimmung auch die Eigenform sowie die Verteilung der kinetischen und potentiellen Energie im Schwingungssystem. Damit ist es möglich zu bestimmen, ob eine Masse aufgrund ihrer kinetischen Energie überhaupt eine Anregung in das Drehschwingungssystem einleiten kann. Hohe kinetische Energien bedeuten eine gute Anregbarkeit am Ort dieser Massenträgheit bei der jeweiligen Frequenz.

Die potentielle Energie gibt Aufschluß über die in den Wellen gespeicherte Verformungsenergie bei der entsprechenden Eigenfrequenz. Neben der Belastung der einzelnen Wellen kann damit auch auf die Zuordnung der Eigenfrequenzen zu den einzelnen Wellen geschlossen werden.

Das Bild 7 stellt die ersten drei Eigenfrequenzen des Systems bei ca. 14 Hz, 19 Hz und 254 Hz dar. Da der Schwinger nicht gefesselt ist, stellt die Schwingungsform der Nulleigenfrequenz den Übersetzungspfad im System dar. Die Eigenschwingung bei 14 Hz zeigt ihre Hauptwirkung im Zweimassenschwungrad, während die 19 Hz Eigenfrequenz im Schwingungsdämpfer besonders ausgeprägt ist.

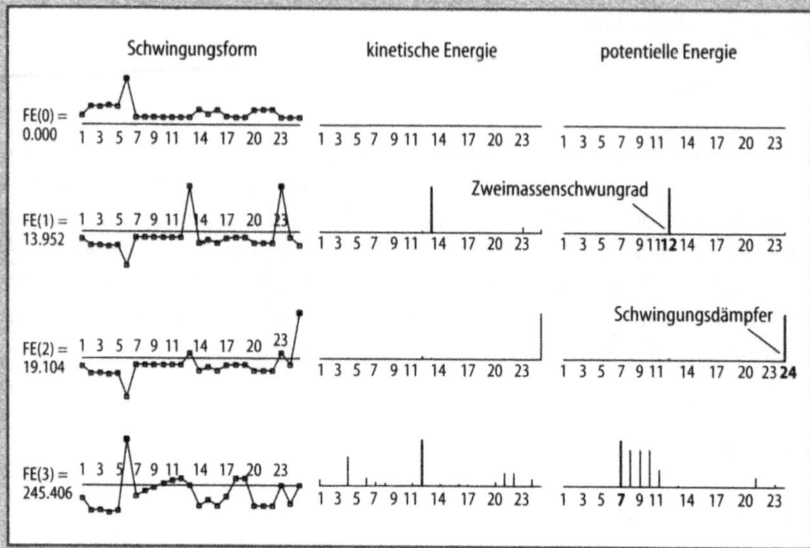

Bild 7. Eigenfrequenzen, Schwingungsformen und Energieverteilung des Systems

Zeitbereichsrechnung

Kaltstartverhalten bei -15 Grad Celsius

Der abgebildete Motor zeigt ein gutes Kaltstartverhalten bis –15 Grad Celsius. Wie in Bild 8 zu sehen ist, kommt es während der Hochlaufphase zu einer Resonanzdurchfahrt, die sich besonders im Torsionsmoment des Zweimassenschwungrads ausbildet. Diese wird jedoch schnell durchlaufen und beeinflußt so das Startverhalten nur unwesentlich.

Kaltstartverhalten bei –25 Grad Celsius, unmodifiziert

Bei –25 Grad Celsius wird die Resonanz nicht mehr durchlaufen, die Motordrehzahl pendelt um 300 1/min. Der Starter greift periodisch ein, um den Motor während der Hochlaufphase zu unterstützen, schafft es jedoch nicht, den Motor aus der Resonanz zu befreien. Wie die Fourieranalyse der Zeitverläufe zeigt, bildet sich die Resonanz hauptsächlich bei 14 Herz aus, der Eigenfrequenz des Zweimassenschwungrades (siehe Bild 7). Dies entspricht einer Anregung durch die dritte Harmonische des Motors.

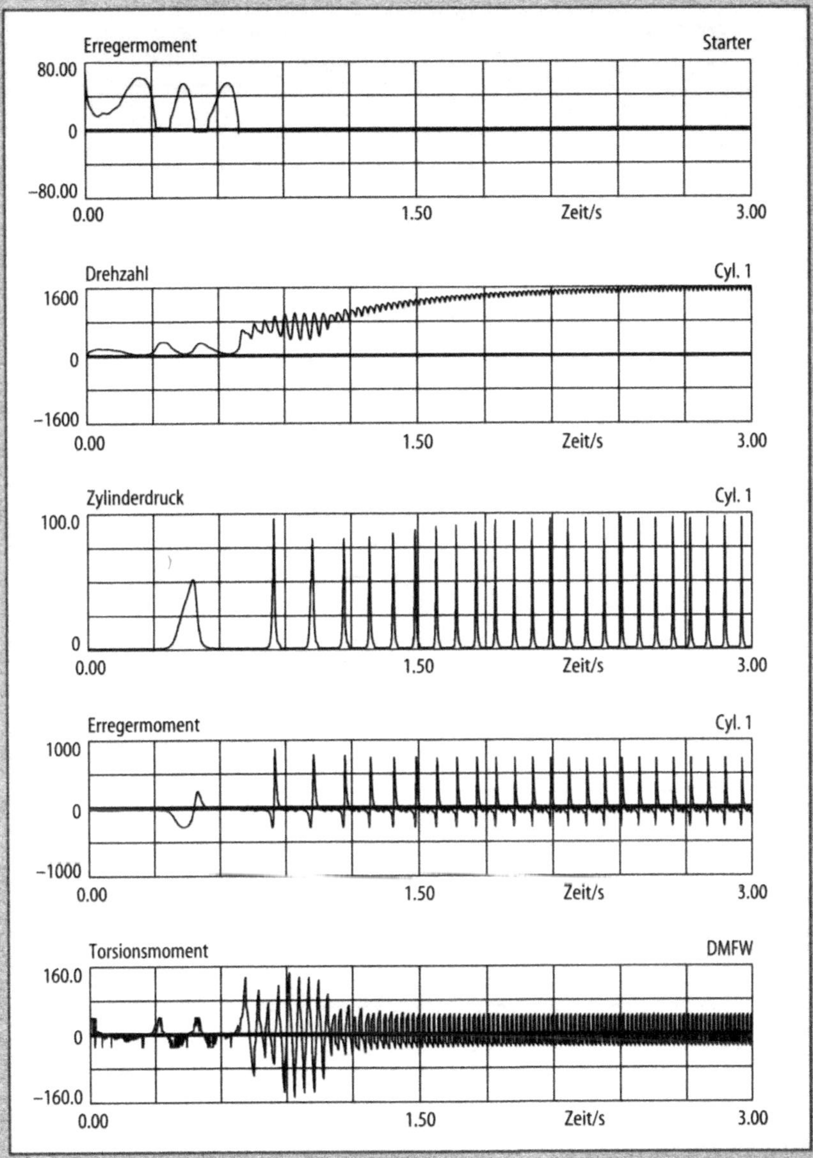

Bild 8. Kaltstartverhalten bei –15 °C

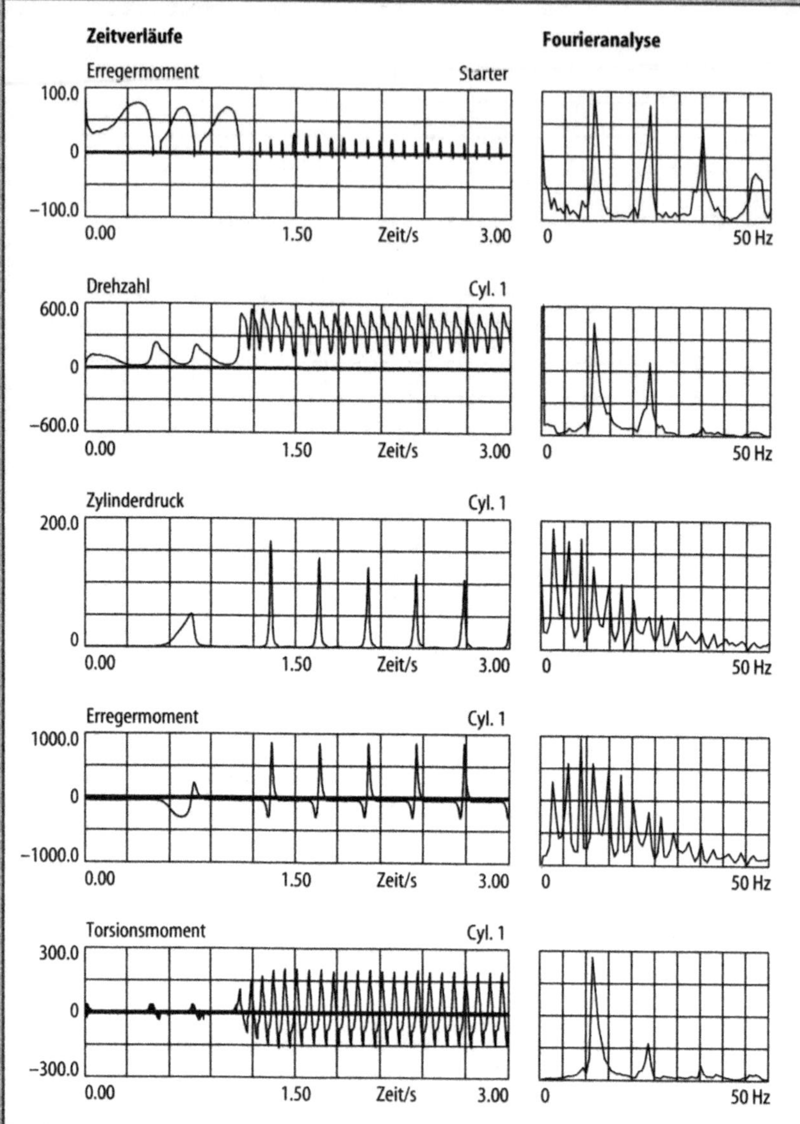

Bild 9. Kaltstartverhalten bei −25 °C

Kaltstartverhalten bei −25 Grad Celsius, ohne Sekundärseite des ZMS

Wird das System zwischen Primär- und Sekundärseite des Zweimassenschwungrads aufgetrennt, so läuft der Motor auch bei −25 Grad Celsius an. Zu beachten ist jedoch, daß es zu deutlichen Drehzahlschwankungen im Motor

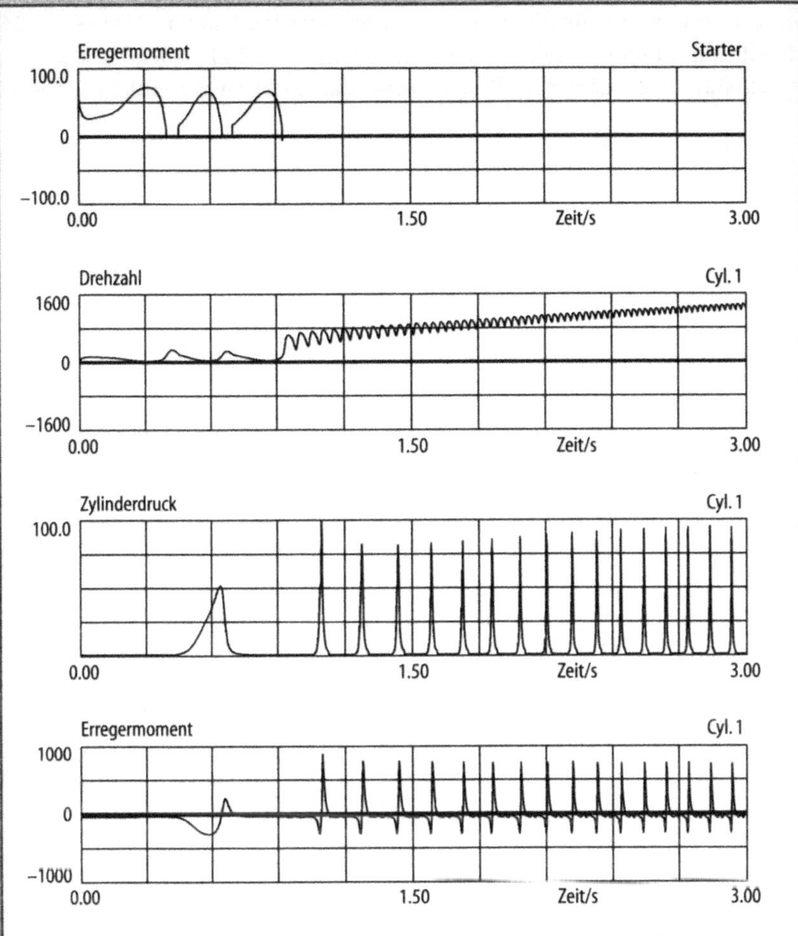

Bild 10. Kaltstartverhalten bei aufgetrenntem System

kommt, die sowohl die Lebensdauer als auch den Fahrkomfort beeinflussen. Dieses Verhalten bestätigt die Einschätzung, daß die Eigenfrequenz des Zweimassenschwungrads verantwortlich für das Verharren des Motors in der Resonanz ist.

Kaltstartverhalten bei –25 Grad Celsius, mit erhöhter Reibung im ZMS

Da das Ersetzen des Zweimassenschwungrads keine praktikable Lösung für das Kaltstartproblem darstellt, muß eine alternative Vorgehensweise gefunden werden. Als eine Möglichkeit bietet sich an, die Eigenfrequenz des ZMS aus dem kritischen Bereich zu verschieben. Damit sind allerdings Einbußen bei dem Fahrkomfort verbunden, die nicht hingenommen werden können. Als weitere Möglichkeit kommt eine Erhöhung der Reibung im ZMS in Betracht, um so die Resonanz stärker zu dämpfen. Bild 11 zeigt das dadurch wesentlich verbesserte

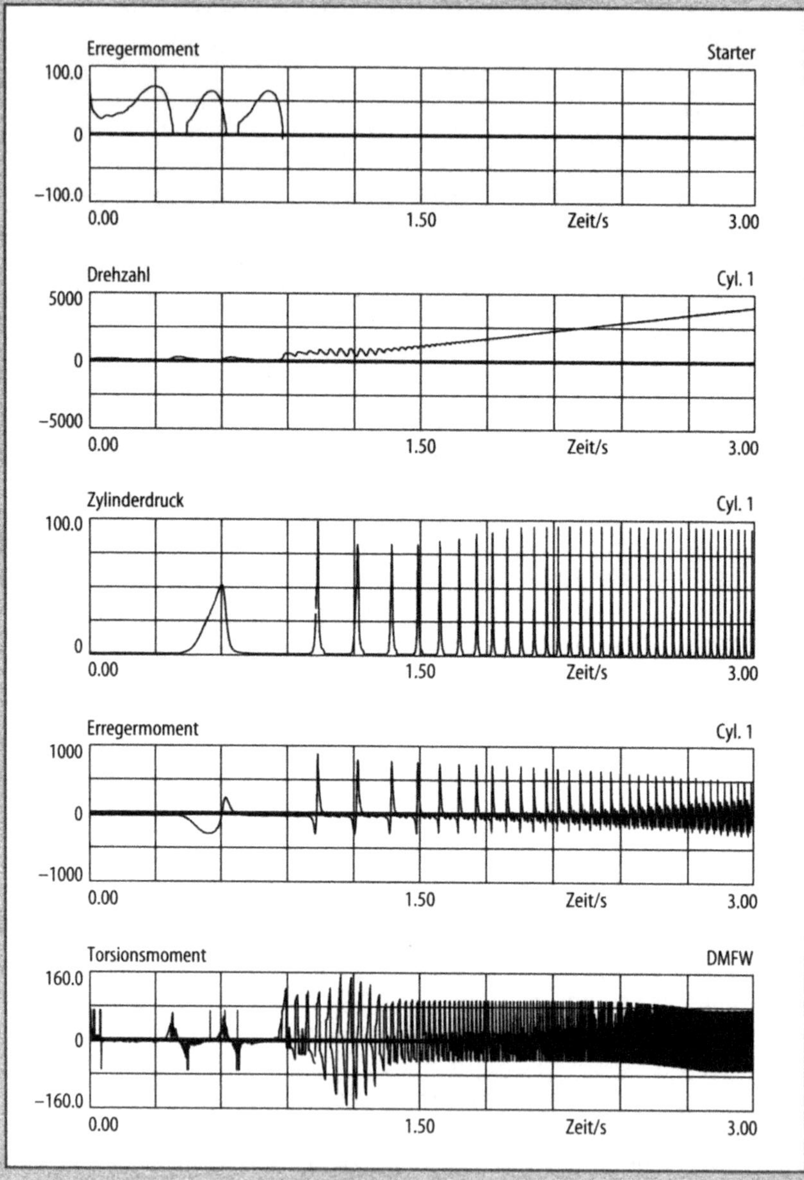

Bild 11. Kaltstartverhalten bei erhöhter Reibung im ZMS

Startverhalten bei −25 Grad Celsius. Es ist ebenso zu beachten, daß es nach der Resonanzdurchfahrt kaum zu Drehzahlschwankungen kommt, so daß von einem guten Fahrkomfort ausgegangen werden kann.

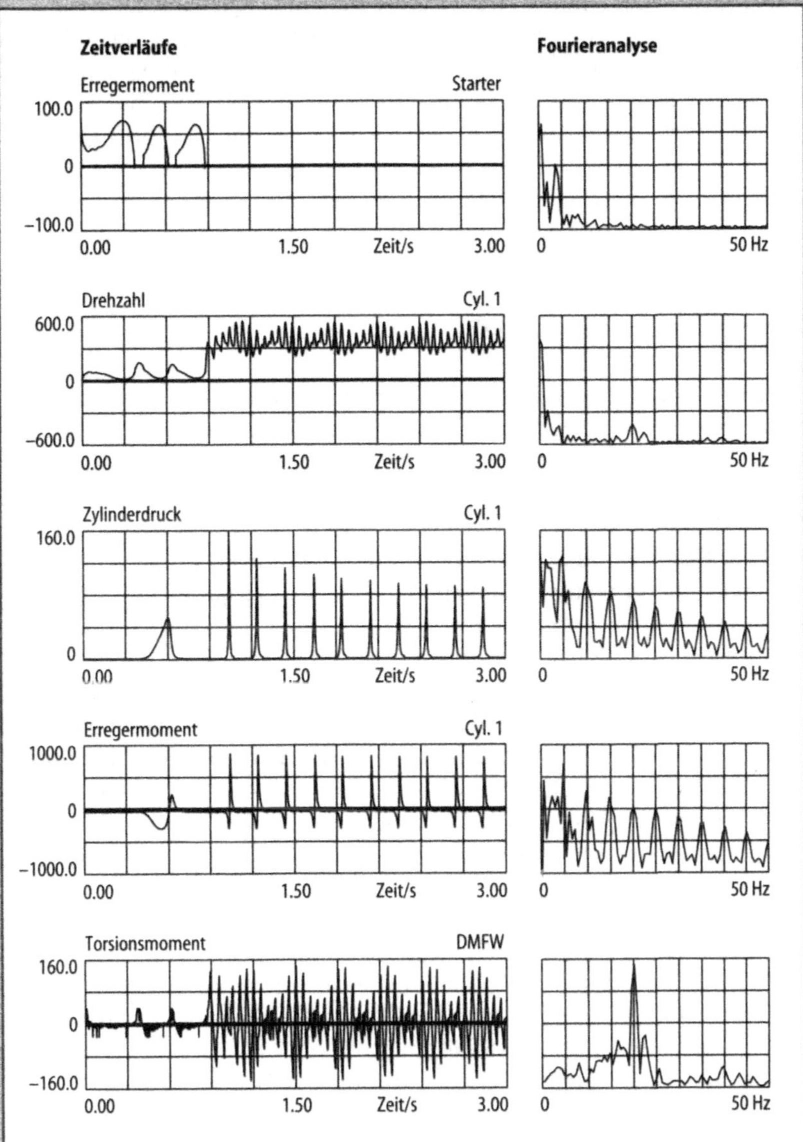

Bild 12. Kaltstartverhalten des vereinfachten Systems

Einfluß der Systemdetaillierung

Zwecks Reduzierung der Rechenzeiten wird stets das einfachste Modell angestrebt, mit dem die Realität mit hinreichender Genauigkeit abgebildet wird. Dabei ist allerdings zu beachten, daß es häufig schwierig ist, den Einfluß von anscheinend unbedeutenden Systemkomponenten richtig einzuschätzen. Bei dem vorliegenden System hätten zum Beispiel die Nebenaggregate auf die ein- und ausgangsseitigen Massenträgheitsmomente der Kurbelwelle reduziert werden können. Tatsächlich zeigt die Zeitbereichsrechnung, die in Bild 12 dargestellt ist, auch ein ähnliches Verhalten wie die des vollständigen Systems, jedoch wird durch die Fourieranalyse deutlich, daß sich die Frequenz der Schwingung auf ca. 20 Herz verschoben hat (bei gleichbleibenden Eigenfrequenzen). Da dies die Eigenfrequenz des Schwingungsdämpfers ist (siehe Bild 7), wäre das Erkennen des ZMS als Hauptverursacher für die Resonanzen wesentlich erschwert worden.

4
Zusammenfassung und Ausblick

Der vorliegende Motor zeigt ein problematisches Kaltstartverhalten bei Temperaturen unter –20 Grad Celsius. Es kommt zu Resonanzen, aus denen sich der Motor nicht befreien kann. Diese Resonanzen treten mit der Eigenfrequenz des Zweimassenschwungrads auf. Eine Gegenrechnung mit einem System, das an der Primärseite des Zweimassenschwungrad endet zeigt ein verbessertes Kaltstartverhalten. Da jedoch das ZMS aus Komforterwägungen nicht ersetzt werden kann, muß eine alternative Lösung für das Schwingungsproblem gefunden werden. Als ein Beispiel wurde ein Hochlauf berechnet, bei dem nur die im Zweimassenschwungrad auftretende Reibung erhöht wurde. Die dadurch verstärkte Dämpfung im ZMS reicht aus, um den Motor die Resonanz durchfahren zu lassen.

Es zeigt sich außerdem, daß bei dem vorliegenden System eine detaillierte Modellierung des Gesamtsystems notwendig ist, um den Motor schwingungstechnisch vollständig zu beschreiben. Eine einfache Reduktion der Nebenaggregate auf den Hauptstrang behält zwar die Eigenfrequenzen bei, das Verhalten im Zeitbereich wird jedoch verfälscht wiedergegeben, was zu einer Fehlinterpretation der Ergebnisse führen kann.

Die vorgestellte Untersuchung bietet damit eine solide Basis für weitere Überprüfungen und Optimierungen des Systems „Fahrzeugantrieb". Dabei läßt sich das Modell weiter optimieren, indem zum Beispiel die im Motor vorhandene Reibung durch eine verbesserte Steuerstruktur genauer abgebildet wird. Dadurch ließe sich der Einfluß der sich ständig durch Kompressions- und Verbrennungsvorgänge ändernden Öltemperatur auf die Reibung besser abbilden.

Literatur:

[1] GOLD, P. W.; R. SCHELENZ; M. HOLZAPFEL, M. LEIBBRANDT, M. BÜHREN: Benutzerhandbuch zu DRESP (Version 6). FVA Forschungsheft Nr. 485, Frankfurt am Main, 1998
[2] LASCHET, A.; Simulation von Antriebssystemen. Springer-Verlag, 1987
[3] PISCHINGER, R., G. KRASSING, G.TAUGAR, TH. SAMS; Thermodynamik der Verbrennungskraftmaschine. Springer Verlag, Wien, 1989
[4] VIBE, I. I.; Brennverlauf und Kreisprozesse von Verbrennungsmotoren. VEB Verlag Technik, Berlin, 1970
[5] N.N.; Berichtsheft zum LUK Symposium März 1998
[6] GOLD, P.W.; R. SCHELENZ, M. BÜHREN, H. THORBECK; Simulation des dynamischen Verhaltens eines Schiffsantriebes mittels Motor-Prozeßrechnung. VDI Berichte Nr. 1416, 1998

Prof. Dr.-Ing. P. W. Gold
Dr.-Ing. R. Schelenz
Dipl.-Ing. M. Leibbrandt
RWTH Aachen, Institut für Maschinenelemente und Maschinengestaltung

Die Einbindung computergestützter Technologien wie Rapid Prototyping und Dreidimensionale Digitalisierung in den Konstruktionsprozeß

K.-H. Grote, C. Beyer, C. Birke, A. Tenbusch

Vorwort

Die Konstruktionsmethodik nach Pahl und Beitz [PAB – 97] bildet die Grundlage für eine erfolgreiche Produktentwicklung. Professor Dr.-Ing. Dr.-Ing. E.h. Wolfgang Beitz hat die Anwendung von Technologien zur Unterstützung „seiner" Konstruktionstechnik selbst erforscht und eingesetzt. Seit den Anfängen der Nutzung von Hochleistungsrechnern in Deutschland wurden an seinem Institut Forschungsarbeiten zum Einfluß dieser Technik und der entsprechenden Software auf die Konstruktionstechnik, das Konstruktionshandeln durchgeführt. Der Einsatz neuerer, weiterer Technologie, wie der hier beschriebenen, war ihm als Hilfsmittel des Konstrukteurs und der Entwicklungsabteilungen, sozusagen als Mittel zum Zweck, willkommen. Die Ergebnisse vieler gemeinsamer Projekte, in Aufgabenteilung durchgeführt unter Anwendung von Rapid Prototyping und 3D-Digitalisierung, haben seine Unterstützung gefunden. Die Freude und Begeisterung von Professor Dr.-Ing. Dr.-Ing. E.h. Wolfgang Beitz für neue, so realisierte Produkterfolge ist uns eine Verpflichtung, die Forschungsarbeiten fortzuführen.

Abstrakt Dieser Artikel erläutert den Einfluß von Rapid-Prototyping- und Reverse-Engineering-Technologien auf strukturierte Produktentwicklungsprozesse. Nicht einfach die Nutzung der einzelnen Verfahren, wie die volumenorientierte CAD-Modellierung, Rapid Prototyping, Dreidimensionale Digitalisierung mit anschließender Modellaufbereitung bewirkt positive Effekte. Die fein abgestimmte Verknüpfung erfordert die Untersuchung der Zusammenhänge und ihrer Wechselwirkungen. Unter Berücksichtigung der etablierten Konstruktionsmethodik sollen die Ergebnisse der wissenschaftlichen Analysen zu einer Erhöhung der Effizienz von Konstruktionsprozessen beitragen. Qualitätsaspekte und die Einführungszeiträume für neue Produkte (kostengünstige Konstruktion, Variantenkonstruktion, Überarbeitung lange existierender Bauteile) spielen dabei eine wesentliche Rolle.

Abstract This paper describes the impact of Rapid Prototyping and Reverse Engineering Processes on structured product development processes. Not only the usage of Solid Modeling, Rapid Prototyping, Three-Dimensional Digitizing and

Surface Reconstruction causes effects. The well coordinated integration requires the exploration of the context and their interdependence. Focusing on design methodology the results of the scientific analysis contribute to an efficiency maximization of design processes. Quality and time-to-market aspects (cost effective design of new products, variant design, re-engineering of existing products) play an essential role.

Hintergrund

Es gibt eine Reihe von Ansätzen zur Erörterung einer Konstruktionsmethodik. Die VDI-Richtlinie 2221 [VDI 86] (Methodik zum Entwickeln und Konstruieren technischer Systeme und Produkte) mit den Folgerichtlinien VDI 2222 und VDI 2232 unter wissenschaftlicher Gesamtleitung von Professor Wolfgang Beitz veröffentlicht, ist eine Zusammenfassung der unterschiedlichen Methoden, u.a. [KOL 94]. Diese Methodik besteht aus folgenden Einzelschritten:

1. Klären und Präzisieren der Aufgabenstellung
2. Ermitteln von Funktionen und deren Strukturen
3. Suchen nach Lösungsprinzipen und deren Strukturen
4. Gliedern in realisierbare Module
5. Gestalten der maßgebenden Module
6. Gestalten des gesamten Produkts und
7. Ausarbeitung der Ausführungs- und Nutzungsangaben.

In diesem Beitrag wird die in der Richtlinie VDI 2221 vorgestellte Methodik als Konstruktionsmethodik bezeichnet. Das Institut für Maschinenkonstruktion/ Konstruktionstechnik an der Otto-von-Guericke-Universität Magdeburg widmet einen Forschungsschwerpunkt der Untersuchung systematischer Produktentwicklungsstrategien durch den Einsatz computergestützter Technologien. Die Einbindung dieser Prozesse in den Konstrukteursalltag bzw. die optimale Gestaltung einer geschlossenen Kette zur Optimierung der Produktgestalt sind Bestandteil dieser Arbeiten.

Wird die volumenorientierte CAD-Beschreibung (Solid Modeling) als Standard für die moderne Produktgestaltung betrachtet so können die Verfahren des Rapid Prototyping (RP) und der 3D-Digitalisierung als wichtige Ergänzung betrachtet werden. Die Simulation der Funktion oder der Montage ist durch die Entwicklung der letzten Jahre immer besser im virtuellen Raum möglich. Jedoch zeigen sich noch Grenzen im Vergleich zur Funktionsprüfung am realen Objekt. Da der Aufwand für jeden einzelnen Arbeitsschritt sehr erheblichen Einfluß auf die Entwicklungszeit und die Produktqualität besitzt, müssen die Effekte jeder Technologie transparent dargestellt werden. In gleicher Weise werden die Prozesse der CAD-Modellierung durch die 3D-Digitalisierung und die anschließende Modellaufbereitung (z.B. Flächenrückführung) unterstützt und ergänzt.

Rapid Prototyping

Die unterschiedlichen Verfahren des Rapid Prototyping (RP) sollen nicht Gegenstand dieses Beitrages sein [GEB 97]. Der Begriff Rapid Prototyping wird jedoch synonym auch mit anderen Beschreibungen gebraucht, der hier angestrebte Hintergrund wird kurz erläutert.

Ausgehend von räumlichen CAD-Modellen können mit diesen Verfahren reale Objekte durch schichtweise Ablagerung eines Materials generiert werden [WOH 98]. Die weitgehende Automatisierbarkeit und die Geschwindigkeit der RP-Verfahren bedingt eine Reihe von Vorteilen bei deren Anwendung als konstruktionsunterstützendes Werkzeug. Typische Anwendungsfälle sind z.B.

- Gestaltprototypen zur Evaluierung von Konstruktionsvarianten
- Prototypen für funktionelle Untersuchungen und
- Prototypen für die Fertigung.

Bereits in einer frühen Phase kann der Einsatz von Prototypen die Kommunikationsprobleme zwischen Entwicklungspartnern reduzieren oder ausschließen. Die frühzeitige Diskussion am Objekt verringert das Risiko durch Fehlinterpretationen den Entwicklungs- und Markterfolg negativ zu beeinflussen. Zudem tragen diese realisierten Ideen bzw. Konzepte zu einem parallelen Entwicklungsverlauf (Simultaneous Engineering) bei [DKT 98], [KRB 93]. Während der Gestaltungsphase werden Prototypen zur Prüfung wesentlicher Produkteigenschaften der späteren Erzeugnisse genutzt. Beispielsweise kann auf diese Weise die Übereinstimmung mit den Anforderungen untersucht oder Fertigungsprozesse vorbereitend simuliert werden (Materialauswahl und -optimierung, notwendige Fertigungsprozesse, Fertigungstiefe). Somit kann der Konstrukteur mögliche Fehler der Konstruktion frühzeitig erkennen und beheben. Je früher die Fehler erkannt werden, desto geringer sind die Kosten für deren Beseitigung.

Die Untersuchungen wurden hauptsächlich mit einer LOM-Anlage (HELISYS LOM2030E) und einem ModelMaker II (Sanders Prototype Inc.) durchgeführt. Mit dem LOM-Verfahren können Prototypen aus laminierten Papierschichten in großen Abmessungen gebaut werden. Für Prototypen mit geringen Abmessungen aber höherer Genauigkeit und Oberflächenqualität eignet sich der Wachs-Schichtaufbau der ModelMaker-Technologie besonders gut.

Begonnen wurden die Untersuchungen mit Bauteilen einfacher Komplexität. Schrittweise wurden geometrisch komplizierter gestaltete Musterteile erzeugt und schließlich Prototypen für die Produktentwicklung mit Kooperationspartnern aus verschiedenen Branchen (Automobil- und Automobilzulieferer-, Elektrotechnische- und Konsumgüterindustrie) gebaut [ESG 96]. Dabei wurden sehr unterschiedliche Ansprüche an die Prototypen gestellt. Bauteileigenschaften wie die Oberflächenqualität und Genauigkeit (Toleranzen) wurden als kennzeichnend für Prototypen der Fertigungsvorbereitung und des Formenbaus charakterisiert. Hingegen waren für Studien zur äußeren Gestalt und zur ersten Beurteilung von Konstruktionsvarianten die Bereitstellungszeiten von höherer Dringlichkeit gegenüber der Notwendigkeit besonders exakter Toleranzen.

Eine Auswahl von Beispielen ist in Tabelle 1 zusammengefaßt.

Alle Informationen werden in einer Datenbank abgelegt. Die Eigenschaften der Anwendungsbeispiele und Prozeßbeschreibungen werden den entsprechenden Bauteilen zugeordnet. Da die von der DFG geförderten Forschungsaktivitä-

Tabelle 1. Beispiele für die Untersuchung von Anwendungsgrenzen des LOM-Verfahrens

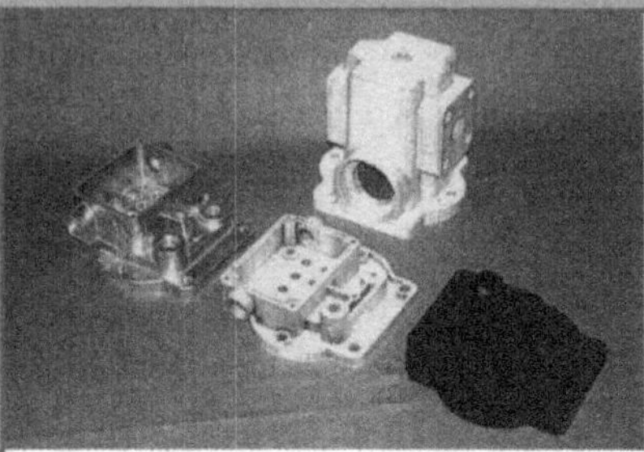

a) Gehäuse und Deckel eines Buchholz-Relais

b) Gußmodell eines Getriebegehäuses

c) Modellvorlage für das Vakuumgießen einer Lampenabdeckung für eine Sicherheitsleuchte

d) Einzelelemente eines Schaltschrankes für Einbauuntersuchungen

e) Bauteile für Passungsanalysen Feinspinndüsenaufnehmer mit Schnapper

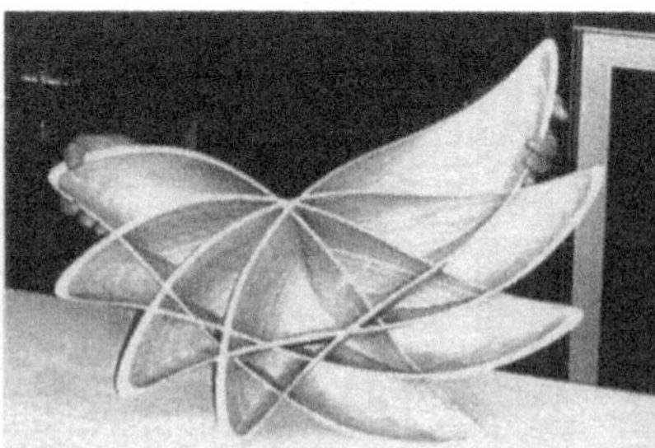

f) Stylingmodell mit Freiformflächen und sich fließend ändernden Wandstärken

ten noch laufen, kann die Datensammlung gegenwärtig noch keine vollständige und umfassende Beschreibung der Technologien ihrer Eigenschaften und der technologischen Grenzen geben. Angestrebt wird die Entwicklung eines Hilfsmittels, das den Konstrukteur durch die Bereitstellung von Informationen über Verfahren und damit verbundene Restriktionen unterstützt. Ausgehend von der Bauteilgeometrie wird es möglich sein, geeignete Verfahren auszuwählen. Weiterhin soll die Entscheidungsfindung unterstützt werden, ob Prototypen genutzt oder nicht genutzt werden sollten. Wie die Diskussion mit potentiellen Anwendern zeigt, besteht ein Interesse an der Abbildung finanzieller Aspekte. Diesem Wunsch wird jedoch nicht Rechnung getragen werden (können), da die Kosten verursachenden Faktoren sehr vielschichtig und nicht unbedingt technologisch determiniert sind. Zudem ist es wichtig abzuschätzen, inwieweit die Bauteile oder Objekte in folgenden Entwicklungsstufen den Erfordernissen angepaßt und weiterverwendet werden können.

Reverse Engineering

In der modernen Produktentwicklung besteht ein großer Bedarf an digitalen Modellen. Weil sich viele Untersuchungen an der Geometrie des Produktes orientieren, kommt der Erstellung eines rechnerinternen Geometriemodells besondere Bedeutung zu. Auch die Sammlung der Produktinformationen z.B. zur Vorbereitung der späteren Serienfertigung ist eng an das Geometriemodell gebunden.

Andere CAx-Technologien und Verfahren (RP, Rapid Tooling, CNC, FEM) greifen auf dieses Modell zurück bzw. sind erst dadurch effizient nutzbar. Um dreidimensionale Bauteilbeschreibungen zu generieren, gibt es neben der CAD-Modellierung die 3D-Digitalisierung, die, mit der anschließenden Modellaufbereitung (Flächenrückführung) zu einem Prozeß verknüpft, eine alternative Möglichkeit ist. Diese Kopplung wird im folgenden als „Reverse Engineering" (RE) bezeichnet. Andere Quellen interpretieren den Begriff durch andere Inhalte. Sie beziehen sich nur auf die Überarbeitung von existierenden Produkten oder Konstruktionen. Dabei werden manuell vorgenommene Änderungen am Modell oder dem Datensatz (Modellierung) einbezogen. In diesem Beitrag soll der Begriff nicht in dieser umfassenden Weise zugrunde gelegt werden [GBB 97].

Um eine existierende Vorlage (z.B. Bauteil des Vorgängermodells) zu digitalisieren, ist es notwendig, die Oberfläche in allen drei Dimensionen mit einem Digitalisierungsgerät (Scanner) zu erfassen. In Abhängigkeit vom Verfahren ist es auch möglich, zusätzliche Daten z.B. Materialeigenschaften (Computertomografie) oder Oberflächenbeschaffenheit zu erfassen. Dafür werden taktile, optische, strahlungsbasierte und akustische Verfahren sowie deren Kombinationen angeboten.

Der am Institut für die Untersuchungen eingesetzte optische Scanner (MASSEN OptoShape Uni) ist in der Lage, Bauteile bis zu einer Größe von maximal 350mm in X- Y- und Z-Richtung aufzunehmen. Das Gerät arbeitet mit einer

CCD-Kamera, die projizierte Lichtstreifenmuster innerhalb eines Meßfeldes erfaßt. Der Steuerrechner berechnet die Höhe der Oberflächenpunkte aus den aufgenommenen Helligkeitsbildern und ordnet die Werte in einem vorgegebenen Raster.

Probleme ergeben sich durch Schatten, die prinzipbedingt bei der Aufnahme von Löchern (z.B. Bohrungen) oder inneren Konturen entstehen. An Kanten wird das Licht gestreut, so daß die Auswertung dieser Bereiche schwierig ist.

In Abhängigkeit vom Verfahren können von 1000 bis 1 Million Punkte in relativ kurzer Zeit erfaßt werden. Der Anwender muß dabei ein ausgewogenes Verhältnis von Genauigkeit und Prozeßgeschwindigkeit (Punkte pro Zeiteinheit) finden. Kleine Details erfordern ein enges Raster und eine hohe Genauigkeit. Dagegen können manuell gefertigte Vorlagen mit Freiformflächen, die oft nur ästhetischen Ansprüchen genügen müssen, mit geringerer Punktedichte digitalisiert werden.

Als Ergebnis der Digitalisierung liegt der erfaßte Bereich als Menge benachbarter Punkte vor. Für die weitere Verarbeitung müssen diese Punkte in andere Repräsentationsformen z.B. Drahtgitter-, Flächen- oder Volumenmodell überführt werden. Bei einfachen Formen genügt es die signifikanten Punkte herauszufiltern. Diese reduzierte Punktemenge kann als „gedachtes" Drahtgittermodell für die weitere Modellierung in ein CAD-System überführt werden.

Rotationssymmetrische Bereiche können durch Hüllkurven beschrieben werden. In einem CAD-System kann durch die Rotation dieser Kurven um eine Achse ein Volumenmodell (Solid Model) erzeugt werden.

Die Beschreibung komplexer Geometrien erfolgt meist durch Begrenzungsflächen. Dabei werden die Flächen aus den Punktdaten errechnet, die einzelne Bereiche der Vorlage beschreiben. Notwendigerweise muß das anschließend verwendete CAD-System über entsprechende B-Rep-Funktionen zum Erstellen eines Volumens verfügen (B-Rep- oder Hybrid-Modellierer).

Für die Erzeugung von CAD-Elementen (z.B. Punkte, Kurven, Flächen) aus den erfaßten Punktmengen werden meist spezielle Programme eingesetzt. Die meisten CAD-Systeme unterstützen die Funktionen nicht oder nicht ausreichend. Für eine effiziente Bearbeitung dieser Aufgaben sind Kenntnisse über die mathematischen Hintergründe von CAD-Modellen erforderlich.

Weil entsprechende Programme auf die Berechnung von Kurven und Flächen aus Punktdaten spezialisiert sind, entsteht eine rein geometrische Repräsentation. Die Schaffung parametrisch verknüpfter Elemente ist meist nicht möglich. Dadurch kann zwar flexibel modelliert werden, jedoch sind spätere Änderungen am Modell sehr aufwendig. Deshalb werden die Modelle zur weiteren Bearbeitung über Standard-Schnittstellen in CAD-Systeme wie I-DEAS oder Pro/ENGINEER überführt.

Wenn kein änderbares CAD-Modell sondern nur ein Prototyp erforderlich ist, kann auch ein facettenbasiertes Volumenmodell aus den Punktdaten generiert werden. Dabei werden Dreiecke zwischen benachbarten Oberflächenpunkten aufgespannt. Sie bilden in ihrer Summe eine vollständige Beschreibung des Vo-

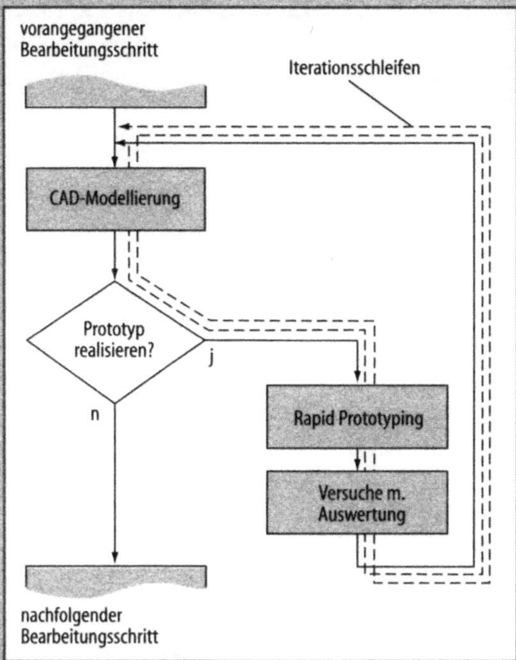

Bild 1. Herkömmlicher Arbeitsablauf beim Einsatz von RP

lumens. Von den meisten RP-Systemen werden die Eingabedaten in dieser Form erwartet (STL-Daten).

Die Untersuchungen sind auf die Erarbeitung systematischer, allgemein anwendbarer Strategien ausgerichtet. Ähnlich wie beim Rapid Prototyping wurden die Versuche mit einfachen Objekten (geometrisch einfache Oberflächen) begonnen. Im Forschungsverlauf wird zu komplexen Bauteilen vorangegangen. Wegen der dargestellten Restriktionen von optischen Digitalisierungssystemen war es nicht möglich, das für das RP aufgestellte Klassifizierungssystem ohne Anpassungen zu übernehmen. Das Matrix-Muster blieb jedoch analog, da das System durch weitere Digitalisierungsverfahren erweiterbar sein muß. Als Ergebnis werden alle Daten in einer strukturierten Sammlung abgelegt, die auf den gleichen Strukturen wie die RP-Sammlung basiert.

Die strukturierte Analyse und die anwenderfreundliche Aufbereitung der Ergebnisse ist das Ziel dieses Arbeitsschrittes. Durch die Zusammenarbeit und Diskussion mit den industriellen Partnern wird der Informationsrückfluß über Objekte und Prozesse gewährleistet.

Die interessierenden Aspekte sind die gleichen:

- Wann ist der Einsatz von 3D-Digitalisierung und Flächenruckführung als Ergänzung oder Ersatz zur ausschließlichen CAD-Volumenmodellierung nötig?

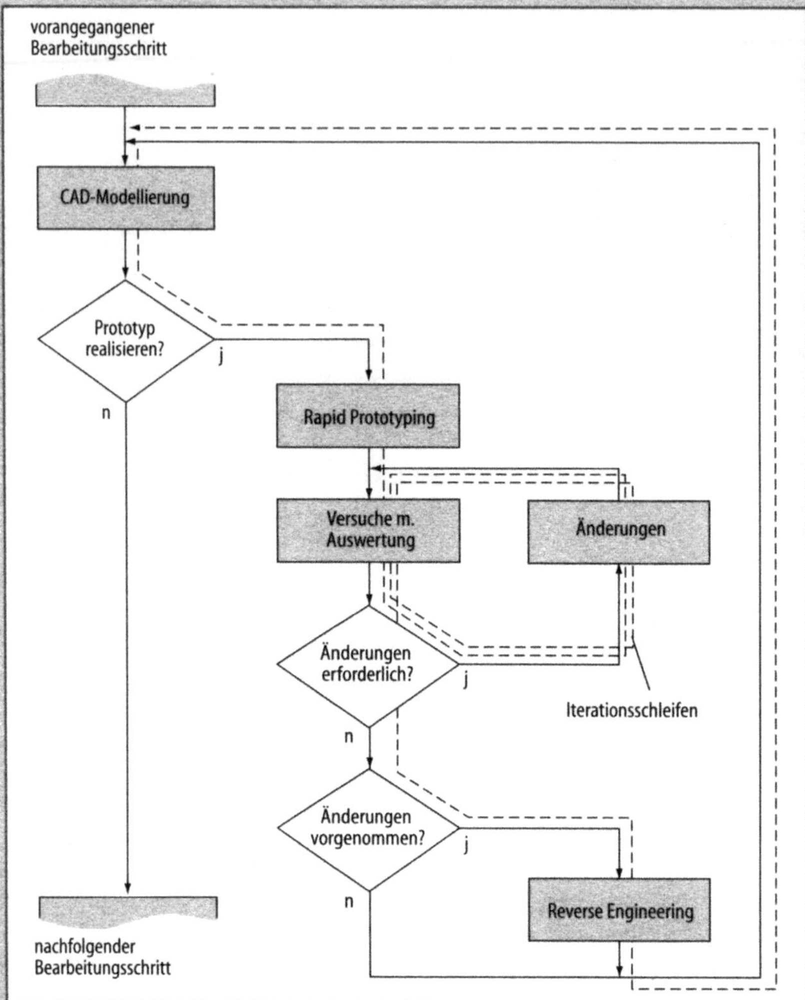

Bild 2. Arbeitsablauf beim Einsatz von RP und RE

- Wo liegen die Grenzen und welche Randbedingungen müssen vorliegen um die passenden Verfahren auszuwählen?
- Wie sind die optimalen Zeitpunkte zur Einbindung der Verfahren zu erkennen?
- Wieviel Zeit ist nötig und welche Aufbereitungsprozesse (Flächen- Volumen- oder Facettengenerierung) sind erforderlich?

Einbindung der Technologien

Gegenwärtig dienen die digitalen Modelle (Datensätze) zur Dokumentation der aktuellen Produktbeschreibung im Konstruktionsprozeß. Somit kann eine Vielzahl von Untersuchungen vollständig im Rechner durchgeführt werden. Jedoch treten zwei Probleme auf:

1. Das rechnerinterne Modell ist meist verbindlich und nur mit entsprechender Software zu beurteilen.
2. Aus Gründen der Ersparnis (Zeit und Geld) werden selten und spät reale Modelle vom Datensatz gebaut.

Alle RP-Technologien erfordern einen gewissen finanziellen und zeitlichen Aufwand für die Generierung der Modelle. Deshalb ist es recht kostspielig, wenn zur Unterstützung der gewünschten iterativen Optimierung konstruktiver Lösungen die erforderliche Anzahl an Prototypen durch „Einweg-Modelle" realisiert wird (siehe Abb.1).

Eine einfache Methode zum Reduzieren des Prototypen-Aufwands ist die Bearbeitung einzelner Segmente. Für jede in Betracht kommende Teillösung wird ein Segment-Prototyp gebaut, der über formschlüssige Verbindungen mit anderen Teillösungen bzw. dem Grundkörper kombiniert werden kann. Je nach Anforderungen können die Prototypen mit unterschiedlichen Verfahren gefertigt werden, um deren Vorteile z.B. in der Genauigkeit zu nutzen. Es bleibt das Problem, daß Änderungen am Produkt mit Modellierungsaufwand im CAD-System und einem erneuten RP-Prozeß verbunden sind. Effizienter ist es, wenn modellbautechnische Änderungen mit konventionellen Mitteln direkt am vorliegenden Prototypen gemacht werden können und diese Änderungen später mit geringem Aufwand in das CAD-Modell einfließen. Es ist möglich Material abzutragen (Schleifen, Bohren, Sägen), aufzutragen (Spachteln, Laminieren), oder andere Bauteile anzubringen.

Wenn der Optimierungsprozeß mehrfach durchlaufen werden muß, verlagert sich der Aufwand von der Änderungs-Modellierung im CAD und dem RP zur modellbautechnischen Änderung und dem anschließenden Reverse Engineering. Es sind dann nur eine Datenaufbereitung und ein RP-Prozeß nötig, um mehrere Änderungsvarianten zu erproben. Neu hinzu kommt das RE. Mit dieser Vorgehensweise können die Vorteile einer praxisnahen Untersuchung und die eines aktuellen rechnerinternen Datenmodells verbunden werden.

Ein Schwerpunkt am Institut für Maschinenkonstruktion/Konstruktionstechnik ist die Einbindung der dargestellten Technologien in eine Optimierungs-Prozeßkette. Der dargestellte Kreislauf wird als geschlossene Kette betrachtet. Durch die Anwendung dieses flexiblen Prozeßverlaufes ist es möglich, an unterschiedlichen Gliedern in die Kette einzutreten oder diese zu verlassen. Einige Anwendungsbeispiel sollen dies verdeutlichen:

Es bestand die Aufgabe für eine bestehende Kunststoffvorlage (ein altes Spritzgußteil) ein Warmform-Werkzeug zu entwickeln. Bei dieser Gelegenheit mußte ein Bereich neu gestaltet werden. Von der Vorlage wurde ein Punktmodell digitalisiert und von diesem ein Flächenmodell abgeleitet. Die gewünschten Änderungen wurden mit einem CAD-System durchgeführt. Da es sich um Freiformflächen handelte, war die Modellierung relativ aufwendig. Von dem CAD-Volumenmodell des Werkzeugs (Negativ) wurde ein LOM-Prototyp gebaut. Mit diesem Werkzeug-Prototypen konnten erste Abzüge im Warmform-Verfahren erfolgreich durchgeführt und die endgültige Form festgelegt werden. Genutzt wurde handelsübliches Helisys-Papier, das nur mit Klarlack versiegelt wurde.

Mit der vorgestellten Kopplung ist es möglich, die Änderungen bereits manuell an der Vorlage durchzuführen zu überprüfen und zu verbessern. Das erfaßte Punktmodell enthält bereits alle erforderlichen Änderungen und vereinfacht damit die CAD-Modellierung wesentlich. Zusätzlich können verschiedene Varianten in der Realität begutachtet werden.

Als Beispiel für eine geometrisch aufwendige Form wurde eine 650mm hohe Bronzebüste des Namensgebers der Otto-von-Guericke-Universität Magdeburg ausgewählt. Von dieser Büste sollten Abgüsse in unterschiedlicher Größe hergestellt werden. Als Urmodelle sollten Prototypen dienen. Auf einer Koordinatenmeßmaschine des Instituts für Fertigungstechnik und Qualitätssicherung (IFQ) wurde die Büste mechanisch abgetastet. Im Anschluß wurden die Punktedaten in ein Facettenmodell überführt das zur Fertigung von Prototypen unterschiedlicher Größe mittels Stereolithographie, LOM und ModelMaker-Technologie diente.

Aus Sicht der Konstruktionsmethodik ist eine Nutzung des beschriebenen Ablaufmodells an folgenden Stellen sinnvoll [GRB 96]:
- Vorlage für die Aufgabenpräzisierung (Designmodelle)
- Bewerten von Konstruktionsvarianten
- Grobgestalten des Produktes mit Untersuchung der Gerechtheiten
- Fertigungsvorbereitung
- Feingestaltung von Details
- Kostenkalkulation.

Vor- und Nachteile

Neben den Vorteilen der einzelnen Technologien (als eigenständige Prozesse: RP und RE) ergibt sich eine Synergie durch deren Kopplung in der dargestellten Optimierungskette. Die frühzeitige Erstellung von rechnerinternen Datenmodellen wird sinnvoll, da mit diesen die Variantenbewertung erleichtert werden kann. Aus den einzelnen Prototypen kann der maximale Nutzen gezogen werden. Auf der einen Seite wird das Vorhandensein eines stets verfügbaren rechnerinternen Modells (Bearbeitungsstand) genutzt um reale Prototypen zu bauen, andererseits machen diese Prototypen wiederum die Verbesserung des rechnerinternen Modells möglich.

Für den erhöhten Koordinierungsaufwand ist ein straffes Projektmanagement erforderlich. Der zusätzliche Aufwand für Datenaufbereitung, RE usw. muß in Zeit- und Qualitätsgewinn umgesetzt werden können [HAL 97].

Nicht nur der Konstrukteur sollte Kenntnisse über die neuen Entwicklungsmethoden und ihre Anwendung besitzen. Die Projektleiter müssen ebenso in ihren Entscheidungen unterstützt werden, ob und wann sich die Migration einer oder mehrerer Technologien lohnt [EHR 95].

Ausgehend von geometrischen Eigenschaften wurde ein Katalog erstellt. Aussagekräftige Musterteile wurden nach ihrer geometrischen Komplexität geordnet. Somit wird dem Anwender eine einfache Auswahl der interessierenden

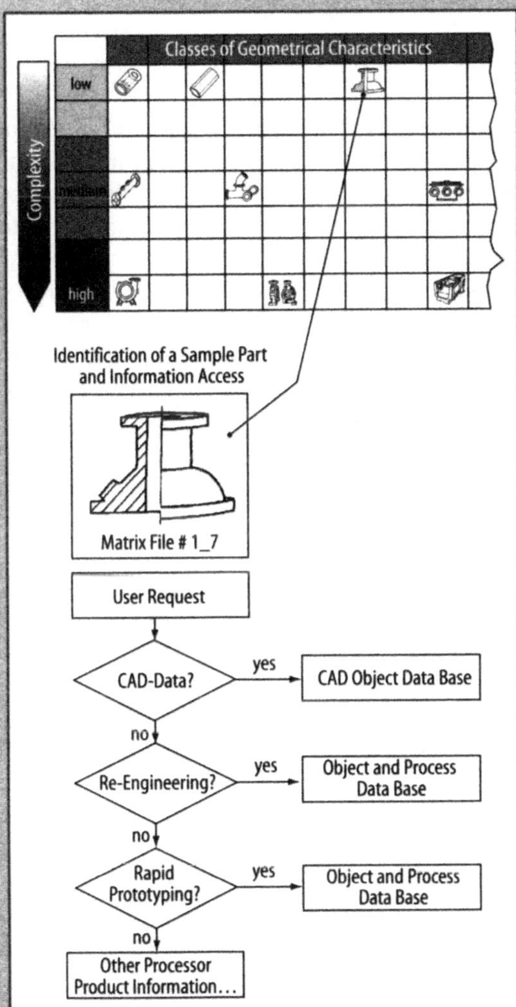

Bild 3. Klassifizierung der Komplexität und Zugang zur zugehörigen Datenbasis

Aspekte angeboten. Während der Abarbeitung der sequentiellen Schritte des Diagramms (vgl. Abb. 3) kann der Nutzer die betreffenden Hintergrundinformationen abfragen, um eine aufgabenbezogene Optimierungskette zu etablieren.

Erwartet wird eine steigende Anzahl von Anwendungen in den aufgezeigten Bereichen (RP und RE). Der Ansatz zur systematischen Klassifizierung von Objekten der Konstruktionstechnik und die Zuordnung der passenden Verfahren tragen zur Ausnutzung des technischen Potentials bei. Bekannte Referenzobjekte der Zusammenstellung (Katalog) können herangezogen werden, um die charakteristischen Eigenschaften neuer Verfahren einzugrenzen und zu quantifizieren.

Zusammenfassung

Die Erfahrungen aus der Zusammenarbeit mit kleinen und mittelständischen Unternehmen als auch mit den Entwicklungsbereichen der Automobilindustrie zeigen die Vorteile der dargestellten Prozeßkette [BGT 98]. Der Einsatz dieser Technologien unterstützt die parallele Bearbeitung von Entwicklungsschritten. Eine schnelle Verfügbarkeit von Prototypen erlaubt eine beträchtliche Verbesserung von Evaluierungs- und Entscheidungsprozessen. Die Digitalisierung und anschließende Modellaufbereitung senken den zeitlichen Aufwand gegenüber der manuellen Modellierung, erhöhen die Qualität der Produkte und erlauben insbesondere die einfachere Dokumentation von Objekten mit Freiformflächen. Die Einbindung der Technologien in eine Optimierungskette gestattet eine Ergänzung der bestehenden Prozesse um die Vorteile dieser Kombination. Die Forschungsergebnisse tragen zu einer transparenten Darstellung von Arbeitsaufwand sowie Kostenverursachung bei und können somit das Investitionsrisiko von Unternehmen verringern.

Zusammenfassend läßt sich einschätzen, daß das vorgestellte Ablaufmodell (Integrierte Lösung gegenüber Insellösungen) Vorteile bei teuren zeitaufwendigen Prototypen bietet, an denen umfangreiche Versuche zur geometrischen Optimierung durchgeführt werden.

Die praktischen Untersuchungen der Thematik werden am IMK/KT mit Forschungsmitteln des Kultusministeriums des Landes Sachsen-Anhalt und der DFG gefördert.

Schriftum

[BGT 98] Beyer, C.; Grote, K.-H.; Tenbusch, A.: Die Kopplung von Rapid Prototyping und Reverse Engineering im Konstruktionsprozeß. Industrie Management, 14(5):24–28, 1998.

[DKT 98] Doellner, G., Kellner, P., und Tegel, O.: Digital Mock-Up and Rapid Prototyping in Automotive Product Development, Proceedings of the Third Biennal World Conference on Integrated Design and Process Technology, Berlin, 1998, 32–39.

[EHR 95] Ehrlenspiel, K.: Integrierte Produktentwicklung: Methoden für Prozessorganisation, Produkterstellung und Konstruktion. München, Wien: Hanser, 1995.

[ESG 96] Esebeck, G. und Grote, K.-H.: Process Optimization of the Product Development. Proceedings – International Conference „29th ISATA", Florence/Italy, June 1996.

[GEB 96] Gebhardt, A.: Rapid Prototyping – Werkzeug für die schnelle Produktentwicklung, München; Wien: Hanser, 1996.

[GBB 97] Grote, K.-H., Beyer, C. und Birke, C.: Internal Company Use of Rapid Prototyping and 3D-Digitizing in the Engineering Design Process. In: Proceedings of The International Conference on Manufacturing Automation (ICMA'97), Vol. 1, Hong Kong, April 1997. 294–299.

[GRB 96] Grote, K.-H. und Birke, C.: CAD, Rapid Prototyping und 3D-Digitalisierung als Konstruktionshilfen, Konstruktion, Nr. 48, 5 (1996), 137–142.

[HAL 97] Hallbauer, S.: Prototypenmanagement im Entwicklungsverbund: Ein Gestaltungskonzept auf Basis des Modells lebensfähiger Systeme. Dissertation, University St. Gallen, 1997.

[KOL 94] Koller, R.: Konstruktionslehre für den Maschinenbau: Grundlagen zur Neu- und Weiterentwicklung technischer Produkte mit Beispielen. 4. Aufl., Berlin: Springer-Verlag,1998.

[KRB 93] Krause, F.-L. und Beitz, W.: Produktentwicklung mit Simultaneous Engineering, FACTS, Supplement in Konstruktion 45 (1993).

[PAB 97] Pahl, G. und Beitz, W.: Konstruktionslehre: Methoden und Anwendung. 4. Auflage, Berlin: Springer-Verlag, 1997.

[VDI 86] Richtlinie VDI 2221: Methodik zum Entwickeln und Konstruieren technischer System und Produkte. Düsseldorf: VDI-Verlag 1986.

[WOH 98] Wohlers, T.: Rapid Prototyping – State of the Industry, 1998 Worldwide Progress Report", Wohlers Associates, 1998.

Prof. Dr.-Ing. Karl-Heinrich Grote
Dipl.-Ing. Christiane Beyer
Dipl.-Ing. Christian Birke
Dipl.-Ing. Alexander Tenbusch

Otto-von-Guericke-Universität Magdeburg
Institut für Maschinenkonstruktion/Konstruktionstechnik
Universitätsplatz 2
D-39106 Magdeburg

Unterstützungsmöglichkeiten des konstruktiven Entwicklungsprozesses – theoretische Ableitung und empirische Befunde

W. Hacker, U. Lindemann, G. Weißhahn, M. Pache, A. Römer

Zusammenfassung Basierend auf einem theoretischen Modell, das den Konstruktionsprozeß als eine Sequenz teilweise hierarchisch, teilweise vernetzt organisierter Rückkopplungskreise beschreibt, werden verschiedene Facetten realen Konstruktionshandelns gezeigt. Zu einer dieser Facetten, dem Wechselspiel zwischen internem, denkenden, und externem, skizzierenden bzw. modellierenden Konstruieren, werden anschließend Fragestellungen formuliert. Im Ergebnis ihrer empirischen Bearbeitung durch Interviews, Einzelfallstudien und Experimente wird die Bedeutung einfacher, aufwandsarmer Unterstützungsformen verdeutlicht: ihre Verwendung dient insbesondere der Entlastung mentaler Ressourcen, der Unterstützung der Kommunikation mit anderen Personen und der kreativen Lösungsfindung, und sie können die Produktentwicklung beschleunigen und sich positiv auf die Produktqualität auswirken.

Supporting the product development process – theoretical basis and empirical results
Abstract A theoretical model is introduced that characterizes the design process as a sequence of feedback circles nested within a partly hierarchical structure. Naturalistic design behaviour can be described by a number of facets, one of which is dealt with in this paper: the alternation of internal design (thinking) and external design (sketching, drawing, modeling). Interviews, case studies and experiments investigated the role of such an externalization of mental representation of the future product. It was found that sketching and modeling relieves mental ressources, supports communication between the designer and other people involved in the process, decreases product development time and increases product quality.

Einleitung

Im Bereich der konstruktiven Produktentwicklung vollzieht sich schon seit Jahren ein Wandel von den „klassischen" hin zu digitalen Arbeitsmitteln, der mit der Einführung von 3D-CAD-Systemen sicherlich einen bedeutenden Meilenstein, aber noch lange nicht sein Ende erreicht hat. Zeichenbretter sind schon längst aus den meisten Entwicklungsabteilungen verschwunden, und selbst die neuesten Versionen von CAD-Systemen sind teilweise schon nach einem halben Jahr veraltet. Auch der klassische Prototyp soll mit Hilfe der Technologie „Virtual Reality“ durch das sogenannte „Digital Mock-Up“ weitgehend ersetzt werden.

Wachsende Rechnerleistungen ermöglichen heutzutage die Entwicklung von Höchstleistungssystemen zur Konstruktionsunterstützung und treiben deren Weiterentwicklung so schnell voran, daß dabei vielfach die optimale Einbindung des Konstrukteurs und seiner Arbeitsabläufe auf der Strecke bleibt. Von der Überbrückung der Distanz zwischen diesen sich rasant entwickelnden Technologien und den kognitiven Fähigkeiten und Grenzen des konstruierenden Menschen hängen Effizienz und Qualität zukünftiger Produktentwicklungsprozesse ab. Zwei Schritte scheinen daher notwendig. Zum einen müssen natürliche Konstruktionsprozesse detailliert erfaßt werden, zum anderen können aus den dabei gewonnenen Erkenntnissen Gestaltungsanforderungen an moderne computergestützte Hilfsmittel abgeleitet werden. Im folgenden Beitrag werden aufbauend auf einem theoretischen Modell des individuellen Entwicklungsprozesses verschiedene Untersuchungsansätze zu Aspekten des ersten Schrittes vorgestellt.

Ein dynamisches Modell des Entwicklungsprozesses

Um die psychologisch bedeutsamen Mechanismen kreativer Entwicklungsprozesse erkennen und interpretieren zu können, muß man zunächst die grundlegenden Vorgänge der Handlungsregulation beim Konstruktionsprozeß betrachten. Das Handeln beim Konstruieren kann analog zu vielen anderen komplexen menschlichen Tätigkeiten mit Hilfe des Modells der „Rückkopplungskreise“ beschrieben werden. Ein Rückkopplungskreis ist ähnlich einem technischen Regelkreis aufgebaut. Wird erkannt, daß ein Zustand nicht der Zielvorstellung entspricht, wird dieser verändert und das Ergebnis anschließend erneut auf seine Übereinstimmung mit der Zielvorstellung überprüft. Ist das Ergebnis nicht be-

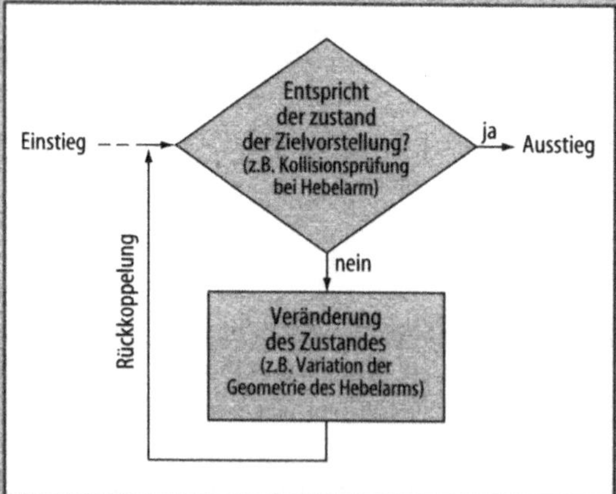

Bild 1. Prinzip des Rückkopplungskreises

friedigend, so wird der Zustand weiter verändert, bis das Ergebnis der Zielvorstellung entspricht (Ehrlenspiel, 1985). Abbildung 1 zeigt einen derartigen Rückkopplungskreis am Beispiel der Auslegung eines Hebelarms.

Ein derartiger Rückkopplungskreis stellt lediglich die kleinste „Einheit" der menschlichen Handlungsregulation dar. Derartige Kreise können beliebig ineinander verschachtelt sein (siehe Abbildung 2), tatsächliche Handlungen können wiederum aus komplexen Abfolgen dieser „Verschachtelungen" bestehen. Die Rückkopplungskreise werden in einer der momentan verfolgten Strategie entsprechenden Reihenfolge sequentiell abgearbeitet.

Auf der Basis dieses Modells kann der individuelle Konstruktionsprozeß anhand verschiedener Facetten beobachtet und eingeordnet werden. Konstruieren ist ein Ausführen von Handlungen an einer zum jeweiligen Zeitpunkt des Prozesses aktuellen und damit möglicherweise unvollständigen Produktdefinition. Hierbei wechselt der Konstrukteur zwischen der Nutzung vorhandenen Wissens (z. B. durch die Adaption bereits bekannter Lösungen) und der Erzeugung neuen Wissens (z. B. durch die Entwicklung neuer Lösungen). Weiterhin findet ein häufiger Wechsel zwischen internem, denkendem und externem, und damit beobachtbarem, Handeln (wie z. B. dem Skizzieren oder Modellieren) statt. Schließlich lassen sich Handlungen der Analyse, die bereits festgelegte Aspekte der Produktdefinition betreffen und Handlungen der Synthese, die sich mit noch festzulegenden Bereichen befassen, unterscheiden.

Die aktuelle Produktdefinition, als Objekt der verschiedenartigen Handlungen, ist weiterhin einem ständigen Wechsel der Betrachtungsweise durch den Konstrukteur ausgesetzt. So wechselt er z. B. den Grad der Abstraktion, mit der das zukünftige Produkt betrachtet wird. Gerade zu Beginn einer Entwicklung be-

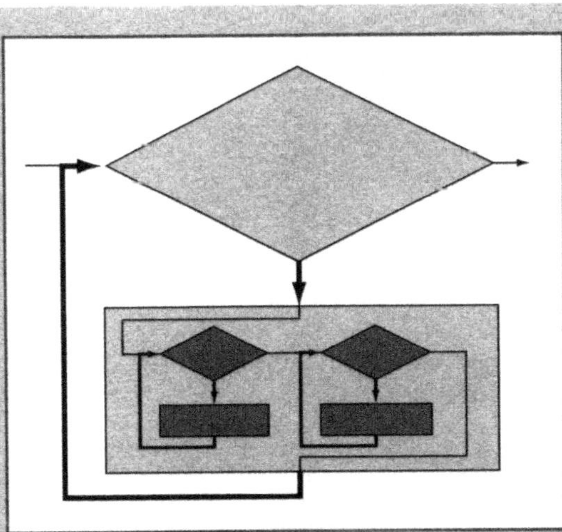

Bild 2. Verschachtelung von Rückkopplungskreisen

schreibt der Konstrukteur das zu konstruierende Produkt beispielsweise anhand abstrakter Funktionen und Anforderungen, wohingegen er es in späten Phasen anhand sehr konkreter Geometrien darstellt. Weiterhin wechselt ein Konstrukteur zwischen bildlichen und begrifflichen Produktrepräsentationen. So stellt er sich z. B. in einem Moment eine Schraube bildlich in ihrer Geometrie vor, wohingegen er zu einem anderen Zeitpunkt nur mit dem Begriff „Schraube" arbeitet, ohne diese tatsächlich als Bild vor Augen zu haben. Schließlich betrachtet der Konstrukteur zeitweise nur einzelne, relativ isolierte Details des Produktes, wohingegen er in anderen Fällen das Produkt als Ganzes betrachten muß.

Sowohl die Wahl der Handlungen, als auch die gewählte Betrachtungsweise werden von der aktuell (oft unbewußt) verfolgten Vorgehensstrategie beeinflußt. Hier kann zum einen ein in seiner Struktur geplantes Vorgehen, als auch ein spontanes, situationsabhängiges Vorgehen beobachtet werden, das in der gegenwärtigen Diskussion zu Modellen für den Konstruktionsprozeß als „opportunistisch" (im Sinne von „Gelegenheiten ergreifend"; Visser, 1994) bezeichnet wird. Abbildung 3 faßt die genannten Beobachtungsmerkmale, mit deren Hilfe sich Handeln beim Konstruieren interpretieren läßt, zusammen und berücksichtigt den oben beschriebenen Verlauf des Konstruktionsprozesses.

Die Vielfalt der Facetten verdeutlicht die Komplexität dieses Prozesses, und es liegt nahe, sich zu seiner detaillierten Erfassung zunächst auf einen gut beobachtbaren und vom Konstrukteur gut reflektierbaren Aspekt zu beschränken: den Wechsel zwischen „internem" und „externem" Handeln. Letzteres wird dabei

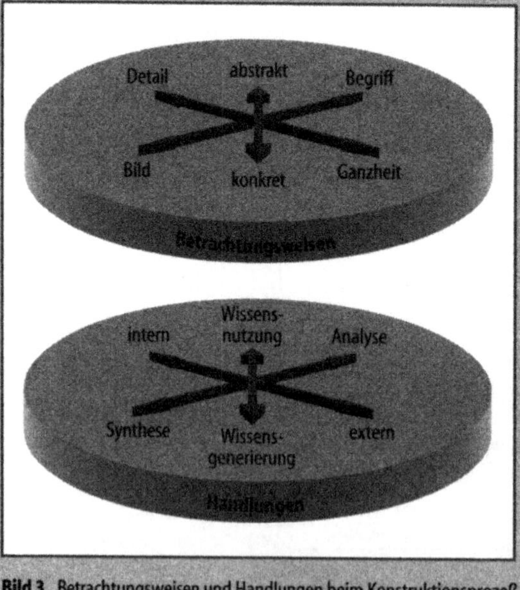

Bild 3. Betrachtungsweisen und Handlungen beim Konstruktionsprozeß

operationalisiert über die Verwendung von Hilfsmitteln, mit denen der Konstrukteur Merkmale der gegenwärtigen Produktdefinition anschaulich darstellt, sowohl bildlich durch Skizzen, als auch anschaulich durch Modelle.

Bezüglich dieses Aspektes lassen sich nun drei untersuchungsleitende Fragestellungen formulieren:

1. In welchem Ausmaß arbeiten Konstrukteure in der Praxis mit einfachen, externen Hilfsmitteln?
2. Welche Funktionen erfüllen diese Hilfsmittel, also die Materialisierung der mentalen Vorstellungen des künftigen Produkts in Form von Skizzen oder Modellen?
3. Welche Auswirkung hat der Einsatz von externen Hilfsmitteln auf die Effektivität und Qualität des Konstruktionsprozesses?

Häufigkeit des Einsatzes und Funktionen von externen Unterstützungsformen

Zur Klärung der ersten Fragestellung nach dem Ausmaß der Nutzung einfacher externer Hilfsmittel wurde eine Stichprobe von 106 Konstrukteuren aus verschiedenen Branchen und Produktbereichen zum Einsatz von Skizzen und gegenständlichen Modellen postalisch befragt. Dabei gaben bezüglich der Nutzung von externen Unterstützungsformen in den Phasen der Anforderungsklärung und Konzeptentwicklung 95% der Befragten die Nutzung von Freihandskizzen, 76% von maßhaltigen Skizzen, jeweils 67% von 2D- und 3D-CAD, 58% von Prototypen und 52% von einfachen Modellen mit Abmessungen an. Jeweils weniger als die Hälfte der Befragten nutzten FEM (47%), einfachste Modelle (37%), einfache Modelle mit Materialeigenschaften (37%), aufwendige Modelle (32%), Simulationen (13%) und VR (5%).

Während eines Konstruktionsprozesses werden demnach eine Vielzahl von verschiedenen Darstellungsformen zur Repräsentation einer momentanen Produktdefinition genutzt. Nach Ehrlenspiel et. al. (1995) lassen sich externe Produktdarstellungen nach der Art der Informationsträger in grafisch, digital und gegenständlich unterteilen. Wenngleich sich mit ihrer Hilfe Produktvorstellungen dauerhaft speichern bzw. dokumentieren lassen, erfüllen solche externen Produktrepräsentationen jedoch wesentlich mehr Funktionen im Entwicklungsprozeß, wie Sachse (1999) in einem Klassifikationsansatz zeigen konnte. Hier wurden neben der Speicher- und Dokumentationshilfe die Funktionen Analyse-, Lösungs- und Bewertungshilfe, sowie Kommunikationsunterstützung genannt.

Diese möglichen Unterstützungseffekte von externen Darstellungsformen können dadurch erklärt werden, daß diese das mentale Arbeiten an internen Produktvorstellungen erleichtern. Das menschliche Kurzzeitgedächtnis, das die Informationen speichert, welche dem aktuellen Denkprozeß zur Verfügung stehen, ist in seiner Kapazität begrenzt. Man nimmt an, daß durchschnittlich nur 7±2 unabhängige Informationen (sog. „chunks") gleichzeitig zur Verfügung stehen. Die externe Darstellung einer geistigen Vorstellung erlaubt einen leichteren Zugriff auf komplexe Informationsmengen. Dadurch werden weniger mentale Ressourcen für die reine *Aufrechterhaltung* der Produktvorstellung benötigt, und es steht entsprechend mehr geistige Kapazität für *Operieren* an der Produktvorstellung zur Verfügung.

Externe Produktrepräsentationen werden damit zu wertvollen Unterstützungswerkzeugen des Konstrukteurs, und eine Beschäftigung mit ihnen sollte zur Gewinnung von Know-How beitragen können, mit dem sich Verlauf und Ergebnis des Entwicklungsprozesses hinsichtlich Zeit, Kosten und Qualität beeinflussen lassen.

Um diese ersten Befunde weiter zu erhärten und Antworten auf die zweite Fragestellung nach Funktionen externer Unterstützungsformen zu gewinnen, wurden in die bereits angeführte postalische Erhebung Items zu Zweck und Nutzen der Verwendung dieser aufwandsarmen Unterstützungsformen aufgenommen.

Als Anfertigungszweck von Skizzen gaben die Konstrukteure vor allem *Kommunikationsunterstützung* (93%) und *Entwicklung von Lösungen* (92%) an. Weiterhin werden von 41% der Konstrukteure Skizzen zur Lösungsüberprüfung angefertigt. Bezüglich des naheliegenden Zwecks von Skizzen als reinen Informationsspeicher wurde von 68% der Konstrukteure *kurzfristige* Erinnerungshilfe genannt, weniger Bedeutung scheinen Skizzen für die *längerfristige* Dokumentation zu haben. Ein ähnliches Bild ergibt sich für den Einsatz einfacher gegenständlicher Modelle. Die Konstrukteure wurden jeweils nach dem Anfertigungszweck eines konkret genutzten Modells befragt. Es ergab sich, daß 52% der Modelle zur *Kommunikationsunterstützung*, 47% zur *Überprüfung von Lösungen* und 41% zur *Entwicklung von Lösungen* angefertigt wurden. Im Ge-

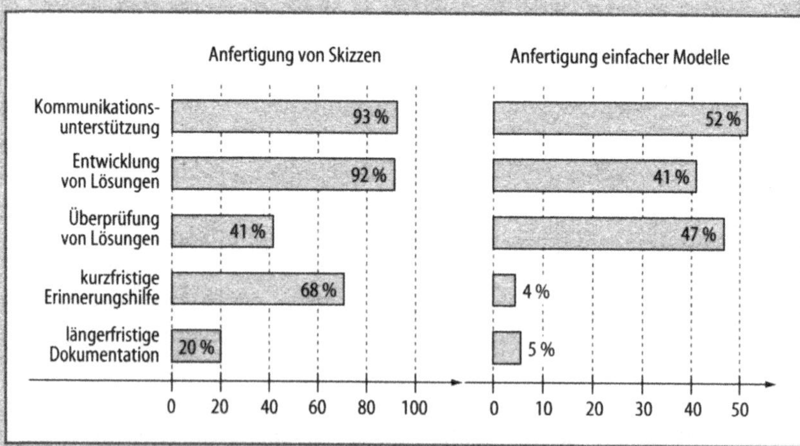

Bild 4. Anfertigungszweck von Skizzen und Modellen

gensatz zu Skizzen war sowohl die kurzfristige Erinnerungshilfe (4%), als auch die längerfristige Dokumentation (5%) ein relativ unbedeutender Anfertigungszweck. Abbildung 4 zeigt die Angaben zum Anfertigungszweck von Skizzen und Modellen im Überblick. Die Angaben beziehen sich auf den generellen Einsatzzweck von Skizzen und den spezifischen Einsatzzweck eines konkreten Beispiels für ein gegenständliches Modell.

Wie erwartet setzen Konstrukteure Skizzen zum reinen Speichern von (Zwischen-) Lösungen ein. Die geringe Bedeutung einfacher Modelle beim Einsatz als reines Speichermedium ist den Skizzen gegenüber durch den wohl höheren Aufwand bei der Anfertigung erklärbar. Offensichtlich erwarten Konstrukteure aber sowohl von Skizzen als auch einfachen Modellen eine Verbesserung der Kommunikation und eine Unterstützung der Lösungsentwicklung und -überprüfung.

Weitere Ergebnisse der Befragung weisen darauf hin, daß Skizzen und einfache Modelle die von den Konstrukteuren intendierten Zwecke auch erfolgreich erfüllen.

Befragt danach, durch welche Effekte sich die Konstrukteure bei Skizzen am stärksten unterstützt fühlen, gaben 88% die *Verbesserung der Kommunikation* an. 60% der Konstrukteure nahmen bezüglich der einfachen Modelle diesen Effekt ebenfalls wahr. Ebenfalls scheint es, daß der Lösungsentwicklungsprozeß durch Skizzen und einfache Modelle erfolgreich unterstützt wird, wobei der Schwerpunkt bei Skizzen deutlich in der Unterstützung der Lösungsfindung zu liegen scheint. 75% der Konstrukteure gaben die *Entstehung neuer Lösungsideen* als einen der am stärksten unterstützenden Effekte an. Einfache Modelle hingegen scheinen eher der Unterstützung der Lösungsüberprüfung zu dienen, da bei 53% der Modelle *Fehler und Schwächen des Konzeptes* erkannt wurden.

Insgesamt gesehen werden Skizzen nützlicher eingestuft als einfache gegenständliche Modelle in Bezug auf *Zeitersparnis* beim Konstruktions*prozeß*, sowie *Anhebung der Qualität* des Konstruktions*ergebnisses*. Möglicherweise aufgrund dessen werden Skizzen auch häufiger eingesetzt als einfache Modelle.

Der Nutzen von Skizzen wird durch einen weiteren Befund belegt. Interessanterweise gaben 54% der Konstrukteure an, daß sie häufig bzw. immer Skizzen eigens *zur Vorbereitung* der Arbeit am CAD-System anfertigen. 39% der Konstrukteure sagten weiterhin aus, daß sie häufig bzw. immer Skizzen *während* der Arbeit am CAD-System nutzen. Dies legt zum einen Zweifel an der Funktionalität der Skizzierfunktion moderner CAD-Systeme nahe, zum anderen läßt sich vermuten, daß die kombinierte Anwendung von CAD und Skizzierhilfsmitteln (seien dies nun digitale Hilfsmittel oder Papierskizzen) den Konstruktionsprozeß unterstützt.

Insgesamt hat sich gezeigt, daß Skizzen und einfache Modellen neben dem reinen Dokumentieren vielfältige Funktionen erfüllen können und von Konstrukteuren in der Praxis auch mit Erfolg zu diesem Zweck eingesetzt werden. Es bleibt jedoch zu prüfen, ob sich die Wirksamkeit derartiger externer Darstellungsformen lediglich durch den Effekt der Gedächtnisentlastung erklärt oder ob hier weitere, entscheidende Mechanismen zu finden sind.

Fallbeispiel für den Einsatz von Skizzen und gegenständlichen Modellen

Während der im vorigen Abschnitt dargestellte Ansatz umfangreicher Befragungsstudien Antworten auf die erste Fragestellung nach dem Ausmaß des Einsatzes einfacher Hilfsmittel ermöglichte und Hinweise zur Beantwortung der zweiten Fragestellung nach deren Funktionen brachte, lassen sich letztere eher aus der Analyse einzelner detailliert dokumentierter Produktentwicklungsprozesse ableiten.

Als Beispiel eines kompletten Produktentwicklungsprozesses mit vielfältigem Einsatz von Skizzen und gegenständlichen Modellen wird im folgenden die Entwicklung eines vollgefederten Mountainbikerahmens ohne herkömmliche Dämpfersysteme vorgestellt. Für eine ausführlichere Darstellung sei auf Lindemann et al. (1999) verwiesen. Die Aufgabenstellung wurde von einem Team aus drei Studenten unter Betreuung durch zwei Assistenten des Lehrstuhls für Konstruktion im Maschinenbau an der TU München bearbeitet.

Ausgehend von der ursprünglichen Idee klärte man zunächst die vorliegende Aufgabenstellung mit Hilfe von Checklisten und Marktanalysen. Anschließend wurde ein Konzept für die Rahmengeometrie erarbeitet.

Abbildung 5 zeigt einen Teil der Skizzen, die während der Konzeptentwicklung angefertigt wurden. Als Ausgangspunkt für eine systematische Variation der Rahmengeometrie wurden die Fixpunkte Lenklager, Sattelstütze, Tretlager und Hinterradnabe gewählt. Auf diese Weise wurden verschiedenste Rahmengeome-

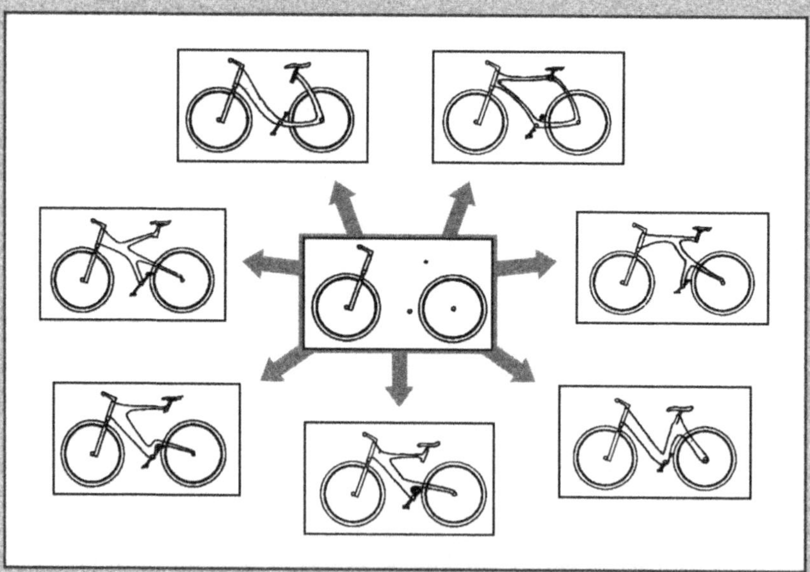

Bild 5. Entwicklung von Konzepten durch systematische Variation der Geometrie anhand von Skizzen

trien entwickelt und anschließend in einer Gruppensitzung im Hinblick auf die Erfüllung der geforderten Federeigenschaften bewertet. Anhand der Bewertungsergebnisse wurde anschließend das erfolgversprechendste Konzept ausgewählt. Dabei hat sich gezeigt, daß Skizzen gerade bei einer großen Anzahl verschiedener konzeptioneller Lösungsansätze sinnvoll als Informationsspeicher genutzt werden können. In kurzer Zeit und ohne großen Aufwand konnten bei dieser konkreten Anwendung insgesamt 24 verschiedene Konzepte dokumentiert werden. Die große Anzahl neuer Lösungsideen, die hier entstanden sind, läßt sich über spezielle Aspekte des Skizzeneinsatzes hinaus auch auf die Art des in diesem Fall gewählten konstruktionsmethodischen Ansatzes zurückführen.

Bei der Auswahl des erfolgversprechendsten Konzeptes war die Darstellung anhand von Skizzen wiederum sehr hilfreich. Die funktionalen Merkmale der einzelnen Konzepte konnten aufgrund der auf das wesentliche beschränkten Darstellung mit wenigen Blicken erkannt und bewertet werden. Der Vergleich der Konzepte untereinander wurde ebenfalls erleichtert, da sämtliche Skizzen an einer Pinnwand aufgehängt und damit gut überblickt werden konnten.

Während aller Phasen der Gruppensitzung war die abstrakte, bildhafte Darstellung der Konzepte hilfreich für die Kommunikation, anhand der Skizzen konnten vor allem die funktionalen Aspekte der Lösungen mit wenigen Worten diskutiert werden.

Aufgrund des hohen Abstraktionsgrades konnte die vollständige Definition eines Konzeptes in diesem Fall auf eine 2-dimensionale Darstellung beschränkt werden. Im folgenden wird gezeigt, daß Skizzen in einer weiter fortgeschrittenen Entwicklungsstufe, in der 3-dimensionale, geometrische Merkmale festgelegt und komplexe, funktionale Merkmale erkannt werden müssen, unzureichend sein können.

In Abbildung 6 links oben erkennt man die Skizze des letztendlich gewählten Rahmenkonzeptes. Ausgehend von dieser Skizze wurde versucht, die 3-dimensionale Außengeometrie des Rahmens direkt im 3D-CAD-System zu entwickeln. Hierbei mußte ein Kompromiß zwischen den aus Stabilitätsgründen angestrebten Rahmenquerschnitten und einem ansprechenden Gesamtdesign mit möglichst fließenden Übergängen gefunden werden. Nachdem man etwa eine Woche lang vergeblich versucht hatte, die komplizierten Querschnittsübergänge und Rundungen mit Hilfe des CAD-Systems zu entwickeln, entschied man sich schließlich dazu, zunächst ein Modell aus Styrodur zu bauen (siehe Abbildung 6 unten).

An diesem konnten die Rundungen und Übergänge intuitiv von Hand festgelegt werden und durch tatsächliches „Begreifen" der Geometrie überprüft werden. Da das Material des Modells flexibel war, konnte auch das Federverhalten der gewählten Geometrie durch einfache Handversuche abgeschätzt werden. Die Anforderungen an ein attraktives Design des Rahmens konnten ebenfalls direkt überprüft werden, da das Modell ständig in seiner Gesamtheit präsent war und nicht auf einen betrachteten Ausschnitt begrenzt war. Der Bau dieses Modells nahm nur etwa 1 Tag in Anspruch und diente anschließend als Grundlage für die Eingabe der Geometrie in das CAD-System.

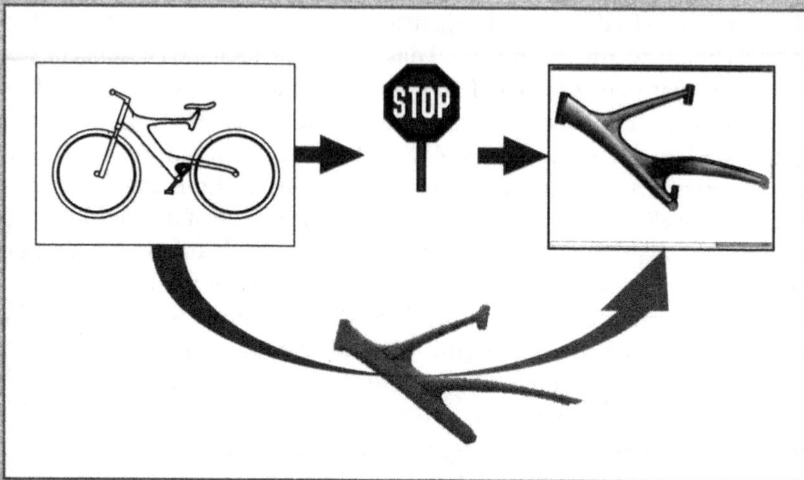

Bild 6. Übergang vom 2-dimensionalen Konzept zum 3-dimensionalen CAD-Modell mit Hilfe eines gegenständlichen Modells

Hier deutet sich möglicherweise ein bemerkenswerter Aspekt der Lösungsentwicklung mit Hilfe von gegenständlichen Modellen an. Es scheint, daß speziell bei der Festlegung der Rundungen und Übergänge zum einen die Grenzen zwischen Lösungsentwicklung und -überprüfung verschwimmen, zum anderen das Denken als „Probehandeln im Kopf" externalisiert wird, d. h. es wird „tatsächlich" probegehandelt.

Ähnlich wie sich nach Kleist der „Gedanke allmählich beim Reden verfertigt", wird eine geistige Vorstellung des Produkts oft erst bei der externen Darstellung konkretisiert. Das Modell, das konkreter ist als seine ursprüngliche Vorstellung, zwingt den Betrachter zur Analyse, denn bis dahin nicht bekannte Widersprüche werden im wahrsten Sinne des Wortes „offensichtlich". Dadurch wird die Lösung ständig (sozusagen „on-line") analysiert und entsprechend angepaßt. Es bleibt durch Experimente zu überprüfen, ob und wenn ja, unter welchen Voraussetzungen dieser hypothetische Mechanismus auftritt.

Es konnte insgesamt beobachtet werden, daß sich sowohl die Kommunikation der Bearbeiter untereinander, als auch die Motivation der Beteiligten durch den Modelleinsatz deutlich verbessert hat. Bemerkenswert ist, daß in diesem konkreten Fall der Übergang von der 2- zur 3-dimensionalen Produktvorstellung letztendlich nur mit Hilfe des gegenständlichen Modells gelungen ist.

Die Bearbeiter gaben schließlich an, daß sie den Nutzen des Styrodurmodells zur Festlegung der Geometrie höher einschätzten als den des CAD-Modells, wohingegen der Aufwand zur Herstellung des Styrodurmodells weitaus niedriger einschätzt wurde als der Aufwand zur Entwicklung des CAD-Modells.

In den späteren Phasen wurden zahlreiche weitere gegenständliche und digitale Modelle eingesetzt, größtenteils zur gezielten Verifikation von Produkteigenschaften, wobei kein Modell ähnlich nützlich eingestuft wurde wie der Styrodurrahmen.

Experimentelle Befunde

Da der Konstrukteur Skizzen und auch einfache Modelle zumeist intuitiv einsetzt und sich durch Befragung und Einzelfallbeobachtung nur ein Teil der Funktionen und Wirkungsweisen solcher Hilfsmittel ableiten läßt, wird zur Klärung der dritten Fragestellung nach den Auswirkungen der Nutzung externer Hilfsmittel häufig auf Laborexperimente zurückgegriffen, bei denen interessierende Bedingungen gezielt variiert und Störeinflüsse kontrolliert bzw. reduziert werden können. Die Ergebnisse einer Reihe derartiger am Institut für Allgemeine Psychologie der Technischen Universität Dresden durchgeführter Untersuchungen werden nachfolgend kurz dargestellt, für eine ausführlichere Darstellung sei auf Sachse (1999) verwiesen.

In einer experimentellen Untersuchung wurden 90 Teilnehmende beauftragt, eine einfache Haltevorrichtung zu konstruieren, jeweils mit bzw. ohne Nutzung von Skizzen oder Modellen, und jeweils als Neukonstruktion oder Weiterentwicklung einer bestehenden Lösung. Im Ergebnis zeigte sich für die skizzierenden bzw. modellierenden Teilnehmer eine geringere Zahl an Probierschritten, wiederholten Arbeitsschritten und nachträglichen Anpassungen einer (Teil-) Lösung. Weiterhin ergab sich für die Personen, die mit Hilfsmitteln arbeiteten, keine Verlängerung der Gesamtbearbeitungszeit gegenüber den nicht-modellierenden bzw -skizzierenden Teilnehmern, obwohl sie durchschnittlich mehr als ein Fünftel der Zeit eben für die Verwendung der Hilfsmittel aufwandten. Als weiteres Beurteilungskriterium wurde die Güte der Problemlösungen von Experten mit Hilfe eines teilstandardisierten Verfahrens eingeschätzt. Es zeigte sich, daß die Qualität der unter Einsatz von Skizzen oder Modellen entstandenen Lösungen deutlich höher lag als bei der ohne Hilfsmittel arbeitenden Gruppe.

Hier deutet sich an, daß externe Produktrepräsentationen den Konstruktionsprozeß nicht nur in ihrer Funktion als reines Speichermedium unterstützen, was sich in der geringeren Anzahl der wiederholten Arbeitsschritte zeigt. Derartige Hilfsmittel unterstützen auch eine zielgerichtete Lösungsentwicklung und steigern die Qualität des Konstruktionsergebnisses.

In einer weiteren experimentellen Studie wurden 72 Studenten gebeten, drei verschiedene Problemstellungen konstruktiven Charakters am Computer zu lösen, wobei die zusätzliche Nutzung von Skizzen gewünscht bzw. untersagt wurde. Für die komplexeste Problemstellung zeigte sich, daß der zeitliche Mehraufwand, der für den reinen Skizziervorgang benötigt wurde, nicht nur wettgemacht wurde, die Gesamtbearbeitungszeit der Gruppe der Skizzierenden sank sogar gegenüber der Gruppe der Nicht-Skizzierenden. Dies zeigte sich auch darin, daß die Gruppe der Skizzierenden eine geringere Anzahl von Probierschritten benötigte und seltener (Teil-) Lösungen entwickelte, die im späteren Verlauf des Konstruktionsprozesses wieder verworfen werden mußten.

Ein weiteres Experiment hatte die Konstruktion einer Antriebsvorrichtung mit Hilfe eines CAD-Systems zum Gegenstand, wobei den 20 Teilnehmern wiederum die zusätzliche Nutzung von Skizzen nahegelegt bzw. untersagt wurde. Auch in diesem Fall zeigte sich ein Unterstützungseffekt beim kombinierten Einsatz von Skizzen und CAD gegenüber der alleinigen CAD-Verwendung bei gleichbleibender Bearbeitungszeit.

Durch diese beiden Experimente hat sich gezeigt, daß die Erkenntnisse des ersten Experiments in Bezug auf Skizzen auch beim Einsatz in Kombination mit digitalen Medien gelten.

In einer vierten experimentellen Studie sollte schließlich der Einfluß des Skizzierens auf die mentale Repräsentation von Problemen in der frühen Phase des Aufgabenklärens untersucht werden. Den Versuchspersonen wurden technische Systeme unterschiedlicher Art und Komplexität beschrieben, wobei die Unterstützung des Aufbaus einer mentalen Vorstellung des Systems durch Skizzen gefordert bzw. verhindert wurde. Anschließend wurden den Teilnehmern die Skizzen (wenn vorhanden) entzogen und Fragen zu Sachverhalten und funktionalen Zusammenhängen des Systems gestellt. Aus der Richtigkeit der Antworten wurde auf die Güte der mentalen Repräsentation geschlossen. Es zeigte sich, daß nicht nur steigende Komplexität des Systems (erwartungsgemäß), sondern auch das Unterbinden des Skizzieren zu einer schlechteren mentalen Repräsentation führten. Der Nutzen der Skizze war für die Erkennung funktionaler Systemzusammenhänge um so größer, je komplexer das zu analysierende System war. In der Zusammenschau dieser Ergebnisse läßt sich feststellen, daß zumindest unter Laborbedingungen nachweisbar ist, daß die Verhinderung der Nutzung von Unterstützungsformen im kreativen (Konstruktions-)Prozeß zu einer relativen Zunahme der Bearbeitungszeit, einhergehend mit einer steigenden Zahl von Probierschritten und verworfenen Zwischenlösungen, sowie zur Verminderung der Qualität des Konstruktionsergebnisses führen kann.

Zusammenfassende Schlußfolgerung

Die dargestellten Befunde unterstreichen zunächst die Bedeutsamkeit der Facette „Wechsel zwischen internem und externem Vorgehen" des eingangs dargestellten dynamischen Modells des Entwicklungsprozesses. Die hypothetische Annahme, daß Konstrukteure einfache Hilfsmittel zur „Externalisierung" ihrer momentanen geistigen, also „inneren" Vorstellungen des zukünftigen Produkts verwenden, kann in Anbetracht der Fülle von Aussagen zu Verwendung, Funktionen und Wirkungen bestätigt werden. Bezüglich der eingangs formulierten drei Fragestellungen lassen sich folgende Antworten zusammenfassen:

1. Konstrukteure setzen in der Praxis Hilfsmittel, durch die sie im schöpferischen Entwicklungsprozeß unterstützt werden, gezielt und in breitem Umfang ein.

2. Dabei erfüllen diese Hilfsmittel vorrangig die Funktionen der Entlastung mentaler Ressourcen, der Unterstützung der Kommunikation mit anderen Personen und der kreativen Lösungsfindung.
3. Die differenzierte Unterstützungswirkung einfacher Hilfsmittel zeigt sich in einer Beschleunigung der Produktentwicklung und einer Steigerung der Produktqualität.

Gleichwohl sind zur Verallgemeinerung dieser Befunde weitere detaillierte und möglichst praxisnahe Untersuchungen notwendig, die sich mit differenzierten psychologischen Mechanismen der Hilfsmittelnutzung befassen. Für die Weiterentwicklung der theoretischen Modellvorstellung vom Konstruktionsprozeß als einer sequentiellen Folge vernetzer Rückkopplungskreise ist die Untersuchung weiterer oben aufgeführter Facetten indiziert, wie des Wechsels zwischen Analyse- und Syntheseschritten, zwischen abstrakten und begrifflichen Repräsentationen oder zwischen Wissensnutzung und Schaffung neuen Wissens. Erst auf der Basis einer empirisch abgesicherten Befundlage kann zum zweiten Schritt, der Ableitung von Gestaltungsanforderungen für moderne komplexe, computergestützte Hilfsmittel, übergegangen werden.

Literatur

Ehrlenspiel, K. (1985). Integrierte Produktentwicklung. Methoden für Prozeßorganisation, Produkterstellung und Konstruktion. München: Hanser.

Ehrlenspiel, K., Bernard, R. & Günther, J. (1995) „Unterstützung des Konstruktionsprozesses durch Modelle". In Hacker W. & Sachse P. (Hrsg.). Bild und Begriff III. Zur Rolle von Anschauung und Abstraktion im konstruktiven Entwurfsprozeß. Bericht über das Werkstattgespräch in Diesbar-Seußlitz. Dresden: Technische Universität, Institut für Psychologie.

Lindemann, U., Aßmann, G. & Stetter, R. (1999) „The Development of a Mountain-Bike Frame". In Proceedings of the Conference on Visual and Spatial Reasoning, Cambridge, im Druck.

Sachse, P. (1999). Unterstützung des entwerfenden Problemlösens im Konstruktionsprozess durch Prototyping. In P. Sachse & A. Specker, (Hrsg.), Design thinking: Analyse und Unterstützung konstruktiver Entwurfstätigkeiten. Schriftenreihe Mensch, Technik, Organisation. Zürich: vdf Hochschulverlag/ Stuttgart: Teubner.

Sachse, P., Hacker, W., Leinert, S. & Riemer, S. (1999). Prototyping als Unterstützungsmöglichkeit des Denkens und Handelns beim Konstruieren. Zeitschrift für Arbeits- und Organisationspsychologie, Heft 2, im Druck.

Visser, W. (1994). Organisation of design activities: opportunistic, with hierarchical episodes. Interacting with Computers, 6 (3), 239-274.

Prof. Dr. Winfried Hacker
Dipl.-Psych. Anne Römer
Dipl.-Psych. Guido Weißhahn
Technische Universität Dresden, Institut für Allgemeine Psychologie
und Methoden der Psychologie
Prof. Dr.-Ing. Udo Lindemann
Dipl.-Ing. Martin Pache
Technische Universität München
Lehrstuhl für Konstruktion im Maschinenbau

Produktoptimierung durch Integration des parametrischen Gestaltentwurfs mit der Berechnung von Mehrkörpersystemen*

G. Höhne, H. Adolf, T. Brix, J. Grabow, K. Zimmermann

1 Einleitung

Produkte und Ausrüstungen des Maschinenbaus unterliegen den Anforderungen nach höheren Verarbeitungsgeschwindigkeiten, Verbesserung der Bearbeitungsqualitäten und höherer Genauigkeit. Diese Ziele verlangen, beim Entwerfen das Verhalten der Produkte hinsichtlich ihrer Dynamik so auszulegen, daß die geforderte Funktion mit hoher Zuverlässigkeit und innerhalb der zulässigen Abweichungen erfüllt wird. Dabei ist aus Gründen der Zielstrebigkeit und Effektivität der konstruktiven Entwicklung anzustreben, daß bereits das Konzept des Produktes den genannten Anforderungen gerecht wird. Somit steht die Aufgabe, bereits in den frühen Phasen des Konstruktionsprozesses für die in Betracht kommenden Lösungsvarianten das dynamische Verhalten durch Berechnung von Eigenfrequenzen, Verschiebungsamplituden und Amplitudenfrequenzgängen der funktionswichtigen Komponenten zu bestimmen und durch konstruktive Maßnahmen so festzulegen, daß die Produktgestalt die Anforderungen erfüllt.

Ein weiteres Ziel muß darin bestehen, den Konstrukteur bei der Beurteilung des Produktverhaltens unter dynamischen Belastungen in der Konzeptphase ohne die arbeitsintensive Detaillierung der Einzelbaugruppen durch ein geeignetes Werkzeug zu unterstützen. Dieses Hilfsmittel soll so beschaffen sein, daß der Konstrukteur das bei seiner Haupttätigkeit benutzte CAD-System nicht verlassen muß und sowohl beim Erarbeiten des Dynamikmodells als auch bei der Auswertung der Berechnungs- und Simulationsergebnisse unterstützt wird [WeDa97].

Diese Thematik wurde im Rahmen des DFG-Schwerpunktprogramms „Innovative, rechnergestützte Konstruktionsprozesse: Integration von Gestaltung und

---

* Der Beitrag ist dem Andenken von Herrn Prof. Dr.-Ing. h.c. Wolfgang Beitz gewidmet. Das Thema wurde im Rahmen des DFG-Schwerpunktprogramms „Innovative rechnergestützte Konstruktionsprozesse" – initiiert durch Herrn Prof. Beitz – bearbeitet und von 1996–1998 von der DFG gefördert.

Berechnung" bearbeitet und ein leistungsfähiges Werkzeug für einen dynamikgerechten Gestaltentwurf erarbeitet [AdBr99].

2
Konzept für die Integration von Gestaltentwurf und Dynamiksimulation

Sollen bereits in der Konzeptphase die dynamischen Eigenschaften einer technischen Lösung beurteilt werden, muß der mehrstufige Prozeß der Produktentwicklung (vgl. VDI 2221) für diese Zwecke detailliert werden (Bild 1).

Der betrachtete Prozeßabschnitt beginnt mit einer in vorangegangenen Arbeitsschritten ermittelten Prinziplösung, die im wesentlichen die kinematischen Anforderungen (Freiheitsgrade, Bewegungsrichtungen, Lage und Koppelbedingungen der Elemente) erfüllt. Hinzu treten nun die für die Dynamik relevanten Gestaltanforderungen, die soweit beim Grobentwurf umgesetzt werden, daß die Konstruktionslösung als Mehrkörpersystem für die Dynamiksimulation modellierbar wird [We97]. Dazu sind folgende Eigenschaften und Parameter festzulegen:

- Massen der Elemente
- Schwerpunktkoordinaten
- Massenträgheitsmomente im Hauptachsensystem
- Steifigkeiten und Dämpfungen der Koppelstellen in translatorischer bzw. rotatorischer Bewegungsrichtung
- Erregungsvektoren und Anfangsbedingungen.

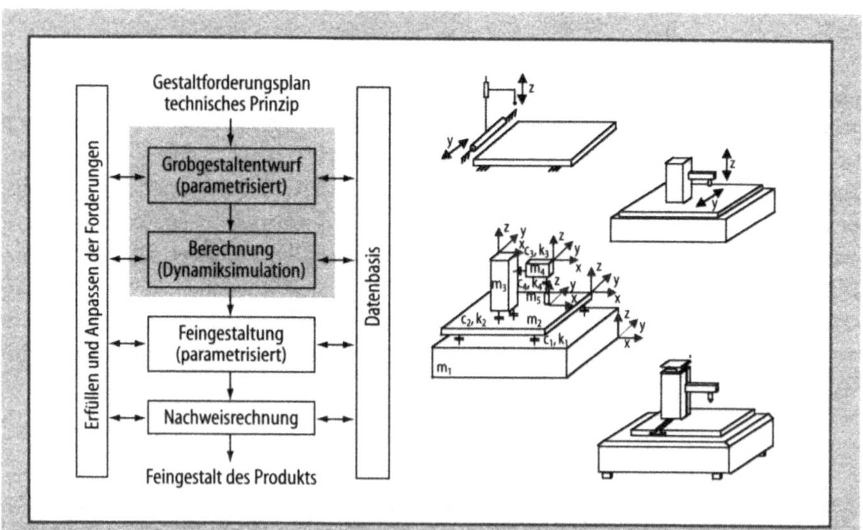

Bild 1. Integration von Gestaltentwurf und Dynamiksimulation

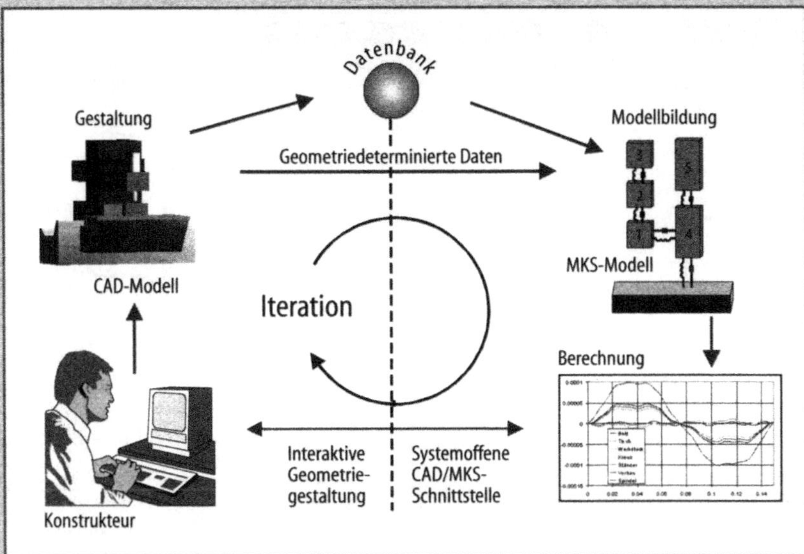

Bild 2. Iterative Gestaltfindung in frühen Entwurfsphasen

Das erforderliche MKS-Modell soll weitgehend automatisch erzeugt und die Ergebnisse der Berechnung in einer für den Konstrukteur geeigneten Form angegeben werden. Daraufhin kann durch die Parametervariation der Entwurf optimiert werden (Bild 2).

Die anschließende Feingestaltung nutzt die Simulationsergebnisse zur endgültigen Bestimmung der fertigungsgerechten Gestalt des Gesamtproduktes, deren Eigenschaften bei Bedarf z.B. mittels FEM-Analyse noch einmal überprüft werden können.

3
Kopplung von CAD-System und MKS-Simulation

Ausgehend von den Erfahrungen mit MKS- Berechnungsprogrammen zur Schwingungsanalyse wurde eine zweckmäßige Beschreibungsform für eine interaktive Kopplung von Konstruktion und Berechnung entwickelt. Um die Konstruktion und Berechnung möglichst eng und systemunabhängig verbinden zu können, wurde eine neutrale CAD/MKS-Datenschnittstelle definiert, die im wesentlichen aus ASCII-Dateien besteht und alle simulationsrelevanten Daten enthält. Damit ist eine wahlfreie Kopplung kommerzieller CAD-Systeme mit den verschiedensten MKS- Berechnungsprogrammen möglich. Als Übergabedateien wurden definiert:

- *Massedatei* – enthält die Massen der Teilstrukturen in einer zulässigen SI-Einheit

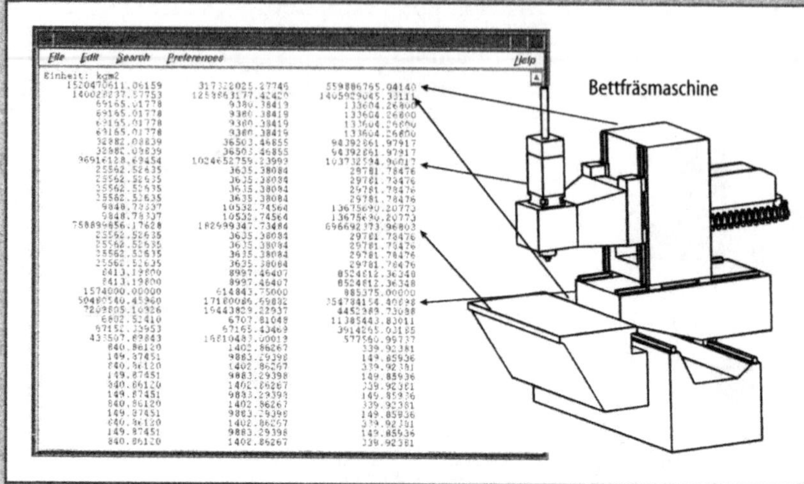

Bild 3. Beispiel einer Datei mit Massenträgheitsmomenten im Hauptachsensystem

- *MTM-Datei* – Inhalte sind die Massenträgheitsmomente der Teilstrukturen für das Hauptachsensystem (Bild 3)
- *Bindungsdatei* – beschreibt die vorhandenen Bindungen zwischen den Teilelementen durch die Federsteifigkeiten und Dämpfungsparameter aller Bewegungsrichtungen
- *Erregervektorendatei* – enthält die Verweise auf die in ASCII Dateien abgelegten Erregerfunktionen für jede Teilstruktur in jeder zulässigen Bewegungsrichtung
- *Berechnungszeitdatei* – beinhaltet den Realwert der Berechnungszeitdauer (Produkt aus Zeitdiskretisierung und Länge des Erregungsvektors).

Die aus der Geometrie ableitbaren Daten, wie Massen, Massenträgheitsmomente, Schwerpunktkoordinaten und Verbindungsstellen, werden durch Algorithmen automatisiert dem CAD-Grobentwurf entnommen und im Format der Datenschnittstelle abgelegt. Geometrieunabhängige Parameter wie Steifigkeiten und Dämpfungen von Koppelstellen werden aus einer Datenbank entnommen oder in einem Dialogfenster manuell definiert.

Um Auslenkungsamplituden verschiedener Baugruppen im Einsatzfall simulieren zu können, ist die Definition einer Erregerfunktion, in Form eines Kraft-Zeit-Verlaufes notwendig. Diese zeitdiskreten Erregervektoren können im CAD-System selektiert und jedem beliebigen Körper in jeder der sechs möglichen Freiheitsgrade zugeordnet werden.

Diese gesamten Daten und Strukturinformationen werden über die neutrale Schnittstelle zum MKS-Berechnungskernel transferiert, die Berechnungen im Hintergrund durchgeführt und die Simulationsergebnisse im Konstruktionsprogramm visualisiert. Funktionelle Mängel der Konstruktionslösung wie z.B. zu große Bauteilauslenkungen oder auftretende Resonanzen durch Überdeckung von Eigenfrequenzen bestimmter Teilstrukturen mit Erregerschwingungen, die durch Prozeß- oder Stellantriebe erzeugt werden, können so im frühen Entwurfsstadium erkannt werden. Geeignete konstruktive Gestaltungsmaßnahmen, wie Massenänderungen von Teilbaugruppen oder Steifigkeitserhöhungen von Fügeverbindungen, müssen bei unzureichenden dynamischen Produkteigenschaften durch den Konstrukteur ausgewählt und in der Entwurfszeichnung umgesetzt werden.

Am Beispiel eines Justierleitstandes (Bild 3) sollen im folgenden die wesentlichen Schritte einer interaktiven Kopplung von Gestaltung und Berechnung dargestellt werden. Ausgehend von einer Prinziplösung (Bild 1) erhalten die als Starrkörper zu betrachtenden funktionswichtigen Elemente eine zweckentsprechende und geometrisch möglichst einfache Form. Bei Vorliegen eines detaillierten Entwurfs (z.B. als CAD-Modell) ist sie durch Abstraktion zu ermitteln. Die Körper werden mit einfachen 3D-Primitiven nachgebildet. Das Volumen und die Werkstoffdichte des Fundamentes spielen für die Schwingungsberechnungen keine Rolle. Das Fundament besitzt immer die Objektnummer 0. Die folgenden Volumenobjekte erhalten in Abhängigkeit von der Zeichnungsreihenfolge die Objektnummern 1,2,...,n. Die zur Dynamikberechnung abstrahierten 3D-Körper können aus beliebigen Teilstrukturen zusammengesetzt sein. Innerhalb der MKS-Berechnung werden sie als starre Teilobjekte mit Schwerpunkt, Masse und Trägheitsmoment betrachtet. Es folgt die Ermittlung der MKS-relevanten Parameter sowie die Abfrage der Diskretisierungsgenauigkeit, des Projektnamens und der Berechnungszeit. Der Berechnungszeitraum wird durch den Erregungsvektor vorgegeben (Produkt aus Zeitdiskretisierung und Erregervektorlänge). Nach Eingabe dieser drei Größen erfolgt die Selektion aller Volumenobjekte in der CAD-Zeichnung, eine Masseberechnung sowie die Bestimmung der Massenträgheitsmomente bezüglich des Hauptachsensystems. Nachfolgend werden alle Volumenobjekte auf Berührungspunkte, -linien bzw. -flächen getestet, um einen Vorschlag für eventuell vorhandene Bindungen geben zu können. Dazu werden alle Körper bezüglich ihres Schwerpunktes um 0,1 % in x, y und z Richtung skaliert und anschließend auf Durchdringung getestet. Objekte die sich durchdringen werden als Bindungspaar in die Koppelstellenliste eingetragen. Diese wird dem Konstrukteur als Vorschlag angeboten. In einem interaktiven Dialog (Bild 3) können verschiedene Aktionen wie z.B. Hinzufügen und Entfernen von Bindungen, Anzeigen ausgewählter Körper, Definieren bzw. Einlesen von Koppelstellenparametern und Erregungsvektoren, Erzeugen der MKS- Dateien sowie Einlesen der Datenbankparameter gestartet werden. Bei der Definition der Verbindungsstellen muß auf das Berechnungsmodell geachtet werden. Prinzipiell sind zwei verschiedene Modellierungsvarianten anwendbar. Man unterscheidet die Kopplung der Teilstrukturen mit Feder-Dämpfer-Elementen, die über Hebelarme bzw. die direkt am Körperschwerpunkt angebracht sind (Bild 4). Das zur Dynamiksimulation verwendete MKS-Berechnungspro-

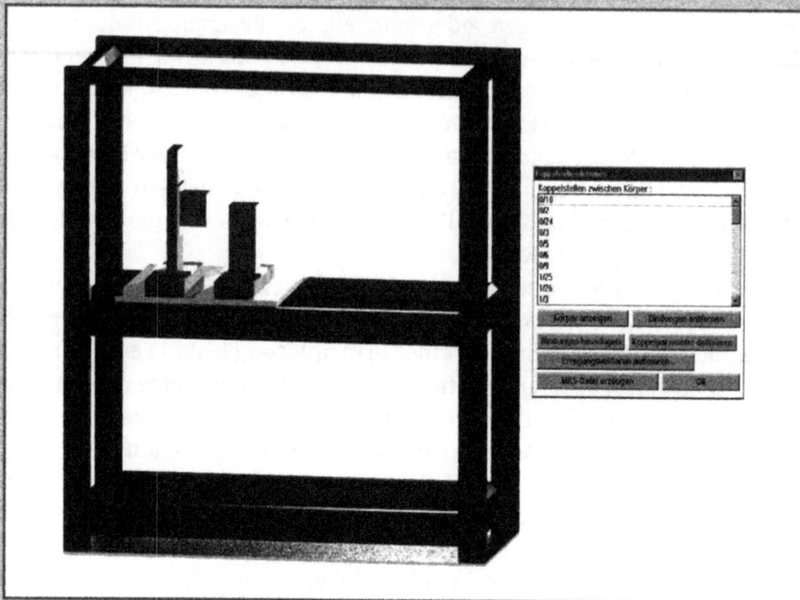

Bild 4. Justierleitstand und das dazugehörige Programmfenster zur Koppelstellendefinition

gramm geht von experimentell ermittelten Koppelstellenparametern aus, die im Schwerpunkt an die Teilelemente angreifen. Damit ist eine Entkopplung jeder Bewegungsrichtung möglich.

Nach dem Anlegen der MKS-Dateien, kann das Berechnungsprogramm im Hintergrund gestartet werden. Es ist nur die Eingabe des Projektnamens erforderlich. Ein Konverter erstellt die Eingangsmatrizen des MKS- Berechnungsprogrammes LEONARDO.

4 Entwurfsvariation mittels Parameteroptimierung

Beim Maschinenentwurf wird aus dem Kinematikkonzept die erste parametrisierte Grobgestalt gewonnen. Hierbei existieren nur grobe geometrische Festlegungen, so daß die Geometrie durch geometrische Primitive beschrieben wird. Die Parametrisierung der Primitive ist trivial. Ausschließlich die Abhängigkeiten zwischen den parametrisierten Bauteilen finden hierbei eine besondere Beachtung. Dies hat besonders auf die Rückkopplung der berechneten und optimierten Parameter aus dem MKS-System in das CAD-Modell einen Einfluß. Jedoch erwies sich eine nahezu automatische Rückgabe von geometrischen Parametern als äußerst schwierig. Die Gründe hierfür sind vielfältig: Es beginnt schon mit der Vorgehensweise, wie die Parametrisierung des Gestaltobjektes vorgenommen wird, welche Parameter überhaupt verändert werden dürfen (z.B. Vermeidung von Durchdringungen oder einer unsinnigen Anordnung, Bild 5). Besondere Beachtung finden hierbei die Abhängigkeiten zwischen den parametrisierten Bauteilen. Eine Lösung ist durch die Verwendung von abhängigen Parameterwerten möglich.

Ein weiteres Problem bei der Rückkopplung der MKS-Daten in das CAD-System ist die Mehrdeutigkeit. Für die Optimierung des Schwingungsverhaltens einer Maschine können z.B. Änderungen der Massen an einigen Komponenten notwendig sein, wenn die Dämpfungen und die Steifigkeiten der Verbindungsstellen nicht geändert werden dürfen. Eine Massenänderung kann wiederum auf unterschiedlicher Art und Weise erfolgen. Somit ist eine Rückkopplung nur über ein Assistenzsystem automatisierbar, da nicht immer eindeutige Zielkriterien für die Rückkopplung definiert werden können. Der Konstrukteur kann somit in diesen Prozeß eingreifen, wobei er durch die Vorgabe von sinnvollen Werten für die notwendigen Modifikationen unterstützt wird. Durch diese Variation der Systemparameter bzw. durch konstruktive Änderungen kann in vielen Fällen ein verbessertes dynamisches Verhalten realisiert werden (s.a. Tabelle 1).

Es gibt verschiedene Wege bestimmte Schwingungseigenschaften am Modell zu beeinflussen. Aus den Ergebnissen der MKS-Berechnungen lassen sich sehr schwierig die Maßnahmen zur Verbesserung des dynamischen Verhaltens eines Gerätes ableiten [HöZiKo96]. Bei einer manuellen Variation der Modellparameter ist der Konstrukteur auf Erfahrungen angewiesen. Eine viel bessere Möglichkeit bietet eine automatische Optimierung des Modells. Dabei sollen nur die konstruktiven Randbedingungen, (z.B. Bereiche für die Änderung der Steifigkeiten, Dämpfungen, Trägheiten usw.) und die gewünschten Eigenschaften des Systems (z.B. Bereichsgrenzen für Eigenfrequenzen, Abklingzeiten und Ampli-

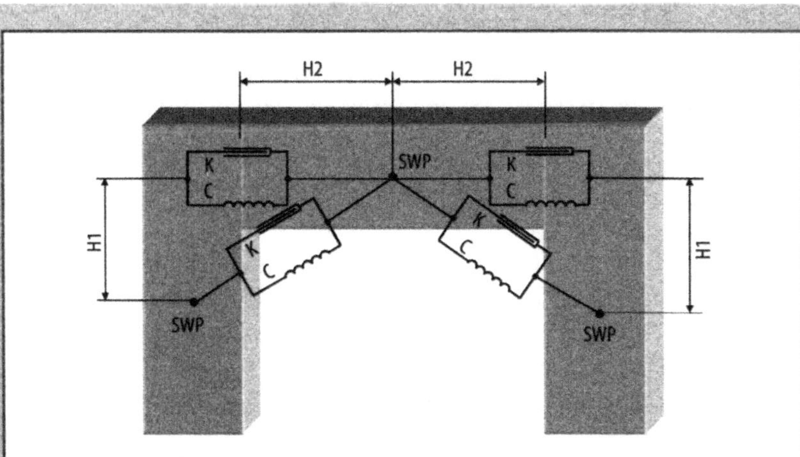

Bild 5. Varianten des Masse-Feder-Dämpfer-Modells

Tabelle 1. Zusammenhang zwischen den Optimierungkriterien und den Optimierungsgrößen

Optimierungskriterien	Optimierungsgrößen
Eigenfrequenzen	Körpermassen
Relativ- bzw. Absolutamplituden	Koppelstellenparameter
Abklingzeiten	Gestaltungsgrößen (Querschnitte; Abmessungen; Material)

tuden) definiert werden. Die Parametermodifikation wird anhand des Modells von einem automatischen Algorithmus übernommen.

Vor dem Hintergrund der Integration einer Strukturoptimierung in den bereits geschaffenen CAD/MKS-Verbund wurden zwei Optimierungsverfahren ausgewählt und theoretische Untersuchungen durchgeführt.

Variante mit verbotenen Bereichen der Eigenfrequenzen

Die hier gestellte Optimierungaufgabe lautet: die Verbindungsstellenparameter eines schwingungsfähigen mechanischen Systems sind so zu bestimmen, daß seine Eigenfrequenzen

$$\lambda_i\,(\vec{C}, \vec{K}) = \lambda_{i\,Re}\,(\vec{C}, \vec{K}) + \lambda_{i\,Im}\,(\vec{C}, \vec{K}) \tag{1}$$

innerhalb vorgegebener Bereiche für den Realteil $\lambda^U_{i\,Re} \leq \lambda_{i\,Re}\,(\vec{C}, \vec{K}) \leq \lambda^O_{i\,Re}$ (U-untere, O-obere Grenze) und für den Imaginärteil $\lambda^U_{i\,Im} \leq \lambda_{i\,Im}\,(\vec{C}, \vec{K}) \leq$ $\leq \lambda^O_{i\,Im}$ liegen. Dabei sind $\vec{C}$ und $\vec{K}$ die Vektoren, der zu berücksichtigenden Einstellparameter. Sie werden von allen im System wirksamen Steifigkeiten $\vec{C}^T$ und Dämpfungen $\vec{K}^T$ gebildet.

In einem technischen System wären bei der hier gestellten Optimierungsaufgabe auch andere Einstellparameter denkbar, wie z.B. Masse oder/und Abmessungen der einzelnen Baugruppen u.a.m. [ZiKo99]. Hier bestimmen die vorgegebenen Grenzen der konstruktiv möglichen Struktur- bzw. Parameteränderungen die Art und die Anzahl der Einstellparameter. Ein mögliches Gütekriterium hierzu wäre die Bildung der Quadrate der Normen der Einstellparameter-Vektoren $\vec{C}$ und $\vec{K}$ in der Form:

$$Q\,(\vec{C}, \vec{K}) = \left\|\vec{C}\right\|^2 + \left\|\vec{K}\right\|^2 = \sum (c_i^{\,2} + k_i^{\,2}), \tag{2}$$

das unter Berücksichtigung der angegebenen Beschränkungen minimiert wird. Damit die Lösung der oben dargestellten Optimierungsaufgabe in technisch sinnvollen Bereichen für die Einstellparameter liegt, sollen auch Begrenzungen bezüglich deren unterer Grenze eingeführt und berücksichtiget werden. Die auf diese Weise angegebene Problemstellung kann hiermit in Form einer Minimierungsaufgabe mit Nebenbedingungen exakt formuliert werden. Gesucht ist das Minimum der Funktion:

$$Q(\vec{C},\vec{K}) = \Sigma(c_i^{\,2} + k_i^{\,2}) \rightarrow \min \tag{3}$$

mit folgenden Nebenbedingungen:

- untere und obere Grenze für den Realteil des Eigenwertes

$$\lambda_{i\,Re}^{U} \leq \lambda_{i\,Re}(\vec{C},\vec{K}) \leq \lambda_{i\,Re}^{O}$$

- untere und obere Grenze für den Imaginärteil des Eigenwertes

$$\lambda_{i\,Im}^{U} \leq \lambda_{i\,Im}(\vec{C},\vec{K}) \leq \lambda_{i\,Im}^{O}$$

- Steifigkeit und Dämpfung positiv $c_i \geq c_{i\,U}$ und $k_i \geq k_{i\,U}$.

Dafür ist die analytische Bestimmung der Eigenwerte erforderlich. Bei Systemen mit einem Freiheitsgrad größer als zwei stellt die analytische Aufstellung z.Z. ein ungelöstes Problem dar. Daher soll zur Optimierung komplexer Systeme nach einer anderen Vorgehensweise gesucht werden. Zur Behandlung von Optimierungsaufgaben mit Nebenbedingungen sind spezielle Techniken entworfen worden. Bei der Parameteroptimierung ist die meist verbreitete davon das Verfahren der Straffunktionen. Sein Grundgedanke stammt von Carroll von Fiacco und von McCormick. In diesem Fall wird eine modifizierte Zielfunktion aufgestellt, die bei der betrachteten Anwendung wie folgt aussehen kann:

$$\begin{aligned} Q_m(\vec{C},\vec{K}) = Q(\vec{C},\vec{K}) + \vec{\varrho}_{Re}^{\,O}\, \Sigma[\max(0, \lambda_{i\,Re}(\vec{C},\vec{K})\lambda_{i\,Re}^{O})]^2 + \\ \vec{\varrho}_{Re}^{\,U}\, \Sigma[\min(0, \lambda_{i\,Re}(\vec{C},\vec{K})\lambda_{i\,Re}^{U})]^2 + \vec{\varrho}_{Im}^{\,O}\, \Sigma[\max(0, \lambda_{i\,Im}(\vec{C},\vec{K})\lambda_{i\,Im}^{O})]^2 + \\ \vec{\varrho}_{Im}^{\,U}\, \Sigma[\min(0, \lambda_{i\,Im}(\vec{C},\vec{K})\lambda_{i\,Im}^{U})]^2 + \vec{\varrho}_{C}\, \Sigma[\min(0, c_i c_{i\,U})]^2 + \\ \vec{\varrho}_{K}\, \Sigma[\min(0, k_i k_{i\,U})]^2. \end{aligned} \tag{4}$$

Die modifizierte Zielfunktion nimmt bei Minimumaufgaben durch die geschickte Wahl bestimmter Koeffizienten (Strafkoeffizienten ϱ_i) im unzulässigen Bereich unendlich große Werte an. Im zulässigen Bereich dagegen bleibt sie der ursprünglichen Zielfunktion identisch.

Die Koeffizienten ϱ_i sind freie Parameter. Das Optimum von Q_m wird von der Wahl für ϱ_i abhängen, und so ist es notwendig, ϱ stufenweise zu verändern. Das ursprüngliche Extremwertproblem wird somit in eine Folge von Optimierungsvorgängen mit allmählich abnehmenden Werten für ϱ_i aufgelöst. So hofft man, zumindest gute Näherungen für das gesuchte Minimumproblem innerhalb einer endlichen Optimierungssequenz zu finden. Die Ermittlung geeigneter Werte für ϱ bereitet allerdings Schwierigkeiten. Allgemeine Aussagen über ihre günstige Wahl lassen sich schwer treffen. Die Festlegung dieser Werte erfordert die Erfahrung detaillierter Untersuchungen zu der konkreten Optimierungsaufgabe.

Modifizierung im Modalraum

In der Modalanalyse wird die Übertragungsfunktion eines Systemes mit n Freiheitsgraden als Überlagerungfunktion von n Systemen mit einem Freiheitsgrad betrachtet. Ein beliebiges Bewegungssystem läßt sich durch eine Modaltransformation in den Zustandsraum, beschrieben durch die Eigenwerte und Eigenvektoren der Bewegungsgleichung überführen. Liegen bei einem realen technischen Konstruktionsobjekt Eigenfrequenzen in bestimmten kritischen Bereichen (Resonanzfrequenzen von Antrieben oder Meßwandlern) wird eine Korrektur des Frequenzganges angestrebt. Eine direkte Festlegung des Systemverhaltens im Zustandsraum (Eigenfrequenzen, Amplituden) erscheint vorteilhaft. Nach Rücktransformation können die realen Systemparameter, wie Massen der Teilobjekte und Koppelstellenparameter errechnet werden und gegebenenfalls eine Strukturmodifikation am Gesamtobjekt konstruktiver Art vorgenommen werden.

Ein Algorithmus für dämpfungsfreie Systeme wurde hierfür im Fachgebiet für Technische Mechanik erarbeitet [Gr98]. Er realisiert eine Verschiebung von Eigenfrequenzen im Modalbereich einschließlich der Rücktransformation. Auf die Amplituden der einzelnen Resonanzstellen kann derzeit noch kein Einfluß genommen werden. Im folgenden wird der mathematische Algorithmus kurz beschrieben. Ausgehend von der allgemeinen Bewegungsgleichung

$$\ddot{X}\,M + X\,C = 0 \text{ mit } M := \begin{bmatrix} m_{11} & 0 & 0 \\ 0 & m_{22} & 0 \\ 0 & 0 & m_{33} \end{bmatrix} \text{ und } C := \begin{bmatrix} c_{11} & c_{12} & c_{13} \\ c_{21} & c_{22} & c_{23} \\ c_{31} & c_{32} & c_{33} \end{bmatrix} \tag{5}$$

ergibt sich ein spezielles Eigenwertproplem der Form:

$$A := M^{-1}\,C \tag{6}$$

Nach Berechnung der Eigenwerte und Eigenvektoren können Aussagen über das dynamische Verhalten des Konstruktionsobjektes getroffen werden (Lage von Resonanzfrequenzen). Über

$$C_m := U^{-1}\,A\,U \tag{7}$$

erhält man die modale Steifigkeitsmatrix C_m deren Hauptdiagonalelemente gerade den λ_i entsprechen. Die Nebendiagonalelemente beinhalten den Wert 0. Liegen die Eigenfrequenzen in Bereichen von Anregungsfunktionen der Krafteinleitung oder sollen bestimmte Eigenwerte aus funktionellen Gründen in Richtung höherer Frequenzen verschoben werden, kann die modale Steifigkeitsmatrix in den Hauptdiagonalelementen modifiziert werden. Dazu wird der neue Zieleigenwert an der jeweiligen Stelle eingetragen. Durch

$$C_{opt} := M \cdot U \cdot C_m \cdot U^{-1} \tag{8}$$

wird die neue modale Steifigkeitsmatrix C_{opt} rücktransformiert. Nach der Aufspaltung der neu errechneten C_{opt}-Matrix können diese Fehler korrigiert werden. Darüber hinaus ist es dem Entwickler möglich, bestimmte konstruktiv nicht veränderbare Bindungsparameter auf den Ausgangswert zu setzen. Mit der neuen C-Matrix wird der Iterationszyklus erneut gestartet. Das Verfahren konvergiert in vielen Fällen. Der exakte mathematische Hintergrund ist jedoch noch zu klären. Wird innerhalb der Iterartionschleife keine Lösung gefunden, ist eine Masseänderung der Teilobjekte erforderlich, um den Zielvektor der Eigenwerte zu erreichen. Nach Berechnung der neuen Massenmatrix

$$M_{opt} := C \cdot U \cdot (U \cdot C_m)^{-1} \tag{9}$$

werden die Zieleigenwerte erreicht. Existieren im Konstruktionsentwurf Teilobjekte mit aus funktionellen Gründen unveränderbaren Teilmassen, so können die jeweiligen Hauptdiagonalelemente wieder auf den Ausgangswert gesetzt und eine neue Iteration der Steifigkeitsmatrix begonnen werden. Der Einsatz der Strukturoptimierung erfolgt in der CAD- Umgebung.

5
Anwendung an einer Werkzeugmaschine

Bei der Entwicklung von Werkzeugmaschinen, wie z.B. Dreh-, Bohr- und Fräsmaschinen, werden immer höhere Bearbeitungsgeschwindigkeiten bei gleichbleibenden oder steigenden Bearbeitungsgenauigkeiten gefordert. Minimalste Werkzeugschwingungen unter relativ großen Zerspankräften sind die Voraussetzung zu ihrer Realisierung. Zur Beurteilung der Qualität einer Werkzeugmaschine im frühen Entwurfsstadium sind deshalb die Gesamtnachgiebigkeit an der Zerspanstelle und der Amplitudenfrequenzgang der Maschine wichtige Faktoren.

Für eine 3-Achs-Bettfräsmaschine mit X-,Y- und Z-Schlitten, Hauptspindel, Maschinenbett und -tisch wurde eine vollständige Dynamiksimulation und Strukturoptimierung durchgeführt. Die MKS-Modellbildung und Erstellung des Simulationsmodell erfolgte automatisiert ausgehend von einer einfachen CAD-Entwurfszeichnung (Bild 6).

Nach manueller Eingabe der Koppelstellenparameter und Selektion einer betriebsrelevanten Zerspankraft mit Angriffspunkten am Werkzeug und Werkstück konnte die Berechnung des dynamischen Verhaltens der Werkzeugmaschinen im CAD-System realisiert werden.

Die Eigenfrequenzen (Tabelle 2) des Gesamtsystems sowie die Nachgiebigkeiten der Einzelbaugruppen sind aussagekräftige Parameter, die auf die Bearbeitungsqualität der Fräsmaschine im Anwendungsfall schließen lassen. Im Bild 8 ist deutlich zu sehen, daß in z-Richtung das Vorschubgetriebe der z-Achse und das Hauptspindellager auf Grund der relativ niedrigen Steifigkeitsparameter nachgiebig werden.

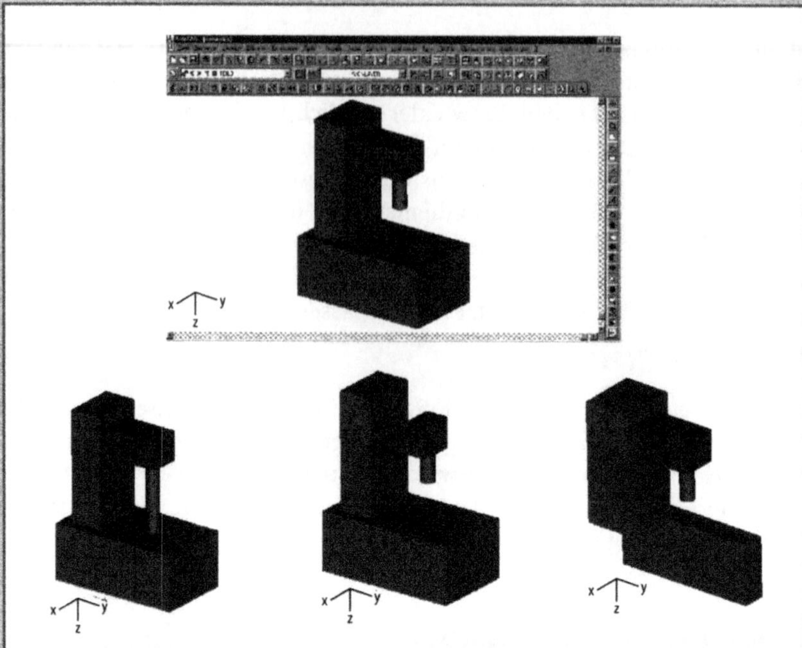

Bild 6. Beispiel für die Entartung der Grobgestalt einer Maschine bei der Evaluierung mit geänderten Parameterwerten aus dem MKS-System

Tabelle 2. Systemeigenfrequenzen der Werkzeugmaschine

Eigenfrequenzen	X-Richtung	Y-Richtung	Z-Richtung
f1 [Hz]	32.72	33.67	11.62
f2 [Hz]	79.3	70.87	81.84
f3 [Hz]	236.8	230	160.5
f4 [Hz]	251.7	338	256.4
f5 [Hz]	383.1	360.2	351.5
f6 [Hz]	502.5	502.1	659.1
f7 [Hz]	2151	2151	2151

Der Amplitudenfrequenzgang der Werkzeugmaschine zeigt bei etwa 500 Hz eine deutliche Resonanzstelle, die durch die Hauptspindellagerung hervorgerufen wird. Eine konstruktive Zielstellung beim Maschinenentwurf könnte es sein, diese Eigenfrequenz zu verschieben, um die maximal zulässige Spindeldrehzahl zu erhöhen. Dazu wurde ausgehend von der allgemeinen Bewegungsdifferentialglei-

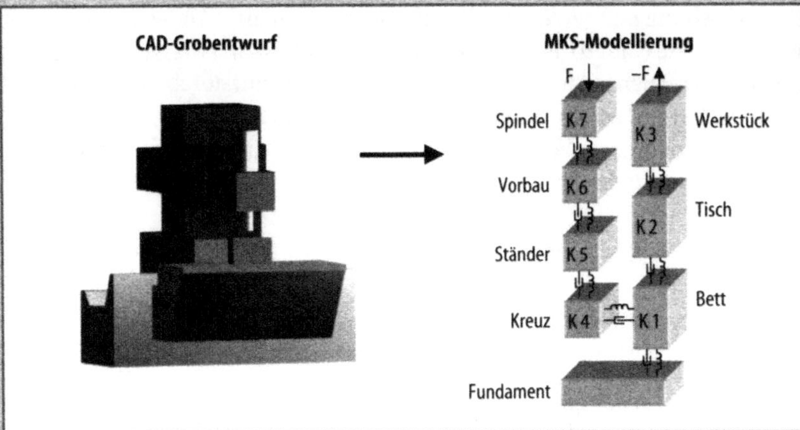

Bild 7. Automatisierte MKS-Modellbildung am Beispiel einer 3-Achs-Bettfräsmaschine

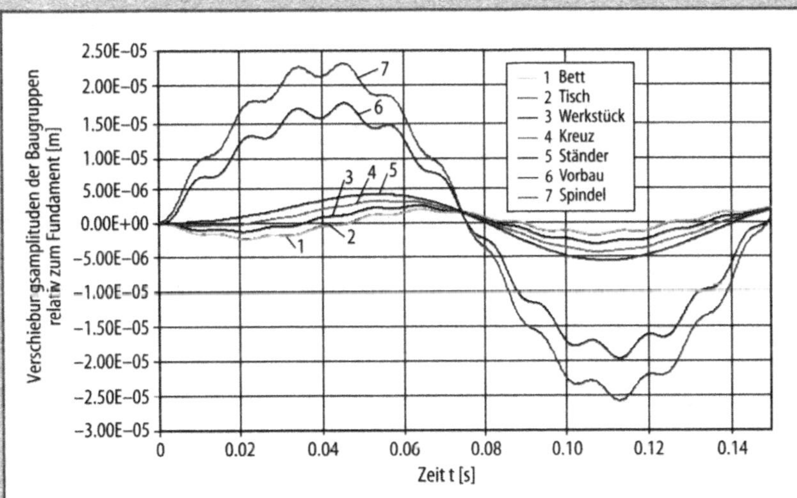

Bild 8. MKS-Simulation in z-Richtung bei einer Krafteinleitung von F = 3000 N an der Spindel bzw. am Werkstück, f = 6,66 Hz (d = 100 U/min mit 4-Schneidfräser), $F_z = 0{,}2\,F_x$

chung die Modaltransformation durchgeführt und im Zustandsraum die ausgewählte Eigenfrequenz auf den Zielwert von 1125 Hz gesetzt. Als Restriktionen wurde eine maximale Massenänderung aller Teilbaugruppen um ± 20% vorgegeben. Nach Aufruf des Optimierungstools innerhalb der CAD-Umgebung wurde die der Zielfunktion nächste Lösung ermittelt. Die modifizierten Ergebnisparameter werden im Konstruktionsprogramm angezeigt und müssen vom Konstrukteur gestalterisch umgesetzt werden. Der modifizierte Systemfrequenzgang zeigt neben der Verschiebung der gewählten Eigenfrequenz auch eine Änderung der Schwingungsamplitude (Bild 9). Eine zielgerichtete Beeinflussung dieser Größe ohne die Systemeigenfrequenzen wesentlich zu verschieben, ist nur durch Modifizierung der Dämpfungsparameter der Bauteilverbindungen realisierbar.

Für das dynamische Verhalten des Produktes ist die Maximalamplitude einzelner Resonanzstellen nicht vordergründig dominierend. Entscheidend für ein

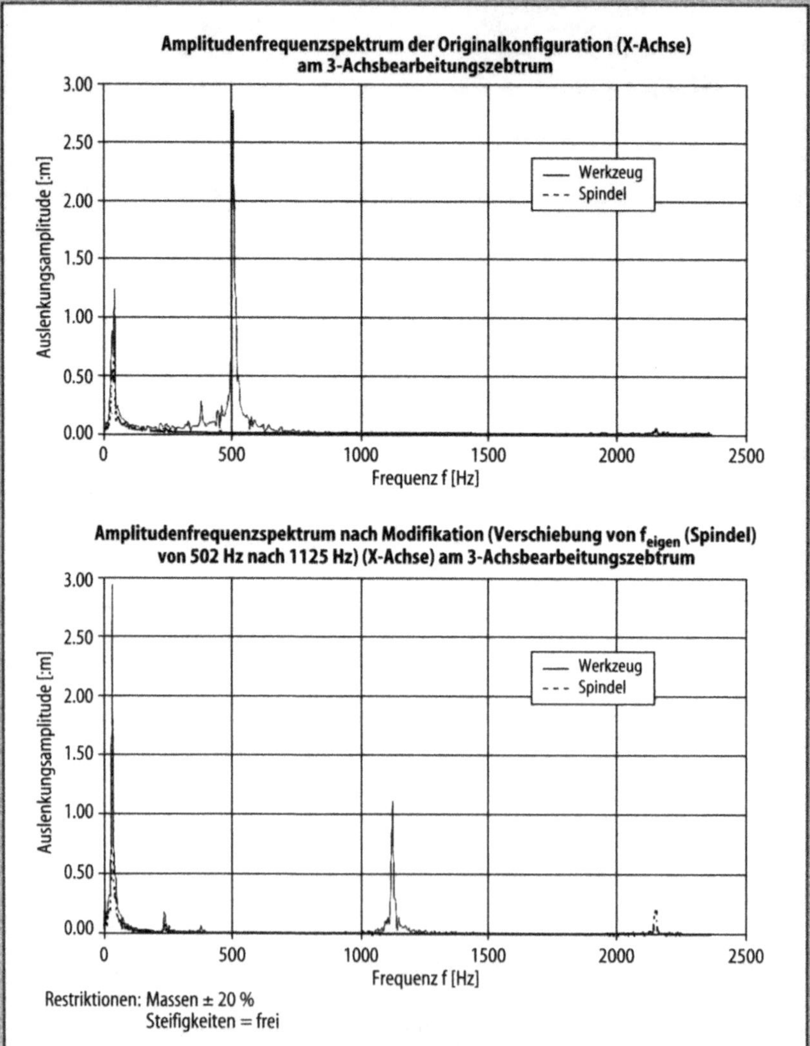

Bild 9. Ursprünglicher und optimierter Amplitudenfrequenzgang

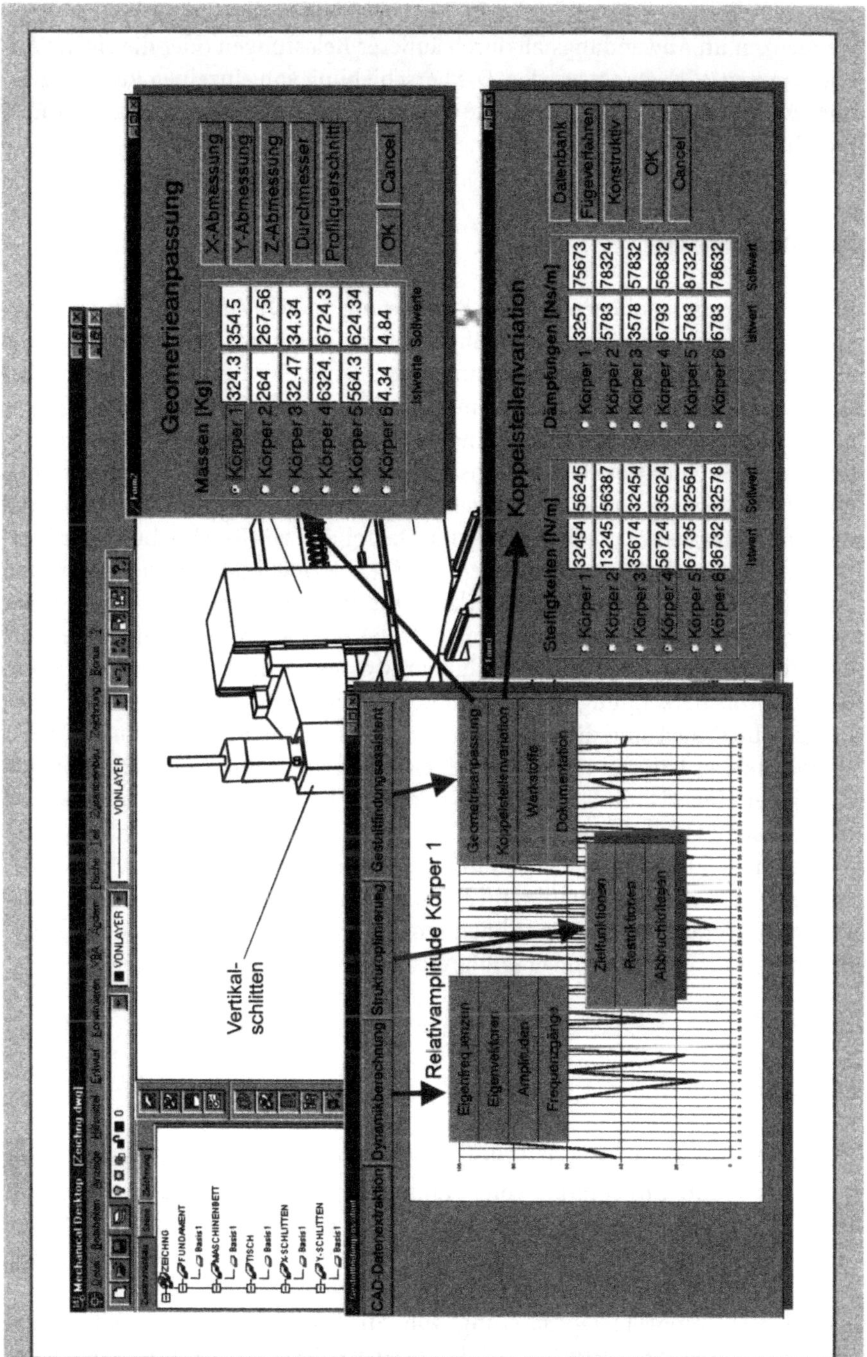

Bild 10. Entwicklungsumgebung zur Kopplung der Gestaltung mit der MKS-Berechnung

optimales Verhalten ist es viel mehr, inwieweit die vorhandenen Systemeigenfrequenzen im Anwendungsfall durch äußerer Belastungen oder die eigene Antriebsaggregate angeregt werden. Die Verschiebung von einzelnen Resonanzfrequenzen ist folglich effektiver als die Optimierung der Schwingungsamplituden mit Hilfe der Dämpfungsparameter.

6 Zusammenfassung

Ziel des Forschungsthemas war die Evaluierung und Optimierung von dynamischen Produkteigenschaften im frühen Entwurfsstadium. Durch die Schaffung einer systemoffenen Entwicklungsumgebung wurde eine einfach durchführbare konstruktionsbegleitende Dynamiksimulation realisiert. Der Konstrukteur hat dadurch bereits in der frühen Entwurfsphase die Möglichkeit, einzelne Produktentwürfe funktionell und hinsichtlich der Dynamikeigenschaften auch quantitativ gegeneinander abzuwägen. Die algorithmierte Datenextraktion und die Einbindung einer objektorientierten Datenbasis zur Beschreibung der Koppelstelleneigenschaften automatisiert die MKS-Modellbildung. Die Integration eines Strukturoptimierungstools erlaubt die iterative Gestaltanpassung unter dynamischen Gesichtspunkten, ohne daß spezielle Kenntnisse auf dem Gebiet der Schwingungstechnik beim Produktentwickler vorliegen müssen. Zur Rückführung von Berechnungs- und Optimierungsergebnissen in konkrete Gestaltungsmaßnahmen sind dialogorientierte Assistenzsysteme nützlich und Gegenstand aktueller Forschungsthemen. Eine Dokumentationsschnittstelle gibt dem Anwender einen Überblick über den iterativen Prozeß der Gestaltfindung und dynamischen Optimierung.

Die Entwicklungsumgebung (Bild 10) wurde in Verbindung mit den CAD-Systemen AutoCAD und PRO/Engineer beim Entwurf von Produkten mit hohem Innovationsgrad wie z.B. Koordinatenmeßmaschinen, optischen Justageautomaten und Ionenlithographen erfolgreich erprobt.

7 Literatur

[AdBr99] Adolf, H.; Brix, T., Höhne, G., Zimmerman, K.: Produktoptimierung durch Integration von parametrischen Gestaltentwurf und Berechnung von Mehrkörpersystemen. Abschlußbericht zum DFG-SPP „Innovative rechnergestützte Konstruktionsprozesse: Integration von Gestaltung und Berechnung“, Ilmenau, 1999.

[Gr98] Grabow,J.: Optimierung von Strukturparametern mechanischer Mehrkörpersysteme. 2. Polnisch-Deutscher Workshop „Werkzeuge der Mechatronik“, 14.u. 15. Mai, Gabelbach, 1998 (ISBN 3-00-00-2556-1).

[HöZiKo96] Höhne, G.; Zimmermann, K.; Kolev, K.: Schwingungsberechnungen im konstruktiven Entwicklungsprozeß. Konstruktionstechnik, Nr. 48, 1996, S. 313–318.

[We97] Weißenberger, M.: Optimierung der Bewegungsdynamik mittels Mehrkörpersimulation, iwb-Newsletter, München, September 1997, S. 5–6.

[WeDa97] Weck, M.; Dammer, M.: Die virtuelle Werkzeugmaschine - Simulation als Hilfsmittel zur effizienten Produktgestaltung, Konstruktion, Nr. 3, Springer-Verlag 1997, S. 21–25.

[ZiKo99] Zimmermann, K.; Kolev, K.: Optimierung schwingungsfähiger Systeme in der Entwurfsphase. Konstruktion, Nr. 1 /2, Springer Verlag 1999, S. 33-35.

Prof. Dr.-Ing. habil. G. Höhne
Dipl.-Ing. T. Brix
Fachgebiet Konstruktionstechnik
Prof. Dr.-Ing. habil. K. Zimmermann
Dr.-Ing. H. Adolf
Dipl.-Ing. J. Grabow
Fachgebiet Technische Mechanik
Technische Universität Ilmenau

Denkpsychologische Grundlagen der Wechselwirkung von Berechnen und Gestalten im Entwurf

J. Klose, W. Hacker, S. Riemer, W. Steger

Zusammenfassung Das Untersuchungsziel des interdisziplinären Forschungsvorhabens „Denkpsychologische Grundlagen der Wechselwirkung von Berechnen und Gestalten im Entwurf" an der TU Dresden besteht in der Erkennung und Analyse typischer Abläufe und Wechselbeziehungen der Prozesse Gestalten und Berechnen in Abhängigkeit vom Erfahrungsgrad des Konstrukteurs und von unterschiedlicher Aufgabenschwierigkeit.

In der vorliegenden Untersuchung bearbeiteten Anfänger (Studierende der Fakultät Maschinenwesen der TU Dresden) und erfahrene Konstrukteure (Maschinenbauer mit mindestens 3 Jahren Berufserfahrung) jeweils eine Variantenkonstruktion (Entwurf einer Lamellenkupplung) und eine Anpassungskonstruktion (Entwurf eines pneumatischen Greifers) unterschiedlicher Anforderungen. Die Aufgabenbearbeitung wurde mit Video aufgezeichnet. Zusätzlich wurden zur Auswertung die automatische Logfileregistrierung der Eingaben am PC-implemenierten Taschenrechner und die Ergebnisse der nachträglichen Befragung der Konstrukteure zur Vorgehensweise herangezogen.

Erste Untersuchungsergebnisse verdeutlichen die vom Expertisegrad abhängigen, unterschiedlichen Vorgehensweisen in der Aufgabenbearbeitung und deren Auswirkungen auf die Güte des Entwurfs.

Relations between calculation and embodiment design

Abstract After selecting a solution principle designers have to work out the preferred conceptual variant. This phase is characterized by three typical kinds of design work: (1) embodiment design (contours, shapes), (2) calculation (fix measurements, check fulfilment of functional requirements) and (3) information search (get information about standard parts, former solutions). Recent studies mostly concentrated their scope on embodiment design. This paper tries to investigate the relations between embodiment design and calculation.

Goals of this study are to discover:

- How do designers combine several calculation methods with embodiment problems?
- Which individual aids do designers use to keep control of connections between input-values and output-values of calculation methods?
- Which typical steps do designers apply to complete their calculation model by charakteristics of shapes or functions respectively to improve embodiment solutions by calculation results?

Results of the study should improve knowledge about the design process at the transition from conceptual design to more detailed design. Furthermore results may improve the design of user-friendly software tools for use in design.

1 Einleitung

Seit einigen Jahren bemühen sich Konstrukteure und Psychologen gemeinsam um die Erforschung von Denk- und Handlungsabläufen beim Konstruieren mit dem Ziel, kreative Entwicklungsprozesse angemessen zu unterstützen.

Konstruieren ist eine anspruchsvolle Denktätigkeit [1, 2, 3], die besonders das schöpferische Vorausdenken noch nicht existierender technischer Gebilde impliziert. Oftmals ist noch die Aufgaben- bzw. Problemspezifikation selbst zu finden [4].

In der nachfolgend dargestellten Untersuchung ist das konstruktive Entwerfen hinsichtlich der schöpferisch-kreativen Vorgänge sowie der materiellen und mentalen Repräsentationen von besonderem Interesse. Das Entwerfen zeichnet sich durch die schrittweise Festlegung von Baustruktur, Bewegungsabläufen, Werkstoff und Gestalt sowie eine iterative Anpassung relevanter Größen bei sich teilweise widersprechenden Restriktionen aus [6]. Damit stellt der Entwurf den Übergang zwischen den produktkonzipierenden Schritten, die durch schematische und eher abstrahierende Darstellungen unterstützt werden und der detaillierten Gestaltung und Dokumentation, repräsentiert durch Modelle oder Zeichnungen, dar. Teiltätigkeiten des Entwerfens sind nach Klose [7]:
Gestalten: Geometrische Größen festlegen und abstimmen,
Berechnen: Ermitteln und Bewerten von Merkmalen,
Informieren: Verwendung von früheren Lösungen, Wiederhol- und Zukaufteilen.

Bekannte Arbeiten analysieren vorwiegend die gestalterischen Aspekte der Konstruktionsarbeit. Dieser Blickwinkel soll durch Einbeziehung der Berechnung erweitert werden. Berechnungen sind für die quantitative Bewertung und Auslegung von Konstruktionen sowie für die Absicherung von Aussagen im Entwurf besonders relevant.

Obwohl Berechnungen in allen Phasen des Konstruktionsprozesses verwendet werden, erfolgt ihr Einsatz am häufigsten in der Entwurfsphase [8].

2 Ziel/Anliegen der Untersuchung

Im Rahmen eines interdisziplinären Forschungsprojektes an der TU Dresden[1] werden Gestalten und Berechnen im Entwurf untersucht. Das Ziel der Untersu-

---

[1] TU Dresden, Institut für Maschinenelemente und Maschinenkonstruktion und Institut für Allgemeine Psychologie und Methoden der Psychologie. Die Arbeiten werden durch die Deutsche Forschungsgemeinschaft gefördert (Aktenzeichen KL 848/3-2)

chung besteht in der Erkennung typischer Abläufe und Wechselbeziehungen beim Berechnen und Gestalten abhängig von Erfahrungsgrad des Konstrukteurs und unterschiedlicher Aufgabenschwierigkeit.

Im Ergebnis der Untersuchungen sollen konstruktionsmethodisch und denkpsychologisch begründete Einsichten zum Gestalten und Berechnen vorliegen. Wesentliche Fragestellungen sind dabei:

1. Welche Vorgehensweisen beim Entwerfen führen zu guten konstruktiven Lösungen?
2. Was bestimmt die Auswahl von Berechnungsmethoden? Wie werden sie zur Unterstützung der Gestaltung verwendet?
3. Welche Hilfsmittel benutzt ein Konstrukteur, um Abhängigkeiten zwischen Eingangs- und Ausgangsgrößen von Berechnungen einerseits und Gestaltmerkmalen andererseits für sich überschaubar zu gestalten?

Die praktische Bedeutung der Untersuchung liegt in der Ableitung von Empfehlungen für erfolgreiche Vorgehensweisen und die Gestaltung von Werkzeugen und Hilfsmitteln zur Anwendung in der Konstruktionsarbeit:

- Ableiten von Anforderungen an die Gestaltung von Benutzungsfunktionen rechnerunterstützter Werkzeuge zum Gestalten und Berechnen,
- Erarbeitung von Lösungsvorschlägen für den Aufbau von Informationsspeichern mit dem Ziel, die Strukturierung so zu gestalten, daß sie den natürlichen Denkprozessen des Menschen entspricht.

3 Untersuchungsmethodik

Interindividuelle Vorgehensunterschiede beim Bearbeiten von Konstruktionsaufgaben lassen sich u.a. auf unterschiedlichen Expertisegrad der Bearbeiter [10] und variierende Schwierigkeit der zu lösenden Konstruktionsaufgaben [8, 11] zurückführen. Die genannten Parameter werden daher in der beschriebenen Untersuchung zum Berechnen und Gestalten als unabhängige Variablen herangezogen. Eine ausführliche Beschreibung der Untersuchungsmethodik enthält der DFG-Zwischenbericht und [12].

3.1 Aufgabenwahl

Um Aussagen über aufgabenabhängige Unterschiede im Prozeß des Gestaltens und Berechnens treffen zu können, bearbeiten die Untersuchungsteilnehmer zwei Konstruktionsaufgaben unterschiedlicher Schwierigkeit. Die gewählten Aufgaben unterscheiden sich nach folgenden Gesichtspunkten:

- Aufgabe 1 – Variantenkonstruktion:
  Dimensionierung einer Lamellenkupplung (vorwiegend Auswahlberechnungen, weniger gestaltende Tätigkeit),

- Aufgabe 2 – Anpassungskonstruktion:
  Entwurf eines pneumatischen Greifers (Dimensionierungsberechnung, hoher Anteil gestaltender Tätigkeit).

Die Aufgaben wurden so gewählt, daß sie die Anwendung verschiedener Berechnungsverfahren verlangen und mit physikalisch-technischen Kenntnissen, konstruktivem Grundwissen und einfachen Dimensionierungsverfahren in einem zeitlichen Rahmen von ca. zwei Stunden lösbar sind. Die Prinziplösungen der Aufgaben und technische Anforderungen werden vorgegeben, um eine Eingrenzung und Vergleichbarkeit der Lösungswege und Ergebnisse zu gewährleisten.

3.1.1
Kupplungsaufgabe

Bei der Untersuchungsaufgabe 1 – Entwurf einer schaltbaren Kupplung – handelt es sich um eine Variantenkonstruktion. Es ist eine federbelastete Lamellenkupplung zu bauen (Abbildung 1). Die vorgegebenen Anforderungen betreffen das zu übertragende Rutschmoment, Drehzahl, Schalthäufigkeit, zu beschleunigendes Rotationsträgheitsmoment und Umgebungstemperatur.

Zur Lösung der Aufgabe müssen Größe und Anordnung von Teilen und ihre Kombination variiert werden. Durch Berechnungen wird aus einer Menge vorgegebener Teile (z.B. Federn, Lamellen) eine den funktionellen Anforderungen entsprechende Konfiguration abgeleitet. Berechnungen können meist den Teilen eindeutig zugeordnet werden. Die typische Anforderung an Konstruktionen –

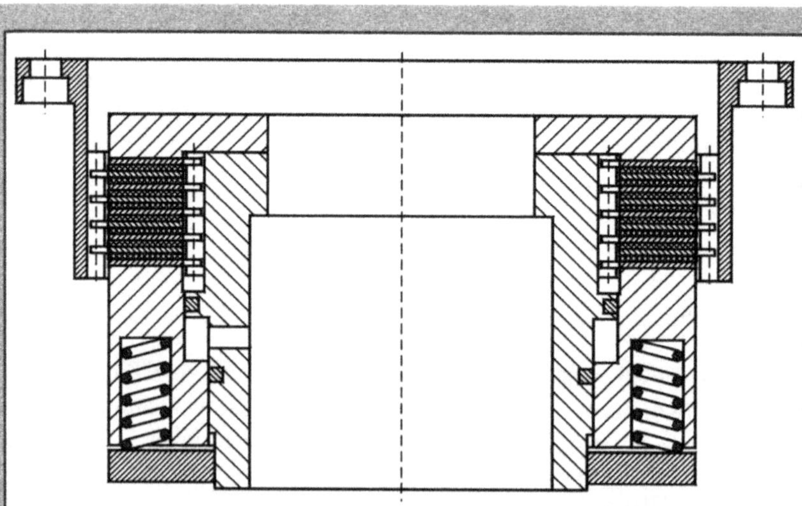

Bild 1. Schnittdarstellung einer federbelasteten, pneumatisch schaltbaren Lamellenkupplung (Prinzipbild)

das Produkt sollte möglichst klein, leicht und damit kostengünstig sein - konkurriert hier mit der zu berücksichtigenden Wärmebilanz der Kupplung, die um so günstiger ausfällt, je größer die Kupplung ist. Die Lamellenanzahl und -größe ist so zu bestimmen, daß das geforderte Moment übertragen wird und die Kupplung nicht zu heiß wird. Optimal wird derjenige vorgehen, der das Grundproblem der Aufgabenstellung in einer frühen Bearbeitungsphase erkennt und im weiteren Bearbeitungsprozeß berücksichtigt.

3.1.2
Greiferaufgabe

Gegenstand von Aufgabe 2 ist der Entwurf eines pneumatischen Greifers (Abbildung 2), bei dem der keilförmig ausgebildete Druckkolben zwei Greifbacken bewegt. Diese sind mit Zylinderstiften im Gehäuse gelagert, das gleichzeitig den Pneumatikzylinder darstellt. Die Druckluft wird durch die Bohrung in der Flanschmitte zugeführt. Die Rückstellbewegungen für Kolben und Greifbacken erfolgen durch Druckfedern. Die beim Entwurf zu beachtenden Anforderungen betreffen maximale Abmessungen des Greifers, Abmessung und Gewicht des zu greifenden Werkstücks und den verfügbaren Pneumatikdruck. Wesentliche Freiheitsgrade liegen in der Wahl der Hebel- und Wegeverhältnisse

Auch bei dieser Aufgabe liegt ein Lösungsprinzip bzw. ein genereller Entwurf vor. Jedoch sind hier keine zwangsläufigen Zuordnungen von Bauteilen und Berechnungsverfahren gegeben. Der Bearbeiter muß sich zunächst Klarheit über die Beziehungen zwischen Bauteileigenschaften verschaffen. Das Hauptproblem bei der Lösung der Greiferaufgabe besteht darin, die geometrischen Größen (Hebelverhältnis und Keilwinkel) so abzustimmen, daß die Belastung der Gleit-

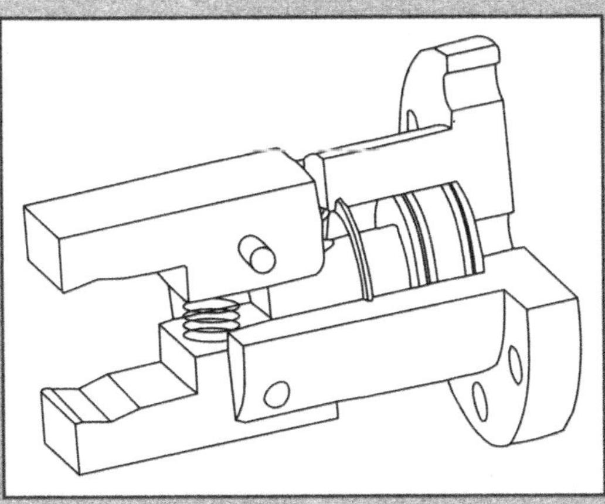

Bild 2. Prinzipbild des Greifers (aufgeschnittene Darstellung, es fehlt die Feder zur Kolbenrückstellung)

flächen erträglich bleibt und die Gesamtlänge des Greifers nicht überschritten wird.

3.2 Untersuchungsdesign und -ablauf

Einen Überblick über Untersuchungsdesign und Stichprobenumfang bietet die Tabelle 1.

Die praktische Untersuchung setzt sich aus den in der Tabelle 2 zusammengefaßten Komponenten zusammen.

3.3 Methoden der Untersuchungsauswertung

3.3.1 PC-Taschenrechner mit logfile

Zur Protokollierung der Berechnungsdurchführung wurde ein Taschenrechner für PC implementiert (Abbildung 3). Dieser protokolliert alle Tastenbetätigungen in einem logfile (Protokolldatei). Pro Untersuchung besitzt dieser logfile eine Länge zwischen 100 und 200 Zeilen, so daß zur Auswertung eine aussagefähige, aber nicht zu große Datenmenge zur Verfügung steht (Abbildung 4).

Tabelle 1. Untersuchungsdesign und Stichprobenumfang

Erfahrungsgruppen / Aufgaben	Anfänger	Fortgeschrittene	Experten
Aufgabe 1 (Kupplungsaufgabe)	N = 15	N = 15	N = 15
Aufgabe 2 (Greiferaufgabe)	N = 15	N = 15	N = 15

Tabelle 2. Untersuchungsablauf

Untersuchungsteil	Dauer in Minuten Aufgabe 1	Dauer in Minuten Aufgabe 2
Vorbefragung zur Person	5	-
Fragebogen zur heuristischen Kompetenz und Test zur räumlichen Vorstellungsleistung	30	-
Aufgabenbearbeitung	120	100
Nachbefragung zum Lösungsprozeß	20	10

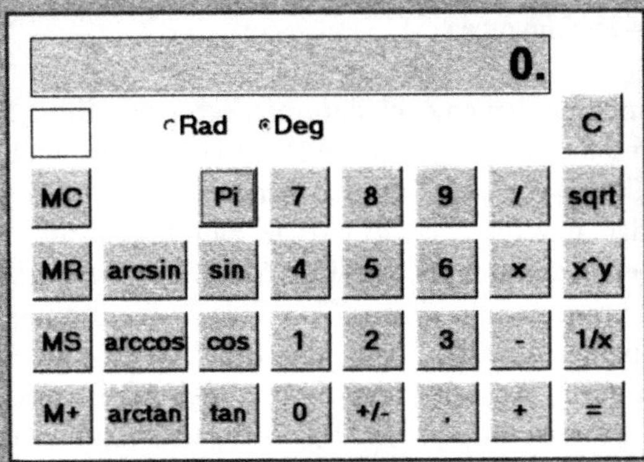

Bild 3. Benutzeroberfläche des Taschenrechners mit logfile-Funktion

...

MS / 27 / 60 * 1000000 = 406.6575538 8
94: 54 94:55 94:56 94:58 94:59 95:1 95:5

21 * 1.5 + C 31.5 9
96: 39 96:41 96:46 96:49
11 * 1.5 + 30 = 46.5
96: 56 96:58 96:59 97:1 97:3 97:9
*** Pi = 146.0840584**
97: 26 97:27
*** 110 = 16069.24642**
97: 33 97:34
220 / 12 / .2 / .088 = 1041.666667
102 :53 102:56 102:57 102:58 103:2 103:5 10 3:6
103 :8

1100 / 6 = 183.3333333 10
105 :28 105:31 105:31 105:32

48 + 7 * 1.5 + 6 * 3.5 = 79.5 11
107 :51 107:54 107:56 107:57 107:58 108:0 108:3
108 :4 108:4 108:8

Bild 4. Ausschnitt aus einem logfile (große Schrift: Berechnung, kleine Schrift: Minute und Sekunde seit Beginn der Untersuchung, nachträglich eingetragene Rechtecke mit Zahlen zur Kennzeichnung der Lösungsschritte)

3.3.2
Videoaufnahme und schriftliche Aufzeichnungen

Von jedem Untersuchungsteilnehmer liegen nach der Aufgabenbearbeitung 2–5 Seiten mit Notizen, Skizzen und Berechnungen vor. Während der gesamten Untersuchung wird die Arbeitsfläche vor dem Untersuchungsteilnehmer mittels Video aufgenommen. Die Videoaufnahme erfolgt parallel zum logfile, um insbesondere Skizzieren, Nachlesen in der Aufgabenstellung, Anfertigen von Notizen zeitlich in den Arbeitsablauf einordnen zu können. Die Videoaufzeichnung ist notwendig, da nicht alle Tätigkeiten aus dem logfile ersichtlich werden und die schriftlichen Aufzeichnungen durch die Zeiterfassung im Video Arbeitsphasen zugeordnet werden können. Das ist besonders wichtig, da die schriftlichen Aufzeichnungen nicht fortlaufend entstehen. Mitunter verwenden Untersuchungsteilnehmer Arbeitsblätter mit zunächst freigebliebenen Flächen später nochmals oder ergänzen nachträglich Parametervarianten neben zurückliegenden Berechnungen.

Die Zusammenführung der während der Untersuchung gewonnenen Daten erfolgt in einer Lösungsschritttabelle. Diese basiert auf einem für jede Aufgabe definierten Referenzprozeß, der den Lösungsprozeß durch eine Anzahl von Lösungsschritten beschreibt, die von jedem Probanden ausgeführt werden müssen.

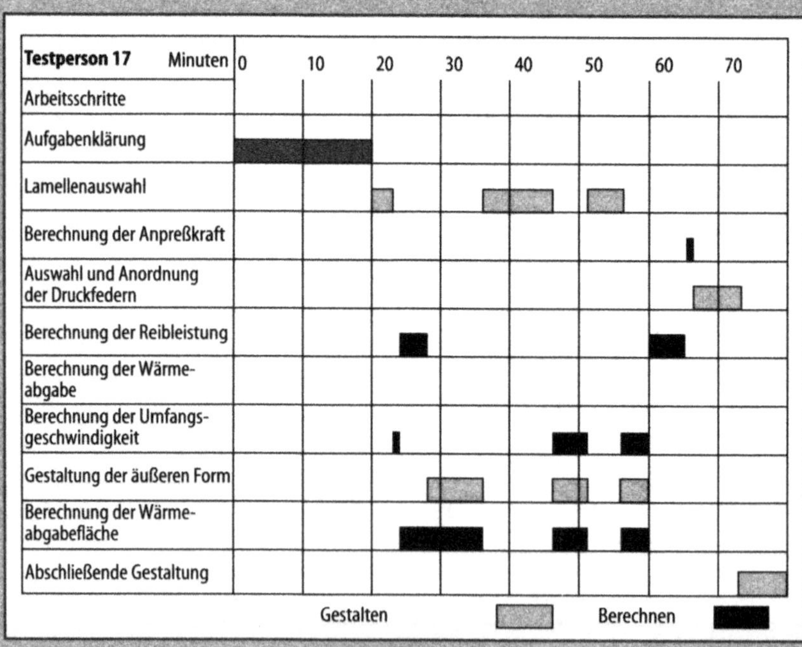

Bild 5. Lösungsprozeßeines Anfängers für Aufgabe 1 (Lamellenkupplung)

Dies ist sinnvoll, um unterschiedliche Vorgehensweisen zu erfassen, wobei die Reihenfolge der Schritte variieren kann. Daneben wird die Wiederholung von Arbeitsschritten sowie die Verwendung von Skizzen und Tabellen erfaßt. Abbildung 5 zeigt einen für Anfänger typischen Lösungsprozeß, in dem neben der Aufeinanderfolge der Lösungsschritte auch die dafür benötigten Zeiten dargestellt sind.

4 Bisherige Untersuchungsergebnisse

4.1 Lösungsgüte

Der Bewertung der Lösungsgüte für beide Aufgaben liegen die folgenden fünf Kriterien zugrunde:
- Erfüllung aller in der Aufgabenstellung definierten Anforderungen,
- Vermeidung von Funktionsfehlern,
- Sparsamer Materialeinsatz, geringer Bauraum,
- Angemessenheit der Proportionen der Bauteile,
- Vollständigkeit der Lösungsdokumentation.

Aufgabenabhängig werden diese Kriterien wiederum aus einer Anzahl von Einzelmerkmalen ermittelt. Der Gesamtwert der Lösungsgüte ergibt sich aus der Summe der einzelnen, ungewichteten Kriterien. Es konnten die erwarteten Differenzen zwischen beiden Erfahrungsgruppen bezüglich der Lösungsgüte beobachtet werden. Die erreichte Lösungsgüte innerhalb und zwischen den Erfahrungsgruppen differiert nur geringfügig (s. Abbildung 6). Wird zusätzlich die

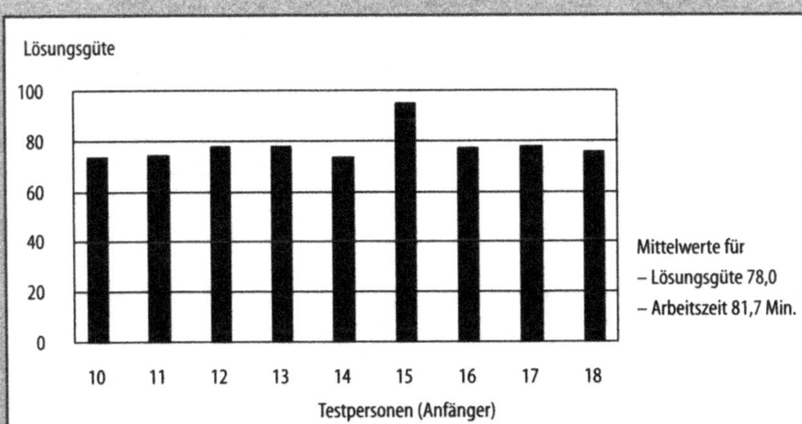

Bild 6. Lösungsgüte untersuchter Anfänger (Kupplungsaufgabe)

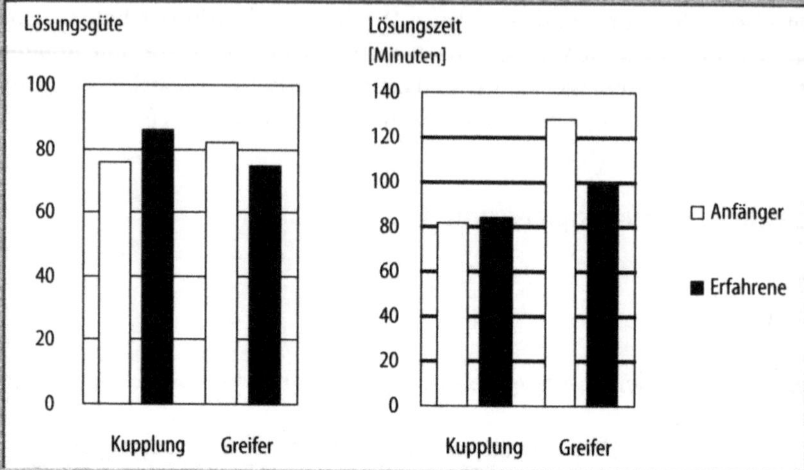

Bild 7. Mittelwerte für Lösungsgüte und Lösungszeit untersuchter Gruppen und Aufgaben

Lösungszeit in Betracht gezogen, werden die Vorteile der berufserfahrenen Konstrukteure deutlicher (Abbildung 7).

4.2 Vorgehensunterschiede

Die bisher vorliegende Stichprobengröße (N=20) läßt noch keine statistisch gesicherten Aussagen zu. Daher basieren die im folgenden dargestellten ersten Ergebnisse im wesentlichen auf einzelfallanalytische Betrachtungen.

Wie erwartet, zeichnen sich typische Vorgehensunterschiede der Konstrukteure in der Aufgabenbearbeitung in Abhängigkeit vom Expertisegrad ab. Erfahrene Konstrukteure gehen systematischer in der Aufgabenbearbeitung vor. Sie verschaffen sich zunächst einen allgemeinen Überblick über den Problemraum und vergleichen anschließend verschiedene Lösungsmöglichkeiten miteinander, bevor sie eine Lösung auswählen und verfolgen. Deutlich wird das durch die signifikant häufigere Verwendung von Tabellen oder Matrix-Darstellungen seitens der Erfahrenen.

Das Vorgehen der Anfänger kann hingegen als „spontanere" Bearbeitung beschrieben werden. Anfänger legen zunächst die für die Berechnungen relevanten Kenngrößen fest und führen anschließend mit diesen Werten die notwendigen Berechnungen durch. Bei auftretenden Schwierigkeiten während der Bearbeitung von Teilproblemen unterbrechen sie ihr Vorgehen zunächst und gehen im Lösungsprozeß anschließend wieder zurück. Der Lösungsprozeß der Anfänger ist durch mehr Iterationen gekennzeichnet (Tabelle 3).

Tabelle 3. Anzahl mehrfach durchlaufener Arbeitsschritte für beide Aufgaben und Erfahrungsgruppen

	Kupplung	Greifer
Anfänger	23	19
Erfahrene	4	13

Die bisherigen Untersuchungen zeigen, daß Konstrukteure, welche eine höhere Lösungsgüte erreichen konnten:
- weniger Vor- und Rücksprünge innerhalb des Lösungsprozesses vornehmen,
- weniger Zeit zur Aufgabenbearbeitung benötigen und
- für die Lösungsfindung irrelevante Berechnungen bzw. Lösungswege vermeiden.

Konstrukteure mit niederer Lösungsgüte:
- verwenden mehr Iterationen bei der Bearbeitung von Teilprozessen,
- schließen Teilprozesse nicht ab oder lassen deren Bearbeitung aus,
- benötigen mehr Zeit zur Aufgabenbearbeitung.

Hinsichtlich der Verwendung von Skizzen wurde zunächst festgestellt, daß bei der als schwieriger eingestuften Aufgabe 2 (Greifer) derartige Hilfsmittel eher als bei Aufgabe 1 (Kupplung) eingesetzt werden. Bei beiden Aufgaben werden Skizzen von der Gruppe der Anfänger häufiger eingesetzt, um mentale Vorstellungen bei Gestaltungs- und Anordnungsproblemen zu unterstützen.

5 Ausblick

Der vorliegende Beitrag konzentriert sich auf Grund der bisherigen Laufzeit des Vorhabens auf die Ableitung und Darstellung der Untersuchungsziele und -methodik und erste Ergebnisse. Die Ergebnisse müssen durch ausreichende Stichprobengrößen in allen Untersuchungsgruppen im weiteren verifiziert und ergänzt werden.

Weitere Aussagen werden aus der detaillierteren Analyse der Arbeitsabläufe möglich sein. Hier sind insbesondere aus Vergleichen mit den Beobachtungen bei Lösung der zweiten Aufgabe Rückschlüsse auf typische Vorgehensweisen bei der Aufgabenbearbeitung im konstruktiven Entwurf zu erwarten.

6 Literatur

1. Gattnar, K.-D.: Über die Problematik der Simulation konstruktiver Tätigkeiten. Berlin. 1965
2. Steuer, K.: Theorie des Konstruierens in der Ingenieurausbildung. Leipzig: Fachbuchverlag. 1968
3. Hacker, W.: Allgemeine Arbeitspsychologie. Bern: Huber. 1998
4. Hacker, W.: Diagnose von Expertenwissen: Von Abzapf- (broaching-) zu Aufbau- ([re-]construction-) Konzepten. Berlin: Akademie Verlag. 1996
5. Verein Deutscher Ingenieure: Methodik zum Entwickeln und Konstruieren technischer Systeme und Produkte. VDI 2221. 1993
6. Pahl, G. & Beitz, W.: Konstruktionslehre. Berlin: Springer. 1997, 4. Auflage
7. Klose, J.: Konstruktionsinformatik im Maschinenbau. Berlin: Verlag Technik. 1990
8. Rückert, C., Schroda, F. & Gaedeke, O.: Wirksamkeit und Erlernbarkeit der Konstruktionsmethodik. Konstruktion, 49, 5, S. 26-31. 1997
9. Klose, J., Römer, S., Steger, W. & Zetzsche, T. (1997). Methode zur Integration von Berechnungsverfahren in Konstruktionssysteme. In: Neue Generation von CAD/CAM-Systemen, VDI-Berichte Bd. 1357, Düsseldorf: VDI-Verlag.
10. Günther, J. & Ehrlenspiel, K.: How to designers from practise design? What can design methodology learn from them? How can design methodology support them? In: H. Birkhofer, P. Badke-Schaub & E. Frankenberger (Eds.), Designers-The Key to Successful Product Development. London: Springer. 1998
11. Sachse, P. & Hacker, W.: Unterstützung des Denkens und Handelns beim Konstruieren durch Prototyping. Konstruktion, 49, 4, S. 12–16. 1997
12. Klose, J., Steger, W., Hacker, W. & Riemer, S. (1998). Beziehungen zwischen Berechnen und Gestalten – Ergebnisse einer psychologischen Untersuchung. In: Bрökel, Schlottmann, (Hrsg.): 2. Workshop Konstruktionstechnik Rostock. Aachen: Shaker.

Prof. Dr.-Ing. habil. Johannes Klose
Dipl.-Ing. W. Steger
Lehrstuhl für Konstruktionstechnik/CAD
Prof. Dr. Winfried Hacker
Dipl.-Psych. S. Riemer
Institut für Allgemeine Psychologie und Methoden der Psychologie
Technische Universität Dresden

Messen von Plagiaten

R. Koller

Der Konkurrenzkampf und die eigene Entwicklungsschwäche verleiten Unternehmen zum erlaubten und unerlaubten Nachbau bzw. „Kopieren“ von Konkurrenzprodukten. Relativ häufiges unerlaubtes „Kopieren“ sind Schutzrechtsverletzungen und sklavischer Nachbau. Sklavischer Nachbau von Produkten kann dann einfach festgestellt und bemessen werden, wenn vollständig nachgebaut wurde, d. h., wenn sämtliche, ein Produkt beschreibende Parameterwerte gleich gemacht wurden. Schwieriger werden solche Feststellungen, wenn Produkte nur teilweise „kopiert“ wurden. Die folgenden Ausführungen befassen sich mit praxisüblichem erlaubtem und unerlaubtem Nachbauen. Auf „teilweisen sklavischen Nachbau“ wird im folgenden näher eingegangen; es wird eine Methode zum Prüfen und Messen sklavischer Nachbauten (Plagiaten) angegeben. Auf die übrigen Arten von Nachbauten kann aus Umfangsgründen nicht näher eingegangen werden.

1
Produkte bestimmende Daten und unterschiedliche Arten des Nachbaus

Will man wissen, wie gleich bzw. wie verschieden zwei zu vergleichende Produkte sind, muß man wissen, mittels welcher und wievieler Daten (Informationen) Produkte bestimmt werden. Technische Produkte werden eindeutig durch die sie realisierenden Funktionen (Tätigkeiten), physikalischen Effekte, Effektträger, Gestalt und technischen Oberflächen sowie deren jeweilige Strukturen festgelegt und beschrieben (siehe Tabelle 1). Durch das Festlegen dieser fünf Arten von Konstruktionsparametern vermag der Konstrukteur sämtliche von technischen Produkten gewünschte Fähigkeiten und Eigenschaften zu realisieren. Technische Produkte auf Gleichheit zu prüfen heißt von Fall zu Fall festzustellen, wie gleich oder verschieden deren

- Funktionsstrukturen (Schaltpläne)
- physikalischen Prinziplösungsstrukturen
- Gestalt und Gestaltstrukturen
- angewandte Werkstoffe und
- angewandte technische Oberflächen

sind.

Tabelle 1. Produkte beschreibende Parameter, Produkttätigkeiten (Funktionen), Produkteigenschaften

Produkte beschreibende und bestimmende Parameter	Produkttätigkeiten beispielsweise	Produkteigenschaften bezüglich
• Funktionen, Funktionsstrukturen • Effekte, Effektstrukturen • Effektträger, Effektträgerstrukturen • Gestaltelemente, Gestaltstrukturen • Oberflächen, Oberflächenstrukturen	• Druck verkleinern • Kraft erzeugen • Weg vergrößern • Bewegungsrichtung ändern • Stoffe sortieren • Wasser speichern • Lebensmittel verpacken • Kleidungsstücke stricken • Löcher bohren • Waren transportieren • Kaffee kochen • Fahrzeug bremsen • u. a.	Gebrauch • Leistung, Durchsatz, Bit/sec, Kraft, Geschwindigkeit, Lebensdauer, Zuverlässigkeit, Preis, Kosten für Herstellung, Betrieb, Wartung u. a. Werdegang • Entwicklung, Fertigung, Montage, Prüfung, Vertrieb, Wartung, Reparatur, Recycling, Beseitigung Eigenstörungen • verschleißarm, reibungsarm, stoßunempfindlich, spielfrei u. a. Umwelt • gegen Umwelteinflüsse unempfindlich, d. h. gegen Spritzwasser, Stäube, Sonnenstrahlung u. a. unempfindlich • Umwelt schonend, d. h. schadstoffarm, geringe Lärmemission u. a. • Ressourcen schonend u. a. Gesellschaft • sicher bezüglich Leben und Gesundheit von Menschen, Tieren und Pflanzen • Gesetzen und Vorschriften entsprechend • Schutzrechten entsprechend u. a

Manchmal ist es sinnvoll, solche Prüfungen noch auf die, technischen Produkten zugrundeliegenden, Aufgabenstellungen auszudehnen; d. h., zu prüfen, ob die bestimmten Produkten zugrundeliegenden Aufgabenstellungen gleich oder unterschiedlich sind. In Fällen von Nachbau technischer Produkte ist es zweckmäßig zu unterscheiden, welche Informationen der Nachbauer vom Urheber übernommen hat und welche Informationen Eigenleistungen des Nachbauers sind. In der Praxis sind im wesentlichen drei Fälle bzw. Niveaus von Nachbau üblich, und zwar:

1. Die Aufgabenstellung stammt von einem Konkurrenten oder einer anderen Person oder Firma. Die Lösung dieser Aufgabenstellung ist ausschließlich durch Eigenleistung eines Anderen erfolgt. Solche Fälle von „Nachbau“ werden nicht als Nachbau bezeichnet; diese sind legitim. Aufgabenstellungen ohne Lösungen sind nicht geschützt. Die Aufgabenstellung muß nicht vom Aufgabenlöser stammen.

2. Der Nachbauer übernimmt vom Konkurrenten bzw. dessen ungeschütztem Produkt, Aufgabenstellung, Funktionsstruktur (Schaltplan), Prinziplösung, angewandte Werkstoffe und angewandte technische Oberflächen, nicht hingegen die äußere Gestalt des Produktes (Design, Aussehen, Erscheinungsbild) und auch nicht die Gestalt der einzelnen Bauteile und Baugruppen (Produktinnere); er übernimmt alle ein Produkt bestimmenden Daten des Konkurrenzproduktes, außer jene, welche die äußere und innere Gestalt eines Produktes bestimmen.
   Dieses darf man offensichtlich tun, ohne gegen Rechte zu verstoßen, so die gängige Praxis. Übernimmt ein Nachbauer auch noch die Gestalt eines Konkurrenzproduktes, indem er Bauteile und/oder das Äußere eines Produktes (Design) identisch gestaltet, wird sein Handeln illegitim, so die übliche Praxis.
3. Ein Nachbauer, welcher versucht eine geschützte Lösung durch Angeben einer anderen, dem „Fachmann naheliegende äquivalente Lösung" zu ersetzen,

Tabelle 2. Erlaubte und unerlaubte Arten des Nachbaus von Konkurrenzprodukten (unterschiedliche Nachbauniveaus)

Informationen des Nachbauers vom Konkurrenten	Eigenleistungen des Nachbauers	Bemerkungen
1. Aufgabenstellung (ungeschützt)	Lösung - Funktionsstruktur (Schaltplan) - Prinziplösung - Gestaltung - Werkstoffe - Technische Oberflächen	legitim
2. Ungeschütztes Produkt bzw. Aufgabenstellung Funktionsstruktur (Schaltplan) Prinziplösung Werkstoffe Technische Oberflächen	a) Eigene Produktgestaltung	geduldeter (erlaubter) Nachbau
. . Gestaltung	b) Gestaltung wie Konkurrenzprodukt	sklavischer Nachbau Baugleichheit Illegitim
3. Geschütztes Produkt Aufgabenstellung Funktionsstruktur (Schaltplan) Prinziplösung Gestaltung Werkstoffe Technische Oberflächen	a) Verletzungslösungen durch „nahe liegende äquivalente Lösungen"	Schutzrechtsverletzungen Illegitim
	b) Umgehungslösung durch „nicht naheliegende äquivalente Lösungen"	Umgehungslösungen legitim

handelt bekanntlich illegitim. Gelingt es ihm mittels konstruktionsmethodischer Mittel (oder intuitiv) zur ursprünglichen Lösung äquivalente (gleichwirkende) Lösungen anzugehen, welche mit den Mitteln des Patentrechts nicht als „naheliegende äquivalente Lösungen" identifiziert werden können, gelingt es ihm sogenannte Umgehungslösungen anzugeben, gilt dieser Nachbau als legitim.

In Tabelle 2 sind die verschiedenen Nachbaufälle übersichtlich zusammengefaßt. Im folgenden soll aus Umfangsgründen nur auf Nachbaufälle des Typs 2 b (siehe Tabelle 2) näher eingegangen werden, in welchen Konkurrenzprodukte bezüglich Gestalt- und sonstige Parameter nahezu identisch oder identisch nachgebaut werden.

2 Verschiedenheit von Produkten

Nicht patentrechtlich geschützte konkurrierende technische Produkte sind meist weitgehend gleich hinsichtlich ihrer Funktionsstrukturen, angewandter physikalischer Prinzipstrukturen, Werkstoffe und technischer Oberflächen. Solche konkurrierenden Produkte – man denke beispielsweise an Automobile verschiedener Hersteller – unterscheiden sich üblicherweise wesentlich in ihrem Aussehen (Design, äußeren Gestalt) und bezüglich ihrer funktionalen Gestaltung (inneren Gestalt). Die Anwendung gleicher Funktionsstrukturen, gleicher physikalischer Prinzipien, gleicher Werkstoffe, gleicher technischer Oberflächen (z. B. Beschichtungen) in Produkten konkurrierender Hersteller wird in der Praxis üblicherweise nicht als Nachbau empfunden. Gemeint sind hier konventionelle, konkurrierende Produkte, für welche Schutzrechte entweder nie existierten oder längst abgelaufen sind. Die Hersteller solcher, nicht mehr schutzfähiger Produkte legen üblicherweise großen Wert darauf, daß sich ihre Produkte in ihrer äußeren Erscheinungsform (Design) und funktionalen Gestalt („inneren Gestalt") deutlich von jenen der Konkurrenz unterscheiden (beispielsweise Automobile). Wenn diese bezüglich ihrer Funktionsstrukturen, physikalischer Prinzipien, Werkstoffe und technischer Oberflächen übereinstimmen, werden diese üblicherweise toleriert und nicht als Nachbau empfunden. Erst wenn diese auch noch im Design oder/und in ihrer Gestalt gleich oder nahezu gleich ausgeführt werden, ist „das Maß voll". Man bezeichnet derartige Produkte dann als „baugleich", „sklavischen Nachbau" oder Plagiate. Bei gestaltgleichen oder nahezu gestaltgleichen Produkten müssen deren Funktions- und Prinzipstrukturen gleich sein, sonst wäre eine annähernde Gestaltgleichheit nicht möglich. D. h., daß man auf eine Prüfung dieser Parameter verzichten kann. Technische Produkte haben bestimmte Fähigkeiten (vermögen bestimmte Tätigkeiten bzw. Funktionen zu realisieren) und Eigenschaften (Gewicht, Volumen, Lebensdauer etc.). Die Fähigkeiten und Eigenschaften von Bauteilen technischer Produkte werden ausschließlich durch die ihnen gegebene Gestalt, den Werkstoffen, aus denen diese bestehen und den technischen Oberflächen, welche diese besitzen, festgelegt und beschrieben. Bauteile haben eine bestimmte Gestalt, bestehen aus bestimmten Werkstoffen und besitzen bestimmte technische Oberflächen; sie werden durch bestimmte Gestalt-, Werkstoff- und Oberflächenparameterwerte beschrieben und festgelegt.

Will man bewerten wie gleich bzw. wie verschieden ein Plagiat und ein entsprechendes Unikat sind, ist es notwendig deren entsprechende Bauteile (kleinste Einheiten) bezüglich Gleichheit der Gestalt, Gleichheit der Werkstoffe und Gleichheit deren technischer Oberflächen zu prüfen.

Es ist somit festzustellen, durch wieviele Gestalt-, Werkstoff- und Oberflächendaten (Parameterwerte) Bauteile beschrieben werden und wieviele Daten der zu vergleichenden Bauteile gleich bzw. verschieden sind.

Die Gestalt eines Bauteils wird durch die es begrenzenden Teiloberflächen bestimmt. Teiloberflächen von Bauteilen sind – sieht man von Freiformflächen ab – meist Regelflächen, es sind ebene, zylinder-, kegel-, kugel- oder torusförmige Flächen. Diese werden im einzelnen durch Angabe deren Form, Abmessungen (Länge und Breite), Lage (3 Koordinatenwerte) und deren Neigung (3 Winkelwerte) bezüglich eines bauteilfesten Koordinatensystems bestimmt. Im allgemeinen sind dies insgesamt 9 Daten, durch welche eine Teiloberfläche eines Bauteils festgelegt wird. Entsprechend kann die Zahl der Parameter zur Beschreibung der Gestalt einer Teiloberfläche eines Bauteils bis zu neun Daten betragen. Da die Teiloberflächen eines Bauteils aneinander angrenzen und deren Kantenlängen (Länge, Breite) nicht unabhängig voneinander festgelegt werden können, benötigt man zur Beschreibung der Gestalt von Bauteil-Teiloberflächen im Mittel weniger als 9 Daten. Wie Untersuchungen an Bauteilzeichnungen zeigen, benötigt man zur Beschreibung der Gestalt von Teiloberflächen – abhängig von der Komplexität der Bauteilgestalt (mehrfach-, einfach- oder rotationssymmetrisch, prismatisch, kubisch oder von komplexerer Gestalt) – im Mittel nur 2 bis 7 Parameter (Daten) pro Teiloberfläche. Entsprechend läßt sich die ungefähre Zahl an Daten, welche erforderlich ist, um die Gestalt eines bestimmten Bauteils zu beschreiben, dadurch ermitteln, daß man die Zahl der Teiloberflächen, je nach Komplexität der Bauteilgestalt, mit dem Faktor 2, 3, 4, 5, 6 oder 7 multipliziert. Zur Beschreibung von Freiformflächen benötigt man noch deutlich mehr Daten. Bauteile mit Freiformflächen sollen aber im folgenden außer Betracht bleiben. Die Teiloberflächen von in der Praxis meist üblichen Bauteilen spezieller Gestalt (rotationssymmetrisch, einfachsymmetrisch, prismatisch und kubisch) werden meist mit 3 bis 7 Parametern bzw. im Mittel mit 4 bis 5 Parametern pro Teiloberfläche beschrieben. Man macht keinen großen Fehler, wenn man die Komplexität der Gestalt von Bauteilen außer acht läßt und mit einem Mittelwert von 4 oder 5 rechnet, um so die ungefähre Zahl Z der ein Bauteil beschreibenden Daten zu ermitteln, welcher man den Wert 100 % zuordnet. Die Gesamtzahl Z der ein Bauteil bestimmenden Parameter (Daten) erhält man somit überschlägig zu

$$Z = m \cdot ZT + ZO + ZW$$

Z = ungefähre Gesamtzahl an Daten, welche ein Bauteil beschreiben; Z entspricht 100 % der ein Bauteil beschreibenden Daten

m = Zahl der die Gestalt, Lage und Neigung einer Teiloberfläche beschreibenden Parameter, m = 2 bis 7, je nach Komplexität der Bauteilgestalt; für Überschlagsrechnungen kann man mit einem mittleren Wert von m = 4 oder 5 rechnen;

ZT = Zahl der Teiloberflächen des Originalbauteils

ZO = Zahl unterschiedlicher technischer Oberflächen eines Originalbauteils (ZO ist meist = 1 oder 2)

ZW = Zahl der unterschiedlichen Werkstoffe, aus welchen ein Originalbauteil hergestellt ist (W ist meist = 1)

Bei der Prüfung von Bauteilen auf Gestaltgleichheit ist es ferner notwendig, zwischen einer qualitativen und einer quantitativen Gestaltgleichheit zu unterscheiden. Bauteile können von gleicher qualitativer Gestalt sein, obgleich deren Abmessungen alle verschieden sind. Qualitativ von gleicher Gestalt heißt, Teiloberflächen gleicher Form an gleicher Stelle (= gleiche Gestaltstruktur). Die Abmessungen hingegen können verschieden sein. Quantitativ gleich heißt, daß auch die sich entsprechenden Abstände und Abmessungen der Teiloberflächen von zu vergleichenden Bauteilen gleich sind. Entsprechend sind Bauteile auf qualitative und quantitative Gestaltgleichheit zu prüfen. Die qualitative Gestaltgleichheit G_L läßt sich ermitteln, indem man die Anzahl der Daten Z ermittelt, welche das betreffende Unikat-Bauteil beschreiben. Ferner ermittelt man die Anzahl der Daten U, in welchen sich das Plagiat-Bauteil vom Unikat-Bauteil unterscheidet. Einen Wert für die qualitative Gestaltgleich- bzw. Verschiedenheit zweier zu vergleichender Bauteile erhält man mit folgender einfacher Beziehung:

$$G_L = \frac{Z - U}{Z} \cdot 100 \left[\%\right]$$

Bei der Ermittlung der Zahl der Teiloberflächen (ZT) von Bauteilen kann man die, die Gestalt von Bauteilen nicht wesentlich beeinflussenden kleinen Teiloberflächen, wie beispielsweise Abrundungsradien, Einstiche, Facetten etc., unberücksichtigt lassen.

Zur Berechnung der quantitativen Gestaltgleichheit von Bauteilen ist es notwendig, die Gesamtzahl M der diese beschreibenden Längen- und Winkelmaße sowie die Zahl N der nicht übereinstimmenden Längen- und Winkelmaße zu ermitteln. Einen prozentualen Wert für die quantitative Gestaltgleichheit G_N oder Verschiedenheit V_N erhält man mittels folgender Beziehung:

$$G_N = \frac{M - N}{M} \cdot 100 \left[\%\right]$$

$$V_N = \frac{N}{M} \cdot 100 \left[\%\right]$$

Dabei ist zu beachten, daß technische Zeichnungen, neben den expliziten Abmessungs-, Werkstoff- und Oberflächenangaben, viele, nicht ohne weiteres ersichtlichen impliziten Abmessungsdaten enthalten, so beispielsweise Daten bezüglich Zentrizität, Winkellagen, Längenabmessungen von Teiloberflächen. Beispielsweise werden 90°-Winkellagen, symmetrische, zentrische oder fluchtende Flächenlagen nicht durch Maßangaben, sondern nur bildlich dokumentiert. Dieses hat zur Folge, daß die in obige Formel einzusetzende Anzahl Maße (M und N) nicht mit der in Zeichnungen explizit vorhandenen Anzahl Maßangaben übereinstimmt, sondern tatsächlich deutlich größer ist. Wenn man bei der Feststellung der gleichen und nicht gleichen Daten von Unikat und Plagiat exakt sein will, muß man die gleichen und ungleichen expliziten und impliziten Daten zu vergleichender Zeichnungen ermitteln. Dieser Sachverhalt macht die Ermittlung der Zahl der gleichen und ungleichen Datenwerte von Unikat und Plagiat noch mühseliger und zeitaufwendiger, als dies ohnehin schon ist. Man kann sich diese Arbeit vereinfachen, wenn man die gleichen und ungleichen impliziten Werte von Zeichnungen außer acht läßt und nur die gleichen und ungleichen expliziten Werte zählt und in Rechnung stellt; man ermittelt nur die Anzahl entsprechender Maßangaben deren Werte gleich bzw. verschieden sind. Mittels obengenannter Formeln erhält man einen ungefähren Wert, welcher besagt, zu wieviel Prozent die ein Bauteil beschreibenden quantitativen Parameterwerte gleich oder verschieden zu denen eines anderen Bauteils sind.

Zu bemerken ist noch, daß in der Praxis oftmals versucht wird, das Aussehen von nachgebauten Bauteilen dadurch wesentlich zu verändern, daß man die Zahl der Teiloberflächen des Plagiat-Bauteils gegenüber dem Unikat-Bauteil vergrößert oder verkleinert, indem man eine ursprünglich einflächige Teiloberfläche rändelt und mit kleinen Nuten, Noppen oder Rippen versieht. Man vergrößert (oder verkleinert) die Zahl der Teiloberflächen in einem Oberflächenbereich des Bauteils, in welchem dies für die Funktion eines Bauteils problemlos gemacht werden kann. Berechnungen mit obengenannten Formeln würden aufgrund einer Vervielfachung der Teiloberflächenzeichnung „Nichtbaugleichheit" ergeben, obgleich beispielsweise eine ursprünglich einflächige Teiloberfläche nur mit mehreren Rippen versehen wurde und jedermann das Empfinden hat, daß das betreffende Bauteil im wesentlichen Umfang nachgebaut wurde. Man kann solchen Fällen gerecht werden, wenn man den betreffenden Oberflächenbereich der zu vergleichenden Bauteile, als lediglich *eine* (1) Teiloberfläche betrachtet, deren technischen Oberflächen gleich oder verschieden gemacht worden sind (1 Wert einer technischen Oberfläche ist gleich oder verschieden). Ein Oberflächenbereich zweier Bauteile wird durch mehr oder weniger Oberflächen (Rillen, Rippen, Rändel, Abflachungen, Noppen etc.) gebildet. Eine solche Gestaltänderung eines Oberflächenbereichs eines Bauteils wird in o. g. Formel in der Weise angemessen berücksichtigt, daß man einen (1) zu vergleichenden Wert (einen Oberflächenwert) gegebenenfalls als ungleich wertet. Dadurch ändert sich das Ergebnis einer solchen Vergleichsrechnung nur geringfügig, entsprechend dem technischen Sachverhalt.

3
Plagiatsgrenzen

Mit obigen Formeln lassen sich Werte ermitteln, welche besagen zu wieviel Prozent ein nachgebautes Bauteil qualitativ und quantitativ gleich bzw. verschieden von einem Unikat-Bauteil ist. Somit kann man für sämtliche zu vergleichende Bauteile zweier Produkte einen qualitativen und quantitativen Gleich- oder Verschiedenheitswert ermitteln. Ob ein Bauteil als Plagiat bezeichnet werden kann oder als Unikat zu gelten hat, kann dadurch bestimmt werden, daß man festlegt, ab welchen qualitativen und quantitativen Gleichheitswerten ein Bauteil als Plagiat bezeichnet werden soll. Dazu ist folgendes auszuführen: Parameterwerte technischer Produkte werden bei deren Konstruktion so festgelegt, daß diese bestimmte Fähigkeiten und Eigenschaften erhalten. Die Parameterwerte technischer Produkte sind eine Folge der von diesen zu erfüllenden Funktionen (Fähigkeiten) und gewünschten Eigenschaften. Wie die Praxis lehrt, läßt sich zur Lösung einer bestimmten technischen Aufgabe meist eine Vielzahl geeigneter Werte für die verschiedenen Parameter angeben. Es läßt sich nicht nur *eine* (1) Lösung, festgelegt durch ein bestimmtes Kollektiv von Parameterwerten, sondern eine Vielzahl von Wertekollektiven von Parametern bzw. eine Vielzahl von Lösungen angeben. Deshalb werden zwei unabhängig voneinander, an der Lösung gleicher Aufgaben arbeitende Konstrukteure, nur sehr selten und rein zufällig für identische Parameter gleiche Werte festlegen; beispielsweise eine Abmessung eines Bauteils mit gleichen Längenabmessungen und gleichen zulässigen Toleranzen versehen. Ausnahmen bilden lediglich Norm- und Standardbauteile. Bei der Anwendung von Norm- und Standardbauteilen ist es wahrscheinlicher, daß Konstrukteure auf gleiche Norm- oder/und Standardteile bzw. auf Bauteile mit gleichen Abmessungen zurückgreifen. Deshalb ist es zweckmäßig Norm- und Standardbauteile von obigen Vergleichsbetrachtungen auszunehmen, falls solche in Plagiaten vorkommen.

Die Praxis lehrt, daß entsprechende Bauteile (ausgenommen Norm- und Standardbauteile) zweier Produkte, welche von verschiedenen Personen konstruiert wurden, zwischen welchen kein Informationsaustausch stattfand, praktisch niemals auch nur annähernd gleich festgelegt werden. Die Wahrscheinlichkeit, daß alle entsprechenden Parameterwerte zweier Bauteile gleich gemacht werden ist so gering, wie „sechs Richtige im Lotto", wenn es sich nicht um sehr einfache Bauteile (Kugel, Beilagscheibe etc.), sondern um komplexere Bauteile handelt, zu deren Beschreibung eine größere Zahl an Parametern (sechs oder mehr) notwendig ist. Bauteile und daraus resultierende komplexere Gebilde (Baugruppen, Produkte) sind üblicherweise Unikate, wenn kein „Kopieren" erfolgte. Man kann demnach mit ziemlicher Sicherheit sagen, daß, wenn an Bauteilen 20 oder mehr Prozent der diese beschreibenden Daten identisch sind, „Kopieren" bzw. Nachbau stattgefunden hat.

Wie die Praxis zeigt wird, wenn „kopiert" wird, meist auch sehr umfassend „kopiert"; d. h., es werden meist deutlich mehr als 50 % der Datenwerte „kopiert" und nur ein relativ geringer Prozentsatz an Daten wird verändert. Würde man sehr viele Daten ändern – „paßt es sehr bald hinten und vorne nicht mehr“, man müßte einen hohen Aufwand treiben, um „Bauteile wieder passend zueinander zu machen“, man kann dann besser gleich eigenständig konstruieren, ohne zu „kopieren“.

Häufig kann man anhand von Nachbauzeichnungen auch erkennen, ob diese anhand von Mustern (Produkten, Bauteilen) oder anhand von Zeichnungen des Urhebers entstanden sind. Es gibt Informationen, welche man anhand von Mustern nicht oder nur sehr ungenau ermitteln kann, so beispielsweise Passungen, Rauheitswerte für Oberflächen usw. Stimmen Unikat- und Plagiatzeichnungen auch noch in diesen Informationen überein, läßt sich daraus schließen, daß dem Nachbauer neben möglicher Muster, auch noch Zeichnungen des Urhebers vorlagen. Manchmal läßt sich auch noch feststellen, daß der Nachbauer nicht nur sämtliche ein Bauteil beschreibende Daten „abschreibt“, sondern darüber hinaus auch noch dessen „Handschrift“ nachahmt, indem dieser die selben Maßangaben in seiner Zeichnung beispielsweise nicht normgerecht darstellt bzw. Bauteildarstellungen und Maßanordnungen vollkommen identisch wählt, wie der Urheber.

Die Feststellung, ob Bauteile von Produkten nachgebaut oder nicht nachgebaut sind, ist folglich meist zweifelsfrei möglich. Deshalb kann man die Grenze, ab wann ein Bauteil als Plagiat gelten soll, aus Gründen der Rechtssicherheit, relativ hoch legen. In praktischen Anwendungsfällen wurde der qualitative Grenzwert beispielsweise auf 70 % und der quantitative Grenzwert auf 50 % festgelegt. D. h., Nachbauteile, welche qualitativ zu 70 % oder mehr *und* quantitativ zu 50 % oder mehr Prozent ihrer sie beschreibenden Daten mit denen entsprechender Unikat-Bauteile übereinstimmten, wurden als Plagiat-Bauteile bezeichnet. Wie Praxisfälle zeigten, liegen Unikat-Bauteile üblicherweise deutlich unter und Plagiat-Bauteile deutlich über o. g. Grenzwerten. Größere Änderungen „lohnen sich nicht“, dann konstruiert man besser gleich unikat.

4 Beispiel

Bild 1 zeigt zwei ähnlich aussehende Bauteile gleicher Funktion. Das Bauteil a (Unikat) besitzt 8 Teiloberflächen (Facetten, Einstiche nicht mitgezählt), das andere Bauteil b besitzt 9 Teiloberflächen; d. h., eine (1) Teiloberfläche mehr, als Bauteil a und eine (1) Teiloberfläche hat eine andere Form (eben), als die entsprechende Teiloberfläche des Bauteils a (kugelförmig). Die Oberflächenrauhigkeit RZ ist bei beiden Bauteilen gleich angegeben ($R_Z = 25\ \mu m$). Der Werkstoff ist bei beiden Bauteilen ebenfalls gleich angegeben worden. Von 10 Maßangaben des Bauteils b sind 7 mit Maßangaben des Bauteils a identisch; drei sind unterschiedlich. Wählt man einen Faktor 4 zur Ermittlung der die Gestalt beschreibenden Daten pro Teiloberfläche, so ergibt sich eine überschlägige Anzahl der die Gestalt beschreibenden Daten von 4 mal 8 = 32. Davon sind 4 mal 2 = 8 Daten abzuziehen, wegen des Nichtübereinstimmens der Form zweier Teiloberflächen.

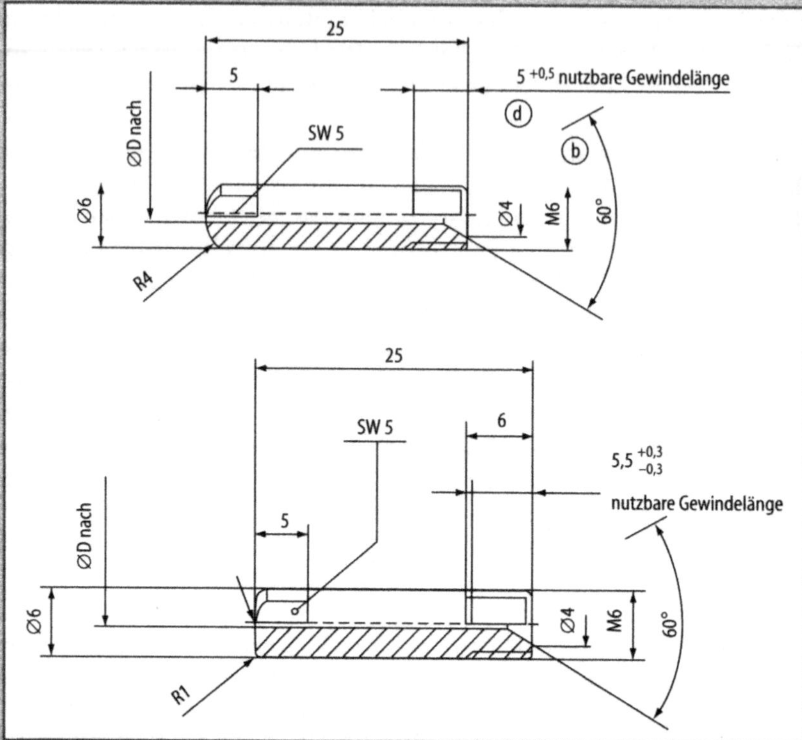

Bild 1. Einfaches Beispiel auf Gleichheit zu prüfender Bauteile. Unikat- oder Originalbauteil **a** mit 8 Teiloberflächen, Plagiatbauteil **b** mit 9 Teiloberflächen, 1 Teiloberfläche besitzt eine andere Form (torus- statt kugelförmig), zu einer (1) Teiloberfläche gibt es keine entsprechende Teiloberfläche am Originalbauteil. Werkstoff und Rauheit der technischen Oberflächen sind bei beiden Bauteilen gleich festgelegt worden; in Bild 1 fehlen diese Angaben. Von 10 sind 7 Maßangaben gleich.
Qualitativer Gleichheitswert G_L=76 %.
Quantitativer Gleichheitswert G_N=70 %.
Quantitativer Verschiedenheitswert V_N=30 %.

Die Gesamtzahl Z ergibt sich zu 32 + 2 = 34 Daten; 1 Datum für die technischen Oberflächen; 1 Datum für den Werkstoff der Bauteile. Hiermit ergibt sich eine qualitative Gleichheit von:

$$G_L = \frac{4 \cdot 8 + 2 - 4 \cdot 2}{4 \cdot 8 + 2} \cdot 100 = 76\%$$

Die quantitative Gleich- bzw. Verschiedenheit läßt sich überschlägig ermitteln, indem man die Zahl der gleichen Maßangaben zur Gesamtzahl der Maßangaben des Bauteils b in Relation setzt:

$$G_N = \frac{7}{10} \cdot 100 = 70\%$$

Anzumerken ist, daß o. g. Zeichnungen – neben den genannten 10 expliziten Maßangaben – noch zahlreiche implizite Längen- und Winkelangaben enthalten; so sind beispielsweise aus den Bauteildarstellungen noch folgende Maßangaben ablesbar: „die Schlüsselflächen (SW5) sind 0° zur Symmetrieachse geneigt und sind zu dieser in gleichen Abständen (symmetrisch) angeordnet", ferner sind die „Teiloberflächen im Winkel von 90° zueinander geneigt" u. a. m. Die meisten impliziten Maßangaben würden in diesem oder auch in anderen Fällen, als gleich zu bewerten sein. D. h., Berechnungen von Gleichheitswerten würden bei Berücksichtigung impliziter Maßangaben meist noch höhere Gleichheitswerte liefern, als Berechnungen ohne Berücksichtigung impliziter Maßangaben. D. h., weniger aufwendige Gleichheitsberechnungen, ohne Berücksichtigung impliziter Maßangaben, liefern meist kleinere Gleichheitswerte, als genauere, aufwendigere Rechnungen. Die mit weniger Aufwand durchführbaren Überschlagsrechnungen liefern Ergebnisse zugunsten des Nachbauers; diese liegen juristisch auf der „sicheren Seite".

5
Zusammenfassung

Der Konkurrenzkampf verleitet Unternehmen zum erlaubten oder unerlaubten Nachbau von Konkurrenzprodukten. Unerlaubte Arten von Nachbau sind meist Schutzrechtsverletzungen und sklavischer Nachbau. Da sklavischer Nachbau nicht in allen Fällen gleichbedeutend mit „vollständigem Nachbau" ist, sondern auch nur „teilweiser Nachbau" sein kann, bedarf es Methoden, um festzustellen, zu wieviel Prozent zu vergleichende Produkte nachgebaut bzw. kopiert wurden.

Sklavischer Nachbau von Produkten läßt sich bemessen, indem man die (funktional) entsprechenden Bauteile von Unikat- und vermutlichem Plagiats-Produkt auf Gestalt-, Werkstoff- und Oberflächengleichheit prüft. Die Gleich- oder Verschiedenheit von Bauteilen läßt sich quantifizieren, indem man feststellt, wieviele der diese beschreibenden qualitativen und quantitativen Parameter gleich- bzw. verschiedenwertig sind. Für die zu vergleichenden „Bauteilpaare" erhält man so jeweils einen qualitativen und quantitativen, prozentualen Verschiedenheitswert, indem man die Anzahl unterschiedlicher qualitativer bzw. quantitativer Parameterwerte ins Verhältnis zur Gesamtzahl der diese beschreibenden qualitativen bzw. quantitativen Parameter setzt.

Literatur

Koller, R.: Konstruktionslehre für den Maschinenbau, 4. Aufl., Springer-Verlag Berlin Heidelberg New York, 1998

Roth, K.: Konstruieren mit Konstruktionskatalogen, Band I, II, III, Konstruktionskataloge, 2. Auflage, Springer-Verlag Berlin Heidelberg New York, 1994

Prof. Dr.-Ing. Rudolf Koller
RWTH Aachen, Institut für Allgemeine Konstruktionstechnik im Maschinenbau

Zur Schallabstrahlung von glatten und verrippten rechteckigen Platten

A. Landfester, F. G. Kollmann

Zusammenfassung In diesem Aufsatz wird der Frequenzgang des Abstrahlmaßes von glatten und verrippten rechteckigen Platten mit Hilfe von zwei geschlossenen Lösungen unterschiedlicher Genauigkeit und einem numerischen Verfahren (Finite Elemente und Infinite Elemente) berechnet. Es zeigt sich, daß das einfach zu handhabende Verfahren von Maidanik den Verlauf des Abstrahlmaßes glatter Platten im Kurzschlußbereich unterschätzt. Die mit einem genaueren geschlossenen Verfahren nach Atalla und Nicolas sowie mit der numerischen Methode berechneten Frequenzgänge des Abstrahlmaßes liegen relativ nahe bei einander. Die Verrippung erhöht im Kurzschlußbereich den Abstrahlgrad, was aus der älteren Literatur bekannt ist.

1 Einführung

Rechteckige Platten stellen ein wichtiges Modell für die Schallabstrahlung technischer Strukturen dar. Daher gibt es verschiedene Ansätze das Abstrahlmaß von glatten und verrippten Platten zu berechnen. Die Abstrahlung wird grundsätzlich durch (im allgemeinen) erzwungene Schwingungen der Platte verursacht.

Die älteste Berechnungsmethode für das Abstrahlmaß stammt von Maidanik [10]. Maidanik geht von folgenden Voraussetzungen aus. Die Anregung der Platte erfolgt durch eine zeitlich harmonische Einzelkraft, die an einem beliebigen Punkt der Platte angreifen kann. Nur diejenigen Eigenschwingungsformen tragen zur Abstrahlung bei, deren Eigenfrequenzen im betrachteten Frequenzbereich liegen. Die Amplituden der in Resonanz befindlichen Eigenschwingungen sind im Mittel gleich und ihre Phasen sind zufällig verteilt. Die Platte ist in eine unendlich ausgedehnte starre Platte[1] eingebettet. Dadurch wird ein Luftaustausch zwischen der Ober- und Unterseite der Platte vermieden. Die Platte ist an ihren vier Rändern in der starren Platte allseits frei gestützt. Aufgrund dieser Voraussetzungen stellt die Methode von Maidanik nur eine Näherungslösung dar. Insbesondere wird die Wechselwirkung verschiedener Eigenschwingungsformen nicht beachtet.

[1] Diese Voraussetzung wird auch bei den anderen Verfahren getroffen.

Ein weiteres analytisches Berechnungsverfahren stammt von Atalla und Nicolas [2]. Diese Autoren gehen vom Rayleigh-Integral aus [9]. Damit gewinnen sie für die Berechnung der abgestrahlten Schalleistung eine kompakte Darstellung in Matrizenform. Kern dieser Darstellung ist eine Impedanzmatrix, die mit Hilfe der Greenschen Funktion für die abstrahlende Platte berechnet werden kann. Der entscheidende Gedanke von Atalla und Nicolas besteht darin, für diese Impedanzmatrix eine gut konvergierende Reihenentwicklung abzuleiten. Im Gegensatz zu der Methode von Maidanik berücksichtigt das Verfahren von Atalla und Nicolas die Kopplung aller im betrachteten Frequenzbereich liegenden Eigenschwingungen.

Mit dem Verfahren von Maidanik lassen sich die Wirkungen von Rippen auf das Abstrahlmaß nicht erfassen. Hierfür können entweder das Verfahren nach Atalla und Nicolas oder moderne numerische Verfahren eingesetzt werden. Grundsätzlich gibt es zwei Gruppen von numerischen Verfahren. Diese sind einmal die Randelemente Methode (BEM für englisch *B*oundary *E*lement *M*ethod) und die Methode der Finiten Elemente (FEM). Lange Zeit waren die BEM bei Abstrahlberechnungen den FEM überlegen, da sie a priori die Sommerfeldsche Ausstrahlungbedingung [9] erfüllen. Diese Bedingung stellt sicher, daß aus dem Unendlichen keine Wellen zum abstrahlenden Körper reflektiert werden. Bei gewöhnlichen akustischen FEM bestehen erhebliche Schwierigkeiten, die Sommerfeld-Bedingung zu erfüllen. Jedoch sind in neuer Zeit sogenannte Infinite Elemente (IEM) [1, 3, 4, 5, 6] entwickelt worden, die diesen Nachteil nicht aufweisen und hinsichtlich Genauigkeit und numerischer Effizienz den BEM eindeutig überlegen sind. In dieser Arbeit wird die Schallabstrahlung mit Hilfe der elliptischen IEM nach Burnett und Holford [4, 5] für glatte und verrippte Platten berechnet. Die gleichen Berechnungen werden mit dem geschlossenen Verfahren von Atalla und Nicolas [2] durchgeführt. Für die glatten Platten wird ein Vergleich mit der geschlossenen Lösung von Maidanik [10] vorgenommen.

2 Analytische Berechnung des Abstrahlmaßes nach Maidanik sowie nach Atalla und Nicolas

Der Abstrahlgrad $\sigma(\nu)$, wobei ν die Frequenz ist, wird gemäß

$$\sigma(\nu) = \frac{P(\nu)}{\varrho_L c_L S \bar{\tilde{v}}^2(\nu)} \tag{1}$$

berechnet. Dabei sind $P\nu$ die bei der Frequenz ν abgestrahlte Schalleistung, ϱ_L und c_L die Dichte bzw. die Schallgeschwindigkeit der Luft, S die abstrahlende Fläche und $\bar{\tilde{v}}^2(\nu)$ das über die abstrahlende Fläche gemittelte Quadrat der effektiven Schnelle der Platte. Das Abstrahlmaß ist definiert durch folgende Gleichung

$$L_\sigma(\nu) = 10 \log \sigma(\nu)\,\mathrm{dB}. \tag{2}$$

Maidanik [10] unterscheidet drei Bereiche der Abstrahlung. Tieffrequent liegt der *Kolbenstrahlerbereich* vor. Er wird durch die *Kolbenstrahler-Eckkreisfrequenz*

$$\nu_k = \frac{c_L}{2\sqrt{S}} \tag{3}$$

gekennzeichnet. Sofern $\nu \ll \nu_k$ ist gilt für den Abstrahlgrad folgende Näherung

$$\sigma_k = \left(\frac{\nu}{\nu_k}\right)^2 = \frac{4S}{c_L^2}\nu^2. \tag{4}$$

An den Kolbenstrahlerbereich schließt sich der *Kurzschlußbereich* an, in dem akustischer Kurzschluß[2] auftreten kann. Zunächst muß die *Koinzidenzfrequenz* berechnet werden, bei der die Wellenlänge der abgestrahlten Luftschallwelle gleich der Wellenlänge der die Abstrahlung verursachenden Biegewelle ist

$$\nu_c = \frac{c_L^2}{2\pi}\sqrt{\frac{\varrho h}{B}} \tag{5}$$

Hierin sind ϱ und B die Dichte und Biegesteifigkeit der Platte. Für den Abstrahlgrad im Kurzschlußbereich ergibt sich

$$\sigma = \frac{\lambda_c^2}{S} g_1(\alpha) + \frac{U\lambda_c}{S} g_2(\alpha), \tag{6}$$

wobei $g_1(\alpha)$ und $g_2(\alpha)$ komplizierte Funktionen [9] der Hilfsgröße $\alpha = \sqrt{\nu / \nu_c}$ sind und λ_c die Wellenlänge bei der Koinzidenzfrequenz ist.

An den Kurzschlußbereich schließt sich der Bereich der *vollen Abstrahlung* an, in dem gilt

$$\sigma = \min\begin{cases} 1/\sqrt{1-\nu_c/\nu}, \\ \sqrt{\dfrac{a}{\lambda_c}} + \sqrt{\dfrac{b}{\lambda_c}}. \end{cases} \tag{7}$$

Die Größen a und b sind die Seitenlängen der abstrahlenden Platte.

Atalla und Nicolas [2] berechnen die abgestrahlte Schalleistung wie folgt

$$P(\nu) = \frac{1}{2}\int_2 \mathrm{Re}\{\hat{p}\hat{v}^*\} \mathrm{d}S. \tag{8}$$

Hierin sind $\hat{v}$ die Amplitude der Normalenkomponente des Schnellevektors, $\hat{p}$ die Amplitude des Schalldrucks und $S = ab$ die Fläche der Platte. Die Schnelle

---

[2] Zum akustischen Kurzschluß vgl. [8].

$\hat{v}$ wird entweder aus einer geschlossenen Lösung [8] für die erzwungene Biegeschwingungen ausführende Platte oder als numerische Näherungslösung mit Hilfe der FEM berechnet. Die Amplitude des Drucks ergibt sich aus dem Rayleigh-Integral zu

$$p(x) = \frac{\nu^2}{4\pi^2} \varrho_L \int_{\partial B} \overline{G}(x, x_0) \hat{w}(x_0) \mathrm{d}S_{0,} \tag{9}$$

Dabei sind $G\ (x, x_0)$ die Greensche Funktion für die in eine starre Platte eingebettete schwingende Platte, x der Ortsvektor des *Aufpunktes*, der beliebig im Außenraum der Platte liegen kann und x_0 der Ortsvektor des Quellpunktes, der auf der Mittelfläche der Platte liegen muß. Für die Greensche Funktion der Platte gilt

$$p(x) = \frac{\nu^2}{4\pi^2} \varrho_L \int_{\partial B} \overline{G}(x, x_0) \hat{w}(x_0) \mathrm{d}S_{0,} \tag{10}$$

wobei

$$k_{\mathrm{L}} = 2\pi \frac{\nu}{c_{\mathrm{L}}} \tag{11}$$

die Kreiswellenzahl der abgestrahlten Luftschallwelle ist, die zu der Frequenz ν direkt proportional ist.

Durch eine Umformung [2, 9] kommen Atalla und Nicolas zu folgender Form von Gleichung (8)

$$P(\nu) = 2\pi^2 \varrho_{\mathrm{L}} \nu^2 \underline{W}_{mn}^T \operatorname{Re}\{[Z_{mnpq}]\} \underline{W}_{pq}^*. \tag{12}$$

Hierin sind $\underline{W}_{mn}$ die infolge der Dämpfung komplexen Entwicklungskoeffizienten der Eigenschwingungen der Plattendurchbiegung [8] und $\operatorname{Re}\{[Z_{mnpq}]\}$ die Realteile der komplexen Impedanzmatrix. Ein T bedeutet Transposition und ein Sternchen die Bildung der konjugiert komplexen Größe. Über doppelt auftretende Indizes ist von 1 bis ∞ zu summieren. Auf die Berechnung der Komponenten der Impedanzmatrix durch eine Reihenentwicklung [2, 9] kann hier nicht näher eingegangen werden. Bei den praktischen Berechnungen werden alle im betrachteten Frequenzbereich liegenden Eigenschwingungen mitgenommen und danach die Reihenentwicklung abgebrochen.

3
Grundlagen der Infiniten Elemente

Ausgangspunkt ist die schwache Form der Helmholtz-Gleichung

$$\int_{\mathfrak{B}} \left(\operatorname{grad} u \cdot \operatorname{grad} p - k_{\mathrm{L}}^2 u p\right) \mathrm{d}V = \int_{\partial\mathfrak{B}} u \frac{\partial p}{\partial n} \mathrm{d}S, \tag{13}$$

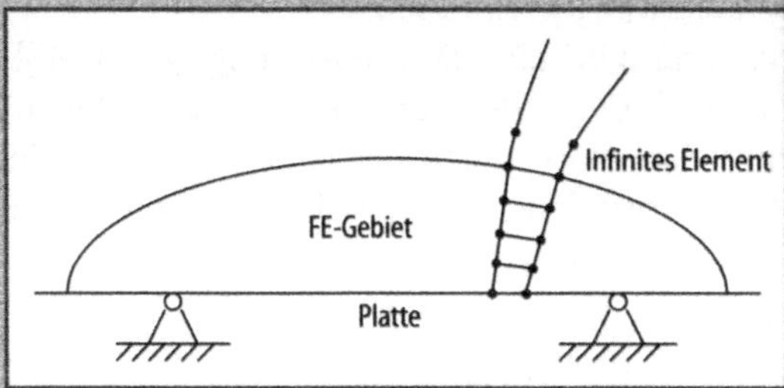

Bild 1. Diskretiesierung des Außenraumes einer abstrahlenden Platte mit akustischen Finiten und Infiniten Elementen

wobei $\mathfrak{B}$ das gesamte Außengebiet der abstrahlenden Platte und $\partial\mathfrak{B}$ ihre Oberfläche sind. Die Größe u ist eine Testfunktion[3]. Die Größe $\partial p/\partial n$ ist die Ableitung des Schalldrucks in Richtung des Normalenvektors auf der Mittelfläche der abstrahlenden Platte, die sich aus der auf der Platte vorgegebenen Schnelle explizit berechnen läßt. Dieser Term verursacht also die Abstrahlung.

Für den unbekannten Druck p führen Burnett und Holford [4, 5] folgende für Kugelkoordinaten bereits von Wilcox [11] angegebene Multipolentwicklung ein

$$p(r,\vartheta,\varphi,k_L)=\exp(-ik_L r)\sum_{n=1}^{\infty}\frac{G_n(\vartheta,\varphi,k_L)}{r^n}. \tag{14}$$

Hierin sind (r,ϑ,φ) ellipsoidale Koordinaten [4]. Die Größen $Gn\ (\vartheta,\varphi,k_L)$ sind reguläre Funktionen der elliptischen Koordinaten (ϑ,φ) und der Kreiswellenzahl. Sie sind die eigentlichen Unbekannten des Problems. Für die Testfunktionen wird ein entsprechender Ansatz mit Funktionen $H_n\ (\vartheta,\varphi,k_L)$ anstelle der Funktionen Gn eingeführt. Die Approximation der Ansatzfunktionen $p\ (r,\vartheta,\varphi,k_L)$ und der Testfunktionen $u\ (r,\vartheta,\varphi,k_L)$, kann der Literatur [4, 9] entnommen werden. Mit dem Standardvorgehen der FEM [7] ergibt sich das lineare Gleichungssystem

$$\left(\mathbf{K}-k_L^2\mathbf{M}\right)\boldsymbol{P}=\boldsymbol{F} \tag{15}$$

mit der Steifigkeitsmatrix **K**, der Massenmatrix **M**, dem Vektor $\boldsymbol{P}$ der unbekannten Knotenwerte des gesuchten Drucks und dem Vektor $\boldsymbol{F}$ des bekannten Druckgradienten. Die numerische Effizienz der IEM beruht unter anderem darauf, daß die Steifigkeits- und die Massenmatrix unabhängig von der Kreiswellenzahl und damit von der Frequenz[4] sind. Daher müssen diese aufwendig zu bestimmenden

[3] Zum Begriff der Testfunktion in der FEM vgl. z.B. [7].
[4] Vgl. hierzu Gleichung (11).

Matrizen nur einmal berechnet werden. Für die Berechnung der Komponenten dieser Matrizen wird auf die Literatur [4, 9] verwiesen.

Bei der numerischen Berechnung wird eine Diskretisierung gemäß Abbildung 1 vorgenommen. Im Inneren eines um die Platte geschlagenen Ellipsoids wird eine Schicht von 5 gewöhnlichen akustischen Elementen [9] angeordnet. Auf dem Ellipsoid schließen sich ellipsoidale IEM an. Dabei wird die Entwicklung (14) nach dem zweiten Glied abgebrochen.

4
Ergebnisse

Untersucht wird eine Stahlplatte mit folgenden Daten $a = 1000$ mm, $b = 700$ mm und Plattendicke $h = 6$ mm. Die Dämpfung wird durch einen frequenzunabhängigen Verlustfaktor [8] $\eta = 0{,}001$ modelliert. Es erfolgt eine zentrische Anregung durch eine im geometrischen Mittelpunkt der Platte angreifende Einzelkraft mit einer Amplitude von 1000 N. Die Berechnung des Körperschallfeldes erfolgt mit 384 Vier-Knoten-Kirchhof-Elementen [7]. Zusätzlich werden je 2 Rippen vorgesehen mit einer Höhe von 20 mm und einer Breite von 6 mm. Die Rippen werden einmal als Kreuz im Zentrum parallel zu den Seitenkanten der Platte und einmal diagonal angeordnet. Für die Berechnung des Abstrahlgrades nach Atalla und Nicolas wird das an der University of Sherbrooke unter der Leitung von Professor Atalla entwickelte Programm ADNR eingesetzt. Aus Platzgründen wird darauf verzichtet, den Frequenzgang des Körperschallmaßes [8] anzugeben, der das Körperschallverhalten der betrachteten Struktur kennzeichnet.

Abbildung 2 zeigt den Vergleich der nach der elementaren Theorie von Maidanik, dem Verfahren von Atalla und Nicolas (ADNR-Lösung) und den Infiniten Elementen nach Burnett und Holford (FEM/IEM) berechneten Frequenzgänge des Abstrahlmaßes. Es ergibt sich eine recht gute Übereinstimmung zwischen der ADNR-Lösung und der Berechnung mit den IEM. Die Frequenzen der Maxima liegen dicht beieinander. Die ADNR-Lösung vermag das Abstrahlverhalten im Kolbenstrahlerbereich sehr gut wiederzugeben. Dort konvergiert das numerische Verfahren (FEM/IEM) nicht mehr. Das Verfahren nach Maidanik gibt zwar den mittleren Verlauf des Abstrahlgrades im Kurzschlußbereich wieder. Jedoch ist es nicht in der Lage, die Wirkung der einzelnen Eigenschwingungen der Platte zu erfassen. Ferner liegt es gegenüber der numerischen (FEM/IEM)und der geschlossenen Lösung (ADNR) nach Atalla und Nicolas deutlich auf der unsicheren Seite. In den Maxima wird das Abstrahlmaß um 6 bis 10 dB unterschätzt. Außerdem wird der Übergang aus dem Kolbenstrahler- in den Kurzschlußbereich bei einer zu tiefen Frequenz vorgenommen. Aus Gründen der Rechenzeit wird der Bereich der vollen Abstrahlung nicht berücksichtigt. In ihm unterscheiden sich alle drei Verfahren kaum, wie hier nicht mitzuteilende Testrechnungen zeigen.

Abschließend wird noch das Abstrahlmaß der glatten, der kreuzweise und der diagonal verrippten Platte mitgeteilt. Hier können nur die Lösung nach Atalla

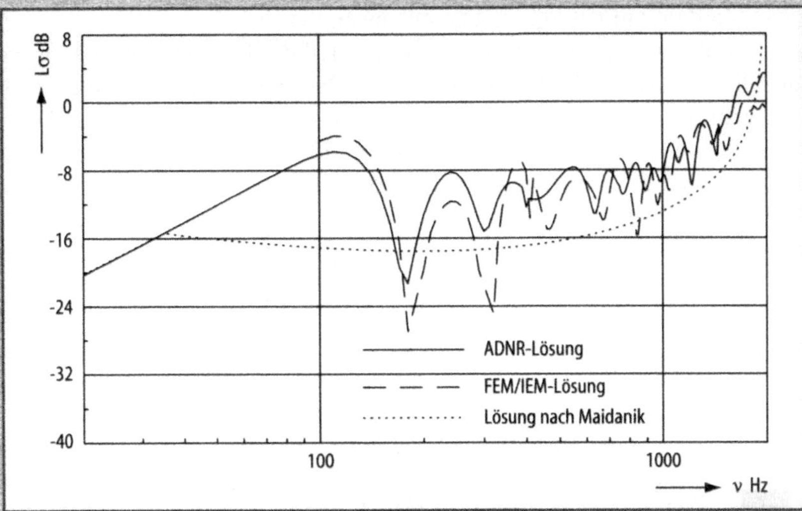

Bild 2. Abstrahlmaß einer glatten Platte

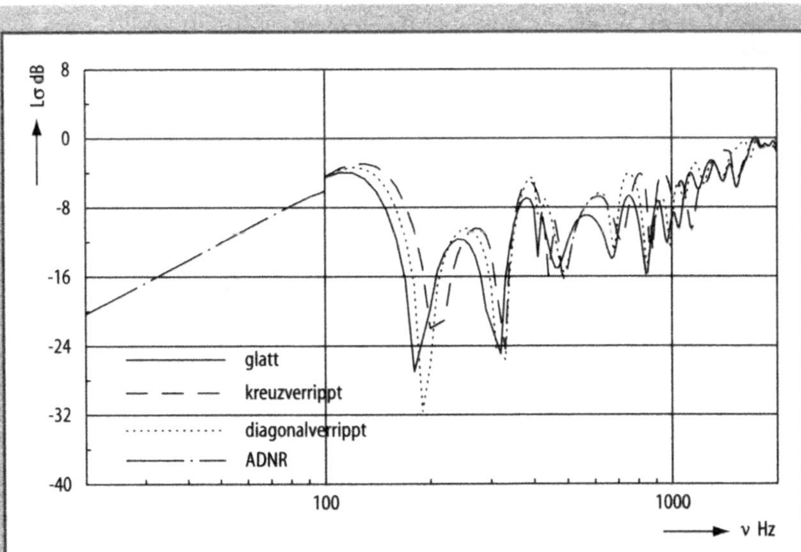

Bild 3. Mit IEM berechnetes Abstrahlmaß einer glatten und verrippten Platte

und Nicolas sowie die numerisch berechnete angegeben werden, da das Verfahren von Maidanik nur auf glatte Platten anwendbar ist.

Aus Abbildung 3 ist zunächst zu ersehen, daß die Eigenfrequenzen der verrippten Platten etwas höher liegen als die der glatten Platte. Dies ist zu erwarten, da die Erhöhung der Biegesteifigkeit den Massenzuwachs infolge der Rippen überwiegt. Die Eigenfrequenzen der glatten und kreuzweise verrippten Platten und damit auch die Frequenzgänge des Abstrahlmaßes unterscheiden sich nur geringfügig. Dies ist insofern überraschend, als intuitiv erwartet werden kann, daß bei der diagonal verrippten Platte weniger Eigenschwingungen angeregt werden können als bei der kreuzweise verrippten. Die Abstrahlmaße der verrippten Platten liegen in den Maxima um 2 bis 3 dB über dem der glatten Platte. Dies bestätigt ältere Verallgemeinerungen der Theorie von Maidanik [8, S. 144]. Danach erhöht sich der Abstrahlgrad im höherfrequenten Kurzschlußbereich bei Anbringen eines Rippenkreuzes um 3 dB gegenüber der glatten Platte.

Wie bei der glatten Platte (vgl. Abbildung 2) versagt im tieffrequenten Kolbenstrahlerbereich ($\nu < 100$ Hz) die numerische Lösung. Jedoch kann dort der Verlauf des Abstrahlmaßes gut mittels ADNR abgeschätzt werden. Die ADNR-Lösung ist in Abbildung 3 nur im tieffrequenten Kolbenstrahlerbereich angegeben.

Literatur

[1] Astley, R. J. ; G. J. Macaulay; J.-P. Coyette; L. Cremers: Three-dimensional wave-envelope elements of variable order for acoustic radiation and scattering. Part I. Formulation in the frequency domain. J. Acoust. Soc. Amer. 103, pp. 49–63, 1998.

[2] Atalla, N.; J. Nicolas: A new tool for predicting rapidly and rigorously the radiation efficiency of plate-like structures. J. Acoust. Soc. Amer. 95, pp. 3369–3378, 1994.

[3] Burnett, D. S.: A three-dimensional acoustic infinite element based on a prolate spheroidal multipole expansion. J. Acoust. Soc. Amer. 96, pp. 2798–2816, 1994.

[4] Burnett, D. S.; R. L. Holford: An ellipsoidal acoustic infinite element. Computer Meth. Appl. Mech. Engng. 164, pp. 117, 1998.

[5] Burnett, D. S.; R. L Holford: Prolate and oblate spheroidal acoustic infinite elements. Computer Meth. Appl. Mech. Engng. 158, pp. 49, 1998.

[6] Gerdes, K.; L. Demkowicz: Solution of 3D-Laplace and Helmholtz equations on exterior domains using hp-infinite elements. Computer Meth. Appl. Mech. Engng. 137, pp. 239–273, 1996.

[7] Hughes, T. J. R.: The finite element method – Linear static and dynamic finite element analysis. Prentice Hall, Englewood Cliffs, 1987.

[8] Kollmann, F. G.: Maschinenakustik. Springer, Berlin, Heidelberg, New York, 1. Auflage, 1993.

[9] Kollmann, F. G.: Maschinenakustik. Springer, Berlin, Heidelberg, New York, 2. Auflage, 1999. erscheint demnächst.

[10] Maidanik, G.: Response of ribbed panels to reverberant acoustic fields. J. Acoust. Soc. Amer. 34, pp. 809–826, 1962.
[11] Wilcox, C. H.: An expansion theorem for electromagnetic fields. Comm. Pure Appl. Math. 9, pp. 115–134, 1956.

Prof. Dr.-Ing. F. G. Kollmann
Dipl.-Ing. A. Landfester
Technische Universität Darmstadt
Maschinenelemente und Maschinenakustik
e-mail:kollmann@memak-ws.tu-darmstadt.de

Ökologieorientiert Entscheiden im methodischen Konstruktionsprozeß

E. Leidich, B. Maeder-Nehls

Inhalt Zur Umsetzung eines effektiven ökologieorientierten Konstruktionsprozesses in der Praxis fehlt derzeit eine durchgängige Methodenunterstützung. Die Autoren stellen eine Bewertungsmethode zur konstruktionsbegleitenden ökologieorientierten Entscheidungsunterstützung vor. Beim Einsatz der vorgestellten Methode MAEDER werden das mittelbare umweltrelevante Wirken verknüpfter Systemkomponenten ausgewertet, schrittweise konstruktionsinternes und -externes Fachwissen verknüpft und eine relative Aussage ermittelt. Eine darauf aufbauende methodische Unterstützung für die Lösungsgenerierung und -analyse wird aufgezeigt.

Decision-making Regarding Environmental Compatibility Within The Systematic Design Process

Abstract A modular set of methods, which supports designers to meet environmental requirements effectively throughout the design workflow is still missing. The authors present an evaluation method to support decision-making regarding environmental compatibility within the systematic design process. Using the evaluation method MAEDER indirect effects of sub-systems are interpreted, internal and external design knowledge are linked and a relative statement for the identification of the most environmentally compatible solution is determined. Methods to match which support generating and analysing are presented.

1 Einleitung

Das Entwickeln umweltverträglicher Investitionsgüter erfordert das Kreieren umweltverträglicher Varianten und das Identifizieren der umweltverträglicheren Variante. Voraussetzung für einen hierbei effektiven Konstruktionsprozeß ist, daß die systematische Lösungssuche und -variation umweltrelevante Merkmale einschließt und die Lebenszyklusanalyse Daten für das Bewerten und Konkretisieren erzeugt.

Verfügbare ökologieorientierte Methoden und Hilfsmittel fokussieren auf jeweils einzelne Konstruktionsarbeitsschritte, auf bereits entwickelte Produkte bzw. Prozesse [1], [2], oder auf jeweils einzelne Zielkriterien in einzelnen Prozessen des

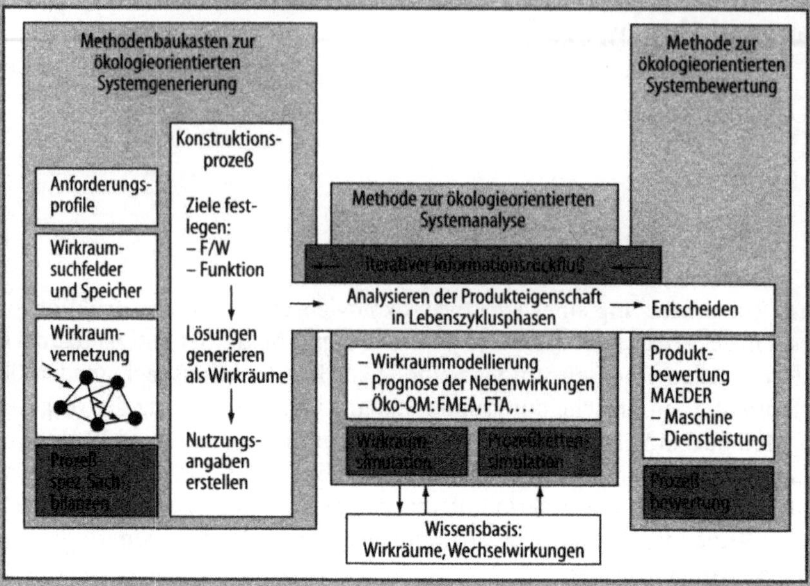

Bild 1. Konzept eines ökologieorientierten Methodenbaukastens

Produktlebenszyklus, [3], [4], [5], [6], [7], [8], [9]. Derzeit fehlt eine durchgängige und ganzheitliche methodische Unterstützung der Entwicklungsschritte.

In Kap. 2 wird hierzu eine Bewertungsmethode [10], [11], [12] vorgestellt, die bei weitestmöglicher Objektivität die konstruktionsbegleitende Identifizierung der umweltverträglicheren Lösungsvariante unterstützt. Die methodischen Charakteristika zur Ökologieorientierung sind im wechselwirkungsorientierten Konstruktionsprozeß (Kap. 3) implementiert, Bild 1.

2 Konstruktionsbegleitend bewerten

Zur Identifizierung der umweltverträglicheren Lösungsvariante wird im Bewertungsprozeß MAEDER (*M*ethod *A*ided *E*valuating in *D*esigning for *E*nvironmental *R*equirements) konstruktionsinternes und -externes Fachwissen verknüpft und eine relative Aussage ermittelt. Das schrittweise Vorgehen, Bild 2, ist im folgenden erläutert.

Def. Umweltverträglichkeit und Umweltbelastungen

Alle Stoff-, Energie- und Signalflüsse, die die Systemgrenze zwischen einem technischen System und einem Umweltmedium überschreiten, verursachen eine Änderung der Umwelt. Sie sind demzufolge Umweltbelastungen bzw -aspekte.

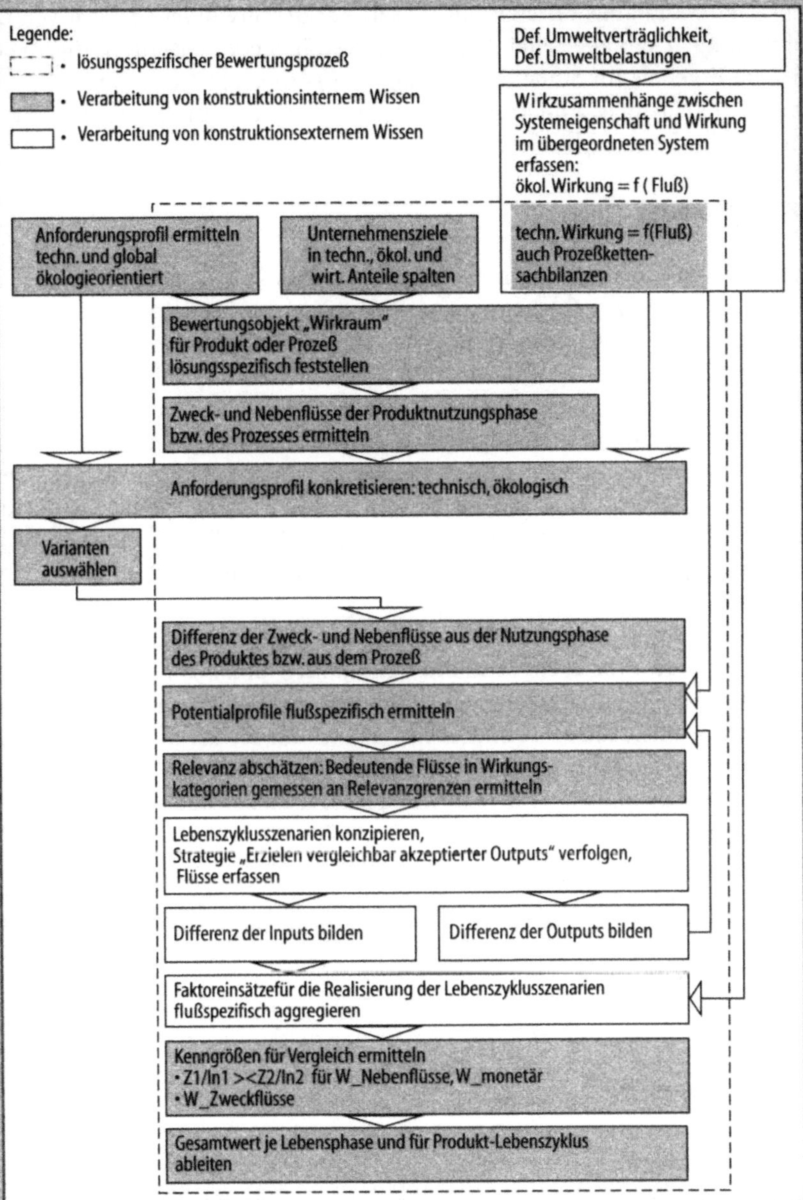

Bild 2. Bewertungsprozeß MAEDER

Aus der Definition umweltrelevanter Belastungen und in Analogie zu konstruktiven Handlungsweisen ist ein Ansatz zur Beschreibung der relativen Umweltverträglichkeit abgeleitet: Die umweltverträglichere Lösung ist die, die das gewollte Ergebnis im Sinne der Nutzung bei geringerer input- und outputabhängiger nachteiliger Änderung von Ökosystemen, d.h. mit geringeren Faktoreinsätzen im Lebenszyklus erreicht.

Bewertungsobjekt „Wirkraum"

Die Bewertungsmethode definiert Wirkräume für die Systemabgrenzung in der Nutzungsphase sowie Bilanzgrenzen für Produkte und Prozesse, Bild 3. Wirkräume beinhalten sowohl die Wirkkörper und Wirkmedien als auch die sie umgebenden Medien. Hiermit werden die systemgrenzenüberschreitenden Flüsse erfaßbar. Sie werden redundanzvermeidend in Zweck- und Nebenflüsse unterschieden. Zweckflüsse sind aufgabenspezifischer Leistungsumfang im Lebenszyklus des Produktes. Z.B. sind Werkstücke Zweckfluß einer Bearbeitungsmaschine bzw. das übertragene Drehmoment ist Zweckfluß einer Welle. Nebenflüsse sind die Input- und Outputflüsse ohne Anteil am Leistungsumfang, z.B. Emissionen, Wärmeverluste und diskontinuierlicher Fluß von Funktionsträgern.

Produkte, d.h. materielle Güter und Dienstleistungen, sind das Ergebnis von Tätigkeiten und Prozessen. Produkteigenschaften umfassen somit neben der „Fähigkeit zur Funktionserfüllung in der Nutzungsphase" auch die umweltbelastenden Ergebnisse aller Prozesse, die ursächlich für die Funktionserfüllung des Produktes durchgeführt werden. Die Bilanzgrenze des Produktes erstreckt sich über den Produktlebenszyklus mit den Prozeßketten und -netzen der Nutzungs-, Herstellungs- und Entsorgungsphase. Bei der Ermittlung der Umweltbe-

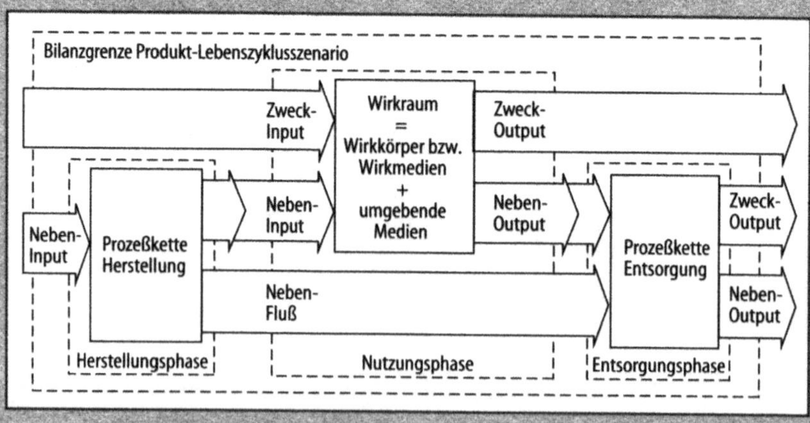

Bild 3. Flußorientierte Blockdarstellung des Lebenszyklus eines Wirkraums

lastungen, die durch Prozesse verursacht werden, umfaßt die Bilanzgrenze den zeitlich begrenzten Vorgang. Sachbilanzen von Prozessen sind Basis, um stark belastende und unnötige Prozesse zu identifizieren und Maßnahmen zur Verbesserung der betrieblichen Umweltbilanz zu entwickeln. Anteilige Belastungen aus Prozessen der Funktionsträgerherstellung und -entsorgung wirken hierin nicht ein.

Die Schnittstelle zwischen zwei zu verkettenden Lebenszyklusszenarien fördert Entscheidungen für Recyclingwege, in denen die Umweltbelastungen zwischen den Nutzungsphasen geringeres Schädigungspotential besitzen als alternative Prozesse zur Herstellung eines erforderlichen Inputs und Entsorgung eines unerwünschten Outputs.

Ökologisches Anforderungsprofil

In einem dynamischen Anforderungsprofil werden globale ökologische Ziele für das System, die Systemkomponenten bzw. prozeßkettenspezifisch umweltverträgliche Nutzungsprozesse von Investitionsgütern flußspezifisch untersetzt und visualisiert.

Zweck- und Nebenflüsse ermitteln

Zur Ermittlung der Umweltbelastungen wird die konventionelle Systemanalyse auf die Berücksichtigung der zeitabhängigen Wechselwirkungen und Nebenflüsse erweitert. Zunächst sind die Input- und Outputflüsse zu prognostizieren, die während der Nutzungsphase einer konstruktiven Lösung auftreten. Ihr wechselwirkungsbedingter Einfluß auf resultierende Flüsse des übergeordneten technischen Systems wird zur Prognose der Wirkungspotentiale im Ökosystem verfolgt. Die flußorientierte Ermittlung von Systemeigenschaften verhindert unbewußtes Mehrfachberücksichtigen.

Vergleichsrelevante Differenzen

In konstruktiven Entscheidungsprozessen minimiert eine frühestmögliche Beschränkung auf die entscheidungsrelevanten Unterschiede den Analyseaufwand [10], [13]. Maßgebend zur Ermittlung der besseren von prinzipiell geeigneten Varianten sind nur die umweltrelevanten variantenbedingt unterschiedlichen Flüsse und Zustandsgrößen konzipierter Lebenszyklusszenarien.

Relevanzabschätzung

Eine zweistufige Beurteilung der Eigenschaftsgrößen [10] erzeugt flußspezifische Aussagen über die relative Umweltverträglichkeit. Die erste Beurteilungsstufe dient der Relevanzabschätzung der prognostizierten systemgrenzenüberschreitenden Zweck- und Nebenflüsse, Bild 4. Um, soweit möglich, auf Subjektiv-

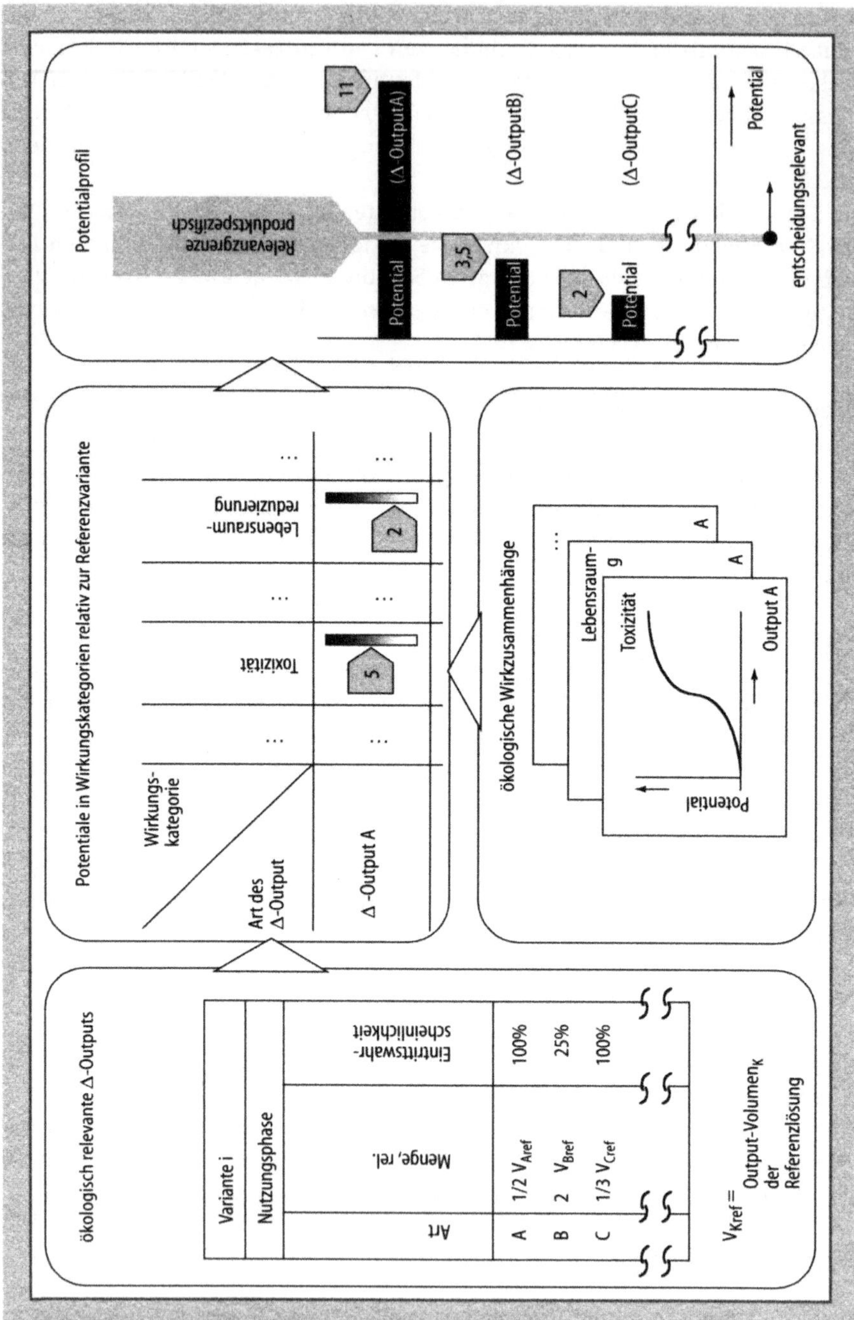

Bild 4. Relevanzabschätzung mittels Potentialprofil

schritte zu verzichten und Know-how-Aktualisierungen sowie Synergiewirkungen direkt berücksichtigen zu können, erfüllen technische und umweltwissenschaftliche Wirkzusammenhänge die Aufgabe von Wertfunktionen und Gewichtung der Nutzwertanalyse.

Jedem Output wird schrittweise ein Potential zugeordnet, das seine Bedeutung hinsichtlich der Umweltverträglichkeit ausdrückt: Aus der prognostizierten Quantität, Zeitabhängigkeit und Eintrittswahrscheinlichkeit eines Flusses werden zunächst Wirkungen in einzelnen Wirkungskategorien, z.B. Toxizität oder Lebensraumreduzierung prognostiziert. Dimensionslose Maße sind hierfür sog. Potentiale in Wirkungskategorien. Die Wirkungskategorien fassen solche Wirkungsarten zusammen, für die wissenschaftlich nachvollziehbare Aggregationsalgorithmen durch gesellschaftlich anerkannte Institutionen formuliert sind. Die Potentiale in den einzelnen Wirkungskategorien werden zu einem outputspezifischen Potential aggregiert. Hierzu sind aus umweltwissenschaftlicher Sicht gegenwärtig nur subjektiv Gewichtungsfaktoren festlegbar.

Mittels Vergleich der flußspezifischen Potentiale mit produktspezifischen Relevanzgrenzen wird die Anzahl der unterschiedlichen Systemparameter auf solche mit starkem Wirkungspotential eingeschränkt. Nur Flüsse, deren Potentiale die produktspezifischen Relevanzgrenzen überschreiten, z.B. Output A in Bild 4, werden im weiteren Bewertungsprozeß betrachtet. Sind im Vergleich sämtliche Potentiale einer Variante vorteilhafter, ist bereits die bessere identifiziert.

Die Gesamtheit der Potentiale ergibt das Potentialprofil einer Variante. Seine flußspezifische Transparenz unterstützt die Schwachstellenreduzierung sowie die Teilsystemkombination zu einem umweltverträglichen Gesamtsystem.

Beurteilen von Lebenszyklusszenarien

Die zweite Beurteilungsstufe konzipiert Varianten von Lebenszyklusszenarien, die gleichgutes technisches und ökologisches Output zeigen. Statt einer möglichst umfassenden Beschreibung der Systemwirkungen in der Umwelt werden hier iterativ systeminterne und -externe Maßnahmen zur Reduzierung des unerwünschten Gesamt- bzw. Teilsystemverhaltens auf das produkt- bzw. prozeßspezifisch akzeptierte Niveau kreativ konzipiert. Die Faktoreinsätze zum Erreichen der Zweckwirkung und zur Vermeidung der Relevanzgrenzenüberschreitungen bzw. zur Kompensierung nachteiliger Wirkungen werden ermittelt und gemäß der Definition der relativen Umweltverträglichkeit verglichen.

Bild 5 zeigt am Beispiel einer Bearbeitungsmaschine prinzipielle Vermeidungsmaßnahmen, wie das Reduzieren von Flußmengen, z.B. durch Verschleißreduzierung, Wirkungsgradsteigerung oder Verlustwärmenutzung in internem Recycling und das Senken des Schädlichkeitspotentials eines Flusses z.B. durch Stoffwandlung. Für diese Maßnahmen erforderliche zusätzliche Faktoreinsätze sind durch die dunklen Pfeile angedeutet.

Vermeidungsmaßnahmen führen z.B. zur integrierten umwelt-, fertigungs- und beanspruchungsgerechten Gestaltung von Hohlwellen [12], wenn Festig-

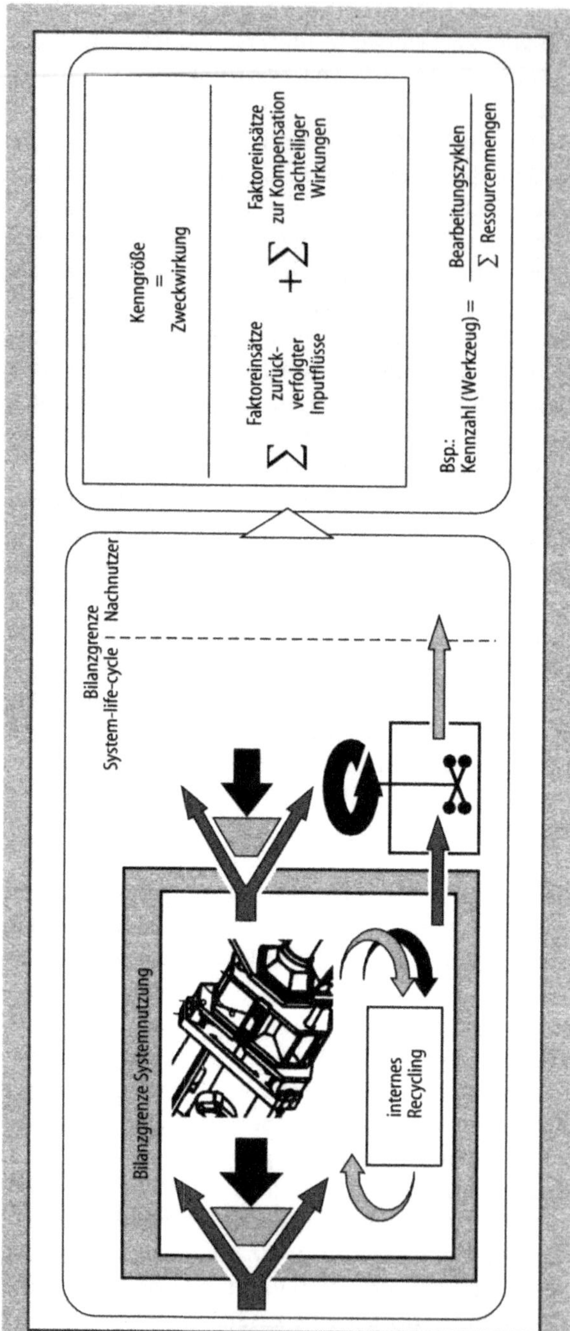

Bild 5. Kerngröße auf Basis konzipierter Vermeidungsmaßnahmen

keits- und damit Lebensdauersteigerungen infolge umformender gegenüber spanender Bearbeitung zur Durchmesserreduzierung genutzt werden.

Kenngrößen für den Produktvergleich

Für den Vergleich in den Zielkategorien Umweltverträglichkeit, technische Qualität und Wirtschaftlichkeit werden relative Aussagen von den Lebenszyklusszenarien abgeleitet.

Die Kenngröße über die relative Umweltverträglichkeit bildet das Verhältnis zwischen Zweckwirkung und der Differenz-Menge der Faktoreinsätze zweier Lösungsvarianten, Bild 5. Die dimensionsbehaftete Kenngröße fordert den Vergleich von Varianten, die die gleiche Zweckwirkung erfüllen. Im Vergleich von mehr als zwei Varianten ist beim Bilden der Differenzen und eines normierten Verhältnisses die technisch beste Variante als Referenzvariante zu verwenden.

Die relative Aussage über die technische Qualität wird aus einer qualitätsorientierten Beurteilung der Zweckflüsse in Anlehnung an die Nutzwertanalyse abgeleitet. Mit den Zweck- und Nebenflüssen im Lebenszyklus einer Variante sind Erträge erzielbar und Aufwände erforderlich. Der sich ergebende Gewinn wird zur Bestimmung der monetären Wertigkeit auf den Gewinn der technisch besten Variante bezogen.

Ganzheitliche Gesamtbewertung

Entscheidungen für die weiterzuverfolgenden Lösungsvarianten sollten bereits konstruktionsbegleitend im Sinne der Produktstrategie fallen, um Iterationsschleifen zu reduzieren. Aus der methodischen Produktplanung [5] liegt eine produktspezifische Gewichtung der Unternehmensziele vor. Hieraus lassen sich Bedeutungsunterschiede zur Aggregation der technischen, monetären und ökologischen Aspekte ableiten [15]: Die Gewichtungsfaktoren werden produkt- und lebensphasenspezifisch in die Anteile der Zweckflüsse, Nebenflüsse bzw. des monetären Gewinns an den einzelnen Unternehmenszielen aufgespalten und für die konkurrierenden Aspekte addiert.

Vergleich Prozeßbewertung und Produktbewertung

Basierend auf der Unterscheidung der Bilanzgrenzen von Produkten und Prozessen sind Bewertungsprozesse für den jeweiligen Einsatz skalierbar. Ist das Produkt „Prozeßkette" zu bewerten, ist analog zu gegenständlichen Produkten sein Lebenszyklus zu analysieren und zu bewerten.

Gegenüber der Produktbewertung dient die Prozeßbewertung dem Vergleich auch von Prozessen, die ungleiche Funktionen erfüllen. Bei der vergleichenden Bewertung von Prozessen entfällt der Bezug auf die gleiche Zweckwirkung. Die Kenngröße wird aus den Faktoreinsätzen je Prozeßdauer gebildet. Prozeßsachbilanzen sind Basis für Unternehmenssachbilanzen, für das Identifizieren der umweltbelastenderen Prozesse und der Optimierungsmaßnahmen für Prozeßketten. Zur Verbesserung der Umweltverträglichkeit besteht die Entscheidungsfreiheit, die geforderten Funktionen bzw. das Produktsortiment zu variieren.

3 Wechselwirkungsorientierter Konstruktionsprozeß

Die zusätzliche und separate Berücksichtigung umweltrelevanter Anforderungen im Konstruktionsprozeß führt zu redundanten Arbeitsschritten und Datensätzen bei der Systemanalyse und Bewertung [14]. Deshalb wurden Methoden entwickelt [15], die in der Regelstrecke eines Konstruktions-Regelkreises einen effektiven Kreations- und Bewertungsprozeß gestalten. Diese Methoden zielen multiattributiv auf das Erfüllen der Anforderungen und heben die gegenwärtige Separierung der ökologieorientierten Aspekte und Arbeitsschritte von den technisch orientierten weitestmöglich auf. Bei Differenzen zwischen Produkteigenschaften und -anforderungen ist hingegen in den korrigierenden Rückkopplungen der Fokus auf einzelne Zielkriterien zweckmäßig. In der Regelstrecke ist dann wieder die Wirkung der korrigierenden Maßnahme auf das gesamte Ergebnis zu untersuchen.

Zur Integration der Ökologieorientierung in den Konstruktionsprozeß wurden Analogien zwischen charakteristischen Denk- und Handlungsweisen beim Konstruieren und ökologieorientiertem Handeln entwickelt [12] und in den Methoden aufgegriffen. Tabelle 1 stellt exemplarisch ökologie- und festigkeitsorientierte Handlungsweisen gegenüber. Z.B. beinhaltet die vorgestellte Bewertungsmethode gegenüber der Ökobilanz Module, die die umweltverträgliche Gestaltung von Systemkomponenten unterstützen.

Bei der ökologieorientierten Systemanalyse und -synthese ist konstruktionsinternem Wissen bedarfs- und zeitgerecht externes natur- und ingenieurwissenschaftliches Wissen zuzuordnen. Ein strategischer Dialog realisiert eine Bring-, Holschuld sowie die Akzeptanz der Datenunsicherheit, Bild 6. Er verhindert, daß die Informationssuche und damit der Informationszugriff infolge umweltrelevanter Wissenslücken der Konstrukteure unterbleiben und daß unscharfe und unvollständige Beschreibungen für umweltrelevante Systemeigenschaften weniger akzeptiert werden als für technische Systemeigenschaften.

Hilfsmittel für die konstruktionsbegleitende Prognose der Zweck- und Nebenflüsse ist eine flußorientierte Blockdarstellung der systeminternen Wirkraum- und Prozeßvernetzung. Ergänzend wirken modifizierte Qualitätsmethoden, die das konstruktionsbegleitende Verfolgen der Ursache-Wirkungs-Zusammenhänge formalisieren. Z.B. die neuentwickelte Flow-Mode-and-Effect-Analysis [11] (Tabelle 2) erfaßt systematisch verteilt vorliegendes und häufig unausgesprochenes Wissen über Nebenflüsse aus Sensitivitätsanalysen (Bsp. 1) und Prozeßverkettungen (Bsp. 2). Bei Erhalt der prinzipiellen FMEA-Handlungsstruktur werden neben Fehlern auch Nebenflüsse analysiert, die zum Erfüllen der

Tabelle 1. Analogien ökologie- bzw. festigkeitsorientierter Handlungsweisen

Ökologieorientierung: Beanspruchung eines übergeordneten Systems, z.B. Ökosystem	Festigkeitsorientierung: Bauteilbeanspruchung
Ziel: Lösung, die mit minimalem Aufwand eine akzeptable Sicherheit bzgl. Funktionserfüllung erwarten läßt	
Mittel: Dimensionierung des belastenden(!) Systems	
Ablauf: • Belastung des Teilsystems durch Flüsse • Flüsse infolge interner Wechselwirkungen	Ablauf: • Belastungskollektiv des Bauteils • Auflagerreaktionen
• Minimieren der belastenden Fernwirkung des Teilsystems „Komplexität, Aufwand und Sicherheitsbeiwert so hoch wie nötig, so gering wie möglich":	
Belastungen auf beeinflußte Umweltmedien und Teilsysteme minimieren: Mit Flußbilanzund Toleranzbedingung Parameter desbelastenden Systems optimieren	Auflagerreaktionen minimieren: Mit Energie- und Stoffbilanz sowie Festigkeitsbedingung Parameter des belastenden Teilsystems optimieren
Mittel: Dimensionierung des belasteten(!) Systems	
Ablauf: • Belastung abgegrenzter Umweltmedien • Beanspruchung abgegrenzter Umweltmedien • Verschiedenartige Beanspruchungen auf Vergleichsbeanspruchung zurückführen (Aggregationsansätze) • Mit Toleranzbedingung Umweltmedium lebensfähig dimensionieren, Relevanzgrenze beeinflussen	Ablauf: • Belastungskollektiv des Bauteils • Spannungszustand des Bauteils • Mehrachsige Spannungszustände aufeinachsige Vergleichsspannung zurückführen (Festigkeitshypothesen) • Mit Festigkeitsbedingung Teilsystem funktionsfähig dimensionieren, zul. Beanspruchung beeinflussen
Ziel: Ermittlung der Gesamtwirkung imÖkosystem infolge Umweltbelastung	Ziel: Ermittlung der Schadenssumme des techn. Systems infolge Belastung
Ablauf nach Ökobilanz (ISO 14040ff): • Sachbilanz (Belastung der Umweltmedien) für einzelnes technisches System. (Belastungskollektiv des beeinflußten Ökosystems aus Eigenschaften eines Produktes nicht prognostizierbar) • Beanspruchung des Umweltmediums • Belastung der Lebewesen / des Ökosystems infolge des beanspruchten Umweltmediums • Beanspruchung der Lebewesen / der Umweltkategorie • Wirkungsbilanz: Auswirkung der Belastung auf Lebewesen / Umweltkategorie • Wirkungsaggregation, Bewertung nach Ökobilanz	Ablauf "Ermittlung der Schadenssumme": • Belastungskollektiv des Bauteils • Spannungszustand des Bauteils • Belastung beeinflußter Teilsysteme (Auflagerreaktionen) • Beanspruchung beeinflußter Teilsysteme • Potentielle Teilschäden der Bauteile, Risikoabschätzung • Versagen bzw. Schadenssumme des technischen Systems /16/
Vergleichsbedingungen:	
Toleranzbedingung: Vergleichsbelastung infolge belastendem System < Relevanzgrenze für systemgrenzenüberschreitende Flüsse; zul. Belastung des übergeordneten Systems= Relevanzgrenze	Festigkeitsbedingung: Vergleichsspannung < zul. Beanspruchung; zul. Beanspruchung =Versagensgrenzbeanspruchung / S
Durch die Größe des Sicherheitsbeiwertes S ist zu gewährleisten, daß die zulässige Beanspruchung einen ausreichenden Abstand von der Versagensgrenzbeanspruchung hat.	
Schädigungsbedingung Beanspruchung des Umweltmediums > Schadensgrenzbeanspruchung des Umweltmediums, > Richtwerte oder gesetzliche Grenzwerte	Versagensbedingung: Vergleichsspannung > Versagensgrenzbeanspruchung, > Werkstoffkennwert

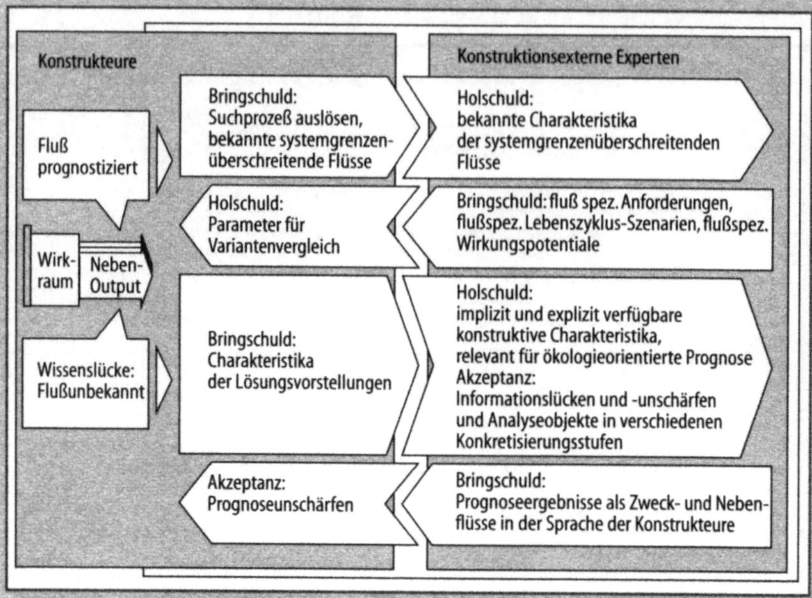

Bild 6. Dialog für die interdisziplinäre konstruktionsbegleitende Systemanalyse

Funktion erforderlich sind. Mit der Methode lassen sich Anforderungen an ein Gesamtsystem auf Systemkomponenten herunterbrechen.

Die Prozeßketten der Herstellungs- und Entsorgungsphase können ausgehend von den systemgrenzenüberschreitenden Flüssen der Nutzungsphase z.B. mittels Lebenslaufmodellierer [17] generiert werden.

Nutzungsprozesse von Investitionsgütern und Systemkomponenten sind am Lebenszyklus weiterer Produkte, an der wertschöpfenden Prozeßkette des Produktnutzers bzw. am Zusammenwirken zu einem Gesamtsystem beteiligt. Die für die Ökologieorientierung beschriebenen Anforderungsprofile visualisieren gleichartig auch konkurrierende und kundenspezifische Zielintervalle hinsichtlich Prozeßqualität, Produktivität oder Rentabilität.

Konstrukteure greifen in der Konzeptphase systematisch und funktionsorientiert auf Wirkraummodelle und zugeordnete parametrisierte Ergebnisse aus lösungsspezifischen ökologieorientierten Lebenszyklusanalysen und Bewertungen zu:

- parametrisierte, von Konstruktionsparametern abhängige Sachbilanzen,
- Gestaltungsprinzipien und -richtlinien, denen indirekte Wirkungen konstruktiver Maßnahmen auf Zweck- und Nebenflüsse explizit zugeordnet sind, z.B. aggregiert als Positiv- und Negativbeispiele oder als flußspezifische Relevanzgrenzen,
- Auslegungsalgorithmen, z.B. für die maximale Werkstoffausnutzung bei fertigungs- und beanspruchungsgerechter Bauteilgestaltung.

Tabelle 2. Formblatt der Flow-Mode-and-Effect-Analysis

Objekt	Merkmal	Ursache	Auswirkung	Maßnahmen		A	B	E	RPZ
Wirkraum	Prozeß: Ursache-Wirkungs-Zusammenhang	Fluß: systemextern od. lösungsspezifisch	Beeinflußter Zweckfluß, Nebenfluß	Optimierungs-potential	Indikatoren für unerwünschte Auswirkungen				
Bsp. 1: Umform-zone	Prozeßtemperatur abhängig von KSS-Volumenstrom	KSS-Volumenstrom zu gering	Erhöhter Schad-stoffanteil in Arbeitsraumluft	Volumenstrom-steuerung	Kraft	2	8	6	96
Wirkraum	Nebenfluß	Verursachender Prozeß	Beeinflußter Prozeß	Optimierungs-potential	Indikatoren für unerwünschte Auswirkungen				
Bsp. 2: Abluft-anlage	Thermische Energie in Umluft	Wärmeentwicklung beim Umformen	Symmetrische Gestell-temperierung	Wärmeverluste minimieren, Heizung	Wärmeausdeh-nungen	4	10	4	160

A: Systeminterne Auftretensdauer und -wahrscheinlichkeit für Flüsse/Prozesse außerhalb Toleranzintervall
B: Bedeutung des Flusses / Prozesses im übergeordneten System (outputspezifisches Potential)
E: Wahrscheinlichkeit, daß unerwünschte Systemgrenzenüberschreitung unterbleibt

Für jede Wirkraumverknüpfung wird die Verträglichkeit der zeitabhängigen Nebenflüsse und der Relevanzgrenzen der Anforderungsprofile geprüft.

4 Zusammenfassung

Die präventive Vermeidung von Umweltbelastungen bereits in frühen Phasen der Produktentwicklung erfordert eine bedarfsgerechte und redundanzvermeidende Integration sämtlicher umweltrelevanter Aspekte in den Konstruktionsprozeß.

Der vorgestellte Methodenbaukasten enthält durchgängig die systematische Unterscheidung in Zweck- und Nebenflüsse sowie das Ermitteln der umweltrelevanten Einflußgrößen und Gestaltungsfreiheiten. Redundante Datenermittlung, -haltung und -verarbeitung werden vermieden, indem die Trennung der umweltrelevanten Aspekte von den technologischen und wirtschaftlichen Aspekten weitestmöglich aufgehoben ist. Die Anforderungsformulierung und Systemanalyse erfolgen im Hinblick auf die nachfolgende Bewertung nach MAEDER. Durch Anwendung dieser Methode können umweltrelevante Entscheidungen maximal auf wissenschaftlichen Wirkzusammenhängen basieren. Systeminterne Wechselwirkungen von Systemkomponenten werden konstruktionsbegleitend so optimiert, daß die systemgrenzenüberschreitenden Flüsse ein minimales Schädigungspotential zeigen. Skepsis gegenüber technischen Systemen wird dadurch begegnet, daß keine Einschränkung auf ausgewählte Sachbilanzdaten, auf einzelne Wirkungskategorien oder auf ausgewählte Lebensphasen erfolgt, und daß Konstrukteuren sowie Kunden und interessierter Öffentlichkeit mittels systematischem Entscheidungsprozeß der Einfluß konstruktiver Maßnahmen zur Verbesserung der Umweltverträglichkeit transparent wird.

5 Literatur

[1] DIN EN ISO 14040 ff: Umweltmanagement – Ökobilanz. Berlin: Beuth 1997

[2] VDI-Richtlinie 3780: Technikbewertung – Begriffe und Grundlagen. Düsseldorf: VDI 1991

[3] Brinkmann, T.; Ehrenstein, G.; Steinhilper, R.: Umwelt- und recyclinggerechte Produktentwicklung. Augsburg: WEKA-Fachverlag für technische Führungskräfte, Stand 1996

[4] Grieger, S.; Brandt, R.; Jentschura, L.: Ausgewählte Methoden und Hilfsmittel für die recyclinggerechte Produktgestaltung. Konstruktion 48 (1996) 421–431

[5] Pahl, G.; Beitz, W.: Engineering Design. A Systematic Approach. Berlin: Springer-Verlag 1996

[6] Smith, J.K.; Peirce, J.J.: Life Cycle Assessment Standards. Industrial Sectors and Environmental Performance. Int. Journal of Life Cycle Assessment, 1 (2), (1996) 4 S. 115–118

[7] Spath, D.; Trender, L.; Pelz, R.: Hypertextbasiertes Informationssystem zur Unterstützung des Life-Cycle-Design. ZWF 92 (1997) 12 S. 624– 626

[8] VDI-Richtlinie 2243: Konstruieren recyclinggerechter technischer Produkte – Grundlagen und Gestaltungsregeln. Düsseldorf: VDI 1993

[9] Weber, J.: Konzept eines rechnerunterstützten Assistenzsystems für die Entwicklung umweltgerechter Produkte. Diss. Univ. Erlangen-Nürnberg 1997

[10] Maeder-Nehls, B, Leidich, E.: Evaluation method to identify the most environmentally compatible solution variant within the design process. Schriftenreihe WDK 25: Proceedings of the 11th International Conference on Engineering Design ICED 97. Tampere, August 19–21, 1997

[11] Maeder-Nehls, B.: Ökologieorientierte Bewertung von Systemkomponenten im methodischen Konstruktionsprozeß. Tagungsband „Kolloquium zur Entwicklung umweltgerechter Produkte" TU Darmstadt 1998

[12] Autorenkollektiv SFB 283: Prozeßketten der Massivumformung unter Aspekten der Produktivität und Umweltverträglichkeit. Arbeits- und Ergebnisbericht. TU Chemnitz 1998

[13] Westkämper, E., Friedel, A., Culha, B.: Umweltkennzahlen zielsicher eingeführt. ZWF 93 (1998) H. 3

[14] Reinhart, G. et al.: Effiziente Produktentwicklung – Integration von Konstruktion und Montageplanung. VDI-Z 139 (1997), Nr. 4–April

[15] Maeder-Nehls, B.; Leidich, E.: Modular Set of Methods to Meet Requirements Regarding Environmental Compatibility within the Design Process. Proceedings of the 12th International Conference on Engineering Design ICED 99. Munich, August 24–26, 1999

[16] Beitz, W.; Küttner, K.-H. (Hrsg.): Dubbel – Taschenbuch für den Maschinenbau. Berlin: Springer 1995

[17] Atik, A.; Schulz, H.; Püttner, C.; Anderl, R.: Konstruktionsbegleitende ökologische Beurteilung von Produkten mittels Fuzzy-Theorie. Konstruktion 50 (1998) 45–52

Prof. Dr.-Ing. Erhard Leidich, Dipl.-Ing. Beate Maeder-Nehls
Professur Konstruktionslehre, Institut für Konstruktions- und Antriebstechnik
Technische Universität Chemnitz, 09107 Chemnitz

Danksagung

Die Autoren danken der Deutschen Forschungsgemeinschaft (DFG) für die Förderung dieser Arbeit im Rahmen des Sonderforschungsbereichs „Prozeßketten der Massivumformung unter Aspekten der Produktivität und Umweltverträglichkeit". Herzlich gedankt ist außerdem Prof. Dr.-Ing. W. Beitz für die Weitergabe seiner Intention, Methoden zur Unterstützung der Konstruktionstätigkeiten weiterführend zu verbessern. Ihm sei der Aufsatz gewidmet.

Technische Änderungen – Last oder Chance für die Produktentwicklung

U. Lindemann

1
Bedeutung von Änderungsprozessen

Die Entwicklung technischer Produkte ist – abhängig von der Komplexität oder dem Neuigkeitsgrad – in hohem Maße von Iterationen geprägt. Bedingt durch den Zwang zur Verkürzung von Produktentwicklungszeiten müssen zunehmend mehr am Entwicklungsprozeß Beteiligte auf noch nicht abgesicherten Informationen bei der Aufgabenbearbeitung aufbauen. So muß zum Beispiel der Verantwortliche für die Entwicklung einer Baugruppe mit abgeschätzten Schnittstelleninformationen seines Kollegen beginnen. Hieraus resultieren Änderungen bei weiterer Festlegung von Details oft und gerade im Schnittstellenbereich. Diese bilden einen wichtigen Anteil an technischen Änderungen, die hier betrachtet werden sollen. Der zweite große Anteil resultiert aus Maßnahmen nach Abschluß der eigentlichen Entwicklung, hier wird auch von der Produktpflege gesprochen.

In einigen Unternehmen/Branchen werden Aspekte des Umgangs mit diesen technischen Änderungen im Rahmen des Konfigurationsmanagements wahrgenommen [3]. Ganzheitliche Ansätze sind aber in der industriellen Praxis die Ausnahme [4]. Die Schaffung eines Integrierten Änderungsmanagements muß neben vielen technischen Fragestellungen auch teamorientierte Prozesse und organisatorische Maßnahmen mit einschließen, um die Effizienz und Effektivität von Änderungen im Unternehmen entscheidend zu verbessern. Die Grundgedanken des Simultaneous Engineering und des Concurrent Engineering können damit auch in Änderungsprozessen zur Wirkung kommen.

Im komplexen Umfeld der Produktentwicklung und der Produktherstellung muß mit Kompromissen gearbeitet werden, es müssen Entscheidungen zu bestimmten Zeitpunkten und unter bestimmten Randbedingungen gefällt werden, es werden natürlich auch Fehler gemacht. Nun kann die positive Seite der Unzulänglichkeiten genutzt werden, um aus ihnen Erfahrungen zu ziehen, um zu lernen, um das Produkt und die Unternehmensprozesse zu verbessern. Leider werden diese Unzulänglichkeiten aber auch dazu genutzt, um den Verursacher (oft auch den vermeintlichen Verursacher) zum Sündenbock abzustempeln, was dann zu einer Unternehmenskultur der Absicherungen und der Rechtfertigung führt.

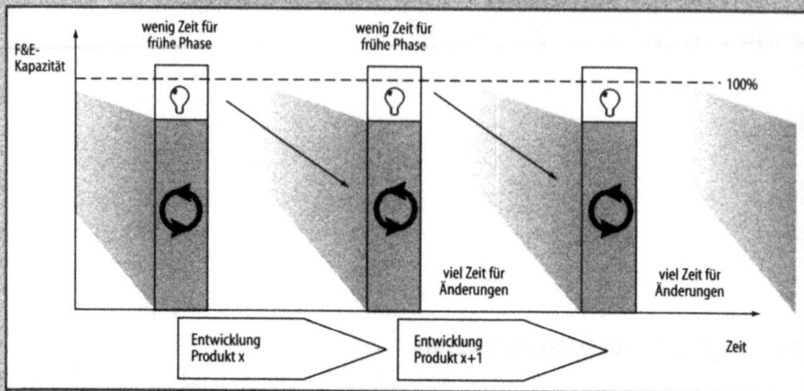

Bild 1. Keine Zeit es richtig zu tun, viel Zeit für Änderungen [4]

Damit bleiben Fehler u. U. lange unerkannt, die eigentlichen Fehler werden nicht oder nur mit Mühe gefunden. Grundsätzlich gilt, daß einmal erkannte Fehler durch Änderungen behoben werden müssen. Dieses Beispiel soll den Handlungsbedarf verdeutlichen. Ergänzend zu fehlerbedingten Änderungen müssen mit hohem Gewicht auch neuerungsbedingte Änderungen gesehen werden.

Bedingt durch den hohen Zeitdruck werden bereits zu Beginn einer Produktentwicklung Unzulänglichkeiten in Kauf genommen, es kommt zu den angesprochenen Fehlern (Bild 1). Diese werden dann in der Folgezeit mühsam bereinigt, oft auch noch in diversen kleinen Schritten – Änderungen führen häufig zu Folgeänderungen.

Bei Untersuchungen in der industriellen Praxis konnten verschiedenste Organisationsformen zum Änderungsmanagement beobachtet werden [4]:
- Die Normenstelle verwaltet die Änderungsvorgänge.
- Das zentrale Konfigurationsmanagement verwaltet Änderungsvorgänge.
- Die Entwicklung/Konstruktion ist auch Änderungsstelle.
- Die Fertigungsplanung und -steuerung verwaltet Änderungen.
- Keiner kümmert sich um Änderungen als Verantwortlicher.

Die Bearbeitung von Änderungen beansprucht die beteiligten Funktionseinheiten im Unternehmen in erheblichem Maß. So wurde in einer Umfrage in der Elektrogeräteindustrie eine Größenordnung von gut 20% der Entwicklungskapazität (Bild 2) ermittelt, in vielen Einzelfällen in der Maschinenbauindustrie wurden deutlich höhere Anteile angegeben.

Insgesamt konnten folgende Problembereiche bei den Analysen beobachtet werden:
- Fehler werden wiederholt gemacht
- Änderungen werden sehr spät angestoßen

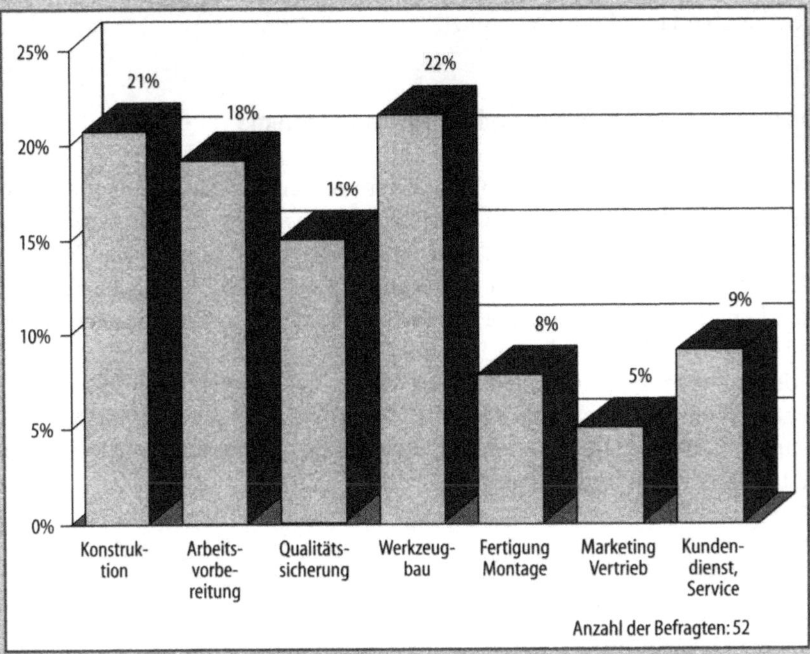

Bild 2. Zeitliche Belastung durch die Änderungsbearbeitung (Umfrageergebnis [Conrat in 4])

Bild 3. Selten werden Kenngrößen technischer Änderungen ausgewertet [Conrat in 4])

- Symptome von Änderungen stehen im Vordergrund
- Problemlösung erfolgt intuitiv
- Änderungen führen häufig zu Folgeänderungen
- Kosten-/Nutzenanalyse erfolgen nur partiell
- Umsetzungszeiten sind sehr lang
- Auswertung und Dokumentation ist schwach (Bild 3)

Technische Änderungen werden – wenn überhaupt – verwaltet und nur selten aktiv bearbeitet und positiv genutzt.

2
Konzept eines Integrierten Änderungsmanagements

Die erkannten Probleme müssen von einem Änderungsmanagement aktiv aufgegriffen und durch geeignete Aktivitäten gelöst werden. Hierfür wurden zugeordnete Aktionsfelder definiert und beschrieben, die dann Bestandteil eines Integrierten Änderungsmanagements sein müssen (Bild 4). Aktionsfelder beschreiben die Aufgabenbereiche von der „Vermeidung und Vorverlagerung" von Änderungen bis hin zur „lernorientierten Auswertung".

Um zu einem ganzheitlichen Ansatz für ein Integriertes Änderungsmanagement zu gelangen, werden als Basis drei Bausteine ergänzt. Diese Bausteine sind „Management und Organisation", die handelnden „Menschen" sowie die eingesetzten „Methoden und Hilfsmittel".

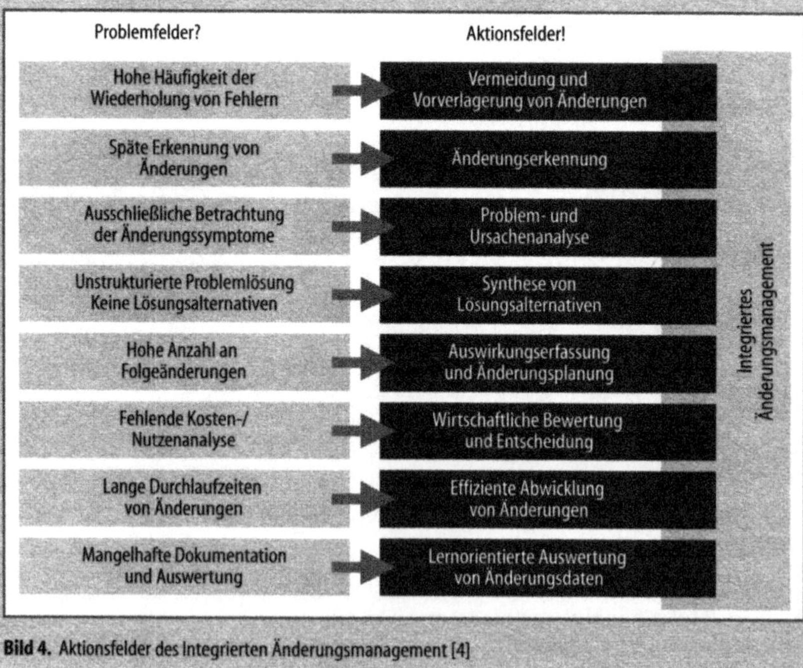

Bild 4. Aktionsfelder des Integrierten Änderungsmanagement [4]

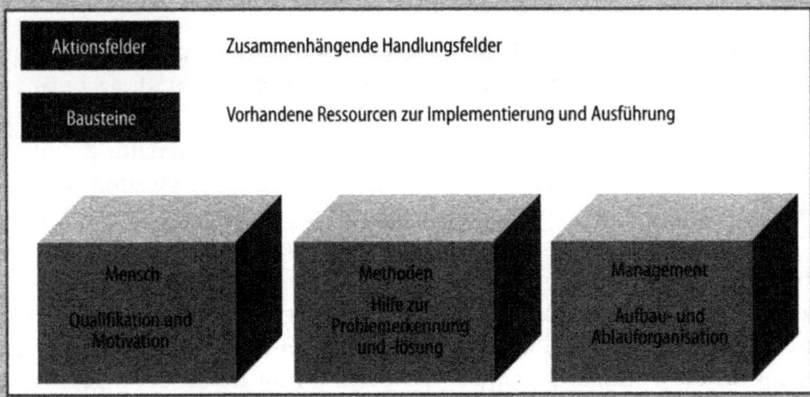

Bild 5. Bausteine als Teil des Integrierten Änderungsmanagements [4]

2.1 Bausteine eines Integrierten Änderungsmanagements

Zunächst werden die Bausteine als Basis näher beschrieben. Änderungen bedeuten für die Organisation, die Beteiligten und die ablaufenden Prozesse vordergründig stets eine Störung vordefinierter und eingespielter Abläufe. Budgetbelastungen, Durchlaufzeitverlängerungen und die Beeinträchtigung der Qualität sowie der Reputation sind negative Symptome. Damit kann dann die Chance, aus Änderungen zu lernen, nur teilweise realisiert werden. Die Strukturen des klassischen, herkömmlichen Änderungswesens erweisen sich als nicht ausreichend.

Management und Organisation

Das flexible Management sowohl von fehlerbedingten als auch von markt-/kundeninduzierten Änderungen muß durch eine geeignete Aufbau- und Ablauforganisation gewährleistet sein. Der Einsatz von Werkzeugen der Informations- und Kommunikationstechnik darf sich nicht auf die einfache Übernahme und identische Abbildung bisheriger Strukturen und Abläufe beschränken, sondern muß die Chance einer organisatorischen Optimierung in den Vordergrund stellen. Folgende Lösungsansätze sollten dabei berücksichtigt werden:

- Gestaltung flexibler Abläufe in Abhängigkeit von dem jeweiligen Änderungstyp,
- hohe Transparenz und frühe Einbindung auch für externe Prozeßpartner,
- durchgängige Änderungsbetrachtung,
- umfassende Nutzung der informationstechnischen Möglichkeiten,
- interdisziplinäre Teamzusammensetzung.

Mensch

Die Bedeutung des Themas Qualifikation und Motivation im Änderungsmanagement wird an der Notwendigkeit klar, daß die Art der Einbindung vieler Mitarbeiter im Änderungsmanagement entscheidend für die zielgerichtete und effiziente Abwicklung ist. Hinsichtlich der Qualifikation sind dafür Kenntnisse auf den Gebieten Basisqualifikation (Ausbildung, etc.), Innovationsfähigkeit, Sozialkompetenz und Komplexitätsbeherrschung notwendig. Diese Komplexität hat zum Beispiel Ursachen in der Vielzahl beteiligter Personen, der Vielzahl möglicherweise betroffener Bauteile oder Gesamt-Produkteigenschaften, der betroffenen Unternehmensprozesse. Änderungen sind auch Störungen und Zusatzaufwand. Daher stellen motivierte Mitarbeiter die notwendige Voraussetzung für die Optimierung und auch Durchführung des Änderungsprozesses dar.

Methoden und Hilfsmittel

Der Baustein „Methoden und Hilfsmittel“ beinhaltet die zum Beispiel aus dem Systems Engineering [1], dem Qualitätsmanagement [6] oder der methodischen Produktentwicklung [2, 5] bekannten Methoden und Hilfsmittel, die zur Unterstützung der Aufgabenstellungen im Änderungsprozeß besonders geeignet sind. Hierzu gehören Methoden zur Aufgabenklärung, Lösungssuche und Lösungsauswahl. Ferner sind für das Integrierte Änderungsmanagement weitere wichtige Methoden und Hilfsmittel aus dem Projektmanagement [3] bekannt.

2.2 Aktionsfelder eines Integrierten Änderungsmanagements

Vermeidung und Vorverlagerung von Änderungen

Das Aktionsfeld „Vermeidung und Vorverlagerung“ zeigt die Bedeutung der frühen Entwicklungsphasen auf. Änderungen können vermieden werden, eine Tatsache, die bereits durch Umfragen nachgewiesen wurde. Änderungen vermeiden heißt vor allem Fehler vermeiden. Es werden hierzu Methoden zur Unterstützung der Produktentwicklung vorgeschlagen. Die Vorverlagerung von Änderungen bedeutet eine frühe Erkennung und Beseitigung von Fehlern und somit eine Verlagerung der Änderungsschleifen vor die Weitergabe oder Freigabe von Dokumenten.

Methodische Ansätze zur Vermeidung oder zumindest zur Vorverlagerung von Änderungen sind aus den Methoden der systematischen Produktentwicklung und dem Qualitätsmanagement bekannt. Mit einer geeigneten Planung können Änderungen sinnvoll in den Entwicklungsprozeß integriert und somit optimal gehandhabt werden.

Änderungserkennung

Das Aktionsfeld „Änderungserkennung" führt in erster Linie zur Problemerkennung. Da auf den Prozeß der Problemerkennung sehr unterschiedliche Einflußfaktoren einwirken, kann er je nach Situation sehr unterschiedlich erfolgen. Zur Problemerkennung ist in einem ersten Schritt das Wahrnehmen einer Soll-/Ist-Abweichung erforderlich. Erst in einem zweiten Schritt wird die erkannte Abweichung dann als „Problem" oder als „kein Problem" eingeordnet. Zur Wahrnehmung einer Soll-/Ist-Abweichung sind eine durchgängige Soll-Analyse, eine Ist-Analyse sowie ein Soll-/Ist-Vergleich erforderlich. Hierbei stehen Methoden der Überlegung und Diskussion (präventives Qualitätsmanagement), der Berechnung und Simulation sowie Versuchsmethoden zur Verfügung. Im Anschluß an die Problemerkennung wird meist ein Verantwortungstransfer des erkannten Problems erforderlich:

- Aspekte der Problemmeldung,
- Problemdokumentation,
- Priorisierung (nach Wichtigkeit und Dringlichkeit).

Problem- und Ursachenanalyse

Das Aktionsfeld „Problem- und Ursachenanalyse" ist Bestandteil der Aufgabenklärung. Die Problem- und Ursachenanalyse ist vor allem bei der Bearbeitung fehlerbedingter Änderungen (Ist-Abweichungen) von Bedeutung. Gerade hier steht oft nicht viel mehr fest, als daß die gegebene Situation verändert werden muß. Eine klare Aufgabe steht gleichzeitig noch in weiter Ferne. Ziel der Problemanalyse ist daher, ein vorliegendes Problem so weit zu strukturieren, bis sich seine Komplexität vermindert und eine Aufgabe (= gut strukturiertes Problem) sichtbar wird. Die wichtigsten Arbeitsschritte bei der Problemanalyse sind die Problembeschreibung, die Abgrenzung des Problembereichs sowie die Analyse der Problemursachen. Hierbei sind zunächst potentielle Ursachen zu sammeln und wahrscheinliche Problemursachen auszuwählen. Die tatsächliche oder doch wahrscheinlichste Ursache ist anschließend zu ermitteln.

Synthese von Lösungsalternativen

Im Aktionsfeld „Synthese von Lösungsalternativen" gilt es Lösungen zu kreieren. Hier sollte auf die bewährten Ansätze der methodischen Produktentwicklung [2, 5] zurückgegriffen werden. Wichtig ist auf jeden Fall, daß nicht die erste Lösungsidee umgesetzt wird, sondern Alternativen generiert und hinsichtlich ihrer Eignung im Gesamtzusammenhang beurteilt werden.

Auswirkungserfassung und Änderungsplanung

Die Auswirkungen von Änderungen auf Produkt und Prozeß sowie die Planung zur Durchführung ist Inhalt des Aktionsfeldes „Auswirkungserfassung und Änderungsplanung". Ausgangspunkt der Betrachtungen in diesem Aktionsfeld sind die unmittelbar geänderten Komponenten und deren Auswirkungen im Produkt und im technischen Umfeld. Auf dieser Grundlage können organisatorische Aspekte geplant werden, um dann im folgenden Aktionsfeld die wirtschaftlichen Auswirkungen aufzuzeigen.

Wirtschaftliche Bewertung und Entscheidung

Das Aktionsfeld „Wirtschaftliche Bewertung und Entscheidung" ist dem schwierigen Feld einer ganzheitlichen Bewertung unter Zeitdruck bei schwacher Datenbasis gewidmet. Werden wirtschaftliche Daten bei der Entscheidung für oder gegen eine Änderungsalternative einbezogen, so ist dies meist auf einen Kostenvergleich zwischen der Ausgangssituation und der neuen Situation begrenzt. Erlöskomponente, Diskontierungen oder Opportunitätskosten (z. B. Kosten infolge eines verspäteten Markteintritts) müssen aber ebenso einbezogen werden wie Aspekte der Wettbewerbsfaktoren außerhalb des monetären Bereichs (Bild 6). Die Konsequenzen von Änderungen auf Ebene der Durchlaufzeit,

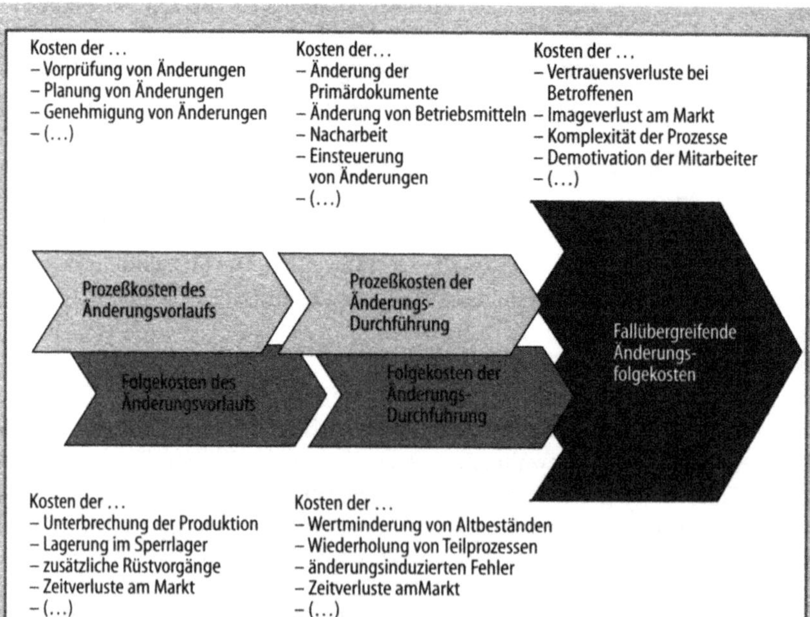

Bild 6. Bewertungsfelder von Prozeß- und Folgekosten einer Änderung [4]

der Flexibilität, der Qualität oder der Mitarbeitersituation sind weitere wichtige Aspekte für die ganzheitliche Beurteilung. Nur eine ausreichende Berücksichtigung dieser Faktoren führt zu der notwendigen Markt- bzw. Kundenorientierung.

Effiziente Abwicklung

Das Aktionsfeld „Effiziente Abwicklung" beschreibt, wie die Abwicklung der Änderung im Anschluß an den Änderungsvorlauf unterstützt werden kann. Stichworte sind hier z. B. die sorgfältige Planung der Änderungsabwicklung und die Koppelung mit der Projektplanung oder differenzierte Umsetzungsstrategien. Ebenso kommen auch die Potentiale technischer Hilfsmittel wie z. B. Engineering Data Management (EDM) oder Workflow-Systeme zur Sprache.

Lernorientierte Auswertung von Änderungsdaten

Im abschließenden Aktionsfeld „Lernorientierte Auswertung von Änderungsdaten" werden wichtige Fragen der Reflexion diskutiert. Die Chance, aus den Daten von technischen Änderungen zu lernen, wurde in der Vergangenheit kaum ergriffen. Dies ist nicht nur auf den Umstand zurückzuführen, daß Änderungen oft der Makel eines Fehlers anhaftet. Auch mangelndes Problembewußtsein sowie fehlende Hilfsmittel haben bisher eine eingehende Beschäftigung mit den Änderungsdaten verhindert. Reflektion im Sinne eines geschlossenen Management-Regelkreises ist aber Voraussetzung für nachhaltige Prozeß- und Produktverbesserungen.

Bausteine und Aktionsfelder können nicht getrennt voneinander betrachtet werden. Sie sind stark vernetzt und beeinflussen sich gegenseitig. Die Aktionsfelder sind zusammenhängende Handlungsfelder, die zu einer gesamtheitlichen Optimierung des Änderungsmanagements berücksichtigt werden müssen. Das sind zum einen Strategien zur Optimierung des Entwicklungsprozesses durch die Vermeidung und Selektion von Änderungen sowie ihre effiziente Umsetzung und zum anderen die prozeßbegleitende, lernorientierte Auswertung der Änderungsdaten.

3
Integriertes Änderungsmanagement in der Praxis

Beim Aufbau des Modells des Integrierten Änderungsmanagement stand bereits sehr früh die Frage nach der Praxistauglichkeit im Raum. Das Modell in einer allgemeinen Form kann nicht ohne Adaption an betriebliche Notwendigkeiten und Situationen eingeführt werden. Das gilt in hohem Maße für die doch sehr unterschiedlich ausgeprägten Istsituationen hinsichtlich der Bausteine. Aber auch bei den Aktionsfeldern sollten Schwerpunkte gesetzt werden, die die wichtigsten Verbesserungen hinsichtlich Effektivität und Effizienz nach sich ziehen.

Voraussetzung für eine solche Adaption ist eine ausreichende Transparenz über die derzeitige Situation, die Schwachstellen und Stärken derzeitiger Prozesse.

An Beispielen aus der Fahrzeugindustrie sowie bei Systemlieferanten wurde exemplarisch eine Adaption durch die Entwickler des Modells des Integrierten Änderungsmanagements gemeinsam mit den Industriepartnern durchgeführt.

In einem der Partnerunternehmen wurden zunächst im Rahmen einer intensiven Analyse die Schwachstellen der bisherigen Änderungsprozesse analysiert und bewertet. Als wesentliches Ziel für eine erste Veränderungsphase ergab sich daraus die Notwendigkeit, die Abwicklung von technischen Änderungen deutlich zu beschleunigen und gleichzeitig die Transparenz zu erhöhen. Daraus ergab sich eine Schwerpunktbildung hinsichtlich der vier Aktionsfelder, die in Bild 7 aufgeführt sind. Diesen Aktionsfeldern wurden nun Methoden zugeordnet, die entweder bereits im Unternehmen bekannt waren oder ergänzend geschult und eingeführt wurden. So konnte zum Beispiel auf die Erfahrung im Einsatz von FMEA (Failure Mode and Effect Analysis) zurückgegriffen werden. Teilweise mußten Hilfsmittel oder Methoden auch an die Randbedingungen angepaßt oder neu entwickelt werden.

Auf Basis des systematischen Vorgehens und der Motivation der Beteiligten konnten bereits nach kurzer Zeit erhebliche Durchlaufzeitverkürzungen nachgewiesen werden.

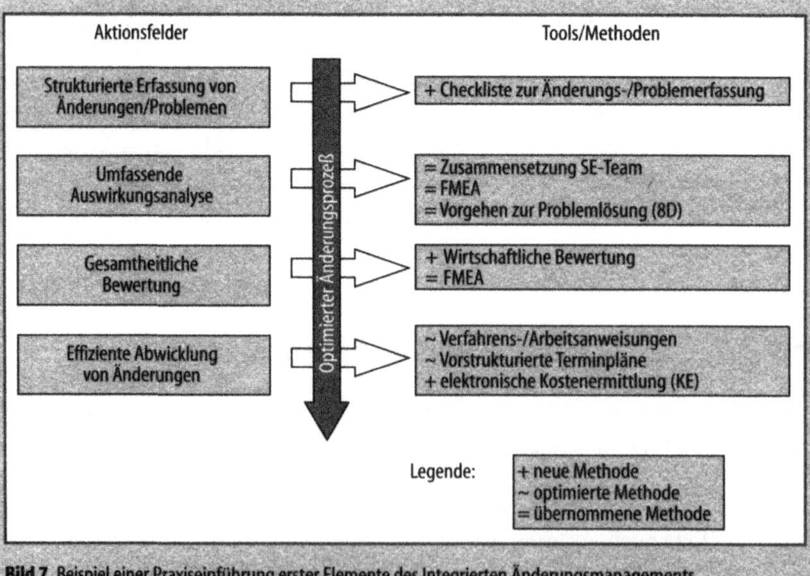

Bild 7. Beispiel einer Praxiseinführung erster Elemente des Integrierten Änderungsmanagements

In dem zweiten Partnerunternehmen stellte sich mehr die Frage nach einmal der Transparenz im komplexen Umfeld von Produkt und Entwicklungsprozeß und zum zweiten nach einer geschlossenen Lernschleife. Hier kamen andere Elemente des Modells des Integrierten Änderungsmanagements ergänzend zum bereits vorhandenen Umfeld zum Tragen.

Grundsätzlich konnte der Lösungsansatz mit diesen und weiteren Projekten in der industriellen Praxis bestätigt werden. Betont werden muß aber die Notwendigkeit einer Adaption an die jeweilige Situation hinsichtlich der vorhandenen Bausteine sowie der Schwerpunkte bei den Problemfeldern.

4 Chancen für die Produktentwicklung

Was sind nun aber Chancen für die Produktentwicklung bedingt durch ein Integriertes Änderungsmanagement?

Die Betonung der frühen Entwicklungsschritte bei gebotener Beachtung des Termindrucks sollte zu einer Verringerung der Änderungen führen. Auch eine transparente Darstellung der Konsequenzen wirtschaftlicher wie technischer Art wird dazu führen, daß von einigen Änderungsvorschlägen Abstand genommen wird. Ferner wird über die bewußte Auswertung und Dokumentation ein Lernprozeß unterstützt, der ebenfalls eine Reduzierung des Änderungsaufwands zumindest längerfristig bedeutet.

Weniger Änderungen bedeuten weniger Zeitaufwand und mit einer gewissen Wahrscheinlichkeit eine höhere Qualität. Dabei soll das Integrierte Änderungsmanagement aber nicht als Instrument zur Verhinderung von Änderungen mißverstanden werden, sondern dazu beitragen, die richtigen Änderungen zum richtigen Zeitpunkt mit dem richtigen Ergebnis durchzuführen.

Die gewonnenen Kapazitäten sollten für die frühen Produktentwicklungsphasen eingesetzt werden, die gewonnenen Kenntnisse für eine höhere Produktqualität. Damit ergibt sich aus dem Integrierten Änderungsmanagement auch ein Beitrag zur Produktinnovation.

5 Literatur

1 Daenzer, W.F., Huber, F. (Hrsg.): Systems Engineering. Industrielle Organisation, Zürich 1994.
2 Ehrlenspiel, K.: Integrierte Produktentwicklung. Hanser, München 1995.
3 Gesellschaft für Projektmanagement (Hrsg): Projektmanagement Fachmann. RKW, Eschborn 1998.
4 Lindemann, U. , Reichwald, R. (Hrsg.): Integriertes Änderungsmanagement. Springer, Berlin 1998.
5 Pahl, G., Beitz, W.: Konstruktionslehre. Springer, Berlin 1997.

6 Reinhart, G., Lindemann, U., Heinzl, J.: Qualitätsmanagement. Springer, Berlin 1996.

Die verschiedenen Forschungsarbeiten zum vorliegenden Beitrag wurden von der Deutschen Forschungsgemeinschaft, der Bayrischen Forschungsstiftung sowie von verschiedenen Unternehmen unterstützt. Die Arbeiten sind vom Lehrstuhl für Konstruktion im Maschinenbau sowie vom Lehrstuhl für Allgemeine und Industrielle Betriebswirtschaftslehre (Prof. Reichwald) - teilweise auch gemeinsam - durchgeführt worden und u.a. durch einen Kongreß sowie ein Buch publiziert worden.

Prof. Dr.-Ing. Udo Lindemann
Technische Universität München
Lehrstuhl für Konstruktion im Maschinenbau

Möglichkeiten zur Auslegung von Verzahnungen für hohe Tragfähigkeit

H. Linke, I. Römhild

1 Einleitung

Im Getriebebau werden heute vorwiegend Evolventenverzahnungen zur Leistungsübertragung eingesetzt. Ein wesentlicher Vorteil evolventischer Profile gegenüber anderen Zahnformen liegt in ihrer Achsabstandsunempfindlichkeit. Zur Beschränkung der Werkzeuge, um Satzrädereigenschaften zu ermöglichen und um den Austauschbau zu erleichtern, verwendet man allgemein genormte Bezugsprofile. Die Tragfähigkeit der sogenannten Evolventennormalverzahnung läßt sich durch Profilverschiebung beeinflussen. Abweichungen von dieser Norm führen zu evolventischen Sonderverzahnungen, die speziellen Anforderungen, wie geringe Geräuschentwicklung oder hohe Tragfähigkeit genügen. Insbesondere wenn Geräuschforderungen nicht im Vordergrund stehen, wird immer wieder auch durch Anwendung besonderer nichtevolventischer Verzahnungen versucht, vor allem niedrigere Pressungen zu erreichen.

2 Zahnfußtragfähigkeit

2.1 Tragfähigkeitssteigerung durch Profilverschiebung

Ein großer Vorteil der Evolventenverzahnung ist, daß auch bei verändertem Achsabstand das Verzahnungsgesetz erfüllt bleibt. Hierdurch wird Profilverschiebung möglich. Es werden gegenüber dem Teilkreis weiter außen oder weiter innen liegende Teile der Evolvente als Zahnflanke genutzt. Die Verschiebung der Bezugslinie des Erzeugungsprofils vom Wälzkreis- bzw. vom Teilkreisdurchmesser weg, findet in der Profilverschiebung $x \cdot m$ bzw. im Profilverschiebungsfaktor x seinen Ausdruck. Bei Außenverzahnung wird durch positive Profilverschiebung die Zahndicke im Teilkreis und im Zahnfuß vergrößert, durch negative verkleinert. Mit zunehmender positiver Profilverschiebung werden die Zahnkopfdicke sowie bis etwa $x \approx 1$ die Fußausrundung kleiner. Die Gleitverhältnisse, Profilüberdeckung und Krümmungsradien der Zahnflanken werden beeinflußt.

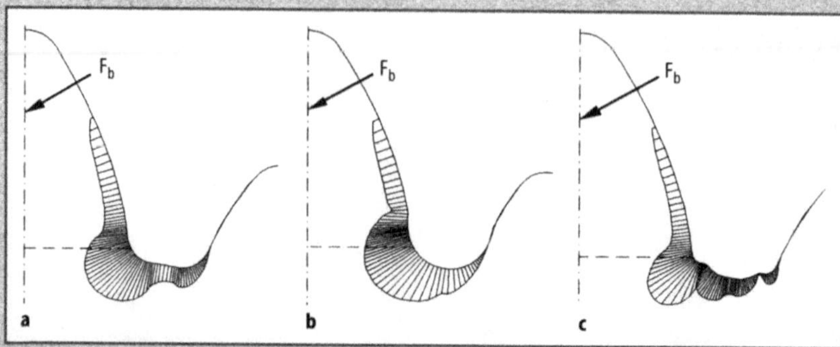

Bild 1. Zahnfußspannungsverteilung, berechnet mit Hilfe des Singularitätenverfahrens; $z = 20$, $\beta = 0°$, $\alpha = 20°$; Herstellung mit Wälzfräser. **a** Normale Fußausbildung ($c = 0{,}25 \cdot m_n$), **b** Protuberanzwerkzeug; $h_{\alpha 0} = 1{,}4 \cdot m_n$; $\rho_{\alpha 0} = 0{,}4 \cdot m_n$; Freischnitt $s_{pr} = 0{,}02 \cdot m_n$; **c** Zahngrund mit Schleifabsatz; Schleifaufmaß $0{,}05 \cdot m_n$; Schleifabstand vom Zahngrund $0{,}08 \cdot m_n$; übrige Maße wie a

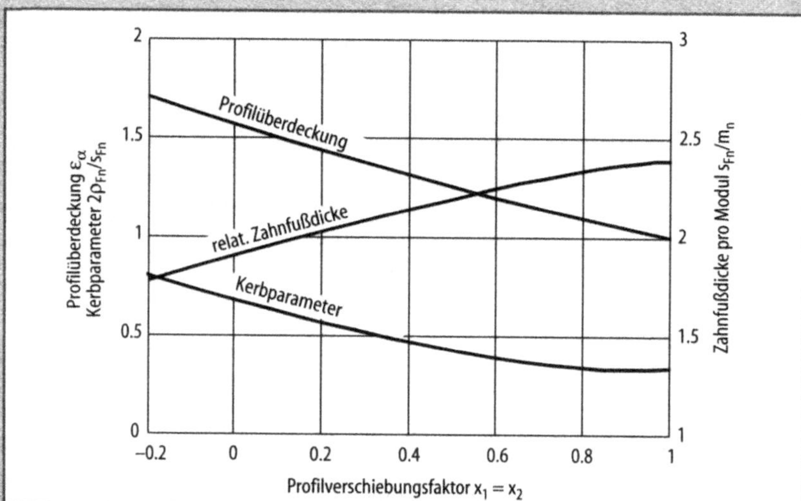

Bild 2. Wirkung von Haupteinflüssen auf die Zahnfußspannung, abhängig vom Profilverschiebungsfaktor; $z_1 = 17$; $u = z_1/z_2 = 1$; $\beta = 0°$ (Profildaten: $\alpha_n = 20°$; $h_\alpha/m_n = 1$; $h_f/m_n = 1{,}4$; $\rho_{\alpha 0}/m_n = 0{,}4$; $s_{pr} = 0{,}02$; (DIN 867); Wälzfräser oder Hobelkamm

Will man die erreichbare Verbesserung der Zahnfußbeanspruchung ermitteln, genügt nicht allein die Untersuchung des Kopffaktors Y_{FS} nach DIN 3990. Es sind Paarungen zu berechnen, da hiervon der wirksame Hebelarm abhängt, der üblicherweise mit dem Überdeckungsfaktor Y_ε näherungsweise erfaßt wird. Um auch die bekannten Abweichungen der Näherungsbeziehungen zu den wirklichen Werten auszuschließen, soll bei sämtlichen hier erfolgenden Vergleichen eine Variante der Boundary-Element-Methode direkt angewendet werden [2] [3]. Bild 1 zeigt 3 Beispiele der berechneten Zahnfußspannung (Zugseite) mit Hilfe dieses Verfahrens.

Die gegensätzliche Tendenz der Einflüsse ist an einem Beispiel in Bild 2 dargestellt. Bereits bei der Nennspannung wirkt der Einfluß der Profilverschiebung auf die Zahnfußdicke und den Biegehebelarm (ausdrückbar durch die Profilüberdeckung) gegensätzlich. Erfahrungsgemäß tritt mit steigender Profilverschiebung eine Senkung der Nennspannung ein, die früher dem Tragfähigkeitsnachweis zugrunde lag, da die Erhöhung des Widerstandsmomentes überwiegt. Es ist aufgrund des Anstiegs der Spannungskonzentration (Y_S) zu erwarten, daß die durch Erhöhung der Profilverschiebung mögliche Senkung der örtlichen Zahnfußspannung σ_F geringer wird. Bekannt ist, daß sich Kerben nicht so auswirken, wie es der rechnerisch ermittelten Spannungsspitze entsprechen würde. Um diesen Einfluß einzubeziehen, wurde auch die Kerbempfindlichkeit durch die Stützziffer Y_δ berücksichtigt. Dabei wird sowohl mit $Y_\delta \rightarrow 1{,}0$ gerechnet, was einem sehr großen Modul (theoretisch $m \rightarrow \infty$) entsprechen würde, als auch die in Bild 3 dargestellte Abhängigkeit berücksichtigt. Diese Abhängigkeit erfaßt nach Erfahrung der Verfasser die Kerbempfindlichkeit für die Dauerbeanspruchung (Dauerfestigkeit) besser und mindert die Spannungsspitze mehr als die Werte für Y_δ nach DIN 3990 T3.

Bei den numerischen Untersuchungen wurden folgende Zahngrundausbildungen einbezogen:

- normale (glatte) Fußausrundung durch Wälzfräser,
- glatte Fußausrundung mit Fußfreischnitt durch Wälzfräser mit Protuberanzprofil (analog DIN 3990 T3),
- normale (glatte) Fußausrundung durch Schneidrad,
- Fußausrundung mit Schleifabsatz, vorverzahnt mit Wälzfräser, geschliffen nach Verfahren Niles bzw. Höfler.

Die Berechnungen erfolgten für Radpaarungen, um den realen Hebelarmeinfluß zu erfassen. Bei einem Zähnezahlverhältnis $u=1$ lag die Aufteilung $x_1=x_2$ und bei dem ergänzend untersuchten Zähnezahlverhältnis $u>1$ eine Aufteilung der Summe der Profilverschiebung für $\sigma_{F1}/Y_{\delta 1}= \sigma_{F2}/Y_{\delta 2}$ (örtliche Spannung) bzw. $\sigma_{Fn1}= \sigma_{Fn2}$ (Nennspannung) vor. In Bild 4 bis 6 sind die Ergebnisse für Dauerbeanspruchung dargestellt. Als Beanspruchungsgröße ist die auf die Zahnkraft zu Zahnbreite und Modul bezogene örtliche Fußspannung gewählt und bei Bild 4b und 5b zusätzlich die Stützziffer mit einbezogen. Für die Untersuchung in Bild 4 wurde der kleinste Werkzeugkopfradius gewählt, den die Norm vorsieht ($\rho_{a0}= 0{,}2 \cdot m$, DIN 3972). Aus dem Kurvenverlauf ist ersichtlich, daß nur bei kleiner Zähnezahl eine Senkung der örtlichen Spannung mit steigender (optimal aufgeteilter) Profilverschiebung erfolgt. Bei größeren Zähnezahlen tritt sogar eine geringe Erhöhung der Beanspruchung ein. Diese Aussage wird auch nicht durch die hier gegenüber DIN 3990 T3 wesentlich größer angenommene Stützwirkung umgekehrt (Bild 4b).

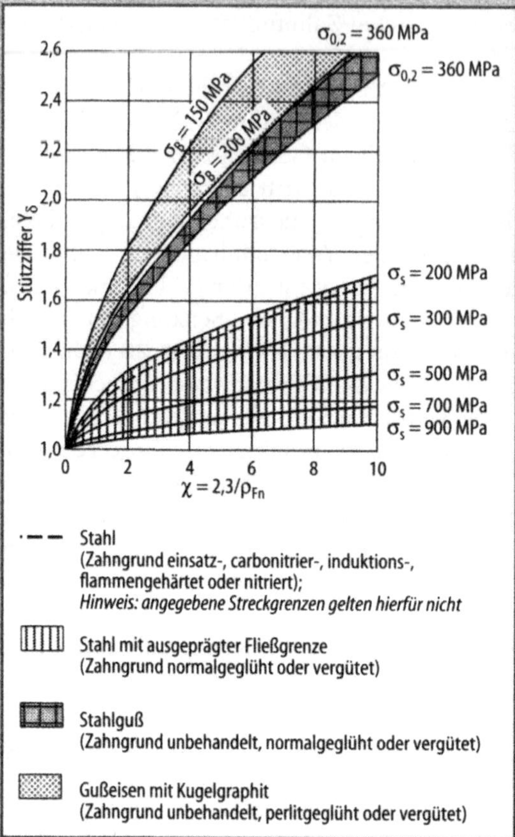

Bild 3. Stützziffer Y_δ für Dauerfestigkeit; Basis: ehemalige TGL 10545, Entwurf 1988 (Einsatzhärtung: $Y_\delta = 1 + \chi^{0,55} \cdot 10^{-0,72}$; $\chi = 2{,}3/\rho_{Fn}$ Krümmungsradius der Zahnfuß-Übergangskurve an der 30°-Tangente in mm), siehe auch [22]

Der größere Kopfradius (ρ_{a0}= 0,4·m) des Protuberanzwerkzeuges wirkt sich günstig bei steigender Profilverschiebung aus, da damit ein größerer Minimalwert der Fußspannung gegeben ist. Die prozentuale Senkung der Fußspannung ist größer. Ein Anstieg der Spannung mit steigender Profilverschiebung wird praktisch nicht ausgewiesen. Mit einem Schneidrad mit Kopfrundung (ρ_{a0}=0,1·m) hergestellte Verzahnungen zeigen für glatte Fußausrundungen die gleiche Tendenz wie bei der Fertigung mit einem Wälzfräser oder Hobelkamm [13]. Eine Senkung der örtlichen Fußspannung ist durch steigende Profilverschiebung nur bei kleinen Zähnezahlen möglich. Entscheidend sind auch hier die mit steigendem x im untersuchten Bereich fallenden Krümmungsradien der Fußübergangskurve.

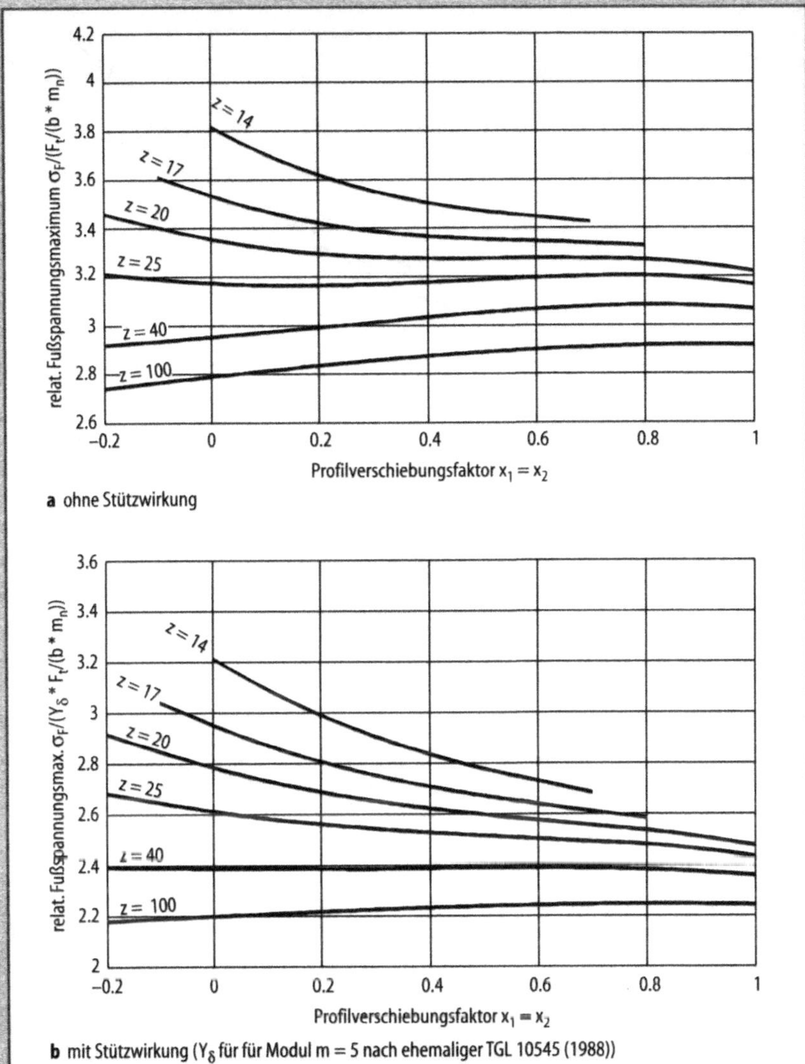

Bild 4. Bezogene örtliche Fußspannung für normale glatte Fußrundung; $u = z_2/z_1 = 1$ (Profildaten: $\alpha_n = 20°$; $h_{\alpha}/m_n = 1{,}0$; $h_f/m_n = 1{,}25$; $\rho_{\alpha 0}/m_n = 0{,}2$; Profil nach DIN 867; Wälzfräser oder Hobelkamm)

Bei Schleifabsätzen ohne spezielle Rundung der Schleifscheibe, ist im allgemeinen durch steigende Profilverschiebung überhaupt keine Senkung der örtlichen Spannung möglich (Bild 5a)[6].

Bei den untersuchten Fällen ist eine effektive Rundung (Körnung, Verschleiß) von ϱ_{aS}/m_n=0,05 angenommen. Die Stützwirkung mindert die in Bild 5a sicht-

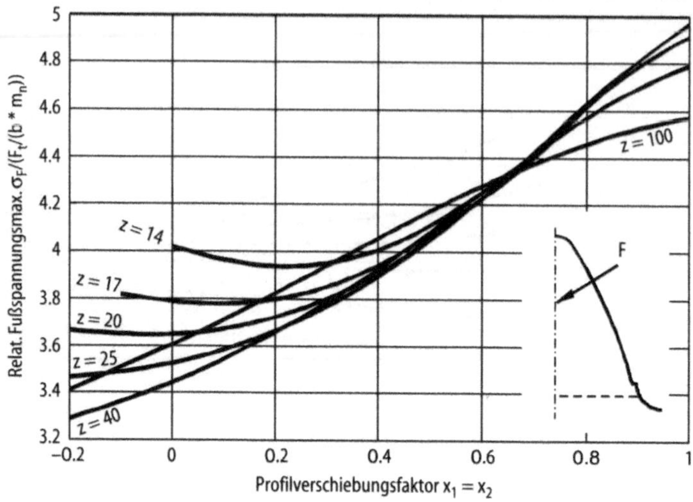

a ohne Stützwirkung ($Y_\delta = 1$)

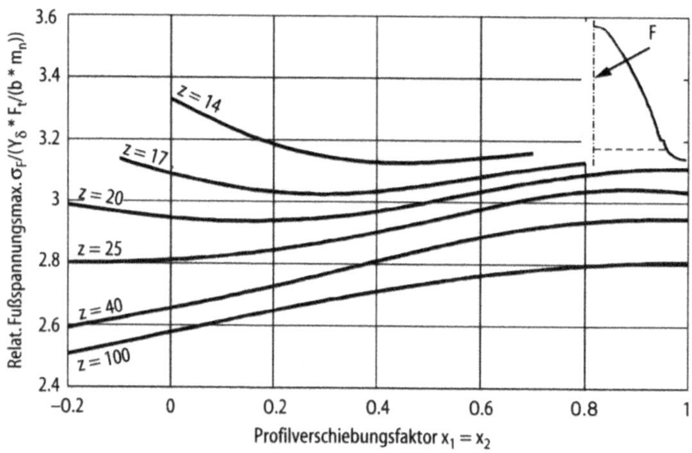

b mit Stützwirkung (Y_δ fr Eratzradius der gleichen Spannungskonzentration bei m = 5)

Bild 5. Bezogene, örtl. Spannung für Schleifabsatz (Profildaten: $\alpha_n = 20°$; $h_\alpha/m_n = 1{,}0$; $h_f/m_n = 1{,}25$; $\rho_{\alpha 0}/m_n = 0{,}25$; $p/m_n = 0{,}1$; u = 1 Vorverzahnen mit Wälzfröser (Profil nach DIN 867); Schleifen mit $\alpha_n = 20°$; $h_f/m_n = 1{,}15$; $\rho_{\alpha S}/m_n = 0{,}05$)

bare Tendenz (Bild 5b). Auch für Zähnezahlverhältnisse $u>1$ liegen prinzipiell nur geringe Effekte vor.

In Bild 6 ist bei optimaler Aufteilung der Profilverschiebung (für $\sigma_{F1}/Y_{\delta 1} = \sigma_{F2}/Y_{\delta 2}$) die Abhängigkeit der bezogenen örtlichen Spannung (mit Stützwirkung) von der Profilverschiebungssumme (x_1+x_2) dargestellt. Es ist festzustel-

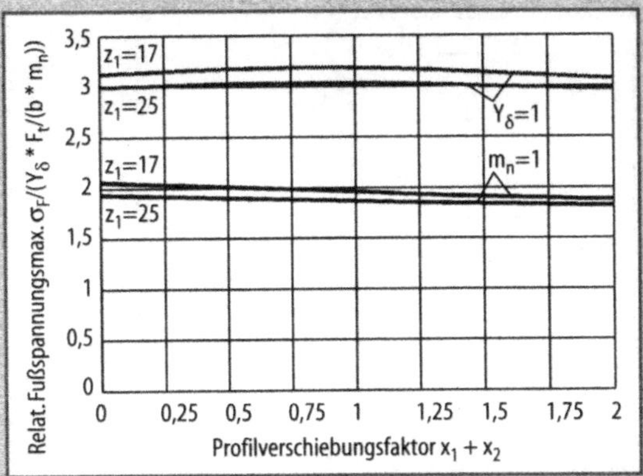

Bild 6. Bezogene örtl. Fußspannung für $u=z_2/z_1=6$ bei optimaler x-Aufteilung (Y_δ mit $m_n=1$; bzw. $Y_\delta=1$ mit $m_n \to \infty$); $\sigma_{F1}/Y_{\delta 1}=\sigma_{F2}/Y_{\delta 2}$ (Profildaten: $\alpha_n = 20°$; $\beta=0°$; $\varrho_{a0}/m_n = 0{,}2$; $h_{a0}/m_n = 1{,}25$; $m_n = 1$; Profil nach DIN 867)

len, daß hinsichtlich Dauerbelastbarkeit eine steigende Profilverschiebungssumme keine wesentliche Minderung der Beanspruchung ergibt.

Für die statische Beanspruchung wird die Zahnfuß-Biegenennspannung näherungsweise als maßgebend betrachtet. Während DIN 3990 T3 eine statische Stützwirkung zugrunde legt, die kleiner als die Spannungskonzentration ist, nahm die ehemalige TGL 19340 (Dauerfestigkeitsberechnung der Maschinenbauteile) eine statische Stützwirkung im übertragenen Sinn mit $Y_{\delta st}>Y_S$ an, was einer Festigkeitssteigerung bei quasistatischer Beanspruchung gekerbter Bauteile entspricht. Die oben genannte, mit der Erfahrung nicht in Widerspruch stehende Annahme ($Y_{\delta st}=Y_S$) erscheint somit für die Untersuchung vorläufig als gerechtfertigt. Die Senkung der Nennspannung und damit die Steigerung der Zahnfußtragfähigkeit bezüglich Lastspitzen geringer Häufigkeit (etwa $N \leq 10^3$) ist mit steigender Profilverschiebung wesentlich deutlicher als bei Dauerbeanspruchung möglich. In Bild 7 sind Ergebnisse dargestellt.

Es ist somit festzustellen, daß die Möglichkeit der Verbesserung der Zahnfußtragfähigkeit vom Lastkollektiv abhängt. Der mögliche Gewinn ist aber generell nicht sehr groß.

Bei üblichen Verzahnungen liegt das Spannungsmaximum ($\sigma_{F\max}$) in Nähe der 30°-Tangente. Da bei niederzyklischen Beanspruchungen die Bedeutung der Kerbe zurückgeht, können bei nahezu spitzen Zähnen (Normalverzahnung, große positive Profilverschiebung) Brüche oberhalb des Zahnfußes auftreten. Erfahrungen aus der Praxis belegen, daß Brüche oberhalb des Zahngrundes Ausnahmen darstellen. In den meisten Fällen werden sie auch dann von Flankenausbrüchen und nicht durch eine generell zu hohe Nennspannung an dieser Stelle verursacht.

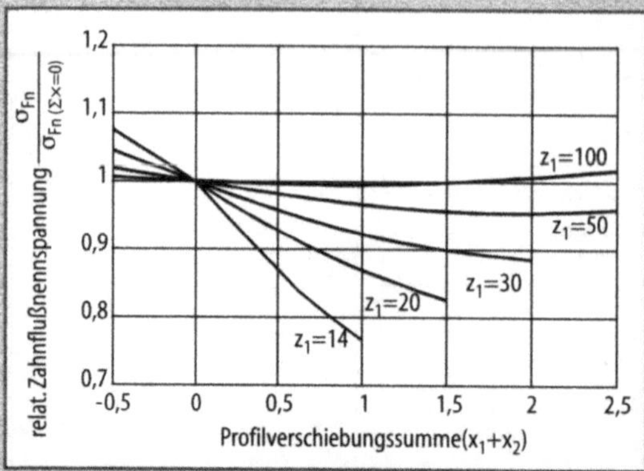

Bild 7. Bezogene Nennflußspannung für normale glatte Fußrundung; $u=z_2/z_1=1$, $\beta=0°$; $\sigma_{Fn1}=\sigma_{Fn2}$ (Profildaten: $\alpha_n=20°$; $h_{a0}/m_n=1{,}25$, $\varrho_{\alpha 0}/m_n=0{,}25$, Profil nach DIN 867)

Bei Schrägverzahnungen müssen Näherungen in größerem Maße als bei Geradverzahnungen herangezogen werden, da eine genauere Analyse eine räumliche Behandlung erfordert. Hierfür liegen aber genaue Ergebnisse noch nicht in genügender Anzahl vor. Nimmt man näherungsweise $z_{nx}, z/\cos^3\beta$ als maßgebende ideelle Zähnezahl an, faßt $(Y_\varepsilon \cdot Y_\beta)$ bei $\varepsilon_\beta>1$ bzw. $\varepsilon_\beta>>1$ als Lastverteilungsgröße auf und ermittelt Y_{FS} für Lastangriff am Zahnkopf, ergibt sich gegenüber den bereits getroffenen Schlußfolgerungen keine prinzipiell andere Aussage.

Bei Evolventenverzahnungen werden zur Verbesserung der Lastverteilung und des dynamischen Verhaltens oft Profilkorrekturen vorgenommen. Hierzu zählen die Kopf- und Fußrücknahme, die Breitenballigkeit und allgemeine, neuerlich angewandte topologische Korrekturen. Sofern diese Abweichungen gegenüber dem genormten Bezugsprofil nach DIN 867 in der Größenordnung der Deformation der Verzahnung, Wellen, Lager und des Gehäuses einschließlich des Lagerspiels und der Fertigungsabweichungen liegen, sind diese Verzahnungen nicht als Sonderverzahnungen zu bezeichnen, da sie keine grundsätzlich anderen Werkzeuggrundformen benötigen. Im gleichen Sinne sind Unterwühlungen (Protuberanz) zu verstehen. Eine Ergänzung von DIN 867, in der unterwühlte Verzahnungen als Ausführung mit dem genormten Profil definiert werden, steht aus.

2.2 Tragfähigkeitsgewinn durch evolventische Sonderverzahnungen

Als Alternative zur genormten Evolventenverzahnung ist die Verwendung evolventischer Sonderverzahnungen üblich. Diese bleiben gegen Veränderung des Achsabstandes unempfindlich. Allerdings entstehen erhöhte Werkzeugkosten.

Abhängig von den speziellen Forderungen wie geringer Lärm oder hohe Überlastbarkeit im niederzyklischen Bereich werden abweichende *Zahnhöhen* und *Eingriffswinkel* verwendet. Die erhöhten Werkzeugkosten lassen sich dabei ent-

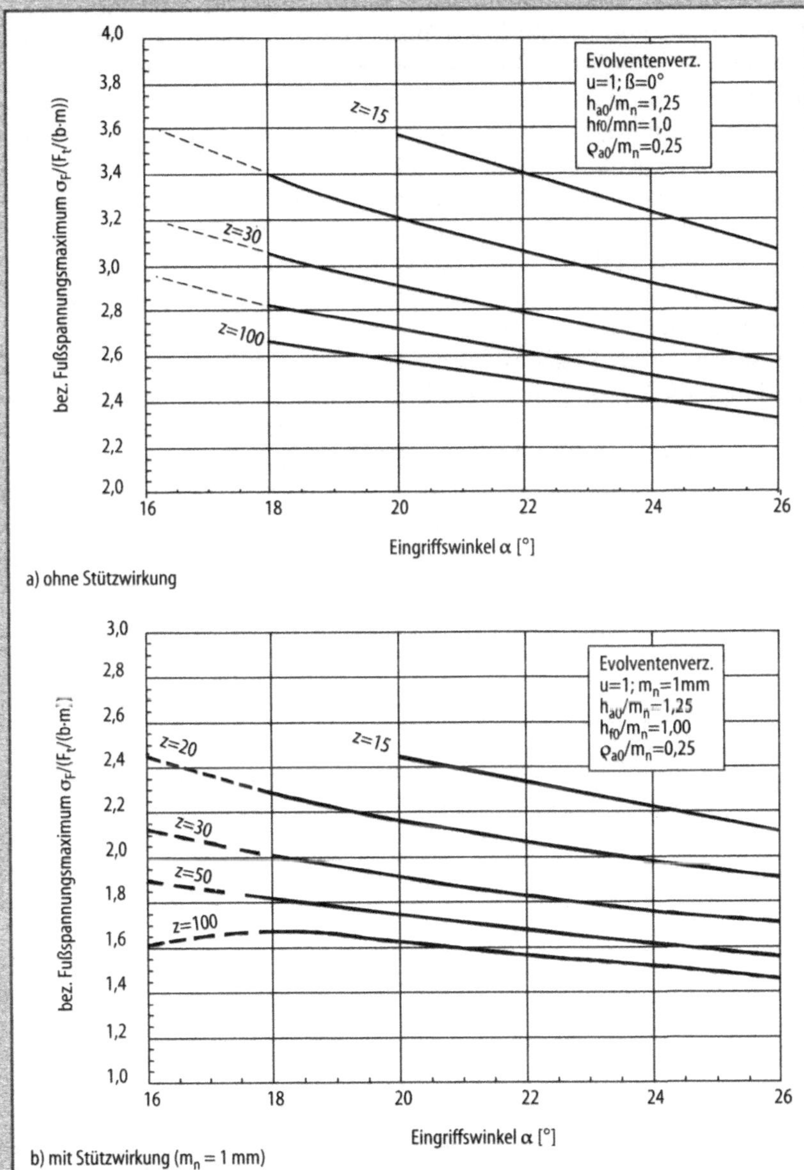

Bild 8. Bezogene örtiche Fußspannung bei Evolventen-Sonderverzahnungen mit steigendem Eingriffswinkel

weder durch große Stückzahlen, z.B. in der Kraftfahrzeugindustrie oder durch die hohen Gesamtkosten, z.B. im Großgetriebebau kompensieren.

Bei Evolventenverzahnungen besteht u.a. die Möglichkeit durch Vergrößerung des Eingriffswinkels die Zahnfußspannung zu beeinflussen.

Entgegen dem erzielbaren Effekt bei Profilverschiebung, die ebenfalls einer Eingriffswinkeländerung am Wälzkreis entspricht, ist hier bei steigendem Eingriffswinkel mit einem deutlicheren Absinken der örtlichen Zahnfußspannung zu rechnen. Ursache ist, daß mit steigender Profilverschiebung der Zahnfuß näher an den Wälzkreis rückt, was zu einer stärkeren Verringerung der Zahnfußausrundung führt, die sich wiederum ungünstiger auf die örtliche Spannung auswirkt als dies bei einer reinen Eingriffswinkeländerung mit konstanten Fuß- und Kopfhöhen der Fall ist. Die Einbeziehung der Stützwirkung ändert diese Tendenz nicht (vergl. Bild 8 a und b). Die berücksichtigte Stützwirkung wurde für den Querschnitt mit der höchsten Spannung (nach Bild 3) bestimmt, da dieser im Gegensatz zu profilverschobenen Normalverzahnungen weiter vom Ort der 30°-Tangente entfernt liegen kann.

Der zu erwartende Tragfähigkeitsgewinn für den quasistatischen Belastungsfall, bei dem die Wirkung der Kerbe bei üblichen Stählen in den Hintergrund tritt, ist Bild 9 zu entnehmen. Sowohl die statische Kerbwirkung als auch die statische Stützwirkung sind noch nicht genügend untersucht. Deshalb ist eine genaue Erfassung dieser Einflüsse an dieser Stelle nicht möglich. Allgemein wird davon ausgegangen, daß sich Kerbspannung und Stützwirkung aufheben (bei $Y_S<3$). Die Zahnfußnennspannung als Beurteilungskriterium für die quasi-

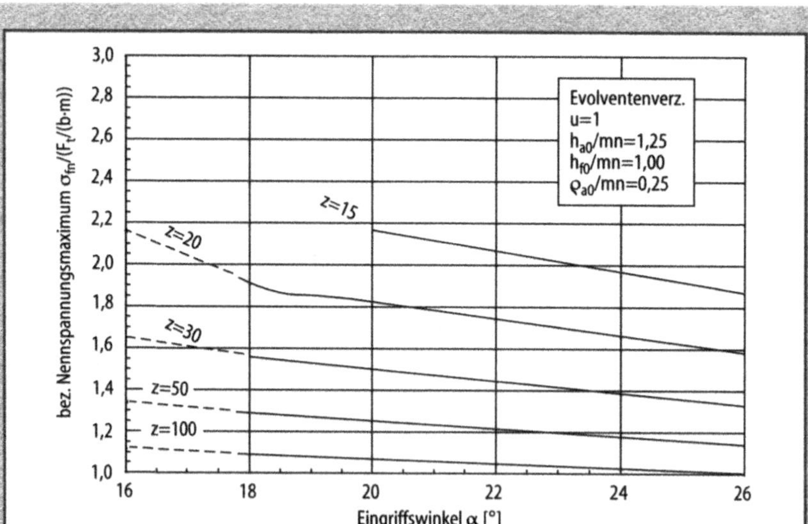

Bild 9. Bezogene Zahnfußnennspannung bei Evolventen-Sonderverzahnungen mit steigendem Eingriffswinkel (θ=30°, θ siehe Bild 11)

statische Beanspruchung verringert sich vor allem durch den Einfluß der steigenden Zahnfußdicke und des Kraftangriffswinkels.

Die Erhöhung des Hebelarms mit sinkender Überdeckung schwächt diese Tendenz ab. Je größer der Eingriffswinkel ist, um so stärker steigt die Zahnfußdicke mit Erhöhung des Tangentenwinkels θ. Bei Sonderverzahnungen kann das Spannungsmaximum mit steigendem Eingriffswinkel so in Bereiche deutlich höherer Zahnfußdicken wandern. Es ist jedoch üblich bei der Beurteilung der Nennspannung die 30°-Tangente als Berechnungsquerschnitt heranzuziehen. Dies erklärt, warum der berechnete Tragfähigkeitsgewinn für quasistatische Beanspruchung (Bild 9) geringer zu sein scheint als für den Dauerfestigkeitsbereich (Bild 8a,b).

Zu beachten ist bei starker Erhöhung des Eingriffswinkels, daß sich dann immer stärker der Einfluß des Nachbarzahnes bemerkbar macht. Dies trifft nicht nur auf Sonderverzahnungen sondern auch auf stark profilverschobene Normalverzahnungen zu. Je näher die Orte hoher Zahnfußspannung zweier benachbarter Zähne zusammenrücken, um so mehr überlagern sich die auftretenden Spannungen beider Zähne. Die Schwellbeanspruchung geht zunehmend in eine Wechselbeanspruchung über, was die erwartete Zahnfußtragfähigkeit beeinträchtigt (Bild 10). Befindet sich der betrachtete Zahn in einem um eine Teilung versetzten Kontaktpunkt auf der Eingriffslinie gegenüber dem vorher betrachteten Eingriffspunkt, in dem die maximale Zahnfuß-Zugspannung ermittelt wurde, können infolge der Belastung des Nachbarzahnes Druckspannungen

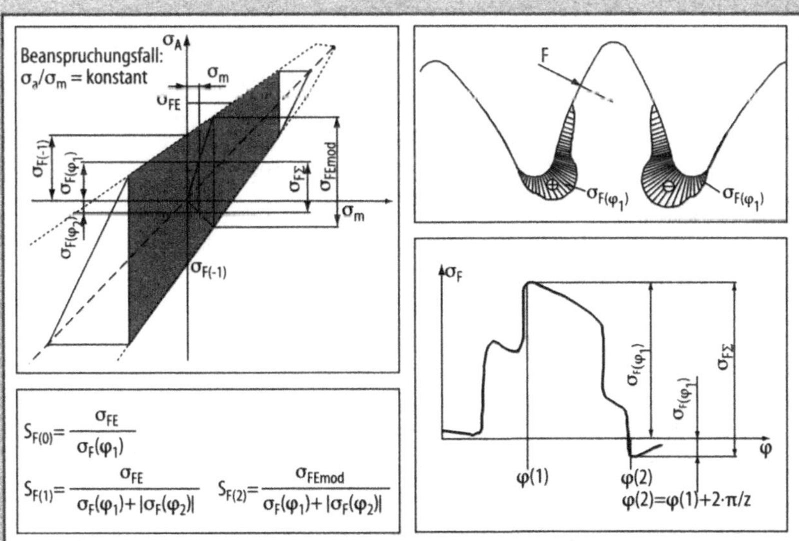

Bild 10. Einfluß des Nachbarzahns (Wechselbeanspruchung!) auf die Zahnfestigkeit und Sicherheit gegen Dauerbruch bei Verzahnungen [15]

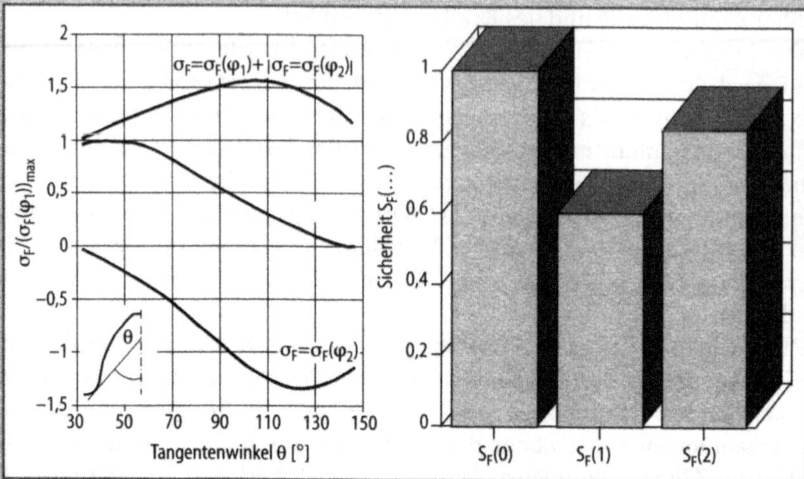

Bild 11. Relative Zahnfußspannung abhängig vom Tangentenwinkel und SIcherheit gegen Dauerbruch berechnet für $z=30$, $\alpha=26°$, $\varepsilon_\alpha=1{,}445$ ($S_F(0)$ … $S_F(2)$ nach Bild 10)

an der Stelle vormaliger Zugspannungen auftreten. Im Gegensatz zu der heute üblichen Berechnungsmethode ist dann der Ort im Zahnfuß, der die geringste Sicherheit aufweist, nicht mehr derjenige, für den die größte Zugspannung ermittelt wurde. Unter Berücksichtigung der möglichen Wechselbeanspruchung sollte der Ort minimaler Sicherheit in der Fußrundung werden (Bild 10, 11, [15]). Bild 11 zeigt Auswirkung des Beanspruchungswechsels an einem Beispiel, während Bild 10 die Möglichkeit der rechnerischen Erfassung andeutet.

Verzahnungen mit Schleifabsatz besitzen aufgrund der meist spitzeren Schleifkerbe gegenüber glatten Fußrundungen größere örtliche Zahnfußspannungen. Große Eingriffswinkel können die hohen Beanspruchungen mindern. Durch protuberanzgefräste Verzahnungen wird die Ausbildung der spitzen Schleifkerbe umgangen.

Die Bilder 10 und 11 verdeutlichen, daß insbesondere der berechnete Tragfähigkeitsgewinn für die Dauerfestigkeit durch die Wirkung des Nachbarzahns reduziert werden kann. Bei Verwendung evolventischer Sonderverzahnungen durch Variation des Eingriffswinkels ist die Wirkung des Nachbarzahns bei der Berechnung der Sicherheit gegen Zahnfußermüdungsbruch zu berücksichtigen. Die Schlußfolgerungen bezüglich des niederzyklischen Beanspruchungsbereiches unterscheiden sich nicht von denen, die bereits bei profilverschobenen Normalverzahnungen getroffen wurden. Eine weitere Möglichkeit zur Beeinflussung der Zahnfußspannungen liegt in der Realisierung hoher Überdeckungen mit möglichst $\varepsilon_\alpha>2$. Solche Verzahnungen, die als Hochverzahnungen bekannt sind, werden vor allem zur Verringerung der Geräuschentwicklung eingesetzt. Profilüberdeckungen $\varepsilon_\alpha>2$ entstehen bei Reduzierung des Eingriffswinkels und größeren Zahnhöhen. Dies bewirkt eine Verschiebung der Unterschnittgrenze zu größeren Zähnezahlen. Nach [12],]17], [18], [19] sind Fußtragfähigkeitsgewinne durch Hochverzahnungen zwar möglich, diese gelten jedoch als unsicher. Hochverzahnungen sind bezüglich ihrer Fußtragfähigkeit noch nicht genügend untersucht.

2.3 Zahnfußtragfähigkeit nichtevolventischer Sonderverzahnungen

Zu den bekanntesten nichtevolventischen Profilformen, die eine technische Bedeutung erlangt haben, zählen die Zykloidenverzahnung und ihre Sonderformen bzw. verwandte Profile (Cyclo-Getriebe, VBB-Verzahnung, Triebstockverzahnung, Sonderverzahnung nach Hlebanja, Smith-Verzahnung), die Kreisbogenverzahnung, die Wildhaber-Novikov-Verzahnung, die AXICON-Verzahnung, die LogiX-Verzahnung, die SYMMARC-Verzahnung und die Hybrid-Verzahnung. Zu Beginn des 20. Jahrhunderts begannen verstärkt Untersuchungen zu nichtevolventischen Verzahnungen, die vor allem auf konkav/konvexe Berührung der Zahnpaare zielten. Ein Hauptgrund für diese Untersuchungen sind die ungünstigen Pressungsverhältnisse der konvex/konvexen Paarungen, die bei den damals üblichen vergüteten Verzahnungen bei Industriegetrieben (bis Anfang der 70-er Jahre), zu häufigen Ausfällen durch Grübchenbildung führten. Untersuchungen zur Zahnfußtragfähigkeit standen dabei eher im Hintergrund.

Auf der Basis neuerer Berechnungsverfahren wurden nichtevolventische Sonderverzahnungen theoretisch untersucht und gegenübergestellt [14]. Untersuchungen zu WN-Verzahnungen haben bestätigt, daß die begrenzten Tragzonen ($\varepsilon_\alpha<1$, $\beta>0°$ erforderlich) über der Zahnbreite zu Spannungsüberhöhungen am Zahnfuß führen und die Fußtragfähigkeit damit verringert wird. Weiterhin wirkt sich auch das Wandern der Tragzonen in Breitenrichtung während des Eingriffs ungünstig auf das Laufverhalten aus (Bild 12).

Mit dem Singularitäten-Verfahren (Boundary-Elemente-Methode) wurden die örtlichen Zahnfußspannungen verschiedener Sonderverzahnungen (mit $\varepsilon_\alpha>1$) berechnet, auf den Zahnfußquerschnitt an der 30°-Tangente bezogen und evolventischen Sonderverzahnungen ($\alpha\neq20°$) gegenübergestellt [14]. Unberücksichtigt blieb bei den Untersuchungen jedoch die bereits unter 2.2 beschriebene Wechselwirkung der Zahnfußspannung des berechneten Zahnfußes mit der des Nachbarzahns. Auf die genaue Einbeziehung dieses Einflusses auf die Zahnfußtragfähigkeit wurde verzichtet, da sie sich hier kaum auswirkt.

Der Beeinflußbarkeit der Zahnfußspannung sind sowohl bei evolventischen als auch bei nichtevolventischen Verzahnungen Grenzen gesetzt. Eine Erhöhung der Zahnfußdicke und die Vergrößerung des Kraftangriffs- bzw. Eingriffswinkels (Biegeanteil ↓, Druckanteil ↑) durch Variation der Auslegungsparameter hat immer auch eine Erhöhung des Hebelarms (Profilüberdeckung ε_α ↓) zur Folge. Die entgegengesetzte Tendenz der Haupteinflußgrößen bewirkt also selbst bei Beur-

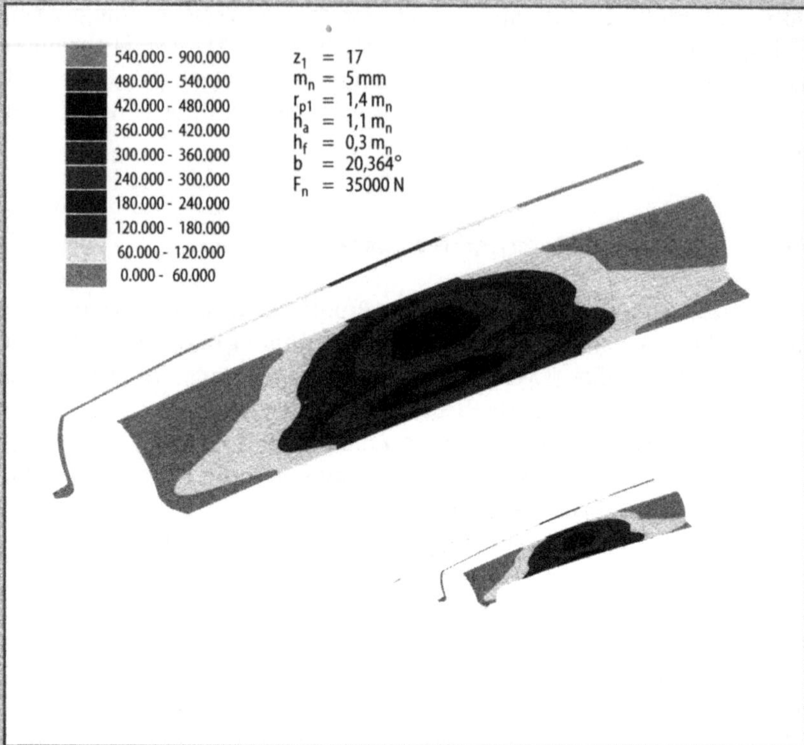

Bild 12. Vergleichspannungsverteilung am Ritzel einer WN-Verzahnung [14]

teilung der Nennspannung (z.B. bei geringen Lastwechseln entscheidend) einen relativ geringen Tragfähigkeitsgewinn. Bei Betrachtung der örtlichen Spannung kommt hinzu, daß sich mit steigender Zahnfußdicke die Zahnfußausrundung verringert. Die Untersuchungen zeigten, daß mit nichtevolventischen Sonderverzahnungen keine entscheidenden Verbesserungen der Zahnfußtragfähigkeit erzielbar sind. Die LogiX und insbesondere die Hybridverzahnung sind bezüglich ihrer Zahnfußtragfähigkeit auch gegenüber evolventischen Sonderverzahnungen mit α>20° konkurrenzfähig. Hybrid-Verzahnungen mit kleinen Roll- und Erzeugungskreisdurchmessern sowie Evolventenstücken mit α>20° schneiden dabei am besten ab. Die Berechnungsergebnisse deuten darauf hin, daß zumindest bezüglich der Zahnfußspannung Hybridprofile mit Zykloiden – und Evolventenanteilen eine Alternative zu reinen Evolventenverzahnungen sein können [14]. Die erhoffte Kombination der Vorteile von Evolventen- und Zykloidenverzahnungen scheint bei Betrachtung der Zahnfußspannung gelungen.

Sollte die Zahnfußtragfähigkeit entscheidendes Beurteilungskriterium sein, bleibt abzuwägen, ob eine relativ geringe Steigerung der Fußtragfähigkeit (gegenüber z.B. Evolventenverzahnung mit $\alpha=26°$) den erhöhten Aufwand für Fertigung und Qualitätssicherung sowie eine Erhöhung der Achsabstandsempfindlichkeit und des Geräusches rechtfertigen kann (siehe [14]).

3 Zahnflankentragfähigkeit (Grübchen)

Die Zahnflankentragfähigkeit wird heute allgemein aus der Hertzschen Pressung σ_H auf der Zahnflanke und einer zulässigen Hertzschen Pressung σ_{HP} bzw. aus dem Festigkeitswert und einer Mindestsicherheit berechnet. Dabei repräsentiert die Hertzsche Pressung als Kennzahl eine Komponente (Druckspannung) der auftretenden Beanspruchung an der Zahnflankenoberfläche. Trotz ihrer begrenzten Gültigkeit hat sich bisher die Hertzsche Theorie als sinnvolles Instrument zur Beurteilung der Flankentragfähigkeit bewährt. Der entscheidende geometrische Parameter für die angestrebte Optimierung ist neben dem Eingriffswinkel (Normalkraft) der Ersatzkrümmungsradius ρ_E (Gl.(1)).

$$\rho_E = \frac{\rho_1 \cdot \rho_2}{\rho_2 + \rho_1} \tag{1}$$

3.1 Flankentragfähigkeitssteigerung durch Profilverschiebung

Die Flankenpressung kann bei evolventischen Normalverzahnungen verringert werden, wenn es gelingt, mittels Profilverschiebung die Eingriffsstrecke auf der Eingriffslinie so zu verschieben, daß sich diese in Richtung des Bereiches des Pressungsminimums verlagert. Das Minimum der Flankenbeanspruchung liegt in der Mitte der Strecke T_1T_2, d.h. $\rho 1 = \rho 2 = (a/2)\cdot\sin\alpha_{wt}$ (Bild 13 b). Die Möglichkeiten sind jedoch begrenzt. Bevor bei üblichen Zähnezahlen eine deutliche Verringerung der Pressung erzielt werden kann, tritt Spitzenbildung am Zahnkopf auf, oder die Mindestüberdeckung wird unterschritten. Es ergeben sich ungünstige Gleitgeschwindigkeiten. Bei höheren Zähnezahlen läßt sich die Beanspruchung durch Profilverschiebung kaum beeinflussen (Bild 13 a). Ohnehin ist bei hohen Drehzahlen durch Einfluß dynamischer Zusatzkräfte der Ort des Spannungsmaximums auf der Eingriffsstrecke nicht einfach bestimmbar.

Effektiver ist oft die Wahl eines vom Normprofil abweichenden größeren Eingriffswinkels. Mathematisch ergibt sich das günstigste Ergebnis hinsichtlich des Minimums der Hertzschen Pressung bei einem Eingriffswinkel von $\alpha=45°$. Die Beeinflussung der Zahnflankenpressung durch die Profilverschiebung, übliche Größen vorausgesetzt, ist offensichtlich vorhanden, aber nicht von überragender Bedeutung.

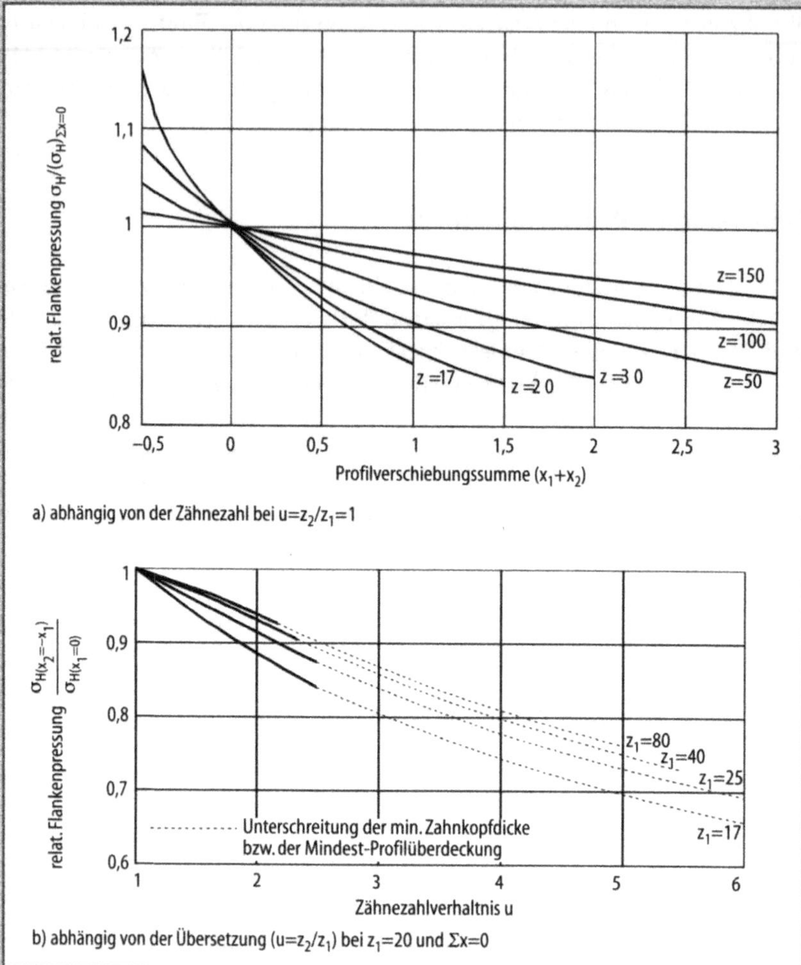

Bild 13. Bezogene Flankenpressung: $\alpha_n=20°$; $\beta=0°$

3.2
Flankentragfähigkeitsgewinn durch evolventische Sonderverzahnungen

Zur Auslegung von Evolventenverzahnungen für hohe Flankentragfähigkeit ist wiederum eine Erhöhung des Eingriffswinkels günstig [14] (Bild 14).

Ein Optimum der Flankentragfähigkeit liegt bei Evolventenverzahnungen vor, wenn der Eingriffswinkel einen Wert von 45° annimmt. Allerdings sind der praktischen Realisierbarkeit dieses Eingriffswinkels Grenzen gesetzt. Neben einer ausreichenden Überdeckung, Zahnkopfdicke und der Vermeidung von

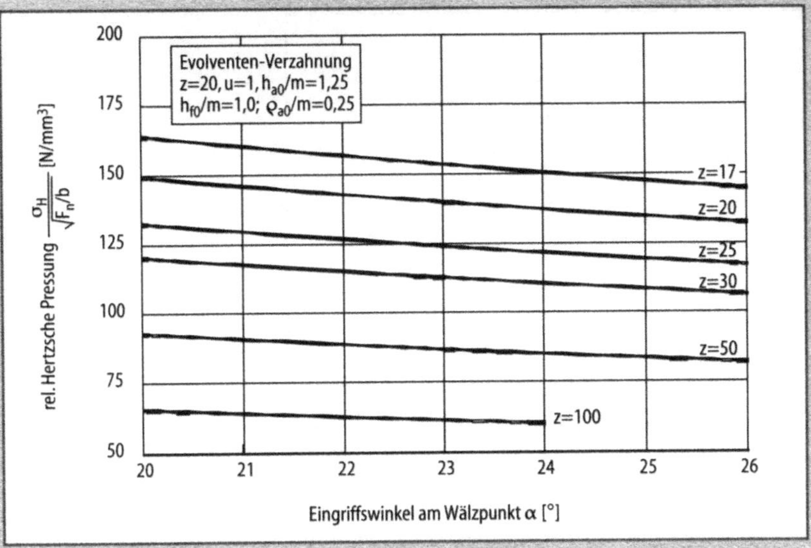

Bild 14. Hertzsche Pressung (Maximum) bei Evolventenverzahnungen abhängig vom Eingriffswinkel α [14]

Interferenzerscheinungen, ist die Zahnfußlückenweite und eine Mindestfußrundung zu beachten.

$$\sigma_H \approx \sqrt{F_n \cdot \frac{\varrho_{C1} + \varrho_{C2}}{\varrho_{C1} \cdot \varrho_{C2}}}; \quad \left(F_n = \frac{F_{wt}}{\cos\alpha_w}; \varrho_{C1} = r_{w1} \cdot \sin\alpha_w; \varrho_{C2} = r_{w2} \cdot \sin\alpha_w \right)$$

$$\sigma_H \approx \sqrt{\frac{1}{\cos\alpha_w \cdot \sin\alpha_w}} = \sqrt{\frac{2}{\sin\alpha_w}} \qquad (2)$$

$$\sigma_H = \text{Min} \rightarrow \sin 2\alpha_w = 1 \rightarrow \alpha_w = 45^\circ$$

Eine weitere Möglichkeit, evolventische Zahnprofile den gestellten Forderungen anzupassen, bietet die *unsymmetrische Verzahnung* (Bild 15) mit unterschiedlichen Eingriffswinkeln für Vor- und Rückflanke. Die das entscheidende Drehmoment übertragende Flanke weist dabei den größeren Eingriffswinkel und die größeren Krümmungsradien auf. Auf diese Weise können höhere Eingriffswinkel realisiert werden. Die Geometrie der Rückflanke soll bestehende Auslegungsgrenzen, die bei symmetrischer Verzahnung wirksam werden, umgehen. Wählt man die Flanken des Bezugsprofils zentralsymmetrisch zur Wälzgeraden, so sind die Werkzeugzahnstangen für Rad und Gegenrad identisch.

Es genügt im Spezialfall ein Werkzeug für beide Räder. Die so hergestellten verschieden großen Räder mit gleichem Modul können sämtlich miteinander kämmen, wenn bei der Herstellung die Profilmittellinie als Wälzbahn dient [20]. Nachteilig ist die Beschränkung auf eine Übertragungsrichtung sowie höhere

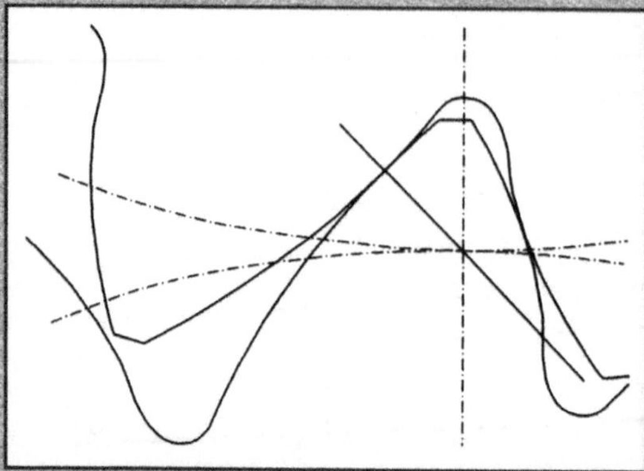

Bild 15. Unsymmetrische Evolventenverzahnung mit $z=17$; $u=1$; $\varepsilon_\alpha=1{,}1$; $h_{\alpha 0}/m=1{,}05$; $h_{f0}/m=0{,}9$; Vorflanke $\alpha=45°$; Rückflanke $\alpha=20°$

Wellen- und Lagerbelastungen. Aufgrund der geringen Profilüberdeckung erfüllen solche Verzahnungen nicht die Forderung nach großer Laufruhe. Einbußen bezüglich der Zahnfußtragfähigkeit sind wegen der großen Zahnfußdicken nicht zu erwarten, obwohl die Wechselwirkung mit den Fußspannungen am Nachbarzahn deutlich zunimmt.

3.3 Flankentragfähigkeit nichtevolventischer Sonderverzahnungen

Für die Tragfähigkeit von Verzahnungen spielen, wie unter 3.1 bereits festgestellt, die Krümmungsradien insbesondere die Ersatzkrümmungsradien eine zentrale Rolle. Sie beeinflussen die Flankenpressung maßgebend. Die vorliegenden aufgeführten Untersuchungsergebnisse und Vergleiche zu Sonderverzahnungen ergaben bisher keine akzeptable Alternative zu Evolventen- bzw. Evolventensonderverzahnungen [14]. Ursache waren vielfach die Ersatzkrümmungsradien, die entweder im Wälzpunkt (Einzeleingriffsgebiet bei Geradverzahnung) oder am Anfang bzw. Ende des Eingriffsgebietes (Doppeleingriffsgebiet bei Geradverzahnung) ungünstige (niedrige) Werte annahmen. Obwohl bei Evolventenverzahnungen in bisherigen Veröffentlichungen die konvex/konvexe Berührung der Zahnflanken als Nachteil bemängelt wurde, konnte der vermeintliche Vorteil von konkav/konvexen Flanken nicht durch neuartige Zahnflanken mit einem vollständigen Breitentragen praktisch wirksam werden. Offensichtlich sind den Verbesserungen enge Grenzen gesetzt. Besonders die Pressung im Wälzpunkt scheint bei gegebenem Achsabstand und gegebener Übersetzung nur im Zusammenhang mit dem Eingriffswinkel beeinflußbar zu sein. Der Nachweis soll aus der Euler-Savaryschen-Gleichung abgeleitet werden (Bild 16). Die Euler – Savarysche – Gleichung wird häufig in der Mechanismentechnik verwendet, um den Krümmungszustand einer bewegten Ebene zu kennzeichnen [21]. Auf Zahnräder übertragen, kann bei Kenntnis eines Krümmungsradius der sich in einem bestimmten Punkt berührenden Zahnflanken, der zweite noch unbekannte Krümmungsradius ermittelt werden. Entsprechend Bild 16 bewegt sich der Punkt x_2 der Berührungsnormalen auf einer Bahn mit dem Krümmungsmittelpunkt x_1. Er beschreibt dabei den unendlich kleinen Drehwinkel dφ um den Momentanpol, der auf $\overline{x_1x_2}$ liegen muß und bei Verzahnungen mit dem Wälzpunkt C zusammenfällt. Polbahntangente t und Polbahnnormale n können als bekannt vorausgesetzt werden. Der Winkel zwischen Polbahntangente t und dem Polstrahl Cx_2 entspricht dem Eingriffswinkel α. Die Strecken $\overline{x_1C}$ und $\overline{x_2C}$ werden im weiteren mit l_1 und l_2 bezeichnet (Bild 16). dφ/dt ist die Winkelgeschwindigkeit ω. Die Umfangsgeschwindigkeit im Wälzpunkt $\omega_1 \cdot r_1 = \omega_2 \cdot r_2$ tritt hier an die Stelle der Polwechselgeschwindigkeit v.

Die in Bild 16 am Beispiel eines Zahnpaars mit beliebiger Zahnkontur dargestellten Zusammenhänge (siehe auch [14],[21]) führen zu der als Euler-Savarysche-Gleichung bekannten Form (Gl.(3)).

$$\frac{1}{r_1}+\frac{1}{r_2}=\sin\alpha\cdot\left(\frac{1}{l_1}+\frac{1}{l_2}\right);\ mit{:}\,l_1=\rho_1-b;\ l_2=\rho_2-b$$
$$\left(\rho_1=\overline{x_1E};\ \rho_1=\overline{x_2E}\right) \tag{3}$$

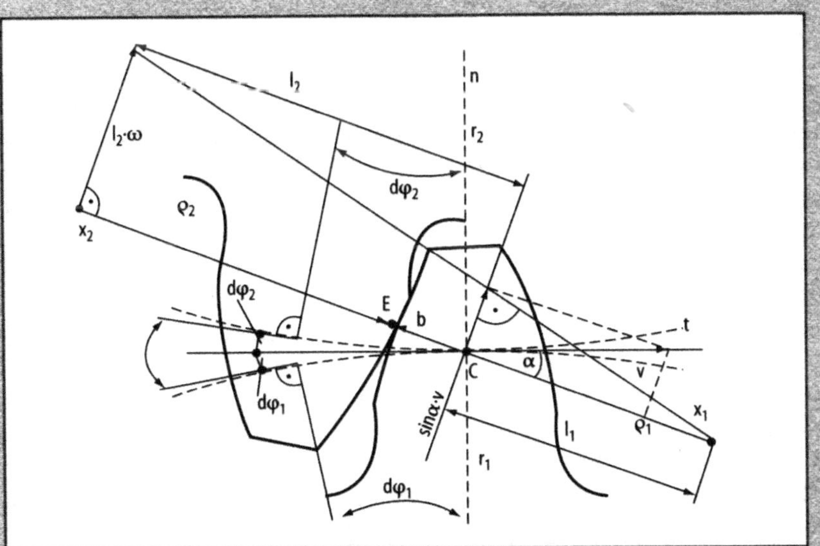

Bild 16. Krümmungsradien $\rho_{1,2}$ eines im Eingriff befindlichen Zahnpaares mit beliebiger Kontur (Euler-Savarysches Prinzip; Zahnprofile erfüllen das Verzahnungsgesetz)

Im Wälzpunkt ist der Abstand des Profilberührungspunktes zum Wälzpunkt b=0. Nach Gl.3 besteht dann folgender Zusammenhang.

$$\frac{1}{r_1}+\frac{1}{r_2}=\sin\alpha\cdot\left(\frac{1}{\rho_{C1}}+\frac{1}{\rho_{C2}}\right) \tag{4}$$

Der Ersatzkrümmungsradius ist allgemein durch

$$\frac{1}{\rho_E}=\frac{1}{\rho_1}+\frac{1}{\rho_2}$$

definiert.

Bei konvex/konkaver Berührung ist der konkave Krümmungsradius als negativer Wert einzusetzen. Für die in Bild 16 dargestellte konvex/konvexe Verzahnung entspricht der Ersatzkrümmungsradius also dem Klammerausdruck auf der rechten Seite der Gl.(4). Dies bedeutet, daß der Ersatzkrümmungsradius im Wälzpunkt mit

$$\frac{1}{\rho_{EC}}=\frac{1}{\sin\alpha}\cdot\left(\frac{1}{r_1}+\frac{1}{r_2}\right) \tag{5}$$

bestimmt werden kann (Die Ableitung der Euler-Savaryschen-Gleichung für eine konvex/konkave Paarung ergibt ein negatives Vorzeichen für den Krümmungsradius der konkaven Flanke). Entsprechend Gl.(5) ist der Ersatzkrümmungsradius im Wälzpunkt abhängig von den Wälzkreisradien und vom Eingriffs- bzw. Neigungswinkel der Berührungsnormalen, der in diesem Eingriffspunkt in den Anstieg der Eingriffslinie übergeht. Für die Hertzsche Pressung $\sigma_H=f(\rho_E)$ bedeutet dies, daß es zumindest im Wälzpunkt ohne Einfluß ist, ob sich konkav/konvexe oder konvex/konvexe Flanken berühren. Der relative Krümmungsradius ist bei konstantem Eingriffswinkel und konstanter Übersetzung immer gleich. Er teilt sich für unterschiedliche Profile ob konkav oder konvex nur anders auf die beteiligten Flanken auf. Die günstigere Anschmiegung durch konkav/konvexen Kontakt der Zahnflanken hätte demnach keine tragfähigkeitssteigernde Wirkung. Diese Schlußfolgerungen gelten vor allem für die rechnerisch nachweisbare Flankenpressung durch die Hertzsche Gleichung. Damit steht offenbar fest, daß es keine Verzahnung gibt, deren Tragfähigkeit im Wälzpunkt die der Evolventen-Sonderverzahnung (wenn realisierbar $\alpha=45°$) übersteigt. Auch wenn die Hertzsche Pressung bei nichtevolventischen Sonderverzahnungen vom Wälzpunkt entfernt etwas günstiger sein kann als bei Evolventenverzahnungen, ist, wenn überhaupt, nur mit einem geringen Tragfähigkeitsgewinn zu rechnen (siehe [14]). Bei Schrägverzahnungen können sich infolge der geänderten Lastverteilung Präzisierungen dieser Aussage ergeben.

4 Zusammenfassung

Nach den vorliegenden Untersuchungsergebnissen scheint für hohe Tragfähigkeit die 45°-Evolventenverzahnung am besten geeignet zu sein [14]. Da hier jedoch die Auslegungsgrenzen die Möglichkeiten (Spitzenbildung, $\varepsilon_\alpha<1$) zur Gestaltung dieser evolventischen Sonderprofile einschränken, können unsymmetrische Zähne einen Ausweg bieten. Die niedrigere Profilüberdeckung führt zur Verringerung der Gleitgeschwindigkeit am Anfang und Ende des Eingriffs. Neben der größeren Flankentragfähigkeit bewirken steigende Eingriffswinkel vor allem durch Vergrößerung der Zahnfußdicke (Einfluß der Zahnfußdicke überwiegt, Nennspannung ↓) eine Erhöhung der Fußtragfähigkeit. Allerdings könnte dann der Einfluß des Nachbarzahns die Ermüdungsbruchsicherheit u. U. herabsetzen. Dies gilt nicht nur für die hier empfohlenen unsymmetrischen Verzahnungen, sondern für alle Profile mit enger Fußausrundung. Zur Berücksichtigung der möglichen Wechselbeanspruchung sollte bei genaueren Analysen der Ort minimaler Sicherheit in der Fußkurve bestimmt werden. Unsymmetrische Verzahnungen haben aber den Nachteil ungünstiger Beanspruchungsverhältnisse bei Drehrichtungsumkehr (Eingriff der Rückflanke). Die Werkzeugkosten steigen. Aufgrund der geringen Profilüberdeckung erfüllen Verzahnungen nach Bild 15 weniger die Forderung nach großer Laufruhe. Zu den Vorteilen der hier empfohlenen evolventischen Verzahnung zählen neben der hohen Flanken- und Fußtragfähigkeit auf jeden Fall die Achsabstandsunempfindlichkeit. *Geräuscharme Evolventen-Verzahnungen* (Hochverzahnung) werden meist mit $\alpha<20°$ erreicht. Um die Flankentragfähigkeit solcher Verzahnungen zu erhöhen, sind auch hier bei großen Zähnezahlen unsymmetrische Profile mit einer Arbeitsflanke $\alpha>20°$ möglich. Eine weitere Möglichkeit zur Verbesserung der Flankentragfähigkeit könnte die Veränderung des Zahnfuß – und Kopfbereiches (durch Schleifen) sein, bei der man das evolventische Profil so modifiziert, daß die Krümmungen am Zahnkopf bzw. -fuß im Sinne nichtevolventischer Verzahnungen günstiger ausfallen. Die resultierende Eingriffslinie der korrigierten Verzahnung weist dann einen etwas größeren Anstieg in den veränderten Eingriffslinienabschnitten gegenüber dem unkorrigierten Profil auf. Verzahnungen hoher Tragfähigkeit müssen so ausgelegt sein, daß durch die Profilüberdeckung ($\varepsilon_\alpha>1$) ständig eine Flankenberührung über der gesamten Zahnbreite möglich ist ($\beta=0°$). Modifikationen können der Verbesserung insbesondere der Flankenbelastbarkeit dienen.

5 Literaturverzeichnis

[1] Römhild, I.: Auslegung mehrstufiger Stirnradgetriebe Übersetzungsaufteilung für minimale Masse und Wahl der Profilverschiebung auf der Basis neuer Berechnungsgrundlagen. Diss., TU Dresden 1993

[2] Brechling,J.: Zur Berechnung der Spannungsverteilung im festen Körper im Fall des ebenen Spannungs- oder Verformungszustandes infolge äußerer Belastung. Maschinenbautechnik, Berlin 18 (1969) 12

[3] Linke,H.: Ergebnisse und Erfahrungen bei der Anwendung des Singularitätenverfahrens zur Ermittlung der Spannungskonzentration an Verzahnungen. Wissenschaftliche Zeitschrift, TU Dresden 27 (1978) 3/4

[4] PCSPANN: Rechenprogramm zur Ermittlung der örtlichen Zahnfußspannung mit Hilfe des Singularitätenverfahrens (BEM). TU Dresden, IMM; J. Börner 1992

[5] Linke,H. u.a.: Stand und Weiterentwicklung der Zahnradgetriebeberechnung. TU Dresden, Tagung 1989

[6] Linke,H.,Sporbert,K.: Einfluß des Schleifabsatzes auf die Spannungskonzentration bei Verzahnungen. Maschinenbautechnik 34 (1985) 6

[7] Linke,H.;Börner,J.: Difference in the local stress of the gear tooth root based on hobbing cutters and pinion cutters. 92 FTM 7, Baltimore Okt. 1992

[8] Winter,H.: Die tragfähigste Evolventengeradverzahnung. Verlag Friedrich Vieweg & Sohn, Braunschweig 1954

[9] TGL 10545: Tragfähigkeitsberechnung von außenverzahnten Stirnrädern. Hrsg. Amt für Standardisierung, Ausg. 1988

[10] DIN 3990: Tragfähigkeitsberechnung von Stirnrädern. Hrsg. Normenausschuß Antriebstechnik, Ausg. 1987

[11] DIN 3992: Profilverschiebung bei Stirnrädern mit Außenverzahnung. Hrsg. Deutscher Normenausschuß, Ausg. 1964

[12] Römhild,I.:Sonderprofile. Forschungsvorhaben der FVA Nr. T 496, H.: 436 1994

[13] Börner,J., Linke, H., Römhild, I,: Profilverschiebung bei Evolventenverzahnung nach neuen Erkenntnissen. VDI-Berichte Nr. 1056, 1993

[14] Römhild ,I.: Untersuchungen zur Tragfähigkeit von nichtevolventischen Sonderverzahnungen. DFG-Bericht, TU Dresden 1997

[15] Linke, H., Börner, J.: The influence of neighbouring teeth on the tooth root capacity. International Gearing Conference 1994, Newcastle

[16] Kollenrott,F.: Verfahren zur Ermittlung von Zahnformen höchster Tragfähigkeit für Evolventen-Geradverzahnungen. Diss TH Braunschweig 1981

[17] Hösel,Th.: Einfluß der Zahnform auf die Flanken- und Zahnfußtragfähigkeit nach DIN 3990 und AGMA 218.01. Grenzen für Optimierungsrechnungen. Antriebstechnik 27 (1988) 9

[18] Salje,H.: Optimierung des Laufverhaltens evolventischer Zylinderrad-Leistungsgetriebe – Einfluß der Verzahnungsgeometrie auf Geräuschemission und Tragfähigkeit. Diss. TH Aachen 1987

[19] Weck,M, Lachenmaier,S.: Auslegung evolventischer Sonderverzahnungen für schwingungs- und geräuscharmen Lauf. Industrie-Anzeiger 105 (1983) 13

[20] Niemann,G.; Winter,H.: Maschinenelemente Bd.II. Springer-Verlag Berlin, 1985

[21] Lichtenheldt, W.: Konstruktionslehre der Getriebe. Akademie Verlag Berlin 1970
[22] Scheufler Ch.: Kerbempfindlichkeit einsatzgehärteter Verzahnungen. Diss. TU Dresden 1998

Prof. Dr.-Ing. habil. H. Linke
Dr.-Ing. I. Römhild
Technische Universität Dresden
Lehrstuhl für Maschinenelemente

Bauteilübergreifende Auslegungsberechnung mit unscharfen Vorgaben

P. Marx, J. Kopsch, K.-H. Hirschmann, G. Lechner

Inhalt Der Zwang nach einer schnellen Umsetzung der Kundenwünsche und die gleichzeitige Produktkomplexität fordern die frühzeitige Beherrschung der Bauteilabhängigkeiten. Zudem stehen zu Beginn oft nur vage Vorgaben zur Verfügung. Eine neue Berechnungsmethode kann dies bereits ab der frühen Entwicklungsphase am Rechner unterstützen. Dabei lassen sich mit der Berechnungsmethode Wertebereiche über Bauteile hinweg berücksichtigen. Der Beitrag stellt die Auslegungsberechnung mit dem dafür entwickelten Konstruktionssystem vor.

Preliminary calculation over components including inexact requirements

Abstract The optimization of development time and the increasing complexity of products requires the handling of mutual effects between machine components. At the early stage of the engineering design process there are often only inexact requirements available. A new methodology of calculation enables the consideration of value ranges over components of the product. The paper introduces the calculation with this methodology in the engineering design system.

1 Einleitung

Für erfolgreiche Unternehmen ist die schnelle Umsetzung der Kundenwünsche in ein fertiges Produkt unerlässlich. Gleichzeitig erschwert die steigende Komplexität der Produkte die Beherrschung der Abhängigkeiten im Entwicklungsprozess [1]. Das bedingt, dass Informationen verloren gehen und Probleme bei der Entwicklung zu spät erkannt werden.

Die kommerzielle Rechnerunterstützung setzt in der Konstruktion derzeit mit bauteil- bzw. produktspezifischen Berechnungs- und Simulationsprogrammen und der davon meist unabhängigen Geometrieerstellung im CAD erst gegen Ende des Konstruktionsprozesses an. Das führt dazu, dass Teillösungen als Insellösungen erarbeitet werden. Widersprüche sowie schlechte Lösungen sind erst beim Zusammenführen der fertigen Produkteinzelteile vom Konstrukteur zu erkennen; erst anschliessend lassen sie sich mit zeitaufwendigem, iterativem Vorgehen verbessern.

Sinnvoll scheint eine umfassende Rechnerunterstützung in der Konstruktion [2]. Diese soll zum einen unscharfe Vorgaben im Konstruktionsprozess und Wechselwirkungen zwischen den Bauteilen berücksichtigen, zum anderen helfen, die Abhängigkeiten ab der ersten Überschlagsrechnung bis zur CAD-Modellerstellung zu beherrschen.

2 Konzepte zur bauteilübergreifenden Auslegung

Zur Unterstützung des Konstrukteurs wurde ein Konstruktionssystem mit integriertem CAD-System entwickelt. Es basiert auf Konstruktionsobjekten mit Intervallen und Constraints.

2.1 Konstruktionsobjekte und -netze

Konstruktionsobjekte fassen bauteilbezogene Informationen zusammen (Bild 1), analog dem objektorientierten Paradigma aus der Informatik [3]. Das sind die sich gegenseitig beeinflussenden Parametervorgaben, Auslegungsformeln und das CAD-Modell. Solche Konstruktionsobjekte beschreiben ein Maschinenele-

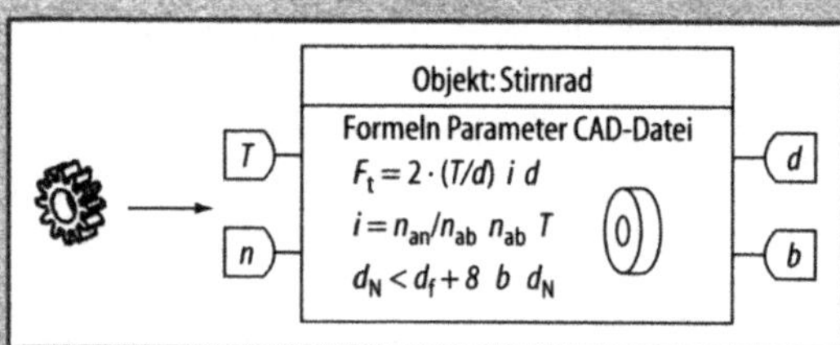

Bild 1. Aufbau eines Konstruktionsobjekts für ein Stirnrad

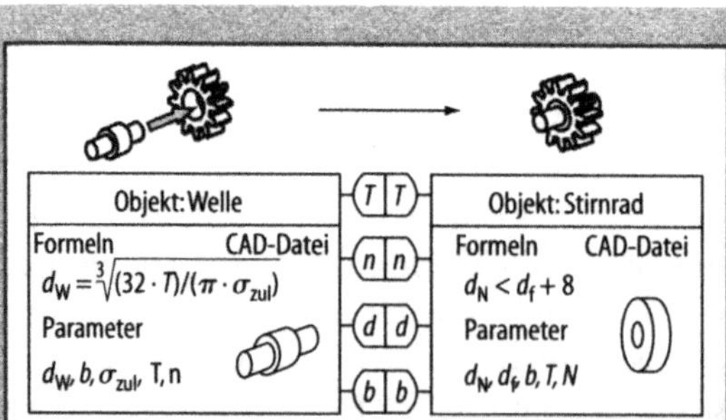

Bild 2. Aufbau eines Konstruktionsnetzes beim Stecken einer Welle in eine Zahnradnabe

ment ohne die Notwendigkeit, am CAD-System konkrete Geometrien konstruieren zu müssen. Sie vereinen gleichzeitig die Auslegung mit der Visualisierung.

Ist ein Lösungsprinzip für eine Konstruktionsaufgabe gefunden, dann lässt sich die Konstruktion analog der Bauteilmontage aus bekannten Maschinenelementen zusammensetzen. Die dabei zwischen den verschiedenen Maschinenelementen entstehenden Abhängigkeiten legen es nahe, ein die Konstruktionsobjekte übergreifendes Konstruktionsnetz aufzubauen (Bild 2). Daraus lässt sich gleichzeitig ein bauteilübergreifendes Berechnungsmodell und der Zusammenbau des CAD-Modells ableiten.

2.2 Intervalle

Intervallparameter sind durchgängige Wertebereiche. Sie werden definiert von einem Minimalwert $\underline{x}$ und einen Maximalwert $\overline{x}$ [4]:

$$x \equiv \left[\underline{x}, \overline{x}\right] = \left\{\tilde{x} \in \Re \middle| \left(\underline{x} \le \tilde{x} \le \overline{x}\right)\right\}. \tag{1}$$

Sie dienen im Konstruktionssystem dazu, unscharfe Forderungen und Erfahrungswissen zu berücksichtigen [5] sowie den möglichen Lösungsraum zu betrachten. Letzterer ergibt sich aufgrund mehrerer Intervallparameter eines Gleichungssystems (Bild 3).

Mit diesen Intervallparametern lassen sich im Sinne der klassischen Intervallarithmetik die bekannten arithmetischen Grundoperationen (+, –, ·, /) ausführen. Dabei ist das Ergebnis einer Operation mit zwei Intervallen x, y wiederum ein Intervall. Die Berechnung wird mit den Intervallgrenzen durchgeführt [4].

$$x + y = \left[\underline{x} + \underline{y}, \overline{x} + \overline{y}\right], \tag{2}$$

$$x - y = \left[\underline{x} - \overline{y}, \overline{x} - \underline{y}\right]. \tag{3}$$

$$x \cdot y = \left[Min\left(\underline{x} \cdot \underline{y}, \underline{x} \cdot \overline{y}, \overline{x} \cdot \underline{y}, \overline{x} \cdot \overline{y}\right), Max\left(\underline{x} \cdot \underline{y}, \underline{x} \cdot \overline{y}, \overline{x} \cdot \underline{y}, \overline{x} \cdot \overline{y}\right)\right], \tag{4}$$

$$x / y = \left[Min\left(\underline{x} / \overline{y}, \underline{x} / \underline{y}, \overline{x} / \overline{y}, \overline{x} / \underline{y}\right), Max\left(\underline{x} / \overline{y}, \underline{x} / \underline{y}, \overline{x} / \overline{y}, \overline{x} / \underline{y}\right)\right].$$
$$0 \notin \left(\underline{y}, \overline{y}\right) \tag{5}$$

Ergibt sich bei der Berechnung ein Punktintervall $[x, x]$, wird dieses mit der diskreten, reellen Zahl x beschrieben. Das heisst, die Untergrenze ist gleich der Obergrenze des Intervalls. Diese Reellen-Intervalle wurden um Integer- (Zähnezahl) und Listen-Intervalle (Modulliste) erweitert, um das Konzept für unscharfe Vorgaben zu Beginn einer Konstruktionsaufgabe nutzen zu können.

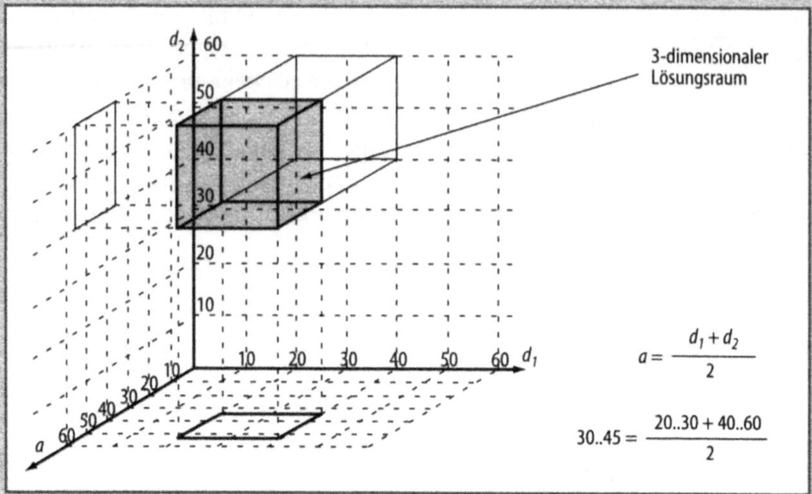

Bild 3. 3-dimensionaler Lösungsraum am Beispiel der Achsabstandsberechnung einer Stirnradstufe

2.3 Constraints

Constraints stammen aus dem Bereich der Wissensrepräsentation in der Informatik. Sie dienen zur Repräsentation von Relationen [6]. Es ist zwischen nichtnumerischen und numerischen Constraints zu unterscheiden. Im folgenden werden ausschliesslich numerische Constraints erläutert. Diese sind als mathematische Gleichungen bzw. Ungleichungen zu verstehen, die aus einer Formel und ihren Parametern bestehen. Parameter können dabei sowohl Werte als auch Wertemengen sein. Bildlich lässt sich ein Constraint als Chip darstellen, der allgemeine Zwänge bzw. Bedingungen zwischen Variablen, sprich seinen Pins, definiert (Bild 4).

Enthalten mehrere Constraints gleiche Variablen, d.h., sie bilden ein mathematisches Gleichungssystem, so lassen sie sich als Constraintnetz darstellen: Vernetzt sind die Formeln dabei über die gemeinsamen Parameter (Bild 5).

Die Definition eines Constraints legt noch keinen Problemlösungsweg fest, d.h., die Relationen sind ungerichtet. Damit ist ein Constraint bzw. Constraintnetz nach jeder Variablen aufzulösen [6]. Zur Gültigkeit eines Constraint müssen lediglich alle beteiligten Variablen die Beziehungen erfüllen. Die Aufgabe wird durch Kombinieren der bekannten Elemente und der darauf aufbauenden Ermittlung der unbekannten Belegungen gelöst. Bei numerischen Constraints geschieht dies anhand der die Variablen verbindenden Operatoren. Über Constraints lassen sich somit Anforderungsbeziehungen sowie Bauteilabhängigkeiten jederzeit der Berechnung hinzufügen.

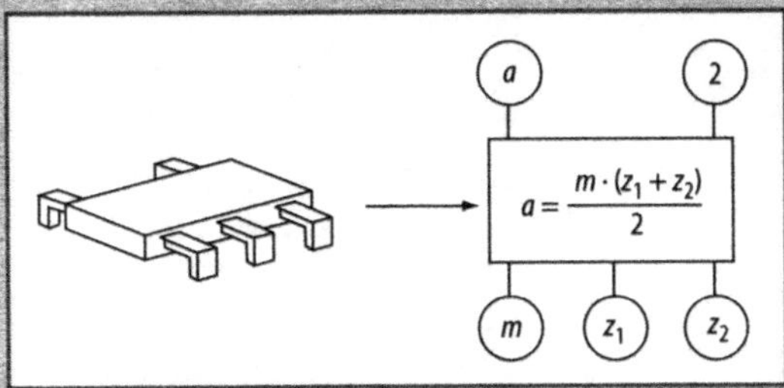

Bild 4. Vorstellungsmodell des Constraintaufbaus

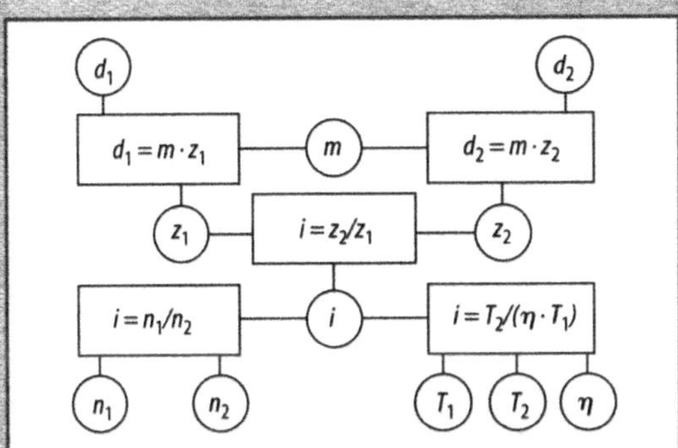

Bild 5. Ausschnitt aus dem Constrainnetz einer Stirnradstufe

3 Anwendung der bauteilübergreifenden Auslegung

Im entwickelten Konstruktionssystem sind viele verschiedene Objekte und Beziehungen enthalten [7]. Im Vordergrund steht hier zum einen der Aufbau eines bauteilübergreifenden Konstruktionsnetzes, und zum anderen das Auslegungsvorgehen bei der Berechnung mit Intervallparametern und Constraints.

3.1 Konstruktionsnetzaufbau

Konstruktionsnetze werden mit Konstruktionsobjekten und zusätzlichen Verbindungsobjekten sowie Auslegungsbeziehungen entsprechend der zu modellierenden Bauteilstruktur aufgebaut (Bild 6). Verbindungsobjekte nehmen die an den bauteilübergreifenden Abhängigkeiten beteiligten Parameter auf. Auslegungsbeziehungen sind für die Weiterleitung der Werteänderungen während

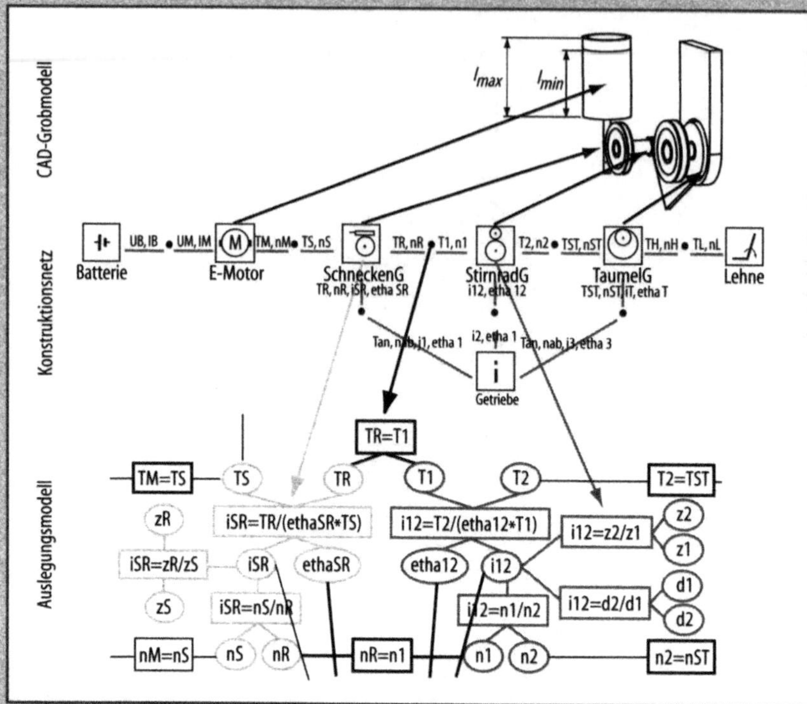

Bild 6. Konstruktionsnetz mit abgeleitetem Auslegungs- und CAD-Modell einer elektromechanischen Sitzlehnenverstellung

der Auslegung zuständig. Anhand dieser Struktur wird das bauteilübergreifende Auslegungs- und CAD-Grobmodell zur Darstellung der Wertebereiche aufgebaut. Nach dem Aufbau des Konstruktionsnetzes kann der Konstrukteur ein gesichertes Auslegungsmodell für Bauteile und deren Wechselwirkungen voraussetzen, mit dem sofort Auslegungsberechnungen durchführbar sind. Parallel dazu werden aus den Beziehungen die topologischen Zusammenhänge der Konstruktionselemente abgeleitet und im CAD-System als CAD-Grobmodell dargestellt.

Die Arbeit mit einem Konstruktionsnetz kann bei der Entwicklung einer elektromechanischen Sitzlehnenverstellung wie folgt aussehen (Bild 7). Die Konstruktionsobjekte können vom Konstrukteur mit beliebigen Formeln und Parametern definiert oder aus der in Kap. 4 erläuterten Bibliothek übernommen werden.

Für den „Aufbau" des Konstruktionsnetzes steht aufgrund der Aufgabe fest, dass die Sitzlehnenverstellung mit einem Gleichstrom-Nebenschluss-Motor, gespeist von der Fahrzeugbatterie, und einem im Sitz eingebauten Taumelgetriebe zu gestalten ist. Für die erste Übersetzungsabschätzung wird ein abstraktes Ge-

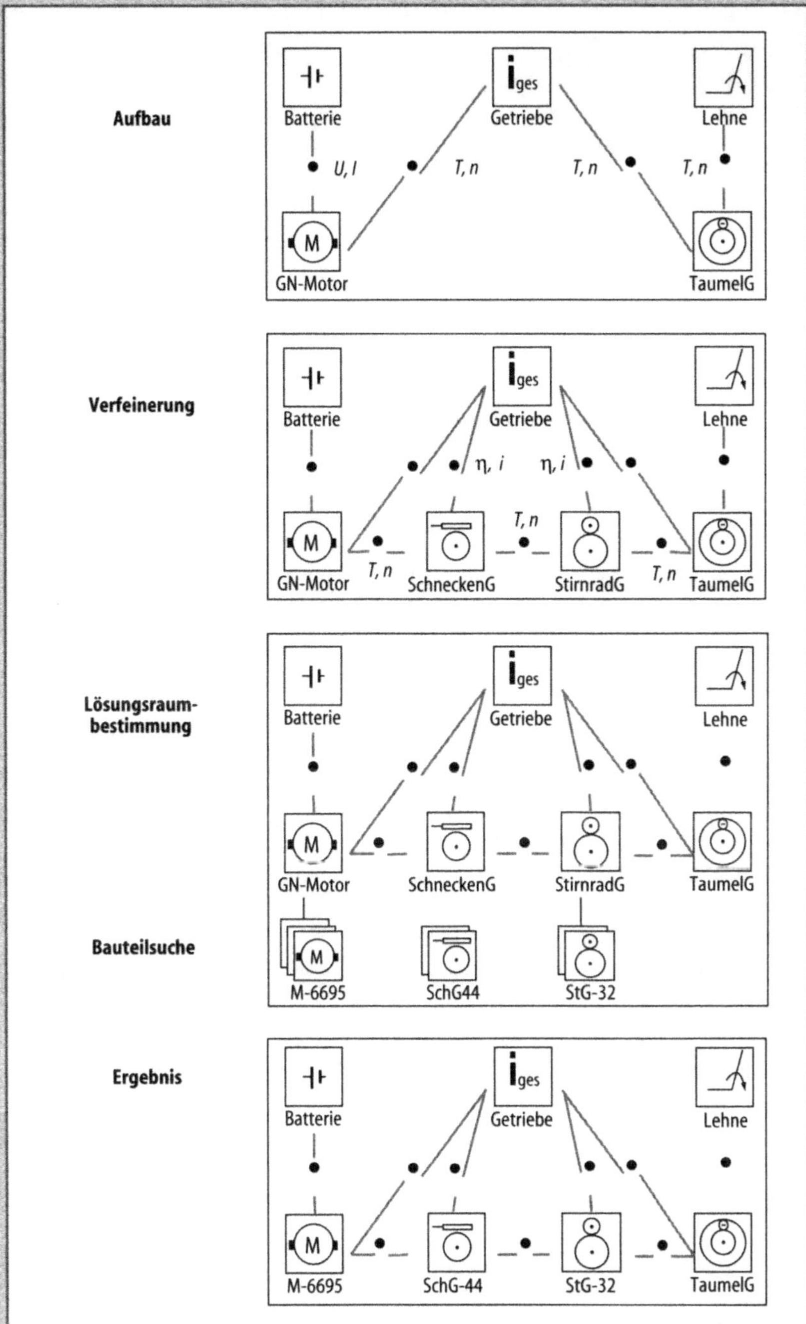

Bild 7. Aufbau und Detaillierung des Konstruktionsnetzes

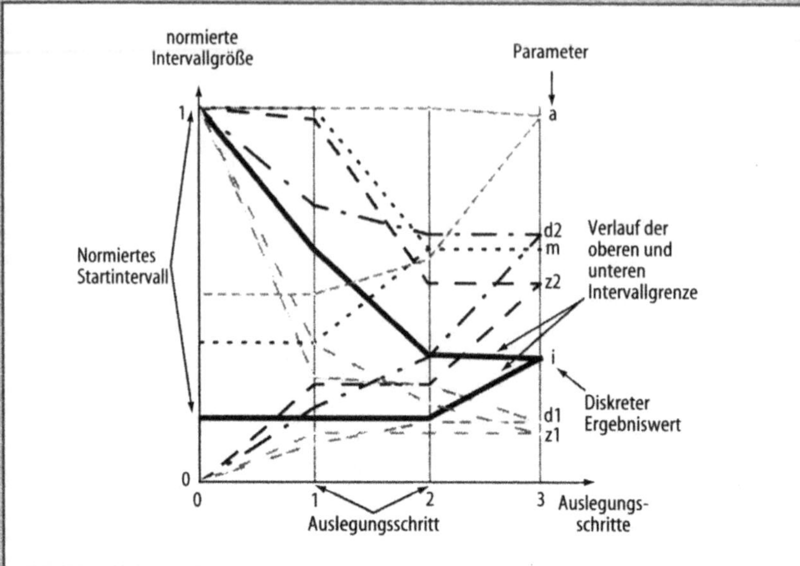

Bild 8. Normierte Einschürung der Intervallparameter bzw. des Lösungsraums in drei Schritten bei der Auslegung einer Stirnradstufe

triebeobjekt aus der Bibliothek zwischen die ebenfalls aus der Bibliothek stammenden Motor- und Taumelgetriebe-Objekte plaziert. Die Randbedingungen wie die zur Verfügung stehende Batterie-Spannung, die Lehnenparameter mit dem Taumelgetriebe sowie Erfahrungswissen über einsetzbare Gleichstrommotoren sind in die entsprechenden Objekte einzugeben. Zur ersten Lösungsraumbestimmung wird das Netz berechnet.

Aufgrund der ermittelten notwendigen Übersetzung und des vorhandenen Bauraums steht die „Verfeinerung“ – ein Schneckengetriebe gepaart mit einer Stirnradstufe – fest. Diese Konstruktionsobjekte enthalten bereits voreinschränkende Grössen zu ihrer Umsetzbarkeit, beispielsweise den Übersetzungsbereich.

Die „Lösungsraumbestimmung“ des verfeinerten Netzes ergibt die erste Intervall-Grobgeometrie zur Schätzung des Bauraums. Dieser Lösungsraum ist auf sinnvolle Bauteilbereiche einzuschränken. Anschliessend wird eine „Bauteilsuche“ gestartet, um möglichst viele Teile wiederzuverwenden. Diese Suche ergibt, dass Bauteile für Elektromotoren, Schnecken- und Stirnradgetriebe zur Wiederverwendung bereit stehen. Die Suche zur Ermittlung möglicher Bauteilkombinationen wird gestartet.

Eine bei der Suche gefundene Bauteilkombination, die das Wiederverwenden von Bauteilen zulässt, wird gewählt und in das Konstruktionsnetz eingebunden. Die anschliessende Rechnung legt das endgültige „Ergebnis“ fest.

3.2 Auslegungsberechnung

Neben der verfeinerbaren, bauteilübergreifenden Komplexitätsbeherrschung der Konstruktion ist die Einschränkung der Intervallparameter zur diskreten Lösung wichtig.

Philosophie ist, mit Verkleinern der Parameterbereiche und Beobachten der Wirkung auf betroffende Grössen gezielt eine gute Lösung herauszuarbeiten. Bild 8 zeigt dieses Navigieren im Lösungsraum als normierten Einschränkungsverlauf der Parameter Achsabstand a, Getriebeübersetzung i, Modul m, Teilkreisdurchmesser d_1 und d_2 und Zähnezahlen z_1 und z_2 bei der Auslegung einer Stirnradstufe.

„Schritt 0" legt die Intervalldefinition der Anforderungen und Erfahrungen im Auslegungsmodell fest. Werte, die nicht gezielt vordefiniert werden können oder sollen, sind automatisch mit einem Defaultintervall belegt. Im Anschluss – in „Schritt 1" – werden für diese Startwertebereiche die Lösungsräume ermittelt. Beim erstmaligen Berechnen wird die gültige Intervallbelegung ermittelt, die den mehrdimensionalen Lösungsraum aufspannt. Dieser enthält ausschliesslich gültige Lösungen und erlaubt somit das Bearbeiten mehrerer Lösungen. Mit schrittweisem Einschränken der Intervallparameter und der danach neu berechneten Intervallbelegung werden in „Schritt 2" weitere Lösungen, die diese neuen Randbedingungen nicht erfüllen können, eliminiert. Jeder weitere Einschränkungsschritt wird entsprechend der zuvor erzielten Wirkungen neu entschieden. Auf diese Weise wird im Lösungsraum gezielt zur guten Lösung navigiert. Ebenso lässt sich unter verschiedenen Gesichtspunkten optimieren. Bei Kenntnis des Optimierungskriteriums kann dieses im Auslegungsmodell ergänzt und so in die Berechnung einbezogen werden. Je nach der zu Beginn gewählten Modellierungsfeinheit und der während der Konstruktion gemachten Änderungen werden das Konstruktionsnetz sowie das Auslegungsmodell verfeinert, d.h. Konstruktionsobjekte beziehungsweise Formeln hinzugefügt. Damit wächst das zu Beginn definierte Auslegungsmodell mit der Entwicklung mit und ist nur einmal vorhanden. Ergibt die Berechnung einmal keine gültige Lösung, dann ist anhand des Fehlernetzes der Widerspruch zu ermitteln. Die Auslegung wird anschliessend mit entsprechenden neuen Wertebereichen fortgesetzt. Schrittweise werden die Intervalle solange eingeschränkt, bis die in „Schritt 3" gewünschte Lösung diskretisiert ist. Ergibt die Intervallverkleinerung nicht die geplante Wirkung, sind Einschränkungsschritte zurücknehmbar.

Die früher notwendigen Näherungsformeln zum Bestimmen der Auslegungsstartwerte sind wegen der Intervallrechnung mit Constraints nicht zwingend. Werden aber bei einer ersten Überschlagsrechnung nicht alle Auslegungszusammenhänge betrachtet, können solche Näherungsformeln zur schnellen und sinnvollen Intervallverkleinerung eine Hilfe sein.

4
Bibliothek für Auslegungsvorschriften und Bauteile

Zum Sparen von Zeit und Kosten ist der Aufbau einer Bibliothek zur Mehrfachverwendung der Berechnungsformeln und Bauteile sinnvoll. Auf dem Ansatz der Intervallparameter basierend lassen sich Auslegungsvorschriften durchgängig wiederverwenden und fertige Bauteile leicht suchen.

4.1
Bibliotheksstruktur

Zum Aufbau der Bibliothekshierarchie stehen Schemata und Bauteile zur Verfügung (Bild 9).

4.1.1
Schema

Schemata sind abstrakte Konstruktionsobjekte, die allgemeine Auslegungsvorschriften, Intervallparameter und, falls möglich, das dazugehörende CAD-Grobmodell des entsprechenden Konstruktionselements enthalten. Sie sind quasi Auslegungsmodelle.

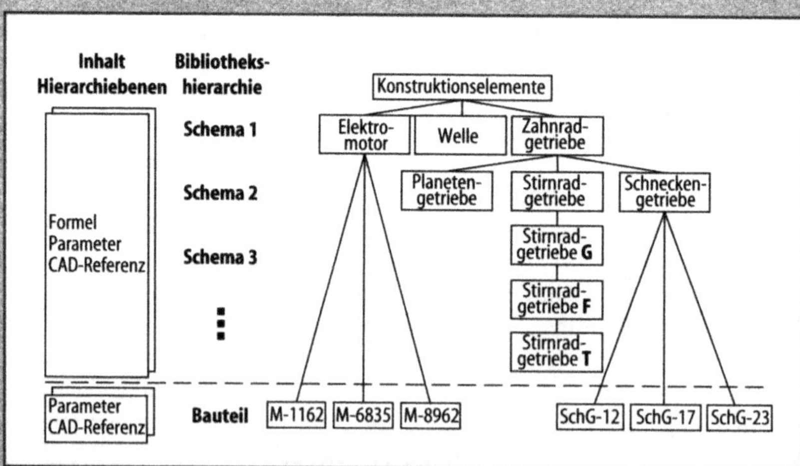

Bild 9. Hierarchischer Bibliothekaufbau und Inhalt der Hierarchieebenen

4.1.2
Bauteil

Bauteile sind konkrete Konstruktionsobjekte, deren Geometrie mit diskreten Parametern und dem CAD-Modell definiert ist. Da sie bereits vollständig ausgelegt sind, enthalten sie im Gegensatz zum Schema keine Formeln. Bauteile können sowohl eigenentwickelte Maschinenelemente als auch Norm- und Zukaufteile sein.

4.1.3
Hierarchische Struktur

Die Bibliothek ist hierarchisch aufgebaut [8]. Am Anfang steht ein „leeres" Element, hier Konstruktionselement genannt. Unter diesem Konstruktionselement werden Schemata und Bauteile für die Maschinenelementeauslegung aufgebaut. Bauteile bilden dabei immer die unterste Ebene der Hierarchiestruktur; sie können nicht auf einer gleichwertigen Ebene mit einem Schema stehen. Sie sind die konkrete Ausprägung des übergeordneten Schemata. Verschiedene Hierarchien der Schemata entstehen aufgund des Vererbens der Inhalte aus der übergeordneten Schema-Ebene und verfeinernden Ergänzungen wie weiteren Formeln, eingeschränkten Intervallparametern oder detaillierteren CAD-Zuweisungen. Je niedriger die Hierarchie eines Konstruktionselements ist, desto konkreter ist dessen Beschreibung. Bei der Vererbung zum Aufbau der Hierarchie werden Formeln und Parameter vererbt. Die Instanziierung eines Schemas zum Bauteil geschieht mit der Vererbung der Parameter und deren Definition als diskrete Geometriewerte. Die Hierarchie für ein Stirnradgetriebe kann folgendermassen aussehen: Zu Beginn steht ein Zahnradgetriebeobjekt, das die Übersetzung rein aus Drehzahl und Drehmoment definiert. Das darunter angeordnete grobe Stirnradgetriebeobjekt enthält eine erste Geometrieabschätzung über die Zähnezahl, den Modul und den Teilkreis. Danach folgt Ebene für Ebene ein Stirnradgetriebeobjekt, ergänzt um die detaillierte Geometriebestimmung, die Festigkeitsberechnung und die Toleranzbetrachtung. So kann der Konstrukteur je nach Entwicklungszeitpunkt das passende Auslegungsmodell wählen.

Beim Übernehmen eines Schemas oder eines Bauteils in das Konstruktionssystem bzw. Konstruktionsnetz ist zwischen zwei Vorgehensweisen zu unterscheiden. Schemata und Bauteile können als neue Objekte im Konstruktionssystem plaziert werden. Es können aber auch im Konstruktionssystem bestehende Schemata mit weiteren Informationen von untergeordneten Schemata oder Bauteilen ergänzt werden. Dabei bleiben die zuvor ermittelten Intervallwerte erhalten und fliessen in die weiterführende, detaillierte Berechnung ein.

4.2
Suche zur Wiederverwendung von Bauteilen

Zur gezielten Wiederverwendung der in der Bibliothek vorhandenen Bauteile stehen dem Konstrukteur zwei Suchalgorithmen zur Verfügung.

4.2.1
Standard Suche

Bei der Standard Suche führt der Suchalgorithmus einen Abgleich der als Suchkriterien definierten Intervallparameter des Konstruktionsobjekts mit den diskreten Parametern der Bauteile in der Bibliothek durch. Dazu überprüft er, ob die Bauteilparameter im Bereich der Intervallparameter des Konstruktionsobjekts liegen (Bild 10).

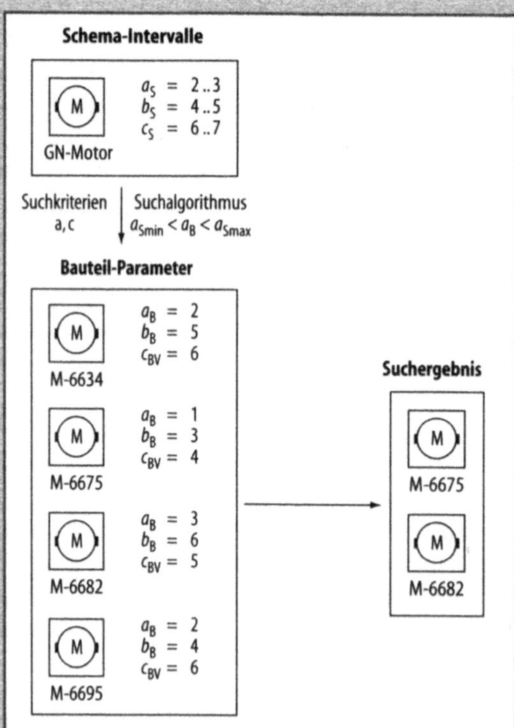

Bild 10. Bauteilwiederverwendung durch Abgleich der Intervallgrenzen

Wird beispielsweise ein Motor mit einem Drehmoment zwischen 2 und 3 benötigt, werden die bereits entwickelten Motoren auf Einhaltung dieses Intervallparameters durchsucht. Diese Suche kann immer nur ein Konstruktionsobjekt auf die Wiederverwendung von Bauteilen überprüfen. Die Definition mehrerer Suchkriterien wie Drehmoment, Drehzahl und Motordurchmesser ist jedoch möglich. Es findet im Konstruktionsnetz keine rechnerische Überprüfung auf Gültigkeit der gefundenen Bauteile statt. Demzufolge kann es sein, dass ein Bauteil nach der Übernahme in das Konstruktionsnetz bei der darauffolgenden

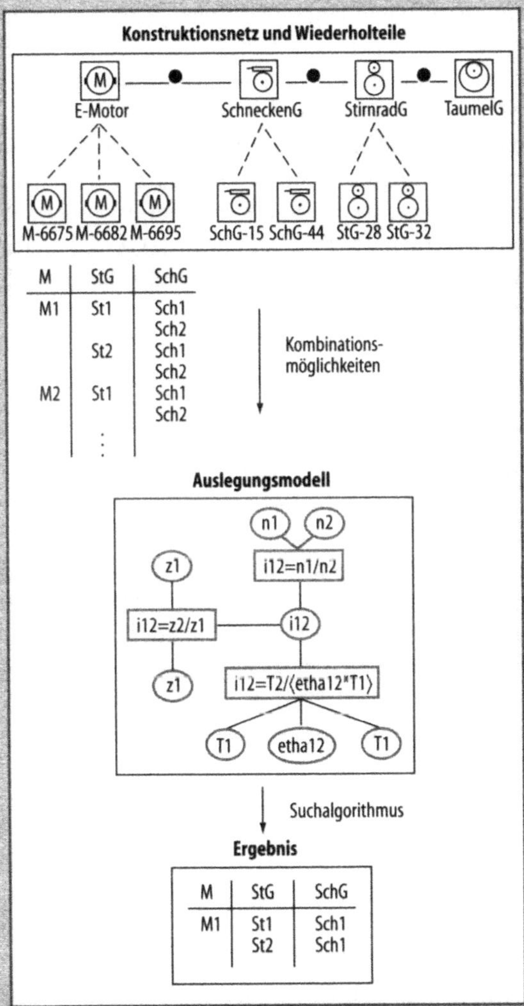

Bild 11. Bauteilwiederverwendung durch Integration der Kombinationsmöglichkeiten in das Auslegungsmodell

Auslegungsberechnung im gesamten Konstruktionsnetz keine gültige Lösung bringt. Der Zeitaufwand für diese Suche ist allerdings gering.

4.2.2
Erweiterte Suche

Der Suchalgorithmus der erweiterten Suche stellt die zur Verfügung stehenden wiederverwendbaren Bauteile fest und berechnet deren Kombinationsmöglichkeiten. Dazu werden die Bauteile schrittweise zur Berechnung in das Auslegungsmodell des gesamten Konstruktionsnetzes eingefügt (Bild 11). Der dafür aufgebaute Suchbaum aller Kombinationsmöglichkeiten wird Schritt für Schritt auf seine Konsistenz geprüft. Da diese Suche sehr zeitintensiv ist und um eine explodierende Kombinatorik der Lösungen zu vermeiden, sollte diese Suche erst gezielt ab einem überschaubaren Zeitpunkt eingesetzt werden.

Lösungskombinationen werden als Tabelle ausgegeben. Die erste Reihe enthält die Namen der an der Suche beteiligten Konstruktionselemente. Darunter befindet sich der dazu gefundene Bauteiltyp. Seine Kombinationsmöglichkeit mit anderen Bauteilen ist über die Reihen der Tabelle hinweg dargestellt. Hier ist der Elektromotor M-1 mit verschiedenen Stirnrad- und Schneckengetrieben kombinierbar.

5
Zusammenfassung

Der Aufbau eines Konstruktionsnetzes und die Zusammenfassung der Auslegungsparameter, -formeln und CAD-Modelle in dessen Konstruktionsobjekten ist ein komfortables Instrument für erste, frühzeitige Machbarkeitsstudien bis zur Endauslegung des Produkts. Der intuitive Aufbau des Konstruktionsnetzes verlangt dabei zu Beginn keine speziellen Auslegungs- oder CAD-Kenntnisse. Trotz automatisierter Unterstützung besteht die Möglichkeit, individuelle Definitionen jederzeit durchzuführen bzw. bestehende zu verändern oder ergänzen.

Der Einsatz der Constraints und Intervalle erlaubt eine von jedem durchführbare, schrittweise Erweiterung des Auslegungsmodells je nach Wissenszuwachs. Die Berücksichtigung der Intervalle bei der Berechnung lässt den Konstrukteur sein unscharfes Erfahrungswissen sowie Kundenforderungen direkt einbringen. Aufgrund der Constraints kann er bei Vorgabe beliebiger Auslegungsziele immer konkret auf eine gute Lösung zusteuern und Wirkungen von Änderungen bzw. Widersprüche über Bauteile hinweg erkennen. Problematisch ist, bei grossen, komplexen Auslegungsmodellen mit weit offenen Intervallen, die Rechenzeit pro Einschränkungsschritt. Zudem ist bei bauteilübergreifenden Detailauslegungen das Erfassen von Zusammenhängen der einzelnen Intervallparameter im aufgespannten Lösungsraums sehr komplex.

Grundsätzlich ist festzustellen, dass dieser Ansatz ein möglicher Weg in Richtung umfassende und komfortable Unterstützung der Konstruktionstätigkeiten ist.

Literatur

[1] Pahl, G.; Beitz, W.: Konstruktionslehre, 3. Aufl. Berlin: Springer 1993

[2] Hirschmann, H.-K.; Lechner, G.: Modellieren des vernetzten Denkens und Handelns in der Konstruktion. Proceed. ICED 95, Vol. 4, Prag, 22.–24.08.1995, S. 1345–1350

[3] Barth, G.; Welsch, C.: Objektorientierte Programmierung. Inform.tech. 30 (1988) H. 6., S. 404–420

[4] Bauch, H. u.a.: Intervallmathematik – Theorie und Anwendung. Stuttgart: Teubner 1987

[5] Kopsch, J. u.a.: Erweiterung der Auslegungsberechnung durch Intervallarithmetik. Konstruktion 49 (1997) H. 5, S. 42–45

[6] Puppe, F.: Einführung in Expertensysteme. Stud.-R. Informatik. Berlin: Springer 1988

[7] Marx, P.; Kopsch, J.: Aktives Semantisches Konstruktionsnetz. Konstruktion 50 (1998) H. 4, S. 37–40

[8] ISO 13 584: Industrial automation systems and integration parts library. 1995

Prof. Dr.-Ing. Prof. e.h. G. Lechner,
Dr.-Ing. P. Marx
Dr.-Ing. Dipl.-Inform. J. Kopsch
Universität Stuttgart, Institut für Maschinenelemente
Pfaffenwaldring 9, 70569 Stuttgart

Prof. Dr.-Ing. K.-H. Hirschmann
Universität Rostock, Institut für Allgemeinen Maschinenbau
Justus-von-Liebig-Weg 6, 18059 Rostock

Der Beitrag ist Dr.-Ing. W. Beitz † gewidmet.

Konstruktionsmethodik bei der Entwicklung mechatronischer Produkte

H. Meerkamm, A. Schön, W. Schweiger

Inhalt Die Entwicklung mechatronischer Produkte macht eine Erweiterung der klassischen Konstruktionsmethodik erforderlich. Bedingt durch die unabdingbare Präsenz informationsverarbeitender Komponenten und die Interdisziplinarität der zu entwickelnden Produkte, müssen geeignete Sprachen zur Beschreibung der Konzepte und auch umfassende Entwicklungswerkzeuge bereitgestellt werden. Das Paradigma des endlichen deterministischen Automaten und entsprechende Erweiterungen dienen dazu als Plattform.

Abstract When mechatronic products have to be developed an extension of the classical design method is needed. Due to the inherent presence of information dealing components and due to the interdisciplinarity of the products to be developed suitable languages for describing concepts and also more comprehensive design tools have to be used. The paradigma of finite deterministic automata will be used as an according platform.

1 Einleitung

In der Produktentwicklung ist innerhalb der letzten Dekaden ein signifikanter Trend zu erkennen. Die Anzahl der mechanischen Komponenten wurde zugunsten von Elektronik und vor allen Dingen zugunsten von Software reduziert (vergl. [1]). Aufgrund des fächerorientierten Ausbildungssystems und der Vielschichtigkeit der benötigten Wissensdisziplinen, muß die Entwicklung eines sogenannten mechatronischen Produktes durch ein interdisziplinäres Team bewerkstelligt werden. Entgegen der Definition des Wortes Mechatronik als Zusammenwirken von Mechanik und Elektronik in den 70iger Jahren aus Japan (vergl. [2]), soll im folgenden unter dem Begriff Mechatronik das Zusammenwirken der technischen Disziplinen Maschinenbau und Elektrotechnik und der Informatik verstanden werden. Wie in Bild 1 dargestellt, kommt der Informatik die Rolle der *intelligenten Regelung* des Gesamtsystems zu.

Der Eingabe- bzw. Ausgabevektor besteht analog der Definition des technischen Systems nach [3] aus Energie-, Stoff- und Informationsflüssen. Für die Kommunikation zwischen der technischen und der informationsverarbeitenden Komponente werden Sensoren und Aktoren eingesetzt. Beide sind zwar eben-

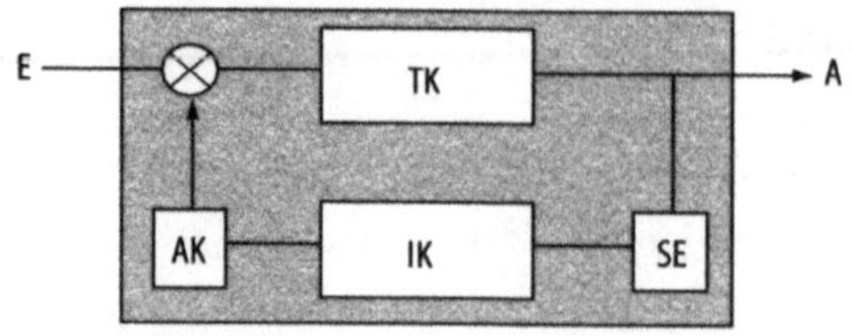

Legende:
TK Technische Komponente (z.B. Mechanik, Elektronik)
IK Informationstechnische Komponente
AK Aktuator(en)
SE Sensor(en)

Bild 1. Referenzarchitektur eines mechatronischen Systems nach [5]

falls technische bzw. mechatronische Komponenten, stellen aber ein charakteristisches Merkmal eines mechatronischen Systems dar und werden aus diesem Grunde in der Referenzarchitektur identifiziert. Ein vergleichbarer Ansatz findet sich auch in [4].

Die notwendige Veränderung in der Produktentwicklung sollte sich auch in der Vorgehensweise und damit in der Konstruktionsmethodik widerspiegeln. Speziell bei der Schnittstelle zwischen den Ingenieurwissenschaften und der Softwareentwicklung kommt es darauf an, die bestehende Vorgehensweise mit jener der Softwareentwicklung zu vereinigen. Ziel ist es, eine Methodik zu schaffen, die sowohl von beiden Seiten anwendbar ist, als auch einer integrierten Entwicklung eines mechatronischen Produktes gerecht wird. Da sich Experten unterschiedlicher Disziplinen hinsichtlich Wissen und auch hinsichtlich der verwendeten Fachsprachen stark unterscheiden, muß insbesondere das Problem der interdisziplinären Kommunikation berücksichtigt werden.

Eine fundierte Betrachtung der Konstruktionsmethodik für die Entwicklung mechatronischer Produkte erfordert die Bestimmung seiner charakteristischen Eigenschaften und damit des Wesens mechatronischer Produkte.

2 Systemtheoretischer Hintergrund

In der Konstruktionsmethodik wird ein technisches System durch eine Eingabe/Ausgabe-Relation erklärt. Hierbei soll X die Menge der zulässigen Eingabegrößen und Y die Menge der Ausgabegrößen darstellen. In diesen, als Vektoren darstellbaren Mengen faßt man die durch das System ein- und ausgangsseitig fließenden *Massenströme*, *Energieströme* oder Leistungen sowie *Signale* oder Informationsflüsse zusammen. Das Systemverhalten ist durch die Gesamtheit der Abhängigkeiten zwischen Ein- und Ausgabegrößen gegeben. Eine Gesamtheit beliebiger Abhängigkeitsbeziehungen läßt sich formal immer, entsprechend Definition als zweistellige Relation $S \subset X \times Y$ beschreiben. In der Regel ist S eine nicht abzählbare Menge. Man sucht daher eine stärker komprimierte Beschreibung. Dies gelingt durch Einführung eines sogenannten Operators. Wenn über das Systemverhalten zu einem gegebenen Verlauf X(t) der Eingangsgrößen (t bedeutet hier die Zeit) eine Ausgangsgröße Y(t) eindeutig ist, so wird das Systemverhalten durch eine abstrakte Funktion $Y = S(X)$ festgelegt. Man bezeichnet S als einen Operator (Automatenoperator über [X,Y], s.u.), wenn sich S *ohne* Bezugnahme auf die jeweilige zu transformierende Eingangsgröße X erklären läßt. Die mit dem Operator S verbundene Trennung zwischen Systemverhalten und Eingangsgrößen ist aus konstruktiver Sicht unbedingt notwendig. Nur dann ist es überhaupt möglich, für die Operatoren Bausteine (Lösungselemente) zu entwickeln, die in sich geschlossen konzipiert werden können. Der Operator S beschreibt die *Gesamtfunktion* eines technischen Systems. In der Konstruktionsmethodik wird diese Gesamtfunktion in entsprechend viele, voneinander unabhängige *Teilfunktionen* soweit unterteilt, bis unter Hinzunahme von *physikalischen Effekten* bzw. generalisierten Effekten im Falle mechatronischer Produkte, *Wirkprinzipen* entstehen. Letztere bilden ihrerseits durch Kombination mit *Gestaltelementen* die sogenannten *Lösungselemente* für eine betrachtete Teilfunktion.

Auf diese Weise kann die Gesamtfunktion eines technischen Systems als Teilmenge aller kombinatorisch möglichen Varianten aus den N Teilfunktionen, also aus der Produktmenge darüber, interpretiert werden. Damit ist freilich keine Aussage über die (nicht eindeutige) Funktionsstruktur für ein technisches System möglich. Eine Eigenschaft, welche von einem technischen System immer erfüllt wird, ist die der *Kausalität*. Der Operator S heißt kausal, wenn der Verlauf $Y(-\infty, t)$ nur abhängig ist von $X(-\infty, t)$, d.h. nicht abhängig von zukünftigen Werten der Eingangsgrößen. Ein Konstruktionsproblem läßt sich in diesem Lichte als Optimierungsproblem für den Operator S beschreiben: Gegeben seien die Komponenten von X und *einige wünschenswerte* Komponenten von Y. Finde S so, daß bei Einwirkung von X auf dieses System Y auf bestmögliche Weise erreicht wird [7]. Die Lösung eines Konstruktionsproblems bedeutet daher die Durchführung einer speziellen Art von Systemidentifikation.

Die in Abschnitt 1 dargestellte Referenzarchitektur für ein mechatronisches System zeigt, daß diese Architektur mit der Struktur eines endlichen deterministischen Automaten vergleichbar ist [2]. Ein derartiger Automat läßt sich formal durch $A=(X, Y, Z, f, g, z_0)$ definieren. Hierbei sind: X eine nichtleere Menge von zulässiger Eingangsgrößen, Y eine nichtleere Menge zulässiger Ausgangsgrößen, Z die Menge der inneren Zustände und z_0 ein Startzustand. Schließlich werden die Überführungsfunktion f und die Ergebnisfunktion als *kanonische* Gleichungen des Automaten bezeichnet. Ein Zusammenhang zwischen einem Automaten A und dem Operator S eines technischen Systems läßt sich auf folgende Weise herstellen. Der abstrakte Automat A kann für einen beliebigen Zustand $z \in Z$ als Operator S über [X,Y] betrachtet werden. *Der Automat beschreibt damit für wachsende z implizit eine Operatorfolge und damit einen Prozeß.* Eine ähnliche Definition für einen Prozeß gibt DIN 66201: Ein Prozeß ist Umformung und/oder

Transport von Materie, Energie und/oder Information. Der Automat reflektiert quasi das Innenleben eines Systems.

Entscheidend für die Entwicklungsmethodik mechatronischer Produkte ist nun, daß dieses Automatenparadigma sowohl zur Beschreibung technischer (kontinuierlicher oder diskreter) Prozesse als auch zur Formulierung ereignisgesteuerter informationsverarbeitender Komponenten verwendbar ist. Formal wird damit der Forderung nach einer übergreifenden Entwurfsprache entsprochen. Trotz dieser scheinbaren Mächtigkeit ist das Automatenparadigma dennoch keine Metatheorie zur Produktentwicklung, da es keinen eindeutigen Weg zur Erstellung der kanonischen Automatengleichungen und ihrer Umsetzung in technisch reale Strukturen gibt. Man kann jedoch zeigen [8], daß gerade die ingenieurwissenschaftlichen Disziplinen Mechanik und Elektrodynamik als Bausteine mechatronischer Produktentwicklung auf kanonische Form abgebildet werden können. Diese Abbildung stellt damit auch die Basis des für die mechatronische Produktentwicklung besonders wichtigen und notwendigen Digital Mock-up entsprechend der Definition nach [3] dar. Wenn man so will, ist das Automatenparadigma der kleinste gemeinsame interdisziplinäre Nenner.

3
Integrierte Methodik

Aufgrund der engen Verflechtung von technik- und informatikorientierten Bestandteilen birgt eine integrierte Konstruktionsmethodik ein enormes Potential im Vergleich mit der konventionellen Vorgehensweise für mechatronische Produkte, bei der die Komponenten unabhängig voneinander entwickelt werden. Die folgenden Absätze zeigen die Vorgehensweisen des Maschinenbaus und der Informatik auf und entwickeln daraus eine integrierte Methodik zur Entwicklung mechatronischer Produkte.

Die Methodik von seiten der Konstruktion ist im wesentlichen von der Vorgehensweise nach Pahl/Beitz [3] geprägt. Man unterscheidet die einzelnen Phasen *Planung, Konzeption, Entwurf* und *Ausarbeitung*. Hierbei wird in der Planungsphase die Anforderungsliste aufgestellt, für die anschließend das Konzept in Form einer Wirkstruktur zu erarbeiten ist. Der Entwurf beinhaltet die Frage der geometrischen Gestalt für die in der Ausarbeitung die vollständigen Fertigungsunterlagen entwickelt werden.

Für die Erstellung von Software hat sich das sogenannte Wasserfallmodell nach [6] durchgesetzt. Hier werden die Phasen *Planung, Definition, Entwurf* und *Implementierung* unterschieden. Auch bei der Softwareerstellung ist das Ergebnis der Planungsphase eine Anforderungsliste. Aufgabe der Definition ist es, die Anforderungen in zu erfüllende Funktionen und in deren Verknüpfung zu überführen. Der anschließende Entwurf legt das Konzept für die Implementierung hinsichtlich Modularität und Hierarchisierung fest.

Eine integrierte Konstruktionsmethodik für mechatronische Produkte muß die beiden Prozesse vereinigen um das gesamte Produkt einschließlich der mechanischen und softwaretechnischen Komponenten beschreiben zu können. Zusätzlich sollten die Begrifflichkeiten und das bisherige Vorgehen möglichst beibehalten werden, damit sich die Experten der einzelnen Disziplinen in ihren gewohnten Denkmustern wiederfinden können.

Ausgangspunkt der integrierten Konstruktionsmethodik muß eine *Planung* für das gesamte Produkt einschließlich technischer und informationstechnischer Komponenten sein. Diese Phase beschreibt mit oftmals informellen Mitteln die Anforderungen an das Produkt und legt das Pflichtenheft fest. Der nächste Schritt beinhaltet die Entwicklung der eigentlichen Funktionalität aus der oftmals informell beschriebenen Anforderungsliste. Damit ist aus technischer Sicht die Phase der Konzeption und aus informationstechnischer Sicht die der Definition angebrochen. Diese wird in der Regel durch spezielle Entwurfssprachen ausgedrückt. Hierbei ist es sehr wichtig, daß die Entwurfssprachen exakt und für alle Mitglieder des Entwicklungsteams verständlich sind. Eine detailliertere Betrachtung der Entwurfssprachen erfolgt in nächsten Kapitel.

Nach der Festlegung der Gesamtfunktionalität und der Dekomposition in die spezifischen Teilfunktionen, muß eine Realisierung für jede einzelne Teilfunktion gefunden werden. Zu diesem Zwecke wird ein *verallgemeinerter Effekt* benötigt, der aus einem physikalischen Effekt und/oder aus einer Softwarekomponente besteht. Die Entscheidung für einen speziellen Effekt hat eine weitreichende Bedeutung für den gesamten Entwicklungsprozeß des Produkts. Tritt zu einem späteren Zeitpunkt die Notwendigkeit einer Änderung des Effekts ein, so kann diese nur noch unter großem Zeit- und Kostenaufwand bewerkstelligt wer-

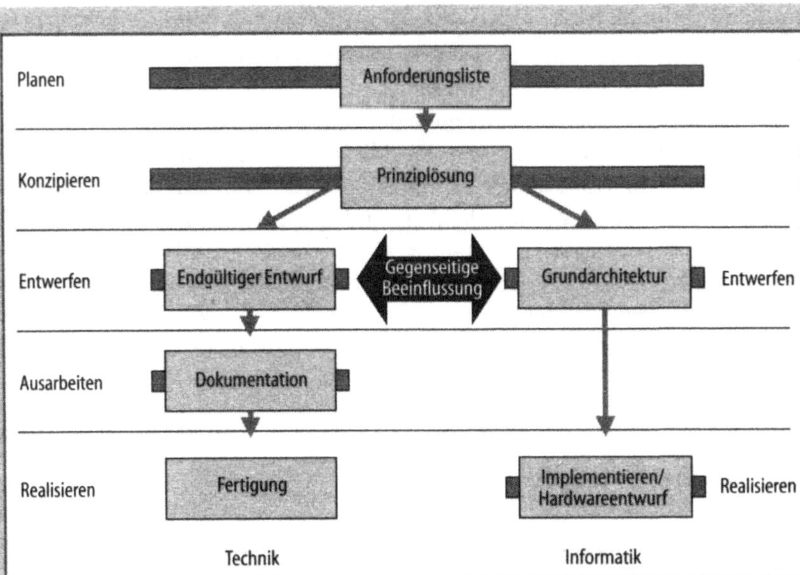

Bild 2. Integrierte Konstruktionsmethodik für die Entwicklung mechatronischer Produkte

den. Aus diesem Grund ist eine gründliche Überprüfung des Konzepts bei der Auswahl des geeigneten Effekts notwendig. Neben dem Einsatz unterschiedlicher Bewertungsmethoden bietet die Simulation eine Möglichkeit zur Verifikation.

In den folgenden Phasen der Produktentwicklung kann der Prozeß wieder in einzelne Teilprozesse aufgespalten werden, welche den Entwurf und die Implementierung der Software und die Geometriegestaltung beinhalten. Trotz der Aufteilung des Entwicklungsprozesses bestehen weiterhin Abhängigkeiten. Beispielsweise besitzen Regelungsalgorithmen Anforderungen an die maximal notwendige Rechenzeit und damit an den verwendeten Mikroprozessor. Somit bedingen Entwurf und Implementierung einer Regelungssoftware einen Prozessor, der wiederum in die Mechanik geeignet eingebettet werden muß. Bild 2 veranschaulicht das aufgezeigte Vorgehensmodell mit der Verzweigung in Technik- und Informatik- Vorgehensweise.

4
Entwurfssprachen

Unter Entwurfssprachen ist im folgenden eine formale Festlegung gewünschter Eigenschaften zu verstehen. Diese stehen im Gegensatz zu informellen Beschreibungen, wie sie z.B. in der Planungsphase benutzt werden. Hintergrund für den formalen Aspekt ist sowohl die eindeutige Festlegung, als auch die Verwendbarkeit in rechnerunterstützten Werkzeugen, beispielsweise zur Simulation. Im Kontext dieses Artikels stehen vor allem Entwurfssprachen für die frühen Phasen der mechatronischen Produktentwicklung, also vornehmlich zur Festlegung des funktionalen Verhaltens und der gewählten Konzepte. Dahingegen werden Entwurfssprachen für die späteren geometrie- und implementierungsorientierten Phasen nicht berücksichtigt.

Die Entwurfssprachen dienen neben der Dokumentation auch als Kommunikationsgrundlage. Speziell in einem interdisziplinär besetzten Team, wie es bei der Entwicklung mechatronischer Produkte erforderlich ist, müssen deshalb die Aspekte der einfachen Verständlichkeit und der Erlernbarkeit berücksichtigt werden. Die Idealvorstellung besteht in einer von der jeweiligen Fachdisziplin abstrahierenden und damit fächerneutralen Beschreibung. Dieser Ansatz scheint jedoch wenig erfolgversprechend, da sich die Denkweisen zu stark voneinander unterscheiden und die mitgebrachten Denkmuster der jeweiligen Disziplinen beibehalten werden sollen.

4.1
Entwurfssprachen für technische Komponenten

Eine der bekanntesten domänenübergreifenden Entwurfssprachen für die Entwicklung technischer Produkte ist die aus der Systemtheorie bekannte Sprache der Blockdiagramme. Diese beruht auf den mathematischen Zusammenhängen des zu beschreibenden Systems und ist demzufolge in der Lage komplexe dynamische Verhaltensweisen abzubilden. Die Stärke dieser Entwurfssprache liegt aufgrund der mathematischen Fundierung in der Möglichkeit Simulationen auf ihrer Grundlage durchzuführen. Zu diesem Zwecke sind zahlreiche kommerzielle Softwareprodukte vorhanden. Ein Nachteil der Entwurfssprache ist, daß sie keine Grundlage zur späteren Synthese des Produktes bietet. Zu diesem Zwecke müßte sie weniger die mathematischen, als die physikalischen Zusammenhänge wiedergeben.

Bondgraphen, z.B. nach [7], bilden diese physikalischen Zusammenhänge ab. Um keine Einschränkung auf eine bestimmte Domäne vorzunehmen, beruhen die Bondgraphen auf Leistungsflüssen zwischen verallgemeinerten Kraft- und Flußquellen, Widerständen und kinetischen bzw. potentiellen Energiespeichern. Diese Komponenten und ihre zugrundeliegenden konstitutiven Zusammenhänge sind in den einzelnen Domänen identisch. Die Leistung ist immer das Produkt aus einer verallgemeinerten Kraft und einem verallgemeinerten Fluß wobei diese ihre jeweilige Entsprechung in den einzelnen Domänen besitzen.

- Translatorische Mechanik: Kraft: *Kraft* Fluß: *Geschwindigkeit*
- Rotatorische Mechanik Kraft: *Moment* Fluß: *Winkelgeschwindigkeit*
- Hydraulik Kraft: *Volumenfluß* Fluß: *Druckimpuls*
- Elektrotechnik Kraft: *Spannung* Fluß: *Strom*

Eine Verknüpfung der einzelnen Komponenten wird durch zwei spezielle Typen von Knoten realisiert. Der sogenannte Null-Knoten besitzt eine einheitliche Kraft während sich die Flüsse gegenseitig aufheben (Kompatibilität), beim Eins-Knoten verhält es sich genau umgekehrt (Gleichgewicht). Betrachtet man die Domäne der Elektrotechnik, so entsprechen die Knoten den beiden Kirchhoff'schen Gesetzen (Knoten- bzw. Maschenregel). Aus diesem Grunde finden sich in der Literatur zu Bondgraphen auch die Bezeichnung „Parallelschaltung" für die Null-Knoten und „Serienschaltung" für die Eins-Knoten (vergl. [9]).

Durch die bewußte Einschränkung auf physikalische Gegebenheiten eignen sich Bondgraphen neben der Analyse auch zur Synthese, weil einem Bondgraph-Modell jeweils ein Modell einer konkreten Domäne gegenübersteht. Ein weiteres Argument für Bondgraphen besteht im geringeren Aufwand für die interdisziplinäre Kommunikation. Sowohl zwischen Experten der einzelnen Ingenieursdisziplinen, die durch Kenntnis der Bondgraphen nicht die Fachsprachen aller anderen Disziplinen erlernen müssen, als auch im Dialog mit dem Informationstechniker. Im Vergleich dazu können Blockdiagramme wegen ihrer mathematischen Basis zwar als Kommunikationsplattform für die Funktion, nicht aber für das Konzept dienen.

4.2 Entwurfssprachen für informationstechnische Komponenten

Die Frage nach einer adäquaten Entwurfssprache für die informationstechnische Komponente eines mechatronischen Systems in der Phase der Definition, impliziert eine Frage nach den eigentlichen Aufgaben in dieser Entwurfsphase. Nach [6] müssen in der Phase der Definition die folgenden vier verschiedenen Sichten und ihre Zusammenhänge beschrieben werden:

- Daten
- Funktionen
- Dynamik
- Benutzungsoberfläche

Wie eingehend beschrieben obliegt der informationstechnischen Komponente eines mechatronischen Systems die Aufgabe der Regelung des gesamten Systems. Somit handelt es sich bei dieser Komponente nicht um ein Programm, welches das vordringliche Ziel hat eine Aufgabe zu bearbeiten um mit der Lösung zu terminieren, sondern darin über längere Zeit zu laufen und auf unterschiedliche Eingaben entsprechend zu reagieren. Man spricht bei dieser Klasse von Programmen auch von reaktiven Systemen. Bei diesen dominiert die dynamische Sicht, also die Spezifikation des Verhaltens bzgl. verschiedenster Ereignisse, die anderen oben genannten Sichten.

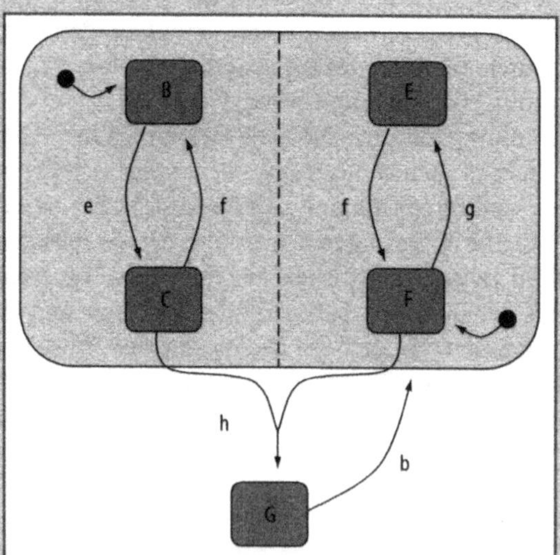

Bild 3. Beispiel eines Statecharts Diagramms

Als Entwurfssprache solcher Systeme eigenen sich Beschreibungen, die Zustände und Übergänge zwischen diesen dokumentieren, also die in Kapitel 2 beschriebenen Automaten. Für die Abbildung komplexer Zusammenhänge sind oft eine Vielzahl von Zuständen notwendig, die nur noch schwer zu überblicken sind. Aus diesem Grund wurde von David Harel 1987 in [10] die Beschreibungssprache Statecharts präsentiert, die Zustände hierarchisch anordnen kann und außerdem in der Lage ist parallele Vorgänge abzubilden. In Bild 3 ist das Beispiel eines Statechart-Diagramms dargestellt. In diesem wird dargestellt, daß einzelne Zustände Teil eines übergeordneten Zustandes sein können. In ihm ist der Zustandswechsel aus dem einzelnen Zustand *G* bei Eintreffen des Ereignisses *b* in einen übergeordneten Zustand beschrieben. Dieser beschreibt zwei getrennte Aktivitäten, von denen eine den Zustand *B* und eine den Zustand *F* einnimmt.

Durch die graphische Notation ist das Konzept der Statecharts relativ einfach zu verstehen und bildet somit ohne großen Lernaufwand für alle Beteiligten eine Möglichkeit zur Kommunikation.

5 Simulation

Um der Bedeutung der Konzeptphase gerecht zu werden muß jedes Modell eines mechatronischen Systems verifiziert werden. Hierbei liefert die Simulation des dynamischen Verhaltes einen wichtigen Beitrag zur Bewertung des Konzepts. Da mit Bondgraphen und Statecharts zwei verschiedene Beschreibungssprachen zum Einsatz kommen, um ein einziges Modell des betrachteten mechatronischen Systems zu beschreiben, muß ein Konzept zur Simulation dieses hybriden Modells gefunden werden.

Für die Simulation von Bondgraphmodellen stehen kommerzielle Softwarehilfsmittel zur Verfügung. Diese setzen die bestehenden Modelle in Differentialgleichungen über die Zeit um und können sie anschließend numerisch lösen. Statechart Modelle dagegen eignen sich zur automatischen Übersetzung in ausführbare Programme. Die Simulation eines solchen Modells besteht demnach in der Ausführung des Programms.

Für eine gekoppelte Simulation muß man beachten, daß, wie bereits in Kapitel 2 dargestellt, die Bondgraphen in Abhängigkeit von der Zeit beschrieben sind, während Statechart Modelle ihr Verhalten als Reaktion bezüglich auftretender Ereignisse beschreiben. Somit treten neben Realzeiten auch Taktfolgen auf. Die Beziehung für die Übertragungsfunktion muß dazu lediglich in eine takt- und in eine zeitgesteuerte Beschreibung aufgespalten werden [11].

Nach der eingehenden Initialisierung mit den Anfangsbedingungen, ist das Differentialgleichungssystem iterativ für den Zeitschritt t_n zu lösen. Die Sensorfunktion gibt an, wie die berechneten Ergebnisse als Ereignisse für das Programm zu interpretieren sind. Anschließend arbeitet das Programm die Ereignisse ab, wobei seine Ergebnisse ein Änderung bestimmter Gleichungsparameter in Übereinstimmung mit der Aktorfunktion bedingen. Dieser Prozeß setzt sich mit dem

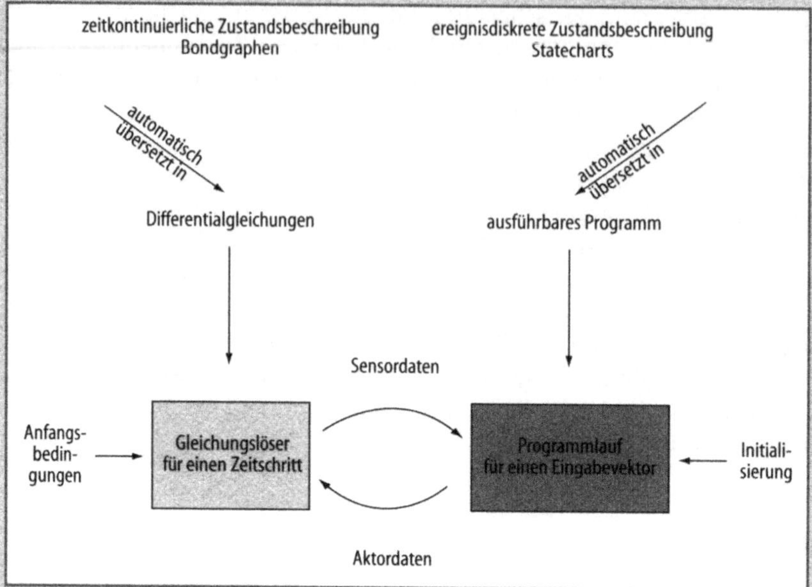

Bild 4. Simulation eines gekoppelten Bondgraph-/Statechart-Modells

Folgezeitpunkt t_{n+1} solange fort, bis das Ende der zu simulierenden Zeit erreicht ist. Die gesamte Vorgehensweise von der Überführung der ausgehenden Modelle bis zur schrittweisen Berechnung ist in Bild 4 verdeutlicht.

6 Rechnerunterstützung für die methodische Vorgehensweise

Die hier vorgestellten Ergebnisse fließen am Lehrstuhl für Konstruktionstechnik in die Entwicklung eines Assistenzsystems ein, das die Konstruktion mechatronischer Produkte unterstützt. Hierbei werden die bisher gewonnenen Forschungsergebnisse aus der Entwicklung des Konstruktionssystems *mfk* (vergl. [12]) genutzt. Dies stellt eine konsequente Weiterverfolgung des von Beitz [13] geforderten Ansatzes eines Konstruktions-Leitsystems im Sinne eines Assistenzsystems dar. Bild 5 veranschaulicht die notwendigen Komponenten, welche für die Entwicklung mechatronischer Produkte als notwendig identifiziert wurden.

Die Komponente zur *Modellsynthese* soll aus dem technischen Bereich sowohl die abstrakte Beschreibungssprache der Bondgraphen als auch die konkreten, domänenspezifischen Beschreibungssprachen (z.B. Feder-Masse-Modelle, elektronische Schaltungen) unterstützen. Da Spezialisten unterschiedlicher Wissenschaften in der Regel räumlich getrennt voneinander agieren, besteht die Anforderung nach der Möglichkeit zur verteilten Modellierung. Diese soll durch

Einsatz der verteilten Komponententechnologie Distributed COM realisiert werden.

Die *Modelltransformation* greift die bestehenden Modelle auf und transformiert sie entweder in abstrakte Modelle zur Analyseunterstützung oder in konkrete Modelle für die Synthese. Hierbei ist zu beachten, daß die Transformation in ein abstraktes Modell immer eindeutig ist, während die Konkretisierung unterschiedliche Möglichkeiten in den einzelnen Disziplinen zuläßt.

Die Bedeutung der Auswahl eines verallgemeinerten Effekts zur Realisierung einer Teilfunktion wurde bereits ausführlich in Kapitel 3 beschrieben. Um diese Entscheidung aus einem möglichst breiten Wissensfundus zu schöpfen, ist ein *Effektkatalog* notwendig, der sicherstellt, daß nicht nur Effekte aus dem Erfahrungsraum des Entscheidungsträgers zum Einsatz kommen.

Die Komponente für die *Simulation* folgt der in Kapitel 6 beschriebenen Vorgehensweise. Hierbei wird das Softwarepaket *20sim* von der Universität Twente benutzt um durch Bondgraphen beschriebe Modelle in Gleichungen umzusetzen und diese anschließend numerisch lösen zu lassen.

Die Synthese und Analyse von Funktionen, die Simulationsergebnisse und die ausgewählten Effekte müssen bei einem mechatronischen Produkt für den Konstruktionsfortschritt im Sinne von Digital Mock-up festgehalten werden. Für diesen Zweck stellt das Konstruktionssystem *mfk* sein relationsbasiertes semantisches *Produktmodell* zur Verfügung.

7
Zusammenfassung

Dieser Beitrag dokumentiert den Wandel in der Produktentwicklung weg von den rein physikalisch-technischen Systemen hin zu den mechatronischen Systemen. Die bestehende Konstruktionsmethodik trägt dem informationstechnischen Anteil der neuen Produktgeneration zu wenig Rechnung und muß aus diesem Grunde entsprechend erweitert werden. Um den verschiedenen involvierten Disziplinen gerecht zu werden wurde das Wesen mechatronischer Produkte durch die Untersuchung des systemtechnischen Hintergrundes dokumentiert. Ausgehend von den unterschiedlichen Konstruktions- bzw. Entwurfsmethoden für den Maschinenbau und die Informatik wurde ein einheitlicher integrierter Konstruktionsprozeß entwickelt und speziell die Phase der Konzeption als entscheidend für die Realisierung mechatronischer Produkte identifiziert. Vordringliche Probleme dieser Phase bestehen in den unterschiedlichen Entwurfssprachen, die von den einzelnen Disziplinen verwendet werden und in der Verifikation von interdisziplinären Konzepten. Eine Kopplung von Bondgraph Modellen mit Statecharts Diagrammen löst das Problem der Entwurfssprachen und eignet sich für die Verifikation auf Basis einer Simulation. Der Beitrag schließt mit einer Übersicht über die Architektur des zur Zeit am Lehrstuhl für Konstruktionstechnik entwickelten Assistenzsystems zur Konstruktion mechatronischer Produkte.

Literatur

[1] Bender, K.: Software – Technologietreiber für den Maschinenbau, in VDA Maschinenbaunachrichten 9/98.
[2] Roddeck, W.: Einführung in die Mechatronik, Teubner Verlag 1997.
[3] Pahl, G. /Beitz, W.: Konstruktionslehre, 4. Auflage, Springer Verlag, 1997.
[4] Wallascheck, J.: Modellierung und Simulation als Beitrag zur Verkürzung der Entwicklungszeiten mechatronischer Produkte, in VDI-Berichte 1215, 1995.
[5] Schweiger, W.; Schön, A.: Digital Mock-up bei der Entwicklung mechatronischer Produkte, in Beiträge zum 8. Symposium Fertigungsgerechtes Konstruieren, Schnaittach 1997.
[6] Balzert, H.: Lehrbuch der Software-Technik, Spektrum Akademischer Verlag, 1996.
[7] Karnopp, D. C.: Systems Dynamics – A Unified Approach, Whiley & Sons Inc., 1990.
[8] Schweiger, W.: Vorlesung über Modellbildung und Simulation (unveröffentlicht).
[9] Thoma, J. U.: Simulation by bondgraphs – introduction to a graphical method, Springer Verlag, 1990.
[10] Harel, D.: Statecharts: A visual Formalism for complex Systems, in Science of Computing 8, 231-274, 1987.
[11] Schmidt B.: SIMPLEX II – Ein integriertes Simulationssystem, Soc. Comp. Sim. Int., 1995.
[12] Bachschuster, S.: Architektur und Konzept zur Realisierung eines produktspezifisch erweiterbaren Konstruktionssystems, Dissertation Universität Erlangen-Nürnberg, 1997.
[13] Beitz, W.: Konstruktionsleitsystem als Integrationshilfe, in VDI-Berichte Nr. 812, VDI-Verlag, 1990.

Prof. Dr.-Ing. Harald Meerkamm
Dipl.-Ing. Achim Schön
Prof. Dr.-Ing. Willy Schweiger
Lehrstuhl für Konstruktionstechnik, Friedrich-Alexander-Universität Erlangen-Nürnberg

Kooperation verteilter, dezentraler Konstruktions- und Berechnungsarbeitsplätze

H. Mertens, F. Wölfle

1
Informationstechnik in der Produktentwicklung

Die zunehmende Komplexität neuer, innovativer Produkte führt durch die Beteiligung von Experten verschiedener Fachdisziplinen zu einer starken Vernetzung konstruktiver Entwicklungsarbeit. Dies wird besonders in der Phase der stofflich-geometrischen Gestaltung deutlich, die durch ein Zusammenwirken von gestalterischen und rechnerischen Tätigkeiten gekennzeichnet ist. Die Zusammenarbeit der verschiedenen, am Produktentstehungsprozeß beteiligten Konstrukteure und Entwicklungsingenieure muß zur Erzielung eines angestrebten Produkterfolges zeit- und qualitätsgerecht unter Beachtung der Wirtschaftlichkeit sichergestellt werden. Dies führt heute zu einem Arbeitsablauf mit überlappenden bzw. vernetzten Arbeitsschritten, die oftmals an verschiedenen Standorten unter Zuhilfenahme verschiedenartiger Systeme zur Produktgestaltung und Berechnung durchgeführt werden. Häufig werden dabei Unternehmensgrenzen überschritten und Entwicklungsallianzen aus Zulieferern und Kunden mit einbezogen, wie Beispiele aus der Automobilindustrie zeigen. Solche Konstellationen führen in der Regel zu einer Dezentralisierung produktbeschreibender Daten und Informationen, weshalb deren Handhabung eine große Bedeutung zukommt. Die gegenwärtig verfolgten Entwicklungs- und Forschungsaktivitäten auf diesem Gebiet lassen sich einerseits der Verbesserung des Produktinformationsmanagements und anderseits der Entwicklung von Kommunikationsstrategien und -werkzeugen für global verteilte Produktentwicklungssysteme zuordnen.

Zur Verbesserung des Produktinformationsmanagements wird an Infrastrukturen gearbeitet, die eine Abbildung, Steuerung und Überwachung wichtiger, auch global verteilter Geschäftsprozesse erlauben sowie das Management und die Entwicklung komplexer Produktstrukturen umfassend unterstützen. Im Mittelpunkt stehen dabei Anwendungen für das Prozeßmanagement, die Auftrags- und Dokumentenverwaltung sowie das Änderungswesen über den gesamten Produktlebenszyklus hinweg. Diese Ansätze gehen implizit von einer integrierten Nutzbarkeit und flexiblen Schnittstellen zwischen den verschiedenen Systemen zur Produktgestaltung und Berechnung aus, was zur Zeit jedoch nur auf einen geringen Teil der zur Anwendung kommenden Applikationen und

Werkzeuge zutrifft, häufig lediglich nur innerhalb der Produktfamilie eines Herstellers. Bei den Kommunikationsstrategien überwiegen multimediale Ansätze aus dem Bereich der Telekooperation.

Während die Entwicklungen der verschiedenen CAD-Systeme zur Produktgestaltung durch eine Annäherung im Leistungsumfang und Bedienbarkeit sowie der Tendenz zu offenen Systemen geprägt sind, stellt sich die Situation auf der Berechnungsseite weniger übersichtlich dar. Einerseits existieren für die Bearbeitung anfallender Berechnungen zur Auslegung und zum Nachweis wichtiger Produkteigenschaften vielfältige Berechnungs-, Simulations- und Optimierungsprogramme, die auf Teilprobleme sehr gut zugeschnitten sein können, jedoch keine allgemeine und integrierte Nutzbarkeit erkennen lassen. Andererseits kann eine zunehmende Komplexität und Diversifikation von Berechnungsverfahren festgestellt werden, die es für einen Anwender ohne tiefergehende Fachkenntnisse immer schwieriger macht, Einsatzpotentiale und Anwendungsgrenzen richtig einzuschätzen. Darüber hinaus sind eine benutzerorientierte Informationsbereitstellung über existierende Berechnungsmöglichkeiten und deren problemgerechter Einsatz sowie eine anschließende, umfassende Dokumentation der Ergebnisse nur in Ansätzen erkennbar. Letzteres gewinnt jedoch stark an Bedeutung, wenn man die veränderten Rahmenbedingungen in der Produktentwicklung berücksichtigt, die heute möglichst frühzeitig im Entwicklungsprozeß fundierte Aussagen zu wesentlichen Produkteigenschaften verlangen und mit dem Stichwort „virtuelle Produktentwicklung" umschrieben sind, hinter dem sich die Substitution zeitaufwendiger Versuche an realen Modellen durch Berechnungen oder Simulationen an digitalen Modellen verbirgt.

2
Kooperation durch flexible Integration

Zur Lösung der aufgezeigten Problemstellung wurden in den letzten Jahren Methoden und Werkzeuge für eine systemübergreifende Integrationsstrategie entwickelt, deren Leitgedanke darin besteht, Berechnungsressourcen und -wissen nach fach- oder produktspezifischen Kriterien in Kompetenzzentren zusammenzufassen und methodisch strukturiert für eine kooperative Produktentwicklung über mehrere Standorte hinweg zur Verfügung zu stellen [1][1]. Jedes Kompetenzzentrum ist als ein Knotenpunkt im Internet zu verstehen, an dem spezielle Berechnungsdienstleistungen einer bestimmten Fachdisziplin mit hoher Fach- und Problemlösungskompetenz für alle Phasen des Konstruktionsprozesses angeboten werden. Die integrierte Nutzung dieser Dienste wird durch einen gemeinsamen, auf einer Client-Server-Architektur basierenden Kommunikationsmechanismus zwischen den Produktgestaltungssystemen und den Kompetenzzentren sichergestellt. Gegenstand der Kommunikation sind – im

[1] Prof. Beitz war Mitberichter im zugehörigen Promotionsverfahren.

Sinne des *D*igital *M*ock-*U*p (DMU) – aus Produktmodellen abgeleitete Datensätze, auf denen Analysen, wie beispielsweise Auslegungs- oder Nachrechnungen auch Simulationen durchgeführt werden können. Auf Basis solcher Produktdatensätze kann ein breites Spektrum parametrischer Produktgestaltungssysteme in den Kooperationsprozeß einbezogen werden. Die Integration unterschiedlicher Berechnungsmethoden findet innerhalb der Kompetenzzentren statt und erfolgt keineswegs statisch, sondern dynamisch, passend zur jeweiligen Aufgabenstellung und deren Randbedingungen. Der Vorteil dieses Vorgehens liegt in der Trennung der globalen Kommunikation von der lokalen Kommunikation innerhalb der Kompetenzzentren und eröffnet die Möglichkeit, bei der Methodenintegration flexibel auf spezifische, strukturelle sowie ablauforganisatorische Aspekte zu reagieren, ohne daß dadurch die globale Kommunikation beeinflußt wird. Hierzu zählt beispielsweise die Situation, Informationen in den DMUs durch weitere externe Informationen komplettieren zu müssen, um bestimmte Berechnungsaufgaben durchführen zu können.

3
Systemvoraussetzungen und Organisationsstruktur

Eine mögliche Kommunikationsstruktur, in der verschiedenste Dienste – mit dem gemeinsamen Ziel nach möglichst kurzen Produktentwicklungszeiten – zusammenarbeiten, ist in Bild 1 dargestellt. Alle an einer verteilten Produktentwicklung beteiligten IT-Systeme stehen über Intranet und/oder Internet miteinander in Verbindung. Aus Sicherheitsgründen findet die Einbindung externer Ressourcen in den Entwicklungsprozeß über kontrollierte Gateways statt. Auf Seite der Produktgestaltung wird das Vorhandensein parametrischer 3D-CAD-Systeme mit Funktionalitäten und Schnittstellen, die dem aktuellen Stand der Technik entsprechen, vorausgesetzt. Die Aufgaben des Produktinformationsmanagements sollen von hierzu passenden EDM-Systemen wahrgenommen werden. Die Bereitstellung eines breiten Spektrums an strukturiert dokumentierten Berechnungs- und Bewertungsverfahren erfolgt durch Kompetenzzentren unterschiedlicher Fachdisziplinen. Ergänzt wird die IT-Landschaft durch den integrierten Einsatz von Web-basierten Informationssystemen und verteilten Datenbanken zur Bereitstellung und Verwaltung umfangreicher Berechnungsres-sourcen.

4
ABC-Konzept

Die Zusammenarbeit innerhalb des dargestellten Entwicklungsverbundes kann durch ein gemeinsames strategisches Vorgehen bei der Strukturierung der verschiedenen Entwicklungsressourcen sowohl ablauforganisatorisch als auch informationstechnisch entscheidend unterstützt werden. Vor diesem Hintergrund entstand, ausgehend von Festigkeits- und Schwingungsberechnungen,

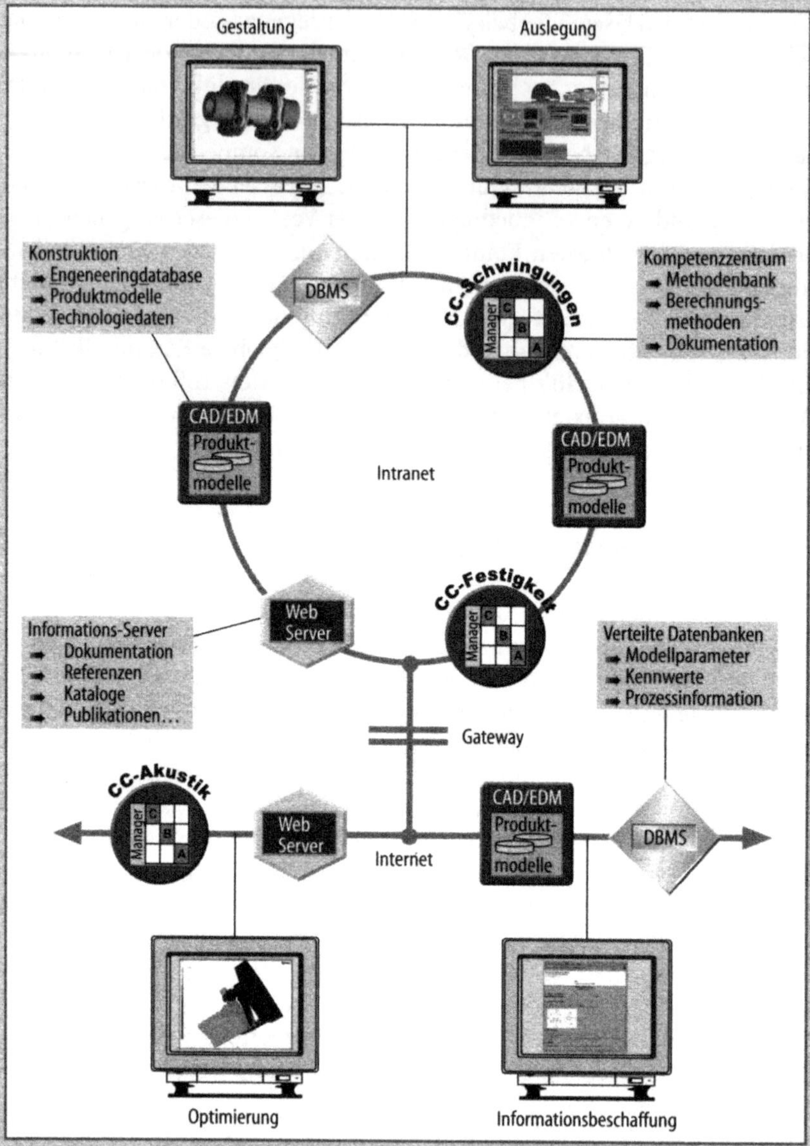

Bild 1. Integrierte Ingenieurarbeitsplätze und IT-Systemumgebung

eine allgemeine Strukturierungshilfe (Methodologie), die das Ziel verfolgt, durch zeitorientiertes Handeln möglichst kurze Produktentwicklungszeiten zu erreichen [2]. Das Vorgehen ist auf vielfältige andere Entwicklungs- und Entscheidungsprozesse ohne weiteres anwendbar. Unter Bezug auf [1, 2] läßt sich das ABC-Konzept wie folgt formulieren: Der Zeitaufwand ist als unscharfe, relativ zu gewichtende Größe zu betrachten und nicht in Minuten oder Stunden festgelegt. Methoden mit hohem Zeitaufwand werden der Zeitebene A, Methoden mit mittlerem Zeitaufwand der Zeitebene B und Methoden mit geringem Zeitaufwand der Zeitebene C zugeordnet. Die Aussagegüte der Methoden, die in den späteren Phasen des Konstruktionsprozesses an Bedeutung gewinnen, ist ebenfalls als unscharfe, relativ zu gewichtende Größe zu betrachten und wird sinngemäß in die Gütestufen A, B und C unterteilt. Für die tägliche Konstruktionspraxis sind vor allem Methoden und Ressourcen der Zeitebene C von Bedeutung, da diese in der Regel ohne große Einarbeitungszeit schnell zur Lösung anstehender Aufgaben genutzt werden können, vorrangig in den frühen Phasen der Produktentwicklung. Häufig sind damit allerdings Einschränkungen in der Aussagegüte verbunden. Methoden der Zeitebene B erfordern bereits eine gewisse Einarbeitungszeit und sollen vom Anwender, wenn gewünscht, noch selbst genutzt werden können. Auf der Zeitebene A finden sich Methoden, die im allgemeinen spezielles Fachwissen und Rechnererfahrung erfordern. Problemstellungen auf dieser Ebene werden in der Regel an Fachexperten delegiert. Aus informationstechnischer Sicht liefert die ABC-Klassifizierung einen Überblick über die Qualität und Menge der benötigten Informationen und ergänzend Aussagen über das Kopplungs- und Automatisierungspotential der Methodenebenen bei der Kommunikation von Produktgestaltungssystemen und Kompetenzzentren. Dabei wird deutlich, daß die Informationsmenge von der C- zur A-Ebene rasch zunimmt. Während zur Anwendung einer Berech-

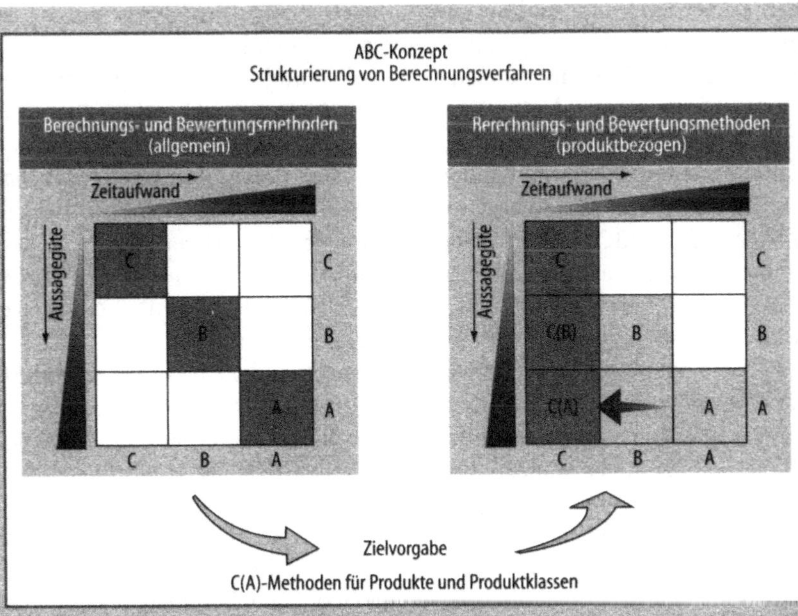

Bild 2. ABC-Konzept bei generischen und produktbezogenen Methoden

nungsmethode der C-Ebene meist nur wenige Parameter ausreichen, sind bei Methoden der B- oder A-Ebene (z.B. FEM) mitunter umfangreiche Datensätze notwendig. Erschwerend kommt hinzu, daß diese Anwendungen in der Regel nicht algorithmierbares Erfahrungswissen (z.B. Bewertung von Simulations- oder FEM-Ergebnissen) benötigen. Zusammenfassend bleibt festzuhalten, daß insbesondere für Methoden der Zeitebene C ein großes Integrationspotential existiert und deshalb ein breites Spektrum solcher Methoden, auch mit hoher Aussagegüte für die späteren Phasen der Produktentwicklung vorzuhalten ist. Derartige C-Methoden mit hoher Aussagegüte, z.B. C(A)-Methoden, entstehen im allgemeinen, wenn Produkte über mehrere Generationen hinweg weiterentwickelt werden, vgl. Bild 2.

5
Konstruktionsorientierte Kompetenzzentren

5.1
Autonome Dienstleistungseinheiten

Eine mögliche Architektur für ein konstruktionsorientiertes Kompetenzzentrum, das sowohl den informationstechnischen Anforderungen als auch der Berechnungsproblematik gerecht wird, basiert auf einer modularen Organisation, Bild 3. *A*utonom operierende *D*ienstleistungs*e*inheiten (ADE), die alle als selbständige Systeme operieren können, aber meist in wechselseitiger Kooperation stehen, bilden die Hauptmodule eines Kompetenzzentrums, wobei jede Dienstleistungseinheit aus weiteren Komponenten bestehen kann.

Der interne Aufbau einer solchen Dienstleistungseinheit spiegelt die Trennung der informellen und administrativen Prozesse von dem eigentlichen CAE-Prozeß wider. Der CAE-Prozeß wird von einer weiter unten beschriebenen objektorientierten Methodenbank gesteuert, die in der gegenwärtigen Ausbauphase Berechnungs- und Bewertungsmethoden für verschiedene Antriebselemente nach dem ABC-Konzept integriert und strukturiert verwaltet. Ein spezieller Berechnungsmanager bildet die Schnittstelle jeder Einheit nach außen, indem er auf Anfrage Auskunft über vorhandene Berechnungsmöglichkeiten erteilt und die Methodenbank zur Ausführung geeigneter Methoden anweist.

Basierend auf dieser Grundkonzeption besteht ein konstruktionsorientiertes Berechnungskompetenzzentrum aus mindestens einer Dienstleistungseinheit, in der Regel jedoch aus mehreren Einheiten, die über einen Broker miteinander in Verbindung stehen. Der Broker bildet in diesem Fall die zentrale Schnittstelle aller Dienstleistungseinheiten nach außen und ist somit die netzweite Anlaufstelle. Für den Fall nur einer Dienstleistungseinheit lassen sich die Aufgaben des Berechnungsmanagers und des Brokers zusammenfassen. Im Rahmen der bisherigen Entwicklung wurde ein derartiger integrierter Berechnungsmanager/Broker realisiert und im Intranet sowie im Wissenschaftsnetz (DFN) mit der Universität Erlangen erfolgreich erprobt.

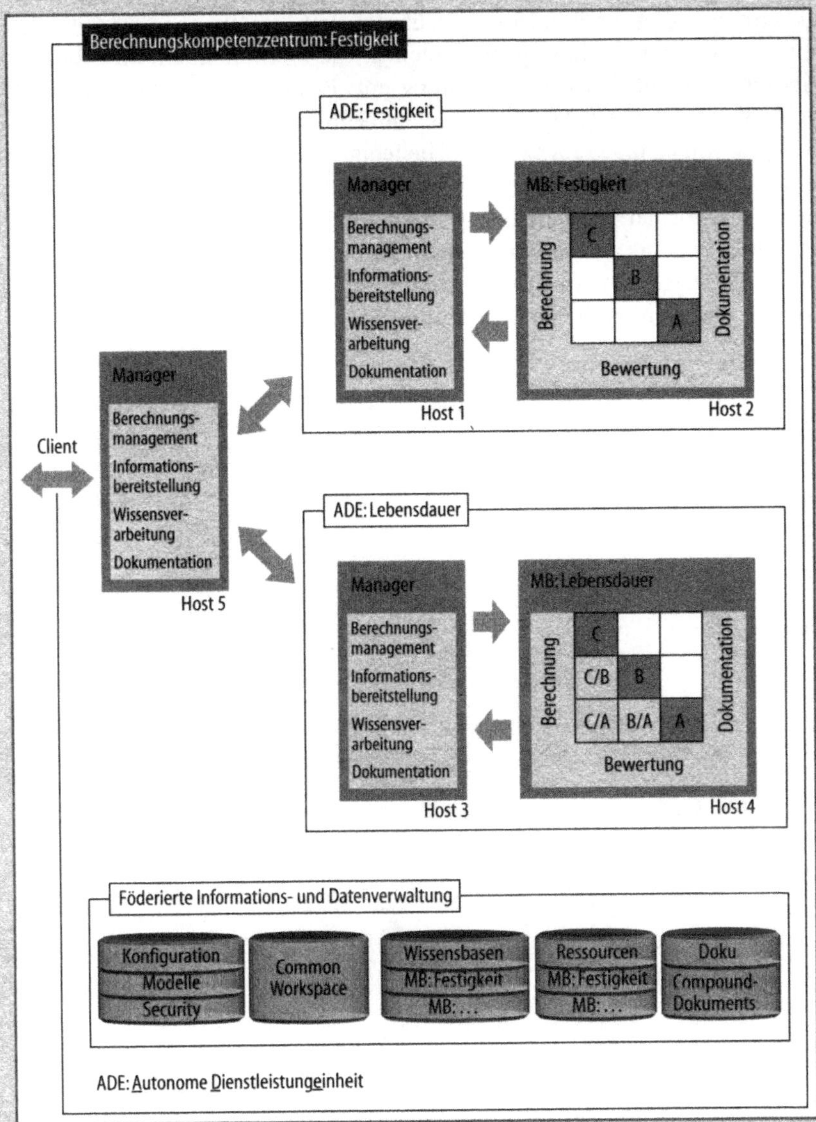

Bild 3. Gesamtkonzeption für ein konstruktionsorientiertes Kompetenzzentrum

5.2 Methodenbank

Mit der objektorientierten Methodenbank jeder autonomen Einheit wurde ein innovatives Konzept zur flexiblen Integration von Berechnungsmethoden realisiert. Die Methodenbank verfügt über eine leistungsfähige Kommunikation zum

Berechnungsmanager, der als Leitstelle Instruktionen, Daten und Informationen zur Durchführung von Berechnungen übermittelt. Ein „Wrapper" übernimmt die Einbindung der Berechnungsmethoden in die Methodenbankumgebung und versorgt diese mit den zur Berechnung notwendigen Parametern. Die Methodenbankschnittstelle (EMO-Interface) interpretiert und verwaltet diese Parameter, die von beliebiger Anzahl und beliebigem Typ sein können. Über Schnittstellen zu verschiedenen externen Wissens- und Datenbanken können zusätzlich benötigte Informationen ergänzt werden. Bild 4 zeigt den prinzipiellen Aufbau der Methodenbank. Diese Vorgehensweise ermöglicht zur Zeit die Integration und das Management von C-Berechnungsmethoden unterschiedlicher Architektur in einer einheitlichen Benutzungsumgebung.

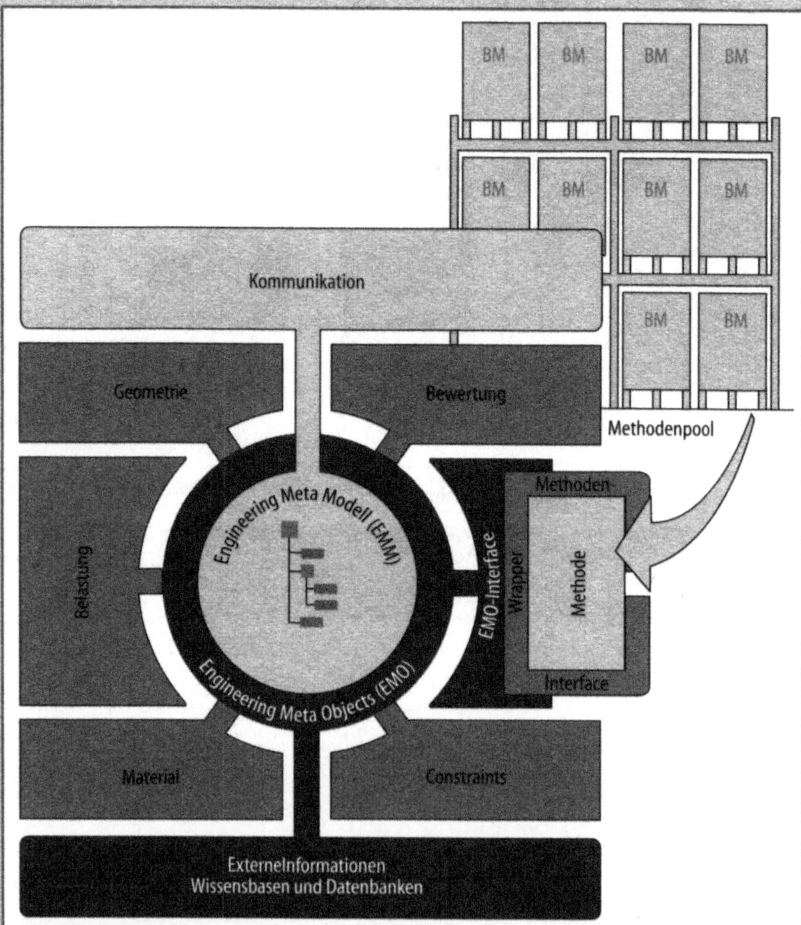

Bild 4. Methodenbankarchitektur

Die Berechnungsverfahren der C-Ebene werden in der Regel für umfassende Produktklassen zur Verfügung gestellt. Die Berechnungsparameter, z.B. Geometrie-, Last- oder Werkstoffparameter, sind grundsätzlich zuerst von „generischer" Natur (d.h. produktneutral). Werden diese Parameter mit den entsprechenden Parametern einer konkreten Produktgruppe verknüpft, so wird diese Berechnungsmethode für diese Produktgruppe spezialisiert. Diese Spezialisierung einer Berechnungsmethode für eine bestimmte Produktgruppe (z.B. zur Auslegung der Schraubenverbindungen einer speziellen Flanschkupplung) erfolgt zweckmäßigerweise über einen Constraint-Editor mit einem integrierten dynamischen Solver. Dies setzt voraus, daß alle Parameter innerhalb der Methodenbank in symbolischer Form verfügbar sind. Einmal erstellte Verknüpfungsgleichungen zwischen entsprechenden Berechnungs- und Produktmodellparametern sowie ergänzende Constraints zur Festlegung konstruktiver oder technologischer Restriktionen, aber auch Informationen aus externen Quellen werden für wiederholte Berechnungen zu produktspezifschen Berechnungsmethoden zusammengefaßt und gespeichert.

In Bild 5 sind am Beispiel einer Flanschkupplungsberechnung die grafischen Benutzungsoberflächen für einen solchen Verknüpfungsprozeß dargestellt.

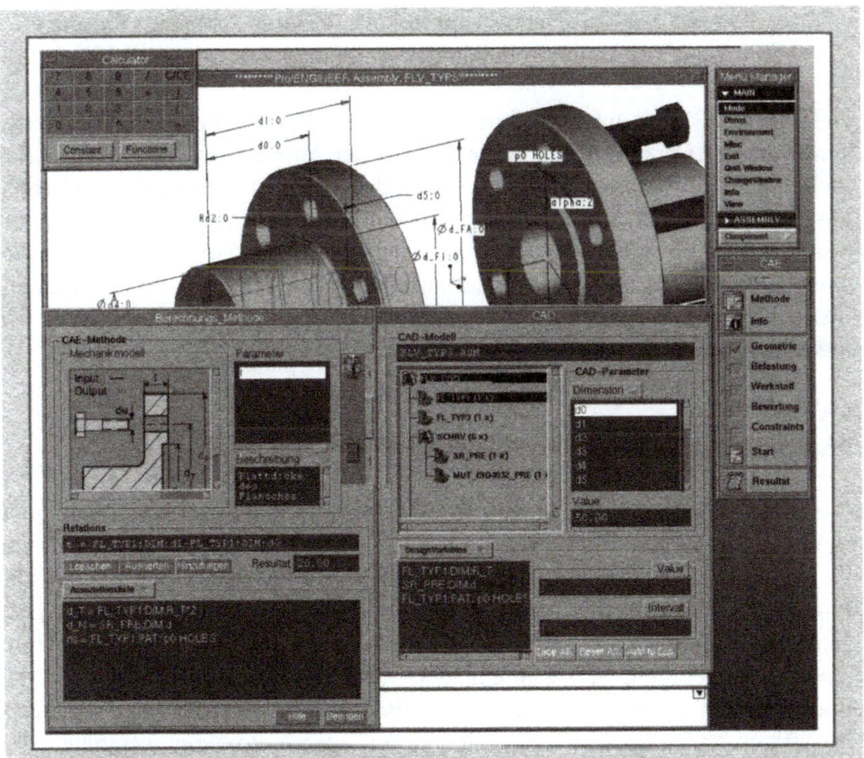

Bild 5. Spezialisierung einer Berechnungsmethode durch Constraint-Editor

5.3 Kommunikationsmechanismen

Wie beschrieben, müssen bei einer Dezentralisierung von Produktdaten und -informationen bei der Durchführung von Berechnungen heterogen verteilte Informationen zusammengetragen werden. Für einen effizienten Datenaustausch zwischen Produktgestaltungssystemen und Kompetenzzentren sind die einfachen Kommunikationsmechanismen (FTP, Email, NFS u.a.) nicht mehr ausreichend. Häufig werden dabei übergroße Datenmengen ausgetauscht, die der Problemstellung nicht mehr angemessen sind oder durch inkompatible Datenformate nicht direkt weiterverwendet werden können. Das Ziel muß es deshalb sein, die Informationen in Umfang und Qualität flexibel für die jeweilige Aufgabe bereitzustellen.

Für die Kommunikation im Rahmen der kooperativen Produktentwicklung, wie sie auf der Zeitebene C vorgesehen ist, wurde ein dynamisches netzwerkfähiges Datenmodell (*E*ngineering *M*eta *M*odel EMM) entwickelt, das folgende Anforderungen erfüllt.

- Abbildung der Produktmodellstruktur.
- Eindeutige Übernahme aller Modellparameter und -attribute.
- Unterstützung des RPC-Netzwerkprotokolls (Remote Procedure Calls).
- Unterstützung von Datenmodellen der Methodenbank.

Die Kommunikation auf der Grundlage von EMMs hat den Vorteil der Minimierung von Netzwerkzugriffen, da bereits bei der Anfrage alle wesentlichen Berechnungsinformationen transferiert und dem Kompetenzzentrum zur Verfügung gestellt werden können. Unter Umständen noch fehlende Informationen lassen sich durch wenige asynchrone Zugriffe ergänzen. Zur benutzerfreundlichen Visualisierung der EMM-Informationen wurde ein grafisches Container-Element unter X-Windows/Motif entwickelt und in die grafische Umgebung der Methodenbank integriert.

5.4 Assistenz bei der Suche und Auswahl von Berechnungsmethoden

Vor jeder Berechnung ist für den Konstrukteur in der Regel eine mehr oder weniger ausgeprägte Phase der Informationsbeschaffung erforderlich. Diese Phase dauert um so länger, je weniger der Benutzer mit den relevanten Berechnungskriterien vertraut ist. Jeder Berechnungsmanager sollte mit seiner Assistenzfunktionalität hierzu eine schnelle Orientierung im Berechnungsspektrum eines Kompetenzzentrums ermöglichen. Durch den Einsatz von Wissensbasen und Datenbanken sollte ein interessierter Benutzer durch Fragen und geführtes Auswählen stufenweise zu einer für das vorliegende Problem geeigneten Berechnungsmethode gelenkt werden. Parallel dazu muß für jede vorhandene Berechnungsmethode eine strukturierte Dokumentation zur Verfügung stehen, die je nach Kenntnisstand des Benutzers beliebig vertieft werden kann. Zusätzlich soll die Möglichkeit eingebaut werden, Erfahrungen aus den vorherigen Berechnungen zu speichern und dokumentiert zu verwalten, um diese bei ähnlichen oder gleichen Aufgaben dem Anwender wieder zur Verfügung stellen zu können.

5.5 Protokollierung von Entwicklungsschritten

Die Dokumentation von Entwicklungsschritten findet heute immer noch in zeitaufwendiger, manueller Arbeitsweise statt, wobei verschiedenste Text- und Grafikverarbeitungssysteme und zum Teil auch technisch-wissenschaftliche Software zum Einsatz kommen. Um eine Automatisierung und Standardisierung der Dokumentation zu erreichen, sollen ergänzend WWW-basierte Dienste herangezogen werden, mit denen hierarchische Dokumentenstrukturen, Inhaltsverzeichnisse und Querverweise in großem Umfang realisiert werden können. Im Sinne des ABC-Konzeptes empfiehlt sich auch hierbei ein abgestuftes Vorgehen. Es ist einsichtig, daß für einen schnellen Überblick lediglich ein Protokoll mit den wesentlichsten Entscheidungen und Ergebnissen ausreicht. Sind tiefergehende Informationen erforderlich, sollten entsprechend detaillerte Dokumente zur Verfügung stehen. Die Berechnungsdokumente sollen zunächst im jeweiligen Berechnungskompetenzzentrum archiviert werden. Jedem autorisierten Anwender soll aber der Zugang zur gesamten Berechnungsdokumentation oder Teilen davon freistehen. Diese Dokumentationsstrategie eröffnet die Möglichkeit, verteilte Berechnungsdokumente für ein Produkt redundanzfrei zu verwalten und bei Bedarf abzufragen. Ergänzend hierzu sind die durchgeführten Berechnungen für Folge- und Wiederholberechnungen zu speichern und zu kennzeichnen.

6 Ausblick

Mit der vorgestellten Verfahrensweise zur flexiblen Bereitstellung und Integration von Berechnungsmethoden in den Konstruktionsprozeß existiert eine strategische Plattform, um vorhandene Programme in der Konstruktion zu nutzen, zukünftige Software für Berechnungsdienste konstruktionsorientiert zu entwickeln und zu pflegen. Anwendungsfördernd ist sicherlich die Basierung auf anerkannten Standards für Hardware, Betriebsysteme, Benutzungsoberflächen, Kommunikationsmechanismen und relationalen Datenbanksystemen. Zu diesen zählen die unabhängigen Standards für UNIX, C/C++, X-Windows, WWW, JAVA, SQL und TCP/IP sowie Win98/WinNT. Der gegenwärtig erreichte Entwicklungsstand zeigt, daß in nicht allzu ferner Zukunft die Kooperation verteilter, dezentraler Konstruktions- und Berechnungsarbeitsplätze im Konstruktionsalltag Wirklichkeit werden kann.

7 Schrifttum

[1] Wölfle, F.: Virtuelle Berechnungskompetenzzentren als Dienstleister zur Integration von Gestaltung und Berechnung. Fortschritt-Berichte VDI Reihe 20, Nr. 274.

[2] Mertens, H.: Aussagegüte und Zeitaufwand – Kriterien zur Auswahl von Berechnungsmethoden im Konstruktionsprozeß. In VDI-Berichte 1442, 1998.

Prof. Dr.-Ing. H. Mertens
Dr.-Ing. F. Wölfle
Technische Universität Berlin, Institut für Konstruktionslehre und Thermische Maschinen

Rechnersoftware für die integrierte Gestaltung und Berechnung von Planetengetrieben

W. Predki, F. Jarchow, M. Christ

1 Einleitung

Die bedarfs- und beanspruchungsgerechte Konstruktion erfordert ein iteratives Vorgehen. Entwerfen und Gestalten gehen Hand in Hand. Für die Ermittlung von Startabmessungen gibt es Überschlagsrechnungen und einfache Rechenprogramme. Für die Gestaltung stehen im allgemeinen 2D-CAD-Programme zur Verfügung. Relativ aufwendige Simulationsprogramme erlauben eine Kontrolle von Tragfähigkeit, Verlustleistung, Erwärmung, Steifigkeit, Spielen und Geräuschentwicklung. Bei der Anwendung solcher Programme läßt sich Doppelarbeit in der Regel nicht vermeiden. Der Konstrukteur muß Erfahrungen in der Handhabung dieser Inselprogramme haben. Zeit- und Kostendruck zwingen vor allem bei Sonderkonstruktionen und Kleinseriengetrieben häufig dazu, auf die Anwendung dieser speziellen Rechenprogramme zu verzichten. Erst im Reklamationsfall wird darauf zurückgegriffen. Die Ausführungen verdeutlichen, daß die Effektivität des Konstruktionsprozesses von Planetengetrieben noch zu wünschen übrig läßt.

Eine Verbesserung dieser Situation setzt eine enge Verknüpfung von Gestaltungsprozeß und Berechnungsprozeß voraus. Ein Haupthindernis ist hierbei in der Datenaufbereitung und Datenbeschaffung für die entsprechenden Programme zu sehen. Neben einigen Herstellern von Industriegetrieben arbeiten insbesondere Hersteller von Automobilgetrieben zur Zeit an Konzepten für ihre speziellen Bedürfnisse.

Insgesamt zeigt sich hier das Problemfeld des Datenaustausches, der Datensicherheit und der Verknüpfung unterschiedlicher Softwareprodukte sowohl von CAx- als auch von Berechnungs- und Simulationsprogrammen unter- und miteinander. Die nationalen und internationalen Forschungsaktivitäten der letzten Jahre beschäftigen sich mit diesem Problemkreis. Ergebnis einer Vielzahl von Projekten ist das CAD-Referenzmodell [1]. Dieses CAD-Referenzmodell bietet eine allgemeine Architektur für CAD-Systeme, die somit zu einer Standardisierung zukünftiger CAD-Generationen führen könnte.

Die Weiterentwicklung bisheriger CAx-Produkte wird sich an der vorliegenden ISO Norm 10303 zur Beschreibung des Produktdatenmodells STEP orientieren, da die Industrie eine durchgängige Bearbeitungsmöglichkeit von CAx-

Anwendungen und Berechnungsanwendungen fordert, um die Entwicklungszeiten und die Entwicklungskosten zu senken und somit die Wettbewerbsfähigkeit zu sichern.

Die Forschungsstelle erarbeitete in den vergangenen Jahren im Zusammenhang mit Planetengetrieben Projekte und Programme zu den Problemkreisen Verzahnungsberechnung ringförmiger Räder, dynamische Lastüberhöhungen, Breitenlastverteilung, Schwingungen, Geräusche, Planetenträgerverformungen, -spannungen und Verzahnungsverlustleistungen. Einen weiteren Forschungsschwerpunkt stellten die Planetenradlager dar. Die Arbeiten behandelten die Tragfähigkeit von Gleitlagern und ferner die dynamische Simulation, Käfig- und Freßtragfähigkeit, Verlustleistung und die Temperatur von Wälzlagern.

Das vorliegende Programm verknüpft die einzelnen „Insellösungen" mit dem Erfahrungswissen des Konstrukteurs und einem CAD-System. Die Basis für die Integration der einzelnen Module bildet die ISO-Norm 10303 (STEP: Standard for the Exchange of Product Model Data). Das Gesamtprogramm ist in der Lage, den Konstrukteur bei allen notwendigen Iterationsschritten in den zugehörigen Berechnungs- und Gestaltungsphasen wirkungsvoll zu unterstützen.

Eine Datenflußanalyse bildet die Grundlage für die Verknüpfung von Berechnungsprogrammen und CAD-System. Aus der Datenflußanalyse resultieren die notwendigen Anforderungen an einen Datenverwaltungsprozessor bezüglich der Verwaltung von Ein- und Ausgabedateien und der Kommunikation zwischen Konstrukteur, Berechnungsprogrammen und CAD-System.

Eine Untersuchung der Datenschnittstelle zeigt deren derzeitige Grenzen auf, die vom Datenverwaltungsprozessor erweitert werden.

Mit Hilfe des Datenverwaltungsprozessors werden die zahlreichen Planetengetriebe-Berechnungsprogramme modular in den interaktiven Konstruktions- und Berechnungsprozeß implementiert.

Anhand eines Planetenrad-Testgetriebes wird das Gesamtsystem verifiziert. Ein abschließender Test mit Herstellern von Planetengetrieben prüft die Praxistauglichkeit des Planetengetriebe-Entwicklungssystems PES.

2
Integrierte Berechnungsprogramme

Die integrierten Berechnungsprogramme beschreiben annähernd den kompletten Berechnungsablauf eines Planetenzahnradgetriebes. Es handelt sich zumeist um FORTRAN-Programme mit jeweils zwei Textdateien im ASCII-Format zum Einlesen und zur Ausgabe der Daten.

Mit der Beschränkung auf Industrieplanetengetriebe, die aus einfachen zweiwelligen Planetenstufen mit gehäusefesten Hohlrädern aufgebaut sind, faßt man das Planetengetriebe zunächst als „Black-Box" zwischen Antriebs- und Abtriebsmaschine auf. Die äußeren Drehzahlen nan und nab definieren die notwendige Gesamtübersetzung des Getriebes. Mit dem Programm *PLAUS* läßt sich diese Gesamtübersetzung auf mehrere Planeten- und Stirnradstufen aufteilen.

Das Programm benötigt außerdem das Abtriebsdrehmoment sowie das gewünschte Breiten-Durchmesserverhältnis des Sonnenrades. Die Hauptabmessungen des Getriebes werden durch eine Überschlagsrechnung nach Niemann [2] ermittelt.

Die Entwurfsdaten werden anschließend vom Datenverwaltungsprozessor im Rahmen der vertikalen Integration in das Verzahnungsberechnungsprogramm *GT5* importiert.

Das Programm *GT5* berechnet die Geometrie und Tragfähigkeit von Zahnrädern mit Evolventenprofil nach DIN 3960 und DIN 3990 für jede Stufe des Planetengetriebes. Mit Hilfe des Programmes *PEZ* werden 2D-Zahnkonturen im Stirnschnitt erzeugt, die sich dann zu einem 3D-Modell weiterentwickeln lassen. Das Bild 1 zeigt eine konstruierte Ritzelwelle.

Das Programm *LAGER* übernimmt automatisch die Verzahnungskräfte und Drehmomente aus GT5 und führt die Lagerberechnung auf Basis einer Wälzlagerdatenbank durch. Nach der Analyse der Belastungssituation erzeugt es STEP-Dateien der Wälzlager, die es automatisch in 3D-Modelle überführt.

Mit Hilfe von *FESTWELL* lassen sich gefährdete Wellenquerschnitte aus der CAD-Konstruktion interaktiv nachrechnen. Hierzu aktiviert der Konstrukteur den zu berechnenden Querschnitt, und das Programm ermittelt die entspre-

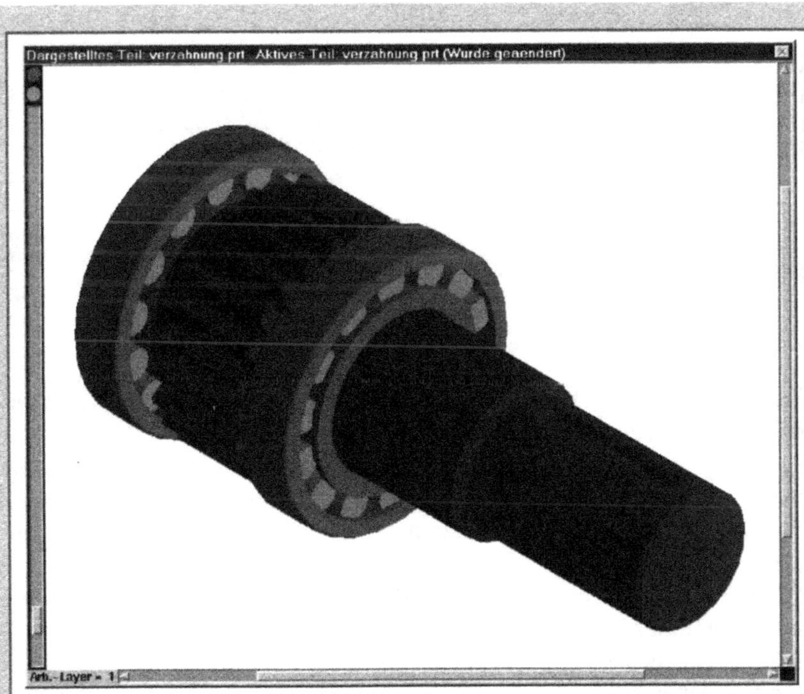

Bild 1. Konstruierte Ritzelwelle mit Lagern

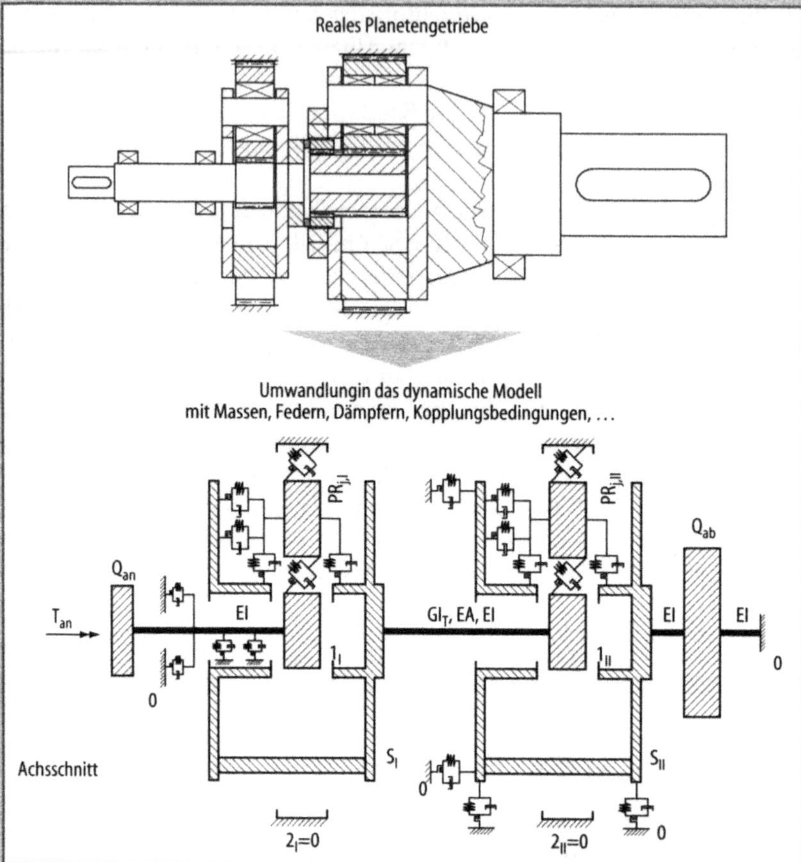

Bild 2. Umwandlung des realen Planetengetriebes in ein dynamisches Ersatzmodell

chenden Schnittkräfte. Die Berechnung umfaßt die Ermittlung von Sicherheiten gegen Dauerbruch und plastische Verformung auf Basis der DIN 743 (Entwurf).

Das Programm *SIMPLEX* dient zur dynamischen Simulation eines Planetengetriebes [3]. Hierzu wird das reale Getriebemodell vom Konstrukteur in ein dreidimensionales dynamisches Ersatzmodell mit diskreten Einzelmassen überführt, wie aus Bild 2 ersichtlich ist.

Ein wesentlicher Vorteil von 3D-CAD-Systemen gegenüber den zweidimensionalen Pendants liegt in der Möglichkeit der Geometrieanalyse. So ist es zum Beispiel möglich, die Massenträgheitsmomente, Massen, Durchmesser, Koordinaten und Oberflächen vom CAD-System berechnen oder vom Datenverwaltungsprozessor auslesen zu lassen, wie im Bild 3 am Beispiel eines Planetenträgers zu erkennen ist.

Bild 3. Analyse der Massen beziehungsweise Massenträgheitsmomente für SIMPLEX

Bild 4. LMGK Standardplanetengetriebe

Die ermittelten Massen und Massenträgheitsmomente werden direkt an *SIMPLEX* übergeben. Als Ergebnis erhält der Konstrukteur die Lastüberhöhungsfaktoren $K_\gamma \cdot K_V$ und $K_{H\beta}$, welche Aussagen über die Lastaufteilung auf die einzelnen Planeten, die Getriebedynamik und die Breitenlastverteilung machen. Die Berechnungsergebnisse kann er zur iterativen Optimierung wieder *GT5* zuführen.

Mit *PLAQUICK* läßt sich der Schalleistungspegel einer Planetenstufe grob abschätzen [4]. Schließlich ermittelt noch ein weiteres Berechnungsprogramm *PLATEMP* [5] die Temperatur im Ölsumpf des Getriebes.

Der Lehrstuhl für Maschinenelemente, Getriebe und Kraftfahrzeuge entwickelte die Daten für ein LMGK Standardgetriebe nach Vriesen [6].

Das Bild 4 zeigt das mit dem neuen System erzeugte Produktmodell des LMGK Standardplanetengetriebes.

3 Entwicklung einer interaktiven Schnittstelle zwischen Berechnungsprogrammen und CAD-System

3.1 Datenflußanalyse

Die Datenflußanalyse bildet die Basis für die Entwicklung einer interaktiven Schnittstelle. Gegenstand der Datenflußanalyse ist die Klärung der Fragestellung, welche Dateien, in welchem Dateiformat, wann und wo entstehen, und wie diese Dateien verwaltet werden müssen.

Das Bild 5 zeigt die grobe Struktur des Datenflusses zwischen den Berechnungsprogrammen auf der linken Seite und dem CAD-System Unigraphics auf der rechten Seite.

Die Berechnungsprogramme sind zum größten Teil in der Programmiersprache FORTRAN erstellt. Sie benötigen jeweils eine Eingabedatei zur Durchführung der Berechnung und erzeugen eine Ausgabedatei mit Berechnungsergebnissen. Sowohl die Ein- als auch die Ausgabedateien weisen bestimmte Dateiformate auf, welche von Programm zu Programm sehr unterschiedlich sein können.

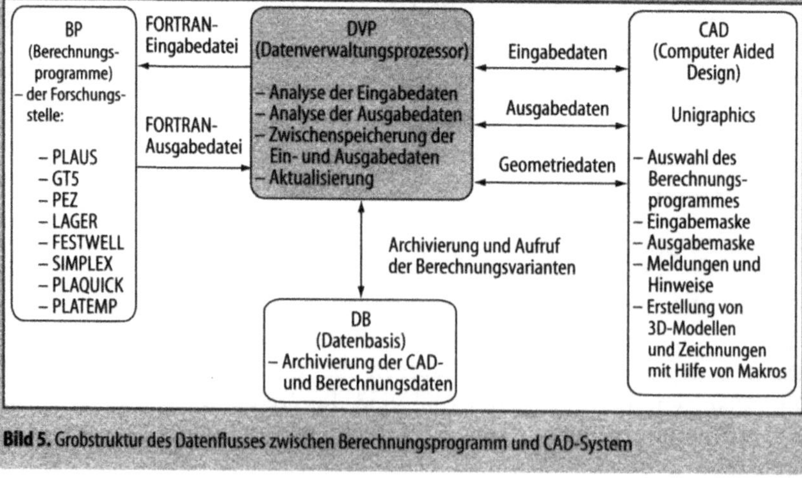

Bild 5. Grobstruktur des Datenflusses zwischen Berechnungsprogramm und CAD-System

Das CAD-System verfügt über externe Daten- und Programmierschnittstellen zur Kommunikation mit der Außenwelt. Sie ermöglichen den Austausch von Produktdaten sowie den direkten Zugriff auf die Datenbasis des CAD-Systems.

Die Aufgabe besteht konkret darin, zunächst einmal die Eingabedateien für das jeweilige Berechnungsprogramm zu erzeugen. Hierbei muß der Konstrukteur interaktiv Vorgabewerte eingeben oder Werte aus der vorhandenen Geometrie übernehmen. Eine weitere Möglichkeit, die Eingabedateien mit Werten zu füllen, ist die Übernahme von Daten aus vorherigen Berechnungsphasen.

Der Konstrukteur benötigt folglich mehrere Schnittstellen:

- eine grafische Schnittstelle zur Kommunikation mit dem CAD-System für die Eingabe der Vorgabewerte
- eine Schnittstelle, um auf die geometrischen Informationen der Datenbasis zurückzugreifen
- eine weitere Schnittstelle, um im Hintergrund die Daten vorhergehender Konstruktionen oder Konstruktionsphasen zu übernehmen sowie
- eine Schnittstelle für die Erzeugung der Eingabedatei mit den bereitgestellten Informationen.

Des weiteren sollen Konstruktions- und Berechnungsschritte zwischengespeichert werden, so daß eine Art Datenbasis erforderlich ist.

Nach der Berechnung erfolgt die Auswertung der Ergebnisse. Bei einem Teil der Ergebnisse handelt es sich um geometrische Größen, wie z.B. Verzahnungsdurchmesser oder -breiten. Diese Daten müssen gegebenenfalls zurück in das CAD-System gelangen, so daß sich die Geometrie der neuen Berechnung sofort anpassen kann. Andererseits handelt es sich aber auch um Informationen, die direkt für den Konstrukteur bestimmt sind, wie zum Beispiel Bauteilsicherheiten. Es zeigt sich, daß diese Informationen ebenso unterschiedliche Prioritätsgrade enthalten, denn bei zu geringer Bauteilsicherheit soll die Geometrie nicht aktualisiert werden. Kräfte und Momente lassen sich außerdem visualisieren, um den Informationsgehalt der Geometriemodelle zu erhöhen.

Am Beispiel des Programmes zur Berechnung der Geometrie und Tragfähigkeit von Stirnrädern mit Evolventenverzahnung, kurz *GT5*, sollen der Datenfluß zwischen CAD-System und Berechnungsprogramm und eine mögliche Lösung der Schnittstellenproblematik erläutert werden.

Die Eingabe der zur Vordimensionierung benötigten Parameter erfolgt über die Benutzeroberfläche des CAD-Systems. Mit Hilfe von komfortablen Eingabemasken sollen die für *GT5* benötigten Parameter vom Konstrukteur eingegeben werden können.

Nach einer Zwischenspeicherung in der Datenbasis wird selbständig die für das FORTRAN-Berechnungsmodul notwendige Eingabedatei erzeugt und das entsprechende Programm aufgerufen. Hierfür muß eine Ablaufdatei, ein sogenannter Batch, geschrieben werden, der die Startbefehle für die einzelnen Programmodule enthält und deren zeitliche Abfolge regelt.

Das Berechnungsprogramm wiederum erzeugt eine Ergebnisdatei, welche dem Konstrukteur auf der Oberfläche des CAD-Systems angezeigt werden soll. Die Ergebnisdatei enthält außer der berechneten Geometrie auch noch andere Informationen, wie z.B. Zähnezahlen, Werkstoffdaten oder Hinweise und Meldungen, die für die unmittelbare Geometrieerzeugung zunächst nicht so interessant sind.

Daher ist es sinnvoll, im Berechnungsprogramm einen weiteren Ausgabekanal zu definieren, der die Geometrieparameter in eine andere Datei umlenkt. Aus dieser ASCII-Datei werden dann die Werte für die Geometrieerzeugung entnommen.

Der Konstrukteur kann sich nun die Ergebnisse der Berechnungen, und zwar die *GT5*-Ergebnisdatei, auf der graphischen Oberfläche des CAD-Systems anzeigen lassen. Er kann entscheiden, ob er die Lösung validiert oder einen neuen Berechnungsversuch startet.

Akzeptiert er die Lösung, werden parameterisierte 3D-Modelle der verzahnten Teile erzeugt und der Prozeß des Vordimensionierens ist somit abgeschlossen.

Die verzahnten Teile lassen sich auf dem Bildschirm graphisch darstellen und mit dem CAD-System weiter bearbeiten. So läßt sich beispielsweise aus einer Sonnenradverzahnung eine Sonnenritzelwelle konstruieren.

Startet der Konstrukteur hingegen einen neuen Berechnungsversuch, so soll er zwischen einer kompletten Neueingabe und der Veränderung einzelner Berechnungsparameter wählen können. Die Schleife der subjektiven Lösungsfindung kann solange durchlaufen werden, bis der Konstrukteur ein für ihn brauchbares Ergebnis gefunden hat. Die vorangegangene Lösung wird jeweils zwischengespeichert, um ihm eine Vergleichsmöglichkeit zu bieten.

3.2
Datenverwaltungsprozessor

Das Bild 7 zeigt den Datenverwaltungsprozessor als Kernstück des Gesamtsystems.

Der Datenverwaltungsprozessor besteht aus mehreren C++-Dienstprogrammen, welche die Ein- und Ausgabedateien der Berechnungsprogramme verwalten, die Bauteile auf Basis von STEP oder der internen Programmierschnittstelle UFUNC erzeugen bzw. verändern und die Kommunikation zwischen dem Konstrukteur und dem Berechnungsprogramm gewährleisten. Zum Beispiel besteht die Möglichkeit, Bauteile zu aktivieren und deren Eigenschaften abzufragen. Die ausgelesenen Informationen werden dann durch den Datenverwaltungsprozessor an die Eingabedatei des Berechnungsprogrammes übergeben. Die Datenbasis enthält aus Gründen des schnellen Datenzugriffs bei geringem Speicherplatzbedarf keine Objekte, wie Geometrie- oder Belastungsdaten, sondern nur Zeiger auf diese Objekte. Zur einfachen Integration neuer Berechnungsprogramme wurde außerdem für den ungeübten Anwender ein Musterdienstprogramm entwickelt.

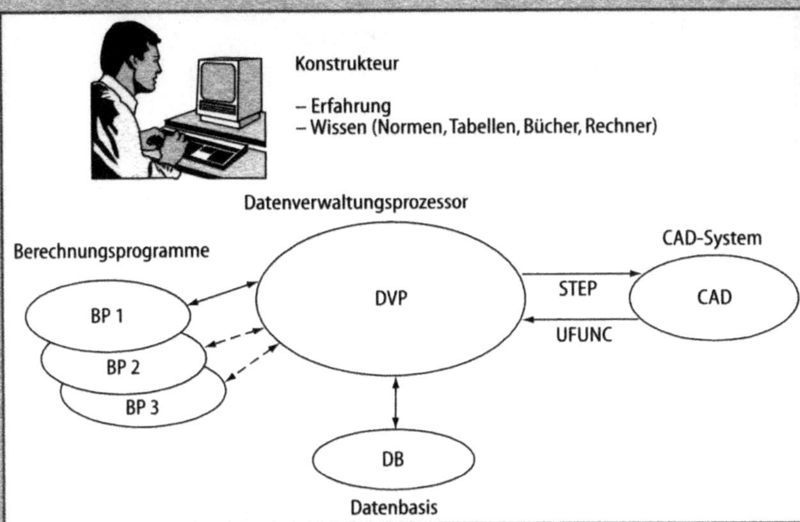

Bild 6. Der Datenverwaltungsprozessor

3.3
Horizontale und Vertikale Integration

Bild 7 zeigt das Konzept des Gesamtsystems.

Im linken Teil des Bildes sind die Berechnungsprogramme der Forschungsstelle zu erkennen. Sie sind im Verlauf des Projektes vertikal miteinander verknüpft worden, um eine Redundanz bei der Dateneingabe zu vermeiden und somit den Eingabeaufwand zu minimieren. Jedes Berechnungsprogramm, bei dem eine bidirektionale Kopplung sinnvoll erschien, ist horizontal mit dem CAD-System verbunden. Bei Verzahnungen und Lagern erfolgt dies mit Hilfe von STEP - Dateien. Bei parametrierten Bauteilen, wie Wellen, Steg und Gehäusen, wird, solange mit STEP noch keine Parametrik übertragen werden kann, die systemspezifische Programmierschnittstelle UFUNC von Unigraphics [7] einbezogen.

3.3.1
Vertikale Integration

Unter vertikaler Integration soll die Verknüpfung der einzelnen Konstruktions- und Berechnungsschritte des Planetengetriebes untereinander in einer definierten Reihenfolge verstanden werden.

Angefangen mit der Übersetzungsaufteilung über die Verzahnungsauslegung und -darstellung, bis hin zur Simulation und Geräuschberechnung fallen für jedes Berechnungsprogramm spezifische Berechnungsdaten an. Teilweise sind

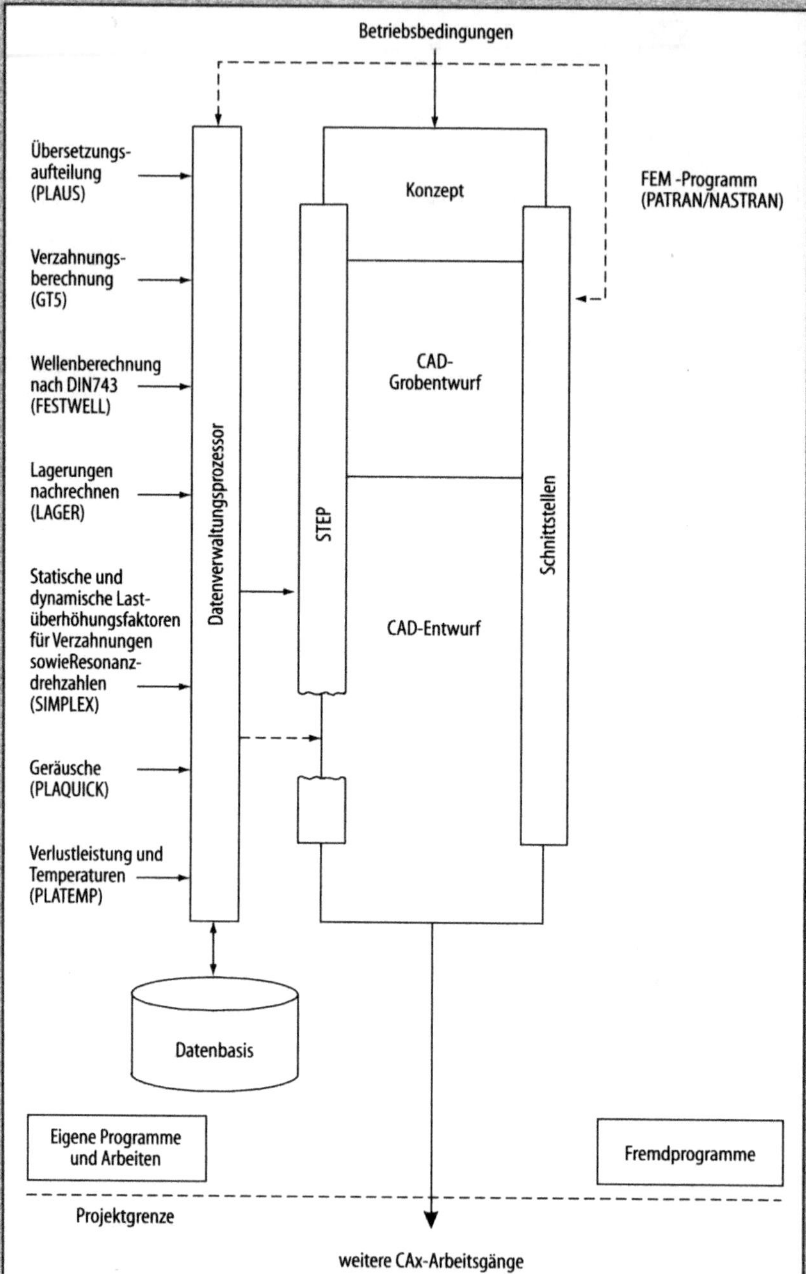

Bild 7. Konzept des Gesamtsystems

diese Daten redundant, teilweise werden völlig neue Informationen benötigt beziehungsweise entstehen neue Daten, die sinnvoll verwaltet werden müssen.

Werden Berechnungsprogramme, wie bisher üblich, als Monolithen benutzt, so führen die redundanten Datenmengen zu erhöhtem Eingabeaufwand pro Berechnungsschritt. Gelingt es nun, die Redundanzen zu minimieren oder sogar komplett zu beseitigen, so entsteht automatisch eine erhebliche Zeitersparnis im Eingabeprozeß für das jeweilige Berechnungsprogramm und somit in der Summe auch für den Konstruktionsprozeß.

Die einzelnen Konstruktionsphasen lassen sich mit Hilfe des CAD-Systems vertikal verknüpfen, indem das Modell des jeweiligen Konstruktionsschrittes als neues Bauteil abgespeichert wird. Verwirft der Konstrukteur einen Konstruktionsschritt, so kann er somit entweder auf die alte Version des Bauteiles zurückgreifen oder die Änderungen am aktuellen Bauteil revidieren. Die Bauteilgeschichte ist in modernen CAD-Systemen jederzeit dokumentiert und verfügbar, so daß an dieser Stelle keine zusätzlichen Programmierungen notwendig sind.

Die Bereitstellung von Verzahnungsdaten aus dem Verzahnungsberechnungsprogramm *GT5* für das Simulationsprogramm SIMPLEX sowie die Übergabe des berechneten Breitenlastfaktors KHb zurück an *GT5* sind Beispiele für die vertikale Verknüpfung der Berechnungsprogramme.

3.3.2
Horizontale Integration

Unter horizontaler Integration soll die Verknüpfung jedes einzelnen Berechnungsschrittes mit dem zugehörigen Konstruktionsschritt verstanden werden.

Nach erfolgter Berechnung stehen in der Regel neue Geometriegrößen zur Verfügung, die an das CAD-System übergeben werden. Entweder wird mit Hilfe dieser Geometriegrößen ein neues Bauteil erzeugt oder ein altes in seiner Gestalt verändert. Dies geschieht bei einem parametrischen Getriebe über die sogenannte Expressions-Datei, welche sämtliche im Vorfeld festgelegten Parameter des Bauteiles enthält.

Konkret sei hier die automatische Verzahnungsgenerierung genannt. Die Geometriegrößen Kopfkreisdurchmesser und Verzahnungsbreite definieren zum Beispiel bereits den vom Maschinenelement Zahnrad belegten Bauraum im Getriebe. Ergibt die Verzahnungsberechnung eine neue Verzahnungsbreite, so kann diese über die Expressions-Datei an das parametrische Modell übergeben werden, wobei das Bauteil automatisch aktualisiert wird.

3.4
Ableitung einer allgemeinen Methodik für die integrierte Gestaltung und Berechnung

Eine Datenflußanalyse gibt zunächst Aufschluß darüber, welche Daten das CAD-System und die Berechnungsprogramme benötigen und in welcher Form die Daten die Systeme verlassen. Eine Analyse der vom CAD-System bereitgestellten Schnittstellen-Tools zeigt mögliche Ansatzpunkte für eine Integration externer Berechnungsmodule. Die meisten kommerziellen CAD-Systeme verfügen hierfür über eine STEP- und eine Programmierschnittstelle. Die Programmierschnittstelle ist vor allem bei proprietären CAD-Systemen notwendig, um an die Informationen in der Datenbasis zu gelangen. Für die Entwicklung einer Schnittstelle zur Kommunikation zwischen Konstrukteur und Maschine muß der Konstrukteur entscheiden, ob der Integrationsschwerpunkt mehr auf der Seite der Berechnungsprogramme oder des CAD-Systems liegen soll. Eine „enge" Anbindung an das CAD-System bedeutet, daß dieses als graphische Oberfläche genutzt wird. Die „lockere" Anbindung erfordert eine externe graphische Oberfläche, z.B. XVT. Im vorliegenden Projekt arbeitet der Konstrukteur stets auf der Oberfläche des CAD-Systems, was den großen Vorteil aufweist, daß er sich nur in ein System einarbeiten muß. Werden externe Berechnungsprogramme verwendet, die den gesamten Konstruktionsablauf begleiten, so führt eine vertikale Integration der Programme zu einer deutlichen Reduzierung der Datenmenge. Beispielsweise sei hier die Bereitstellung der Geometriedaten der Verzahnungen aus GT5 für das Simulationsprogramm SIMPLEX zu nennen. Die horizontale Integration erfordert den bidirektionalen Austausch von Produktdaten. Dieser erfolgt via STEP für Bauteile ohne und zunächst via UFUNC für Bauteile mit Parametrik. Das Auslesen der Massenträgheitsmomente während des Eingabeprozesses für SIMPLEX und das Auslesen und Ändern der Wellenquerschnitte im Anschluß an die Wellenberechnung nach DIN 743 dienen als Beispiele für die erfolgte horizontale Integration. Die Bereitstellung von Hilfe-Texten mit Skizzen und die Vorbelegung von Eingabewerten führt zu kurzen Einarbeitungs- und Bedienzeiten. Der Ex- und Import fertiger Bauteile mit STEP-Applikationsprotokollen ist zur Kommunikation mit anderen CAD-Systemen gedacht.

4 Literatur

[1] Referenzmodell für CAD-Systeme: Gesellschaft für Informatik e.V.; Paderborn, 1990

[2] Niemann, G.; Winter, H.: Maschinenelemente, Band II, 2.Auflage, Springer Verlag, Berlin, Heidelberg, 1985

[3] Polifke, G.: Dynamisches Verhalten von mehrstufigen Planetengetrieben; Ruhr-Universität Bochum, Dissertation und Schriftenreihe des Instituts für Konstruktionstechnik, Heft 87.3, 1987

[4] Wittor, R. G.: Näherungsgleichungen für den Schalleistungspegel von Planetenzahnradgetrieben, Ruhr-Universität Bochum, Dissertation und Schriftenreihe des Institutes für Konstruktionstechnik, Heft 96.3, 1996

[5] Vriesen, J. W.: Programm zur Berechnung der Verzahnungskorrekturen bei Planetengetrieben unter Berücksichtigung der Steg- und Hohlradverformungen, Ruhr-Universität Bochum, laufendes FVA-Vorhaben 328, 1999

[6] Kettler, J.: Ölsumpftemperaturen von Planetengetrieben, Ruhr-Universität Bochum, laufendes FVA-Vorhaben 313, 1999
[7] CAD/CAM/CAE/EDM-System Unigraphics: Unigraphics Solutions, Köln

Prof. Dr.-Ing. Wolfgang Predki
Prof. Dr.-Ing. Friedrich Jarchow
Dipl.-Ing. Michael Christ
Ruhr-Universität Bochum
Lehrstuhl für Maschinenelemente, Getriebe und Kraftfahrzeuge

Rolltreppengetriebe im Vergleichstest

L.Rinder, P.Kral, S.Pausch

1 Allgemeines

Der Antrieb von Rolltreppen erfolgt meist über ein hochuntersetzendes Zahnradgetriebe und über einen nachgeschalteten Kettentrieb.

Die Antriebsdrehzahl des Elektromotors beträgt 960 1/min.

Die Zahnradgetriebe - Abtriebsdrehzahlen liegen bei 38÷40 1/min.

Damit müssen die Getriebe Übersetzungen von i = 24,5÷25 aufweisen.

Motor und Getriebe befinden sich meist unter der Rolltreppe in kleinen, schlecht zugänglichen und schlecht durchlüfteten Räumen.

Der Antriebsmotor sitzt daher meist aus Servicegründen als Flanschmotor mit vertikaler Achse oben am Getriebegehäuse.

Der Getriebeabtrieb liegt horizontal. Auf der Abtriebswelle sitzt das Kettenritzel des nachgeschalteten Kettentriebes.

Rolltreppengetriebe sind auf Grund der besonderen Anforderungen meist Sonderkonstruktionen.

- Sie müssen einfach, wartungsarm und robust sein und ohne Zusatzaggregate wie Ölpumpen, Kühler, Ventilatoren etc. funktionieren. Die Umgebungstemperatur kann bis zu 40°C betragen.
- Auf Grund der schlechten Kühlverhältnisse müssen die Getriebe gute Wirkungsgrade aufweisen. Dennoch sind Öltemperaturen von 80 - 110°C nicht ungewöhnlich, was den Einsatz synthetischer Öle notwendig macht.
- Rolltreppengetriebe müssen für beide Drehrichtungen geeignet sein.
- Rolltreppengetriebe werden ganz selten mit maximalem Moment und Vollast betrieben. Aus der Benutzerfrequenz der Rolltreppe ergibt sich das Lastkollektiv.

  Üblicherweise wird gerechnet:

Zeitanteil	2%	100% Vollast
Zeitanteil	34%	50% Teillast
Zeitanteil	64%	25% Teillast

Betriebszeit etwa 20 Std. pro Tag. Unbelastete Treppen sind meist abgeschaltet. Üblicherweise werden die Getriebe mit einer Dauer-Nennlast von 40% der Maximallast ausgelegt.

- Rolltreppengetriebe müssen leise sein. Die A-bewerteten Schalleistungspegel sollten Werte von L_{wa}=70 dB(A) nicht überschreiten. Dies entspricht Meßflächen-Schalldruckpegel von ca. L_{pa}=57 dB(A).
- Die Lebensdauer von Rolltreppengetrieben sollte bei dem vorliegenden Lastkollektiv 60000–70000 Std. betragen.

Für den hier behandelten Leistungsbereich von
6 kW Nenn-Dauerleistung bzw.
15 kW Maximalleistung
bieten sich auf Grund der Anforderungen zwei Lösungen für die Getriebeausführung an:

1. Ausführung als *Schneckengetriebe* mit der seltenen Anordnung einer vertikalen Schneckenwelle. Der Flanschmotor sitzt direkt auf der Schneckenwelle und ist mit einer elastischen Kupplung angeschlossen. Die Übersetzung i=24,5 wird mit einer zweigängigen Schnecke und mit 49 Zähnen am Schneckenrad realisiert. Als Schmierung dient Tauchschmierung, wobei wegen der Lage der Schnecke und wegen der geringen Abtriebsdrehzahl der Ölstand fast einer Vollfüllung des Gehäuses gleichkommt.
2. Ausführung als *Kegel-Stirnradgetriebe* mit vertikalem Kegelritzel und wegen der großen Übersetzung mit einer zusätzlichen Stirnradstufe. Die Übersetzung von i~25 wird z.B. durch folgende Zähnezahlen verwirklicht: Kegelradstufe 11/68, Stirnradstufe 20/81

Die Ausführung als Schneckengetriebe hat folgende Vorteile:

- Einfache wartungsarme, robuste Lösung, wenige Lager, zwei Wellen, kurzzeitig überlastungssicher (thermische Leistungsgrenze).
- Für beide Drehrichtungen der Schneckenwelle geeignet.
- Leises Getriebe

Nachteilig wirkt sich aus:

- Schlechtere Wirkungsgrade, größere Verlustleistung, abhängig von der Drehrichtung.
- Hohe Öltemperaturen, reine Tauchschmierung, kein Kühlluftventilator möglich.
- Der Verschleiß des Schneckenrades begrenzt die Lebensdauer.
- Der Verschleiß ist schwer vorauszuberechnen. Das Lastkollektiv macht das Verschleißverhalten kompliziert und unübersichtlich.

Für ein Kegel-Stirnradgetriebe spricht:

- Für beide Drehrichtungen geeignet.
- Verzahnung als Dauergetriebe praktisch verschleißfrei ausgelegt. Die Lebensdauer wird nur durch die Lagerlebensdauer begrenzt. Das Lastkollektiv ist in der Berechnung gut zu berücksichtigen.
- Gute Wirkungsgrade, geringe Verlustleistungen.
- Niedere Öltemperaturen auch bei Tauchschmierung.

Nachteilig wirkt sich aus:
- Komplizierte, aufwendige Konstruktion, zwei Zahneingriffe, 6 Lager, 3 Wellen.
- Größere Schallemission.

Wegen der Unsicherheiten bei der Voraussage der zu erwartenden Lebensdauer, der sich einstellenden Temperaturen und Wirkungsgrade und der zu erwartenden Schallemission bei den gegebenen Betriebsbedingungen, wurden Messungen an beiden Getriebetypen für beide Drehrichtungen durchgeführt.

Die Versuchsgetriebe zeigten die gleichen Anschlußmaße und wurden vom gleichen Elektromotor angetrieben.

Es standen zwei, annähernd baugleiche Schneckengetriebe, eines mit einer Hohlflankenschnecke und eines mit einer Evolventenschnecke und ein Kegel-Stirnradgetriebe mit geräuschoptimierter Verzahnung zur Verfügung.

2
Testgetriebe und Getriebevergleich

Die Kenndaten der geprüften Rolltreppengetriebe waren:

Schneckengetriebe mit *Hohlflankenschnecke:*

Achsabstand	$a = 160$ mm
Zähnezahlen	$z_1 = 2$ $z_2 = 49$
Übersetzung	$i = 24{,}5$
Achsmodul	$m_a = 5{,}27$ mm
Radbreite	$b = 42$ mm
Zahnstärke am Zahnkopf	$s_a = 3{,}8$ mm
Flankenform	ZH
Schnecke	einsatzgehärtet und geschliffen ($R_a = 0{,}4$ µm, $R^t = 2{,}9$ µm)
Rad	GZ-Cu Sn 12 Ni
Öl	synthetisches Öl, VG 460 (Shell Tivela SD)
Tauchschmierung, kein Lüfter	
Gehäuse	GG, vertikale Schneckenwelle (Bild 1)

Schneckengetriebe mit *Evolventenschnecke:*

Achsabstand	$a = 160$ mm
Zähnezahlen	$z_1 = 2$ $z_2 = 49$
Übersetzung	$i = 24{,}5$
Achsmodul	$m_a = 5{,}33$ mm
Radbreite	$b = 43{,}87$ mm
Zahnstärke am Zahnkopf	$s_a = 4{,}3$ mm
Flankenform	ZI (Evolventenverzahnung nach B.S.)
Schnecke	einsatzgehärtet und geschliffen ($Ra \sim 0{,}2$ µm, $Rt \sim 2{,}0$ µm)

Rad	BS 1400, 1985 Grade PB2-c (Bronze)
Öl	synthetisches Öl, VG 460 (Shell Tivela SD)
Tauchschmierung, kein Lüfter	
Gehäuse	GG, vertikale Schneckenwelle (Bild 1)

Kegel-Stirnradgetriebe:

Achsabstand	a = 131,2 mm
Zähnezahlen	Kegelradstufe bogenverzahnt $z_1 = 11$ $z_2 = 68$
	Stirnradstufe $z_1 = 20$ $z_2 = 81$
Übersetzung	i = 25,04
Werkstoffe	17 Cr Ni Mo6 gehärtet, geschliffen
Flankenform	Evolventenverzahnung
Öl	synthetisches Öl, VG 320 (Mobil SHC 632)
Schmierung	Tauchschmierung
Gehäuse	GG, vertikale Kegel-Ritzelwelle

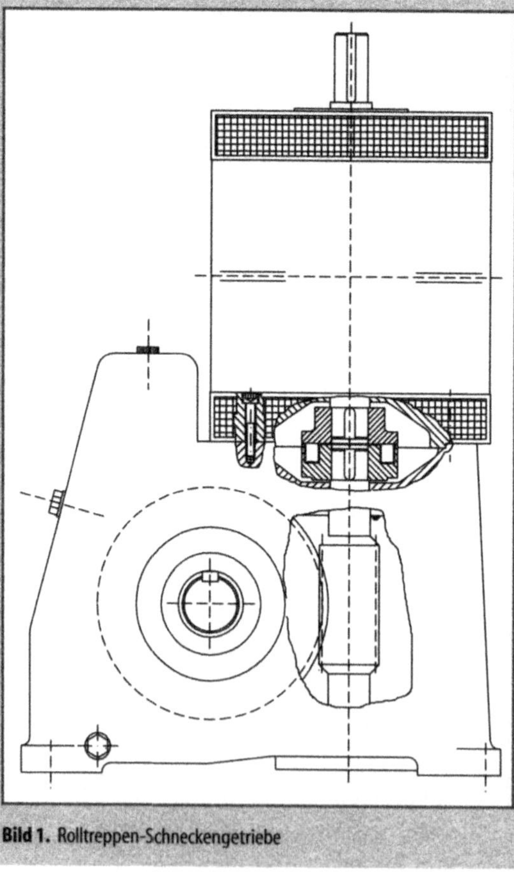

Bild 1. Rolltreppen-Schneckengetriebe

Für die Testgetriebe wurden folgende Daten ermittelt und verglichen:

1. Beharrungstemperatur für sechs Laststufen (Leerlauf, 25%, 40%, 50%, 75% und 100% Antriebsleistung) bei beiden Drehrichtungen.
2. Wirkungsgrad der Getriebe für die sechs Laststufen (Leerlauf, 25%, 40%, 50%, 75% und 100% Antriebsleistung) bei beiden Drehrichtungen.
3. Schalleistungspegel mittels Schallintensitätsmessung zur Ausschaltung von Fremdgeräuschen und Raumeinflüssen für beide Drehrichtungen und für die sechs Laststufen (Leerlauf, 25%, 40%, 50%, 75% und 100% Antriebsleistung).
4. Verschleiß für die beiden Schneckengetriebe und die daraus berechnete Lebensdauer der Getriebe bis zum Spitzwerden der Radzähne bzw. bis zum Erreichen einer Mindestzahndicke von 0,3 x Normalmodul mn bei Durchfahren des Lastkollektivs in einem Kurztest.
   Belastungsfolge:
   2 % bei 100 % Antriebsleistung (15 kW)
   34% bei 50 % Antriebsleistung (7,5kW)
   64% bei 25 % Antriebsleistung (3,75kW)
   Im Leerlauf wird das Abtriebsmoment zu Null.
   Je Drehrichtung betrug die Gesamtzeit, ohne Einlaufzeiten, 24 Stunden.

   Der Verschleiß des Kegel-Stirnradgetriebes ist nicht lebensdauerbestimmend und wurde nicht gemessen.

3
Versuchsaufbau und Meßwerte:

3.1
Wirkungsgrad

Die Testgetriebe wurden mit den Original-Flanschmotoren angetrieben. Da der Einbau einer Drehmomentenmeßwelle nicht möglich war, wurde das Antriebsmoment aus der gemessenen elektrischen Wirkleistung bestimmt. Dazu mußte vorerst die Drehmomentenkennlinie des Antriebsmotors gemessen werden. Der ausgebaute Motor wurde mittels Gleichstrom-Pendelmaschine belastet und die zum eingestellten Drehmoment aufgenommene elektrische Wirkleistung bestimmt. Diese Methode erwies sich als ausreichend genau, was durch mehrere Kontrollmessungen bestätigt werden konnte.

Das Lastmoment wurde durch einen langsam laufenden Gleichstrom-Pendelgenerator aufgebracht. Da die hohen Abtriebsmomente bei der geringen Drehzahl von nur 40 1/min auch von der großen Bremsmaschine nicht aufgebracht werden konnten, wurde durch Zwischenschalten eines Kettentriebes mit der Übersetzung 1:3 ins Schnelle eine Generatordrehzahl von ca. 120 1/min eingestellt.

Der Kettenwirkungsgrad wurde mit $\eta = 0{,}98$ festgestellt und berücksichtigt.

Der Pendelgenerator besitzt eine Feldregelung zur Konstanthaltung des eingestellten Drehmomentes (Bild 2).

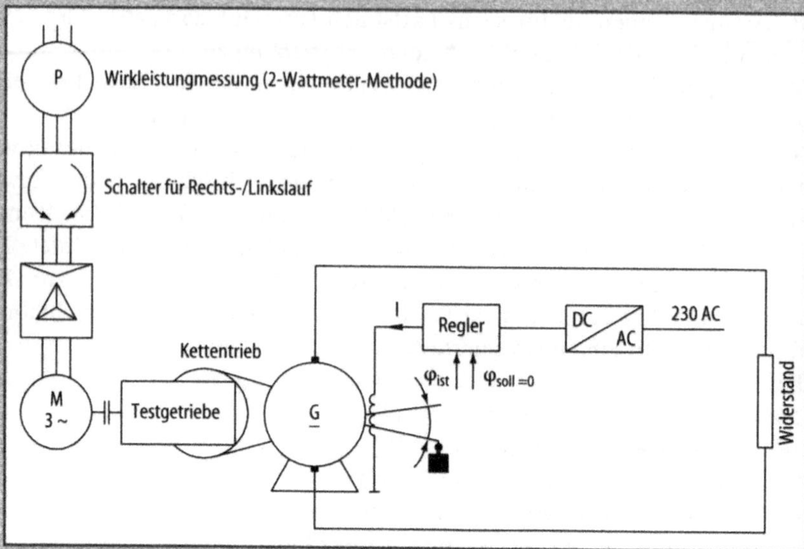

Bild 2. Getriebeprüfstand

Aus dem An- und Abtriebsmoment folgt der Getriebewirkungsgrad zu:

$$\eta = \frac{P_{ab}}{P_{an}} = \frac{T_{ab}}{T_{an} \cdot i}$$

T_{ab} Abtriebsdrehmoment
T_{an} Antriebsdrehmoment
i Getriebeübersetzung

3.2 Temperaturen

Für die Temperaturmessung wurden PT 100 Widerstands-Meßfühler verwendet. Neben der Ölsumpftemperatur wurden Gehäuse- Motor- und Umgebungstemperaturen gemessen und aufgezeichnet.

3.3 Schalleistungspegel

Die Schallmessung gestaltete sich wegen des hohen Fremdgeräuschpegels durch den Kettentrieb, den Bremsgenerator und den unmittelbar am Getriebegehäuse angeflanschten Antriebsmotor sehr schwierig.

Trotz Verwendung der Schallintensitätsmessung mittels 2 Kanal-Echtzeitanalysator und Intensitätsmeßmikrophon mußte, um eine Meßgenauigkeit von ± 1 dB erreichen zu können, der Kettentrieb schallisoliert werden und der Antriebsmotor mußte mittels Distanzhülsen und Wellenverlängerung ca. 150 mm vom Getriebeflansch abgehoben werden.

Es wurde ein sehr zeitaufwendiges Meßpunktverfahren mit einer komplizierten Hüllfläche in einem Abstand von ca. 150 mm vom Getriebegehäuse gewählt um die erforderliche Genauigkeit erreichen zu können.

3.4 Verschleißmessungen

Die Verschleißmessungen sind nur für die Schneckengetriebe zur Ermittlung der extrapolierten, rechnerischen Lebensdauer erforderlich.

Die Belastungsgrenzen der Schneckengetriebe sind für die vorliegenden Verhältnisse die Temperaturgrenze und die Verschleißgrenze.

Die Grübchensicherheit und die Zahnbruchsicherheit sind gewährleistet. Die maximale Ölsumpftemperatur wurde für das verwendete synthetische Öl mit 110°C festgelegt.

Als Verschleißgrenzen wurden eine Zahnstärke des Schneckenrades am Zahnkopf von $s_a=0{,}3.m_n$ und das Spitzwerden des Zahnes angenommen.

Verschleißmessungen an Schneckengetrieben werden üblicherweise bei stationären Bedingungen durchgeführt (konstantes Drehmoment und konstante Öltemperatur). Die Versuche müssen über längere Zeit durchgeführt werden, da der Verschleiß das Tragbild und die Kontaktfläche verändert. Der bei Dauerversuchen ermittelte spezifische Verschleiß in mg/kWh oder mm^3/kWh ist dann nur für die Versuchsverhältnisse (Temperatur, Drehzahl, Ölsorte, Drehmoment etc.) gültig.

Die bei Rolltreppen vorliegenden Betriebsverhältnisse sind wesentlich komplizierter. Durch das Lastkollektiv ändern sich ständig die Verhältnisse in der Kontaktfläche hinsichtlich Pressung und Schmierung. Es kommt zu keinem bleibenden Einlaufzustand.

Zusätzlich ändert sich bei Öl-Tauchschmierung die Öltempertur mit der gefahrenen Laststufe und damit die Ölzähigkeit und der hydrodynamische Traganteil im Mischreibungsgebiet.

Die Anwendung einer linearen Schadensakkumulation (z.B. Palmgren-Miner) und das Rechnen mit einem konstanten spezifischen Verschleiß ist in der Regel nicht möglich. Es wurde deshalb, nach einer vorgeschalteten langen Einlaufperiode bei mittlerer Last, der Verschleiß in einem Kurztest jeweils nach 12 Stunden Betrieb bei Durchfahren des Lastkollektives für beide Drehrichtungen festgestellt.

Die Verschleißmessung gestaltete sich aufwendig.

Die Schneckenkränze sind vom Radkörper nicht demontierbar (Preßsitz bzw. strahlgeschweißt).

Ein Zerlegen der Getriebe und das Abwiegen der Radkränze ist wegen der großen Masse nicht mit ausreichender Genauigkeit möglich und wäre auch viel zu zeitaufwendig. Über dies ändert jede Demontage das Tragbild geringfügig und verfälscht dadurch das Verschleißverhalten.

Es wurde deshalb der Verschleiß durch Untersuchung des Getriebeöls ermittelt.

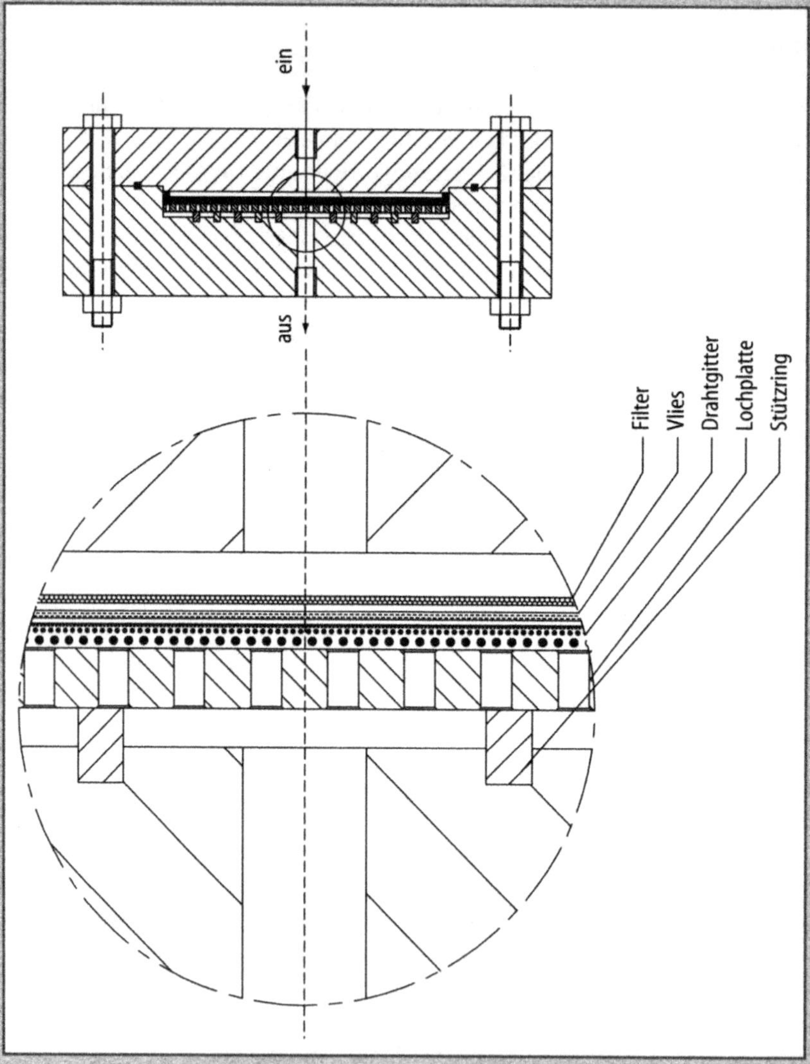

Bild 3. Filtertopf zur Verschleißbestimmung

Die gesamte Ölfüllung wurde dazu mehrmals gefiltert. Der Druckabfall am Filter betrug ca. 30 bar. Verwendet wurde ein Zellulosenitratfilter. Der Filter wurde durch ein Vlies und verschieden feine Drahtgewebe unterstützt (Bild 3). Eine Kontrollmessung mit einem neuen Filter ermöglicht es die Güte der Filterung zu bestimmen.

Der Verschleiß im Filter kann durch Wiegen ermittelt werden. Dazu muß der Filter vor dem Verwenden sorgfältig entfettet, getrocknet und gewogen werden und nach der Verwendung ebenfalls.

Verschleißreste aus dem Getriebegehäuse wurden mit Spindelöl ausgespült und ebenfalls gemessen.

Als zweite Methode zur Verschleißbestimmung im Filter und im Öl wurde die Atomabsorptionsspektrometrie verwendet.

Dazu wurde der Filter samt Verschleiß in Salpetersäure gekocht und aufgelöst. Es wurde der Kupfergehalt einer Probe bestimmt. Damit kann auf die Verschleißmasse der Bronze, deren Hauptbestandteil mit ca. 88 % Kupfer ist, geschlossen werden.

Der verbleibende Abrieb im Öl kann ebenfalls mittels Atomabsorptionsspektrometrie bestimmt werden. Dazu wird eine Ölprobe mit Methyl-Isobutyl-Keton verdünnt und wieder der Kupfergehalt gemessen.

Durch viele Vorversuche konnte die Verläßlichkeit der Methoden zur Verschleißbestimmung nachgewiesen werden [7].

Der Nachteil der Verschleißbestimmung durch Wiegen der Filter ist der, daß auch mineralische (SiO_2) und organische Verunreinigungen im Öl als „Verschleiß" mitgemessen werden und daß beim Entfetten und Trocknen der Filter Verschleißpartikel verloren gehen.

Der Nachteil der Atomabsorptionsspektrometrie besteht darin, daß nur ganz kleine Probemengen untersucht werden können und die Ergebnisse auf relativ große Mengen hochgerechnet werden müssen.

4 Versuchsergebnisse

4.1 Wirkungsgrade

Die Wirkungsgrade der drei Testgetriebe wurden mit einer Genauigkeit von ca. 2 % gemessen. Die Laststufen Leerlauf, 25 %, 40 % (entspricht 6 kW-Dauer-Nennlast), 50 %, 75% und 100 % (entspricht 15 kW) wurden für beide Drehrichtungen ermittelt. Es zeigt sich, daß alle Wirkungsgrade etwa im Nennlastpunkt das Maximum erreichen und dann nur leicht abfallen.

Bei beiden Schneckengetrieben ist der Wirkungsgrad von der Drehrichtung der Schnecke abhängig (Bild 4 und Bild 5).

Der Wirkungsgrad ist erwartungsgemäß beim Kegel-Stirnradgetriebe mit dem Maximalwert von 91,7 % am besten (Bild 6).

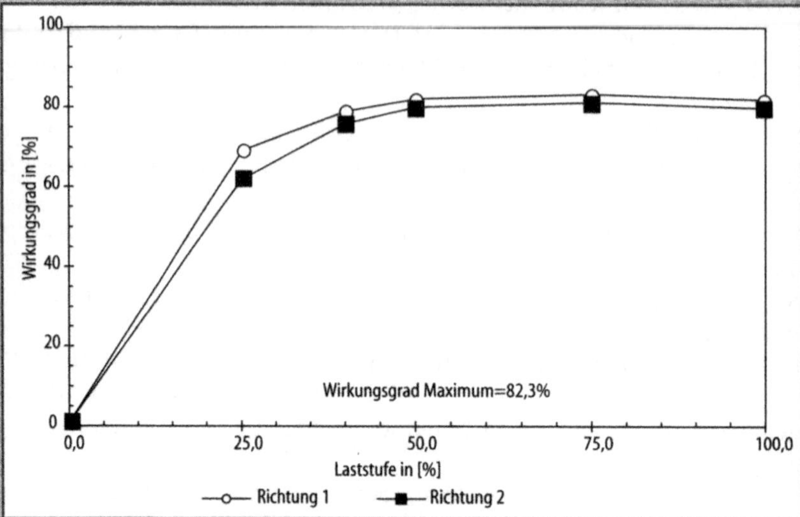

Bild 5. Wirkungsgrad beim Evolventen-Schneckengetriebe

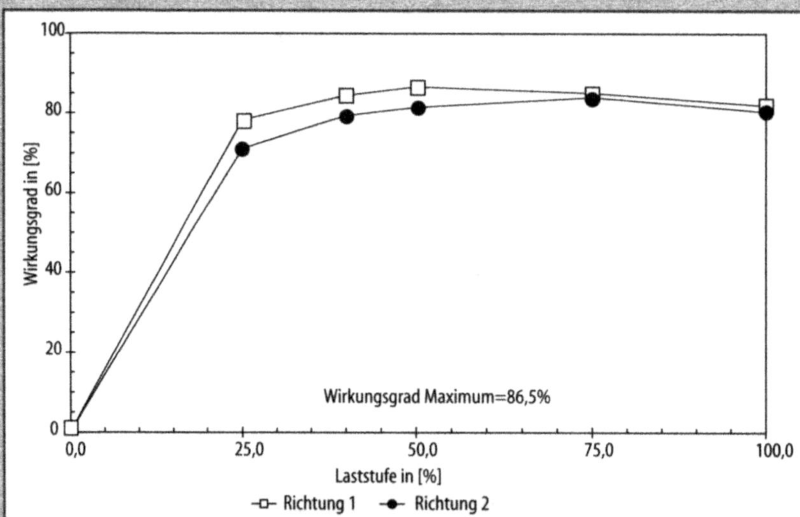

Bild 4. Wirkungsgrad beim Hohlflanken-Schneckengetriebe

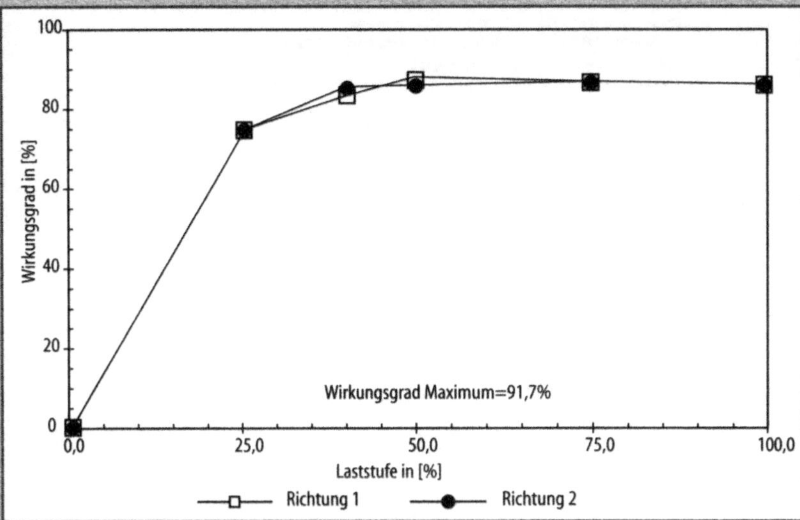

Bild 6. Wirkungsgrad beim Kegel-Stirnradgetriebe

Die Hohlflankenschnecke liefert einen Wirkungsgrad-Bestwert von 86,5%, gefolgt von der Evolventenschnecke mit 82,3 %.

Der relativ große Unterschied zwischen den Wirkungsgraden der ZH und ZI-Schnecke ist jedoch nicht allein durch die Schneckenform erklärbar. Durch verspannte Kegelrollenlager an der Schneckenwelle des Evolventen-Schneckengetriebes ergibt sich schon im Leerlauf eine größere Antriebsleistung (ZI-Getriebe; Leerlaufleistung 1,2 kW, ZH-Getriebe; Leerlaufleistung 0,8 kW)

4.2 Temperaturen

Bild 7 zeigt die gemessenen maximalen Öl-Beharrungstemperaturen aus beiden Drehrichtungen für die drei Getriebe. Analog zu den Wirkungsgradverläufen bleibt das Kegel-Stirnradgetriebe am kühlsten. Auch bei der Maximalleistung von 15 kW bleibt die Öltemperatur unter 90°C.

Die Schneckengetriebe werden wärmer. Die Dauer-Nennlast von 6 kW wird von beiden Getrieben bei Öltemperaturen von weniger als 100°C ertragen. 75 % der Maximallast kann nur mehr von der Hohlflankenschnecke mit Öltemperaturen von 105°C dauernd ertragen werden. Die Evolventenschnecke erreicht Beharrungstemperaturen von 110°C (Temperaturgrenze).

Die Beharrungstemperaturen werden erst nach langen Laufzeiten erreicht. So wurden die Grenztemperaturen bei beiden Getrieben erst nach ca. 6 Stunden gemessen.

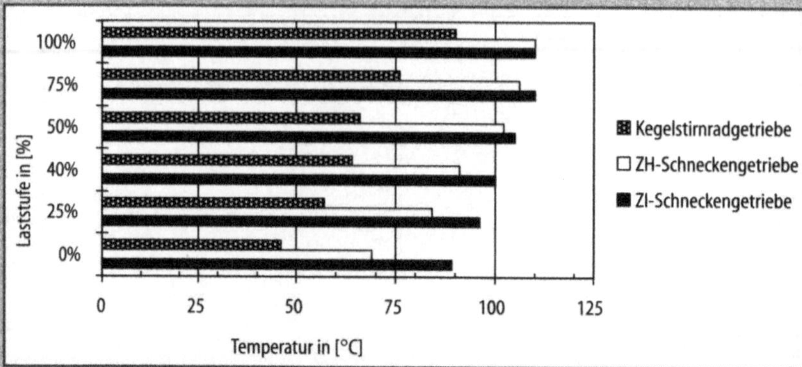

Bild 7. Öl-Beharrungstemperaturen für die drei Testgetriebe in Abhängigkeit von der Antriebsleistung (Maximalwerte aus beiden Drehrichtungen

Beim Durchfahren des Lastkollektives (eine Belastungsfolge über 24 Stunden) wurden die Grenztemperaturen von 110°C bei keinem der Getriebe überschritten.

4.3 Schalleistungspegel

In Tabelle 1 sind die gemessenen Schalleistungspegel der Testgetriebe angegeben. Die Unterschiede der Meßwerte zwischen Rechts- und Linkslauf liegen unter der Meßgenauigkeit.

Das Hohlflanken-Schneckengetriebe liefert die besten Werte.

Das Schneckengetriebe mit der Evolventenschnecke ist um etwa 2-3dB(A) lauter als die Hohlflankenschnecke.

Das Kegel-Stirnradgetriebe ist nur geringfügig lauter als das Evolventen-Schneckengetriebe und erfüllt die Anforderungen an Rolltreppengetriebe ebenfalls.

Die Frequenzspektren sind diffus. Zahneingriffsfrequenzen können nicht erkannt werden.

4.4 Verschleiß

Nach einem Einlaufvorgang bei mittlerer Last wurde der Verschleiß bzw. der spezifische Verschleiß für beide Drehrichtungen gemessen. Der spezifische Einlaufverschleiß ist beim Hohlflanken-Schneckengetriebe etwa viermal so groß wie der danach auftretende spezifische Verschleiß und bei der Evolventenschnecke sogar ca. 10 mal so hoch. Nach dem Einlaufvorgang waren die Flanken beider Schneckenräder spiegelnd glatt. Das Tragbild war bei beiden Getrieben sehr gut.

Tabelle 1. Schalleistungspegel und gerechneter Schalldruckpegel für die Testgetriebe

Hohlflanken-Schneckengetriebe		
Leistung [%] der Vollast	Schalleistungspegel [dB(A)]	Meßflächen- Schalldruckpegel [dB(A)] *
0	55,5	42,4
25	59,5	46,4
40	55,5	42,4
50	56,2	43,1
75	57,6	44,5
100	57,4	44,3
Evolventen-Schneckengetriebe		
Leistung [%] der Vollast	Schalleistungspegel [dB(A)]	Meßflächen- Schalldruckpegel [dB(A)] *
0	57,3	44,2
25	58,3	45,2
40	59,7	46,6
50	58,5	45,4
75	59,5	46,4
100	58,3	45,2
Kegelradgetriebe		
Leistung [%] der Vollast	Schalleistungspegel [dB(A)]	Meßflächen- Schalldruckpegel [dB(A)] *
0	58,8	45,8
25	57,8	44,8
40	58,8	45,8
50	59,1	46,1
75	59,9	46,9
100	61,9	48,9

Nach Durchfahren des Lastkollektives, jeweils 24 Stunden für jede Drehrichtung, wurde der spezifische Verschleiß festgestellt (Tabelle 2).

Die Verschleißwerte sind bei beiden Schneckengetrieben nahezu unabhängig von der Drehrichtung.

Das Getriebe mit der Evolventenschnecke zeigt geringere Verschleißwerte als die Hohlflankenschnecke. Dies ist möglicherweise auf den besseren Oberflächenzustand der Schnecke zurückzuführen.

Die Temperaturen liegen beim Getriebe mit der Evolventenschnecke höher als jene bei der Hohlflankenschnecke (vgl. Bild 7), sodaß die Ölzähigkeiten bei der Evolventenschnecke geringer sind als bei der Hohlflankenschnecke.

Eine Wiederholung der Verschleißmessung mit neuerlichem Durchfahren des Lastkollektives ergab geringfügig kleinere spezifische Verschleißwerte für beide Getriebe (vgl. Tab. 2).

Die Ursache dafür dürfte in einer weiteren Flankenglättung und Verbesserung des Einlaufzustandes liegen.

Die rechnerische Verschleißlebensdauer beider Getriebe ist ausreichend groß (Tab.2). Die tatsächliche Lebensdauer ist sicher noch größer, da der spezifische Verschleiß mit steigender Laufzeit noch weiter abnehmen dürfte.

Der Verschleißbetrag ist sicher vom hydrodynamischen bzw. elastohydrodynamischen Traganteil im Flankenkontakt der Getriebe abhängig.

Mit zunehmendem Abtriebsmoment steigt die Temperatur des Schmieröls und die Ölzähigkeit sinkt. Die Schmierverhältnisse werden schlechter und der spezifische Verschleiß muß zunehmen. Bei Durchfahren des Lastkollektives stellen sich andere Öltemperaturen ein als im Stationärbetrieb. Die Werte des spe-

Tabelle 2. Verschleiß und rechnerische Lebensdauer der Schneckengetriebe

ZH-Schneckengetriebe				
	übertr. Arbeit [kWh]	Verschleißges. [mg]	spez. Verschleiß [mg/kWh]	spez. Verschleiß [mm³/kWh]
Einlauf	70,40	285,0	4,048	0,465
Lastkollektiv R1	127,19	123,5	0,971	0,112
Lastkollektiv R2	131,41	125,5	0,955	0,110
Kontrollmessung	222,19	169,5	0,763	0,088

ZI-Schneckengetriebe				
	übertr. Arbeit [kWh]	Verschleißges. [mg]	spez. Verschleiß [mg/kWh]	spez. Verschleiß [mm³/kWh]
Einlauf	55,39	462,0	8,341	0,959
Lastkollektiv R1	126,79	97,5	0,769	0,088
Lastkollektiv R2	129,12	94,0	0,728	0,084
Kontrollmessung	228,36	155,5	0,681	0,078

Getriebe-Typ	Abtrag 0,3.mn	Spitzwerden
ZH-Schneckengetriebe	62000h	150000h
ZI-Schneckengetriebe	74000h	200000h

zifischen Verschleißes, die bei der Tauchschmierung im Stationärbetrieb ermittelt werden, sind deshalb anders als jene, die für das Lastkollektiv gelten.

Bild 8 zeigt die spezifischen Verschleißwerte der beiden Testgetriebe, die im Langzeitversuch mit konstantem Abtriebsmoment bei Tauchschmierung für den gleichen synthetischen Schmierstoff ermittelt wurden. Die Öltemperaturen folgen aus Bild 7.

Die Hohlflankenschnecke liegt verschleißmäßig etwas schlechter als die Evolventenschnecke solange die Öltemperaturen nicht zu hoch werden.

Bei 75 % Maximallast weist die Evolventenschnecke bereits Öltemperaturen von 110°C auf, die Hohlflankenschnecke erreicht Öltemperaturen von ca. 105°C.

Deshalb dürfte das Verschleißverhalten der Hohlflankenschnecke bei hohen Abtriebsmomenten besser sein als jenes der Evolventenschnecke.

Wie sehr Öltemperatur und Ölzähigkeit das Verschleißverhalten beider Getriebe beeinflußen zeigt die Verwendung von Mineralöl (Bild 8).

Verwendet wurde ein EP-Getriebeöl VG 90 auf Mineralölbasis. Durch die viel geringere Zähigkeit des Mineralöls (VG 90 gegenüber VG 460) ist der Verschleiß schon bei kleinen Abtriebsmomenten bei beiden Getrieben größer. Die Wirkungsgrade beider Getriebe liegen beim Mineralöl um etwa 5 % schlechter. Dementsprechend höher sind die Öltemperaturen beim Mineralöl. Die geringe thermische Stabilität des Mineralöls führte dazu, daß die Versuche schon unterhalb der Dauer-Nennleistung von 6 kW beendet werden mußten (Bild 8). Auch hier zeigt sich, daß im Bereich der Mangelschmierung bei zu geringer Ölzähigkeit und extremen Öltemperaturen in Grenzfällen die Hohlflankenschnecke weniger Verschleiß zeigt als die Evolventenschnecke.

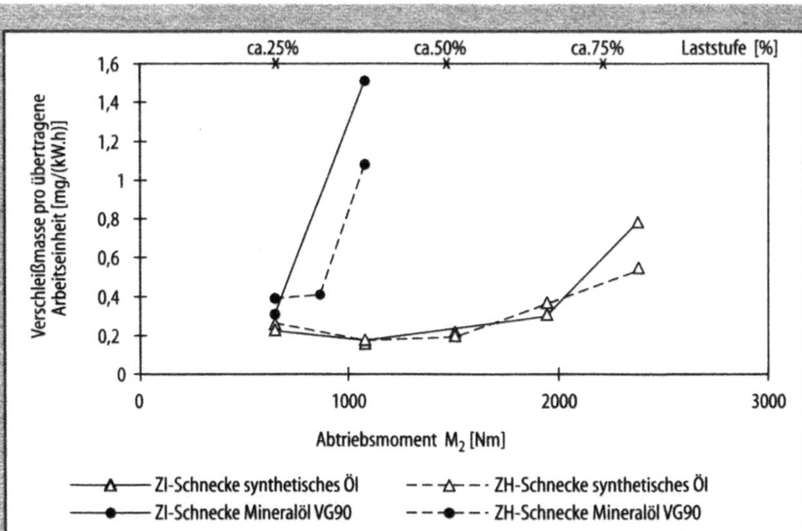

Bild 8. Verschleiß der Schneckengetriebe im stationären Langzeittest

5 Zusammenfassung

Drei Rolltreppengetriebe mit vertikaler Antriebswelle und horizontaler Abtriebswelle, zwei davon sind Schneckengetriebe und eines ist ein Kegel-Stirnradgetriebe, werden hinsichtlich Temperatur, Wirkungsgrad, Schallpegel und Lebensdauer verglichen. Von den zwei annähernd baugleichen Schneckengetrieben besitzt eines eine Hohlflankenschnecke und eines eine Evolventenschnecke.

Die Tests werden an einem Getriebeprüfstand für ein vorgegebenes Lastkollektiv durchgeführt. Die Nenn-Dauerleistung der Getriebe liegt mit 6 kW bei 40 % der Maximalleistung von 15 kW.

Bei den Wirkungsgraden, den Öltemperaturen und der Lebensdauer liefert das Kegel-Stirnradgetriebe die besten Werte.

Der Schalleistungspegel des Kegel-Stirnradgetriebes liegt, obwohl die Verzahnung geräuschoptimal ausgelegt ist, um ca. 2 dB höher als jener der Schneckengetriebe.

Die Lebensdauer der Schneckengetriebe wird in einem Kurztest über 2 x 24 Stunden aus dem für das Lastkollektiv gemessenen Verschleiß ermittelt.

Den für das Lastkollektiv gemessenen spezifischen Verschleißwerten werden Messungen im Langzeit-Stationärbetrieb bei den gefahrenen Laststufen gegenübergestellt.

Die Evolventenschnecke zeigt etwas schlechtere Wirkungsgrade und höhere Öltemperaturen als die Hohlflankenschnecke. Auch geräuschmäßig liegt die Evolventenschnecke etwas schlechter.

Der spezifische Verschleiß beider Schneckengetriebe ist bei Durchfahren des Lastkollektives höher als im stationären Dauertest.

Die Evolventenschnecke liefert im Betrieb die geringeren Verschleißwerte und wegen der größeren Zahndicke am Zahnkopf eine beträchtlich höhere rechnerische Lebensdauer.

Im Stationärbetrieb verhalten sich Hohlflankenschnecke und Evolventenschnecke hinsichtlich des spezifischen Verschleißes annähernd gleich, solange einwandfreie Schmierbedingungen mit Öltemperaturen unter 110°C und ausreichender Zähigkeit herrschen. In Grenzfällen, bei hohen Drehmomenten in der Nähe der Maximallast, bei extremen Öltemperaturen und geringer Ölzähigkeit, ist der spezifische Verschleiß der Hohlflankenschnecke geringer als jener der Evolventenschnecke.

Trotz des guten Abschneidens des Kegel-Stirnradgetriebes im Vergleichstest werden heute wegen ihrer einfachen robusten Konstruktion und wegen ihrer Verläßlichkeit Schneckengetriebe als Rolltreppengetriebe bevorzugt.

Der Unterschied zwischen Hohlflankenschnecke und Evolventenschnecke ist meßbar, aber nicht allzu groß. Die Hohlflankenschnecke ist hauptsächlich im Wirkungsgrad besser als die Evolventenschnecke.

Literatur

[1] Effendi J (1987) Die numerische Lösung der elastohydrodynamischen Kontaktprobleme unter Berücksichtigung der Oberflächenrauheiten. Dissertation, Technische Hochschule Aachen

[2] Höhn B, Steingröver K, Lange N (1997) Lokale Reibungszahlen im Zahneingriff von Schneckengetrieben. Konstruktion 49, H 11–12, Springer-VDI-Verlag

[3] Kovar W (1969) Verschleiß- und Wirkungsgraduntersuchungen an einem Schneckengetriebe. Dissertation, Technische Universität Wien

[4] Kragelski IW, Dobycin MN, Kombalov VS (1982) Grundlagen der Berechnung von Reibung und Verschleiß. VEB Verlag Technik, Berlin

[5] Kriss RH, Bartels TT (1970) Improved Atomic Absorption Techniques for Measuring Iron Particles in Lubrication Oil. Atomic Absorption Newsletter, Vol 9, No 3, May-June

[6] Neupert K (1990) Verschleißtragfähigkeit und Wirkungsgrad von Zylinder-Schneckengetrieben. Dissertation, Technische Univertät München

[7] Pausch S (1998) Verschleiß von Schneckengetrieben – Theorie und Experiment. Dissertation, Technische Universität Wien

[8] Predki W (1982) Hertzsche Drücke, Schmierspalthöhen und Wirkungsgrade von Schneckengetrieben. Dissertation, Ruhr-Universität Bochum

[9] Rinder L (1976) Tragfähigkeitsuntersuchungen an Schneckenrändern aus der Al-Zn-Legierung Alzen 501. Konstruktion 28, Heft 8

[10] Steingröver K (1993) Untersuchungen zu Verschleiß, Verlustgrad und Fressen bei Zylinder-Schneckengetrieben. Dissertation, Technische Universität München

[11] Weinhauer D (1996) Reibung und Verschleiß einer hochbeanspruchten Reibpaarung unter Mischreibungsbedingungen. Dissertation, Otto-von-Guericke-Universität Magdeburg

o. Univ. Prof. Dipl. Ing. Dr. techn. Laurenz Rinder
Vorstand des Institutes für Maschinenelemente der TU Wien

Dipl. Ing. Dr. techn. Peter Kral
Dipl. Ing. Dr. techn. Stefan Pausch
Wissenschaftliche Mitarbeiter am Institut für Maschinenelemente der TU Wien

Variation der Maschinensysteme mit Hilfe ihrer Grundstrukturen, bestehend aus einem aktiven und einem passiven Zweig

K. Roth

Inhalt Die Maschinensysteme lassen sich alle durch ähnliche Grundstrukturen darstellen. Realisiert man die Funktionselemente der Strukturen durch verschiedene Effekte (Effektträger), gibt es zahlreiche Varianten.

Die Funktionselemente der Strukturen sind die drei Allgemeinen Größen Stoff, Energie, Information in verschiedenen Zuständen. Die Maschinensysteme bestehen alle aus einem Zweig mit allen drei Allgemeinen Größen als *aktive* Größen , dem aktiven Zweig, der eigentlichen Maschine und einem Zweig mit der zu ändernden *passiven* Allgemeinen Größe. Der passive Zweig bestimmt den Zweck der Maschine.

1 Entstehung der Maschinen

Wir sind in unserem täglichen Leben von Maschinen aller Art umgeben. Die wichtigsten von ihnen, auch Werkzeugmaschinen genannt, dienen dazu, die Teile der anderen Maschinen zu fertigen, die anderen Maschinen, um alle möglichen Produkte und Gebrauchsgegenstände herzustellen, meist in Massen, dem Verwendungszweck bestens angepaßt und trotzdem preisgünstig.

Früher erzeugten sich die Menschen alles selber mit Werkzeugen primitivster Art, für ihre Bedürfnisse hinreichend gut angepaßt und stets einmalig, gewissermaßen als Unikate. Die allmähliche Inanspruchnahme von Vorrichtungen, Wagen zum Fahren, von Wasser und Wind getriebenen Anlagen, von Hand betätigten Geräten wie z.B. Webstühlen und Weinpressen erleichterten die Herstellung der alltäglich benötigten Lebensmittel, Bekleidungen und den Verkehr untereinander sehr. Das Hinzukommen der Motoren erweiterte die Vorrichtungen erst zu Maschinen, wie wir sie heute kennen. Bis vor kurzem und auch heute noch müssen diese Maschinen von Menschen in Gang gesetzt, bedient, gesteuert und wieder abgeschaltet werden.

2 Maschinensysteme, Abbilder menschlicher Fähigkeiten

Da der Mensch eine Fähigkeit nach der anderen den Maschinen übertrug, zunächst die Werkzeuge, dann die Vorrichtung, schließlich den Antrieb und nun immer häufiger auch die Steuerung, muß es Grundgrößen geben, die sowohl für den Menschen als auch für die Maschine Voraussetzung zu Fähigkeiten sind, Produkte aller Art zu schaffen. Es sind dies die in der Konstruktionsmethodik schon lange bekannten „Allgemeinen Größen“ *Stoff, Energie* und *Information*.

3
Die drei Allgemeinen Größen [1;3;5]

Der *Stoff* ist nötig z.B. für die Herstellung von Werkzeugen und Vorrichtungen, aber auch als Gegenstand der Veränderung zum Spanen, Umformen, Spritzen. Die *Energie* benötigt man zum Antreiben der Vorrichtungen, aber auch zum Umformen, die *Information* ist erforderlich zur Steuerung der Geräte, aber auch zur Veränderung im Rechner.

Diese drei Größen sind offenbar notwendig, um Maschinen zu betreiben. Sie treten allerdings in zweierlei Eigenschaften auf, einmal als Größen, welche von den Maschinen verändert werden sollen, hier *passive* Größen genannt, und einmal als Größen, welche die Veränderung bewirken, hier als *aktive* Größen bezeichnet. Die Veränderung der *passiven Größe* ist gleichbedeutend mit der Aufgabe, mit dem Zweck der Maschine, die *aktiven Größen*, welche diese Veränderung erzwingen, bilden das Maschinensystem schlechthin. Im aktiven System müssen stets alle drei Allgemeinen Größen vorhanden sein.

4
Veränderung der Allgemeinen Größen und Struktur der Maschine

Die drei Allgemeinen Größen lassen sich auf diesem abstrakten Niveau nur einspeichern, *gespeichert halten* und ausspeichern, *leiten* (ortsverändern), *umformen* (dabei gleichbleibend z.B. nur kinetische Energie), *wandeln* (z.B. kinetische in elektrische Energie) und *verknüpfen*. Mit diesen Funktionen [1], z.B. Stoff speichern, Energie wandeln oder Information verknüpfen, ist es nun relativ einfach, die Funktion aller Maschinensysteme als Funktionsstruktur darzustellen.

In Bild 1 ist dies zunächst für das bekannte System „Wagenheber“ geschehen [1;2;4], wobei die passiven Allgemeinen Größen den Index p und die aktiven Größen den Index a erhalten. Dies einfache Beispiel wurde gewählt, um an ihm die Analyse der Maschinensysteme leicht zu erfassen.

In *Teilbild 1* ist eine mögliche Ausführung des Wagenhebers, der vom Menschen bedienbar sein soll, dargestellt. Er soll den Wagen (passives System), hier mit St_p gekennzeichnet „ortsverändern“, also hochheben. Das aktive Maschinensystem, hier allerdings nur sein „Vorrichtungsteil“, ist der Wagenheber. Er wird durch den Menschen, den Energie- und Informationsspender, ergänzt. Da die Energiequelle Mensch (E_a) relativ schwach ist, sind in den Wagenheber drei Kraftmultiplikatoren v_1, v_2 und v_3 eingebaut. Auch kann diese Kraftquelle den Wagen weder oben halten noch bei der Bewegung führen, daher besitzt er eine Rücklaufsperre (Gewinde) und eine Bewegungsführung im Kniehebelgelenk.

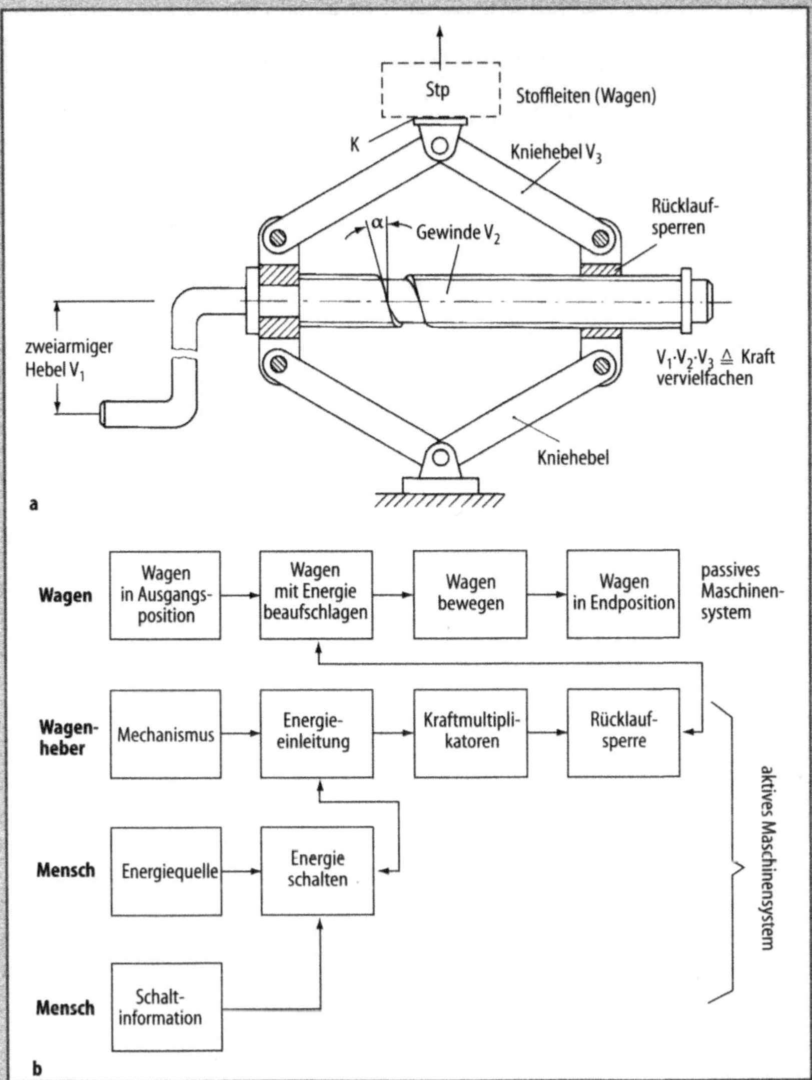

Bild 1. Maschinensystem „Wagenheber" als Beispiel für örtliche Versetzung, Leiten eines Stoffes und Speichern in der Endlage; **a** Ausbilden des Wagenhebers, **b** Anordnung der Einzelfunktionen zur Gesamt-Funktionsstruktur (verbal)

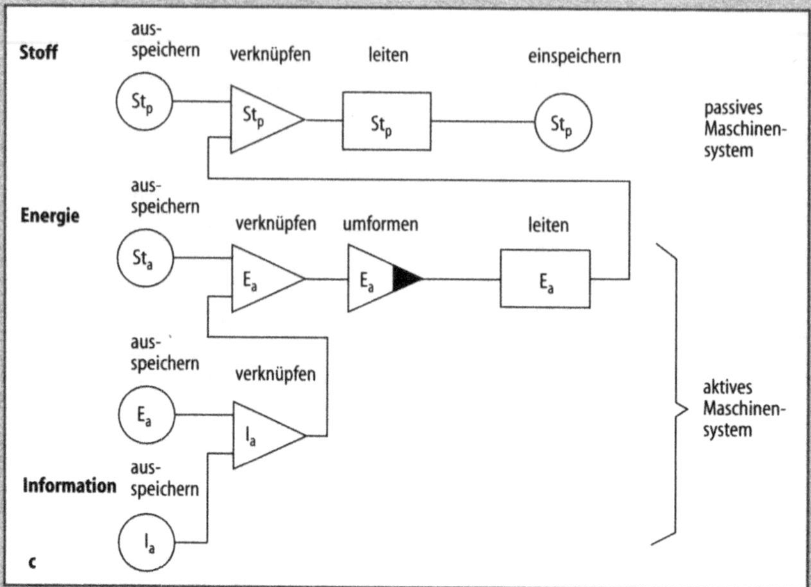

Bild 1. (Fortsetzung) **c** Einzelfunktionen und Gesamtstruktur als symbolisches Flußbild; es bedeuten: St_a, E_a, I_a: Stoff, Energie, Information im aktiven System, St_p, E_p, I_p: die gleichen Größen im passiven System

In *Teilbild 2* ist die Funktionsstruktur des Wagenhebersystems mittels textlich erläuterter Kästen und deren Verbindung dargestellt. Oben, in der ersten Zeile, das passive Funktionssystem des behandelten Objekts, hier des zu hebenden Wagens, in den darunterliegenden drei Zeilen das aktive Funktionssystem.

Das passive Funktionssystem gibt die Aufgabe an, welche das aktive Funktionssystem (die Maschine, der Apparat, das Gerät) erfüllen muß. Dieses aktive Funktionssystem besteht beileibe nicht allein aus der Vorrichtung (z.B. dem Wagenheber), sondern auch aus dem Menschen, der in diesem Fall nicht nur die Steuerung als *Informationsgröße* liefert, sondern auch die notwendige *Energie*. In den folgenden Beispielen der *Bilder 3* bis *6* sind es größtenteils Motoren, welche die nötige Bewegungsenergie zur Verfügung stellen. Die erforderliche Information (z.B. für Steuerungen) liefert in der Regel noch der Mensch.

In *Teilbild 3* ist die Funktionsstruktur des Wagenhebersystems der Übersichtlichkeit halber mit Schaltungssymbolen dargestellt.

5
Variation der Maschinensysteme

Während der *passive* Zweig *der* Funktionsstrukturen von Maschinensystemen durch *die Aufgabenstellung*, wie z.B. das bearbeitete Produkt zu verändern ist, genau festgelegt wird, kann der *aktive* Teil weitgehend variiert werden. Daher ist der *aktive* Teil der Funktionsstruktur durch Einsatz verschiedener physikalischer Effekte bzw. Effektträger weitgehend variabel. Das beginnt schon mit der Entscheidung, ob der Mensch auch als Energiequelle eingesetzt oder diese Funktion an Motoren übergeben wird, ob die Informationen, was wann und wie laufen soll, ganz oder teilweise noch vom *Menschen* geliefert werden müssen. Welche Art von Energie benötigen die einzelnen Maschinenteile, ist es ein Hebezeug, eine allgemeine Maschine oder ein Fahrzeug? Muß das Drehmoment oder die Drehzahl vervielfacht werden, soll die Arbeitsenergie mechanisch, hydraulisch oder elektrisch übertragen werden usw., Varaitionsmöglichkeiten, die in Bild 2 gezeigt werden.

Die Wahl der Effekte (Effektträger) zur Realisierung der mit Symbolfiguren dargestellten Teilfunktionen in *Bild 1* führt zu den verschiedensten Maschinenkonstruktionen, wie sie im Morphologischen Kasten [2;3;6] in Bild 3 dargestellt werden. Je nachdem, welche Funktionen in bestimmter Weise realisiert werden, ergeben sich nicht nur verschiedene Wagenheber [1;2], sondern auch verschiedene Hebevorrichtungen (Beispiele II und III in *Bild 3*) oder sogar Verschiebevorrichtungen, Beispiel IV, ja sogar so triviale Tätigkeiten wie die des Menschen beim Hochheben und Zurückrollenlassen einer Kugel beim Kegelspiel.

Bild 3 enthält in *Spalte 3* verschiedene Effektträger[1;5] für die Effekte der *Spalte 2*, durch welche die Realisierung der Funktionen in *Spalte 1* erfolgt. Nach Maßgabe der Funktionsstruktur in *Bild 1, Teilbilder 2* und 3, und der gestellten Anforderungen können nun brauchbare Gesamtmaschinensysteme zusammengestellt werden.

In *Zeile 1* ist das zu „verändernde" Objekt dargestellt, als Gegenstand des passiven Funktionssystems. In *Zeile 2* stehen verfügbare Energiequellen, in *Zeile 3* die Verschiebe- und Führungsmöglichkeiten für den Ortswechsel (leiten), in *Zeile 4* die Vervielfachungsmöglichkeiten der Kräfte und in *Zeile 5* mögliche Rücklaufsperren. Damit sind *alle* Funktionen berücksichtigt, welche die Funktionsstruktur enthält.

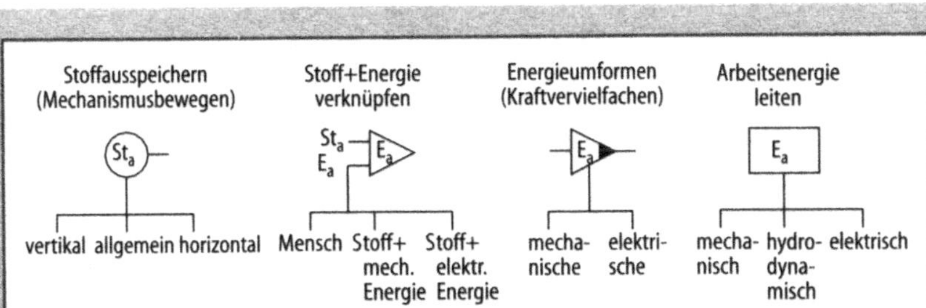

Bild 2. Die ähnlichen, aktiven Systeme aller Maschinen werden durch die verschiedene Art der Realisierung ihrer Teilfunktionen zu den mannigfaltigsten Maschinen entwickelt. Im Bild sind mögliche Varationen infolge der Verwendung verschiedener Mechanismen (Effektträger) angegeben.

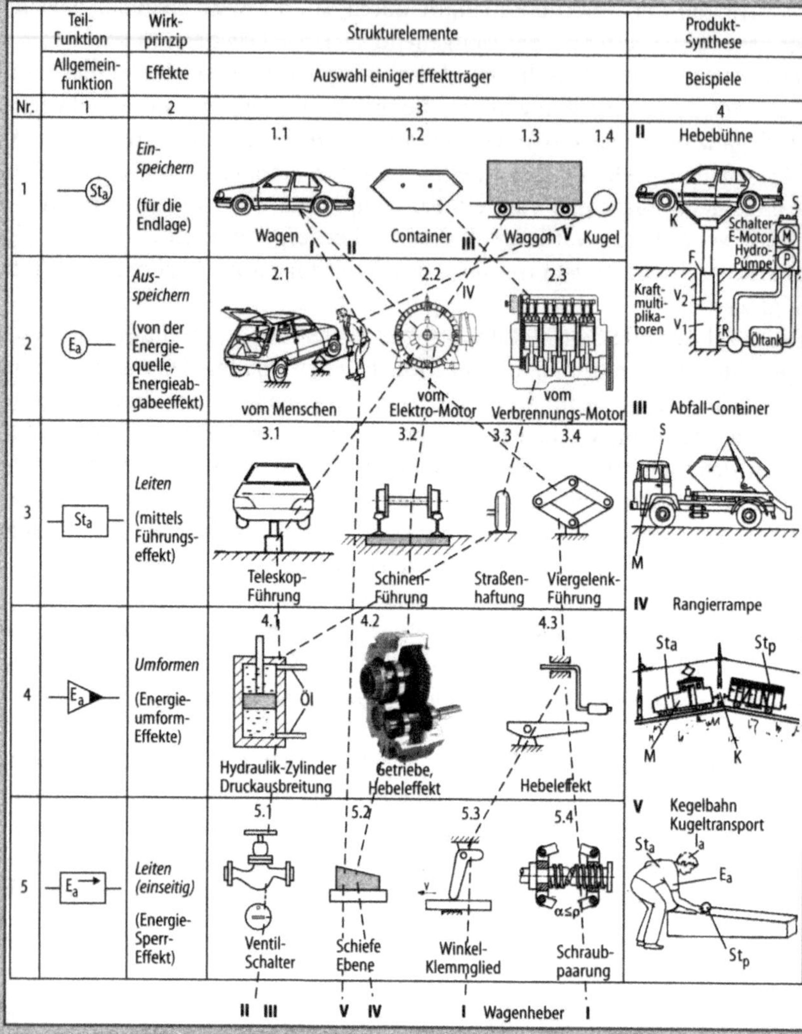

Bild 3. Erzeugen neuer Maschinensysteme mit Hilfe des Morphologischen Kastens durch Zusammenstellen der Mechanismen aus den Effektträgern nach Maßgabe der aktiven Funktionsstruktur in Bild 1. Die Verbindungslinien zu den einzelnen Effektträgern zeigen die Synthese der Maschinensysteme für die Beispiele I–V an. Aus jeder Zeile wird ein Effektträger ausgewählt. Die Maschinensysteme arbeiten mit den Allgemeinen Größen Stoff (St), Energie (E), Information (I). Sie bestehen alle aus einem aktiven Maschinensystem und einem passiven mit der Übergangsstelle K. Es bedeutet weiter M Motor, V Kraftmultiplikator und R Rücklaufsperre.

Vorgehen: Es werden die kompatiblen Effektträger miteinander verbunden, wie schon für den Wagenheber mehrfach gezeigt wurde [1;2]. Somit erhält man mit den Effektträgern Nr. 2.2 + 3.1 + 4.1 + 5.1 das aktive Maschinensystem II in *Spalte 4* für das zu hebende Auto, welches als passives System Nr. 1.1 noch hinzukommt, weiter mit 2.3 + 3.3 + 4.1 + 5.1 ≙ III für den zu hebenden Container Nr. 1.2. Mit Nr. 2.2 + 3.2 + 4.2 + 5.1 ≙ IV für den Verschiebewaggon Nr. 1.3 und Nr. 2.1 + 3.4 + 4.3 + 5.4 ≙ I für den Wagenheber. Die Methode läßt sich beliebig erweitern und bietet viele Möglichkeiten, vorhandene Maschinensysteme zu optimieren oder aus Patentgründen zu variieren. Der Morphologische Kasten ist zwar schon lange bekannt [1;3;5 erste Auflage], nicht aber seine Verwendung aufgrund der Funktionsstruktur von Maschinensystemen z.B. Wagenheberfunktionsstruktur als Variationsmöglichkeit zum Auffinden vieler anderer Maschinensysteme.

6 Maschinensysteme aller Art

Eingehende Untersuchungen [1] haben gezeigt, daß nicht nur passive Maschinensysteme für *Stoffgrößen*, sondern auch solche für *Energie-* und *Informationsgrößen* nach der gleichen Methode analysiert und durch gezielte Synthese bearbeitet werden können. Es zeigt sich nämlich, daß die aktiven Maschinensysteme dieser Gruppen sehr ähnlich aufgebaut sind. In den *Bildern 4* bis *6* werden

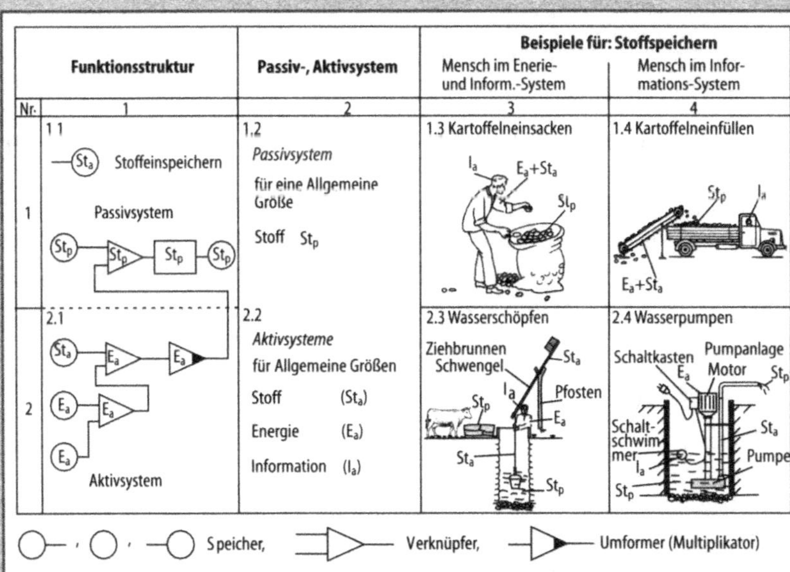

Bild 4. Systeme zum „Stoff speichern"; Spalte 1: Die Stoffspeichersysteme haben alle die gleiche Funktionsstruktur. Die passive Allgemeine Größe Stoff St_p wird von den aktiven Allgemeinen Größen Stoff St_a, Energie E_a und Information I_a „bearbeitet" bzw. ihr Zustand verändert. Felder 1.3 und 1.4: Beispiel für „Kartoffeln einspeichern"; Felder 2.3 und 2.4: Beispiel für „Wasser einspeichern"; Spalte 3: Mensch liefert Energie E_a und Information I_a; Spalte 4: Mensch liefert nur Information I_a

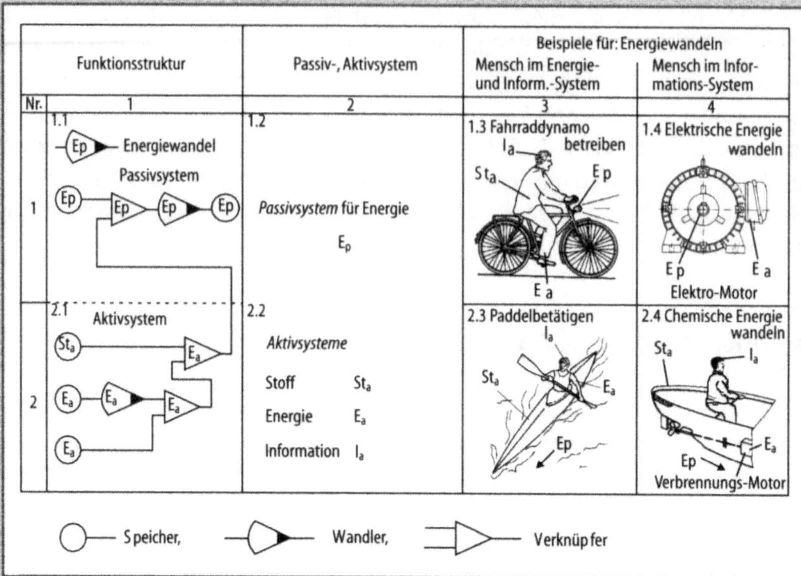

Bild 5. Systeme zum „Energie Wandeln". Spalte 1: Die Energiewandlungssysteme haben alle die gleiche Funktionsstruktur. Die passive Allgemeine Größe „Energie Ep" wird mit Hilfe der anderen Allgemeinen Größe aufgrund eines physikalischen Effekts gewandelt. Der aktive „Stoff St_a" liefert die Vorrichtung; Feld 1.3: Wandeln mechanischer in elektrische Energie; Feld 1.4: Wandeln elektrischer in mechanische Energie; Feld 2.3: Wandeln chemischer in mechanische Energie; Feld 2.4: Wandeln von Wärmeenergie in mechanische Energie; Spalte 3: Mensch liefert Energie E_a und Information I_a; Spalte 4: Mensch liefert nur Information I_a

jeweils zwei Beispiele dargestellt, allerdings ohne auch die möglichen Effektträger aufzulisten.

Während die passiven Maschinensysteme für Energie und Information keine Allgemeine Größe „*Stoff*" benötigen (z.B. transformierte elektrische Energie oder codierte Information), sind die Größen „*Stoff*", „*Energie*" und „*Information*" bei *allen* aktiven Maschinensystemen vorhanden. So besteht z.B. der Transformator aus „*Stoff*" ebenso wie ein beliebiger Transistor (bzw. ein Chip).

7 Ergebnis

Die Erkenntnis, daß alle technischen Funktionen auf der Änderung einer der drei Allgemeinen Größen „*Stoff*", „*Energie*" und „*Information*" beruhen, daß diese Änderungen allein durch einen physikalisch-chemischen Effekt möglich sind, daß die willkürliche Änderung einer Allgemeinen Größe (passive Systeme) durch Maschinen erfolgt (aktive Systeme), die alle drei Allgemeinen Größen enthalten, bringt eine wohltuende Ordnung und Übersichtlichkeit in den ausufernden Dschungel der Maschinenvielfalt. Das erleichtert ihre Variation und sogar ihre Neuentwicklungen.

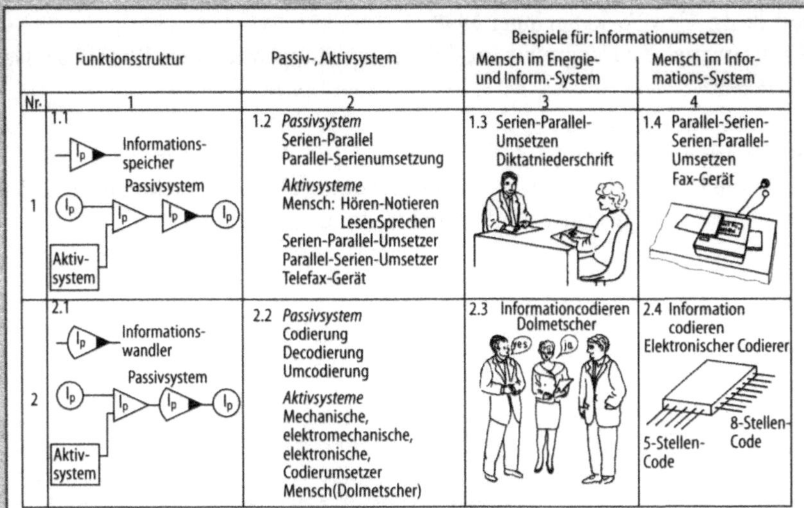

Bild 6. Systeme zur „Informations-Umformung und -Codierung"; Spalte 1: Einfache Strukturen der Informationsumsetzung. Sie haben die gleichen Strukturen. Nur das Umform- bzw. Wandlungsglied ist verschieden. Felder 1.3 und 1.4: Die Information wird aus der parallelen Darstellung (schriftliche Unterlage) in die serielle Darstellung (Sprache, elektrische Impulse) umgeformt (umgesetzt); Feld 2.3 und 2.4: Die Information wird umcodiert aus der englischen in die deutsche Sprache bzw. aus einem 5-Stellen-Code in einen 8-Stellen-Code; Spalte 3: Mensch liefert Energie E_a und Information I_a; Spalte 4: Mensch liefert nur Information I_a

Es zeigt sich aber, daß der Mensch das Urbild aller Maschinensysteme ist. Er besitzt mit seinem Körper Werkzeuge, Handhabungssysteme, Gestelle (St_a), er hat Energiequellen (E_a) und das wichtigste, ein bisher unübertroffenes Informationsverarbeitungssystem (I_a). Der Mensch kann in dieser Begriffswelt als „vollständiges aktives Maschinensystem" angesprochen werden. Beispiel V in *Bild 3* zeigt das. Auch heute noch werden die meisten Maschinen vom aktiven Informationssystem „Mensch" in Gang gesetzt, gesteuert, bedient und betrieben.

Schrifttum

[1] Roth, K.: Konstruieren mit Konstruktionskatalogen, Band I: Konstruktionslehre, 2. Auflage. Berlin, Heidelberg, New York: Springer 1982; 1994.
[2] Roth, K.: Konstruieren mit Konstruktionskatalogen. Band II: Konstruktionskataloge, 2. Auflage. Berlin, Heidelberg, New York: Springer 1982, 1994.
[3] Pahl, G., Beitz, W.: Konstruktionslehre, 4. Auflage. Berlin, Heidelberg, New York: Springer 1997
[4] VDI 2222/1: Richtlinie Konstruktionsmethodik, Methodisches Entwickeln von Lösungsprinzipien. Berlin: Beuth Verlag 1998

[5] Koller, R.: Konstruktionslehre für den Maschinenbau, 4. Auflage. Berlin, Heidelberg, New York: Springer 1998
[6] Ehrlenspiel, K.: Integrierte Produktentwicklung. München, Wien: Carl Hanser 1995

Prof. em. Dr.-Ing. Karlheinz Roth
war bis 1989 Leiter des Instituts für Konstruktionslehre, Maschinen- und Feinwerkelemente der Technischen Universität Braunschweig

Wolfgang Beitz als Reformer

J. Rugenstein, K.-H. Grote

Mit der Wiedervereinigung Deutschlands wurde auch die Magdeburger Landschaft der universitären Ausbildung verändert. Im Jahre 1953 wurden die Hochschule für Schwermaschinenbau, die Medizinische Akademie und die Pädagogische Hochschule gegründet. Für diese Bildungseinrichtungen waren die jeweiligen Fachministerien der DDR zuständig und die Arbeitsweise wurde durch ein Staatsekretariat für Hoch- und Fachschulwesen (später Ministerium) koordiniert. Nach der Wiedervereinigung sollte daraus eine zweite Universität Sachsen-Anhalts entstehen. Die Hochschule für Schwermaschinenbau entwickelte sich 1961 zwischenzeitlich zu einer Technischen Hochschule. Im Jahre 1987 erhielt sie den Status einer Technischen Universität. Den Namen des großen Sohnes der Stadt Magdeburg, des Bürgermeisters und Diplomaten, des Naturwissenschaftlers *„Otto von Guericke"* erhielt sie im Jahre 1993.

Von der Landesregierung Sachsen-Anhalts und dem Wissenschaftsrat wurde 1992 zur Umsetzung einer Empfehlung der Hochschulstrukturkommission und des Wissenschaftsrates eine Kommission berufen, die für das Profil der zukünftigen *Otto-von-Guericke-Universität* der Landesregierung Sachsen-Anhalts eine Konzept vorlegen sollte. Für den Bereich der Technischen Wissenschaften war auch *Wolfgang Beitz* berufen worden. Dieser Aufgabe widmete er sich mit großem Engagement. In zahlreichen Diskussionen mit den Professoren und den Mitarbeitern verschaffte er sich zunächst einen Überblick über die bisherige Arbeit in den damaligen drei Fakultäten (ehemals 4 Sektionen). Es entstand ein von *Wolfgang Beitz* geprägter Entwurf für eine einheitliche Fakultät Maschinenbau mit 12 Instituten. Dabei ging es einerseits um die Erhaltung solcher bekannten Forschungsrichtungen wie z.B. Werkstofftechnik, Konstruktionstechnik, Tribologie, Förder- und Baumaschinentechnik, Fertigungstechnik, als auch um die Berücksichtigung neuer Trends z.B. in der Mechatronik, für das Recycling, der mechanischen und thermischen Verfahrenstechnik.

Unter wesentlicher Mitbestimmung und Mitwirkung entstand das neue Profil der *Otto-von-Guericke-Universität Magdeburg.* Nach einer Angliederung der Medizinischen Akadamie als Medizinische Fakultät und der Neugründung einer Fakultät für Geistes-, Sozial- und Erziehungswissenschaften sowie einer Wirtschaftswissenschaftlichen Fakultät wurde die neue Magdeburger Universität Sachsen-Anhalts 1993 gegründet.

Für den Maschinenbau wurde unter Berücksichtigung des Rahmenstudienplanes für den Studiengang Maschinenbau das Ausbildungsprofil unter Leitung von *Wolfgang Beitz* wie folgt vorgeschlagen: Angewandte Mechanik, Apparate- und Anlagentechnik, Fördertechnik unter besonderer Berücksichtigung der Materialflußtechnik, Konstruktionstechnik, Produktionstechnik, Verfahrens- und Umwelttechnik und Werkstofftechnik. Dabei wurde von *Wolfgang Beitz* immer wieder die Forderung nach einem auf übergreifende Zusammenhänge orientierten Studium des Maschinenbaus hingewiesen. Die Vertiefung sollte nur eine exemplarische Bedeutung haben. So sind auch im Hauptstudium übergreifende Lehrgebiete vorzusehen. Dabei spielte insbesondere auch der Studiengang Werkstofftechnik als ingenieurtechnische Studienrichtung vor dem Hintergrund des Ausbaus der Naturwissenschaften, insbesondere hinsichtlich der Materialphysik eine besondere Rolle.

Besondere Beachtung wurde auch von *Wolfgang Beitz* den Magister-Studiengängen geschenkt, die eine engere Verbindung zwischen der Fakultät für Geistes-, Sozial- und Erziehungswissenschaften und den Technik-/Naturwissenschaften ergeben sollen. Durch diese Ausbildung sollen auch neue Berufsbilder erschlossen werden.

Wolfgang Beitz war darüber hinaus auch bestrebt, den Wünschen der Magdeburger Fakultät nachzukommen, die offenen Professorenstellen optimal zu besetzen. So wirkte er trotz seiner vielfältigen Verpflichtungen in mehreren Berufungskommissionen mit. Er konnte dabei nicht nur seine vielfältigen Erfahrungen als Dekan und Hochschullehrer einbringen sondern auch als Mitglied des Vereins Deutscher Ingenieure.

Da sich *Wolfgang Beitz* schon vor 1990 sehr für die konstruktionswissenschaftliche Forschung in der DDR interessiert hatte, war es nicht verwunderlich, dass sich auch bald nach der Wende eine enge Zusammenarbeit mit dem Magdeburger Institut für Maschinenkonstruktion ergab. Da die technische Ausstattung mit Computern zum damaligen Zeitpunkt in Magdeburg noch nicht zufriedenstellend war, begann eine fruchtbare Zusammenarbeit auf dem Gebiet der rechnerunterstützten Konstruktion. Im Berliner Institut wurden einige Forschungs- und Diplomarbeiten von Magdeburger Studenten unter Leitung von Prof. Beitz und Prof. Schütze/Magdeburg durchgeführt, zu deren Verteidigung in Magdeburg *Wolfgang Beitz* stets anwesend war. Diese Magdeburg-Berliner Absolventen fanden dann auch im Berliner Institut für ihre weiteren Forschungsarbeiten mit dem Ziel der Promotion ein umfassendes Wirkungsfeld. Die kontinuierliche Kooperation zwischen den konstruktionstechnischen Instituten der beiden Universitäten wurde auch nach meiner Emeritierung sehr erfolgreich fortgesetzt. *Wolfgang Beitz* arbeitete mit seinem ehemaligen Schüler und meinem direkten Nachfolger, Herrn Professor Grote, kollegial zusammen und stand auch mit Rat und Tat zur Seite. Neben einem Assistentenaustausch während der Vorlesungszeit (Mitarbeiterinnen und Mitarbeiter führten Übungen am jeweils anderen Institut durch bzw. betreuten Studenten) zum Abgleich und Erfahrungsaustausch, wurden neue Lehr- und Lernkonzepte in Vorträgen und Besuchen diskutiert. Das seit 22 Jahren jährlich im Wechsel mit der Universität Gleiwitz veranstaltete „Magdeburger Kolloquium Konstruktionstechnik" wurde auch besonders durch *Wolfgang Beitz* zu einer in allen Bundesländern wissenschaftlich anerkannten und sehr gut besuchten Veranstaltung.

Sogar der innovative und motivierende Reformansatz aus der modernen Managerschule wurde von *Wolfgang Beitz* am Konstruktionslehrstuhl in Magdeburg eingeführt: Eine jährlich stattfindende gemeinsame Seminarreise nach Bad Gastein überkreuzte die Ideen und Denkweisen beider Institute und gab Impulse für neue Forschungs- und Lehransätze, die dann mit kontinuierlichem Informationsaustausch auch umgesetzt wurden.

Die hier für die Instituts- und Universitätsbeziehungen „Berlin⇔Magdeburg" nur kurz darstellbaren aber umfangreichen Reform-Aktivitäten von *Wolfgang Beitz* galten auch anderen Instituten und Universitäten in den neuen Bundesländern, aber auch ganz generell der Konstruktionsausbildung in Deutschland, wie in weiteren Beiträgen erläutert. Aber die Otto-von-Guericke Universität Magdeburg und besonders das Institut für Maschinenkonstruktion wird *Wolfgang Beitz* für die von ihm initiierten Reformen immer besonders dankbar sein.

em. Prof. Dr.-Ing. habil. Jürgen Rugenstein
Prof. Dr.-Ing. Karl-Heinrich Grote
Otto-von-Guericke-Universität Magdeburg,
Institut für Maschinenkonstruktion/Konstruktionstechnik

Entwicklung eines modularen, wissensbasierten CAD/FEM-Systems zur integrierten Gestaltung und Berechnung von Federn und Federanordnungen

H.-J. Schorcht, U. Kletzin, D. Micke, F. Wauro

Inhalt Die objektorientierte Aufbereitung der Finite Elemente Methode für den Entwurf von Federn und Federanordnungen wird vorgestellt. Der entwickelte FEDERPROZESSOR basiert auf Modulen zum automatischen Generieren geeigneter FEM-Modelle in einer für den Konstrukteur leicht handhabbaren Weise. Auch die Kopplung mit einem CAD-System und die dabei auftretenden Schnittstellenprobleme werden behandelt. Beispiele demonstrieren die Vorgehensweise bei der Anwendung des FEDERPROZESSORs.

Abstract This paper presents the object-oriented application of the Finite Element Method designing springs and spring assemblies. The developed SPRINGPROCESSOR is based on modules for the automatic generation of suitable FEM-models in a design engineer-like manner. Also realised is the link to a CAD-system including the problems occur while using software interfaces. The approach applying the SPRINGPROCESSOR is explained by means of examples.

1 Einleitung

Federn werden seit jeher von Konstrukteuren zur Lösung vielfältiger technischer Aufgabenstellungen genutzt. Wesentlich hat hierzu ihre Eigenschaft beigetragen, daß sie durch Aufnahme bzw. Übertragung von Kräften unter relativ großen Verformungen mechanische Arbeit als potentielle Energie speichern und diese zu einem beliebigen Zeitpunkt wieder abgeben können. Sie werden in allen Bereichen der Technik im Zusammenwirken mit anderen mechanischen Bauteilen, in sog. Federanordnungen, zur Lösung unterschiedlichster Aufgaben eingesetzt. Beispiele hierfür sind Anwendungen als Speicher-, Antriebs-, Meß-, Verformungs-, Schwingungs- und Dämpfungselemente oder als Lagerelemente in Federgelenken [1].

In letzter Zeit finden zunehmend neue Federarten Anwendung. Gründe dafür sind Forderungen nach optimaler Gestaltanpassung an die konstruktive Umgebung sowie nach gleichzeitiger Erfüllung mehrerer Aufgaben (Multifunktionsfedern). Dabei sind in vielen Fällen dynamische Einsatzbedingungen zu berücksichtigen, um den steigenden Anforderungen an die Funktionssicherheit und -genauigkeit sowie an die Lebensdauer gerecht zu werden.

Für die problemorientierte Gestaltung und Berechnung derartiger Federanwendungen fehlen in der betrieblichen Praxis die erforderlichen Grundlagen. Klassische Berechnungsverfahren versagen bei komplizierten Federformen ebenso wie bei der Dimensionierung von Federn für dynamische Einsatzbedingungen [1]. Sie bauen auf stark vereinfachten Modellen und elementaren Verformungsdifferentialgleichungen auf und erfassen nur stationäre Belastungsverhältnisse. Dies gilt auch für bisher bekannt gewordene kommerzielle Berechnungsprogramme für Federn [2][3][4].

Als Berechnungsmöglichkeit bietet sich die Finite-Elemente-Methode (FEM) an [5][6]. Dafür stehen dem Anwender leistungsfähige Programmsysteme mit integrierten Pre- und Postprozessoren zur Verfügung. Eine Anpassung an die Denk- und Handlungsweisen des Konstrukteurs fehlt aber ebenso wie eine sinnvolle Einbindung in das ihm bekannte CAD-Umfeld [7][8].

Konstrukteure können gegenwärtig aufgrund ihrer Ausbildung sowie ihrer Aufgaben und Stellung im Entwurfsprozeß die mit der FE-Anwendung zusammenhängenden Anforderungen meist nicht erfüllen. Aufgrund der Komplexität von FEM-Berechnungen und der komplizierten Handhabung der Software besteht daher auf diesem Gebiet in großen Unternehmen trotz der Gefahr von Informationsverlusten nach wie vor eine Aufgabentrennung zwischen Konstrukteur und Berechnungsingenieur. Für kleine und mittlere Unternehmen ist diese Aufgabentrennung jedoch kaum realisierbar, obwohl auch hier der Zwang zu einem effektiveren und sicheren Produktentwurf besteht. Dieser setzt Simulationsrechnungen voraus. Hierfür werden geeignete, objektorientierte FEM-Berechnungswerkzeuge benötigt, die aus einer dem Konstrukteur vertrauten CAD-Umgebung heraus angesprochen werden können und die zu diesem Zweck über Schnittstellen für den bidirektionalen Datenaustausch verfügen müssen [9]. Ein derartiges System zu entwickeln, das verfügbare Gestaltungs- und Berechnungswerkzeuge integriert und auf den Entwurf von Federn und Federanordnungen gerichtet ist, war Gegenstand eines DFG-Projektes. Über dessen Inhalt und Ergebnisse soll der nachfolgende Beitrag berichten [10][11].

2
Problemsituation beim Anwenden der Finite Elemente Methode

Die FEM wird heute aufgrund ihrer Leistungsfähigkeit von vielen Ingenieurdisziplinen als Berechnungswerkzeug genutzt. Probleme bei der Anwendung für den Entwurf von Maschinen und Geräten bereitet vor allem die aufwendige Modellgenerierung. Der Nutzer benötigt beim gegenwärtigen Stand der Forschung sowohl fundierte FEM-Kenntnisse als auch ausreichende fachspezifische Kenntnisse, um die Aufgabe der Überführung des realen Bauteils in ein finites Analogon in effektiver Weise lösen zu können. Hierzu muß der Anwender die reale Problemstellung analysieren, Idealisierungen in bezug auf Materialverhalten, Struktur, Zeitabhängigkeit und Dimension vornehmen und ein geeignetes FEM-

Modell entwickeln. Außerdem sind die Steuerung des Berechnungsablaufs und die Ergebnisinterpretation notwendig.

Damit verbundene Aufgaben sind von einem Konstrukteur bzw. Entwicklungsingenieur ohne spezielle Schulung und mehrmonatige Einarbeitung in die FEM-Theorie und die verwendete Software nicht zu bewältigen. Zwar existieren integrierte CAD/ FEM-Systeme mit automatischer Vernetzung [12], sie besitzen jedoch den Nachteil, daß die gesamte CAD-Struktur vernetzt wird und sich so u.a. auch für Funktion und Festigkeit unwichtige Details im FEM-Modell wiederfinden. Zudem verwenden sie zur automatischen Vernetzung zumeist Dreieck- oder Tetraeder-Elemente, so daß zu steife Netzstrukturen entstehen. Konsequenzen der Nutzung dieser automatisch vernetzenden Systeme sind eine unnötig große Elementeanzahl oder größere Diskretisierungsfehler, ungenaue Berechnungsergebnisse und lange Rechenzeiten. Für die Modellierung üblicher Problemstellungen der Federntechnik sind diese herkömmlichen CAD/FEM-Programmsysteme ungeeignet, da sie die Spezifik der Federanwendung nicht erfassen können.

Nur durch grundlegendes Vereinfachen der FEM-Anwendung läßt sich dieser, auch auf vielen anderen Gebieten unbefriedigende Zustand beseitigen und darüber hinaus auch der bei Aufgabentrennung zwischen Konstrukteur und Berechnungsingenieur häufig auftretende, zeitverzögernde Informationsverlust vermeiden. Diese Vereinfachung muß durch objektorientiertes automatisches Generieren des FEM-Modell, durch überschaubaren Rechnerdialog sowie durch Bereitstellen leistungsfähiger Schnittstellen zur bidirektionalen Kopplung von CAD- und FEM-System erfolgen. Objektorientierte Anpassungen der FEM an die Bedingungen des Entwurfsprozesses sind nur vereinzelt [9], für den Entwurf und die Analyse von Federn und Federanordnungen noch nicht bekannt.

3
Lösungsansätze

Zur Verwirklichung dieser Zielstellung liegt der Gedanke nahe, die Modellgenerierung durch sogenannte Features vorzunehmen, mit denen geometrische, technologische und auch funktionsorientierte Sachverhalte erfaßt werden können. Dabei ist es zweckmäßig, geometrieorientierte Bausteine in geeigneter Weise mit funktionsorientierten Bausteinen zu verbinden und diese innerhalb verschiedener, an die jeweilige Aufgabe angepaßter Programmelemente weiter zu verwenden. Wenn die so entstandenen Programmelemente mit Hilfe der in kommerziellen FEM-Programmen enthaltenen Parametersprachen zu Programmodulen verknüpft werden, sind bei einer FEM-Modellierung die betreffenden Module nur noch nach einer vorgegebenen, topologisch bedingten Reihenfolge aufzurufen und die benötigten Parameter einzugeben, um zu einem vollständigen FEM-Modell zu gelangen. Bereits durch dieses Vorgehen ist eine wesentliche Zeitersparnis zu erreichen. Beispiele für derartige geometrie- bzw. funktionsorientierte Features, die bei Modellierung heute nicht oder nur überschlägig be-

Tabelle 1. Beispiele für Features zum Erfassen geometrischer Elemente sowie funktionsorientierter Elemente und Eigenschaften von Freiformfedern

Geometrieorientierte Elemente	Funktionsorientierte Elemente	Funktionsorientierte Eigenschaften
– Gerade Federdraht- und Federbandstücken mit konstantem oder veränderlichem Querschnitt: Parameter: + Länge + Querschnittsabmessungen – gekrümmte Federdraht- und Federbandstücken mit konstantem oder veränderlichem Querschnitt: Parameter: + Querschnittsabmessungen + Radius + eingeschlossener Winkel	– Kontaktelemente Parameter: + Kontaktsteifigkeit + Eindringtiefe + Kontaktradius + Kontaktabstand + Status – Feder-Dämpfer-Elemente Parameter: + Federsteife + Dämpfungskonstante	– Materialparameter – Rand- und Belastungsbedingungen, z.B. + Einspannung + Lagerung + Verschiebungen + Eigengewicht – Analyseziel, z.B. + Federkennlinie + Festigkeitsnachweis + Eigenfrequenzen + Eigenform – Ergebnisauswertung

rechenbarer Freiformfedern eingesetzt werden können, sind in Tafel 1 zusammengefaßt.

Die Effektivität des Entwurfs von Federn und Federanordnungen kann durch eine aufgabengerechte Kopplung mit einem CAD-System und durch die Verfügbarkeit einer Wissensbasis mit Erfahrungswissen zum Entwurf und Einsatz sowie zur Herstellung von Federn weiter erhöht werden. Von entscheidender Bedeutung ist es dabei, einen durchgängigen bidirektionalen Datenfluß zwischen dem CAD- und FEM-System zu gewährleisten. Er muß sich auf die für die FEM-Berechnung wesentlichen Geometriedaten des CAD-Modells erstrecken und durch physikalische Daten ergänzt werden, beispielsweise Materialeigenschaften oder Rand- und Belastungsbedingungen.

Die Struktur des angestrebten modularen, wissensbasierten CAD/ FEM-Systems ist im Bild 1 dargestellt. Aus diesem Bild wird die Zweiteilung der Aufgabenstellung deutlich. Zum einen betrifft diese den großen Bereich der Finite-Elemente-Berechnung von Federn, der durch einen sog. FEDERPROZESSOR verwirklicht werden soll. Der zweite Teil betrifft die genannte Kopplung mit einem CAD-System zur Gestaltung von Federn und Federanordnungen sowie mit einer Feder-Datenbank mit Fakten und Erfahrungswissen.

4 Ergebnisse und weitere Arbeitsschritte

Der FEDERPROZESSOR als Kern des zu entwickelnden integrierten CAD/ FEM-Systems ist realisiert. Er besteht aus parametrisierten FEM-Modulen für typische Federformen bzw. Anwendungsfälle und aus einem featurebasierten Teil zum

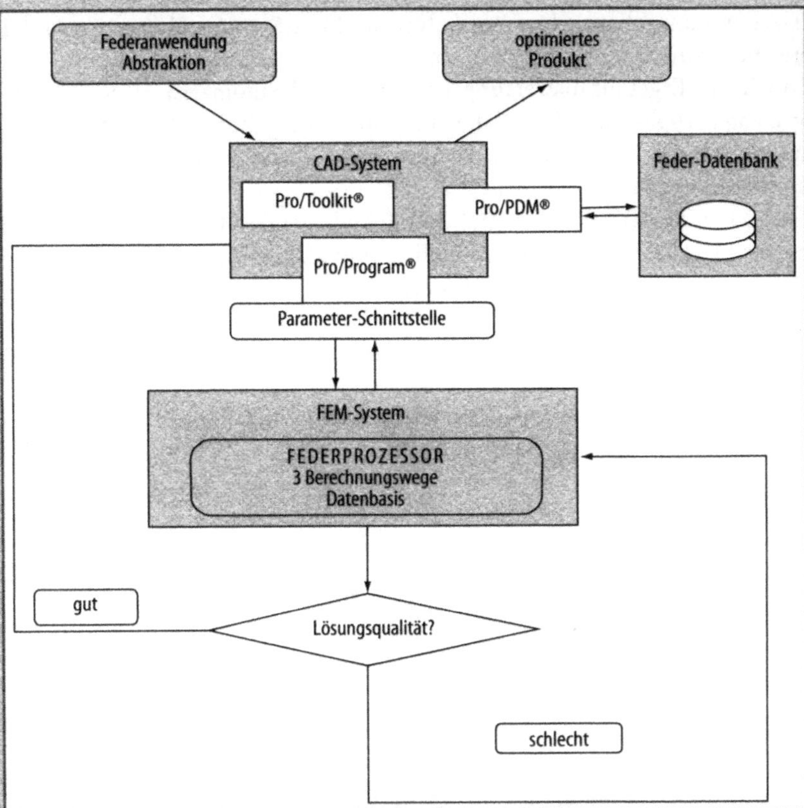

Bild 1. Struktur des modernen, wissensbasierten CAD/FEM-Systems zur integrierten Gestaltung und Berechnung von Federn und Federanordnungen

Aufbau vollständiger FE-Modelle von Freiformfedern aus Draht- oder Bandmaterial. Diese Module ergänzen als Pre- und Postprozessoren das beispielhaft eingesetzte FEM-Programmsystem ANSYS® so, daß es der Spezifik des Federentwurfs und der geforderten leichten Handhabung durch den Konstrukteur gerecht wird. Zu dem Zweck sind die Module in der ANSYS®-internen Programmiersprache APDL (ANSYS® Programming Design Language) abgefaßt und über UIDL (User Interface Design Language) vollständig in die grafische Benutzeroberfläche (GUI – Grafical User Interface) des Systems integriert. Innerhalb der menügesteuerten Oberfläche werden alle erforderlichen Parameter und Eigenschaften der zu betrachtenden Feder sowie die Bedingungen der Aufgabenstellung definiert, wie beispielsweise Federgeometrie, Belastungs- und Randbedingungen, Analyseziel. Das geschieht durch Ausfüllen entsprechender Eingabemasken. Den Eingabemasken sind die parametrisierten FEM-Softwaremodule hinterlegt. Mit ihrer Hilfe wird nach Aufruf und Ausfüllen der Eingabemasken im Hintergrund das entsprechende FEM-Modell automatisch generiert, das anschließend an den Solver des FEM-Systems übergeben und dort berechnet wird.

Auch die Ergebnisauswertung ist weitgehend automatisiert. Sie erfolgt in Form von Farbplots im FEM-System bzw. durch Ausgabe von Textdateien. Außerdem können die Ergebnisse im Postprozessor durch entsprechende Menüauswahl weiterverarbeitet werden.

Der FEDERPROZESSOR bietet drei grundlegende Modellierungswege zum Erzeugen von Finite-Elemente-Modellen an (vgl. Bild 2). Im einzelnen sind das:
- Komplettmodule für typische Federformen unter typischen Anwendungsbedingungen,
- Module für typische Federformen unter frei wählbaren Anwendungsbedingungen und
- Modellierung von Freiformfedern aus Draht- und Bandmaterial unter frei wählbaren Anwendungsbedingungen.

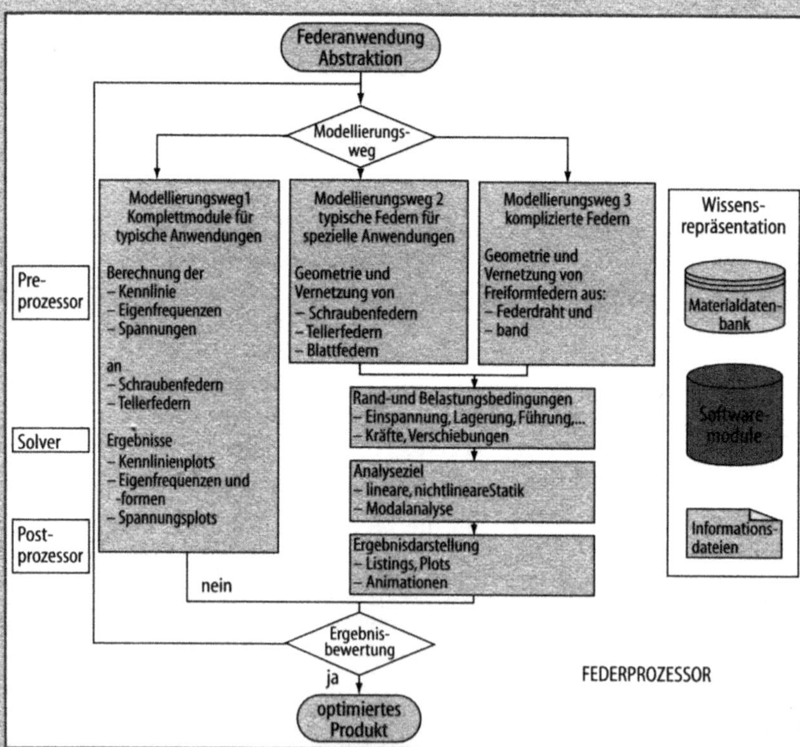

Bild 2. Struktur des Federprozessors

Beim Entwurf von Federn bzw. gefederter Baugruppen besteht für den Konstrukteur nach Analyse der Problemstellung die Aufgabe im wesentlichen darin, einen der drei möglichen Modellierungswege zum Generieren des FEM-Modells auszuwählen.

Entscheidet sich der Konstrukteur aufgrund der zu bearbeitenden Aufgabenstellung für den Modellierungsweg 1 zur Berechnung häufig verwendeter Federformen und zur Behandlung typischer Analyseziele, dann sind nach Auswahl des entsprechenden Komplettmoduls nur die verlangten Einbau- und Werkstoffparameter über eine Eingabemaske zu spezifizieren. Die Übergabe der zur Generierung des vollständigen Berechnungsmodells erforderlichen Daten an das FEM-System und die Übernahme der Ergebnisse (z.B. Kennlinienplot und zugehörige Datenpaare) erfolgt in diesem Fall vollkommen automatisch. Möglich sind die Berechnung der Kennlinie, der Eigenfrequenzen- und Eigenformen sowie des Festigkeitsverhaltens (Spannungszustand) von

- Schraubendruck- und -zugfedern mit zylindrischer Mantellinie und konstantem oder veränderlichem Windungsabstand und von
- Schraubendruckfedern mit taillen-, tonnen- oder kegelförmiger Mantellinie.

Auch die Wahl des Drahtquerschnittes zwischen Kreis-, Rechteck- und elliptischem Querschnitt ist möglich. Ebenso sind Anwendungsfälle für Tellerfedern berechenbar.

Für die Berechnung typischer Federformen unter selten auftretenden Rand- und/oder Belastungsbedingungen ist der Modellierungsweg 2 anzuwenden. Zusätzlich zur Erstellung des Geometriemodells sind hier die speziellen Rand- und Belastungsbedingungen auszuwählen und im Modell zu plazieren. Weiterhin muß das Analyseziel spezifiziert werden. Auch für diesen Modellierungsfall sind sämtliche, im vorhergehenden Absatz aufgezählten Federgeometrien verfügbar. Zusätzlich sind Blattfedern mit konstantem (gerade und gekrümmte Blattfedern) und mit veränderlichem Querschnitt (Trapez- und Dreieckfedern) simulierbar. Selten auftretende Rand- und Belastungsbedingungen sind vom Anwender derzeit an den jeweiligen Knoten zu plazieren. Dazu werden Standardmenüs des FEM-Systems ANSYS® genutzt.

Für die Berechnung von Draht- bzw. Flachformfedern ist der Modellierungsweg 3 zu wählen. Er beruht auf der Verwendung der erwähnten parametrisierten geometrieorientierten Bausteine (Features). Zum Aufbau der Federgeometrie aus einfachen Teilgeometrien (gerade bzw. gekrümmte Abschnitte, Wickelkörper, Spiralkörper usw.) werden die benötigten Features menüunterstützt in entsprechender Reihenfolge aus einer Bibliothek ausgewählt, durch Ausfüllen zugehöriger Eingabemasken auf die gewünschte Größe skaliert und automatisch im Konstruktionskontext angeordnet. Die Überführung der Geometrie in das FEM-Berechnungsmodell erfolgt daraufhin automatisch. Nichtgeometrische Eigenschaften der Federn bzw. Federelemente, beispielsweise Materialeigenschaften, Rand- und Belastungsbedingungen sowie Analyseziel, sind in weiteren Arbeitsschritten über entsprechende Eingabemasken gesondert auszuwählen.

Das als Basis für die Berechnung dienende Programmsystem ANSYS®, wird über eine leistungsfähige Parameter-Schnittstelle in das CAD-System Pro/ENGINEER® integriert. Dieses ist seinerseits wiederum mit einer Feder-Datenbank gekoppelt, deren Struktur in Bild 3 dargestellt ist. Die bidirektionale Kopplung zwischen dem CAD- und dem FEM-System sowie der Datenbank ist in ersten Ansätzen, z.B. für zylindrische Schraubendruck- und Schraubenzugfedern sowie Tellerfedern, realisiert. Als Schnittstellen schieden dafür die bekannten Standardschnittstellen IGES, VDFA, VDAIS und DXF wegen großer Probleme bei der bidirektionalen Datenübertragung oder wegen ihres geringen Leistungsumfangs aus [13]. Aber auch die neu entwickelte Schnittstelle STEP ist derzeit noch nicht in der Lage, Finite-Elemente-Daten zwischen Pro/ ENGINEER® und ANSYS® zu übertragen [14][15]. Deshalb wurde als Lösung für den bidirektionalen Austausch geometrischer Daten zunächst die Programmierung der Parameter-Schnittstelle mittels Pro/Program® in der Sprache C gewählt [11]. Voraussetzung für ein einfaches Arbeiten nach diesem Prinzip ist eine Feder-Datenbank, in der die parametrisierten Pro/ENGINEER®-Geometriemodelle gespeichert sind. Diese CAD-Modelle der Federtypen können durch Parametervariation an die entsprechende Aufgabe angepaßt werden. Ist das Geometriemodell der Feder er-

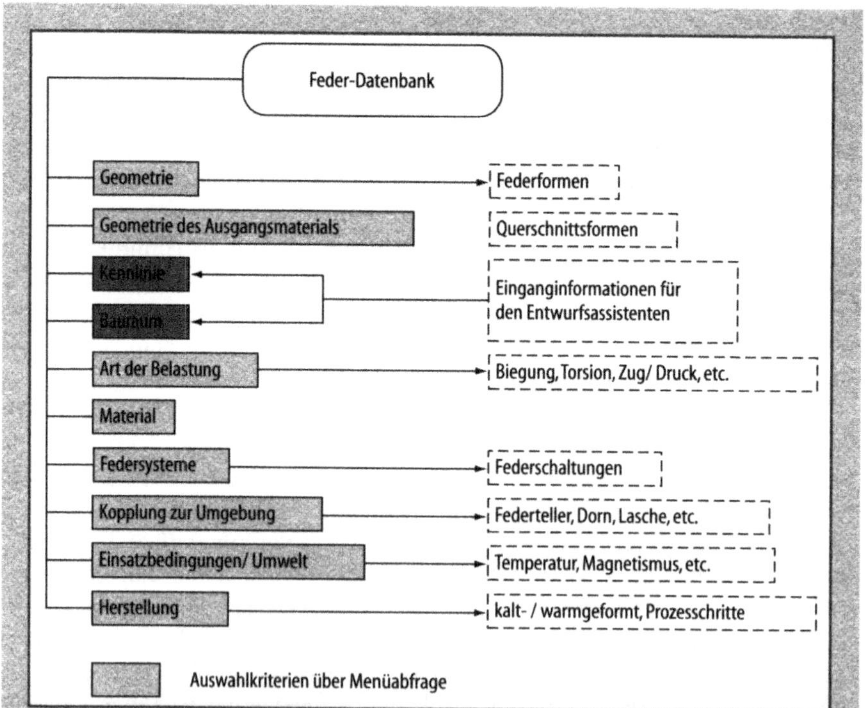

Bild 3. Struktur und Inhalt über Menüabfrage

zeugt, können die Gestaltparameter über die Schnittstelle an das FE-System übergeben werden. Hierzu erfolgt der Aufruf der C-Programme über Standardmenüs des CAD-Systems, gefolgt von der Eingabe des Programmnamens. Damit wird ein erster Nachteil des bisher realisierten Ansatzes deutlich. Für jeden Federtyp, der in dem vorliegenden gekoppelten CAD/FEM-System genutzt werden soll, müssen zwei C-Files vorhanden sein, um mit dem FEM-System Parameter auszutauschen. Diese umständliche Handhabung soll durch das Einfügen neuer Menüs für die Federberechnung wesentlich vereinfacht werden.

Als weiterer Nachteil ist einschränkend festzustellen, daß die so umgesetzte parametrische Schnittstelle nur für die Modellierungswege 1 und 2 anwendbar ist, da hier auf eine parametrisierte Standardgeometrie zugegriffen werden kann. Die featurebasierte Modellierung ist auf diesem Wege nicht nutzbar, sondern bleibt ein reines FEM-Werkzeug. Um diesen Nachteil zu beseitigen, ist es erforderlich, den Datenaustausch auf eine systemunabhängige Basis zu stellen. Dies soll mit der Einführung des Produktmodellstandards STEP erreicht werden. Auf diesem Wege soll auch die Einbindung der für Pro/ENGINEER® bereits verfügbaren Zusatzwerkzeuge Pro/Toolkit® (Menüprogrammierung, Parameteraustausch) und Pro/PDM® (Ankopplung an die Feder-Datenbank) erfolgen.

5
Beispiele

Der bisher erreichte Stand in der Verwirklichung des beschriebenen CAD/ FEM-Systems zur Gestaltung und Berechnung von Federn und Federanordnungen soll im folgenden anhand von Beispielen für die Modellierungswege (1) und (2) näher beschrieben werden.

Im ersten Fall geht es um die automatische Generierung des FEM-Modells einer Doppelkegelfeder (Bild 4) zur Ermittlung der Federkennlinie. Hierbei handelt es sich um die FEM-Modellierung eines typischen Anwendungsfalles durch Bereitstellen von Komplettmodulen. Die dafür zutreffenden Programmodule werden über die dargestellten Menüs aufgerufen (Bild 4a).

Nach Eingabe der Geometrie- und Materialdaten der Feder erfolgt die automatische Generierung des kompletten FEM-Modells (Bild 4b), einschließlich der Rand- und Belastungsbedingungen, die Übergabe an den Solver des FEM-Systems und die Berechnung der Federkennlinie. Als Ergebnis erhält man die Darstellung der Kennlinie (Bild 4c) sowie ein dazugehöriges ASCII-Datenfile. Zur Berechnung der Kennlinie wird ein Strukturmodell (Balkenelemente) verwendet, das ähnlich genaue Ergebnisse wie ein Kontinuummodell liefert, aber wesentlich weniger Rechenzeit benötigt. Auf die gleiche Weise sind in diesem Programmzweig auch die Eigenfrequenzen der Feder bei Längs-, Quer- und Drehschwingungen berechenbar.

Im zweiten Fall geht es um die Spannungsanalyse der gleichen Feder, die im vorgespannten Zustand quer schwingt. Es handelt sich also um die Analyse einer Standardfeder unter besonderen Anwendungsbedingungen, d.h. um das Be-

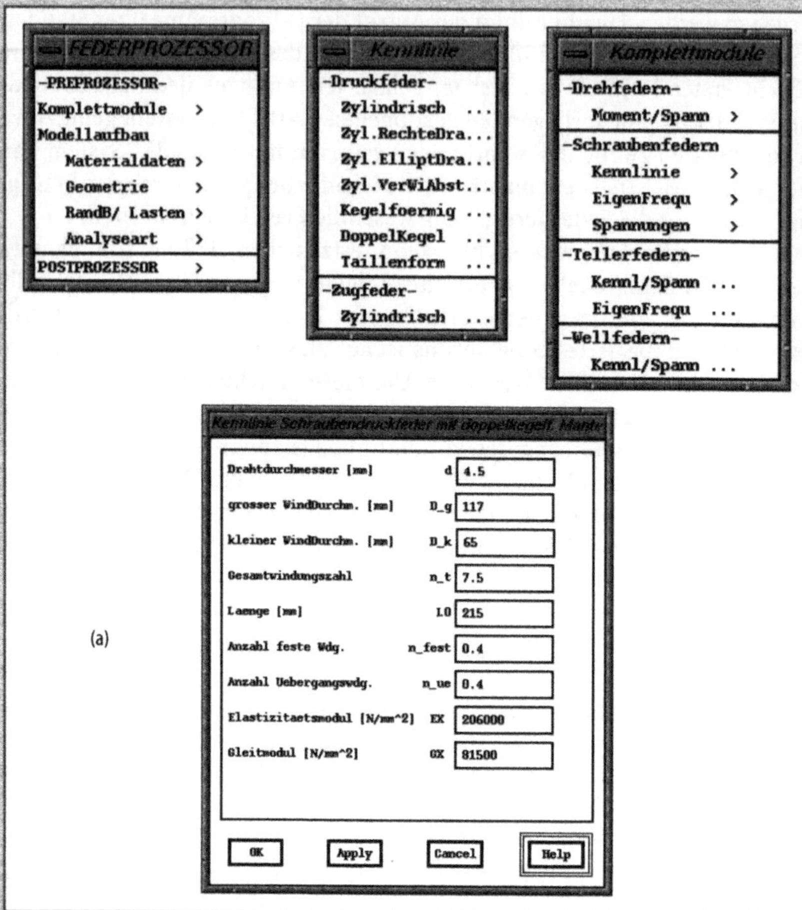

Bild 4a. Berechnung der Kennlinie einer Doppelkegelfeder: **a** Menüführung

schreiten des Modellierungsweges 2. Bild 8a zeigt das Modell der längs- und querbelasteten Feder mit den eingetragenen Rand- und Belastungsbedingungen. Es ist als Kontinuummodell ausgeführt und bietet daher auch die Möglichkeit, den Spannungsverlauf über dem Drahtquerschnitt zu ermitteln. Es werden Volumenmodelle mit drei Freiheitsgraden eingesetzt, wobei eine Windung in 16 Abschnitte mit je 12 Elementen unterteilt ist.

Bild 5 zeigt die Menüfolge zur Festlegung des Materials. Bei der Menügestaltung wurde auf Besonderheiten der unterschiedlichen Standardisierung bei Federdraht und Federband Rücksicht genommen Da beim vorliegenden Beispiel Federdraht einzusetzen ist, wurden die Standardwerte für patentiert gezogenen Federdraht nach DIN 17223 verwendet.

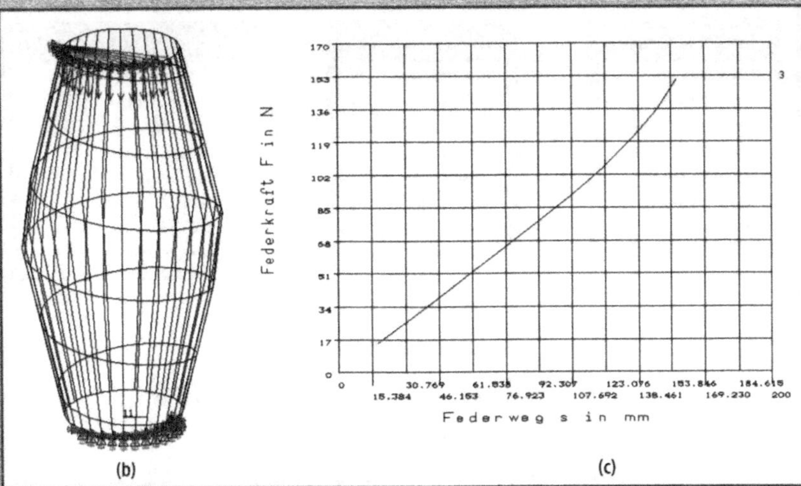

Bild 4b, c. b FEM-Modell **c** Ergebnisdarstellung

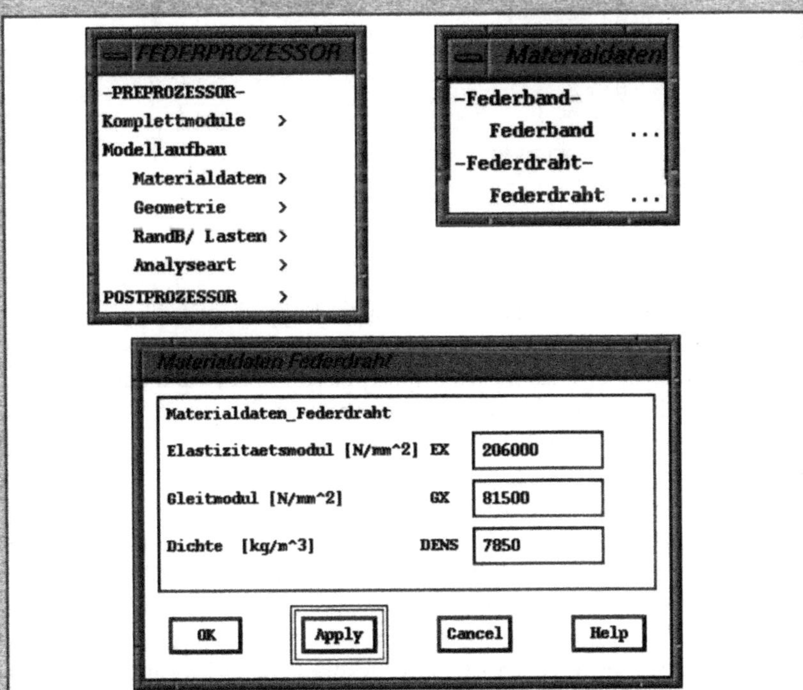

Bild 5. Menüfolge zur Eingabe der Materialkennwerte

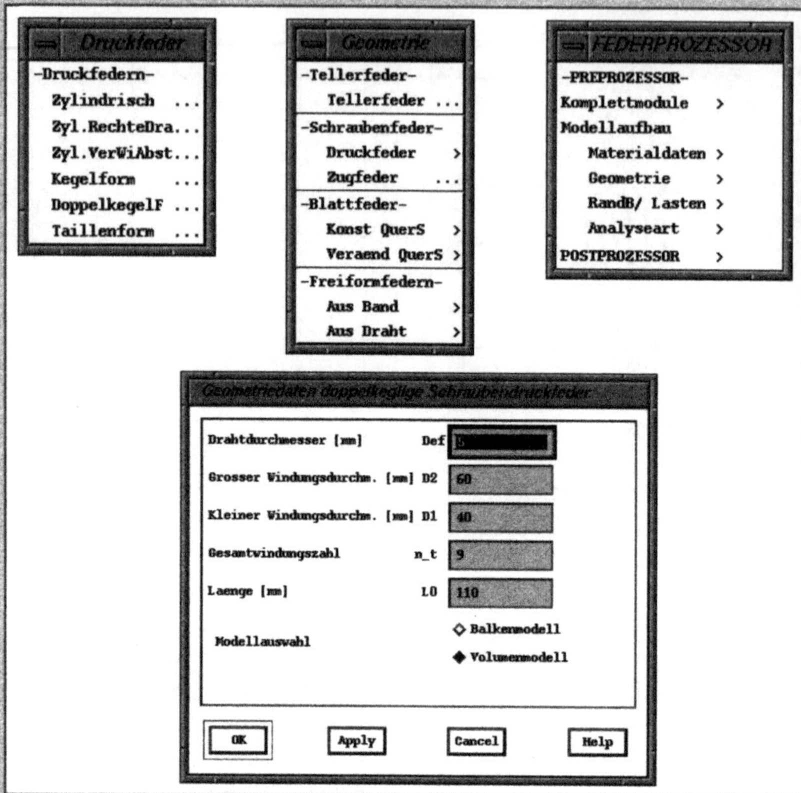

Bild 6. Menüfolge zum Erzeugen der Doppelkegelfeder-Geometrie

Bild 6 zeigt die Menüfolge zum Erzeugen der Doppelkegelfedergeometrie. Wie ersichtlich wird, ist auch hier prinzipiell die Möglichkeit gegeben, ein Strukturmodell zu erstellen. Dies wäre beispielsweise der Fall, wenn das Ziel der Untersuchung in der Grobauslegung der Feder besteht.

Das Definieren der Rand- und Belastungsbedingungen erfolgt über weitere Eingabemasken (Bild 7). Beim Antragen der speziellen Rand- und Belastungsbedingungen werden Standard-ANSYS®-Masken verwendet, um die entsprechenden Knoten auszuwählen und die in Betracht kommenden Felder für Verschiebungsrichtung, Kraftrichtung und Beträge einzutragen (Bild 7b). In diesem Beispiel wurde ein Teil der unteren Windung fest eingespannt und die obere um einen bestimmten Betrag längs der Federachse verschoben (Bild 8a). Zusätzlich greifen Querkräfte an, um die Auslenkung während des Schwingvorganges zu simulieren. Die Auswahl des Analyseziels (Bild 7c) beendet den Eingabezyklus.

Die sich anschließende Berechnung erfolgt automatisch. Ebenfalls automatisch erfolgt die Darstellung eines ersten Ergebnisses, der unverformten und ver-

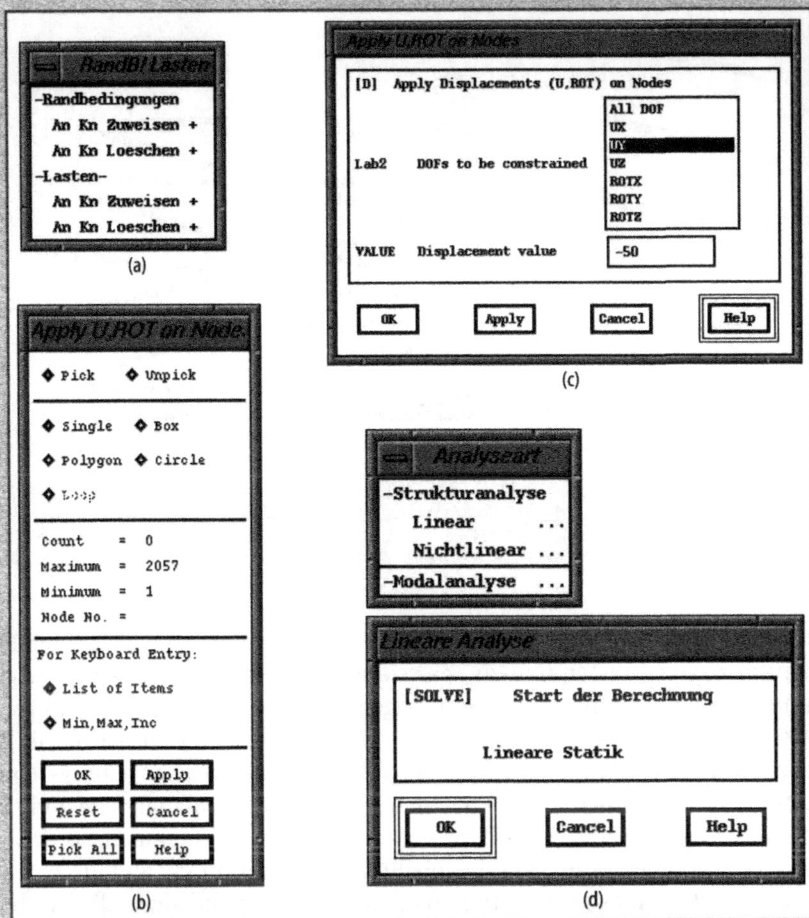

Bild 7. Menüfolge zum Antragen der Rand- und Belastungsbedingungen und zur Auswahl der Analyseart: **a** Menü für Randbedingungen und Lasten **b** Auswahl der Knoten **c** Definition derRandbedingung **d** Auswahl der Analyseart

formten Geometrie (Bild 8b). Alle weiteren Ergebnisse und Darstellungen, z.B. Spannungen (Bild 8c), sind über die Standardfunktionen des Postprozessors und dessen Masken abzurufen.

6 Zusammenfassung

Der Beitrag beschreibt ein modular aufgebautes, gekoppeltes CAD/ FEM Programmsystem zur Gestaltung und Berechnung von Federn und Federanordnungen. Es besitzt eine komfortable Benutzeroberfläche, die es dem Konstruk-

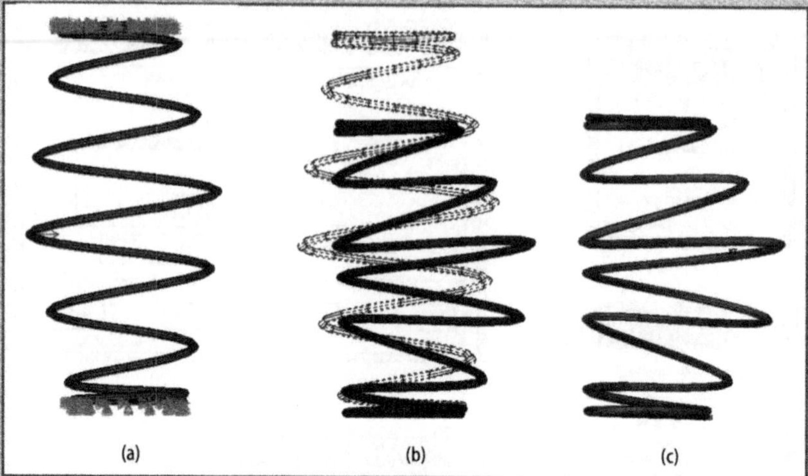

Bild 8. Spannungsanalyse einer querschwingenden vorgespannten Doppelkegelfeder: **a** FEM-Modell **b** unverformte und verformte Geometrie **c** Spannungsplot

teur ermöglicht, die Federn als Maschinenelemente mit den ihm bekannten Parametern zu beschreiben und zu analysieren. Das Programmsystem ist leicht handhabbar und schafft die Voraussetzungen für einen unkomplizierten Zugang des Konstrukteurs zum Einsatz der Finite-Elemente-Methode. Bisher für die effektive FEM-Anwendung notwendige lange Schulungs- und Einarbeitungszeiten können entfallen. Außerdem werden dem Konstrukteur umfangreiche und nur mit hohem Zeitaufwand erlernbare Routinearbeiten abgenommen, so daß er sich bei der Problemlösung auf die inhaltlichen Schwerpunkte und die zu treffenden Entscheidungen konzentrieren kann. Umgesetzt und anwendbar ist bisher der als Basis dienende FEDERPROZESSOR innerhalb des gewählten FEM-Systems ANSYS® und eine grafische Benutzeroberfläche. Für die Einbindung des FEDERPROZESSORS in das CAD-System Pro/ ENGINEER® liegen Ansätze und erste Ergebnisse vor.

Literatur

[1] Meissner, M.; Schorcht, H.-J.: Metallfedern. Reihe Konstruktionsbücher, Band 41. Berlin/Heidelberg/...: Springer-Verlag 1997.
[2] Programmsystem HEXAGON. HEXAGON Industriesoftware GmbH Kirchheim/Teck
[3] Programmsystem ME DESIGN. TEDATA GmbH Bochum
[4] Programmsystem MABAU. Cosoft Computer Consulting GmbH Coesfeld
[5] Bathe, K.-J.: Finite-Elemente-Methoden. Springer-Verlag, Berlin/Heidelberg/... 1986.

[6] Müller, G.: FEM für Praktiker. Ehningen bei Böblingen: Expert Verlag 1993.
[7] Janzen, H.; Krause, G.: Die Kopplung von CAD- und FEM-Systemen. CAD-CEM Report 11 (1992) 9, S. 131–137
[8] Fröhlich, P.: CAD und FEM – Konstruktion und Analyse, 14. CAD-FEM User's Meeting. Bad Aibligen, 1996
[9] Weck, M.; Boshoff, F.: Integration von CAD und FEM durch bidirektionalen automatischen Geometriedatenaustausch. Konstruktion 48 (1996), S. 299–304
[10] Schorcht, H.-J.; Kletzin, U.; Micke, D.: Finite-Elemente-basiertes Entwurfsystem für Federn. Draht 49 (1998) 3, S. 44–50
[11] Schorcht, H.-J.; Kletzin, U.; Micke, D., Wauro, F.: Entwicklung eines modularen, wissensbasierten CAD/ FEM-Systems zur integrierten Berechnung und Gestaltung von Federn und Federanordnungen (Federungen). DFG-Schwerpunktprogramm „Innovative rechnerunterstützte Konstruktionsprozesse: Integration von Berechnung und Gestaltung", Abschlußbericht, TU Ilmenau 1999
[12] SAS IP, Inc.: DesignSpace™, 1997
[13] Dulty, M.: Berechnung als Menü-Bestandteil. KEM (1997) 5, S. 68, 69
[14] Gabbert, U.; Lauschke, U.; Zehn, M.: CAD-FEM-Kopplung auf der Grundlage etablierter Datenschnittstellen. Technische Mechanik 14 (1994) 1, S 51–60
[15] DIN-ISO 10303, STEP

Prof. Dr.-Ing. habil. H.-J. Schorcht
Dipl.-Ing. D. Micke
Dipl.-Ing. F. Wauro
Technische Universität Ilmenau, Fakultät für Maschinenbau, Institut für Maschinenelemente und Konstruktion, Fachgebiet Maschinenelemente
Postfach 100565
98684 Ilmenau

Dipl.-Ing. U. Kletzin
Fa. Brose Fahrzeugteile GmbH & Co. KG Coburg
vormals TU Ilmenau
Straßburger Str. 2a
96450 Coburg

Grundlage des Beitrages bildet ein Forschungsprojekt gleichen Namens, das im Rahmen des DFG-Schwerpunktprogrammes „Innovative rechnerunterstützte Konstruktionsprozesse: Integration von Berechnung und Gestaltung" von 1996 bis 1998 gefördert wurde. Das Schwerpunktprogramm wurde durch Herrn Prof. Dr.-Ing. E.h. Dr.-Ing. Beitz initiiert und koordiniert.

Die Konstruktions-Landkarte – der rote Faden für die Planung, Dokumentation und Selbstreflexion des Konstruktionsprozesses

F. Schroda, P. Sachse

Es war ein Anliegen von Herrn Professor W. Beitz, die Konstruktions-Landkarte in der Zeitschrift Konstruktion zu veröffentlichen. Wir möchten diesem Wunsch gern nachkommen und wollen so seiner gedenken.

Professor W. Beitz hat es eindrucksvoll verstanden, uns Psychologen die Tätigkeit des Konstruierens nahezubringen. In einem gemeinsamen DFG-Projekt[1] von Herrn Professor W. Beitz und Herrn Professor W. Hacker zur Evaluation der Konstruktionsmethodik werden wir seine Ideen und Gedanken fortsetzen.

Inhalt In diesem Beitrag wird eine entwickelte, aufwands- und beanspruchungsarme Methode („Konstruktions-Landkarte") für die Erfassung des Konstruktionsprozesses beschrieben. Die Konstruktions-Landkarte enthält u.a. die Hauptarbeitsschritte der Konstruktionstätigkeit, zeichnerisch-symbolhafte, gegenständliche, experimentelle und digitalisierte Unterstützungsformen, Hinweise auf Unterstützungsmöglichkeiten und -notwendigkeiten. Sie dient der effizienten Planung und Dokumentation des Konstruktionsprozesses sowie der Selbstreflexion über diesen Prozeß. Die Konstruktions-Landkarte ist im Ausbildungsbereich und in der Industrie bereits auf große Akzeptanz gestoßen.

Abstract In this article a developed, expenditure and demand-poor method („design map") for the registration of the design process is described. The design map contains among other things the primary work steps of the design activity, graphical, experimental and digitized support forms, information about support possibilities and necessities. It serves efficient planning and documentation of the design process as well as self reflection over this process. The design map is already encountered large acceptance in the field of training and in the industry.

1 Einleitung

Die Methoden, die derzeit zur notwendigen empirischen Erforschung der Konstruktionstätigkeit eingesetzt werden, beeinflussen den Konstruktionsprozeß

[1] Bedingungen methodikgerechten Vorgehens in den frühen Phasen des konstruktiven Entwurfprozesses (Kennwort: Konstruktionsmethodik, BE479/68-1, HA2249/11-1)

und belasten den Konstrukteur oftmals zusätzlich. Die Auswirkungen sind dabei noch wenig untersucht. Selbstaufschreibebögen, lautes Denken und teilnehmende Beobachtungen greifen in den kreativen Ideenfluß des Konstrukteurs ein und unterbrechen seine Arbeit. Dabei handelt es sich um rein wissenschaftliche „Abzapf" -Techniken, die dem Konstrukteur erst zu einem späteren Zeitpunkt Nutzen versprechen. Weniger reaktive Verfahren, wie beispielsweise die Video-Protokollierung, sind nur für kürzere Konstruktionsprozesse in Laborsituationen mit einzelnen Probanden geeignet. Die rechnergestützte Protokollierung (logfile-recording) ist ausschließlich für computerbearbeitete Konstruktionsprobleme nutzbar. Beim heutigen Innovations-, Zeit-, Qualitäts- und Kostendruck in der Produktentwicklung ist es notwendig und sinnvoll, den Konstruktionsprozeß ohne großen zeitlichen Mehraufwand zu dokumentieren, den Konstrukteur in seiner Arbeit zu unterstützen – nicht zu behindern – und wissenschaftliche Ergebnisse schnell und umfassend zugänglich zu machen.

Eine Prozeßerfassungsmethode ohne Beeinflussung oder Beanspruchung des Konstrukteurs ist kaum denkbar. Beides sollte aber so gering wie möglich gehalten werden. Aus diesen Überlegungen heraus wurde eine aufwands- und beanspruchungsarme Methode für die Erfassung des Konstruktionsprozesses entwickelt (Schroda, Leinert & Sachse, 1996). Da die Erhebungsmethode an eine „Landkarte" erinnert, auf der viele verschiedene (Lösungs-)Wege eingeschlagen werden können, wurde die Methode „Konstruktions-Landkarte" genannt. So wie eine herkömmliche Landkarte bekanntermaßen eine maßstabsgetreu verkleinerte und kartographisch dargestellte Abbildung eines Teiles der Erdoberfläche auf eine Ebene ist, so stellt die Konstruktions-Landkarte eine anschaulich-bildhafte Darstellung des Konstruktionsprozesses dar. Sie dient beim Konstruieren zur Orientierung, Wissensspeicherung und Selbstreflexion.

2 Inhaltselemente der Konstruktions-Landkarte

Eine konventionelle Landkarte kann als Inhaltselemente z.B. Länder, Siedlungen (Städte, Dörfer), Berge, Meere, Seen, Flüsse, Straßen und Wege abbilden, die entwickelte Konstruktions-Landkarte umfaßt hingegen folgende Elemente:

In der Konstruktions-Landkarte wurden die Hauptarbeitsschritte der Konstruktionstätigkeit nach der Konstruktionsmethodik von Pahl & Beitz (1997) im Sinne eines „roten Fadens" (rote Punkte, siehe Abbildung 1 und 2) oder eines Konstruktionsleitfadens berücksichtigt, ohne eine algorithmische Reihenfolge vorzugeben (wie z.B. in Selbstaufschreibebögen oder Abfolge-Checklisten). Die einzelnen Tätigkeiten können beim Konstruieren durch Pfeile miteinander verbunden und bei gewünschter Zeiterfassung mit Datum (für längere Konstruktionsprozesse) oder aktueller Zeit (für kürzere Konstruktionsprozesse) versehen werden. Dadurch können zugleich auch unmittelbar Vor- und Rücksprünge im Sinne iterativer Schleifen sichtbar gemacht werden.

An den unbeschrifteten, inhaltsfreien „schwarzen" Punkten (siehe Abbildung 1) der Landkarte können weitere Arbeitsschritte bzw. individuelle und problemspezifische Vorgehensweisen ergänzt werden.

Ferner sind in dieser Landkarte auch externe Unterstützungsformen („blaue" Punkte, siehe Abbildung 1) vermerkt, die ihren angemessenen Einsatzzeitpunkt (Phase des Konstruktionsprozesses) und ihre jeweiligen Funktionen berücksichtigt und den einzelnen Arbeitsschritten als Unterstützungsangebot zugeordnet wurde („Modellierungs-Landkarte"). So ist es beispielsweise sinnvoll, in den frühesten Phasen des Konstruktionsprozesses mit Freihandskizzen zur Fixierung erster Ideen zu beginnen und erst in einer späteren Phase grobbemaßte Skizzen in das CAD zu übernehmen oder einen Prototypen (Fertigungsmodell) zu verfertigen. Die Landkarte enthält zeichnerisch-symbolhafte, gegenständliche, experimentelle und digitalisierte Unterstützungsformen (vgl. Sachse, Hacker, Leinert & Riemer, 1999; Sachse, 1999).

Die „gelben" Punkte (siehe Abbildung 1) der Karte geben desweiteren Hinweise auf Unterstützungsmöglichkeiten und –notwendigkeiten wie beispielsweise einer Risikoanalyse, den Einsatz einer Entscheidungshilfe, die Anwendung von Simulationen etc.

3 Spezielle Funktionen der Konstruktions-Landkarte

3.1 Planung des Konstruktionsprozesses

Die Planung des Konstruktionsprozesses mit der Konstruktions-Landkarte strukturiert den Prozeß, unterstützt das Projektmanagement und dient der Terminkontrolle. Zuerst wird der Auftragsstart (oben) und der Termin für die Fertigstellung der Konstruktion (unten) vermerkt (siehe Abbildung 1). Dann wird schrittweise für jeden Hauptarbeitsschritt ein Termin festgelegt und an den jeweiligen Punkt notiert. Dabei werden spezielle Kundenwünsche berücksichtigt (z.B. die termingerechte Erstellung eines Prototypen zu Präsentationszwecken). Zusätzlich können Projekt-Meilensteine festgelegt werden („grüne" Punkte, siehe Abbildung 1).

3.2 Dokumentation des Konstruktionsprozesses

Schwer verbalisierbares Handlungswissen („tacit knowledge") wird in einfacher Form sichtbar und kommunizierbar (Arbeitsschritte, Pfeile, Datum, Zeit). An den Unterstützungsformen (z.B. Brainstorming, Skizzen, Modelle, Berechnungen) werden zusätzlich zum Datum Zuordnungsmerkmale notiert (z.B. Numerierungen), um z.B. eine Skizze oder ein Modell bei einem ähnlichen Auftrag schnell und ohne hohen Suchaufwand wiederfinden zu können (findefreundliches Dokumentieren). Oft werden in Unternehmen Neuentwicklungen notwendig, weil vorhandene Lösungen nicht aufgefunden werden oder nicht dokumentiertes Wissen mit aus dem Unternehmen ausgescheidenden Mitarbeitern verloren geht. Die Dokumentation des Konstruktionsprozesses mit der Konstruktions-Landkarte dient somit dem Wissensmanagement. Der oft so schwer nachvollziehbare Konstruktionsprozeß wird transparent.

Vermerkt werden auch verworfene Lösungen und Umwege, um Wiederholungsfehler bei ähnlichen Konstruktionsaufträgen zu vermeiden. Das erhöht die Qualität und beschleunigt die Produktentwicklung bzw. schafft Freiraum für Innovationen.

Im Sinne einer unverbindlichen Checkliste unterstützt die Konstruktions-Landkarte die Ideenfindung. Es wird an substantielle Tätigkeiten erinnert und eine Abfolge angeboten, ohne sie vorzuschreiben. Den entsprechenden Arbeitsschritten sind entsprechende Unterstützungsformen zugeordnet. Der Einsatz mitunter sehr teurer und zeitaufwendiger Formen (z.B. Prototypingverfahren) wird optimiert oder einfachere Unterstützungsformen angeboten (z.B. Drahtmodell). Zusätzlich können unternehmensinterne Hilfsmittel zum richtigen Zeitpunkt durch die Konstruktions-Landkarte empfohlen werden, wie das die speziell für die Firma Styner & Bienz AG (Niederwangen, Schweiz) entwickelte und in diesem Artikel abgebildete Konstruktions-Landkarte verdeutlicht (siehe Abbildung 1). Zu solchen Hilfsmitteln zählen z.B. die Anforderungsanalyse, die Risikoanalyse und die Entscheidungshilfe.

3.3
Selbstreflexion über den Prozeß

Durch die bildhafte und ganzheitliche Veranschaulichung des Konstruktionsprozesses durch die Konstruktions-Landkarte erfolgt eine ständige Rückmeldung über das eigene Tun. In der Konstruktions-Landkarte läßt sich erkennen, welcher Weg zurückgelegt wurde und welche Arbeitsschritte noch zu bewältigen sind. Durch den ständigen Abgleich von geplanten und erreichten Terminen kann eine höhere Planungssicherheit erreicht werden (Verringerung von zeitlichen SOLL-IST-Differenzen). Die Konstruktions-Landkarte zeigt erfolgreiche Strategien, aber auch Umwege und Fehlwege. Vorgehensweisen können unterschieden werden nach methodisch-ablauforientiertem bzw. iterativ-lösungsorientiertem Vorgehen (Rückert, Gaedeke, Schroda, 1997; Rückert, Gaedeke, Schroda, Riemer, 1998; Beitz, Timpe, Hacker, Rückert, Gaedeke, Schroda, 1997). Durch die unmittelbare Rückmeldung dient sie auch als „Lernlandkarte" (Prozeßoptimierung). Im Team angewendet ist sie Metaplan und Kommunikationsgrundlage zugleich. Sie gibt das schwer verbalisierbare Handlungswissen von erfahrenen Konstrukteuren an Berufsanfänger weiter (Hacker, 1994).

4 Ausblick

Die Konstruktions-Landkarte ist sowohl im Ausbildungsbereich als auch in der Industrie auf hohe Akzeptanz gestoßen. Der zeitliche Mehraufwand ist deutlich geringer als der Nutzen. Auf die unternehmensspezifischen Prozesse angepaßt ist man mit der Konstruktions-Landkarte in der Lage, Prozesse zu analysieren, zu bewerten und auch zu gestalten. Der Detaillierungsgrad ist dabei abhängig vom Anliegen.

Es ist darüber hinaus denkbar, Landkarten für Teilprobleme (z.B. Baugruppen) oder Teilbereiche (z.B. die Konstruktion von elektrischen Steuerungen) zu entwickeln. Auch andere Prozesse, wie z.B. der Prozeß der Softwareentwicklung oder der Fehlersuche bei Instandhaltern von Maschinen und Anlagen können durch die Landkarten-Methode abgebildet bzw. unterstützt werden.

In der Arbeitsgruppe von Herrn Professor Hacker, die sich seit einigen Jahren mit der denk- und handlungspsychologischen Unterstützung von Entwurfstätigkeiten beschäftigt, wurden weitere Hilfsmittel entwickelt, die sich in die Konstruktions-Landkarte einordnen lassen (siehe Abbildung 1,„gelbe" Punkte). Dazu zählen Hilfsmittel zur Anforderungsanalyse, zur Risikoanalyse, zur Entscheidungsunterstützung, zur phasen- und funktionsgerechten Auswahl von Skizzen, Modellen und Prototypen sowie die prozeßbegleitende Lösungsgütebewertung.

Konstruktions-Landkarte

Kundenname | Projektbezeichnung | Auftragsnummer

Baugruppe | Konstruktionsteam | Konstruktionsart*: Varianten-, Anpassungs- oder Neukonstruktion

Zeichnen Sie bitte Ihr Vorgehen beim Bearbeiten des Konstruktionsauftrags in die Konstruktions-Landkarte. Verbinden Sie dabei die jeweiligen Arbeitsschritte (Symbole) mit *Pfeilen*. An den unbeschrifteten Punkten (●) können Sie Arbeitsschritte notieren, die Sie in der Konstruktions-Landkarte nicht finden. Die Kreise (○) bilden verbunden den sogenannten „roten Faden" der Konstruktion. Die Quadrate (■) geben Ihnen Hinweise auf konkrete Unterstützungsmöglichkeiten. Die Dreiecke (▲) dienen der Orientierung und der Dokumentation. Die Projekt-Meilensteine sind mit Sternen (★) gekennzeichnet. Schreiben Sie an jeden Punkt, den Sie auf Ihrem Lösungsweg berühren, das aktuelle *Datum*. Es ist möglich, daß Sie mehrmals an den selben Punkt zurückkehren. Sie können die Konstruktions-Landkarte auch zur Planung des Konstruktionsprozesses verwenden, indem Sie für den geplanten Termin eines Arbeitsschrittes (SOLL) und das tatsächliche Datum des Erreichens (IST) unterschiedliche Farben verwenden. Beginnen Sie bei der Planung am besten mit den Terminen für den Beginn und die Fertigstellung der Konstruktion.

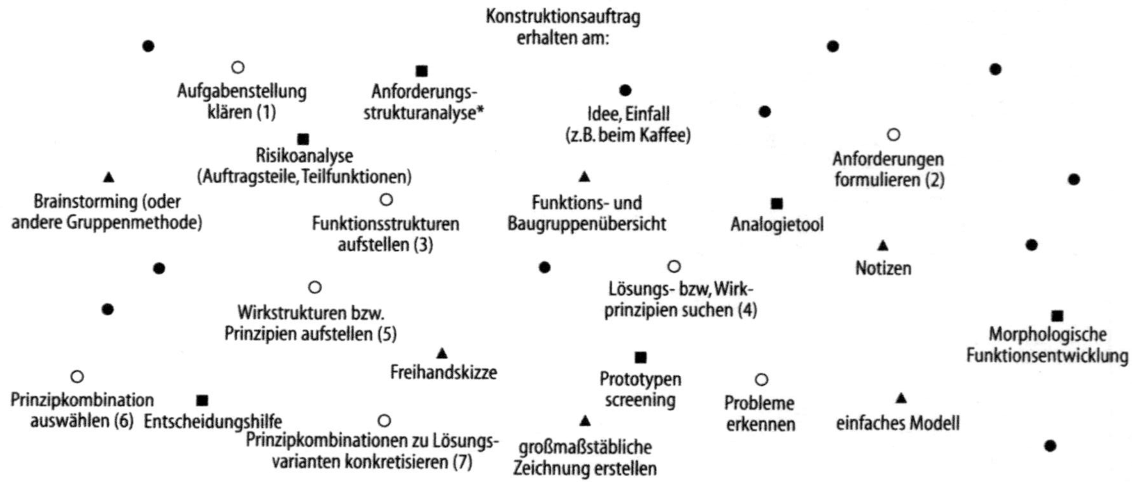

Bild 1. Konstruktions-Landkarte

Bild 1. Konstruktions-Landkarte (Fortsetzung)

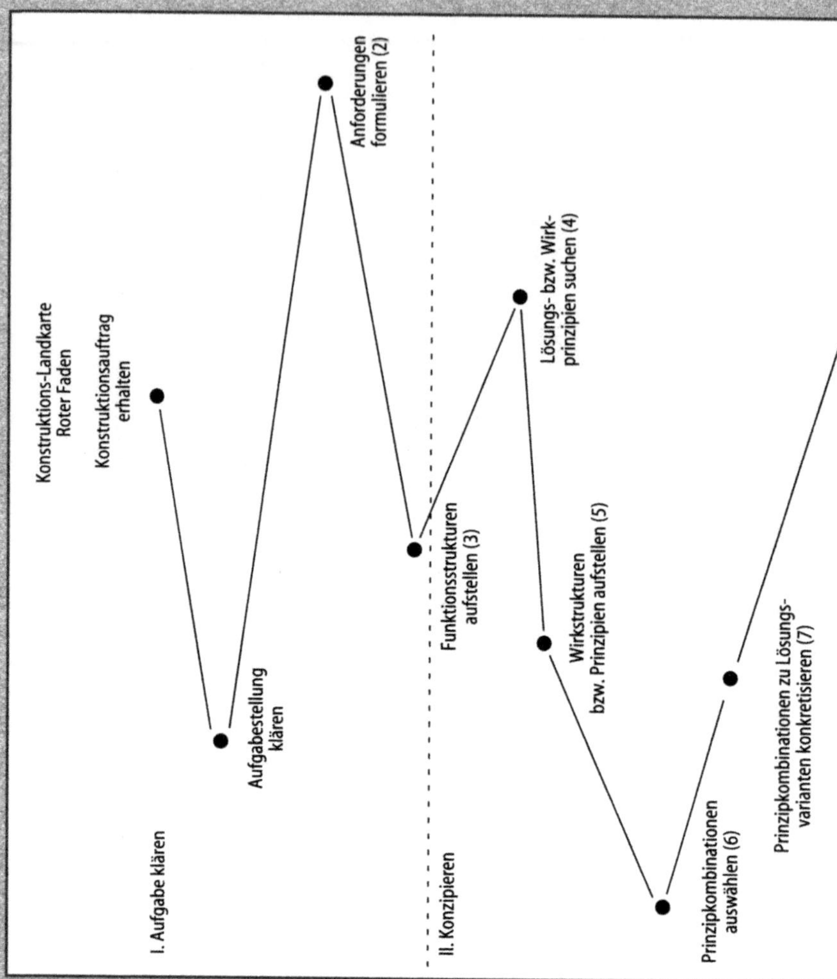

Bild 2. Konstruktions-Landkarte, Roter Faden

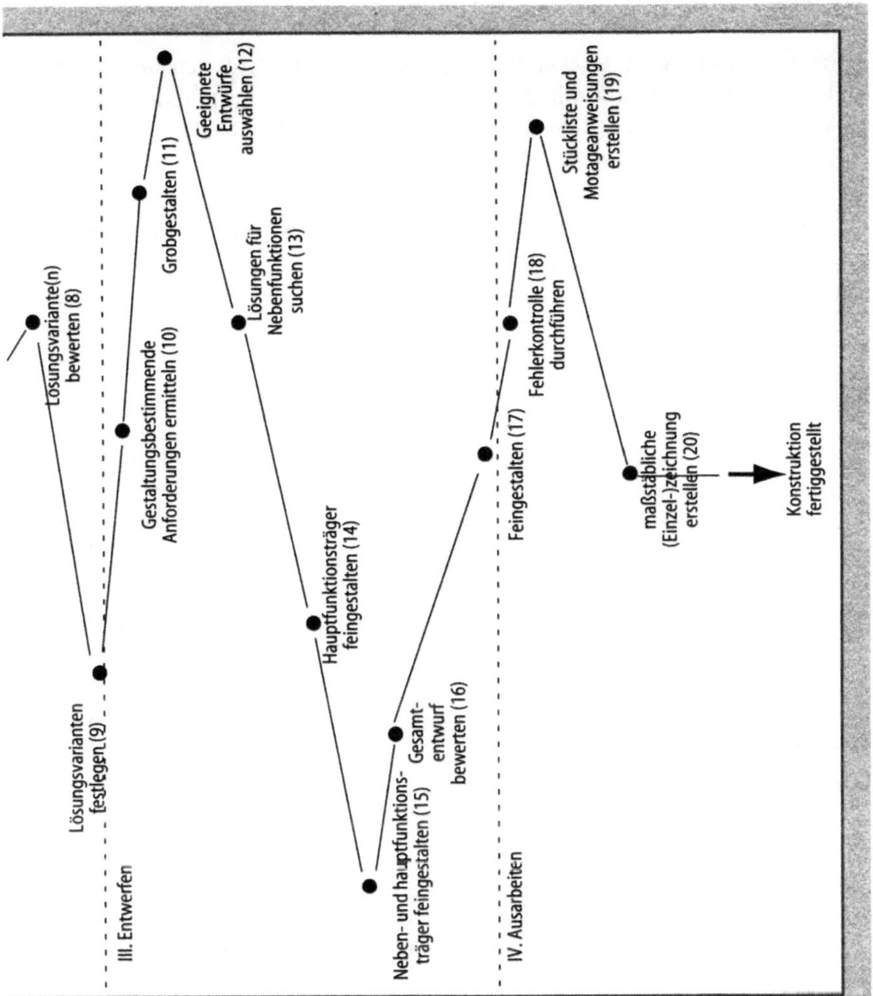

Bild 2. Konstruktions-Landkarte, Roter Faden (Fortsetzung)

Literatur

Beitz, W., Timpe, K.-P., Hacker, W., Rückert, C., Gaedeke, O., Schroda, F. (1997). Konstruktionsarbeit studentischer Übungsgruppen. Empfehlungen für die konstruktionsmethodische Ausbildung an Technischen Universitäten. Schriftenreihe Konstruktionstechnik, 40.

Beitz, W., Hacker, W., Timpe, K.-P. (1997). Design Methodology: Lernability and Effectiveness. TU Dresden, Forschungsberichte des Instituts für Allgemeine Psychologie und Methoden der Psychologie, 41.

Hacker, W. (1997): Diagnose von Expertenwissen. TU Dresden, Forschungsberichte des Instituts für Allgemeine Psychologie und Methoden der Psychologie, 15.

Pahl, G., Beitz, W. (1997): Konstruktionslehre: Methoden und Anwendung. Berlin: Springer.

Rückert, C., Gaedeke, O., Schroda, F. (1997). Wirksamkeit und Erlernbarkeit der Konstruktionsmethodik. Konstruktion, 49, 26-31.

Rückert, C., Gaedeke, O., Schroda, F., Riemer, S. (1998). Konstruktionsarbeit studentischer Übungsgruppen- Empfehlungen für die konstruktionsmethodische Ausbildung. VDI-Z, Integrierte Produktion, 1/2, 16 .

Sachse, P. (1999). Unterstützung des entwerfenden Problemlösens im Konstruktionsprozess durch Prototyping. In P. Sachse & A. Specker, (Hrsg.), Design thinking: Analyse und Unterstützung konstruktiver Entwurfstätigkeiten. Schriftenreihe Mensch, Technik, Organisation. Zürich: vdf Hochschulverlag/ Stuttgart: Teubner, im Druck.

Sachse, P., Hacker, W., Leinert, S. & Riemer, S. (1999). Prototyping als Unterstützungsmöglichkeit des Denkens und Handelns beim Konstruieren. Zeitschrift für Arbeits- und Organisationspsychologie, Heft 2, im Druck.

Schroda, F., Leinert, S. & Sachse, P. (1996). Anforderungsstruktur und Problemraum - theoretische und empirische Problemanalyse. TU Dresden, Forschungsberichte des Instituts für Allgemeine Psychologie und Methoden der Psychologie, 31.

Dipl.-Psych. Frauke Schroda
Dr. rer. nat. Pierre Sachse
Technische Universität Dresden, Institut für Allgemeine Psychologie
und Methoden der Psychologie
Objekt Falkenbrunnen
01062 Dresden

Die Gestalt technischer Produkte und ihre erweiterten Ähnlichkeitsbeziehungen

H. Seeger

Persönliches Vorwort

Wenn es das Schicksal nicht anders gewollt hätte, dann wären Wolfgang Beitz und ich heute noch Kollegen am selben Institut der Universität Stuttgart. Wir lernten uns kennen im Rahmen des DFG-Schwerpunktprogramms Konstruktion 1969–1974. Die Kontakte wurden vertieft in der Zusammenarbeit an der 1985 veröffentlichten VDI-Richtlinie 2221 und seit dieser Zeit auch in unseren Aktivitäten auf der ICED. In diesen Gesprächen und Diskussionen habe ich W. Beitz als Förderer und Sympathisanten des Technischen Designs kennengelernt. Auf der WGMK-Tagung 1998 in Stuttgart wurde von ihm auch noch eine Zusammenarbeit auf diesem Gebiet angeregt, die nun aber leider nicht mehr zustande kam.

Als Zeichen unseres Dankes widme ich ihm den folgenden Beitrag.

1 Einleitung

Die Ähnlichkeit ist ein sehr altes Konstruktionskriterium und wird bis heute als Grundlage der Baureihenentwicklung von Beitz-Pahl [1], Gerhard [2] u.a. behandelt. Allerdings ist damit die Anwendung der Ähnlichkeit in der Gestaltung nicht erschöpfend behandelt. Ihr Anwendungsbereich erweitert sich nicht zuletzt durch den Zusammenhang mit dem Designkriterium einer stilvollen Gestaltung, das die visuelle Wahrnehmung und formale Erkennung durch den Menschen berücksichtigt (Bild 1). Die Ähnlichkeit von zwei und mehr Gestalten liegt auf einer Skala, die von den Grenzwerten totale Unähnlichkeit oder Ähnlichkeitsgrad null und totale Ähnlichkeit oder Ähnlichkeitsgrad eins begrenzt ist.

Ähnlichkeitsskala

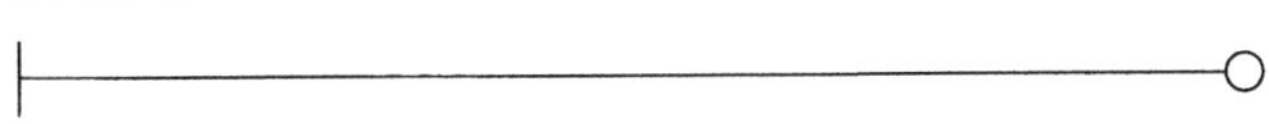

Ähnlichkeitsgrad null/
Totale Unähnlichkeit

Ähnlichkeitsgrad eins/
Totale Ähnlichkeit

Es ist davon auszugehen, daß eine stilvolle Gestaltung immer einem bestimmten Ähnlichkeitsgrad entspricht. Allerdings lassen die Grundlagenwissenschaften, wie Ästhetik, Ähnlichkeitstheorie oder Kunstgeschichte, die Merkmalsdefinition und die Position solcher stilvollen Gestalten bzw. deren Gleichteileanteil offen. Nicht zuletzt weil alle diese Gestaltungsfragen sehr schnell hochkomplex werden; zudem fehlt bis heute eine allgemein anerkannte Gestaltdefintion. Zur Klärung dieser offenen Frage wird der folgende Ansatz entwickelt.

Der Gestaltbegriff wird auf folgenden unterschiedlichen Betrachtungsebenen des Maschinenwesens verwendet:

- die Gestalt einer Maschinenanlage oder eines Produktsystems aus mindestens zwei Produkten,
- die Gestalt eines Produktes oder einer Produktvariante aus mindestens zwei Baugruppen,
- die Gestalt einer Baugruppe aus mindestens zwei Maschinenelementen,
- die Gestalt eines Maschinenelementes aus mindestens einer Fläche und Oberfläche,
- die Gestalt einer Oberfläche.

Die folgenden Ausführungen konzentrieren sich auf die „höheren" Gestalten von den Baugruppen bis hin zu einem Produktsystem.

Unter einer Produktgestalt (Abkürzung „Gestalt" G) wird im folgenden ein dreidimensionales und materielles Gebilde verstanden, das beschriftet, farbig, geformt und räumlich aufgebaut ist. Diese Gestalt ergibt sich – in einer funktionalen Definition – aus ihren Funktionen oder aus ihren Anforderungen (Bild 1). Demgegenüber wird in einer strukturellen Definition oder in der Sprache der Gestaltpsychologie [3] eine Gestalt als Ganzheit im folgenden Sinn verstanden (Bild 2):

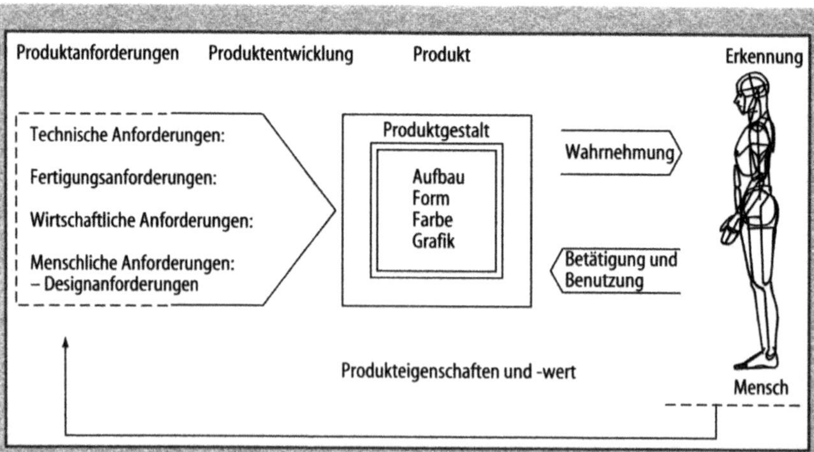

Bild 1.

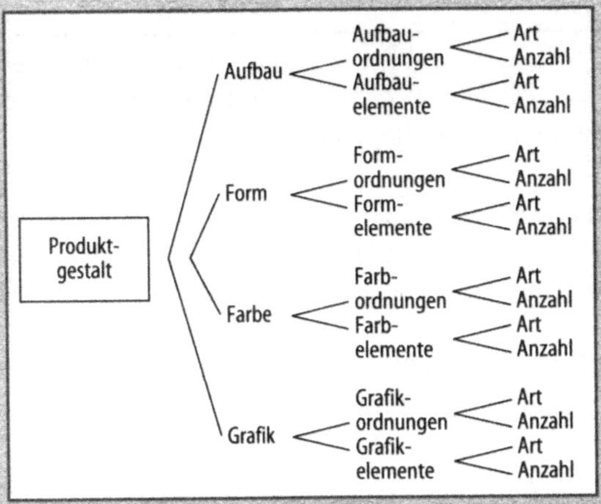

Bild 2.

a. Eine Gestalt ist eine Ganzheit aus der Menge der Teilgestalten Grafik (Gr), Farbe (Fa), Form (Fo) und Aufbau (A). Formal ausgedrückt durch das Quadrupel

$$G = (Gr, Fa, Fo, A)$$

b. Eine Gestalt ist des weiteren eine Ganzheit aus der Vereinigung der jeweiligen Gestaltelemente mit einer oder mehreren Gestaltordnungen. Das obengenannte Quadrupel erweitert sich damit zu einem 8-stelligen Gestaltvektor

$$G = (E_{Gr}, O_{Gr}, E_{Fa}, O_{Fa}, E_{Fo}, O_{Fo}, E_A, O_A)$$

Elemente und Ordnungen oder verallgemeinert Merkmale einer technischen Produktgestalt sind

Teilgestalt	Elemente	Ordnungen
Aufbau	Funktionsbaugruppen, Anzeigen und Stellteile, Tragwerke und Verkleidungen	Haupt-Symmetrien, Haupt-Proportionen, Anordnung/Gestalttyp
Form	Wirkflächen, Bedienungsformen, Fertigungsformen der Aufbauelemente	Teil-Symmetrien, Teil-Proportionen, Form-Zentrierung, Form-Kontrast
Farbe	Farbton, Helligkeit und Sättigung, Textur der Aufbauelemente	Farb- und Oberflächen-kontraste

Teilgestalt	Elemente	Ordnungen
Grafik	Beschriftung, Ziffern, Piktogramme auf den Aufbauelementen	Grafische Symmetrien, Grafische Proportionen

Die Komplexität einer Gestalt verdoppelt bzw. vervielfacht sich, wenn man sie nicht nur als Außengestalt, sondern auch als Summe der Innengestalten versteht. Im Fahrzeugbau sind dies neben dem Innenraum oder der Fahrgastzelle der Motorraum und der Kofferraum.

Bezeichnen wir mit G_F die Fahrzeuggestalt, mit $G_{exterior}$ die Außengestalt und mit $G_{interior}$ die Innengestalt, so können wir schreiben

$$G_F = G_{exterior} \cup G_{interior}$$

Zerlegen wir nun die Innengestalt in ihre Komponenten, so erhalten wir

$$G_F = G_{exterior} \cup G_{FR} \cup G_{MR} \cup G_{KR}$$

wobei wir mit G_{FR} die Gestalt der Fahrgastzelle, mit G_{MR} die Gestalt des Motorraums und mit G_{KR} die Gestalt des Kofferraums bezeichnen.

Beispiele zum Interior-Design:

- PKW-Motorraum-Design (s. Bild 5)

2
Erstes Ergebnis: die Ähnlichkeitsbeziehungen einer Einzelgestalt

Aus dieser vollständigen Gestaltbeschreibung wird ersichtlich, daß die umfassende Gestaltähnlichkeit in die folgenden Teilähnlichkeiten Aufbau-Ähnlichkeit, Form-Ähnlichkeit, Farb-Ähnlichkeit, Grafik-Ähnlichkeit untergliedert werden kann (Bild 3).

Die einfachste Ermittlung des Ähnlichkeitsgrades Ä kann nach folgendem Quotienten erfolgen:

$$\text{Ä} = \frac{\text{Anzahl gleicher Gestaltelemente}}{\text{Anzahl aller Gestaltelemente}}$$

Dieser Ansatz gilt nun interessanterweise schon für eine Gestalt, die traditionellerweise als rein oder stilvoll oder aber – moderner – als selbstähnlich bezeichnet wird.

Die Selbstähnlichkeit einer Gestalt kann in allen obengenannten Teilgestalten auftreten, als

- Aufbau-Ähnlichkeit
  durch Gleichteile oder durch das sog. Redundanzprinzip
- Form-Ähnlichkeit
  durch Repetition gleicher Formen (Bild 4: Elektrooptischer Feintaster)

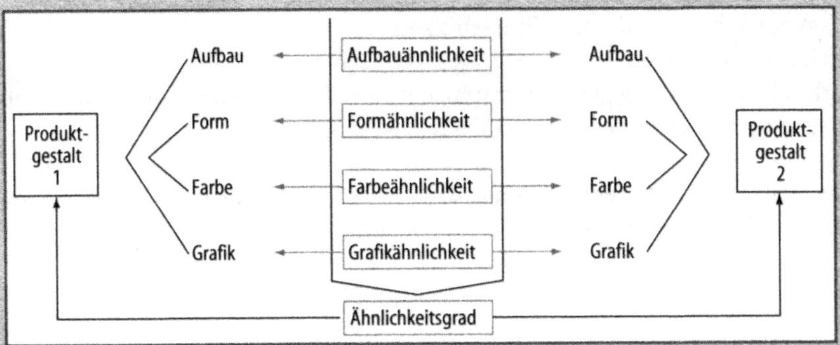
Produkt-
gestalt
1
Aufbau
Form
Farbe
Grafik
Aufbauähnlichkeit
Formähnlichkeit
Farbeähnlichkeit
Grafikähnlichkeit
Aufbau
Form
Farbe
Grafik
Produkt-
gestalt
2
Ähnlichkeitsgrad

Bild 3.

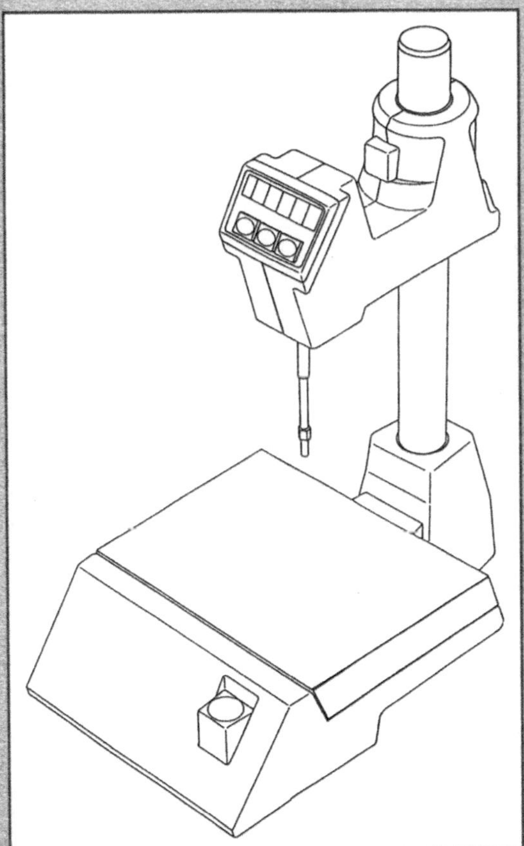

Bild 4.

- Farb-Ähnlichkeit
  im einfachsten Fall durch Einfarbigkeit
- Grafik-Ähnlichkeit
  durch Verwendung gleicher graphischer Zeichen, aber auch durch symmetrische Namen (Beispiele: OTTO, ONNO, ATA, ARA u.a.)

Der „Stil" von Gestalten mit einer Außen- und einer Innengestalt der obengenannten Definition bezieht sich auf deren Ähnlichkeitsgrad:

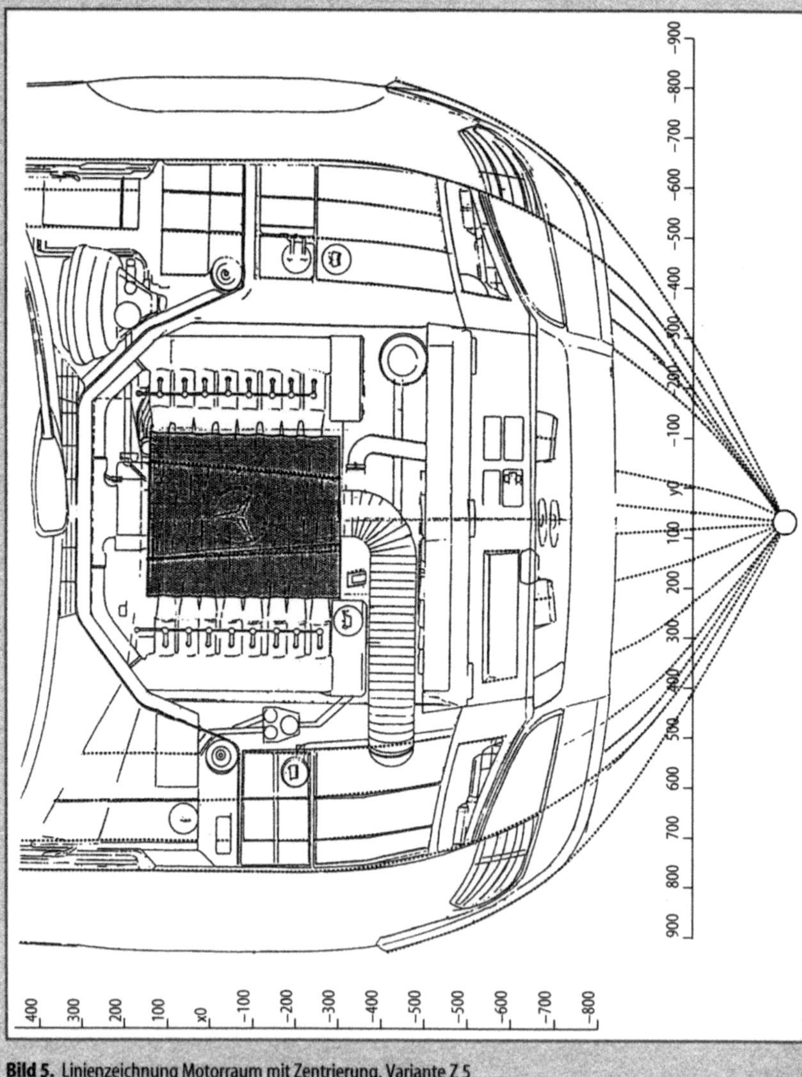

Bild 5. Linienzeichnung Motorraum mit Zentrierung, Variante Z 5

$$Ä(G_{interior}, G_{exterior}) = \frac{\text{Anzahl aller gleichen Merkmale aus } G_{interior} \text{ und } G_{exterior}}{\text{Anzahl aller Gestaltmerkmale aus } G_{interior} \text{ und } G_{exterior}}$$

Da die diesbezüglichen Gestaltelemente aus Funktionsgründen unterschiedlich sind, beinhaltet dieser Ähnlichkeitsgrad schwerpunktmäßig die Ordnungsbeziehungen.

Beispiel: Motorraumdesign (Bild 5) mit gleicher Formzentrierung wie der äußere Vorderwagen

Der Grenzwert der Komplexität ist eins, d.h. eine Produktgestalt geht in die Gestalt einer Baugruppe oder eines Maschinenelementes über. Hierfür gelten im übertragenen Sinne die gleichen Ähnlichkeitsbeziehungen.

3 Die Ähnlichkeitsbeziehungen von zwei und mehr Gestalten

Die Beurteilung von zwei und mehr Gestalten bezüglich ihrer Ähnlichkeit bildet den Normalfall des Maschinenbaus. Dieser präzisiert sich auf folgende 5 Situationen:

Zwei und mehr Wettbewerbsprodukte einer Branche

Mit der Fragestellung

← Originalität
Eigenständigkeit
Nachahmung →
Kopie, Markenpiraterie

0 —————————— 1 Ähnlichkeit

Vorgänger- und Nachfolgeprodukt eines Herstellers

Mit der Fragestellung

← Weiterentwicklung
Innovation
Firmenstil →
Herstellerkennzeichnung

0 —————————— 1 Ähnlichkeit

Zwei und mehr Varianten eines Produktprogramms

Mit der Fragestellung

Gleichteileanteil →
Herstellerkennzeichnung

0 —————————— 1 Ähnlichkeit

Zwei und mehr Komponenten eines Produktsystems

Mit der Fragestellung

← Systemchaos

Gleichteileanteil

Herstellerkennzeichnung →

Bedienungssicherheit

0 1 Ähnlichkeit

Eine und mehr Produktgestalten und die umgebende Raumgestalt

Mit der Fragestellung

← Uneinheitlicher/unruhiger Raumeindruck

Einheitlicher/ruhiger Raumeindruck →

0 1 Ähnlichkeit

Betrachten wir zwei Produktgestalten G_1 und G_2 mit ihren Teilgestalten Aufbau, Form, Farbe und Grafik, so können wir die Ähnlichkeit zwischen G_1 und G_2 bzgl. der Elemente und Ordnungen durch die folgende Definition fassen.

Seien G_1 und G_2 Produktgestalten aus den vorstehend beschriebenen Situationen, dann heißt

$$V(G_1,G_2):=\left(\dot{E}_{\mathrm{A}},\dot{O}_{\mathrm{A}},\dot{E}_{\mathrm{FO}},\dot{O}_{\mathrm{FO}},\dot{E}_{\mathrm{FA}},\dot{O}_{\mathrm{FA}},\dot{E}_{\mathrm{GR}},\dot{O}_{\mathrm{GR}}\right)$$

der *Ähnlichkeitsvektor von G_1 und G_2*, wobei die Einträge Schnittmengen der einzelnen Stellen der Gestaltvektoren von G_1 und G_2 sind.

Mit dieser Definition können wir nun eine Liste aller möglichen Beziehungen erstellen. Tragen wir in einer solchen Liste ein, ob die entsprechende Schnittmenge leer (Eintrag „0") oder nicht-leer (Eintrag „1") ist, so erhalten wir eine – hier nicht dargestellte – Liste, die als Zeilen 8-stellige Binärzahlen hat. Wir haben also $2_8 = 256$ verschiedene Ähnlichkeitsbeziehungen zwischen zwei Gestalten. Dieses Ergebnis belegt die in der Einleitung angesprochene Gestaltungskomplexität bzw. den diesbezüglichen gestalterischen Freiheitsgrad.

4 Anwendungsbeispiele

4.1 Zwei und mehr Wettbewerbsprodukte einer Branche

Beispiel: Planetengetriebegehäuse (Bild 6)

Bei den beiden oben stehenden Getrieben von zwei unterschiedlichen Herstellern fällt die Aufbau- und Formähnlichkeit auf. In bezug auf das "Messen von Plagiaten" wird dieses Thema auch von Koller [7] behandelt.

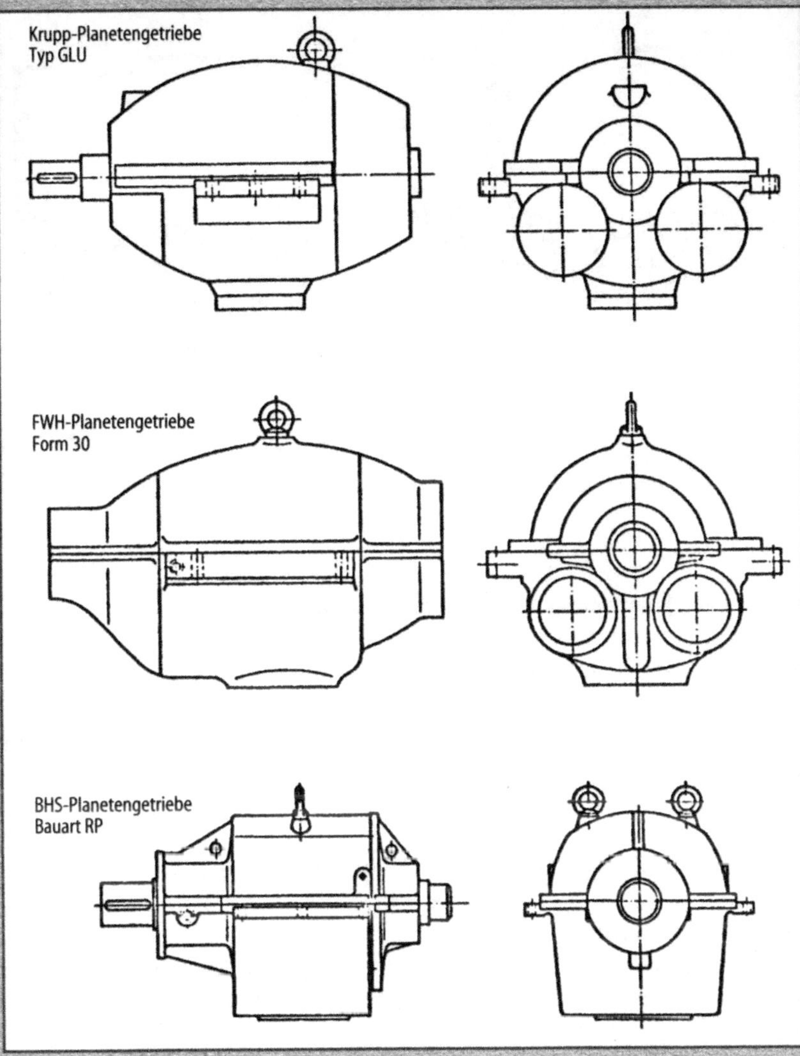

Bild 6.

4.2
Zwei und mehr Varianten eines Produktprogramms

Beispiel: Tablettenabfüllmaschinen (Bild 7)

Tragwerk und Verkleidung einer großen Tablettenabfüllmaschine wird durch Duplizierung von Tragwerk und Verkleidung der kleineren Type gebildet. Neben der eindeutigen Herstellerkennzeichung begründen auch Kostenüberlegungen diese Konzeption.

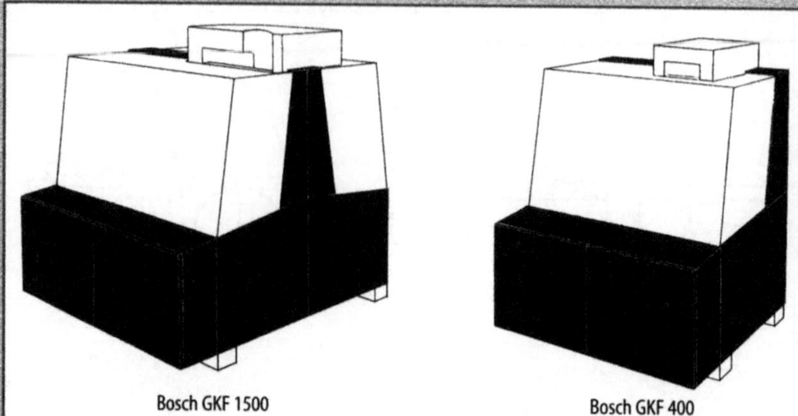

Bild 7. Konzept 1 Gleichteile

4.3
Zwei und mehr Komponenten eines Produktsystems

Beispiel: Holzbearbeitungsmaschinen einer Schreinerei (Bild 8)

Neben einheitlichen Form- und Farbmerkmalen bestimmen auch einheitliche Stellteile, einheitlicher Aufbau der Bedienfelder und ein einheitliches Bildzeichenalphabet dieses Systemdesign.

4.4
Eine und mehr Produktgestalten und die umgebende Raumgestalt

Beispiel: Presserei (Bild 9)

Das einheitliche Systemdesign von Universalpresse, Steuerstand und Werkzeugtransportwagen wird in der Pressereihalle im Hinblick auf einen einheitlichen Raumeindruck weitergeführt.

5
Ermittlung und Bewertung der Ähnlichkeit

Der bisher beschriebene Ansatz zielt auf eine objektive Ermittlung der Ähnlichkeitsmerkmale bzw. des Ähnlichkeitsgrades ab.

Die vorgenannte Ähnlichkeitsliste enthält bezüglich der Ähnlichkeitsmerkmale interessanterweise eine Normalverteilung:

16 nullfache Ähnlichkeiten bzw. Unähnlichkeiten
64 einfache Ähnlichkeiten
96 zweifache Ähnlichkeiten

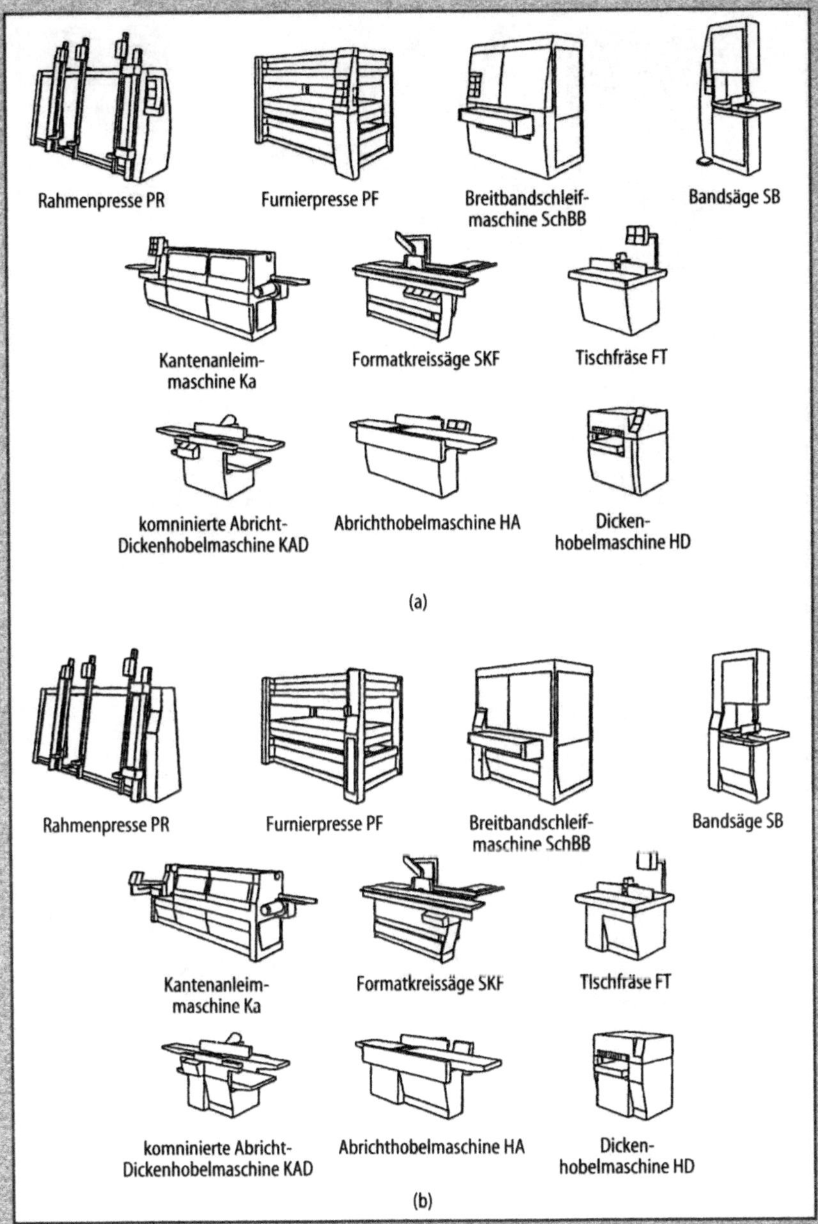

Bild 8. Teilgestalt Form des Systems $S_{AB}1$ (**a**) bzw. $S_{AB}2$ (**b**) für die Analyse der Form- bzw. Form-Farb-Ähnlichkeit

64 dreifache Ähnlichkeiten
16 vierfache Ähnlichkeiten

Bild 9. HallengestaltungVariante 2

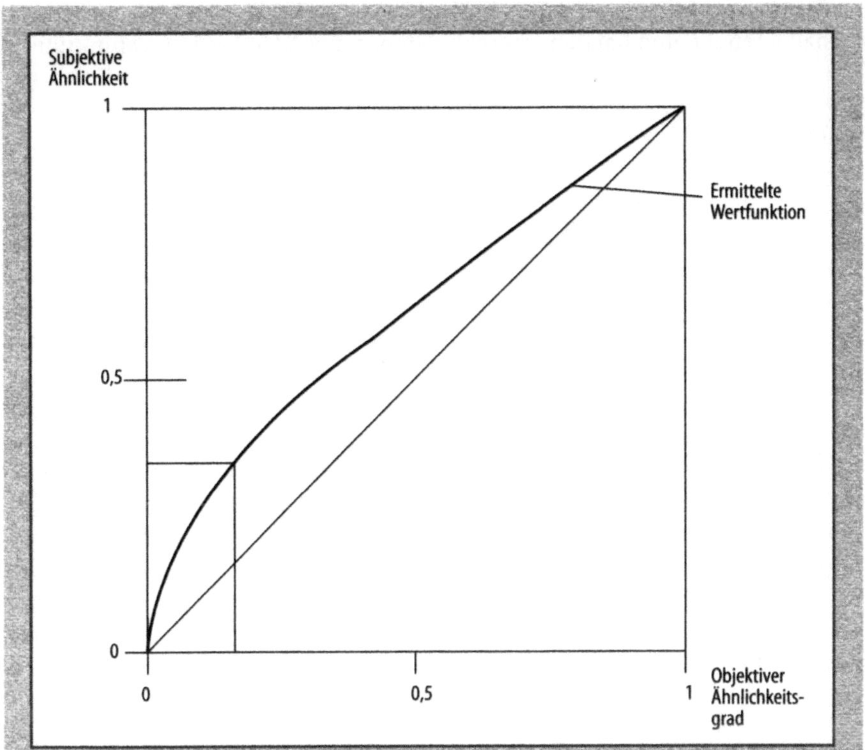

Bild 10. Ähnlichkeitsdiagramm

Verbunden ist damit die Frage nach sog. starken und schwachen Lösungen, die aber heute noch nicht beantwortet werden kann.

Neben ihrer objektiven Ausprägung unterliegt die Ähnlichkeit immer auch einer subjektiven Bewertung, die über Befragungen ermittelt werden kann. Beide Ähnlichkeitsgrade lassen sich in einem Bewertungsdiagramm vereinigen (Bild 10). Aus zwei Dissertationen ([4] und [5]) kann über die zugeordnete Wertfunktion folgende Aussage gemacht werden:

- Die Ähnlichkeitsgrade der untersuchten Produktprogramme und -systeme (Bild 7 und 8) mit einer deutlichen Stilausprägung liegen bei 50%. Diese Marke wird auch von Koller [7] als „Plagiatsgrenze" für die in 4.1/Bild 6 angegebene Wettbewerbssituation genannt.
- Die Aufbau-/Form-Ähnlichkeit ist kleiner als die Aufbau-/Form-/Farb-Ähnlichkeit, d.h. die Farbe erhöht die Ähnlichkeit, wenn es sich nicht um ein aufbau- und formauflösendes Farbdesign handelt [6].
- Die subjektive Ähnlichkeit liegt im unteren Bereich deutlich über der objektiven Ähnlichkeit.

- Die Wertfunktion eines Ähnlichkeitsdiagramms liegt somit über der Winkelhalbierenden und hat den Charakter einer steigenden Sättigungsfunktion.

6 Ausblick

Dieser Beitrag behandelte ausschließlich die visuell wahrnehmbaren oder – zeichentheoretisch ausgedrückt – syntaktischen Gestaltmerkmale Aufbau, Form, Farbe und Grafik und die darauf basierenden Ähnlichkeiten. Das angegebene Untersuchungsergebnis, daß auch objektiv unähnliche Gestalten subjektiv als ähnlich bezeichnet werden, verweist auf einen Sachverhalt, der über diesen Rahmen hinausgeht.

Gestalten sind neben ihrer Syntaktik auch Träger von Bedeutungen und Informationen. Sie haben – zeichentheoretisch ausgedrückt – eine Semantik. Das heißt, die unähnlichen Gestalten einer Schreinerei sind alle, als einheitliches semantisches Merkmal oder als einheitliche Zweckerkennung, Holzbearbeitungsmaschinen. Es wird in Zukunft zu überprüfen sein, ob die hier behandelte syntaktische Ähnlichkeit nicht durch eine semantische und ggf. auch eine pragmatische Ähnlichkeit erweitert werden muß. Mit diesen drei Dimensionen erhielte die Ähnlichkeit den Charakter einer gebrauchsorientierten Information. Die Ähnlichkeitsthematik wird dadurch nicht einfacher, aber sicher noch interessanter.

Schrifttum

[1] Pahl, G. u. Beitz, W.: Konstruktionslehre, Springer-Verlag 1986
[2] Gerhard, E.: Baureihenenwicklung, Expert-Verlag, Grafenau 1984
[3] Weinhandl, F. (Hrsg.): Gestalthaftes Sehen, Darmstadt 1978
[4] Maier, T.: Gleichteileanteil und Ähnlichkeitsermittlung von Produktprogrammen, Diss. Universität Stuttgart 1993
[5] Hess, S: Ähnlichkeitsermittlung von Holzbearbeitungssysteme, Diss. Universität Stuttgart 1999 (unveröffentlicht)
[6] Seeger, H.: Design technischer Produkte, Programme und Systeme, Springer-Verlag 1992
[7] Koller, R.: Messen von Plagiaten, Aachen 1999 (in diesem Gedenkband)

Prof. H. Seeger
ist Ordinarius für Technisches Design an der Universität Stuttgart und Leiter des gleichnamigen Forschungs- und Lehrgebietes am Institut für Maschinenkonstruktion und Getriebebau.
Die mathematischen Ansätze und Formulierungen entstanden unter Mitarbeit von Dipl.-Math. M. Steller im Rahmen eines „Upgrade Technisches Design".

An English Perspective on the German Contribution to Engineering Design

K. Wallace, L. Blessing

1 Introduction

Germany has an international reputation for the high quality of its engineering products. This is due in part to placing great emphasis on engineering design and according high status to engineering designers.

Professors of Machine Design with extensive industrial experience have had a significant influence on German engineering education in general, and on engineering design education in particular. Engineering education in Germany is notable for combining an understanding of engineering fundamentals and basic technology, along with a solid grounding in design methods. The appointment of Professors in Machine Design also stimulated design research. World-class contributions in this area have been produced and an early outcome was the development of systematic approaches to engineering design. This pioneering work has influenced engineering design in many other countries; we will concentrate on the influence in the English-speaking world.

Professor Wolfgang Beitz has been one of the most prominent and enthusiastic advocates of systematic engineering design. He achieved an international reputation and made significant contributions to both design research and design education. His contributions have found their way into the English-speaking world through the translations of Konstruktionslehre, VDI 2221; and Dubbel.

We start with a brief overview of the development of systematic engineering design in Germany followed by an English perspective on this development. This perspective covers the English editions of Konstruktionslehre; the acceptance of systematic engineering design outside Germany; the English edition of the Dubbel; and some examples of design research and design education linked to systematic engineering design.

2 Development of Systematic Engineering Design in Germany

Germany has a tradition of studying engineering design and much research has been undertaken into rationalising the design process and developing supporting methods and tools. It is impossible to mention all the contributions, however a brief overview will help to set the context. When we talk of the German approach, we are generally referring to the Central European approach, including notable contributions from Switzerland and Denmark.

Design research can be considered to have passed through three overlapping phases: Experiential, Intellectual, and Experimental. In the Experiential phase, which lasted up to the late 1950s, senior designers wrote about their experiences of the design process and the resulting products. However, their observations were not placed within any theoretical framework and were generally very specific to one technical domain. The Intellectual phase started during the 1960s and lasted about 20 years. During this phase a great deal of thought went into providing a logical and consistent basis for engineering design, and many models, principles and methods were proposed. In the Experimental phase, which started in the 1980s, empirical studies were undertaken to gather data, both in the laboratory and in industry, in order to understand more fully how designers and design teams actually design and what impact new methods and tools had on the design process. Professor Beitz, building on the results of the first phase, went on to make significant contributions to the last two.

Redtenbacher and Reuleaux who addressed the principles of machine design pioneered some of the earliest ideas in the 1850s. The first step-by-step approach was developed by Erkens in the 1920s. The concept of systematic design was stimulated in the 1950s and 1960s by Kesselring, Tschochner, Niemann, Matousek and Leyer. They generated a set of specific recommendations for tackling the various phases and steps of the design process.

One of the early contacts the English-speaking world had with German thinking on systematic design was through the translation of Matousek's book, published in 1963 [1]. The book, which was edited by Professor D.C. Johnson at Cambridge University, sowed the seeds of the link between Cambridge and German systematic design. This book provided a clear insight into the valuable work being undertaken in Germany, but this lead was not followed up for several years.

In the Intellectual phase, the aim was to rationalise engineering design and to describe a generally applicable approach independent of engineering domain. It is not possible to mention every researcher, but key contributions were made by Hansen, Rodenacker, Roth, Koller, Ehrlenspiel and, of course, Pahl and Beitz. Beitz teamed up with Pahl to "present a comprehensive theory of general engineering design". One result was their book Konstruktionslehre [2], published in 1977.

In Konstruktionslehre the importance of the decisions taken in the early phases of the design process is emphasised, and various methods for tackling product planning and clarification of the task, and for conceptual design are provided. Their chapter on Embodiment Design exemplifies the tradition in Germany of linking design methods with machine elements, the essential repertoire of engineering design.

In the early 1980s questions about the effectiveness of CAD systems were being raised and it was realised that the validity of many design models and methods had not been tested scientifically. These questions prompted the Experimental phase in which the human activity of designing received much more attention. In Germany, for example, Ehrlenspiel, Pahl and Dörner started an important series of experiments to study individual designers working in a laboratory environment.

We now provide an English perspective, covering the translation of Konstruktionslehre and the impact the book has had on design research and design education.

3 An English Perspective

3.1 The English Editions of Konstruktionslehre

The Engineering Department at Cambridge University has a long tradition of teaching engineering design. In the 1970s Donald Welbourn was one of the members of staff at Cambridge responsible for the design teaching. He spoke German and was familiar with the German literature on engineering design. Professor Beitz visited Cambridge to see the DUCT CAD software Welbourn was developing and was so impressed by the software that he encouraged one of his students to join Welbourn's group. Welbourn was responsible for persuading the Design Council to commission the translation of Konstruktionslehre.

At the time the translation was starting, Ken Wallace joined the Engineering Department at Cambridge and was given the task of developing the design teaching. In order to put this teaching on a firmer foundation, he saw the need for a reference book that provided a coherent approach to design. Konstruktionslehre fulfilled this need and so he became closely involved with the translation. For two years Ken Wallace, who was familiar with German having spent a year working in Munich, worked closely with the translator, Arnold Pomerans, on the basic translation. It took a further two years of editing to rationalise the terminology, and to ensure consistency throughout. The 1st English edition was published in 1984 [3], and an abridged student edition in 1988.

In 1994, Ken Wallace and Luciënne Blessing started work on translating the 3rd German edition, supported by Frank Bauert, a former student of Professor Beitz. The 2nd English edition was published early in 1996 [4].

One of the challenges of translating Konstruktionslehre was defining the terminology, for example the terms for the main phases of the design process. In German many words represent the English word "design". Konstruktion was the overall term, and for the main phases of the design process the terms Konzipieren, Entwerfen, and Ausarbeiten were used. The first and last translated easily into Conceptual Design and Detail Design respectively. It was the middle term that caused difficulties and many translations were used before the term "Embodiment Design" was selected. The clue for this was provided by French [5] who describes the middle phase as the "Embodiment of Schemes". "Embodiment Design" has now been fully accepted in the English language and was used in the first British Standard on engineering design, BS 7000 [6].

An extremely difficult concept to translate was Wirk-, e.g. Wirkprinzip, Wirkbewegung, Wirkfläche, etc. There was no exact translation. In the 1st English edition, it was only necessary to translate the first term as "working principle" as the other terms could be made clear from the context. When editing the English edition of VDI 2221 [7] Wallace decided to translate Wirk- as "active", e.g. "active principle, active movement". Eder, when translating the work of Hubka [8], translated Wirk- as "action", e.g. "action principle, action movement". Neither "active" nor "action" was quite right, and in the 2nd English edition of Konstruktionslehre the translators returned to "working", e.g. "working principle, working movement". This is still not a completely satisfactory solution and the current suggestion is to generate new hybrid terms: "wirk-principle, wirk-movement".

Konstruktionslehre is the most widely referred to book on design in the English language and is recognised as the standard reference on systematic engineering design in research, education and practice.

3.2
Acceptance of Systematic Engineering Design Outside Germany

In the 1960s and 1970s interest in Engineering Design grew, not only in Germany but also around the world. In Germany, much effort went into rationalising the design process, suggesting phased approaches to the process, and developing design methods to support each phase. However the knowledge was scattered and lacked coherence, and little was exchanged between researchers in various countries due to the language barrier. This, amongst other reasons, led to a lack of appreciation of the German achievements.

A problem facing systematic approaches, such as Konstruktionslehre, is the frequently heard argument that such approaches run counter to the traditional way designers think, which is opportunistic and focuses on elaborating an initial idea. These arguments appear to be based on the view that systematic approaches describe actual design activity. They are not intended to describe what happens, but to propose new and better ways of working. In that sense they are not theoretical descriptions of actual design activity; they are methodologies.

Probably a more important reason why it took a long time for systematic approaches to become recognised outside Germany is that they differ substantially from those proposed in the UK and the USA as discussed by Blessing [9, 10]. The difference between the two approaches is most obvious in the conceptual design phase.

Approaches from the UK and the USA can be characterised as product-oriented, i.e. the process of concept generation focuses on the analysis of an initial product idea, which is then transformed into a concrete concept by step-wise refinement. The generation of the concept is hardly supported, other than by means of generic idea generation methods. The product-oriented approach is intuitive with respect to the generation of concepts, but discursive with respect to the analysis of solutions.

Most Central European approaches, among which Konstruktionslehre is the most widely known, focus on a systematic generation of solutions using various levels of abstraction. The approach can be characterised as problem-oriented, i.e. the process of concept generation focuses on analysis of the problem and abstraction, rather than on the analysis and evaluation of an initial product idea. Concept generation is a discursive process. Specific methods are suggested to translate the problem into a concept through a step-wise concretisation involving various levels of abstraction, e.g. functions, physical principles and working principles.

This emphasis on systematic methods to support the generation of concepts is the strength of problem-oriented approaches such as Konstruktionslehre, as the conceptual design stage is considered to be "among the most demanding steps in design work and indeed the whole of engineering" [8]. Unfortunately, some of the methods and concepts proposed to support the transformation from problem into concept are among those that are least understood. This is partly due to the difficulty of translating into English the German terms that are important for dealing with the concept on an abstract level, such as the term Wirk- discussed earlier. Many publications elaborating on such concepts have not been translated into English.

In most problem-oriented approaches there is no explicit reference to the product idea resulting from the policy phase, or any other idea that might have come up during the problem definition phase. The process is depicted as a pure abstract-to-concrete process, although the accompanying text emphasises iterations. This has led to many objections, suggesting the approaches are rigid and counter-intuitive. In product-oriented models, it is this initial product idea that is continually elaborated throughout the design process. In this respect, product-oriented approaches are closer to current practice, as suggested by investigations into how designers actually design. This could be one reason why these approaches are generally more accepted outside Germany.

The effectiveness and efficiency of the various approaches are not yet well established, although research in industry [11, 12, 13] and in the laboratory [14, 15, 16] suggests that the potential of approaches such as Konstruktionslehre is large.

Studies in the UK and the USA [17, 18] have identified several success factors in product development. It is clear that the underlying procedures are very similar to those that are typical for a problem-oriented approach. A comparison of approaches suggests that product-oriented approaches are examples of good design practice, whereas problem-oriented approaches propose extensive abstraction to improve "good" design practice [10].

3.3
Dubbel

Professor Beitz was editor of the Dubbel for many years and 1994 the 1st English edition [19] was published. It quickly became the best selling engineering book ever published by Springer-Verlag, London. Nicholas Pinfield, the Engineering Editor of Springer-Verlag, London, said: "As a piece of scientific translation, this was the largest exercise that anyone involved in it could remember". The success of the English edition of Dubbel will help spread the word about German research achievements.

An exciting development is the launch of Dubbel Interactiv, an interactive CD ROM version of the German Dubbel. This will help design engineers access and use much more accurately and rapidly the wealth of information in the Dubbel. It is hoped that this project is a success and that an interactive English version will be produced soon. It is sad that Professor Beitz did not see the launch of this innovation.

3.4
Some Examples of Design Research Linked to Konstruktionslehre

It was mentioned earlier that in the early 1980s questions were being asked about the applicability and validity of the models and methods that had been proposed during the 1960s and 1970s. Two things needed to be done: (1) to study existing design processes to determine best practice and indicate the need for support tools; and (2) to apply and observe methods and tools in real test cases in order to assess their effectiveness and efficiency. Three research projects are discussed briefly.

In 1982 Hales and Wallace started a collaborative research project with British Gas in the UK. The aim of the research was to study the design process in practice and attempt a preliminary evaluation of a systematic approach to design. The design task to be observed was the design a Coal Gasifier Test Rig involving the challenging task of handling flowing coal at high temperature and pressure. The task was seen as both novel and complex.

A systematic approach based on Konstruktionslehre was introduced into the design process and all the design activities were recorded during the 34-month project. The data collected included 1180 pages of field notes, 76 hours of tape recordings, 116 weekly reports and 6 design reports. These recorded 1373 separate events or "interchanges", and detailed 2368 hours of project effort. "Interchange data sheets" were compiled for each of the 37 participants, and the 2488 coded records were entered in a computer database for coding and analysing. The reduced data resulting from this was analysed both quantitatively and qualitatively in terms of the engineering design process [12].

The quantitative analysis showed that the design process can be represented by a set of overlapping phases, each consisting of a particular mix of procedural steps and other general design activities. It was found that these general working and managing activities took up 53% of the project time. The results of the project demonstrated the benefits of adopting a systematic approach, but highlighted that the approach must be adapted to match the particular industrial context.

This project has become a benchmark for data gathering in industry and to this day remains one of the largest studies of its type. It was the success of this research project and subsequent projects at Cambridge in the 1980s that provided the foundations for the Engineering Design Centre (EDC) at Cambridge, which was established in January 1991.

A large industrial study with Philips in The Netherlands was undertaken by Blessing and used as the basis for the development of a computer-based tool to support systematic design. The research involved the detailed observation of part of the design process of an X-ray system between October 1998 and February 1990. Over 200 people were involved in the design process, which, in total, required tens of thousands of hours of design effort to complete. Analysing the data gathered during the 16-month observation period took over three years. The project demonstrated the potential of a systematic approach to design and led to the development of the Process-based Support System (PROSUS) [9].

PROSUS combines the potential of a systematic approach to design, the advantage of computer processing, and the knowledge and abilities of designers. It is believed that in order to improve the effectiveness and efficiency of the design process, computer support should be based on a model of the process rather than a model of the product.

The basic building block of PROSUS is the Design Matrix, which represents the design process as a structured set of issues and activities. The Design Matrix, combines the advantages of product-oriented approaches in terms of analysis and evaluation, with the advantages of problem-oriented approaches in terms of the steps from problem to concept. The emphasis on the problem-oriented approach is justified by its observed positive impact.

The Design Matrix supports the design team in documenting design data including the rationale behind the product and process data; and provides the context for the system to integrate and suggest methods and tools for the various steps in the process. The use of a process model as the system's interface also encourages a more systematic approach and increases awareness of the various issues involved in the process and the process status. Subsequent experiments in the Cambridge EDC demonstrated the potential benefits to be gained from using PROSUS.

From 1994 to 1996 a group of researchers in the EDC at Cambridge, some of whom had design experience in industry, worked on the preliminary design of a Flight Refuelling Probe in collaboration with British Aerospace. The team applied a systematic approach based on Konstruktionslehre and captured the process using PROSUS. The objective was to demonstrate the practical advantages of the approach, and at the same time to analyse the process to evaluate and enhance the approach.

The results of the project [20] showed that: the early stages of the design process can be supported; the creative problem-solving process can be structured and managed; and capturing the process data helped order the many solutions that were created and record the rationale behind those solutions. British Aerospace concluded that the proposed systematic approach was both viable and valuable.

3.5 Some Examples of Design Education Linked to Konstruktionslehre

The publication of the English edition of Konstruktionslehre had a significant impact on design education in the English-speaking world. Some examples of this impact in the UK and in the USA will be described briefly.

The first impact, not surprisingly, was on the design teaching in the Engineering Department at Cambridge University. Around 300 undergraduates are admitted to the Department to study Engineering each year. A feature of the Cambridge course is that the first two years of study are common for all students. They only specialise in a particular engineering domain in their third and subsequent years.

A major revision of the undergraduate engineering course was introduced in 1982, just as the translation of Konstruktionslehre was nearing completion. This provided the ideal opportunity to introduce the ideas underpinning systematic engineering design into the design teaching. The model of systematic design was used to provide an overall structure for all the design teaching in the Department, with an introduction to the systematic approach starting in the first year of the course. For example, special software, named SpecBuilder, based directly on the checklists for elaborating specifications given in Konstruktionslehre, was written to help first-year students prepare design specifications for their conceptual design projects.

In the final year, a new optional course was introduced based on the Embodiment Design chapter in Konstruktionslehre. This course focused on the principles and guidelines of Embodiment Design and proved to be very popular. This course provided the basis for a number of very successful short courses for practising designers organised by the Cambridge Programme for Industry. The design teaching at Cambridge has an excellent reputation and this is due, in part, to introducing a systematic approach based on Konstruktionslehre.

The systematic approach also had a major influence on a large design training experiment undertaken as a collaborative Teaching Company Programme between Cambridge University and Baker Perkins Printing Machinery Company [21]. In the early 1980s the UK government set up a very successful initiative called the Teaching Company Scheme under which funding was provided for collaborative postgraduate projects. The initial aim of the Scheme was to support manufacturing training, but with the enormous growth of interest in design education in the 1980s, this was extended to include design training. The Cambridge

Programme with Baker Perkins was the first Design Teaching Company, and it was structured around a systematic approach to design.

The graduates were presented with their design task on their first day at Baker Perkins. The task was the design of an On-Run Lap Adjuster for a paper-folding machine. They were given managerial responsibility for this task, which was to result in a complex new feature for a high-speed folder. The task was completed within 20 months by which time the first folder to incorporate this new feature was operating in a customer's premises. The On-Run Lap Adjuster became a standard feature on all Baker Perkins' C2 folders sold outside the USA. Based on the success of the Baker Perkins Programme, further design-based Teaching Companies have been set up throughout the UK. Baker Perkins concluded that the systematic approach adopted had been highly successful.

The systematic ideas in Konstruktionslehre also influenced the most prestigious technological university in the USA, Massachusetts Institute of Technology (MIT). Professor Seering from MIT spent some time at Cambridge in the 1980s as an academic visitor. He witnessed at first hand the impact that systematic engineering design was having on design education and training. On his return to MIT he decided to run a Summer Session course for participants from industry and academia with the title: Engineering Design: Creativity and Process Methodology. He invited Beitz, Pahl and Wallace to help present the course. This was a truly international collaboration, which was judged to have been a great success.

In 1992, a book by Ullman [22] was published in the USA entitled: The Mechanical Design Process. This book has become one of the most popular books for supporting undergraduate design teaching in the USA. The influences of systematic engineering design can be seen throughout the book. Before writing the book, Ullman visited academic institutions in Germany and spent some time in the UK. He was familiar with the English edition of Konstruktionslehre and the research undertaken by Hales with British Gas. Many examples from Hales' project on the Coal Gasifier Test Rig are quoted in the book. Ullman acknowledges in his book that one of his key sources was the English edition of Konstruktionslehre which he describes as: "one of the first and most complete efforts at structuring the mechanical design process".

From these few examples, it is clear that Konstruktionslehre has had a major impact on design education in both the UK and the USA. It is known that this impact has spread to many other countries around the world.

4 Concluding Remarks

We have provided a few examples of the German contribution to engineering design in the English-speaking world. Professor Beitz made a truly significant impact through his wide range of interests and contributions. It is our hope that German achievements in systematic engineering design will become more widely known and receive their due recognition.

The future trend of engineering design is encapsulated in a quote from the latest edition of Konstruktionslehre which states that computer systems will"... not replace designers. On the contrary, the decision ability of designers will be even more crucial because of the very large number of solutions it will be possible to generate, and also because of the need to coordinate the inputs from the many specialists involved in modern multidisciplinary projects."

We would like to finish on a personal note. The authors would like to express their appreciation of the continual help, encouragement and support they both received from Professor Wolfgang Beitz over many years. They both remember the warmth and friendliness they encountered whenever they met him in Berlin, in Cambridge and at many conferences and workshops around the world. He was a remarkable person and from both a professional and personal point of view we shall miss him.

References

[1] Matousek, R., Engineering Design: A Systematic Approach, Editor: Johnson D.C., Blackie, Glasgow, 1963.

[2] Pahl, G., Beitz, W., Konstruktionslehre, Springer-Verlag, Berlin, 1977.

[3] Pahl, G., Beitz, W., Engineering Design, 1st Edition, Editor: Wallace, K.M., Translators: Pomerans, A., Wallace, K.M., The Design Council, London, 1984.

[4] Pahl, G., Beitz, W., Engineering Design: A Systematic Approach, 2nd Edition, Editor: Wallace, K.M., Translators: Blessing, L., Bauert, F., Wallace, K.M., Springer-Verlag, London, 1996.

[5] French, M.J., Engineering Design: The Conceptual Stage, Heinemann, London, 1971.

[6] BS 7000, Guide to Managing Product Design, British Standards Institution (BSI), London, 1989.

[7] VDI 2221, Systematic Approach to the Design of Technical Systems and Products, Verein Deutscher Ingenieure (VDI), Beuth Verlag, Berlin, 1987.

[8] Hubka, V., Theorie Technischer Systeme, Springer-Verlag, Berlin, 1984. (English edition, Theory of Technical Systems: A Total Concept Theory for Engineering Design, Translators: Hubka, V., Eder, W.E., Springer-Verlag, Berlin, 1988)

[9] Blessing, L.T.M., A Process-Based Approach to Computer-Supported Engineering Design, PhD Thesis, University of Twente, Enschede, The Netherlands, (published in Cambridge), 1994.

[10] Blessing, L.T.M., Comparison of Design Models Proposed in Prescriptive Literature, Proceedings of the COST A3/COST A4 International Research Workshop on The Role of Design in the Shaping of Technology, Lyon, 1995, European Committee, 1996.

[11] Birkhofer, H., Methodisches Entwickeln von Druckknopfansetzmaschinen, VDI-Berichte Nr 347, 1979.

[12] Hales, C., Analysis of the Engineering Design Process in an Industrial Context, PhD Thesis, University of Cambridge, Gants Hill Publications, Eastleigh, 1987.
[13] Wiendahl, H.P., Fünf Jahre Erfahrung mit der Richtlinie VDI 2222 in einem Grossunternehmen der Investitionsgüterindustrie, VDI-Bericht 347, 1979.
[14] Fricke, G., Pahl, G., Zusammenhang zwischen personenbedingtem Vorgehen und Lösungsgüte, Proceedings of the International Conference on Engineering Design (ICED 91), Zurich, Vol 1, Heurista, Zurich, 1991.
[15] Fricke, G., Konstruieren als flexibler Problemlöseprozeß: empirische Untersuchung über erfolgreiche Strategien und methodische Vorgehensweisen beim Konstruieren, PhD Thesis University Darmstadt, VDI Fortschrittberichte 1.227, Düsseldorf, 1993.
[16] Günther, J., Individuelle Einflüsse auf den Konstruktionsprozess, PhD Thesis, Technical University of Munich, Shaker Verlag, 1998.
[17] Cooper, R. G., New Products: What Distinguishes the Winners?, Research-Technology Management, 1990.
[18] Dwyer, L., Mellor, R., New Product Process Activities and Project Outcomes, R&D Management, 21, No 1, 1991.
[19] Dubbel, Handbook of Mechanical Engineering, German editors: Beitz, W., Küttner, K.-H., English editor: Davies, B.J., Translator: Shields, M.J., Springer-Verlag, London, 1994.
[20] Blessing L.T.M., Upton, N.K., Burgess, S.C., Nowack, M., Weaver, P., Johnson, A.L., Applying Systematic Design: The Flight Refuelling Probe Project, Cambridge University Engineering Department Technical Report, CUED/C-EDC/TR48, 1997.
[21] Bassil, R., Carter, C.M., Saunders, P.J.W., Wallace, K.M., Graduate Design Training in Industry, Proceedings of the International Conference on Engineering Design (ICED 89), Harrogate, Vol II, IMechE, 1989.
[22] Ullman, D., The Mechanical Design Process, McGraw-Hill, New York, 1992.

Mr Ken Wallace
Deputy Head of Department (Teaching)
Chairman, Cambridge Engineering Design Centre
Tel: +44-1223-332625; E-mail: kmw@eng.cam.ac.uk

Dr Luciënne Blessing
Assistant Director, Cambridge Engineering Design Centre
Tel: +44-1223-330271; E-mail: lsb@eng.cam.ac.uk
Department of Engineering
University of Cambridge
Trumpington Street
Cambridge, CB2 1PZ, UK.

Handlungshilfen für das recycling- und instandhaltungsgerechte Konstruieren

E.G. Welp, U. Lindemann

1 Einleitung

Das Prinzip der Kreislaufwirtschaft wird, getrieben durch die ökologische Notwendigkeit und durch den ökonomischen Nutzen, mehr und mehr zu einer Herausforderung für die Produkt- und Prozessentwicklung im Maschinen- und Anlagenbau. Einen besonderen Stellenwert nimmt dabei das Recycling von Produkten und Materialien ein, in dem es zielgerichtet eingesetzt die Rohstoff- und Energieressourcen schont sowie die Umweltbelastungen reduziert. Die Unternehmen haben inzwischen erkannt, dass recyclinggerechte Produkte nicht nur kostenintensive Maßnahmen in der Produktentwicklung und -herstellung auslösen, sondern zu einer Strategie werden können, die die Wettbewerbsposition am Markt verbessert. Da die Produktentwicklung die wesentliche Verantwortung für die Recycling- und Instandhaltungsfähigkeit der Produkte trägt, müssen ihr geeignete Methoden und Hilfsmittel zur Verfügung stehen, um diese Zielsetzung zu erreichen. Inhalt und Umfang bisher verfügbarer Methoden und Hilfsmittel zeigen aber, dass ihre Anwendung in vielen Fällen nur abstrakt und allgemein möglich ist und im Einsatz, insbesondere bei Maschinen und Anlagen des Investitionsgüterbereiches, erhebliche Mängel und Lücken aufweisen. Darüber hinaus bleibt die Wechselwirkung mit anderen Gerechtheiten einer Konstruktion weitgehend unberücksichtigt. Die Zielsetzung dieses Beitrages besteht deshalb darin, auf der Basis eines methodischen Rahmens dem Produktentwickler sogenannte Handlungshilfen für das recycling- und instandhaltungsgerechte Konstruieren zur Verfügung zu stellen, die seine Lösungs- und Entscheidungsfindung im Entwicklungsprozess erleichtern und beschleunigen. Die Ausführungen stellen somit einen Beitrag zum Life-Cycle-Engineering dar.

2 Recycling und Instandhaltung

Je nach Recyclingform durchlaufen Produkte Aufarbeitungs- oder Aufbereitungsprozesse. Die Aufarbeitung dient der Bewahrung oder Wiederherstellung der Produkteigenschaften zur Wieder- oder Weiterverwendung, während die Aufbereitung der Bewahrung von Materialien und Stoffen zur weiteren Verwertung dient [VDI 93]. In der Differenzierung stellt die Wieder- oder Weiterverwendung eine Recyclingform auf hohem Wertniveau dar, weil sie die weitgehende Beibehaltung der Produktgestalt beinhaltet. Die Wiederverwendung charakterisiert dabei die erneute Nutzung eines gebrauchten Produktes für den gleichen Verwendungszweck im Anschluss an einen Behandlungsprozess. In Unterscheidung dazu beinhaltet die Weiterverwendung die erneute Nutzung eines gebrauchten Produktes für einen anderen Verwendungszweck nach einem Recycling-Behandlungsprozess. Im Gegensatz dazu wird bei der Wieder- oder Weiterverwertung die Produktgestalt aufgelöst, was mit einem größeren Wertverlust verbunden ist. Je nachdem, ob bei der Verwertung eine gleichartige oder eine veränderte Produktion durchlaufen wird, unterscheidet man definitionsgemäß zwischen Wiederverwertung mit dem wiederholten Einsatz von Altstoffen und Produktionsrücklaufmaterial bzw. Hilfs- und Betriebsstoffen in einem gleichartigen wie dem bereits durchlaufenen Produktionsprozess und der Weiterverwertung mit dem Einsatz von Materialien und Stoffen in einem von diesen noch nicht durchlaufenen Produktionsprozess.

Die betrieblichen Bestrebungen, Recycling in den hier gekennzeichneten Formen zu betreiben, basieren zum einen auf Gesetzen und Verordnungen und zum anderen auf Wirtschaftlichkeitsgesichtspunkten. Der normative Zwang zum Recycling, vor dem Hintergrund des Ressourcenverbrauchs und der Umweltbelastungen, resultiert in einer qualitativen Abstufung aus dem Abfallgesetz von 1986 und darauf aufbauend aus dem Kreislaufwirtschafts- und Abfallgesetz von 1994. In dieser Gesetzgebung wird in einem ganzheitlichen Ansatz der Abfallvermeidung Vorrang vor der Abfallverwertung gegeben. Die in diesem Verständnis am weitesten vorangetriebenen Gesetzgebungen sind die 1998 verabschiedete IT-Altgeräte-Verordnung und die Altauto-Verordnung, die beide dem Konsumgüterbereich zuzuordnen sind. In diesen Verordnungen wird vom Gesetzgeber das Grundprinzip der „geteilten Produktverantwortung" verfolgt, auf dessen Basis die Rücknahme, Verwertung und Beseitigung von Konsumgüterprodukten geregelt ist. Wenngleich normative Regelungen dieser Art im Investitionsgüterbereich noch nicht existieren, geht der Gesetzgeber davon aus, dass sie recyclingfördernde Impulse auch für diese Produktgruppen auslösen.

Im Rahmen der Wirtschaftlichkeitsbetrachtung steht der erzielbare Erlös, der sich aus der Differenz zwischen Entsorgungskosten für ein Gesamtprodukt und den Kosten für die eingeschränkte Entsorgung oder Weiterverwendung der separierten Anteile ergibt, im Vordergrund. Hier haben sich zwei Kategorien in der Recyclingbranche herausgebildet, nämlich einerseits die Wertstoffverwerter, die Materialien und Stoffe aufbereiten und die Reststoffe entsorgen, sowie andererseits die Aufarbeiter, die brauchbare Bauteile und Komponenten aufarbeiten und nicht wiederverwendbare zur Materialverwertung weiterleiten. Für diese Vorgehensweisen stehen Recyclingstrategien zur Verfügung, die im Falle der Wertstoffverwertung z.B. optimale Demontagetiefen [Kie 96] und im Falle der Aufarbeitung z.B. optimierte Produktionsprozesse [Stei Hu 93] beinhalten. Dennoch bleibt festzuhalten, dass sich diese Recyclingstrategien im Investitionsgüterbereich, bis auf die Ausnahme eines begrenzten Gebrauchtmaschinenmarktes, aufgrund des geringen Erlöspotentials nicht durchgesetzt haben. Dies ist darin begründet, dass die Recyclinggerechtheit als Ziel der Produktentwicklung und Konstruktion in diesem Bereich bisher keine oder nur eine untergeordnete Rolle gespielt hat.

Die Instandhaltung ist der Oberbegriff für Wartung, Inspektion und Instandsetzung. Dabei dient die Wartung der Bewahrung des Sollzustandes, die Inspektion der Beurteilung des Istzustandes und die Instandsetzung der Wiederherstellung des Sollzustandes eines Produktes [DIN 85]. Die Maßnahmen der Instandhaltung helfen also, die Verfügbarkeit von Maschinen und Anlagen sicherzustellen sowie die Lebensdauer dieser zu verlängern.

Da die Verfügbarkeit und die Nutzungsdauer von Maschinen und Anlagen für den Betreiber von zentraler Bedeutung sind, motiviert sich die Instandhaltung allein durch betriebswirtschaftliche Gesichtspunkte. So gelten als Richtwert für die finanziellen Aufwendungen zur Instandhaltung in Industrieunternehmen 6–10 % vom Jahresumsatz. Bezieht man den Aufwand für die Ersatzteillagerung und deren Kapitalbindung mit ein, dann können die Instandhaltungsaufwendungen bis zu 25 % betragen [Schu 94]. Auch wenn vor diesem Hintergrund im Unterschied zum Recycling sehr viel früher operative und präventive Instandhaltungsstrategien entwickelt wurden, bleibt festzuhalten, dass auch hier ein erhebliches Verbesserungspotential für die instandhaltungsgerechte Produktentwicklung und Konstruktion ausgeschöpft werden kann.

2.1
Gemeinsamkeit der Stoffströme und Informationsflüsse

Schon die einführenden Erläuterungen zum Recycling und zur Instandhaltung zeigen Gemeinsamkeiten auf, die es gilt, hinsichtlich nutzbarer Synergieeffekte für das recycling- und instandhaltungsgerechte Konstruieren zu analysieren. Eine erste Gemeinsamkeit ergibt sich naturgemäß aus den übergeordneten Anforderungen an recycling- und instandhaltungsgerechte Produkte, die sich durch dic folgenden Punkte zusammenfassen lassen:
- Marktfähigkeit (Nachfrage, Akzeptanz, Einsetzbarkeit usw.),
- Wirtschaftlichkeit (Erlöse, Kosten usw.),
- Konkurrenzfähigkeit (Preise, Funktionalität, Qualität usw.),
- Ressourcen- und Umweltverträglichkeit (Ressourcenverbrauch, Umweltbelastung usw.) und
- Gesetzkonformität (Gesetzgebung, Verordnungen, Normen usw.).

Aus diesen übergeordneten Anforderungen lassen sich bereits die Grundlagen für eine gemeinsame Recycling- und Instandhaltungsstrategie ableiten.

Weitere Gemeinsamkeiten können durch eine Life-Cycle-Betrachtung, differenziert nach Stoffströmen und Informationsflüssen, gemäß Abbildung 1 erkannt werden.

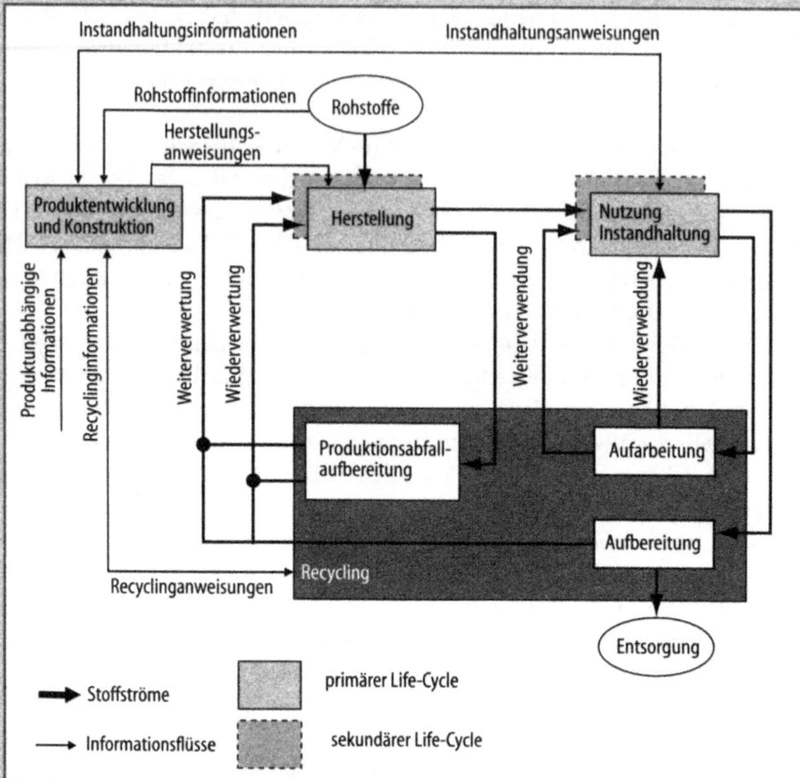

Bild 1. Recycling- und instandhaltungsbezogene Stoffströme und Informationsflüsse

Betrachtet man zunächst die Stoffströme, dann lassen sich trotz zum Teil unterschiedlicher Abläufe und Merkmale von Recycling- und Instandhaltungsprozessen Vergleichbarkeiten sichtbar machen. So ist die Wieder- oder Weiterverwendung eines Produktes im Rahmen seiner Aufarbeitung von der Wiederherstellung des Sollzustandes eines Produktes nur dadurch zu unterscheiden, dass die Weiterverwendung eines Produktes oder einer Produktkomponente auch in neuen Einsatzgebieten, für die sie ursprünglich nicht vorgesehen waren, erfolgen kann (sekundärer Life-Cycle). Das bedeutet, dass sich insbesondere eine hohe Überschneidung für die Instandsetzung als Bestandteil der Instandhaltung mit der Aufarbeitung als Bestandteil des Recyclings ergibt. Darüber hinaus ist auch die Aufbereitung von Materialien und Stoffen, die aus Recycling- und Instandhaltungsprozessen anfallen, vergleichbar, wenn diese durch Weiter- bzw. Wiederverwertung dem Stoffkreislauf zugeführt werden. Die Analyseergebnisse aus der Vergleichbarkeit von Stoffströmen können genutzt werden, um zu verfeinerten Produkt- und Prozessanforderungen zu gelangen.

Die Analyse der Informationsflüsse zeigt in der Life-Cycle-Betrachtung zunächst die Bidirektionalität der Informationsbedarfe zwischen Produktentwicklung und Konstruktion einerseits und Recycling bzw. Instandhaltung andererseits auf. So benötigt die Produktentwicklung und Konstruktion Feedback-Informationen aus Recycling- und Instandhaltungsprozessen, die sie zum einen zu Wissen für die Neu- und Weiterentwicklung von Produkten verarbeiten und zum anderen zu Feedforward-Informationen für das Recyceln und Instandhalten nachfolgender Produkte aufbereiten kann. Die Gemeinsamkeit der Informationsflüsse besteht nun darin, dass eine hohe Überdeckung der erfassten Feedback-Informationen aus Recycling- und Instandhaltungsprozessen vorzufinden ist und diese zu vergleichbaren Feedforward-Informationen für die Bereiche der Aufarbeitung und Aufbereitung verarbeitet werden können.

Die hier zusammengefassten Vorüberlegungen zur Gemeinsamkeit von Recycling und Instandhaltung verdeutlichen, dass es zweckmäßig ist, Recycling- und Instandhaltungsstrategien ineinander zu überführen, um auf diesem Wege von der industriell etablierten Instandhaltung zu einem ökonomisch und ökologisch wirkungsvollen Recycling von Investitionsgütern zu kommen. Mit dieser Zielorientierung verbindet sich nun die Notwendigkeit, weiterführende gemeinsame Merkmale zu identifizieren, um schließlich zu effektiven Handlungshilfen für das recycling- und instandhaltungsgerechte Konstruieren zu gelangen.

2.2 Gemeinsamkeit der recycling- und instandhaltungsbestimmenden Produktmerkmale

Die wesentlichen Produktmerkmale, die ein Produkt hinsichtlich seiner Recycling- und Instandhaltungsgerechtheit bestimmen, sind die Bauteilgestalt, die Werkstoffe sowie die verwendete Verbindungstechnik und die Produktstruktur [We et al. 98; Wen 94]. Diese Merkmale, die sich als Gestaltungsfelder in der Produktentwicklung und Konstruktion darstellen, sind stark abhängig von den spezifischen Gegebenheiten der betrachteten Produkte. Demzufolge dienen sie hier zur Differenzierung und sind im konkreten Anwendungsfall anzupassen und gegebenenfalls zu erweitern. Darüber hinaus stehen sie, wie Abbildung 2 zeigt, in einer starken Wechselbeziehung zueinander und in Abhängigkeit zu weiteren Produktmerkmalen.

Unter dem Produktmerkmal *Bauteilgestalt* sind die geometrische Form der Bauteile sowie Formelemente der Bauteile wie Aussparungen und Bohrungen zu verstehen. Weiterhin wird die Bauteilgestalt durch die Größenordnung der Bauteilabmessungen sowie durch die Bauweise (Integral-, Differential-, Verbund- und Modulbauweise) maßgeblich bestimmt.

Unter dem Produktmerkmal *Werkstoffe* sind die Eigenschaften, Kombinationen und Klassifizierungen der eingesetzten Materialien zu verstehen. Bei der Wahl der Werkstoffe sind dem Konstrukteur hinsichtlich der Recycling- und Instandhaltungsfähigkeit oftmals nur geringe Spielräume gegeben. Meistens sind direkte Vorgaben durch die an das Bauteil bzw. Produkt gestellten Anforderun-

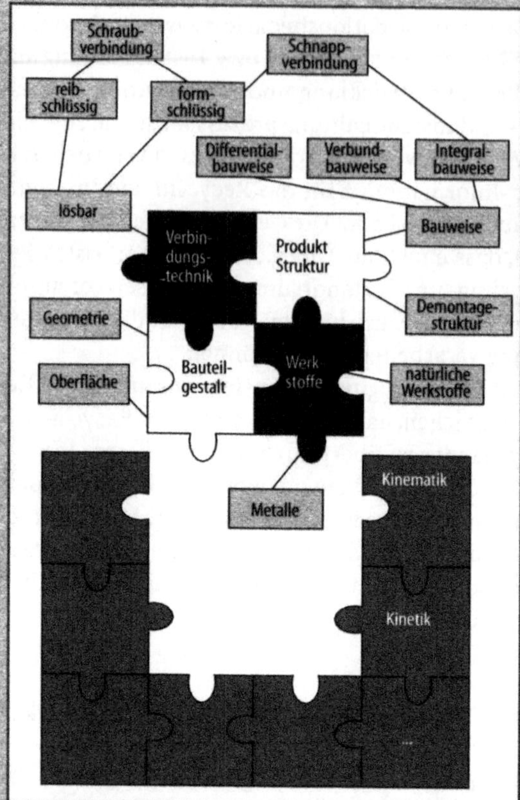

Bild 2. Zusammenhang der recycling- und instandhaltungsbestimmenden Produktmerkmale

gen maßgeblich, wie z.B. die statische und dynamische Belastbarkeit, die Temperaturbeständigkeit, die Formgebungs-, Bearbeitungs- und Fügeverfahren, und nicht zuletzt die Materialkosten.

Die *Verbindungstechnik* als Produktparameter hat innerhalb der recycling- und instandhaltungsgerechten Konstruktion einen zentralen Stellenwert, da das Lösen von Verbindungen im Mittelpunkt der Demontage von Produkten, einem der Kernprozesse des Recycelns und Instandhaltens, steht. Sie fasst die Arten, Eigenschaften und die Ausgestaltung von Verbindungselementen zusammen. Verbindungselemente als Untergruppe der allgemein anwendbaren Maschinenelemente können – wie bekannt – in lösbare und nicht lösbare, in feste und bewegliche oder in stoff-, form- und kraftschlüssige unterteilt werden. Entscheidend ist die Lösbarkeit der Verbindung als solche sowie der Aufwand für das Lösen.

Die *Produktstruktur* eines Produktes gibt dessen Gliederung in Baugruppen und Bauteilen an. Sie enthält Informationen über die Art des Zusammenwirkens von Bauteilen sowie über Füge- und Montagestellen, ohne aber die Bauteilgestalt exakt festzulegen. Man unterscheidet hierarchische, teilhierarchische und nichthierarchische Produktstrukturen, die insbesondere für die Analyse von Arbeitsfolgen der De- und Remontage nützlich sind.

Diese vier charakterisierten Produktmerkmale können als Ordnungskriterien für die Erarbeitung und Zuordnung von Handlungshilfen sowohl für das recycling- als auch das instandhaltungsgerechte Konstruieren herangezogen werden.

2.3 Gemeinsamkeit der recycling- und instandhaltungsbezogenen Produktgerechtheiten

Das Verhalten und die Eigenschaften eines Produktes sind dann als optimal anzusehen, wenn alle geforderten Gerechtheiten für den Life-Cycle in einem optimalen Kompromiss zusammengeführt sind. Der Kompromiss muss dabei zugelassen werden, weil häufig widerstrebende Anforderungen an ein Produkt gestellt werden. Werden nun ausschnittsweise Recycling und Instandhaltung betrachtet, so lassen sich spezifische Gerechtheiten aus den Arbeitsfolgen von Recycling- und Instandhaltungsprozessen herleiten. In diesem Zusammenhang sind vor allem die Arbeitsfolgen bei der Aufarbeitung im Rahmen des Recyclings und bei der Instandsetzung im Rahmen der Instandhaltung von Interesse. Die Arbeitsfolge bei der Aufarbeitung sind Demontage, Reinigung, Prüfung/Sortierung, Bauteilaufarbeitung und Remontage. Bei der Instandsetzung sind es die Bestimmung der Fehlerursache, die Demontage, der Austausch oder die Ausbesserung und die Remontage. Aus den genannten Arbeitsfolgen ergeben sich Gerechtheiten, die bei genauerer Betrachtung eine weitgehende Vergleichbarkeit gemäß Abbildung 3 erkennen lassen.

Ergänzend zu diesen aus den Arbeitsfolgen abgeleiteten, sind weitere gemeinsame Gerechtheiten zu verfolgen, wie z.B. die Korrosions- oder Verschleißgerechtheit. Bei beiden Gerechtheiten steht der Neuteileaufwand als wichtigstes Kriterium für die Aufarbeitung und Instandsetzung im Vordergrund. Eine verschleißgerechte Konstruktion beschränkt den unvermeidbaren Verschleiß auf leicht austauschbare Bauteile und wird durch das Prinzip der Aufgabenteilung in der frühen Phase des Entwerfens durch die Festlegung der Bauweise berücksichtigt. Mit der korrosionsgerechten Konstruktion lässt sich das Ziel der Wiederverwendung von Bauteilen und Komponenten durch entsprechende werkstoffseitige und gestalterische Maßnahmen verfolgen.

Die gefundenen gemeinsamen Gerechtheiten für Recycling und Instandhaltung können ebenfalls als Ordnungskriterien für die Erstellung und Anwendung von Handlungshilfen herangezogen werden.

Die Anforderungen der Produktgerechtheiten stehen in Wechselbeziehung zu den zuvor genannten Produktmerkmalen und können unter Nutzung von Sy-

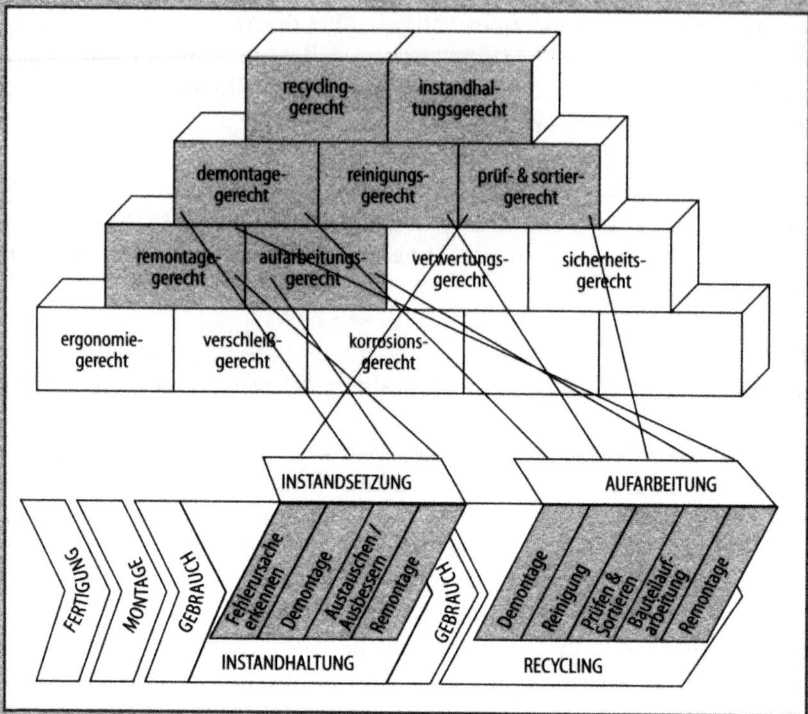

Bild 3. Zusammenhang zwischen Arbeitsfolgen der Prozesse und daraus abbgeleiteten Produktgerechtheiten

nergieeffekten gleichermaßen für das Recycling und für die Instandhaltung herangezogen werden. So kann eine demontagegerechte Verbindungstechnik sowohl die schnelle Instandsetzung als auch die ökonomisch sinnvolle Aufarbeitung eines Produktes unterstützen. Eine prüfgerechte Bauteilgestalt kann der Bestimmung von vielen Ursachen bei der Instandsetzung wie auch der Zustandsbeurteilung von Bauteilen oder Baugruppen bei der Aufarbeitung dienen.

3 Methodischer Rahmen für das recycling- und instandhaltungsgerechte Konstruieren

Die Effektivität und Effizienz von Konstruktionsprozessen hängen wie bekannt maßgeblich von geordneten und systematischen Vorgehensweisen sowie von verfügbaren Methoden und Wissensbasen ab. Ordnet man nun das recycling- und instandhaltungsgerechte Konstruieren als eine Facette in die ganzheitliche Betrachtung von Produktentwicklungsprozessen ein, so ergibt sich die Notwendigkeit, hierfür sowohl spezifische Aufgaben und Tätigkeitsfelder für das systematische Vorgehen zu benennen als auch im Kontext nutzbare Methoden und Wissensbasen bereitzustellen. Die im Kontext des recycling- und instandhaltungsgerechten Konstruierens nutzbaren Methoden und Wissensbasen sollen im Rahmen der weiteren Betrachtungen definitionsgemäß als Handlungshilfen verstanden werden.

3.1 Spezifische Aufgaben und Tätigkeitsfelder im konstruktionsmethodischen Umfeld

Die Festlegung von Aufgaben und Tätigkeitsfeldern erfolgt optimalerweise im konstruktionsmethodischen Umfeld des Gesamtzusammenhangs von systematischen Vorgehensweisen und ganzheitlichen Produktanforderungen. Demgemäß führten grundlegende Untersuchungen zum recyclinggerechten Konstruieren zu generellen Erweiterungen konstruktionsmethodischer Vorgehensweisen und zur Benennung und Abgrenzung spezifischer Aufgaben und Tätigkeitsfelder [Wen 94; Re 96; Su 96]. Ordnet man diese den Konstruktionsphasen *Planen, Konzipieren, Entwerfen und Ausarbeiten* sowie den Hauptarbeitsschritten der Konstruktionsmethodik [Pa Be 97; VDI 93] zu, so erhält man eine prozessorientierte Aufgabenliste, wie sie in Abbildung 4 dargestellt ist.

Aufgrund der bereits dargestellten Gemeinsamkeiten zwischen Recycling und Instandhaltung lassen sich daraus die spezifischen Aufgaben und Tätigkeitsfelder für das instandhaltungsgerechte Konstruieren in vergleichbarer Form herleiten. Zweckmäßigerweise werden die Aufgaben so formuliert, dass sie einen unmittelbaren Beitrag zu den angestrebten Ergebnissen der jeweiligen Konstruktionsphase liefern können. Hiermit sind Beiträge zur Anforderungsliste zum Funktions-, Wirk- und Bauzusammenhang und im Rahmen der Erstellung von Unterlagen zur Produktdokumentation gemeint. Die aus den Aufgaben im konkreten Fall abzuleitenden Arbeitsinhalte werden insbesondere durch die in der Produktplanung festgelegten Recycling- bzw. Instandhaltungsstrategien bestimmt. So muss bei einer angestrebten Wiederverwendung des Altproduktes (Produktrecycling) im Entwurfsprozess auf eine zerstörungs- und beschädigungsfreie Demontage geachtet werden. Soll hingegen das Altprodukt verwertet werden (Materialrecycling), dann kann der Konstrukteur im Hinblick auf die zerstörende oder ganz entfallende Demontage alternative Verbindungstechniken und Bauweisen gestalten. Das bedeutet also, dass in Abhängigkeit der gewählten Recyclingstrategie die Produktmerkmale, wie die zu entwerfende Bauteilgestalt, die verwendbaren Werkstoffe, die Auswahl der Verbindungstechnik und die Produktstruktur, durch vorweggenommene Entscheidungen prinzipiell festgelegt werden. Nicht anders verhält es sich bei der frühzeitigen Festlegung von Instandhaltungsstrategien. Auch sie bestimmen die konkrete Ausgestaltung von Arbeitsinhalten im Rahmen der Aufgaben zum instandhaltungsgerechten Konstruieren [Mo 91; VDI 96].

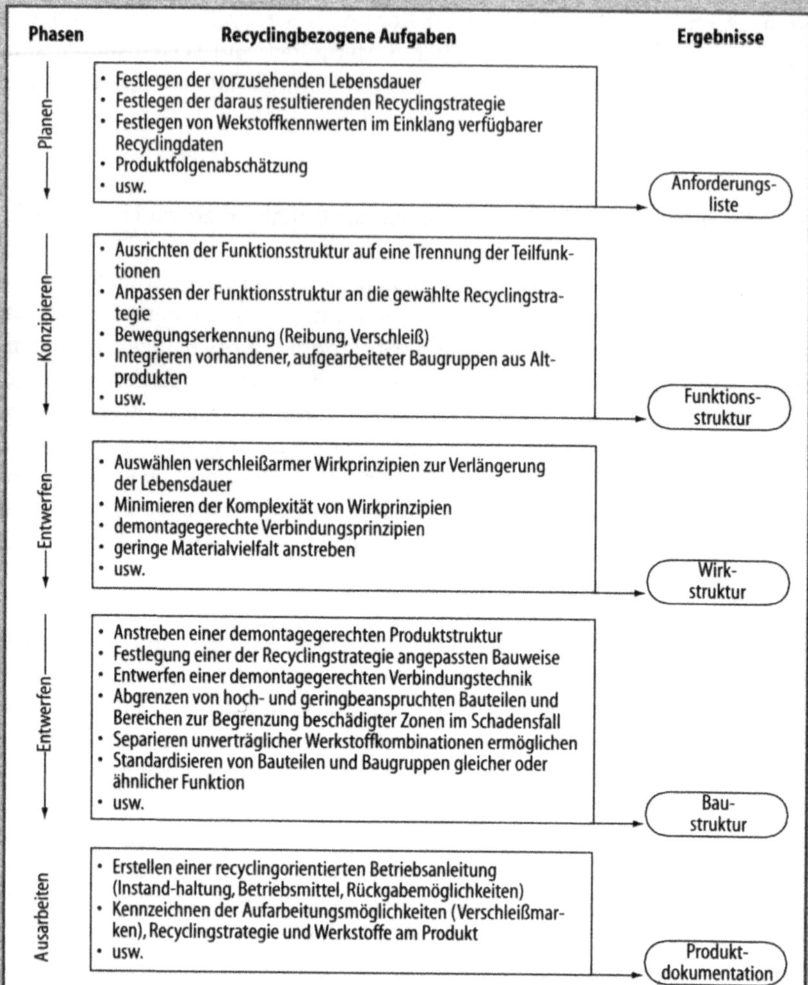

Bild 4. Aufgaben und Tätigkeitsfelder für das recyclinggerechte Konstruieren im methodischen Konstruktionsprozeß

3.2
Methodischer Such- und Arbeitsraum für Handlungshilfen

Die Integration von Handlungshilfen in den Konstruktionsprozess ist grundsätzlich abhängig von der individuellen Arbeitsweise des Konstrukteurs. Das Ziel muss es sein, den Konstrukteur durch gezielte Bereitstellung von Methoden und Wissensbasen in seiner Arbeit zu unterstützen. Aufgrund vielfältiger Analysen von Konstruktionsprozessen hat sich gezeigt, dass eine zielgerechte Bereitstellung dann gegeben ist, wenn sie bedarfsorientiert erfolgt und die individuellen

Arbeitsweisen des Konstrukteurs nicht verfremdet. Um diesem Anspruch gerecht zu werden, wurde ein sogenannter Such- und Arbeitsraum für Handlungshilfen entwickelt [We et al. 97].

Dem entwickelten Such- und Arbeitsraum liegt die Überlegung zugrunde, dass die Erstellung und Anwendung von Handlungshilfen für das recycling- und instandhaltungsgerechte Konstruieren im Wesentlichen durch drei Einflussgrößen gekennzeichnet wird. Hierbei handelt es sich einerseits um die in Kapitel 2.2 erläuterten recycling- und instandhaltungsbestimmenden Produktmerkmale sowie um die in Kapitel 2.3 behandelten recycling- und instandhaltungsbezogenen Produktgerechtheiten und andererseits um den zuvor in Kapitel 3.1 analysierten Konstruktionsprozess. Zwischen diesen Einflussgrößen bestehen, wie ausgeführt, vielfältige Interdependenzen, die bei der Erstellung und Anwendung von Handlungshilfen zu berücksichtigen sind. Um diese Interdependenzen anschaulich werden zu lassen, wird ein durch die drei Einflussgrößen begrenzter, dreidimensionaler Such- und Arbeitsraum, gemäß Abbildung 5, aufgespannt.

Die Strukturierung des Such- und Arbeitsraumes und damit die systematische Einordnung der Handlungshilfen ergibt sich aus den hergeleiteten Ordnungskriterien der jeweiligen Einflussgröße. Für die Einflussgröße *Produktmerkmale* sind dies Bauteilgestalt, Werkstoff, Verbindungstechnik und Produktstruktur, für die Einflussgröße der *Produktgerechtheiten* sind es die der Recycling- und Instandhaltungsgerechtheit gemeinsam zugeordneten spezifischen Gerechtheiten, wie demontagegerecht, reinigungsgerecht usw., und für die Einflussgröße *Konstruktionsprozess* sind es die Ordnungskriterien Konstruktionsphasen, -aufgaben und -ergebnisse. Die Abbildung zeigt beispielhaft die systematische Einordnung einer

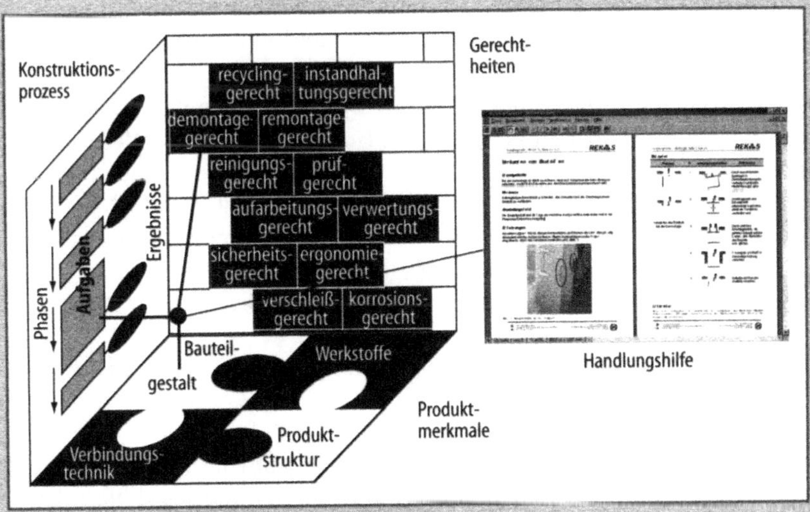

Bild 5. Methodischer Such- und Arbeitsraum für die Einordnung von Handlungshilfen

Handlungshilfe („Verkanten von Bauteilen"), orientiert an hierfür zutreffenden Ordnungskriterien.

Verwendet man diesen Such- und Arbeitsraum als methodische Leitlinie für die Erstellung und Anwendung von Handlungshilfen, so ergibt sich der Nutzen wie folgt:

- Er bildet eine systematische Struktur für alle denkbaren Handlungshilfen zum recycling- und instandhaltungsgerechten Konstruieren.
- Er eröffnet Entwicklern von Handlungshilfen die Möglichkeit, bereits existierende Handlungshilfen systematisch einzuordnen sowie, orientiert am Konstruktionsprozess, neue Handlungshilfen zu generieren.
- Er deckt Defizite an Handlungshilfen durch schwach besetzte Bereiche im Such- und Arbeitsraum auf.
- Er bildet die Grundlage für die Strukturierung und Klassifizierung von auf Rechnern verwalteten Handlungshilfen.

Der hier entwickelte methodische Such- und Arbeitsraum kann durch zusätzliche charakterisierende Produktmerkmale und anzustrebende Produktgerechtheiten zu einem allgemein nutzbaren erweitert werden.

4
Verfügbare Handlungshilfen für das recycling- und instandhaltungsgerechte Konstruieren

Ausgehend vom dargestellten methodischen Rahmen zum recycling- und instandhaltungsgerechten Konstruieren und unter Beachtung allgemeingültiger Anforderungen zur Repräsentation, Strukturierung und Bereitstellung von Wissen und Informationen wurden im Forschungsvorhaben „Recyclinggerechtes Konstruieren und Arbeitsschutz (REKAS)" [We et al. 98] Handlungshilfen für das recycling- und instandhaltungsgerechte Konstruieren in Verbindung mit Gesichtspunkten des Arbeitsschutzes und der Sicherheitstechnik erarbeitet. Als Informationsquellen für die Erstellung von Handlungshilfen standen zur Verfügung:

- Der veröffentlichte Stand der Technik und Forschung (Literatur),
- durchgeführte Analyse von Vorgehens- und Handlungsweisen in der Konstruktion (Konstrukteursbefragung),
- durchgeführte Aufarbeitungsanalysen (Tauschmotorenfertigung, Gebrauchtmaschinenaufarbeitung),
- durchgeführte Analyse der De- und Remontage einer Referenzkomponente (Textilmaschinenbaugruppe).

Um den Anforderungen zur Strukturierung des inhaltlichen Aufbaus einer jeden Handlungshilfe nachzukommen, wurde eine für alle Handlungshilfen gleichermaßen gültige Gliederung gemäß Abbildung 6 zugrunde gelegt. Die dabei eingeführten Gliederungsbegriffe leiten den Ersteller von Handlungshilfen an, prä-

Gliederung	Inhalt
Grundgedanke	Beschreibt die zugrundeliegende Methode oder die grundlegende Vorgehensweise der Handlungshilfe
Merkmale	verdeutlichen den Nutzen, beschreiben Vor- und ggf. Nachteile der Handlungshilfe, erläutern ihre Funktionsweise, präzisieren einzelne, in der Handlungshilfe benutzte Begriffe
Vorgehen	weist an, welche Schritte zur Lösungsfindung abgearbeitet werden sollen
Anwendungsfeld	informiert über den Anwendungsbereich, greift dabei die Lage der Handlungshilfe im Such- und Arbeitsraum auf
Erfahrungen	geben, soweit vorhanden, in der Anwendung gemachte Erfahrungen mit der Handlungshilfe wieder
Beispiel	verdeutlicht oder konkretisiert den Inhalt oder das Vorgehen einer Handlungshilfe
Literatur	eröffnet Möglichkeit einer weiteren Vertiefung oder bezeichnet eine Quelle, die die nur übersichtartig beschriebene Handlungshilfe vollständig enthält

Bild 6. Inhaltliche Strukturierung der Handlungshilfen

zise, widerspruchsfreie und vollständige Inhalte abzufassen und ermöglichen dem Anwender den schnellen und selektiven Zugriff auf die erstellten Inhalte.

Die nach diesem Muster erstellten 92 Handlungshilfen umfassen einen inhaltlichen Gesamtumfang von 240 DIN-A4-Seiten. In Abbildung 7 wird das Fallbeispiel einer zweiseitigen Handlungshilfe mit dem Titel „Verkanten von Bauteilen", geeignet für die Nutzung im Entwurfsprozess, mit Blick auf die Demontagegerechtheit gezeigt.

Die Klassifizierung der Handlungshilfen orientiert sich übergeordnet an dem per Definition festgelegten Gesamtumfang, differenziert nach Methoden und Wissensbasen sowie nachgeordnet an den im Such- und Arbeitsraum festgelegten Einflussgrößen und Ordnungskriterien. Die Klasse der Methoden ist dabei untergliedert in:
- Produktentwicklungsmethoden (14 erstellte Handlungshilfen),
- Lösungsmethoden (13) und
- Beurteilungsmethoden (18),

und die Wissensbasen in:
- Konstruktionskataloge (8),
- Checklisten (5),
- Konstruktionsregeln und -richtlinien (22) und
- Fallbeispiele (12).

Als Produktentwicklungsmethoden stehen Vorgehenspläne sowie Methodenbausteine und ihre Hilfsmittel zur Verfügung. Hierbei handelt es sich um Methodenbausteine, die vorwiegend der Konstruktionsmethodik zuzuordnen sind, wie Anforderungsliste erstellen, Wirk- und Lösungsprinzipien suchen usw. Zu weiteren genannten Methoden werden grundlegende Hinweise und Literaturverweise angegeben. Die aufgenommenen Lösungs- und Beurteilungsmethoden sind in ihrem grundlegenden Aufbau erläutert und enthalten entsprechende Hinweise für eine zielgerichtete Anwendung.

Im Rahmen der Erstellung von Konstruktionskatalogen wurde insbesondere den Anforderungen nach schnellem und selektivem Zugriff Rechnung getragen. Der Zugriff auf Einzelinformationen wird durch ein Katalogsystem unterstützt, das einerseits die sachbezogenen Einzelkataloge und andererseits zugriffsunterstützende Kataloge wie Inhaltskatalog, Sachregister-/Abkürzungskatalog und Literaturkatalog enthält. Die erstellten Checklisten sind über Merkmallisten strukturiert und inhaltlich an den Konstruktionsphasen ausgerichtet. Sie enthalten insbesondere Anleitungen und Hinweise für die Lösungssuche und vor allem Kriterien für das Prüfen und Bewerten von erzeugten Lösungsalternativen. Die aus der Literatur zusammengetragenen sowie aus den genannten Analysen gewonnenen Gestaltungsregeln und -richtlinien sind ebenfalls nach den aufgestellten Ordnungskriterien strukturiert. Aufgrund der Interdependenzen zwischen Produktmerkmalen und Gerechtheiten lassen sich durch diese Strukturierung Redundanzen nicht vermeiden. Die erarbeiteten Fallbeispiele wurden vor allem aus den Praxisanalysen von Recycling- und Instandhaltungsprozessen gewonnen. Hierbei wurde ausgiebig von der Möglichkeit visualisierter Darstellungen Gebrauch gemacht, wie das bereits erwähnte Fallbeispiel „Verkanten von Bauteilen" in Abbildung 7 zeigt.

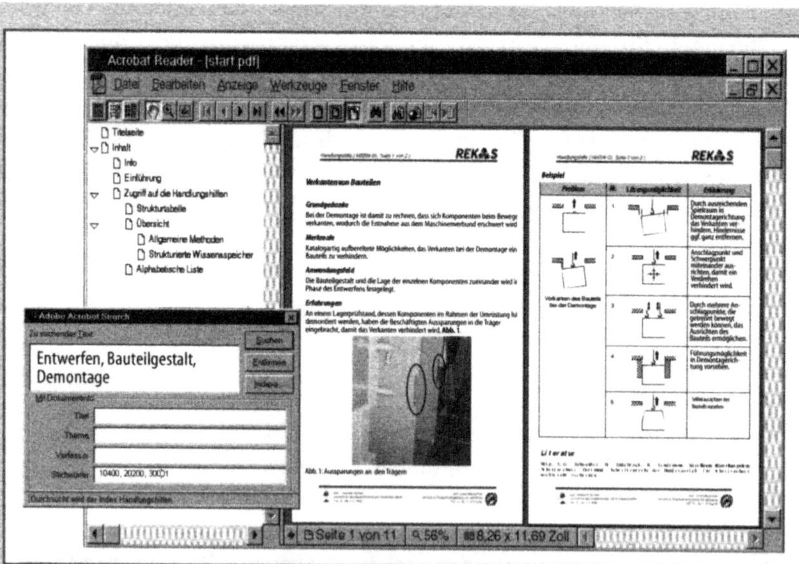

Bild 7. Rechnerunterstütze Anwendung von Handlungshilfen

Die erstellten Handlungshilfen sind auf einer CD-ROM als „Acrobat Reader"-Anwendung verfügbar. Alle Handlungshilfen sind auf Basis der erläuterten Klassifizierung und unter Verwendung eines Nummerungssystems kodiert gespeichert. Der Zugriff auf die Handlungshilfen kann in unterschiedlicher Form, nämlich über Ordnungskriterien des Such- und Arbeitsraumes, über Volltextsuche, über einen alphabetischen Index oder über Hypertext-Verknüpfungen erfolgen. Abbildung 7 zeigt für das bereits erwähnte Fallbeispiel im Zusammenhang mit der Benutzeroberfläche des „Acrobat Readers" und der Suchmaske mit den Suchbegriffen Entwerfen, Bauteilgestalt, Demontage eine konkrete Anwendung.

Mit der gewählten Form der Implementierung in ein neutrales Hardware- und Software-Umfeld ergeben sich folgende Vorteile:

- Plattformunabhängigkeit des „Acrobat Readers" (DOS, Windows, Macintosh, UNIX),
- der Browser kann kostenfrei aus dem Internet geladen werden,
- die Anwendung ist inter- und intranetfähig,
- Verwendung neutraler Software für die Erstellung von Handlungshilfen (Textverarbeitung, Graphik, Tabellenkalkulation usw.) und
- mit dem Software-Paket „Acrobat Exchange" kann die Sammlung der Handlungshilfen beliebig erweitert werden.

Vor diesem Hintergrund der allgemeinen Anwendbarkeit wurde bisher auf eine Integration in CAD-Systeme verzichtet.

5 Ausblick

Dieser Beitrag stellt die Ergebnisse eines Forschungsvorhabens zum recycling- und instandhaltungsgerechten Konstruieren vor. Neben dem darin entwickelten Konzept zur Strukturierung von Handlungshilfen wird eine umfangreiche Sammlung von Handlungshilfen verfügbar gemacht. Für die Anwender dieses Systems besteht die Möglichkeit, die Sammlung mit unternehmens- und produktspezifischen Handlungshilfen zu komplettieren. Der entwickelte Such- und Arbeitsraum lässt sich für die Einordnung weiterer Handlungshilfen nutzen, die beispielsweise das fertigungsgerechte oder montagegerechte Konstruieren fördern. Im Sinne des ganzheitlichen Konstruierens lassen sich auf diese Weise Synergien zwischen sich unterstützenden Gerechtheiten nutzen.

Die verfügbaren Handlungshilfen stellen ein Hilfsmittel auf dem Weg zu einem höherwertigen Recycling und zu einer effektiveren Instandhaltung dar. Entscheidend für den Einsatz dieser Konstruktionsunterstützung ist es allerdings, dass die Recycling- und Instandhaltungsgerechtheit von Produkten zu Bestandteilen der Entwicklungsstrategie in Unternehmen der Investitionsgüterindustrie werden.

Literatur

[VDI 93] VDI 2243: Konstruieren recyclinggerechter technischer Produkte. Grundlagen und Gestaltungsregeln, Düsseldorf: VDI-Verlag, 1993.

[Kie 96] Kiesgen, G.: Entwicklung von ökologisch und ökonomisch effizienten Recycling- und Demontagestrategien für komplexe technische Gebrauchsgüter. Dissertation, Ruhr-Universität Bochum, 1996.

[Stei Hu 93] Steinhilper, R., Hudelmaier, U.: Erfolgreiches Produktrecycling zur erneuten Verwendung oder Verwertung. Eschborn: RKW, 1993.

[DIN 85] DIN 31051: Instandhaltung – Begriffe und Maßnahmen. Berlin: Beuth, 1985.

[Schu 94] Schulte, W.: Einführungsschritte für ein Wartungs- und Inspektionssystem. Köln: Verlag TÜV Rheinland, 1994.

[We et al. 98] Welp, E.G.; Schnauber, H.; Endebrock, K.; Lindemann, U.; Reim O.: Recyclinggerechtes Konstruieren und Arbeitsschutz. Schriftenreihe der Bundesanstalt für Arbeitsschutz und Arbeitsmedizin – Fb 822. Dortmund 1998.

[Wen 94] Wende, A.: Integration der recyclingorientierten Produktgestaltung in den methodischen Konstruktionsprozeß. Dissertation, TU Berlin, 1994.

[Re 96] Renken, M.: Nutzung recyclingorientierter Bewertungskriterien während des Konstruierens. Dissertation. TU Braunschweig, 1996.

[Su 96] Suhr, M.: Wissensbasierte Unterstützung recyclingorientierter Produktgestaltung. Berlin: Technische Universität, Dissertation, 1996.

[Pa Be 97] Pahl, G.; Beitz, W.: Konstruktionslehre. Methoden und Anwendung. 4. Auflage. Berlin: Springer Verlag, 1997.

[VDI 93] VDI-Richtlinie 2221: Methodik zum Entwickeln und Konstruieren technischer Systeme und Produkte. Düsseldorf: VDI-Verlag, 1993.

[Mo 91] van der Mooren, A. L.: Instandhaltungsgerechtes Konstruieren und Projektieren. Berlin: Springer, 1991.

[VDI 96] VDI-Richtlinie 2246: Konstruieren instandhaltungsgerechter technischer Erzeugnisse – Anforderungskatalog. Düsseldorf: VDI-Verlag, 1996.

[We et al. 97] Welp, E.G.; Endebrock, K.; Lindemann, U.; Gieß, M.: Methodical scope for design processes for recycling and maintenance. Proc. of the 4th International Seminar on Life Cycle Engineering, 26–27 June 1997, Berlin. London u.a.: Chapman & Hall, 1997.

Prof. Dr.-Ing. E. G. Welp
Dipl.-Ing. U. Lindemann
Ruhr-Universität Bochum
Lehrstuhl für Maschinenelemente und Konstruktionslehre

Eine neue Generation von Regalbediengeräten

D. Wüstenberg, J. Jerkewitz

1
Einleitung und Aufgabenstellung

Anfang der 80er Jahre führte im Industriebereich eine Umgestaltung der Produktionsstätten von der Serienfertigung mit sog. Bandmontage zur Einzelfertigung in flexiblen Fertigungszellen zu einem neuen Einsatzfeld für die automatische Hochregallagerung. Das Lager mußte nun zusätzlich zu den allgemeinen Lagerfunktionen als Bindeglied zwischen den einzelnen Arbeitsgängen fungieren und übernahm somit eine Arbeitsplatz-Pufferfunktion. Dadurch entstand neben den bisher bereits bekannten Paletten- und Sonderregallagern das Automatische Kleinteile-Lager (AKL).

Die wesentlichsten Leistungsmerkmale bei einem AKL stellen die Umschlagleistung, die als Anzahl der in einem bestimmten Zeitraum ein- bzw. ausgelagerten Behälter definiert ist, sowie der Raumnutzungsgrad des Lagers dar [1,8].

Seit Jahren ist es das Ziel aller auf dem Sektor der Lagertechnik arbeitender national sowie international orientierter Hersteller, durch immer neue Lösungskonzepte eine weitere Verbesserung der Umschlagleistung und des Raumnutzungsgrads bei AKL zu erreichen.

Neben neuartigen Lagerbewirtschaftungsstrategien sowie Logistikkonzepten stellt die konstruktive Ausführung des eingesetzten Regalbediengeräts (RBG) eine wesentliche Einflußgröße auf die Leistungskennzeichen Umschlagleistung und Raumnutzungsgrad dar.

Die Umschlagleistung wird vor allem durch die maximalen Beschleunigungen bzw. Verzögerungen sowie durch die Fahrgeschwindigkeiten, die mit Hilfe des eingesetzten RBG realisiert werden können, bestimmt. Weiterhin ist die Dauer, der beim Erreichen einer Ein- bzw. Auslagerungsposition erforderlichen Geräteberuhigungszeiten, die von der konstruktiven Ausführung des RBG abhängt, von Bedeutung. Eine Beeinträchtigung des Raumnutzungsgrads erfolgt vor allem durch die Länge des RBG-Fahrwerks sowie durch den Hub der an den beiden Schienenenden befindlichen Endlagenpuffer.

Diese Endlagenpuffer haben die Aufgabe im Falle eines Steuerungsausfalls oder bei einem Getriebebruch das RBG an den Schienenenden sicher zum Stillstand zu bringen. Das erforderliche Arbeitsaufnahmevermögen der Puffer läßt sich aus der maximalen kinetischen Energie (entsprechend 100 % der maximalen Fahrgeschwindigkeit) des RBG ermitteln. Zur Berechnung des Pufferhubs wird von folgender Energiebilanz ausgegangen:

$$\frac{1}{2}mv^2 = m\,a\,s \Rightarrow s = \frac{v^2}{2a}[m] \tag{1}$$

m = Gesamtmasse des RBG [kg]
v = maximale Fahrgeschwindigkeit [m/s]
a = maximal zulässige Verzögerung [m/s^2]
s = Pufferhub [m]

Betrachtet man Gleichung (1), so läßt sich erkennen, daß der Pufferhub quadratisch zur Fahrgeschwindigkeit ansteigt. Eine Verringerung des erforderlichen Hubs kann lediglich über eine Steigerung der maximal zulässigen Verzögerung erzielt werden. Dies führt jedoch zwangsläufig zu höheren dynamischen Belastungen.

Wird der derzeitige Stand der RBG-Technik untersucht, so stellt man fest, daß es zahlreiche Strategien gibt, die alle entweder auf eine Steigerung der Umschlagleistung oder eine Verbesserung des Raumnutzungsgrads ausgerichtet sind. Eine gleichzeitige, nennenswerte Verbesserung beider Leistungsmerkmale kann mit keinem der bisher bekannten Lösungskonzepte erreicht werden.

Aus diesem Grund wurde am Lehrstuhl für Konstruktion im Maschinen- und Apparatebau (KIMA) der Universität Kaiserslautern untersucht, wie sich bei AKL durch eine konstruktive Umgestaltung des klassischen RBG-Konzepts eine gleichzeitige Verbesserung der Umschlagleistung und des Raumnutzungsgrads wirkungsvoll erzielen läßt [1].

Die *Steigerung der Umschlagleistung* soll vorrangig durch eine Verkürzung der Spielzeit erreicht werden. Dabei sollen folgende Ziele verwirklicht werden:
- Vergrößerung der maximalen Fahrgeschwindigkeit des RBG
- Reduzierung der Geräteberuhigungszeiten durch eine Verbesserung des Schwingungsverhaltens und eine Reduzierung der Mastauslenkung an der Mastspitze bei maximaler Beschleunigung bzw. Verzögerung.

Andere leistungssteigernde Maßnahmen, wie zum Beispiel der Einsatz mehrerer Lastaufnahmemittel, sollen unberücksichtigt bleiben. Weiterhin soll im Normalbetrieb aus Rücksicht auf die zu transportierenden Güter eine Steigerung der Beschleunigung bzw. Verzögerung bei Fahr- sowie Hubbewegung nicht in Betracht gezogen. Ausgegangen wird dabei von einer herkömmlichen maximalen Beschleunigung bzw. Verzögerung von 4 bis 6 m/s^2.

Bei der *Verbesserung des Raumnutzungsgrads* dienen Einplatz-Lagersysteme als Ausgangsbasis. Dabei steht vor allem eine Verkleinerung des vorderen und hinteren sowie des oberen und unteren Anfahrmaßes im Vordergrund. Hieraus ergibt sich folgende Zielsetzung:
- Verkürzung des Radstands und somit der Fahrwerkslänge
- Verringerung der Fahrwerkshöhe.
- Reduzierung des erforderlichen Hubs der Endlagenpuffer

Der Einfluß von Mehrplatz-Lagersystemen auf eine Verbesserung des Raumnutzungsgrads sollte zunächst nicht untersucht werden. Weiterhin unberücksichtigt bleiben andere Strategien, wie zum Beispiel der Einsatz eines speziellen Bremssystems, das sowohl bei einem Ausfall der Steuerung als auch bei einem Getriebebruch die Geschwindigkeit des RBG zwangsläufig herabsetzt.

Nach der Entwicklung eines geeigneten Lösungskonzepts sollte ein Prototyp konstruiert und im Rahmen mehrerer Versuchsreihen eingehend untersucht werden.

2 Lösungsansatz

Der nachfolgend betrachtete Lösungsansatz geht von der Grundvorstellung aus, daß ein RBG in den meisten Fällen aus einem Mast besteht, der an einem Ende mit einem Fahrwerk fest verbunden ist. Eine am anderen Ende des Mastes befindliche Führungsschiene hat lediglich die Aufgabe, Kräfte quer zur Gassenrichtung aufzunehmen und somit eine Bewegung der Mastspitze in z-Richtung zu verhindern. Die Mastspitze kann dabei immer noch eine pendelnde Bewegung in Gassenrichtung (x-Achse) auszuführen. Ein solches schwingungsfähiges System läßt sich vereinfacht als Einmassenmodell beschreiben, das aus einem masselosen Balken besteht, der am einen Ende fest eingespannt ist und am anderen Ende eine Punktmasse aufweist.

Bei fast allen bekannten RBG-Ausführungen liegt das Grundproblem in den Eigenschaften dieses mit Hilfe des Modells beschriebenen schwingungsfähigen Systems. Der strukturelle Aufbau ist zum einen maßgebend für die Federsteifigkeit c, zum anderen für das entstehende maximale Biegemoment.

$$x(t) = \frac{ma_{\max}}{c} \cos\left(\sqrt{\frac{c}{m}}\,t\right) \tag{2}$$

Betrachtet man die in allgemeiner Form aufgeführte Bewegungsgleichung (2), so wird ersichtlich, daß die Federsteifigkeit c neben der Masse m einen wesentlichen Faktor darstellt, der sowohl die Größe der Schwingungsamplitude als auch die Eigenfrequenz der auftretenden Schwingung bestimmt. Eine Verbesserung der Leistungsfähigkeit kann bei einem RBG nur dann auf effektive Weise erfolgen, wenn zuerst das oben beschriebene Schwingungssystem verändert wird. Da man bei einem RBG infolge einer Reduzierung der Masse sehr schnell an die Grenzen des technisch Machbaren stößt, stellt eine Steigerung der Federsteifigkeit die einzige Möglichkeit dar, um wesentliche Verbesserungen zu erreichen.

Eine sinnvolle Veränderung des Schwingungssystems kann, wie in Bild 1 dargestellt, auf drei verschiedene Arten erfolgen. Zur besseren Vergleichbarkeit wird unter Nr. 1 das Schwingungssystem eines Standard-RBG mit aufgeführt.

Bei dem mit der Nr. 2 gekennzeichneten Schwingungsmodell erkennt man einen am Fuß- und am Kopfpunkt mittels eines Gelenks aufgelagerten Balken.

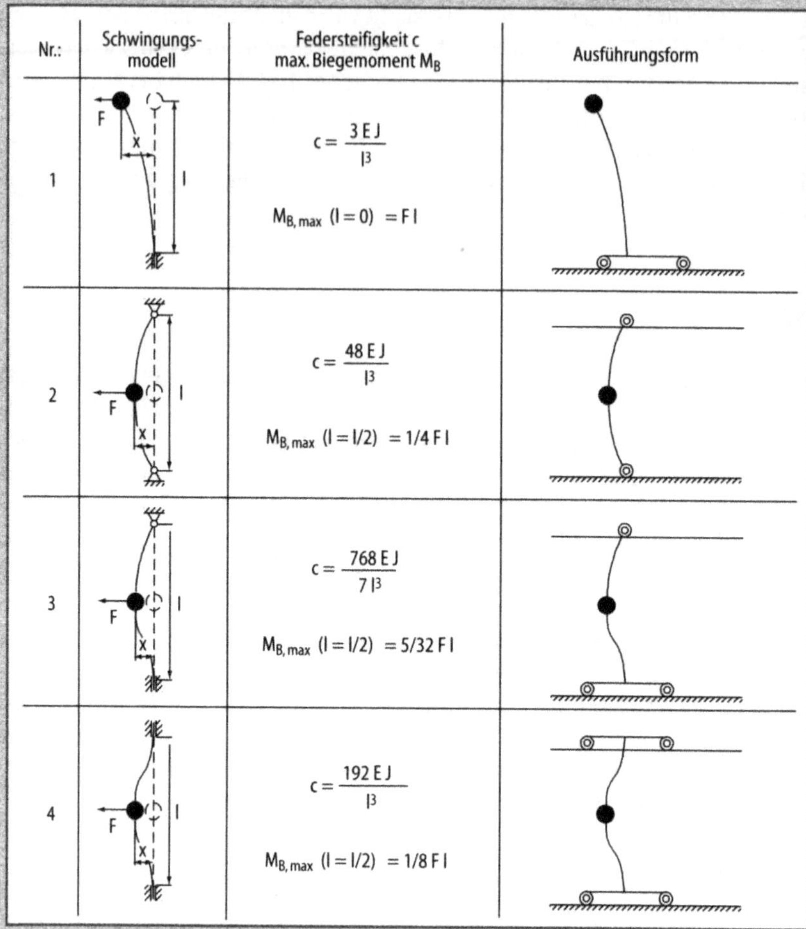

Bild 1. Lösungsansatz mittels verschiedener Schwingungssysteme /1/

In der Mitte dieses Balkens ist eine Punktmasse angeordnet. Die Federsteifigkeit *c* dieses Modells weist im Vergleich zu Nr. 1 einen um den Faktor 16 höheren Wert auf. Betrachtet man weiterhin bei Nr. 2 das in der Mitte des Balkens auftretende maximale Biegemoment $M_{B,max}$, so erkennt man, daß dieses bei gleicher Belastung 4 mal geringer ist als das bei Nr. 1 entstehende Moment. Eine denkbare Ausführungsform des Modells Nr. 2 wäre ein Mast, der an seinem obersten und an seinem untersten Punkt eine Rolle besitzt und der sowohl an seinem Fuß- wie an seinem Kopfpunkt geführt wird.

Eine Vergrößerung der Federsteifigkeit *c* sowie eine weitere Reduzierung der auftretenden maximalen Biegespannung kann dadurch erfolgen, daß der Balken an seinem Fußpunkt fest eingespannt und an seinem Kopfpunkt mittels eines

Tabelle 1. Überschlägige Berechnung der bei den einzelnen Lösungsvarianten zu erwartenden Steigerung der Umschlagleistung sowie Verbesserung des Raumnutzungsgrades

Schwingungsmodell (nach Bild 1)	Steigerung der Umschlagleistung	Verbesserung des Raumnutzungsgrads
Nr.1	0 %	0 %
Nr.2	20 %	15 %
Nr.3	20 %	12 %
Nr.4	20 %	10 %

Gelenks gelagert (Nr. 3) oder daß der Balken sowohl am Fuß- als auch am Kopfpunkt fest eingespannt wird (Nr. 4). Auf diese Weise kann im ersten Fall die Federsteifigkeit um fast das 37-fache erhöht sowie gleichzeitig die maximale Biegespannung um mehr als das 6-fache reduziert werden. Im zweiten Fall läßt sich sogar die Federsteifigkeit um den Faktor 64 vergrößern und die maximale Biegespannung um den Faktor 8 verkleinern. Eine feste Einspannung an Kopf oder Fuß des Mastes kann mit Hilfe eines auf einer Fahrschiene verfahrbaren und somit zwangsgeführten Fahrwerks näherungsweise realisiert werden.

Wird bei dem beschriebenen Lösungsansatz überschlägig berechnet, welche Verbesserungen sich hinsichtlich der durchschnittlichen Umschlagleistung und des Raumnutzungsgrads bei einem Standardlager mit einer Regallänge von 20 m und einer Regalhöhe von 10 m ergeben, so stellt man fest, wie in Tabelle 1 dargestellt, daß das Schwingungsmodell Nr. 2 die sinnvollste Lösung des Problems darstellt.

Werden die Schwingungsmodelle 3 und 4 betrachtet, so wird deutlich, daß der Einsatz eines oder zweier Fahrwerke immer mit einer Vergrößerung des unteren und oberen wie auch des vorderen und hinteren Anfahrmaßes verbunden ist, was zu einer negativen Beeinträchtigung des Raumnutzungsgrads führt.

3 Seilantrieb-Konzept

Eine technische Verwirklichung des zuvor hervorgehobenen Schwingungssystems läßt sich mit dem an der Universität Kaiserslautern entwickelten und von der Firma psb, Pirmasens genutzten Seilantrieb-Konzept [9] (Bild 2) erreichen. Dieses Konzept erfüllt zum einen die Funktion des Fahrantriebs und bewirkt zum anderen eine Stabilisierung des RBG. Die Grundlage des Seilantrieb-Konzepts bilden zwei in spezieller Anordnung verlaufende Drahtseile. Das erste Seil verläuft von einem vorderen, kopfseitigen Befestigungspunkt über eine an der Mastspitze angebrachte obere Umlenkrolle zu einer im unteren Bereich des

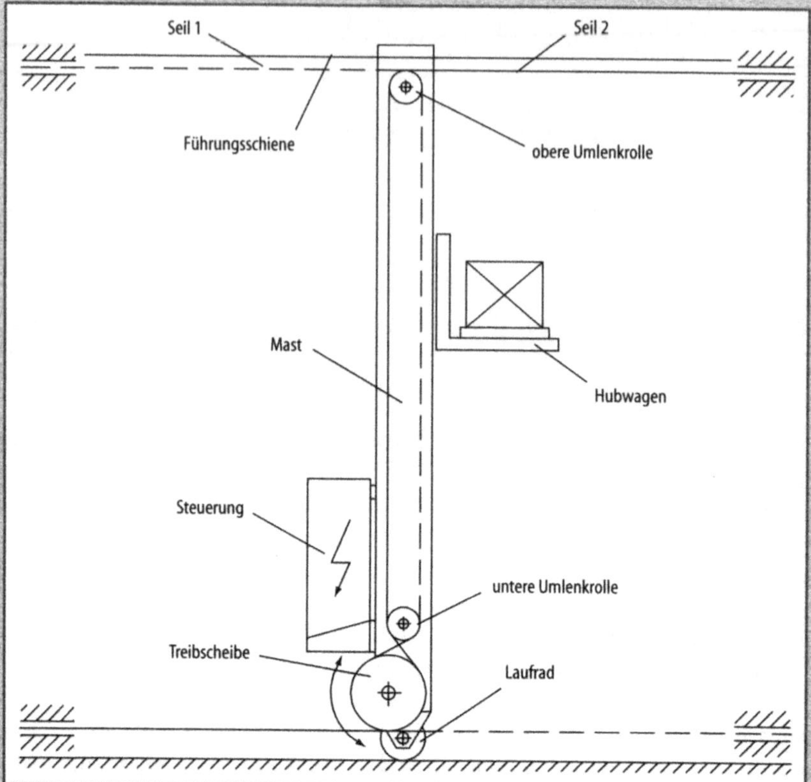

Bild 2. Darstellung des Seilantrieb-Konzepts

Mastes angeordneten zweiten Umlenkrolle. Von dieser Umlenkrolle aus verläuft das Seil über eine Treibscheibe zu einem bodenseitigen, hinteren Befestigungspunkt. Der Verlauf des zweiten Seiles ist gegenläufig zum Verlauf des ersten Seiles. Durch diese Seilanordnung wird gewährleistet, daß der Kopfpunkt des Mastes jederzeit im Lot zu seinem Fußpunkt steht und nicht mehr die Fähigkeit besitzt, eine pendelnde Bewegung auszuführen. Aus diesem Grund läßt sich ein am Fuß des Mastes angeordnetes Fahrwerk prinzipiell auf ein einziges, dort befindliches Laufrad reduzieren. Eine am Kopf des RBG angebrachte Führungsschiene soll eine Bewegung der Mastspitze in z-Richtung verhindern.

Der Fahrantrieb erfolgt mittels einer im unteren Bereich des Mastes angebrachten, auf beide Seile wirkenden Treibscheibe.

Auf der Mastrückseite befindet sich die mitfahrende, oberhalb der Treibscheibe angebrachte Steuerung. Das hintere Anfahrmaß ergibt sich somit aus der Breite der Steuerung und des Mastes sowie aus dem Hub des hinteren Endlagenpuffers. Das vordere Anfahrmaß wird lediglich durch den Pufferhub des vorderen Endlagenpuffers bestimmt.

An der Vorderseite des Mastes verfährt in üblicher Weise ein Hubwagen in vertikaler Richtung. Durch den Wegfall eines nach vorne ragenden Fahrwerks wird es möglich, den Hubwagen fast bis auf Fahrschienenniveau abzusenken. Da aufgrund des günstigen Verlaufs der beiden Seile im Vergleich zu ähnlichen Lösungsansätzen keine zweite, am Kopf des RBG angebrachte Fahrschiene benötigt wird, besitzt der Hubwagen weiterhin die Fähigkeit, bis an die Spitze des Mastes zu verfahren. Deshalb läßt sich ein äußerst geringes oberes und unteres Anfahrmaß erzielen.

Dem nachteiligen Aspekt der Seilgegenbiegung auf die Seilstandfestigkeit kann durch die Auswahl spezieller Seile oder durch die entsprechende Auslegung der Durchmesser von Umlenkrolle und Treibscheibe entgegengewirkt werden [2, 3, 4, 5, 6, 7]. Der zwischen Seil und Treibscheibe entstehende Schlupf läßt sich durch eine geeignete Materialwahl minimieren.

4
Eingehende Untersuchung des Schwingungsverhaltens

Bei einer schwingungstechnischen Betrachtung des Seilantrieb-Konzepts wird zur Vereinfachung von einem in Bild 3 dargestellten Einmassenmodell ausgegangen. Mit Hilfe dieses Modells kann eine Berechnung der Mastauslenkung x(t) in Abhängigkeit von einer Führungsbeschleunigung $x_F(t)$ erfolgen. Ein Dämpfungseinfluß bleibt unberücksichtigt.

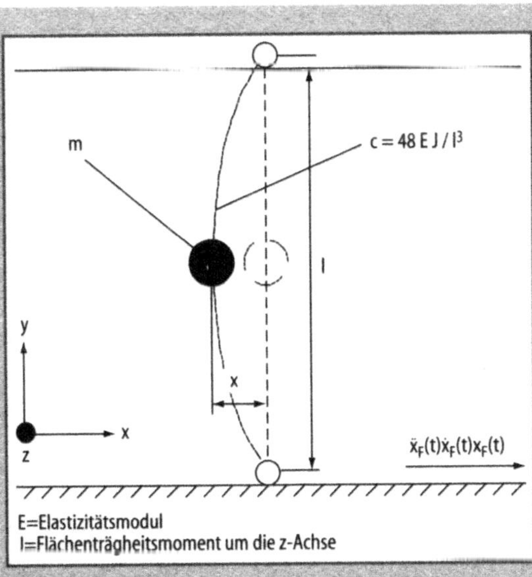

Bild 3. Einmassenmodell

Der Mast des RBG wird im Rahmen dieses Einmassenmodells als eingespannter, massenloser Balken mit der Federsteifigkeit c angesehen, in dessen mittlerem Bereich eine Masse m angebracht ist. Wird dieses Modell mit einer Führungsbeschleunigung $x_F(t)$ beschleunigt, so läßt sich folgende Gleichung formulieren:

$$mx + \frac{48EJ}{l^3} x = mx_F \tag{3}$$

In vielen Fällen dient eine nahezu rechteckig verlaufende Führungsbeschleunigung als Ausgangspunkt, da diese in bezug auf die Spielzeit den zeitoptimalen Verlauf darstellt (Bild 4).

Nimmt man zur Vereinfachung des Problems an, daß die Beschleunigungsphase bei t1 = 0 beginnt, so läßt sich unter Verwendung der Einheitssprungfunktion s(t) die Führungsbeschleunigung x_F(t) in geschlossener Form definieren als:

$$x_F(t) = \mathrm{a}_{\max}\left(\sigma(t) - \sigma(t - t_\mathrm{a})\right) \tag{4}$$

Die das Schwingungsverhalten des Einmassenmodells beschreibende Differentialgleichung erhält man wenn die Gleichung (4) in die Gleichung (3) eingesetzt wird.

$$mx(t) + \frac{48EJ}{l^3} x(t) = m\mathrm{a}_{\max}\left(\sigma(t) - \sigma(t - t_\mathrm{a})\right) \tag{5}$$

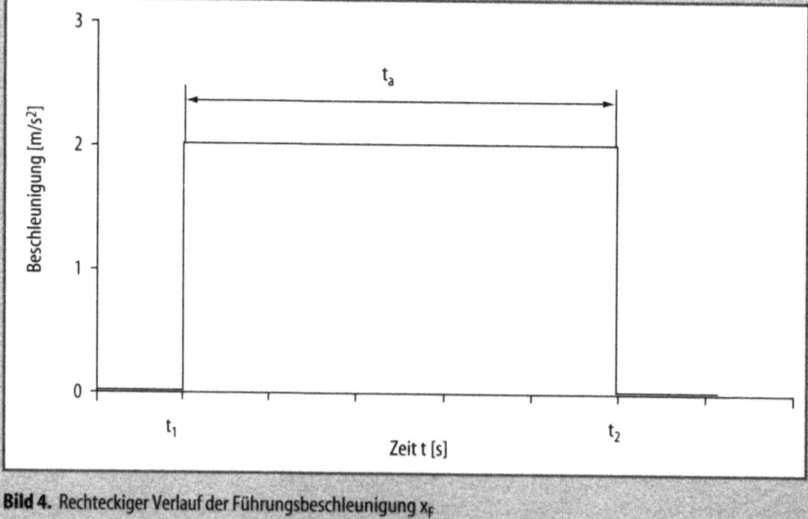

Bild 4. Rechteckiger Verlauf der Führungsbeschleunigung x_F

Überführt man Gleichung (5) mit Hilfe der Laplace-Transformation vom Original- in den Bildbereich, so ergibt sich:

$$x(s) = a_{\max}\left(\frac{1}{s\left(s^2+\frac{48EJ}{l^3 m}\right)} - \frac{e^{-t_a s}}{s\left(s^2+\frac{48EJ}{l^3 m}\right)}\right) \tag{6}$$

Eine Rücktransformation von Gleichung (6) liefert die Bewegungsgleichung im Originalbereich:

$$x(t) = \frac{l^3 m a_{\max}}{48EJ}\left(1-\cos\sqrt{\frac{48EJ}{l^3 m}}t - \sigma(t-t_a)(1-\cos)\sqrt{\frac{48EJ}{l^3 m}}(t-t_a)\right) \tag{7}$$

Bild 5 zeigt den Verlauf der Bewegungsgleichung x(t), wobei die Anfahrzeit t_a sowie die übrigen Werte beliebig gewählt wurden. Betrachtet man die Bewegungsgleichung (7) in einem Zeitintervall von t1 bis t2, so ergibt sich, wenn der Ausdruck $\cos\sqrt{\frac{48EJ}{l^3 m}}t$ den Wert –1 annimmt, eine Verdoppelung der rein statischen Auslenkung $x = \frac{l^3 m a_{\max}}{48EJ}$.

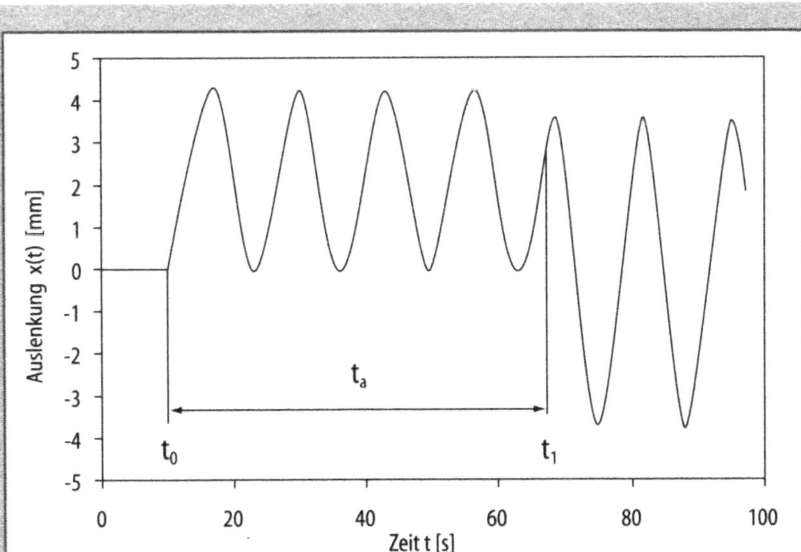

Bild 5. Rechnerische Mastauslenkung x(t) bei einem rechteckigen Beschleunigungsverlauf ohne Dämpfung

Diesem Sachverhalt wird in vielen Berechnungsvorschriften dadurch Rechnung getragen, daß bei einer rechteckförmigen Führungsbeschleunigung $x_F(t)$ ein sogenannter Schwingbeiwert S eingeführt wird, der den Wert S = 2 besitzt und der multipliziert mit einer rein statischen Auslenkung x eine Berechnung der tatsächlichen Auslenkung ermöglicht.

Bei einer Betrachtung des Auslenkungsverlaufs x(t) (Bild 5) läßt sich erkennen, daß es nach Beendigung der Beschleunigungsphase zu einer Ausbildung von großen Schwingungsamplituden kommt. Eine Maßnahme, diese auftretenden Schwingungen zu reduzieren und somit das Schwingungsverhalten zu verbessern, besteht darin, das RBG mit einem sinusförmigen Beschleunigungs- bzw. Verzögerungsverlauf anzufahren bzw. abzubremsen (siehe Bild 6).

Unter Zuhilfenahme der Sprungfunktion σ(t) läßt sich wiederum die Führungsbeschleunigung in geschlossener Form ausdrücken. Das Einsetzen der Führungsbeschleunigung $x_F(t)$ in die Grundgleichung (3) liefert die Schwingungsdifferentialgleichung, die sich mittels der Laplace-Transformation lösen läßt.

Bild 7 zeigt den sich bei einem sinusförmigen Verlauf der Beschleunigung ergebenden Schwingungsverlauf. Daraus wird ersichtlich, daß sich mit Hilfe eines sinusförmigen Beschleunigungsverlaufs im Vergleich zu einem rechteckigen Verlauf (Bild 5) eine wesentliche Reduzierung der auftretenden Schwingungen erreichen läßt.

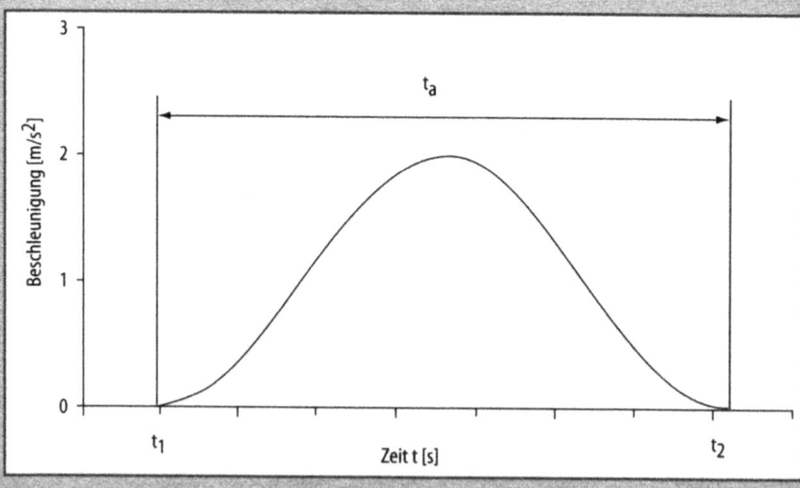

Bild 6. Sinusförmiger Beschleunigungs- und Verzögerungsverlauf

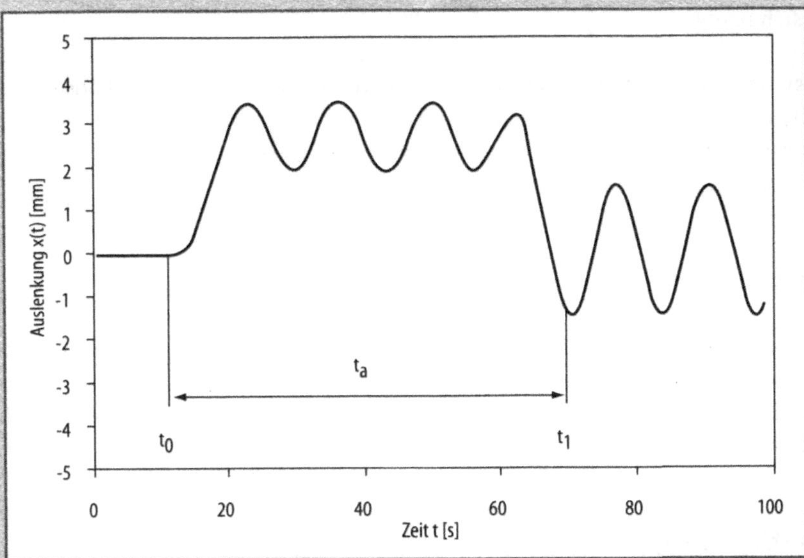

Bild 7. Rechnerische Mastauslenkung x(t) bei einem sinusförmigen Beschleunigungsverlauf ohne Dämpfung

5
Theoretische Betrachtung der Umschlagleistung und des Raumnutzungsgrads

Für die technische Realisierung des Seilantrieb-Konzepts wird von folgenden Hypothesen ausgegangen:

- Durch eine Reduzierung der auftretenden Schwingungsamplituden um das 16-fache sind bei einem sinusförmigen Beschleunigungsverlauf keine Beruhigungszeiten des RBG vor der Ein- bzw. Auslagerung mehr erforderlich.
- Infolge der Verminderung des auftretenden Biegemoments auf ein Viertel gegenüber einem herkömmlichen RBG (Modell 1 in Bild 1) könnte bei gleicher Mastkonstruktion die maximal zulässige Verzögerung im Not-Betrieb um das 4-fache gesteigert werden. Allerdings müßte, unter Beibehaltung der maximalen Fahrgeschwindigkeit, die Pufferkraft vervierfacht werden. Dies würde den Hub der Endlagenpuffer auf ein Viertel ihres vorherigen Wertes reduzieren. Dies gilt allerdings nur unter der Voraussetzung, daß die transportierte Last derartig hohe Verzögerungswerte verträgt. Andererseits bestünde die Möglichkeit, bei gleichbleibendem Pufferhub und 4-facher Pufferkraft die Fahrgeschwindigkeit zu verdoppeln (siehe Gleichung (1)).
- Das von einem Standard-RBG bekannte ausladende Fahrwerk läßt sich in diesem Fall auf eine am Fuß bzw. Kopf des RBG angebrachte Rolle bzw. auf ein Fahrwerk mit äußerst kurzem Radstand reduzieren, was eine Verkleinerung

des unteren und oberen sowie des vorderen und hinteren Anfahrmaßes mit sich bringt.

Basierend auf diesen Hypothesen müßte es mit Hilfe eines auf der Grundlage des Seilantrieb-Konzepts konstruierten RBG möglich sein, die durchschnittliche Umschlagleistung um 20 % und den Raumnutzungsgrad um 15 % im Vergleich zu einem Standard-RBG zu verbessern.

6 Ergebnisse der experimentellen Untersuchungen

Aufbauend auf den Ergebnissen mehrerer Versuchsreihen mit einem nach den Vorgaben des Seilantrieb-Konzepts konstruierten Prototypen, ließen sich hinsichtlich der Umschlagleistung sowie des Raumnutzungsgrads folgende Erkenntnisse gewinnen:

6.1 Umschlagleistung

Ausgangspunkt war ein Standard-Regal mit einer Länge von 20 m sowie einer Höhe von 10 m. Bei der Bestimmung der Umschlagleistung nach [8] muß zum einen ermittelt werden, welche Anzahl von Einzelspielen[1] und zum anderen wieviele kombinierte Spiele[2] ein RBG pro Stunde ausführen kann.

Um das neu entwickelte RBG mit einem entsprechenden Standard-RBG vergleichen zu können, wurde ermittelt, welche Anzahl von Einzel- und kombinierten Spielen beide RBG-Typen bei einer vorgegebenen maximalen Beschleunigung bzw. Verzögerung von 4 m/s^2 (in x- sowie y-Achse) sowie bei unterschiedlichen Fahrgeschwindigkeiten (x-Achse) ausführen können. Die Geschwindigkeit des Hubwagens (y-Achse) sollte dabei unverändert 4 m/s betragen.

Wie zuvor dargestellt, besteht bei dem neu entwickelten RBG die Möglichkeit, bei gleichbleibendem Pufferhub und bei 4-facher Pufferkraft die Fahrgeschwindigkeit zu verdoppeln (umgekehrt läßt sich der Pufferhub reduzieren). Wie aus Tabelle 2 ersichtlich, bringt jedoch eine Steigerung der Fahrgeschwindigkeit von 4 m/s auf 6 m/s keine wesentliche Verbesserung hinsichtlich der Umschlagleistung mit sich. Keinen Einfluß auf die Umschlagleistung hat das Erhöhen der zulässigen Fahrgeschwindigkeit von 6 m/s auf 8 m/s, da auf den einzelnen Fahrstrecken aufgrund der vorgegebenen maximalen Beschleunigung bzw. Verzögerung von 4 m/s2 keine höheren Geschwindigkeiten als 6 m/s erreicht werden.

---

[1] Einzelspiel: Zeit die ein RBG benötigt um eine Kiste aufzunehmen, ein Regalfach anzufahren, die Kiste einzulagern und in die Ausgangsposition zurückzukehren.

[2] Doppelspiel: Zeit die ein RBG benötigt um eine Kiste aufzunehmen, ein Regalfach anzufahren, die Kiste einzulagern, eine neue Kiste aufzunehmen und mit dieser in die Ausgangsposition zurückzukehren.

Tabelle 2. Vergleich der Umschlagleistungen

Einzelspiel			
Fahrgeschwindigkeit	4 m/s	6 m/s	8 m/s
Standard-RBG	163 ES	164 ES	164 ES
neu entwickeltes RBG	189 ES	191 ES	191 ES
Steigerung der Umschlagleistung	16,0 %	16,5 %	16,5 %
kombiniertes Spiel			
Fahrgeschwindigkeit	4 m/s	6 m/s	8 m/s
Standard-RBG	85 DS	86 DS	86 DS
neu entwickeltes RBG	107 DS	109 DS	109 DS
Steigerung der Umschlagleistung	25,9 %	26,7 %	26,7 %

ES=Anzahl der Einzelspiele pro Stunde
DS = Anzahl der kombinierten Spiele pro Stunde

Einen großen Anteil an der Steigerung der Umschlagleistung hat sowohl beim Einzel- als auch beim Doppelspiel der Wegfall von Geräteberuhigungszeiten, die etwa 3 s betragen. Aus diesen Gründen erscheint es mit Rücksicht auf die Antriebsmotore, Bremsen und Seile sinnvoll, die Fahrgeschwindigkeit bei kleinen Lagergrößen nicht über einen Wert von 4 m/s hinaus zu steigern. Unter diesen Bedingungen läßt sich im Vergleich zu einem Standard-RBG bei dem Einzelspiel die Umschlagleistung um 16 % und beim kombinierten Spiel um 25,9 % steigern.

6.2
Raumnutzungsgrad

Mit Hilfe des neu entwickelten RBG kann, wiederum in Bezug auf ein Standard-Regal (Höhe 10 m, Länge 20 m), der Raumnutzungsgrad zum einen über eine Reduzierung der Fahrwerkslänge und zum anderen durch eine Verkürzung des Hubs der Endlagenpuffer verbessert werden. Da es aufgrund der Versuchsergebnisse möglich wäre, die maximal zulässige Verzögerung im Notbetrieb zu vervierfachen, läßt sich ausgehend von einer 4 mal größeren Pufferkraft der Pufferhub auf 25% seines vorherigen Wertes verringern (siehe Gleichung (1)). Betrachtet man jedoch Tabelle 3, so wird ersichtlich, daß eine Verkürzung des Pufferhubs um 50 % bereits eine Verbesserung des Raumnutzungsgrads um 12 % bewirkt. Wird der Pufferhub auf ein Viertel seines anfänglichen Wertes verkürzt, so kann der Raumnutzungsgrad lediglich um weitere 1,6 % verbessert werden. Deshalb sollte mit Rücksicht auf die zu transportierenden Güter und auf die gesamte RBG-Konstruktion der Pufferhub nur um die Hälfte reduziert werden. In

Tabelle 3. Vergleich des Raumnutzungsgrades

Standard-RBG			
Pufferhub [m]	2		
Lagervolumen [m³]	528,8		
Raumnutzungsgrad [%]	23,4		
max. Verzögerung [m/s²]	4		
neu entwickeltes RBG			
Pufferhub [m]	2	1	0,5
Lagervolumen [m³]	513,2	471,8	452,0
Raumnutzungsgrad [%]	24,07	26,2	27,3
max. Verzögerung [m/s²]	4	8	16
Verbesserung des Raumnutzungsgrads [%]	2,9	12,0	16,6

diesem Fall würde sich eine maximal zulässige Verzögerung von 8 m/s^2 sowie eine Verdoppelung der Pufferkraft ergeben. Dies gilt unter der Annahme, daß die Masse des neu entwickelten RBG der des Standard-RBG entspricht. In Wirklichkeit wird sich sicherlich auch die Masse des neu entwickelten RBG etwas reduzieren, was die Verhältnisse weiter begünstigt.

Eine weitere Verbesserung läßt sich erreichen, wenn man die Endlagenpuffer z.B. aus dem Lagerbereich herausschwenken kann, wie in [1, 10] beschrieben ist. Auf diese Möglichkeit wird jedoch an anderer Stelle eingegangen.

7 Zusammenfassung

Im Rahmen von theoretischen und praktischen Untersuchungen wurde analysiert, in welcher Weise sich bei einem AKL mittels konstruktiver Maßnahmen gleichzeitig die Umschlagleistung steigern sowie der Raumnutzungsgrad verbessern läßt.

Um die Umschlagleistung sowie den Raumnutzungsgrad zu verbessern, kam es zur Entwicklung eines neuartigen Seilantriebs für ein RBG. Im Rahmen dieses Konzepts wird sowohl die Funktion des Fahrantriebs realisiert als auch eine Arretierung von Kopf- und Fußpunkt des RBG erreicht. Grundlage bilden hierbei zwei in bestimmter Anordnung verlaufende Drahtseile.

Aufbauend auf den Ergebnissen mehrerer Versuchsreihen läßt sich feststellen, daß bei einem auf den Grundlagen des Seilantrieb-Konzepts beruhenden RBG auf ein Fahrwerk mit langem Radstand verzichtet werden kann. Weiterhin kann im Vergleich zu einem Standard-RBG der maximal zulässige Verzögerungswert verdoppelt werden. Dadurch läßt sich bei gleichbleibender Fahrgeschwindigkeit und doppelter Pufferkraft der Pufferhub auf 50 % seines vorherigen Wertes verkürzen. Infolge einer Arretierung des Kopf- und Fußpunkts sind die beim Erreichen der Ein- bzw. Auslagerungsposition auftretenden Schwingungsamplituden derart klein, daß auf die Programmierung von Geräteberuhigungszeiten vor dem Ein- oder Auslagern verzichtet werden kann.

Das Seilantrieb-Konzept bietet somit im Vergleich zu einem Standard-RBG die Möglichkeit, den Raumnutzungsgrad um 12 % sowie gleichzeitig die Umschlagleistung um 16 % (Einzelspiel) bzw. 25,9 % (kombiniertes Spiel) zu steigern.

Literatur

[1] Jerkewitz, J.: Steigerung der Umschlagleistung sowie Verbesserung des Raumnutzungsgrads bei Automatischen Kleinteile-Lagern, Kaiserslautern, Universität, Dissertation, 1997
[2] Norm DIN 15020 Blatt 1: Grundsätze für Seiltriebe - Berechnung und Ausführung, Februar 1974
[3] Verein Deutscher Ingenieure e.V.: VDI 2358, Drahtseile für Fördermittel Düsseldorf: VDI-Verlag, 1984
[4] Fédération Européene de la Manutention Nr. 9.661: Berechnungsgrundlagen für Serienhebezeuge - Baugrößen und Ausführung von Seiltrieben. Frankfurt: Fachgemeinschaft Fördertechnik, 1977
[5] Feyrer, K.: Drahtseile, Berlin, Heidelberg, New York, Tokyo: Springer, 1994
[6] Vereinigung der Technischen Überwachungs-Vereine e.V.: TRA 003, Technische Regeln für Aufzüge - Berechnung der Treibscheibe. Köln, Berlin: Carl Heymanns, 1973
[7] Verreet, R.: Das richtige Seil, für die richtige Anwendung, In: Fördern und Heben 46 (1996), S. 605–608
[8] Fédération Européene de la Manutention Nr. 9.851: Leistungsnachweis für Regalbediengeräte - Spielzeiten. Frankfurt: Fachgemeinschaft Fördertechnik, 1978
[9] Schutzrecht DE 19612806.4 Anmeldeschrift. psb: Seilantrieb
[10] Schutzrecht DE 19719958.5 Anmeldeschrift. Wüstenberg, D.; Jerkewitz, J.: Schwenkbarer Endlagenpuffer für ein Regalbediengerät

Prof. Dr.-Ing. D. Wüstenberg
Dr.-Ing. J. Jerkewitz, ehemaliger Mitarbeiter,
Universität Kaiserslautern, Lehrstuhl für Konstruktion im Maschinen- und Apparatebau

GPSR Compliance

The European Union's (EU) General Product Safety Regulation (GPSR) is a set of rules that requires consumer products to be safe and our obligations to ensure this.

If you have any concerns about our products, you can contact us on ProductSafety@springernature.com

In case Publisher is established outside the EU, the EU authorized representative is:

Springer Nature Customer Service Center GmbH
Europaplatz 3
69115 Heidelberg, Germany

Batch number: 10682269

Printed by Printforce, the Netherlands